普通高等教育力学系列“十三五”规划教材

工程力学

（第2版）

主　编　冯立富　伍晓红　刘百来　张烈霞
副主编　李　颖　刘志强　杨　帆　曹保卫

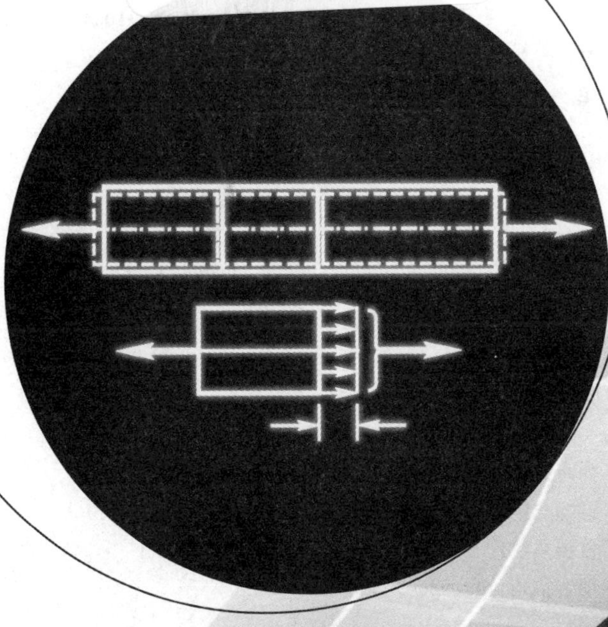

西安交通大学出版社
XI'AN JIAOTONG UNIVERSITY PRESS

内容提要

本书将理论力学和材料力学的基本内容有机地融合为一个整体，主要内容分为刚体静力学、变形固体静力学、运动学、动力学四篇，结构合理，叙述简明，内容精练。本书适合由于学时偏少，因而不宜将理论力学和材料力学单独设课的工科本科各类相关专业使用，也可供专科的各类相关专业选用，还可供广大力学教师和工程技术人员参考。

图书在版编目(CIP)数据

工程力学/冯立富等主编. —2版. —西安：西安交通大学出版社，2020.8(2021.8重印)
ISBN 978-7-5693-1365-9

Ⅰ. ①工… Ⅱ. ①冯… Ⅲ. ①工程力学-高等学校-教材
Ⅳ. ①TB12

中国版本图书馆CIP数据核字(2020)第122486号

书　　名 工程力学(第2版)
主　　编 冯立富　伍晓红　刘百来　张烈霞
责任编辑 田　华
责任校对 陈　昕

出版发行 西安交通大学出版社
(西安市兴庆南路1号　邮政编码 710048)
网　　址 http://www.xjtupress.com
电　　话 (029)82668357　82667874(发行中心)
(029)82668315(总编办)
传　　真 (029)82668280
印　　刷 陕西金德佳印务有限公司

开　　本 787mm×1092mm　1/16　**印张** 23.75　**字数** 578千字
版次印次 2020年8月第2版　2021年8月第3次印刷
书　　号 ISBN 978-7-5693-1365-9
定　　价 56.80元

如发现印装质量问题，请与本社发行中心联系、调换。
订购热线：(029)82665248　(029)82665249
投稿热线：(029)82664954
读者信箱：190293088@qq.com

第 2 版前言

本书第 1 版作为普通高等学校“十一五”规划教材，于 2008 年 8 月出版。出版 12 年来，得到了各使用院校师生和广大读者的肯定和欢迎，我们表示衷心感谢。

本书第 1 版将理论力学和材料力学的基本内容有机地融合为一个整体，尽量利用学生已有的高等数学和普通物理学基础，避免简单重复；理论严谨，结构合理，逻辑明晰，内容精练，有利于培养学生的科学思维方式和世界观；注重理论联系实际，培养学生应用本课程的理论和方法，解决工程和生活实际中简单力学问题的能力。

为了满足各使用院校的教学需要，根据教育部高等学校力学教学指导委员会力学基础课程教学分委员会 2019 年 6 月颁布的《高等学校理工科非力学专业力学基础课程教学基本要求》，我们对本书第 1 版进行了修订，现作为第 2 版出版。主要适用于由于学时偏少，因此不宜把理论力学和材料力学单独设课的工科本科各类专业使用，也可供广大力学教师和有关工程技术人员参考。

参加本书修订工作的有：西安交通大学伍晓红、谭宁，西北农林科技大学吴守军、李宝辉，西安理工大学王垠、刘志强，西安电子科技大学王芳林、朱应敏、马娟，西安工业大学刘百来、杨帆、张文荣，西安科技大学杨帆，空军工程大学李颖、赵静波、刘红，西安工程大学贾坤荣、王玲、李伟，陕西理工大学张烈霞、梁永永、赵亮，榆林学院曹保卫。由冯立富、伍晓红、刘百来、张烈霞担任主编，李颖、刘志强、杨帆（西安科技大学）、曹保卫担任副主编。全书由冯立富统稿并审定。

由于我们水平所限，书中难免会有疏漏之处，恳请广大读者朋友们批评指正。

编者

2020 年 2 月

第1版前言

本书是为了适应我国科学技术和生产建设发展的需要，根据教育部关于深化教学改革、提高教学质量的要求编写的，主要适合于由于学时偏少，因而理论力学和材料力学不宜单独设课的工科本科各类相关专业使用，同时也可供专科的各类相关专业选用，还可供广大力学教师和有关的工程技术人员参考。

本书将理论力学和材料力学的基本内容有机地融合为一个整体，同时增加了工程结构组成分析的基础知识。全书分为刚体静力学、变形固体静力学、运动学和动力学四篇，结构合理，内容精练。在本书的编写过程中，我们注意尽量利用学生已有的高等数学和普通物理学基础，适当提高了起点；尽量联系工程实际，培养学生分析和解决工程实际中力学问题的能力。

本书中的部分内容加了“*”号，这些内容供各校不同专业选用。

参加本书编写工作的有：解放军理工大学陈平、于世海，西安工程大学贾坤荣、王玲，西北农林科技大学闫宁霞、杨创创、刘洪萍，西安思源学院岳成章、张雪敏、樊志新，陕西理工学院王谨、张宝中、张烈霞，海军航空工程学院徐新琦、张继平、姜爱民，徐州空军学院张海波、张伟、李洁、庄惠平、谢永亮、李艳丽、谢卫红，南京金陵科技学院陈敏，空军工程大学冯立富、李颖、陈兮。由冯立富、陈平、岳成章、贾坤荣担任主编，王谨、张海波、闫宁霞、徐新琦、杨创创担任副主编。全书由冯立富统稿并审定。

由于我们水平所限，书中会有不少缺点，恳请广大读者批评指正。

编者

2008年3月

目　录

第二篇　变形固体静力学

第四篇　动力学

绪　论

力学是研究物体机械运动规律的科学。

所谓**机械运动**，即**力学运动**，是指物体在空间的位置随时间的变化。它是物质的运动形式中最简单的一种。为方便计，本书中一般都把机械运动简称为**运动**。

所谓**力，是指物体相互之间的机械作用，这种作用的效应是使物体改变运动状态，或者产生变形**。其中，前一种效应称为力的**外效应**（或**运动效应**），而后一种效应称为力的**内效应**（或**变形效应**）。

作用于同一物体的一群力称为**力系**。若二力系分别作用于同一物体而效应相同，则称此二力系互为**等效力系**。若一个力和一个力系等效，则称该力为此力系的**合力**，而此力系中的每一个力都是合力的**分力**。

实践证明，力对物体的作用效应取决于三个要素：①力的大小；②力的方向；③力的作用点。力的大小反映了物体间相互机械作用的强度。为了度量力的大小，必须选定力的单位。本书采用国际单位制(SI)。在国际单位制中，力的单位是N(牛顿)或kN(千牛)。

力的三要素可以用一带箭头的线段表示(图0-1)。线段的长度按照一定的比例表示力的大小；线段的方位和箭头的指向表示力的方向；线段的始端或末端表示力的作用点。线段所在的直线称为**力的作用线**。在1.1节中将说明，作用在物体上同一点的两个力的合成服从平行四边形公理。根据定义，任何一个具有大小、方向并服从平行四边形公理的物理量都是矢量。因此，力是矢量。由于力的作用点是力的三要素之一，所以力还是**固定矢量**。矢量常用黑斜体字母或带箭头的斜体字母表示。本书中除第二篇变形固体静力学以外，一般采用黑斜体字母来表示矢量(如图0-1中的力 $\boldsymbol{F}$)。仅表示力的大小和方向的矢量称为**力矢**。力矢的要素中不含作用点，也没有作用线的问题，它是一种**自由矢量**。

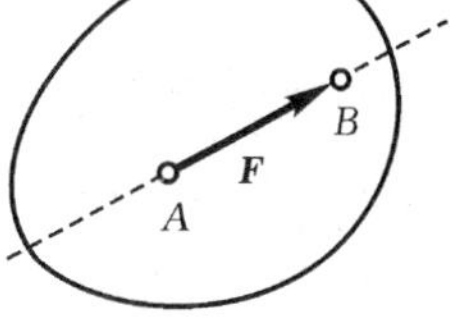

图0-1

如果力集中作用在物体上的某一个点(作用点)，则这种力称为**集中力**。实际上力的作用位置不可能是一个点，而是物体上的某一部分面积(**面力**)或体积(**体力**)。例如，飞机在飞行中机翼上承受的空气动力是分布在物体的整个机翼表面上的；物体受到的重力是分布在物体的整个体积上的，这种力称为**分布力**。仅当力的作用面积或作用体积不大时，才可以近似地看成集中力。

分布力的表示和处理，要用微积分的概念和方法。以面力为例，在力的作用面上任取一微面，设其面积为 ΔA，其上作用的分布力为 $\Delta \boldsymbol{F}$。一般地说，若所取面积 ΔA 的大小不同，则 $\Delta \boldsymbol{F}$ 的大小和方向也不同。令微面收缩到面中的一点 P，取极限 $\boldsymbol{S}=\lim\limits_{\Delta A\to 0}\dfrac{\Delta \boldsymbol{F}}{\Delta A}$。$\boldsymbol{S}$ 表示面力在 P 点的强度和方向。一般情形下，在力作用面上的不同的点，$\boldsymbol{S}$ 的大小和方向是不同的。$\boldsymbol{S}$ 的大小 S 称为**面分布力的集度**(或**强度**)，常记为 q，其单位为 N/m^2。类似地，可用 $\boldsymbol{B}=\lim\limits_{\Delta V\to 0}\dfrac{\Delta \boldsymbol{F}}{\Delta V}$ 表示体

力在某一点的强度和方向,这里的 ΔV 为所取微体的体积。$\boldsymbol{B}$ 的大小 B 称为体分布力的集度,单位为 N/m^3。用 $\boldsymbol{S}$ 或 $\boldsymbol{B}$ 给定的分布力,可以近似地看成是由许多集中力 $\boldsymbol{S}\cdot\Delta A$ 或 $\boldsymbol{B}\cdot\Delta V$ 组成的力系,有时也将它们合成为一个合力。例如,将机翼表面上各小部分承受的空气动力合成为一个作用在**压力中心**上的总空气动力;将物体各小部分受到的重力合成为一个作用在**重心**上的总重力。

在工程实际中,常遇到沿着某一狭长面积分布的力,这种力可以看作是沿着一条线段分布的,称为**线分布力**或**线分布载荷**。表示力的分布情况的图形称为**载荷图**。线分布力合力的大小等于载荷图的面积,作用线通过载荷图的形心。如图 0-2(a)所示,作用在水平梁 AB 上的载荷是均匀分布的,集度为 q,其合力的大小 $F=ql$,方向与均布载荷相同,作用在梁的中点 C 上(图 0-2(b))。

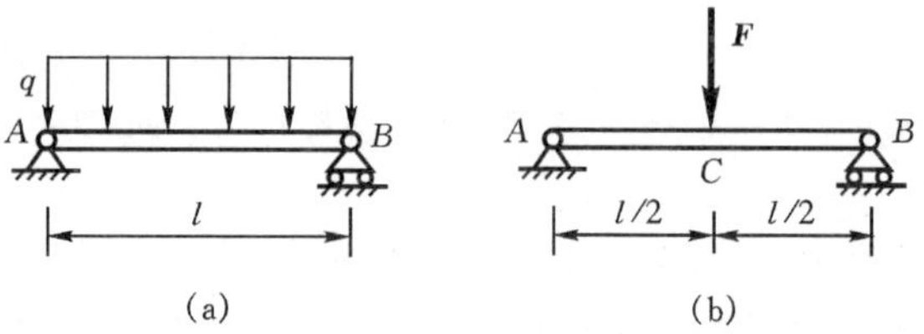

图 0-2

如图 0-3(a)所示,作用在水平梁 AB 上的载荷是线性分布的,其中右端的集度为零,左端的集度为 q,则其合力的大小 $F=\frac{1}{2}ql$,方向也与分布载荷相同,作用在梁上的 D 点,如图 0-3(b)所示。

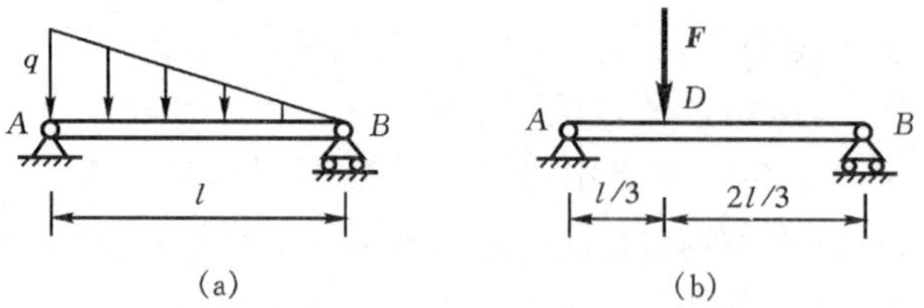

图 0-3

力学是最早产生并获得发展的科学之一。人类开始研究力学理论,大约可以追溯到 2500 年以前。在记述我国古代伟大学者墨翟(约公元前 5 世纪上半叶至公元前 4 世纪初)学说的《墨经》中,在力学方面就有关于力、重心、秤的原理以及材料的性质、运动的分类等论述。但力学真正成为一门科学,则要从牛顿在 1687 年发表其《自然哲学的数学原理》这篇名著时算起。

力学,在英语中叫 mechanics,起源于希腊语 $\mu\eta\chi\alpha\upsilon\eta$,有机械、工具之意。西方的 mechanics 于明末清初传入我国,当时译为“重学”或“力艺”,直到 1903 年才正式译为力学。我们汉语中的力学,在字面上的含义是力的科学,与 $\mu\eta\chi\alpha\upsilon\eta$ 不尽一致。

从历史上看,力学原是物理学的一个分支,而物理科学的建立则是从力学开始的。后来由于数学理论和工程技术的推进,以研究宏观机械运动为主的力学逐渐从物理学中独立出来,而物理学中仍保留的有关基础部分被称为“经典力学”,以区别于其它分支如热力学、电动力学、量子力学等，后面这些带有“力学”名称的分支属于物理学而不属于力学。

力学与数学和物理学等学科一样，是一门基础科学，它所阐明的规律带有普遍的性质；力学同时又是一门技术科学，它是众多应用科学特别是工程技术的基础，是人类认识自然、改造自然的重要学科。追溯到20世纪前，经典力学的发展曾推动了影响整个人类文明进程的第一次工业革命。进入20世纪后，高新技术硕果累累，但无论是导弹、飞机、海底遂道、高层建筑、远洋巨轮、海洋平台、精密机械、高速列车、人造卫星、机器人等，无不都是在现代力学成就的指导下实现的。甚至在表面看来似乎与力学关系不大的电子工业、生命科学、医学、农学等领域中，哪里有力与运动，哪里就有力学问题需要去解决。马克思说过，力学“是大工业的真正科学的基础”。钱学森说：“不能设想，不要现代力学就能实现现代化。”一部航空航天工业的发展史已经证明，正是由于一个个力学问题的相继突破，才促进了航空航天工业的腾飞与繁荣。

工程力学是研究物体机械运动的一般规律和构件的承载能力的科学。它与工程技术的联系极为广泛，是现代工程技术的重要理论基础之一。工程力学是工科各类专业的一门技术基础课。它以高等数学和普通物理学为基础，又为结构力学、机械原理和机械零件，以及弹性力学、断裂力学、流体力学、岩土力学等后继课程提供必要的基础知识。

工程力学的研究对象往往是相当复杂的。在研究实际的复杂力学问题时，必须抓住问题的内在联系，抽出起决定作用的主要因素，忽略或暂时忽略次要因素，从而抽象成为一定的力学模型作为研究对象，这就是力学中的**抽象化方法**。例如，忽略物体受力时要发生变形的性质，可以得到**刚体**的概念；忽略物体的几何尺寸，则可得到**质点**的概念，等等。这样的抽象，一方面能使问题得到某种程度的简化，另一方面也能更深刻、更正确、更完全地反映事物的本质。当然，任何抽象化的模型都是有条件的、相对的。例如，在研究地球绕太阳的公转时，可以不考虑地球上各点运动的差异，把它抽象为一个质点；但在研究地球的自转或弹丸的弹道时，就不能再把地球视为一个质点了。

由许多相互之间有一定联系的质点组成的系统称为**质点系**。刚体是任意两个质点之间的距离始终保持不变的质点系，也称为不变质点系。**变形固体**也是一种质点系。工程力学的研究对象是质点和质点系，主要是刚体和变形固体。

与研究其它自然科学问题一样，研究工程力学问题一般遵循实验、观察分析、综合归纳、假设推理、检验等步骤。因此，在工程力学中理论和实验之间不仅有着紧密的联系，而且具有同等重要的地位。

工程力学的主要内容分为刚体静力学、变形固体静力学、运动学和动力学四部分。

刚体静力学研究物体受力分析的基本方法，以及力系的简化和平衡的规律，重点是力系的平衡问题。

变形固体静力学研究构件在外力的作用下产生变形和破坏的规律，主要是构件的强度、刚度和稳定性问题。

运动学仅以几何观点研究物体的运动，而不涉及运动产生的物理原因。

动力学则研究物体的运动与其受力和物体本身的物理性质之间的关系，它比静力学和运动学问题更广泛、更深入。

第一篇　刚体静力学

引　言

刚体静力学是研究物体平衡规律的科学。它主要研究以下三个方面的问题。

(1)**物体的受力分析。**所谓受力分析，是指分析物体受到了哪些力的作用，以及每个力的作用位置和作用方向的过程。

(2)**力系的简化。**将作用在某物体上的由多个力构成的复杂力系用一个较简单的力系代替，而保持其对该物体的作用效应不变。这种方法称为**力系的简化**，或称为**力系的等效替换**。

(3)**力系的平衡。**建立物体在力系作用下保持平衡的条件。**平衡**是物体机械运动的一种特殊状态。若物体相对于惯性参考系保持静止或作匀速直线平动，则称此物体处于平衡状态。在一般工程问题中，常把固连于地球上的参考系视为惯性参考系。本书中如无特别说明，都将视地球为惯性参考系。

第 1 章　静力学基础

1.1　静力学公理

人们在长期的生活和生产实践中，对力的基本性质进行了概括和归纳，得出了一些显而易见的、能更深刻地反映力的本质的一般规律。这些规律的正确性为实践反复证明，从而被人们所公认，我们称之为**静力学公理**。静力学的所有其余内容，都可以由这些公理推论得到。所以，静力学公理是整个静力学的理论基础。

公理一　力的平行四边形公理

作用在物体上同一点的两个力，可以合成为一个也作用于该点的合力。合力的大小和方向由以这两个力为邻边所构成的平行四边形的对角线表示。

图 1－1(a)中，力 $\boldsymbol{F}_R$ 为两共点力 $\boldsymbol{F}_1$、$\boldsymbol{F}_2$ 的合力，力 $\boldsymbol{F}_1$、$\boldsymbol{F}_2$ 为 $\boldsymbol{F}_R$ 的分力，它们之间的关系可写成矢量等式

$$\boldsymbol{F}_R = \boldsymbol{F}_1 + \boldsymbol{F}_2$$

式中的"＋"号表示按矢量相加，即按平行四边形法则相加。因此，力的平行四边形公理也可以叙述为：**两个共点力的合力矢等于两分力矢的矢量和(几何和)**。这种通过作力的平行四边形来求合力的几何方法称为**力的平行四边形法则**。

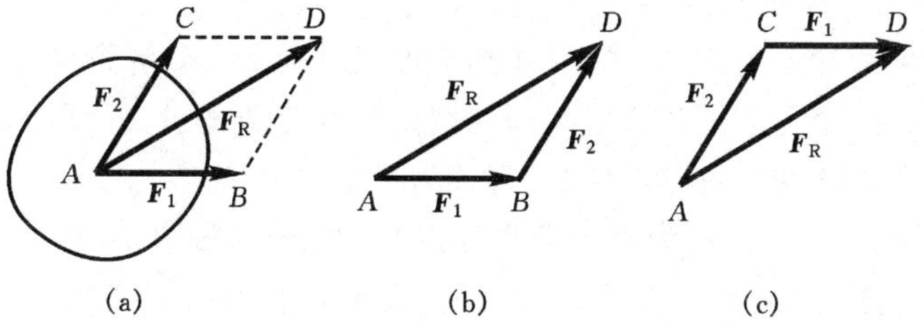

图 1－1

由图 1－1(b)可见，在求合力矢 $\boldsymbol{F}_R$ 时，实际上不必作出整个平行四边形，只要以力矢 $\boldsymbol{F}_1$ 的末端 B 作为力矢 $\boldsymbol{F}_2$ 的始端画出 $\boldsymbol{F}_2$，即两分力矢首尾相接，则矢量$\overrightarrow{AD}$就代表合力矢 $\boldsymbol{F}_R$。如果先画 $\boldsymbol{F}_2$，后画 $\boldsymbol{F}_1$(图 1－1(c))，也能得到相同的结果。这样画成的三角形 ABD 或 ACD 称为**力三角形**。这种通过作力三角形来求合力矢的几何方法称为**力三角形法则**。

如图 1－2(a)所示，设物体上作用有共点力 $\boldsymbol{F}_1$、$\boldsymbol{F}_2$、$\boldsymbol{F}_3$ 和 $\boldsymbol{F}_4$。为了求该力系的合力矢，可连续应用力三角形法则，把各力两两顺次合成。如图 1－2(b)所示，先从任意点 a 起，画出 $\boldsymbol{F}_1$ 和 $\boldsymbol{F}_2$ 的力三角形 abc，求出它们合力矢 $\boldsymbol{F}_{R1}$；再画出 $\boldsymbol{F}_{R1}$ 和 $\boldsymbol{F}_3$ 的力三角形 acd，求出它们的合力矢 $\boldsymbol{F}_{R2}$。显然 $\boldsymbol{F}_{R2}$ 也就是 $\boldsymbol{F}_1$、$\boldsymbol{F}_2$ 和 $\boldsymbol{F}_3$ 这三个力的合力矢。继续采用这种方法，可以求得共点力系的合力矢 $\boldsymbol{F}_R$。

由图 1－2(b)可以看出，为了求合力矢 $\boldsymbol{F}_R$，作图过程中的力矢 $\boldsymbol{F}_{R1}$ 和 $\boldsymbol{F}_{R2}$ 可不必画出，只须

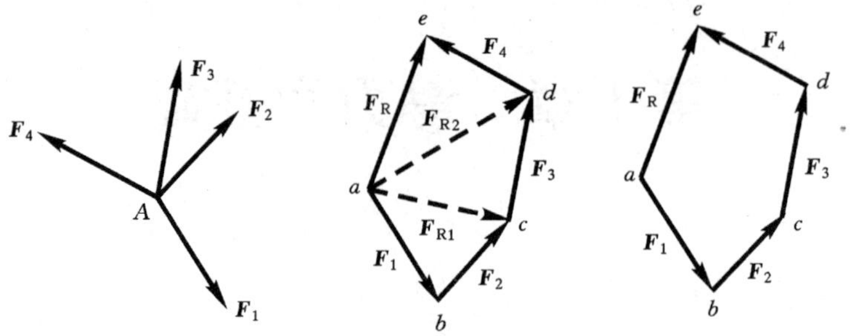

(a)　(b)　(c)

图 1 - 2

将力系中各力矢按首尾相接的原则顺次画出,连接第一个力矢的始端与最后一个力矢的末端的矢量,就是合力矢 $\boldsymbol{F}_R$,如图 1 - 2(c)所示。这样画出的多边形 *abcde* 称为**力多边形**。合力矢为力多边形的封闭边。用力多边形求合力矢的几何方法称为**力多边形法则**。

具有公共作用点的力系称为**共点力系**。上述方法容易推广到由 n 个力 $\boldsymbol{F}_1,\boldsymbol{F}_2,\cdots,\boldsymbol{F}_n$ 组成的共点力系的情形。结论如下:**共点力系可以合成为一个合力,合力的作用点与各分力相同,合力的大小和方向由力多边形的封闭边表示**。写成矢量等式,则有

$$\boldsymbol{F}_R=\boldsymbol{F}_1+\boldsymbol{F}_2+\cdots+\boldsymbol{F}_n=\sum_{i=1}^{n}\boldsymbol{F}_i$$

或简写为

$$\boldsymbol{F}_R=\sum\boldsymbol{F} \tag{1-1}$$ [①]

不难看出,在一般情况下,力多边形是空间折线。仅对各力的作用线在同一平面内的平面共点力系,力多边形才是平面折线。

利用力的平行四边形公理或力多边形法则也可以将一个力分解为与之共点的两个或多个分力。在工程中常将一个力分解为与之共面的两个相互垂直的分力,或分解为三个相互垂直的分力。这种分解称为**正交分解**,所得的分力称为**正交分力**。

如图 1 - 3(a)所示,力 $\boldsymbol{F}$ 分解为两个正交分力 $\boldsymbol{F}_x$ 和 $\boldsymbol{F}_y$。由图 1 - 3(b)可知,力 $\boldsymbol{F}$ 分解为 $\boldsymbol{F}_x$、$\boldsymbol{F}_y$ 和 $\boldsymbol{F}_z$ 三个正交分力。若分别以 F_x、F_y、F_z 表示力 $\boldsymbol{F}$ 在三根直角坐标轴 x、y、z 上的投影,以 α、β、γ 表示力 $\boldsymbol{F}$ 与三根坐标轴正向之间的夹角,则

$$F_x=F\cos\alpha,\quad F_y=F\cos\beta,\quad F_z=F\cos\gamma \tag{1-2}$$

利用力在坐标轴上的投影,可以同时说明力沿直角坐标轴分解所得分力的大小和方向;投影的绝对值等于对应分力的大小,投影的正负号表明该分力是沿坐标轴的正向还是负向。若分别以 $\boldsymbol{i}$、$\boldsymbol{j}$、$\boldsymbol{k}$ 表示沿三根坐标轴方向的单位矢量,则力 $\boldsymbol{F}$ 的解析表达式为

$$\boldsymbol{F}=F_x\boldsymbol{i}+F_y\boldsymbol{j}+F_z\boldsymbol{k} \tag{1-3}$$

若已知力 $\boldsymbol{F}$ 的三个投影 F_x、F_y、F_z,则力 $\boldsymbol{F}$ 的大小

$$F=\sqrt{F_x^2+F_y^2+F_z^2} \tag{1-4}$$

力 $\boldsymbol{F}$ 的三个方向余弦

---

① 为了简便,以下都用“Σ”代替“$\sum\limits_{i=1}^{n}$”。

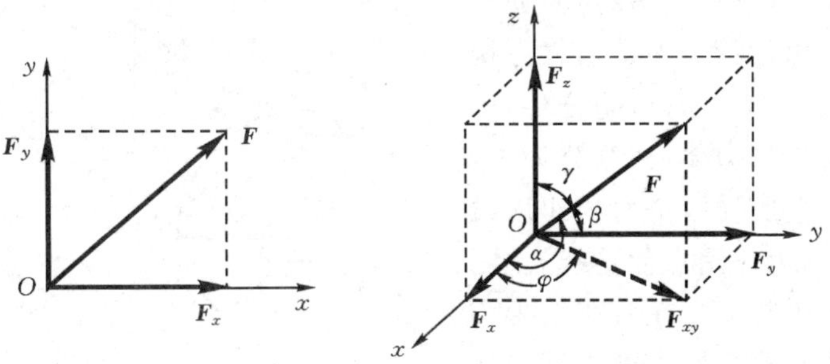

(a)　　(b)

图 1-3

$$\cos(\boldsymbol{F},\boldsymbol{i}) = \frac{F_x}{F},\quad \cos(\boldsymbol{F},\boldsymbol{j}) = \frac{F_y}{F},\quad \cos(\boldsymbol{F},\boldsymbol{k}) = \frac{F_z}{F} \tag{1-5}$$

为了求得力 $\boldsymbol{F}$ 沿坐标轴的三个正交分力或在坐标轴上的三个投影，也可以先把力 $\boldsymbol{F}$ 在其作用线与 z 轴所构成的平面上正交分解，得到 $\boldsymbol{F}_z$ 和 $\boldsymbol{F}_{xy}$，如图 1-3(b)所示。其中 $\boldsymbol{F}_{xy}$ 在 Oxy 平面上，再把力 $\boldsymbol{F}_{xy}$ 在 Oxy 平面上正交分解，即得 $\boldsymbol{F}_x$ 和 $\boldsymbol{F}_y$。设力 $\boldsymbol{F}$ 与 z 轴的夹角为 γ，力 $\boldsymbol{F}_{xy}$ 与 x 轴的夹角为 φ，则有 $F_z = F\cos\gamma$，$F_{xy} = F\sin\gamma$，$F_x = F_{xy}\cos\varphi = F\sin\gamma\cos\varphi$，$F_y = F_{xy}\sin\varphi = F\sin\gamma\sin\varphi$。矢量 $\boldsymbol{F}_{xy}$ 称为力 $\boldsymbol{F}$ 在 Oxy 平面上的投影。注意，力在平面上的投影是矢量，而力在坐标轴上的投影是代数量。类似地，也可以先把力 $\boldsymbol{F}$ 正交分解成 $\boldsymbol{F}_x$、$\boldsymbol{F}_{yz}$ 或 $\boldsymbol{F}_y$、$\boldsymbol{F}_{xz}$。

设空间共点力系的合力 $\boldsymbol{F}_{\mathrm{R}}$ 在三根坐标轴上的投影分别为 $F_{\mathrm{R}x}$、$F_{\mathrm{R}y}$ 和 $F_{\mathrm{R}z}$，分力 $\boldsymbol{F}_i$ 在三根坐标轴上的投影分别为 F_{xi}、F_{yi} 和 F_{zi}，则力 $\boldsymbol{F}_i$ 和 $\boldsymbol{F}_{\mathrm{R}}$ 的解析表达式分别为

$$\boldsymbol{F}_i = F_{xi}\boldsymbol{i} + F_{yi}\boldsymbol{j} + F_{zi}\boldsymbol{k},\quad \boldsymbol{F}_{\mathrm{R}} = F_{\mathrm{R}x}\boldsymbol{i} + F_{\mathrm{R}y}\boldsymbol{j} + F_{\mathrm{R}z}\boldsymbol{k} \tag{1}$$

由式(1-1)有

$$\begin{aligned}\boldsymbol{F}_{\mathrm{R}} &= \sum \boldsymbol{F}_i = \sum (F_{xi}\boldsymbol{i} + F_{yi}\boldsymbol{j} + F_{zi}\boldsymbol{k}) \\ &= (\sum F_{xi})\boldsymbol{i} + (\sum F_{yi})\boldsymbol{j} + (\sum F_{zi})\boldsymbol{k}\end{aligned} \tag{2}$$

比较(1)式和(2)式，可得

$$F_{\mathrm{R}x} = \sum F_{xi},\quad F_{\mathrm{R}y} = \sum F_{yi},\quad F_{\mathrm{R}z} = \sum F_{zi}$$

简写为

$$F_{\mathrm{R}x} = \sum F_x,\quad F_{\mathrm{R}y} = \sum F_y,\quad F_{\mathrm{R}z} = \sum F_z \tag{1-6}$$

即共点力系的合力在任一轴上的投影，等于各分力在同一轴上投影的代数和。

利用力在坐标轴上的投影求合力的方法称为解析法。本书主要采用这种方法。

公理二　二力平衡公理

作用于刚体上的两个力，使刚体保持平衡的充分和必要条件是：这两个力的大小相等、方向相反，作用在同一条直线上(或者说这两个力等值、反向、共线)，如图1-4所示。

注意，这个公理只适用于刚体。对于变形体，这个条件则只是必要的而不是充分的。例如，不可伸长的软绳受到等值、反向的两个拉力作用时可以平衡，而受到两个等值、反向的压力作用时就不能保持平衡。

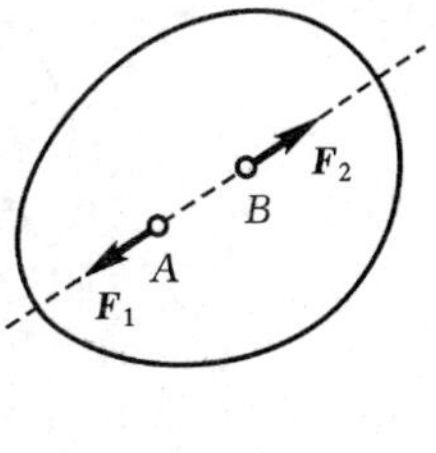

图 1-4

工程中常遇到只受两个力作用而处于平衡的构件。这类构件称为平衡的二力构件,简称为**二力体**。如果二力体是杆件,则也称为**二力杆**。对于二力体,根据公理二,可以立刻确定构件上所受两个力的作用线的位置(必定沿着两力作用点的连线)。图 1-5(a)所示机构中的棘爪 AB,在爪尖 B 点受到棘轮所给的力 $\boldsymbol{F}_B$,在 A 处受到圆柱形销钉所给的力 $\boldsymbol{F}_A$,而棘爪很轻,它所受到的重力可忽略不计,所以棘爪是二力体。根据公理二可知,当棘爪平衡时,力 $\boldsymbol{F}_A$、$\boldsymbol{F}_B$ 的作用线必定沿 A、B 两点的连线(图 1-5(b))。

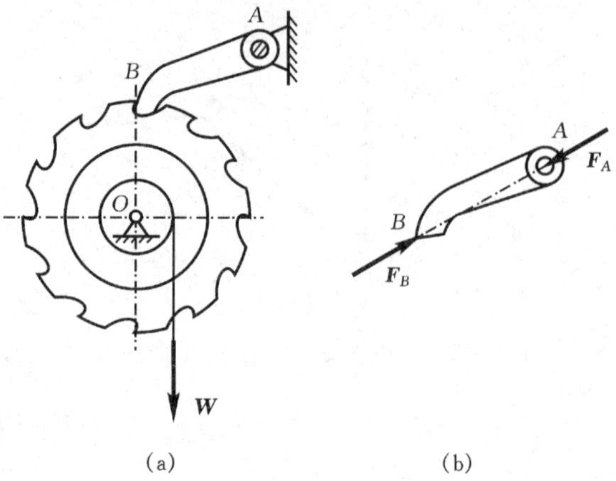

图 1-5

一个力系作用于刚体而不改变其运动状态,这样的力系统称为**平衡力系**。等值、反向、共线的两个力组成了一个最简单的平衡力系。

刚体在某力系作用下维持平衡状态时,该力系所应满足的条件,称为**力系的平衡条件**。公理二总结了作用于刚体上的最简单力系的平衡条件。

公理三　增减平衡力系公理

在作用于刚体上的任何一个力系中,增加或减去任一个平衡力系,不改变原力系对刚体的作用。

注意,此公理也仅适用于刚体,而不适用于变形体。

上述三个公理是研究力系的简化和平衡条件的基本依据。根据上述三个公理,可以得出如下两个推论。

推论一　力的可传性定理

作用于刚体上的力,可以沿其作用线移动到该刚体上的任意一点,而不改变此力对刚体的作用。

证明:设力 $\boldsymbol{F}$ 作用于刚体上的 A 点,如图 1-6(a)所示。在其作用线上的任一点 B 处加上一对平衡力 $\boldsymbol{F}'$ 和 $\boldsymbol{F}''$,并且使 $\boldsymbol{F}'=-\boldsymbol{F}''=\boldsymbol{F}$(图 1-6(b))。根据公理三,力系$\{\boldsymbol{F}、\boldsymbol{F}'、\boldsymbol{F}''\}$与力 $\boldsymbol{F}$ 等效。又由公理二可知,力 $\boldsymbol{F}$ 和 $\boldsymbol{F}''$ 是一对平衡力,再根据公理三,可以把这一对力减去,即力系$\{\boldsymbol{F}、\boldsymbol{F}'、\boldsymbol{F}''\}$又与力 $\boldsymbol{F}'$ 等效(图1-6(c))。于是,力 $\boldsymbol{F}'$ 与原来的力 $\boldsymbol{F}$ 等效。而力 $\boldsymbol{F}'$ 就是原来

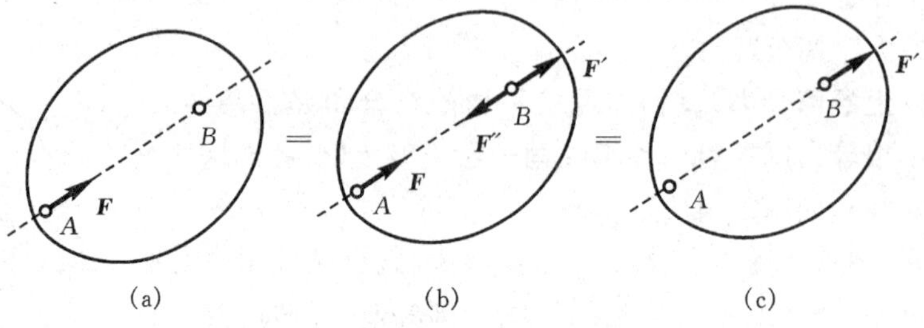

图 1-6

的力 $\boldsymbol{F}$ 从刚体上的点 A 沿着作用线移动到任意点 B 后所得到的。这就证明了力的可传性定理。

根据力的可传性定理，力对刚体的作用与力的作用点在作用线上的位置无关。因此，对于刚体来说，力的作用点已不再是决定力的作用效应的要素，力的三要素之一的作用点被其作用线所取代。在这种情况下，力变为**滑动矢量**。

各力的作用线汇交于一点的力系称为**汇交力系**。根据力的可传性定理，将力系中各力的作用点分别沿各自的作用线移至汇交点，汇交力系即成为共点力系，于是可按照共点力系的合成方法进行合成。

根据上述公理和力的可传性定理，又可以得到一个推论。

推论二　三力平衡汇交定理

当刚体在三个力作用下处于平衡时，若其中两个力的作用线汇交于一点，则此三力必在同一平面内，且第三个力的作用线也通过汇交点。

证明：如图 1－7(a)所示，在刚体上的 A、B、C 三点，分别作用着三个力 $\boldsymbol{F}_1$、$\boldsymbol{F}_2$ 和 $\boldsymbol{F}_3$ 使刚体处于平衡，其中 $\boldsymbol{F}_1$ 和 $\boldsymbol{F}_2$ 的作用线汇交于 O 点。根据力的可传性定理，将力 $\boldsymbol{F}_1$ 和 $\boldsymbol{F}_2$ 的作用点移到汇交点 O(图 1－7(b))，得到 $\boldsymbol{F}_1'$ 和 $\boldsymbol{F}_2'$。根据公理一，$\boldsymbol{F}_1'$ 和 $\boldsymbol{F}_2'$ 可以合成为一个合力 $\boldsymbol{F}_{\mathrm{R12}}$。力 $\boldsymbol{F}_3$ 应与 $\boldsymbol{F}_{\mathrm{R12}}$ 平衡。再根据公理二，$\boldsymbol{F}_3$ 必与 $\boldsymbol{F}_{\mathrm{R12}}$ 共线(图 1－7(c))。所以力 $\boldsymbol{F}_3$ 必定与 $\boldsymbol{F}_1$、$\boldsymbol{F}_2$ 共面，且 $\boldsymbol{F}_3$ 的作用线必通过 $\boldsymbol{F}_1$ 和 $\boldsymbol{F}_2$ 的汇交点 O。定理得证。

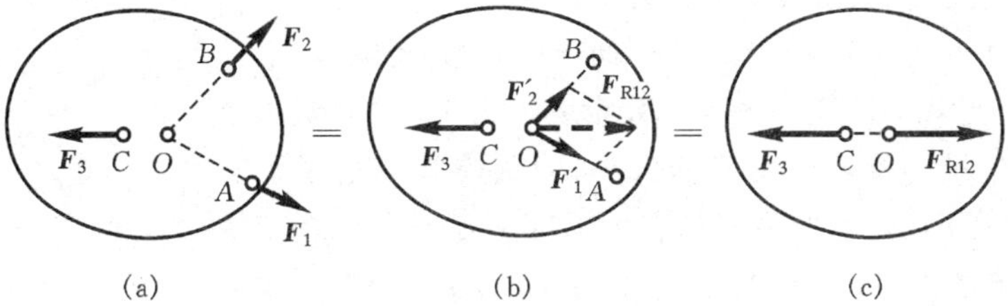

图 1－7

三力平衡汇交定理是三个不平行力平衡的必要条件。当刚体受三个不平行力的作用而处于平衡时，如果已知其中两个力的作用线的位置，则可以利用此定理确定第三个力的作用线的位置。

公理四　作用力和反作用力公理

任何两个物体间相互作用的一对力总是大小相等，方向相反，沿着同一条直线，并同时分别作用在这两个物体上。这两个力互为作用力和反作用力。

作用力和反作用力公理，无论对刚体还是变形体都是成立的。在分析由多个物体组成的系统(简称**物系**)问题时，利用这个公理可以把系统中相邻两物体的受力分析联系起来。

注意，分析作用在两个物体上的作用力与反作用力，虽然等值、反向、沿同一直线，但并不是一对平衡力，因为这一对力不作用在同一刚体上。

公理五　刚化公理

当变形体在已知力系作用下处于平衡时，如果把变形后的变形体换为刚体(刚化)，则平衡状态保持不变。

这个公理建立了刚体平衡条件和变形体平衡条件之间的关系。它说明，变形体平衡时，作用于其上的力系必定满足刚体的平衡条件，这样就能把刚体的平衡理论应用于变形体，从而扩大了刚体静力学理论的应用范围。注意，刚体平衡的必要充分条件，对于变形体来说，只是必要条件，不是充分条件。

在变形体受力达到平衡之前的变形过程中，各力的大小、方向和作用点都可能发生改变。满足刚体平衡条件的是达到平衡后作用在变形体上的力系。

1.2 力　矩

实践证明，作用于物体的力，一般不仅可使物体移动，而且可使物体转动。由物理学知，力使物体转动的效应是用力矩来度量的。

1.2.1　力对点的矩

如图 1-8 所示，力 $\boldsymbol{F}$ 使刚体绕某点 O 转动的效应，可用力 $\boldsymbol{F}$ 对 O 点的矩来度量。图中 O 点称为**力矩中心**，简称**矩心**。矩心 O 到力 F 作用线的垂直距离 h 称为**力臂**。在一般情况下，力 $\boldsymbol{F}$ 对 O 点的矩取决于以下三个要素：

(1)力矩的大小，即力 $\boldsymbol{F}$ 的大小与力臂 h 的乘积，恰好等于 $\triangle OAB$ 面积的二倍($Fh=2\triangle OAB$的面积)；

(2)力 $\boldsymbol{F}$ 与矩心 O 所构成平面的方位；

(3)在此平面内力 $\boldsymbol{F}$ 绕矩心 O 的转向(称为力矩的转向)。

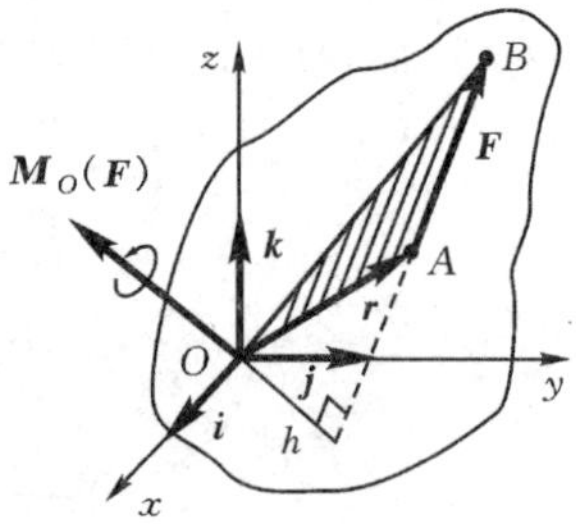

图 1-8

显然这三个要素不可能用一个代数量表示出来，而必须用一个矢量来表示：矢量的模等于力矩的大小，矢量的方位垂直于力与矩心所构成的平面，矢量的指向按右手螺旋法则确定。该矢量称为**力 $\boldsymbol{F}$ 对 O 点的矩矢**，简称**力矩矢**，记为 $\boldsymbol{M}_O(\boldsymbol{F})$。若以 $\boldsymbol{r}$ 表示力 $\boldsymbol{F}$ 的作用点 A 相对于矩心 O 的矢径 $\overrightarrow{OA}$，可知

$$\boldsymbol{M}_O(\boldsymbol{F}) = \boldsymbol{r}\times\boldsymbol{F} \tag{1-7}$$

上式为**力对点之矩的矢积表达式**。即力对点的矩矢等于力作用点对于矩心的矢径与该力的矢积。

应当指出，力矩矢 $\boldsymbol{M}_O(\boldsymbol{F})$ 与矩心的位置有关，因而力矩矢 $\boldsymbol{M}_O(\boldsymbol{F})$ 只能画在矩心 O 处，所以力矩矢是定位矢量。

若以矩心 O 为原点，建立直角坐标系 $Oxyz$，分别以 $\boldsymbol{i}$、$\boldsymbol{j}$、$\boldsymbol{k}$ 表示沿三根坐标轴正向的单位矢量。设力 $\boldsymbol{F}$ 作用点 A 的坐标为 x、y、z，$\boldsymbol{F}$ 在三根坐标轴上的投影分别为 F_x、F_y、F_z，则矢径 $\boldsymbol{r}$ 和力 $\boldsymbol{F}$ 的解析表达式分别为

$$\boldsymbol{r} = x\boldsymbol{i} + y\boldsymbol{j} + z\boldsymbol{k},\quad \boldsymbol{F} = F_x\boldsymbol{i} + F_y\boldsymbol{j} + F_z\boldsymbol{k}$$

代入式(1-7)可得

$$\begin{aligned}\boldsymbol{M}_O(\boldsymbol{F}) &= \boldsymbol{r}\times\boldsymbol{F} = (x\boldsymbol{i} + y\boldsymbol{j} + z\boldsymbol{k})\times(F_x\boldsymbol{i} + F_y\boldsymbol{j} + F_z\boldsymbol{k}) \\ &= (yF_z - zF_y)\boldsymbol{i} + (zF_x - xF_z)\boldsymbol{j} + (xF_y - yF_x)\boldsymbol{k}\end{aligned} \tag{1-8}$$

上式也可表示为行列式的形式，即

$$M_O(F) = \begin{vmatrix} i & j & k \\ x & y & z \\ F_x & F_y & F_z \end{vmatrix} \tag{1-9}$$

对于平面情形，力对点的矩只取决于力矩的大小和力矩的转向这两个要素，因而可用代数量表示，即(图 1-9)

$$M_O(F) = \pm Fh \tag{1-10}$$

正负号的规定是：逆钟向转向的力矩为正值，反之为负值。

平面情形力对点之矩表示为如下解析形式：

$$M_O(F) = \begin{vmatrix} x & y \\ F_x & F_y \end{vmatrix} = xF_y - yF_x \tag{1-11}$$

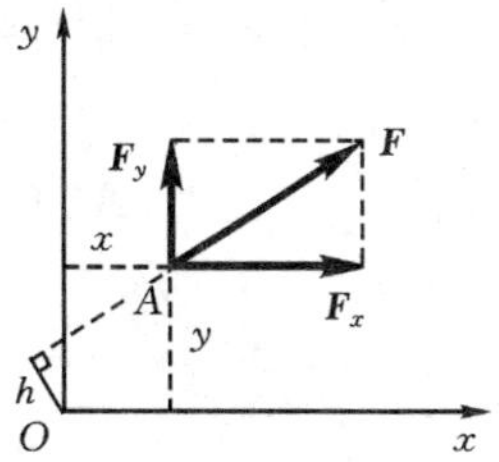

图 1-9

1.2.2　力对轴的矩

为了度量力使物体绕某轴转动(如开门、关窗等)的效应，提出力对轴的矩的概念。例如，设力 $\boldsymbol{F}$ 作用在可绕 z 轴转动的刚体上，如图 1-10 所示。将力 $\boldsymbol{F}$ 分解为两个分力：平行于 z 轴的分力 $\boldsymbol{F}_z$ 和垂直于 z 轴的分力 $\boldsymbol{F}_{xy}$(此力即为 $\boldsymbol{F}$ 在过 A 点而垂直于 z 轴的 Oxy 平面上的投影)。由经验知，分力 $\boldsymbol{F}_z$ 不能使刚体绕 z 轴转动，所以它对 z 轴转动的效应为零。而分力 $\boldsymbol{F}_{xy}$ 使刚体绕 z 轴转动的效应，决定于 $\boldsymbol{F}_{xy}$ 的大小与 O 点到 $\boldsymbol{F}_{xy}$ 的垂直距离 h 的乘积，即可用力 $\boldsymbol{F}_{xy}$ 对 O 点的矩来度量。因此，力 $\boldsymbol{F}$ 在 Oxy 平面上的投影 $\boldsymbol{F}_{xy}$ 对 O 点的矩就是力 $\boldsymbol{F}$ 对 z 轴的矩，记作 $M_z(\boldsymbol{F})$，则

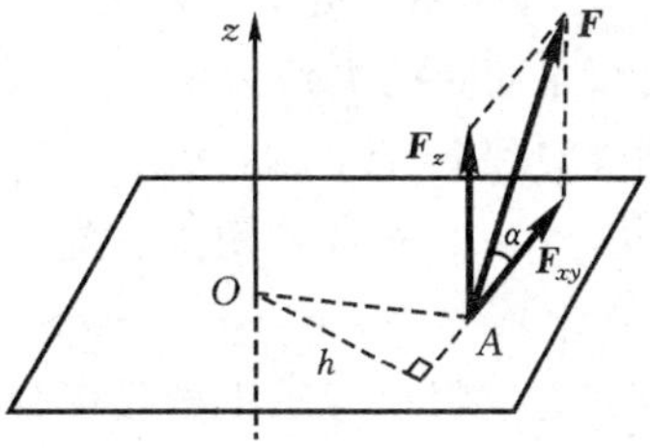

图 1-10

$$M_z(F) = M_O(F_{xy}) = \pm F_{xy}h \tag{1-12}$$

即力对轴的矩等于该力在垂直于此轴的平面上的投影对于此轴与该平面交点的矩。力对轴的矩是一代数量，其正、负号按右手螺旋法则确定。

由力对轴的矩的定义可知，当力的作用线与轴平行或相交(即共面)时，力对该轴的矩等于零。

力对轴的矩可写成解析表达式。根据式(1-11)和式(1-12)可得

$$\left.\begin{aligned} M_z(F) &= xF_y - yF_x \\ M_y(F) &= zF_x - xF_z \\ M_x(F) &= yF_z - zF_y \end{aligned}\right\} \tag{1-13}$$

1.2.3　力对点的矩与力对通过该点的轴的矩之间的关系

由力对点的解析表达式(1-8)知，力矩矢 $\boldsymbol{M}_O(\boldsymbol{F})$ 在三根坐标轴上的投影分别为

$$\left.\begin{aligned} [M_O(F)]_x &= yF_z - zF_y \\ [M_O(F)]_y &= zF_x - xF_z \\ [M_O(F)]_z &= xF_y - yF_x \end{aligned}\right\} \tag{1-14}$$

比较式(1-14)和式(1-13)可知：**力对点的矩矢在通过该点的轴上的投影等于力对该轴的矩**，即

$$\left.\begin{aligned}[\boldsymbol{M}_O(\boldsymbol{F})]_x &= M_x(\boldsymbol{F})\\ [\boldsymbol{M}_O(\boldsymbol{F})]_y &= M_y(\boldsymbol{F})\\ [\boldsymbol{M}_O(\boldsymbol{F})]_z &= M_z(\boldsymbol{F})\end{aligned}\right\} \tag{1-15}$$

若已知力 $\boldsymbol{F}$ 对直角坐标轴 x、y、z 的矩，则可以求得力对坐标原点 O 的矩矢的大小和方向，即

$$\left.\begin{aligned}&|\boldsymbol{M}_O(\boldsymbol{F})| = \sqrt{[M_x(\boldsymbol{F})]^2 + [M_y(\boldsymbol{F})]^2 + [M_z(\boldsymbol{F})]^2}\\ &\cos\alpha = \frac{M_x(\boldsymbol{F})}{|\boldsymbol{M}_O(\boldsymbol{F})|},\ \cos\beta = \frac{M_y(\boldsymbol{F})}{|\boldsymbol{M}_O(\boldsymbol{F})|},\ \cos\gamma = \frac{M_z(\boldsymbol{F})}{|\boldsymbol{M}_O(\boldsymbol{F})|}\end{aligned}\right\} \tag{1-16}$$

式中：α、β、γ 分别为力矩矢 $\boldsymbol{M}_O(\boldsymbol{F})$ 与轴 x、y、z 正向之间的夹角。

在国际单位制中，力矩的单位是N·m(牛顿·米)。

顺便指出，力矩的概念及其计算公式可以推广到其它任何具有明确作用线的矢量，从而抽象得到“矢量矩”的概念。本书第四篇中将要介绍的动量矩就是矢量矩的又一个例子。

例 1-1　如图 1-11 所示，手柄 $ABCD$ 在平面 Axy 内，E 处作用一力 $\boldsymbol{F}$。若力 $\boldsymbol{F}$ 在垂直于 y 轴的平面内，与铅垂平面间的夹角为 α；$\overline{CE}=a$，$\overline{AB}=\overline{BC}=l$，$BC$ 平行于 x 轴，CD 平行于 y 轴，试求力 $\boldsymbol{F}$ 对 x、y、z 三轴的矩。

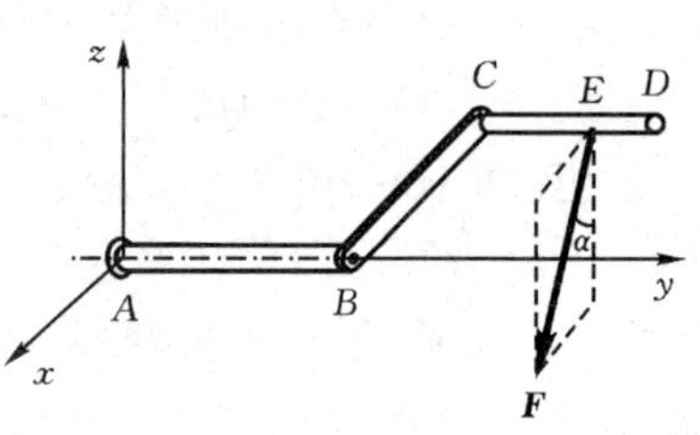

图 1-11

解　力 $\boldsymbol{F}$ 的作用点在坐标系 $Axyz$ 中的坐标分别为

$$x=-l,\quad y=l+a,\quad z=0$$

力 $\boldsymbol{F}$ 在三根坐标轴上的投影分别为

$$F_x = F\sin\alpha,\quad F_y = 0,\quad F_z = -F\cos\alpha$$

由式(1-13)即可求得力 $\boldsymbol{F}$ 对三轴的矩分别为

$$\begin{aligned}M_x(\boldsymbol{F}) &= yF_z - zF_y = -F(l+a)\cos\alpha\\ M_y(\boldsymbol{F}) &= zF_x - xF_z = -Fl\cos\alpha\\ M_z(\boldsymbol{F}) &= xF_y - yF_x = -F(l+a)\sin\alpha\end{aligned}$$

例 1-2　图 1-12(a)所示的弯杆 OAB 的端点 B 作用一力 $F=100$ N。力 $\boldsymbol{F}$ 在 OAB 平面内。若 $l=1$ m，$r=0.5$ m，$\alpha=30°$，求力 $\boldsymbol{F}$ 对 O 点的矩。

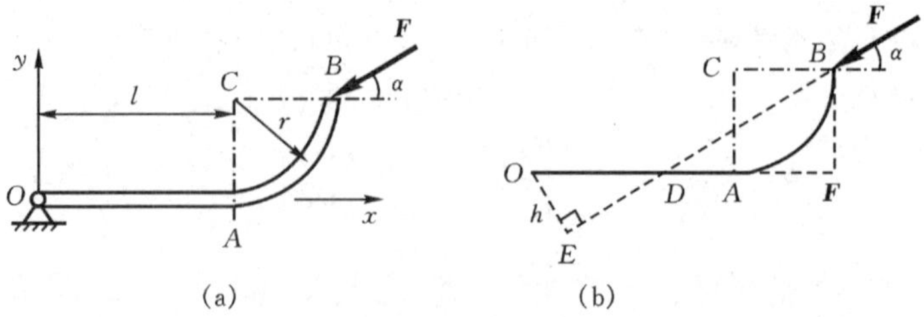

图 1-12

解　建立坐标系 Oxy(图 1-12(a))。力 $\boldsymbol{F}$ 的作用点 B 的坐标分别为

$$x = l + r = 1 + 0.5 = 1.5\ \text{m},\quad y = r = 0.5\ \text{m}$$

力 $\boldsymbol{F}$ 在 x、y 轴上的投影分别为

$$\begin{aligned}F_x &= -F\cos\alpha = -100\cos30° = -86.6\ \text{N}\\ F_y &= -F\sin\alpha = -100\sin30° = -50.0\ \text{N}\end{aligned}$$

根据公式(1－11)，即可求得力 $\boldsymbol{F}$ 对 O 点的矩为

$$M_O(\boldsymbol{F}) = xF_y - yF_x = 1.5 \times (-50) - 0.5 \times (-86.6) = -31.7\ \text{N·m}$$

本例也可以先求出矩心 O 到力 $\boldsymbol{F}$ 作用线的距离，即力臂 h(图 1－12(b))，然后再由 $M_O(\boldsymbol{F}) = -Fh$ 求得力 $\boldsymbol{F}$ 对 O 点的矩。请读者自行练习。

1.3　力偶理论

1.3.1　力偶的概念　力偶矩

在生活和生产实践中，常常同时施加**大小相等、方向相反、作用线不在同一直线上的两个力**来使物体转动。例如，用两个手指拧动水龙头或转动钥匙，用双手转动汽车的方向盘或用丝锥攻螺纹(图 1－13(a))等。在力学中，把这样的两个力作为一个整体来考虑，称为**力偶**，用记号($\boldsymbol{F}$、$\boldsymbol{F}'$)表示。如图 1－13(b)所示，力偶中两力作用线所决定的平面称为**力偶的作用面**，**两力作用线间的垂直距离**称为**力偶臂**，**力偶中两力所形成的转动方向**，称为**力偶的转向**。

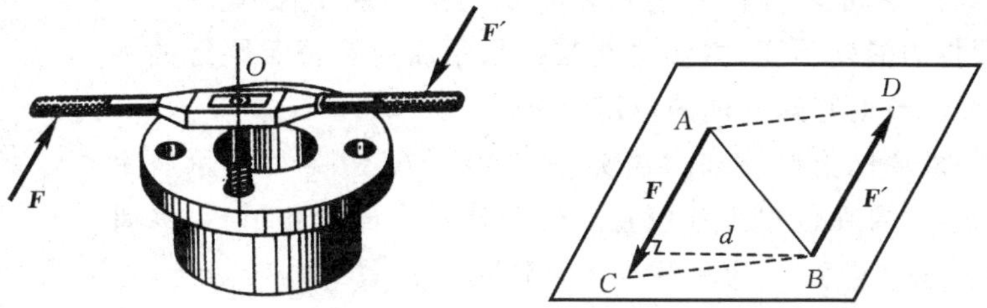

(a)　　　　(b)

图 1－13

力偶对刚体绕一点转动的效应用力偶中两个力对该点的力矩之和来量度。

设有一力偶($\boldsymbol{F}$、$\boldsymbol{F}'$)作用在刚体上，如图1－14所示。任取一点 O，两力对该点的矩之和为

$$\begin{aligned}\boldsymbol{M}_O(\boldsymbol{F},\boldsymbol{F}') &= \boldsymbol{M}_O(\boldsymbol{F}) + \boldsymbol{M}_O(\boldsymbol{F}') \\ &= \boldsymbol{r}_A \times \boldsymbol{F} + \boldsymbol{r}_B \times \boldsymbol{F}'\end{aligned}$$

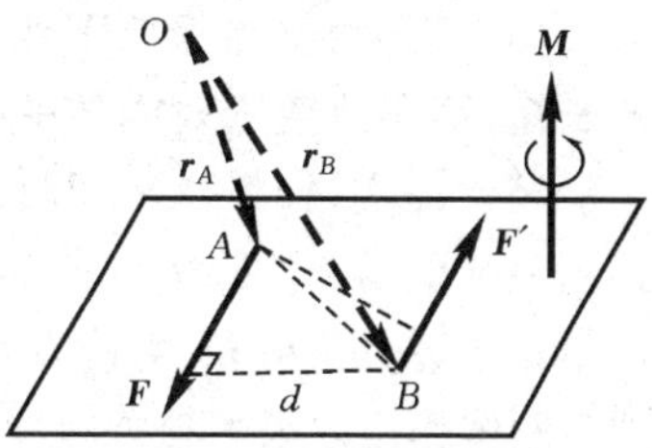

图 1－14

式中：$\boldsymbol{r}_A$、$\boldsymbol{r}_B$ 分别表示两个力的作用点 A 和 B 对于 O 点的矢径，由于 $\boldsymbol{F} = -\boldsymbol{F}'$，因此

$$\boldsymbol{M}_O(\boldsymbol{F},\boldsymbol{F}') = \boldsymbol{r}_A \times \boldsymbol{F} - \boldsymbol{r}_B \times \boldsymbol{F} = (\boldsymbol{r}_A - \boldsymbol{r}_B) \times \boldsymbol{F} = \overrightarrow{BA} \times \boldsymbol{F} \qquad (1-17)$$

矢积 $\overrightarrow{BA} \times \boldsymbol{F}$ 称为**力偶矩矢**，用矢量 $\boldsymbol{M}$ 表示。由于矩心 O 点是任取的，所以**力偶对任一点的矩矢都等于力偶矩矢，它与矩心位置无关**。

从上面的计算结果可知，力偶对刚体的转动效应完全决定于力偶矩矢 $\boldsymbol{M}$(包括大小、方位和指向)，从而得到力偶的三要素(图 1－14)。

(1)**力偶矩的大小**，即力偶矩矢 $\boldsymbol{M}$ 的模，等于力偶中的力 $\boldsymbol{F}$ 的大小与力偶臂 d 的乘积。

(2)**力偶作用面的方位**，即力偶矩矢 $\boldsymbol{M}$ 的方向。

(3)**力偶在其作用面内的转向**,力偶矩矢 $\boldsymbol{M}$ 的指向即代表该转向(它们符合右手螺旋法则)。

对于平面问题,因为力偶作用面的方位一定,力偶对刚体的作用效应只决定于力偶矩的大小和力偶的转向这两个要素,所以力偶矩可用代数量表示。即

$$M = \pm Fd \tag{1-18}$$

正负号的规定为:逆钟向转向为正,反之为负。

1.3.2　力偶等效定理

上面讲到,力偶对刚体的转动效应完全决定于力偶矩矢 $\boldsymbol{M}$,因此,一般情形下,**作用于刚体上的两个力偶,若它们的力偶矩矢相等,则两力偶等效**;对于平面问题,**作用在刚体上同一平面内的两个力偶,若它们的力偶矩相等,则两个力偶等效**。这就是**力偶等效定理**。

1.3.3　力偶的性质

(1)力偶无合力。

由于力偶对刚体只产生转动效应,没有移动效应,即力偶不可能与一个力等效,所以力偶不能用一个力来代替,也不能与一个力平衡。因此,力偶无合力。

(2)只要保持力偶矩不变,力偶可在其作用平面内及相互平行的平面内任意移转而不改变它对刚体的作用效果。

力偶的这一性质已为经验和实践所证实。例如,图1-15所示启闭小型闸门的转盘,只要在位置 1 和位置 2 的两转盘平面互相平行,力偶($\boldsymbol{F}$、$\boldsymbol{F}'$)无论是作用在位置 1 的转盘上还是作用在位置 2 的转盘上,也无论其在任一转盘上的位置如何,所产生的转动效应都是完全相同的。

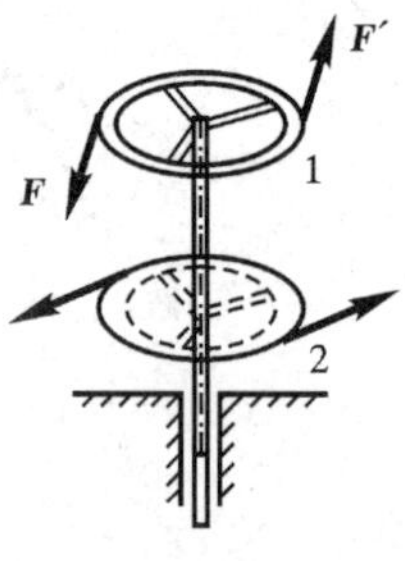

图 1-15

力偶既可在其作用面内移转,又可从一个平面移到另一个平行的平面内,所以只要力偶矩矢 $\boldsymbol{M}$ 的大小和方向保持不变,它可以在刚体上任意搬动,由此可知,力偶矩矢是一个**自由矢量**。

(3)只要力偶矩保持不变,可以任意改变力偶中力的大小和力偶臂的长短,而不改变它对刚体的效应(图 1-16)。

经验证实,如果汽车司机转动方向盘时,将力偶加在 A、B 位置或加在 C、D 位置(图 1-16),只要保持 $F_1 \cdot \overline{AB} = F_2 \cdot \overline{CD}$,则对方向盘的作用效果不变。

由上述分析可知,力偶在其作用面内的位置,以及力偶中力和力偶臂的大小,都不是决定力偶对刚体作用效果的独立因素,只有力偶矩才能唯一地决定力偶对刚体的作用。因此,平面力偶(图 1-17(a))可画成一弯箭头的形式(图 1-17(b)),弯箭头表示力偶的转向,字母 M 表示力偶矩的大小。

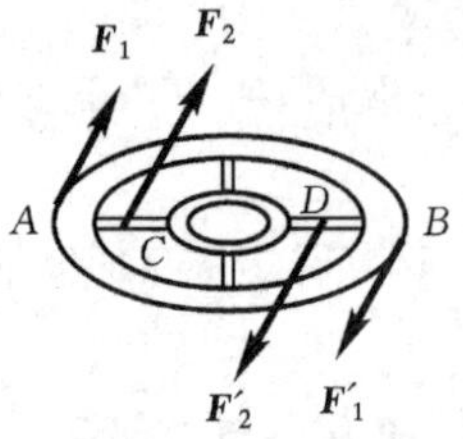

图 1-16

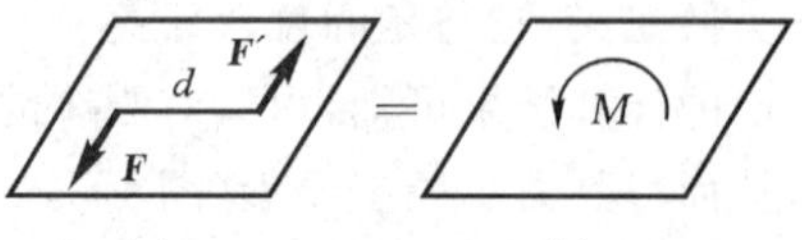

图 1-17

1.3.4　力偶系的合成与平衡

由于力偶矩矢是自由矢量，因此可将空间力偶系中的各力偶矩矢分别向任一点平移，从而得到一个共点矢量系。根据共点矢量系的合成和平衡理论可知，**空间力偶系一般可以合成为一个合力偶，合力偶矩矢等于各分力偶矩矢的矢量和**，即

$$\boldsymbol{M}_R = \boldsymbol{M}_1 + \boldsymbol{M}_2 + \cdots + \boldsymbol{M}_n = \sum \boldsymbol{M} \tag{1-19}$$

空间力偶系平衡的必要和充分条件：力偶系的合力偶矩矢等于零，亦即**力偶系中各力偶矩矢的矢量和等于零**，即

$$\sum \boldsymbol{M} = 0 \tag{1-20}$$

式(1-20)是力偶系平衡方程的矢量形式。将它投影到三根直角坐标轴上，可得到三个独立的代数方程。当一个刚体受空间力偶系的作用而平衡时，可用这些方程来求解三个未知量。

对于平面问题，力偶矩矢退化为代数量。于是，式(1-19)和式(1-20)可分别改写为

$$M_R = M_1 + M_2 + \cdots + M_n = \sum M \tag{1-21}$$

$$\sum M = 0 \tag{1-22}$$

例 1-3　图 1-18(a)所示的三棱柱体在三个力偶的作用下处于平衡。若已知 $F=150$ N，求其余两力偶中力的大小 F_1 和 F_2。图中尺寸单位为 cm。

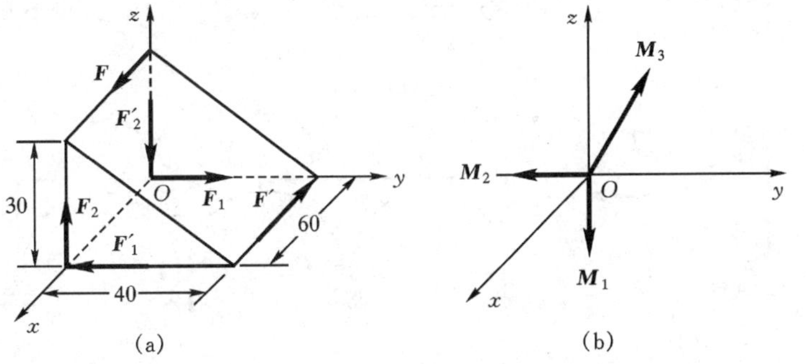

图 1-18

解　设沿坐标系 $Oxyz$ 的三根坐标轴正向的单位矢量分别为 $\boldsymbol{i}$、$\boldsymbol{j}$、$\boldsymbol{k}$，则三棱柱体上所受到的三个力偶的矩矢 $\boldsymbol{M}_1(\boldsymbol{F}_1, \boldsymbol{F}_1')$、$\boldsymbol{M}_2(\boldsymbol{F}_2, \boldsymbol{F}_2')$ 和 $\boldsymbol{M}_3(\boldsymbol{F}, \boldsymbol{F}')$ 可由图1-18(b)表示，其中

$$\boldsymbol{M}_1 = -60F_1\boldsymbol{k}, \quad \boldsymbol{M}_2 = -60F_2\boldsymbol{j}$$

$$\boldsymbol{M}_3 = 50F\left(\frac{3}{5}\boldsymbol{j} + \frac{4}{5}\boldsymbol{k}\right) = 150 \times (30\boldsymbol{j} + 40\boldsymbol{k})$$

根据式(1-20)，有　$\boldsymbol{M}_1 + \boldsymbol{M}_2 + \boldsymbol{M}_3 = 0$

即　$-60F_1\boldsymbol{k} - 60F_2\boldsymbol{j} + 150 \times (30\boldsymbol{j} + 40\boldsymbol{k}) = 0$

$$(4\,500 - 60F_2)\boldsymbol{j} + (6\,000 - 60F_1)\boldsymbol{k} = 0$$

于是可解得　$F_1 = \dfrac{6\,000}{60} = 100$ N，　$F_2 = \dfrac{4\,500}{60} = 75$ N

思考题

1-1　若力 $\boldsymbol{F}$ 沿 x、y 轴分解的分力分别为 $\boldsymbol{F}_1$ 和 $\boldsymbol{F}_2$，它在二轴上的投影分别为 F_x 和 F_y。

试问：$\boldsymbol{F}=\boldsymbol{F}_1+\boldsymbol{F}_2=F_x\boldsymbol{i}+F_y\boldsymbol{j}$ 对于图示两种坐标系是否都成立，为什么？

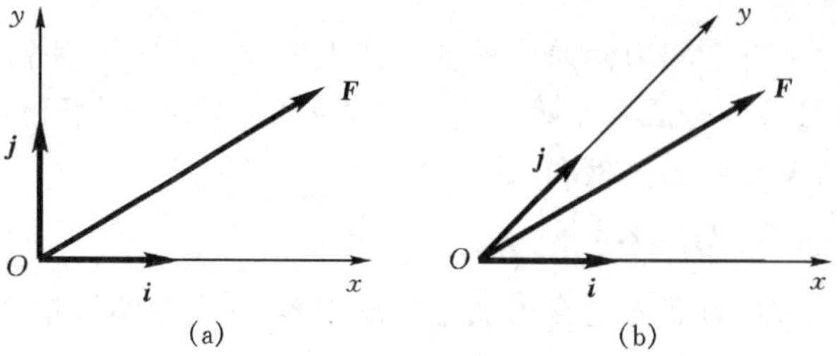

思 1-1 图

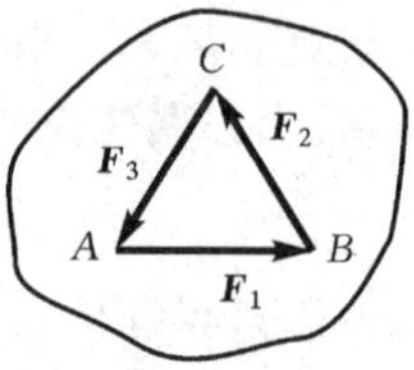

思 1-2 图

1-2 如图所示，在刚体上的 A、B、C 三点分别作用有力 $\boldsymbol{F}_1$、$\boldsymbol{F}_2$、$\boldsymbol{F}_3$，试问该刚体是否平衡，为什么？

1-3 什么叫二力构件？二力构件的受力与其形状有无关系？试指出图示各结构中的二力构件，其中各构件的自重均忽略不计。

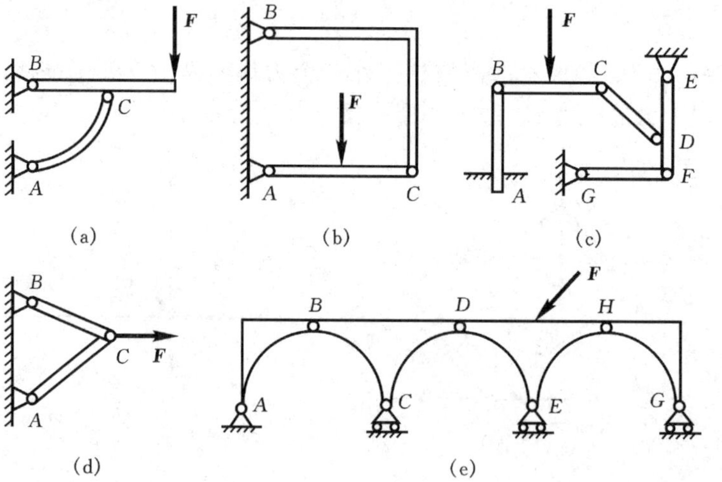

思 1-3 图

1-4 若作用在刚体上的三个力作用线汇交于一点，试问此刚体是否必然平衡？

1-5 力在坐标轴上的投影与力在平面上的投影是否都是代数量？

1-6 试比较力与力偶、力矩与力偶矩的异同。

1-7 力偶不能和单独的一个力相平衡，为什么图中的均质轮又能平衡呢？(图中的力偶矩 $M=Fr$。)

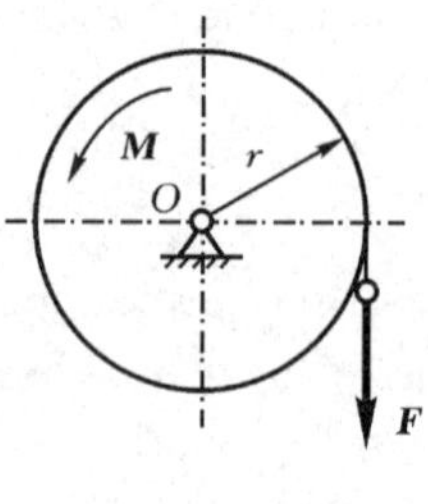

思 1-7 图

习 题

1-1 五个力作用于一点 O，如图所示，图中坐标的单位为 cm。求它们的合力。

1-2 图示火箭沿与水平面的夹角 $\beta=25°$的方向作匀速直线运动。火箭的推力 $F=100$ kN，

与运动方向的夹角 $\alpha=5°$。若火箭重 $W=200$ kN，求空气动力 $\boldsymbol{F}_1$ 的大小和它与飞行方向的交角 γ。

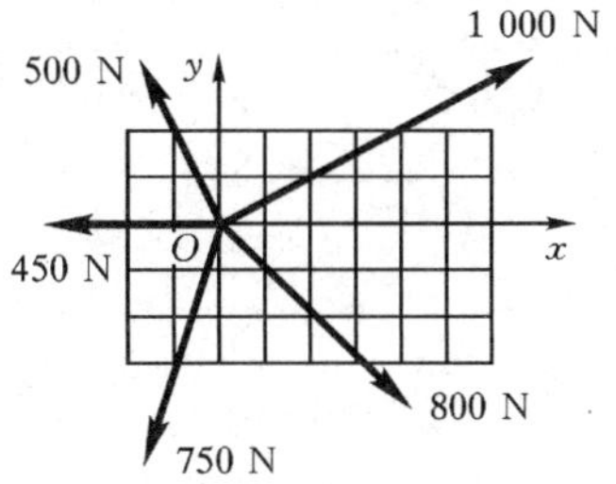

题 1-1 图

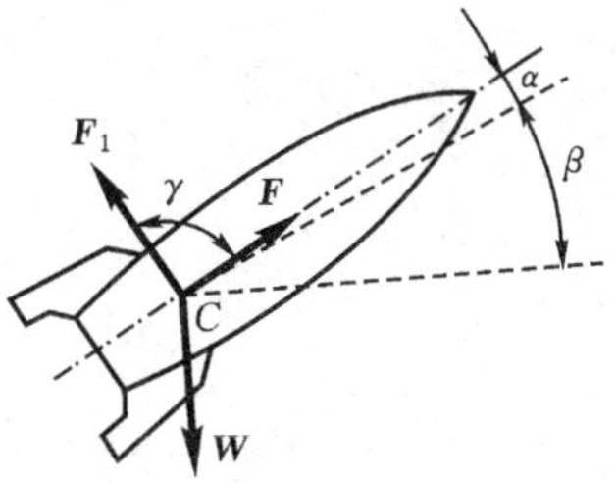

题 1-2 图

1-3　三力汇交于 O 点，其大小和方向如图所示，图中坐标单位为 cm。求力系的合力。

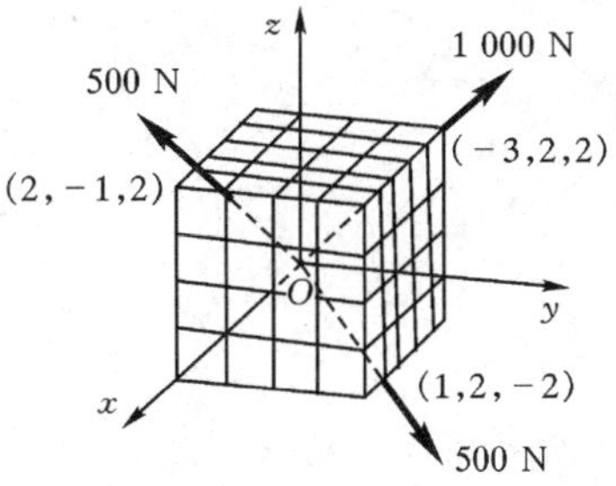

题 1-3 图

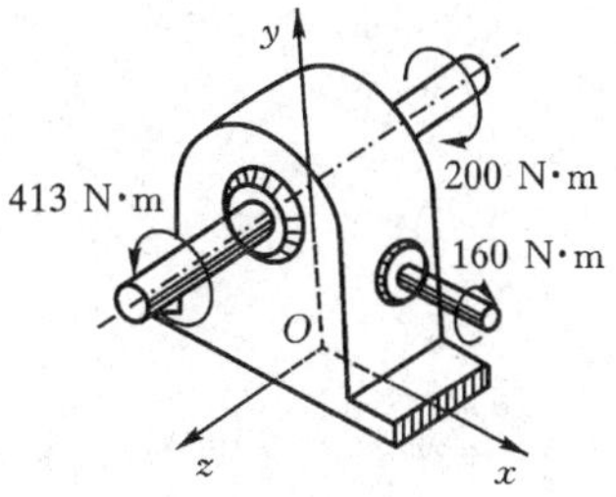

题 1-4 图

1-4　齿轮箱受三个力偶的作用，如图所示。求此力偶系的合力偶矩矢。

1-5　如图所示，两推进器各以全速的推力 $F_1=300$ kN 推船。试问拖船需多大的推力 F_2，才能抵消船推进器的转动效应。图中尺寸单位为 m。

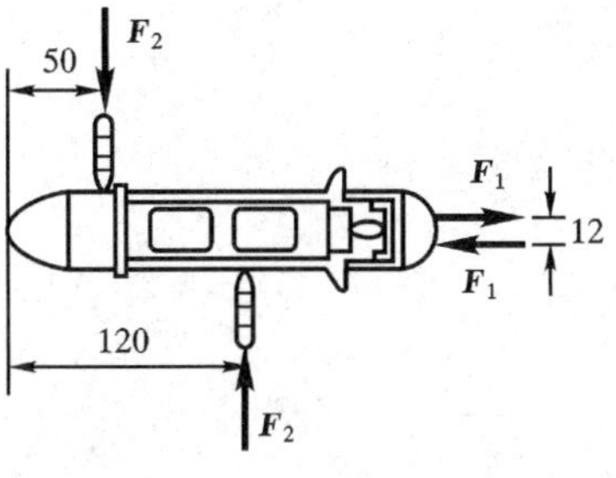

题 1-5 图

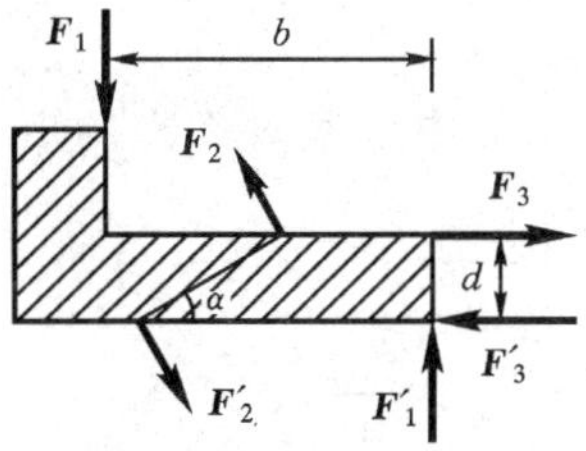

题 1-6 图

1-6　设有力偶 $(\boldsymbol{F}_1, \boldsymbol{F}_1')$、$(\boldsymbol{F}_2, \boldsymbol{F}_2')$ 和 $(\boldsymbol{F}_3, \boldsymbol{F}_3')$ 作用在角钢的同一侧面内，如图所示。已知 $F_1=200$ N，$F_2=600$ N，$F_3=400$ N；$b=100$ cm，$d=25$ cm，$\alpha=30°$，试求此力偶系的合力偶矩。

1-7　图中 $a=10$ cm，$b=15$ cm，$c=5$ cm，$F=1$ kN，求图示力 $\boldsymbol{F}$ 对 z 轴的矩 $m_z(\boldsymbol{F})$。

1-8　图示一鱼对钓鱼竿的线施一瞬间拉力 $F=70$ N，试以如下两种方式求此拉力 $\boldsymbol{F}$ 对钓鱼者握竿处 A 的矩：(1) 视力 $\boldsymbol{F}$ 的作用点为竿端 B；(2) 视力 $\boldsymbol{F}$ 的作用点为鱼处 C。

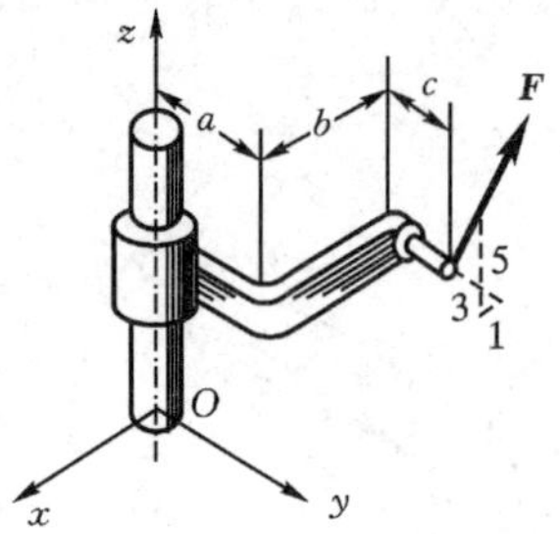

题 1-7 图

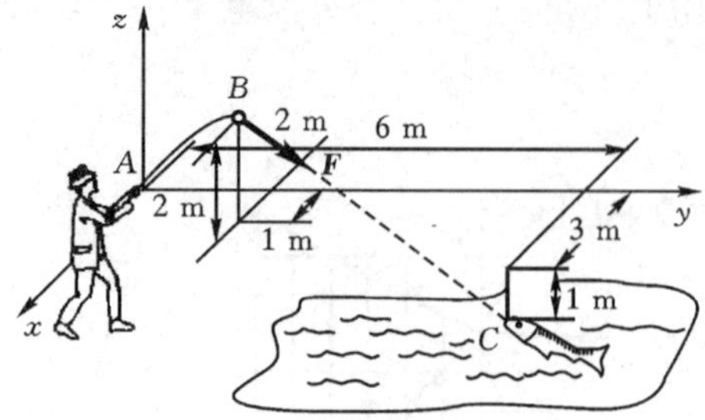

题 1-8 图

1-9　试计算下列各图中力 $\boldsymbol{F}$ 对 O 点之矩。图中 α、β、l、b 皆为已知。

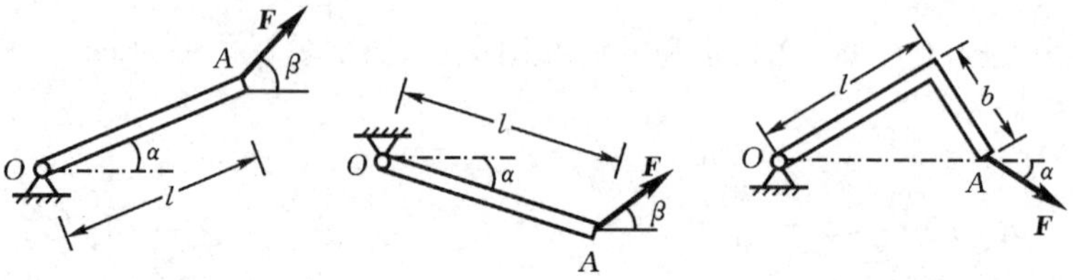

(a)　　(b)　　(c)

题 1-9 图

1-10　试计算下列各图中的分布力对 O 点之矩。图中 q、l、a 皆为已知。

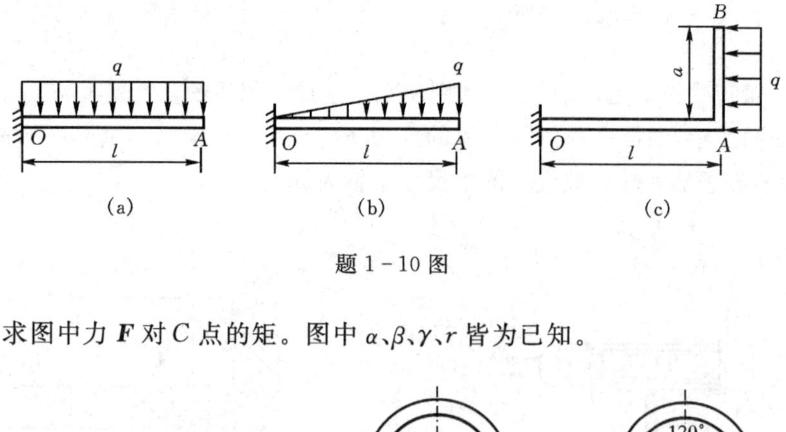

(a)　　(b)　　(c)

题 1-10 图

1-11　求图中力 $\boldsymbol{F}$ 对 C 点的矩。图中 α、β、γ、r 皆为已知。

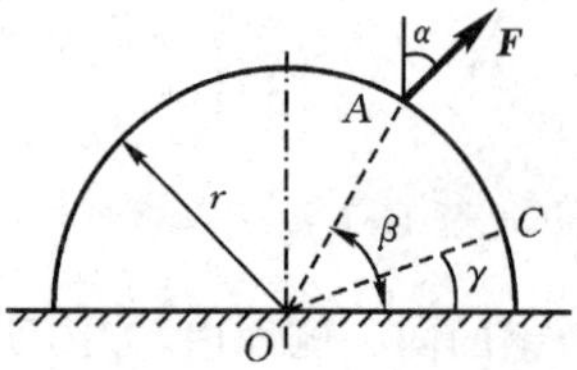

题 1-11 图

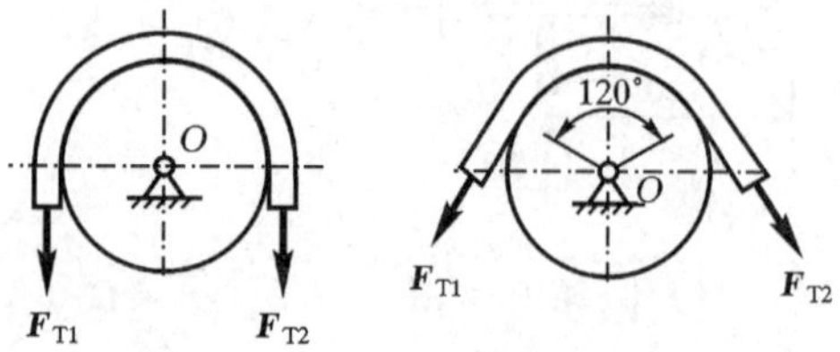

(a)　　(b)

题 1-12 图

1-12　图示两相同胶带轮的直径 $d=30\ \text{cm}$，$F_{T1}=1\ \text{kN}$，$F_{T2}=0.5\ \text{kN}$。试求两种情况下使胶带轮转动的力矩各为多少？

第 2 章　力系的简化

本章研究一般力系的简化问题。其中采用的力系向一点简化的方法，在静力学和动力学中都占有重要的地位，并具有广泛的应用。本章首先介绍力的平移定理，然后研究空间力系的简化，而将平面力系和空间平行力系作为其特殊情况处理。最后由平行力系中心的概念导出物体重心的计算公式，并进一步介绍平面图形的几何性质。

2.1　力的平移定理

在静力学公理中指出，根据力多边形法则，空间共点力系可以合成为一个合力。但对于各力的作用线在空间任意分布的**空间一般力系**（也称为**空间任意力系**，简称为**空间力系**），则不能直接应用力多边形法则进行合成。为了解决这个问题，须借助于力的平移定理。

设刚体上的某点 A 作用着力 $\boldsymbol{F}$，O 为刚体上任取的一个指定点，如图 2－1(a)所示。现于点 O 处增加一对平衡力 $\boldsymbol{F}'$ 和 $\boldsymbol{F}''$（图 2－1(b)），且令 $\boldsymbol{F}'=\boldsymbol{F}$。根据增减平衡力系公理，力系 $\{\boldsymbol{F},\boldsymbol{F}',\boldsymbol{F}''\}$ 与原来的力 $\boldsymbol{F}$ 等效。而力系 $\{\boldsymbol{F},\boldsymbol{F}',\boldsymbol{F}''\}$ 可视为由一个作用于指定点 O 的力 $\boldsymbol{F}'$ 和一个力偶 $(\boldsymbol{F},\boldsymbol{F}'')$ 组成。容易看出，力偶 $(\boldsymbol{F},\boldsymbol{F}'')$ 的矩矢 $\boldsymbol{M}$ 等于原来的力 $\boldsymbol{F}$ 对指定点 O 的力矩矢，即

$$\boldsymbol{M}=\boldsymbol{M}_O(\boldsymbol{F})$$

于是可以得出结论：**作用在刚体上的力可以向刚体上的任一指定点平移，但同时必须附加一力偶，此附加力偶的矩矢等于原来的力对指定点的力矩矢**。这就是**力的平移定理**，也称为**力线平移定理**。

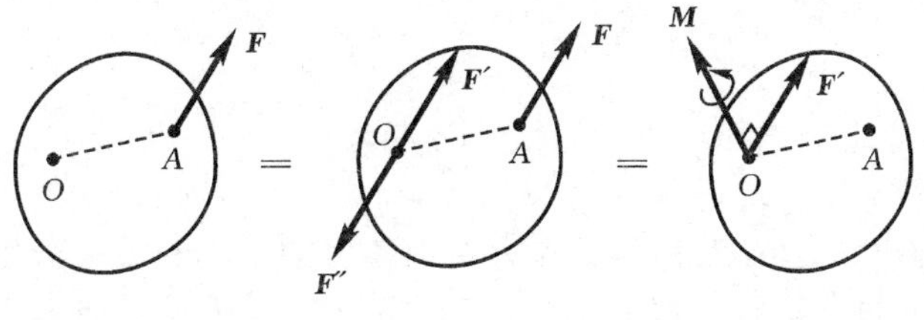

图 2－1

在平面问题中，力偶矩矢和力矩矢都退化为代数量，力的平移定理仍然成立。

力的平移定理在理论和实际应用方面都具有重要意义。它不仅在静力学中是力系向一点简化的基本理论和方法，也是解决某些动力学问题的有力工具，同时还可以直接用来解释一些工程实际中的力学问题。例如，钳工攻丝时必须用两手握扳手，而且同时协调动作以便产生力偶（图 1－13(a)）。若仅一手用力或两手用力不等，根据力的平移定理，丝锥将会受到一个与其轴线相垂直的力的作用，这个力往往是把丝攻斜或折断丝锥的主要原因。

又如在分析空气阻力 $\boldsymbol{F}_{\mathrm{R}}$ 对尾翼弹丸的作用时（图 2－2），可将 $\boldsymbol{F}_{\mathrm{R}}$ 向尾翼弹丸的质心 C 平

移,得到一个力 $\boldsymbol{F}'_{\mathrm{R}}$ 和一个力偶($\boldsymbol{F}_{\mathrm{R}}$,$\boldsymbol{F}''_{\mathrm{R}}$)。将力 $\boldsymbol{F}'_{\mathrm{R}}$ 沿弹道的切线和法线方向分解为 $\boldsymbol{F}_{\mathrm{R}}^{\mathrm{t}}$ 和 $\boldsymbol{F}_{\mathrm{R}}^{\mathrm{n}}$。$\boldsymbol{F}_{\mathrm{R}}^{\mathrm{t}}$ 与弹丸质心的速度 $\boldsymbol{v}$ 方向相反,使弹丸减速;$\boldsymbol{F}_{\mathrm{R}}^{\mathrm{n}}$ 为弹丸的升力,使弹丸质心的运动方向发生改变。而力偶($\boldsymbol{F}_{\mathrm{R}}$,$\boldsymbol{F}''_{\mathrm{R}}$)则使弹丸绕质心摆动。当尾翼摆至弹道切线下方时,力偶($\boldsymbol{F}_{\mathrm{R}}$,$\boldsymbol{F}''_{\mathrm{R}}$)使其向上摆动;当尾翼摆至弹道切线上方时,力偶使其向下摆动,从而使弹丸在飞行过程中不致翻倒,保证了飞行的稳定性。

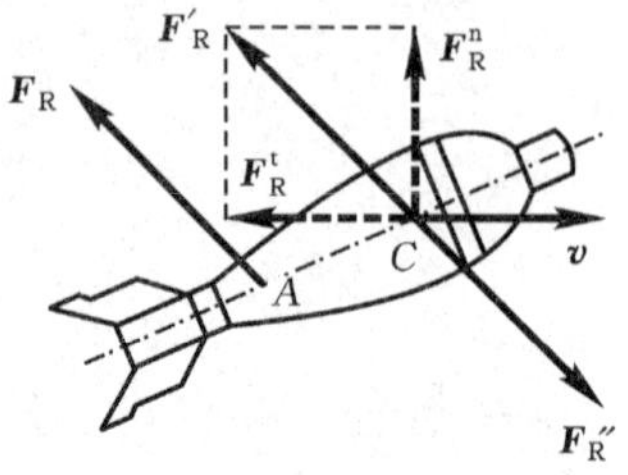

图 2-2

2.2 力系向一点的简化

2.2.1 空间力系的简化

1. 简化方法

设有一空间力系{$\boldsymbol{F}_1$,$\boldsymbol{F}_2$,…,$\boldsymbol{F}_n$}分别作用于刚体上的点 A_1,A_2,…,A_n(图 2.3(a)),在刚体上任选一点 O,称为**简化中心**。应用力的平移定理,将力系中各力均向 O 点平移。结果是原力系中任一分力 $\boldsymbol{F}_i$ 都相应地被一个作用于 O 点的力 $\boldsymbol{F}'_i$ 和一个附加力偶 $\boldsymbol{M}_i$ 等效替换。整个力系则被一个空间共点力系{$\boldsymbol{F}'_1$,$\boldsymbol{F}'_2$,…,$\boldsymbol{F}'_n$}和一个附加的空间力偶系{$\boldsymbol{M}_1$,$\boldsymbol{M}_2$,…,$\boldsymbol{M}_n$}等效替换(图 2-3(b))。

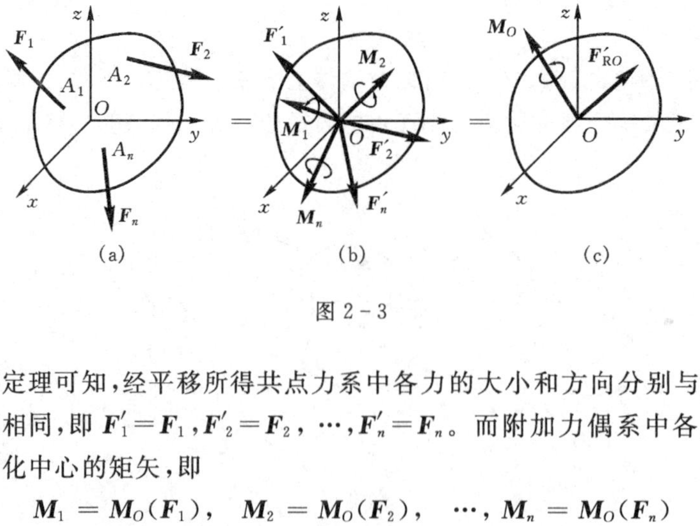

图 2-3

由力的平移定理可知,经平移所得共点力系中各力的大小和方向分别与原力系中对应各力的大小和方向相同,即 $\boldsymbol{F}'_1=\boldsymbol{F}_1$,$\boldsymbol{F}'_2=\boldsymbol{F}_2$, …,$\boldsymbol{F}'_n=\boldsymbol{F}_n$。而附加力偶系中各力偶矩矢等于原力系中各力对简化中心的矩矢,即

$$\boldsymbol{M}_1=\boldsymbol{M}_O(\boldsymbol{F}_1),\quad \boldsymbol{M}_2=\boldsymbol{M}_O(\boldsymbol{F}_2),\quad \cdots,\ \boldsymbol{M}_n=\boldsymbol{M}_O(\boldsymbol{F}_n)$$

上述空间共点力系可进一步合成为作用线过简化中心 O 的一个力 $\boldsymbol{F}'_{\mathrm{RO}}$。显然,该力的力矢等于原力系中各力矢的矢量和(图 2-3(c)),即

$$\boldsymbol{F}'_{\mathrm{RO}}=\sum \boldsymbol{F}_i \tag{2-1}$$

上述附加力偶系亦可进一步合成为一个力偶,该力偶的矩矢等于原力系中各力对简化中心 O 之矩的矢量和(图 2-3(c)),即

$$\boldsymbol{M}_O=\sum \boldsymbol{M}_O(\boldsymbol{F}_i) \tag{2-2}$$

综上所述,**空间力系向任一点简化,可得到一个力和一个力偶:这个力的作用线过简化中**

心，其大小和方向由式(2-1)确定；这个力偶的矩矢由式(2-2)确定。

2. 主矢和主矩

空间力系中各力的矢量和，称为该力系的**主矢**。记为 $\boldsymbol{F}'_{\mathrm{R}}$，即

$$\boldsymbol{F}'_{\mathrm{R}} = \sum \boldsymbol{F}_i \tag{2-3}$$

若分别以 $\boldsymbol{i}$、$\boldsymbol{j}$、$\boldsymbol{k}$ 表示沿直角坐标系三根坐标轴方向的单位矢量，则主矢的解析表达式可写为

$$\boldsymbol{F}'_{\mathrm{R}} = (\sum F_x)\boldsymbol{i} + (\sum F_y)\boldsymbol{j} + (\sum F_z)\boldsymbol{k} \tag{2-4}$$

空间力系中各力对简化中心 O 点之矩的矢量和，称为该力系对简化中心 O 点的**主矩**。记为 $\boldsymbol{M}_O$，即

$$\boldsymbol{M}_O = \sum \boldsymbol{M}_O(\boldsymbol{F}_i) \tag{2-5}$$

其解析表达式为

$$\boldsymbol{M}_O = [\sum M_x(\boldsymbol{F}_i)]\boldsymbol{i} + [\sum M_y(\boldsymbol{F}_i)]\boldsymbol{j} + [\sum M_z(\boldsymbol{F}_i)]\boldsymbol{k} \tag{2-6}$$

比较式(2-1)与式(2-3)，式(2-2)与式(2-5)可以看出，空间力系向任一点简化得到一个力和一个力偶，其中该力的力矢等于力系的主矢；该力偶的矩矢等于力系对同一简化中心的主矩。主矢和主矩完整地反映了力系对刚体的作用效应，它们是力系的两个特征量。

必须强调指出：

(1)主矢和力(或合力)是两个不同的概念。主矢只反映了某一力系合力的大小和方向，不反映力的作用线位置。它是自由矢量。

(2)主矢与简化中心的选取无关。对于一给定力系，其主矢是一定的。因此，主矢是力系的一个不变量(称为力系的**第一不变量**)。

(3)一般情况下，主矩与简化中心的选取有关。力系对任两点 B 和 A 的主矩之间的关系为

$$\boldsymbol{M}_B = \boldsymbol{M}_A + \overrightarrow{BA} \times \boldsymbol{F}'_{\mathrm{R}} \tag{2-7}$$

这个结论请读者自证。

3. 空间力系简化结果的讨论

下面分四种情形讨论。

(1) $\boldsymbol{F}'_{\mathrm{R}}=0$，$\boldsymbol{M}_O=0$。此时力系平衡。这种情形将在第4章中详细研究。

(2) $\boldsymbol{F}'_{\mathrm{R}}=0$，$\boldsymbol{M}_O\neq 0$。由式(2-7)知，此时力系对任一点的主矩都相等，即主矩与简化中心的选取无关，力系合成为一合力偶，其矩等于力系对任意简化中心的主矩。

(3) $\boldsymbol{F}'_{\mathrm{R}}\neq 0$，$\boldsymbol{M}_O=0$。此时力系合成为一个作用线过简化中心的合力，其力矢等于力系的主矢。

(4) $\boldsymbol{F}'_{\mathrm{R}}\neq 0$，$\boldsymbol{M}_O\neq 0$。此时又可分为三种情况。

①$\boldsymbol{F}'_{\mathrm{R}}\perp\boldsymbol{M}_O$。由力的平移定理证明的逆过程可知，此时力系可进一步合成为一个合力，合力的作用线位于通过 O 点且垂直于 $\boldsymbol{M}_O$ 的平面内(图2-4)，其作用线至简化中心的距离为

$$d = \frac{|\boldsymbol{M}_O|}{F'_{\mathrm{R}}} \tag{2-8}$$

②$\boldsymbol{F}'_{\mathrm{R}}\,/\!/\,\boldsymbol{M}_O$。这时力系不能再进一步简化，这种结果称为**力螺旋**。在工程实际中力螺旋是很常见的，例如，钻孔时钻头对工件施加的切削力系、子弹在发射时枪管对弹头作用的力系、

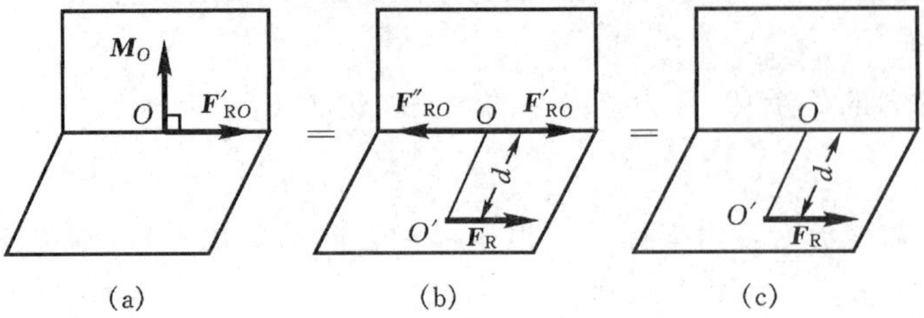

图 2-4

空气或水对螺旋浆的推进力系等等，都是力螺旋的实例。

当 F'_R 与 M_O 同向时，称为**右手螺旋**(图 2-5(a))；当 F'_R 与 M_O 反向时，称为**左手螺旋**(图 2-5(b))。力螺旋中力的作用线称为力螺旋的**中心轴**。在上述情况下中心轴通过简化中心。

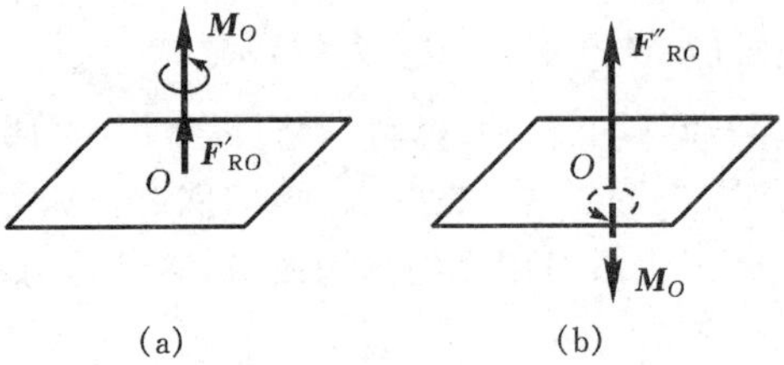

图 2-5

③F'_{RO}与 M_O 成任意角度 α(图 2-6(a))。为进一步简化，将 M_O 分解成为与F'_{RO}平行的M'和与F'_{RO}垂直的M''两个分量(图 2-6(b))。由①中的分析可知，F'_{RO}和M''可合成为一个作用线过O'点的力$F'_{RO'}$，且$F'_{RO'}$仍与M'平行。故此时力系仍简化为力螺旋。应注意的是此时力螺旋的中心轴不通过简化中心 O，而是通过另一点 O'。O'点至力 F'_{RO}作用线的距离 $d=|M''|/F'_R=|M_O\sin\alpha|/F'_R$(图 2-6(c))。

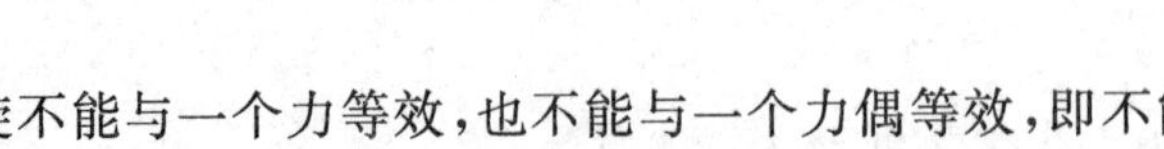

图 2-6

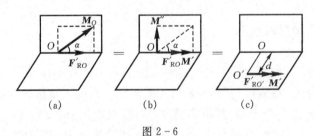

必须指出：力螺旋不能与一个力等效，也不能与一个力偶等效，即不能再进一步简化，它也是一种最简单的力系。

2.2.2 平面力系的简化

若力系中各力的作用线在同一平面内任意分布，则该力系称为**平面任意力系**，简称为**平面力系**。

仍采用将力系向一点简化的方法。选取力系作用面上的任一点 O 为简化中心，结果可得

到一个作用线过 O 点的力 $\boldsymbol{F}'_{RO}$（其力矢等于力系的主矢）和一个附加力偶（其力偶矩等于力系对 O 点的主矩）。不难看出，平面力系的主矢 $\boldsymbol{F}'_R$ 与主矩 $\boldsymbol{M}_O$ 必定相互垂直，平面任意力系的最终简化结果只有下列三种可能：平衡、合力偶、合力。

平面力系的简化过程如图 2－7 所示。其中，主矩 $M_O = \sum M_O(\boldsymbol{F}_i)$。

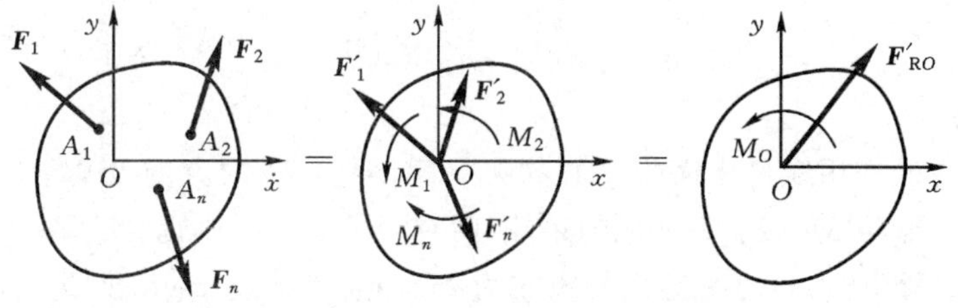

(a)　　　　(b)　　　　(c)

图 2－7

例 2－1　由力 $\boldsymbol{F}_1$、$\boldsymbol{F}_2$、$\boldsymbol{F}_3$ 和矩为 M 的力偶组成的平面力系作用于等腰直角三角形板 ABC 上，如图 2－8(a)所示。其中 $F_1=3F, F_2=F, F_3=2F, M=aF$。试求力系向 A 点简化的结果及力系的最终简化结果。

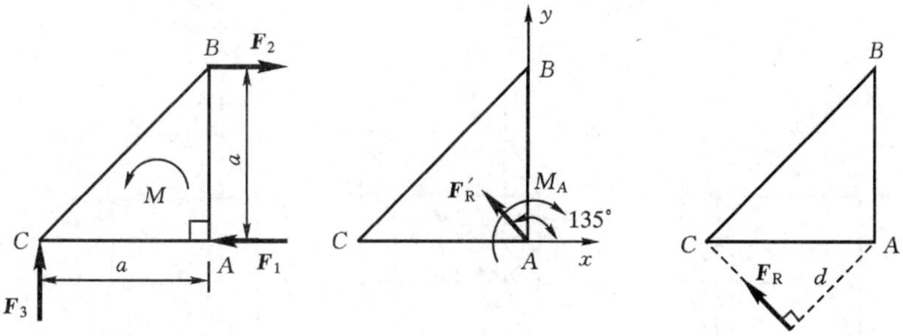

(a)　　　　(b)　　　　(c)

图 2－8

解　力系向 A 点简化，可得一个作用线过 A 点的力（其力矢等于力系的主矢）和一个力偶矩等于力系对 A 点主矩的附加力偶。因此，只要求出力系的主矢和力系对 A 点的主矩，即可得力系向 A 点简化的结果。

建立坐标系 Axy，如图 2－8(b)所示。主矢在 x 轴和 y 轴上的投影分别为

$$F'_{Rx} = \sum F_x = F_2 - F_1 = -2F, \quad F'_{Ry} = \sum F_y = F_3 = 2F$$

主矢的大小和方向为

$$F'_R = \sqrt{F'^2_{Rx} + F'^2_{Ry}} = 2\sqrt{2}F$$

$$\cos(\boldsymbol{F}'_R, \boldsymbol{i}) = F'_{Rx}/F'_R = -\sqrt{2}/2, \quad \angle(\boldsymbol{F}'_R, \boldsymbol{i}) = 135^\circ$$

$$\cos(\boldsymbol{F}'_R, \boldsymbol{j}) = F'_{Ry}/F'_R = \sqrt{2}/2, \quad \angle(\boldsymbol{F}'_R, \boldsymbol{j}) = 45^\circ$$

力系对 A 点的主矩为

$$M_A = \sum M_A(\boldsymbol{F}) = -aF_2 - aF_3 + M$$
$$= -aF - a \cdot 2F + aF = -2aF$$

力系向 A 点简化所得的力的方向和附加力偶的转向如图 2-8(b)所示。

由于 $\boldsymbol{F}'_R \neq 0$,所以该力系必可进一步合成为一个合力 $\boldsymbol{F}_R$,合力矢等于主矢,合力的作用线至 A 点的距离为

$$d = |M_A| / F'_R = \sqrt{2}a/2$$

如图 2-8(c)所示。

讨论:(1)合力的作用线位于简化中心的哪一侧,要由 $\boldsymbol{F}'_R$ 的方向及 M_A 的转向综合判定。对空间力系而言应满足 $\boldsymbol{M}_A(\boldsymbol{F}_R) = \boldsymbol{M}_A$ 的条件,而对于平面力系则退化为 $M_A(\boldsymbol{F}_R) = M_A$。

(2) 在平面情形中,力对点之矩的解析式为 $M_A(\boldsymbol{F}_R) = xF_y - yF_x$。此式可用来确定合力的作用线方程。本例中 $F_x = F'_{Rx} = -2F$,$F_y = F'_{Ry} = 2F$,$M_A = -2aF$,代入上述方程可得作用线方程为

$$x + y = -a$$

令 $y=0$ 可得合力作用线与 x 轴的交点坐标为$(-a, 0)$,即合力作用线通过 C 点,或者说如将力系向 C 点简化可直接得到力系的合力 $\boldsymbol{F}_R$。上述结论请读者自行验证。

例 2-2 正立方体边长为 a,在四个顶点 O、A、B、C 上分别作用着大小都等于 F 的四个力 $\boldsymbol{F}_1$、$\boldsymbol{F}_2$、$\boldsymbol{F}_3$、$\boldsymbol{F}_4$,如图 2-9(a)所示。试求该力系向 O 点简化的结果以及力系的最终合成结果。

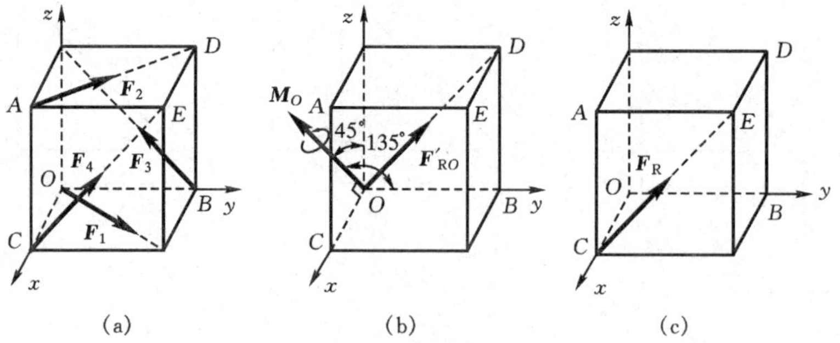

图 2-9

解 建立坐标系 $Oxyz$,力系的主矢在三根坐标轴上的投影分别为

$$F'_{Rx} = F_1\cos45° - F_2\cos45° = 0$$
$$F'_{Ry} = F_1\cos45° + F_2\cos45° - F_3\cos45° + F_4\cos45° = \sqrt{2}F$$
$$F'_{Rz} = F_3\cos45° + F_4\cos45° = \sqrt{2}F$$

力系主矢的大小和方向为

$$F'_R = \sqrt{F'^2_{Rx} + F'^2_{Ry} + F'^2_{Rz}} = 2F$$
$$\cos(\boldsymbol{F}'_R, \boldsymbol{i}) = F'_{Rx}/F'_R = 0, \quad \angle(\boldsymbol{F}'_R, \boldsymbol{i}) = 90°$$
$$\cos(\boldsymbol{F}'_R, \boldsymbol{j}) = F'_{Ry}/F'_R = \sqrt{2}/2, \quad \angle(\boldsymbol{F}'_R, \boldsymbol{j}) = 45°$$
$$\cos(\boldsymbol{F}'_R, \boldsymbol{k}) = F'_{Rz}/F'_R = \sqrt{2}/2, \quad \angle(\boldsymbol{F}'_R, \boldsymbol{k}) = 45°$$

力系对 O 点的主矩在三根坐标轴上的投影分别为

$$M_x = -aF_2\cos45° + aF_3\cos45° = 0$$

$$M_y = -aF_2\cos45° - aF_4\cos45° = -\sqrt{2}aF$$

$$M_z = aF_2\cos45° + aF_4\cos45° = \sqrt{2}aF$$

力系对 O 点主矩的大小和方向为

$$M_O = \sqrt{M_x^2 + M_y^2 + M_z^2} = 2aF$$

$$\cos(\boldsymbol{M}_O, \boldsymbol{i}) = M_x/M_O = 0, \quad \angle(\boldsymbol{M}_O, \boldsymbol{i}) = 90°$$

$$\cos(\boldsymbol{M}_O, \boldsymbol{j}) = M_y/M_O = -\sqrt{2}/2, \quad \angle(\boldsymbol{M}_O, \boldsymbol{j}) = 135°$$

$$\cos(\boldsymbol{M}_O, \boldsymbol{k}) = M_z/M_O = \sqrt{2}/2, \quad \angle(\boldsymbol{M}_O, \boldsymbol{k}) = 45°$$

所以，力系向 O 点简化的结果是作用于 O 点、力矢等于主矢 $\boldsymbol{F}'_R$ 的一个力 $\boldsymbol{F}'_{RO}$ 和矩矢等于主矩 $\boldsymbol{M}_O$ 的一个力偶(图 2-9(b))。

因为 $\boldsymbol{F}'_R \neq 0$，且 $\boldsymbol{F}'_R \perp \boldsymbol{M}_O$，所以该力系可进一步合成为一个合力 $\boldsymbol{F}_R$，其大小和方向与主矢 $\boldsymbol{F}'_R$ 相同，作用线至 O 点的距离为

$$d = M_O/F'_R = 2aF/(2F) = a$$

即合力 $\boldsymbol{F}_R$ 的作用线通过 C 点且沿对角线 CE(图 2-9(c))。

2.3　平行力系中心和重心

各力的作用线相互平行的空间力系，称为**空间平行力系**(或**平行力系**)。它是空间力系的一种特例。

2.3.1　平行力系中心

对于任一平行力系，以简化中心 O 为原点建立直角坐标系，且令 z 轴与各力平行，则可得力系的主矢 $\boldsymbol{F}'_R$ 和对 O 点的主矩 $\boldsymbol{M}_O$ 分别为

$$\boldsymbol{F}'_R = (\sum F_z)\boldsymbol{k}, \qquad \boldsymbol{M}_O = (\sum yF_z)\boldsymbol{i} + (-\sum xF_z)\boldsymbol{j}$$

由于 $\boldsymbol{F}'_R \perp \boldsymbol{M}_O$，所以平行力系的简化结果只能是平衡、合力偶、合力这三种情况中的一种，不可能简化为力螺旋。

下面研究平行力系中心的概念及其坐标的计算公式。

设一平行力系$\{\boldsymbol{F}_1, \boldsymbol{F}_2, \cdots, \boldsymbol{F}_n\}$作用于刚体上的 $C_1, C_2, \cdots, C_n$ 各点(图 2-10)。设力系的合力为 $\boldsymbol{F}_R$，其作用点为 C。建立任一直角坐标系 $Oxyz$，点 C 和 C_i 对于坐标原点的位置矢径分别为 $\boldsymbol{r}_C$ 和 $\boldsymbol{r}_i$。由合力矩定理可得

$$\boldsymbol{r}_C \times \boldsymbol{F}_R = \sum \boldsymbol{r}_i \times \boldsymbol{F}_i$$

设力线方向的单位矢量为 $\boldsymbol{e}$，并规定与 $\boldsymbol{e}$ 同向的 $\boldsymbol{F}_i$ 和 $\boldsymbol{F}_R$ 为正，反之为负，于是有

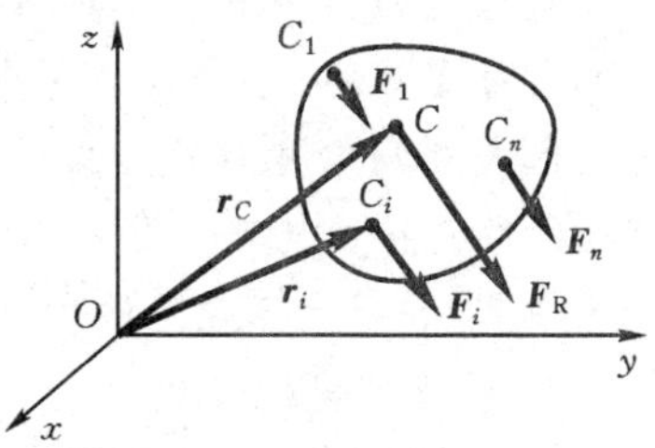

图 2-10

$$(F_R\boldsymbol{r}_C - \sum F_i\boldsymbol{r}_i) \times \boldsymbol{e} = 0$$

因为坐标原点可以任取，所以单位矢量 $\boldsymbol{e}$ 是任意的，故有

$$F_R \boldsymbol{r}_C - \sum F_i \boldsymbol{r}_i = 0$$

$$\boldsymbol{r}_C = \sum F_i \boldsymbol{r}_i / F_R \tag{2-9}$$

由上式可知,C 点的位置矢径只决定于力系中各力的大小、指向及作用点的位置,而与它们的方位无关。这个 C 点称为**平行力系中心**。

将式(2-9)向各直角坐标轴投影,可得平行力系中心的直角坐标计算公式

$$x_C = \sum x_i F_i / F_R, \quad y_C = \sum y_i F_i / F_R, \quad z_C = \sum z_i F_i / F_R \tag{2-10}$$

式中:x_i、y_i、z_i 为力 $\boldsymbol{F}_i$ 作用点的坐标。应该注意,式中的 F_R 及 F_i 均为代数量。

例 2-3　空间平行力系由五个力组成,力的大小、指向及作用点如图 2-11 所示。图中长度单位为 cm。试问该力系是否存在合力?若有合力,求出该平行力系中心 C。

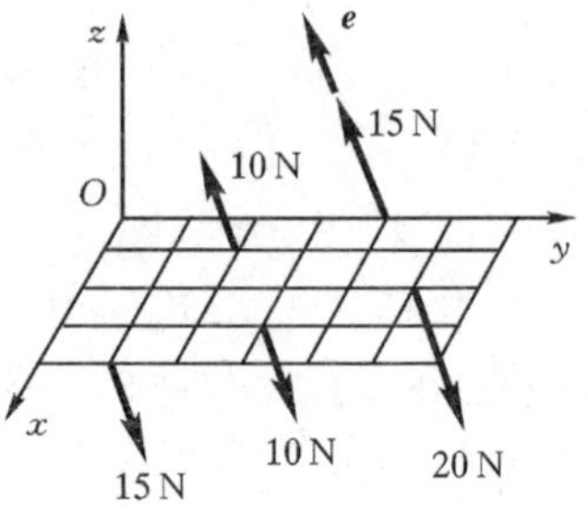

图 2-11

解　建立坐标系 $Oxyz$,并取力线方向的单位矢量 $\boldsymbol{e}$ 如图。力系的主矢 $\boldsymbol{F}'_R$ 为

$$\boldsymbol{F}'_R = \sum \boldsymbol{F}_i = [(10+15)-(15+10+20)]\boldsymbol{e} = -20\boldsymbol{e}$$

因为 $\boldsymbol{F}'_R \neq 0$,所以平行力系必存在合力 $\boldsymbol{F}_R$,其大小 $|\boldsymbol{F}_R| = |\boldsymbol{F}'_R| = 20$ N,指向与 $\boldsymbol{e}$ 相反。设该平行力系中心 C 的坐标为 (x_C, y_C, z_C),由式(2-10)得

$$x_C = \sum x_i F_i / F_R = (10-60-30-40)/(-20) = -120/(-20) = 6 \text{ cm}$$

$$y_C = \sum y_i F_i / F_R = (20+60-15-30-100)/(-20) = (-65)/(-20) = 3.25 \text{ cm}$$

$$z_C = \sum z_i F_i / F_R = 0$$

2.3.2　物体的重心

1. 重心的概念

如果将物体看成是由许多质点组成的质点系,那么因每个质点都受到地球引力的作用而形成一个力系。由于地球的半径远大于所研究的物体的尺寸,因此可以足够精确地认为该力系是一个空间平行力系,力系的合力 $\boldsymbol{W}$ 就是物体的重力,重力的作用点 C(即平行力系中心)称为**重心**。必须指出:重心可能在物体上,也可能在物体外,但它相对于物体本身有确定的位置。

重心是力学中的一个重要概念,它对物体的平衡和运动都有重要影响。例如,坦克的重心与它的最大上、下坡能力及最大侧偏角度有直接关系;飞机的重心对它的稳定性和操纵性有很大影响。因此,在工程技术特别是军事工程技术中,常需要计算或测量物体重心的位置。

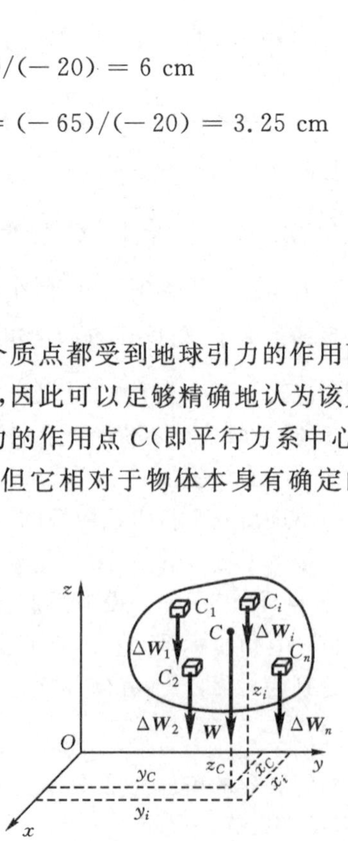

图 2-12

2. 重心的坐标公式

假设将物体分割成无数微元,每一微元上受地球的引力为 $\Delta \boldsymbol{W}_i$,其作用点 $C_i(x_i, y_i, z_i)$,如图 2-12 所示。该物体的重力为 $\boldsymbol{W}$,重心为点 $C(x_C, y_C, z_C)$。由式(2-10)可直

接得出物体重心坐标的计算公式

$$x_C = \sum x_i \Delta W_i / W,\quad y_C = \sum y_i \Delta W_i / W,\quad z_C = \sum z_i \Delta W_i / W \tag{2-11}$$

设各微元的体积为 ΔV_i，单位体积重量为 γ_i，则 $\Delta W_i = \gamma_i \Delta V_i$。代入上式并取极限，可得重心坐标的一般计算公式

$$\begin{aligned} x_C &= \lim_{\Delta V_i \to 0}\left[\left(\sum x_i\gamma_i\Delta V_i\right)/\left(\sum \gamma_i\Delta V_i\right)\right] = \left(\int_V x_i\gamma_i \mathrm{d}V\right)\Big/\left(\int_V \gamma_i \mathrm{d}V\right) \\ y_C &= \lim_{\Delta V_i \to 0}\left[\left(\sum y_i\gamma_i\Delta V_i\right)/\left(\sum \gamma_i\Delta V_i\right)\right] = \left(\int_V y_i\gamma_i \mathrm{d}V\right)\Big/\left(\int_V \gamma_i \mathrm{d}V\right) \\ z_C &= \lim_{\Delta V_i \to 0}\left[\left(\sum z_i\gamma_i\Delta V_i\right)/\left(\sum \gamma_i\Delta V_i\right)\right] = \left(\int_V z_i\gamma_i \mathrm{d}V\right)\Big/\left(\int_V \gamma_i \mathrm{d}V\right) \end{aligned} \tag{2-12}$$

对于均质物体，γ 为常量。上式可写成

$$x_C = \left(\int_V x \mathrm{d}V\right)\Big/V,\quad y_C = \left(\int_V y \mathrm{d}V\right)\Big/V,\quad z_C = \left(\int_V z \mathrm{d}V\right)\Big/V \tag{2-13}$$

式中：$V = \int_V \mathrm{d}V$ 是物体的总体积。上式说明均质物体的重心 C 仅决定于物体的形状，由式(2-13) 计算出的点又称为**形心**。因此，均质物体的重心与形心是重合的。

对于等厚度的均质薄壳(图 2-13)，其重心坐标公式为

$$x_C = \left(\int_A x \mathrm{d}A\right)\Big/A,\quad y_C = \left(\int_A y \mathrm{d}A\right)\Big/A,\quad z_C = \left(\int_A z \mathrm{d}A\right)\Big/A \tag{2-14}$$

式中：$A = \int_A \mathrm{d}A$ 是薄壳的总面积。

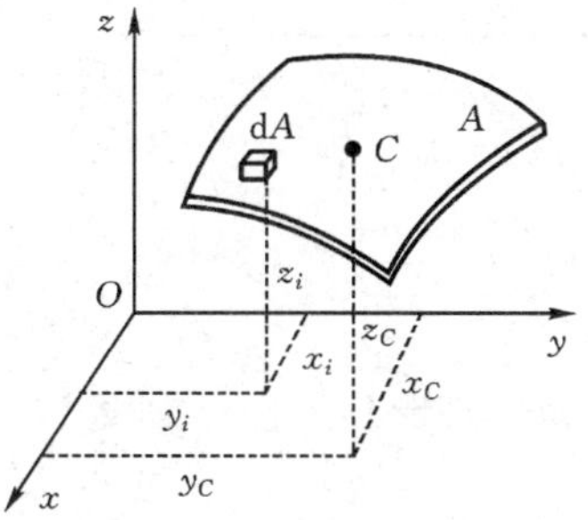

图 2-13

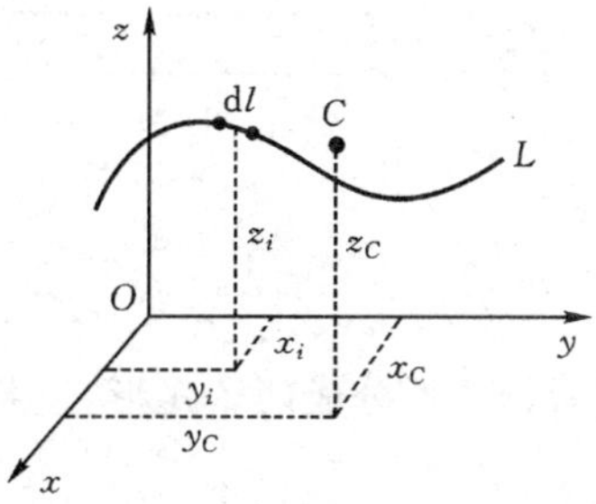

图 2-14

对于任意形状的等截面均质细杆(图 2-14)，其重心坐标公式为

$$x_C = \left(\int_L x \mathrm{d}l\right)\Big/L,\quad y_C = \left(\int_L y \mathrm{d}l\right)\Big/L,\quad z_C = \left(\int_L z \mathrm{d}l\right)\Big/L \tag{2-15}$$

式中：$L = \int_L \mathrm{d}l$ 是细杆的总长度。

3. 确定重心的方法

确定物体重心位置的方法，可以分为计算法和实验法两大类。下面分别进行介绍。

(1) 计算法。

①积分法。对于形状简单的物体，可根据其几何特点取便于计算的微元，利用前面给出的公式经积分求出重心的位置。不难看出：**具有对称面、对称轴或对称中心的均质物体，其重心(形心)必在其对称面、对称轴或对称中心上。**这一结论有时也为确定重心的位置提供了方便。

例 2-4　试求图 2-15 所示半径为 r、中心角为 2α 的均质圆弧线的重心。

解　取中心角的平分线为 y 轴。由对称性知该圆弧线的重心必在 y 轴上,即 $x_C=0$。

取微元 $dl=rd\theta$,该微元的 y 坐标 $y=r\cos\theta$,代入式(2-15)得

$$y_C=\left(\int_L y\,dl\right)\Big/L=\left(\int_{-\alpha}^{\alpha} r^2\cos\theta d\theta\right)\Big/(2r\alpha)=\frac{r\sin\alpha}{\alpha}$$

即该圆弧线的重心坐标为$(0,\dfrac{r\sin\alpha}{\alpha})$。

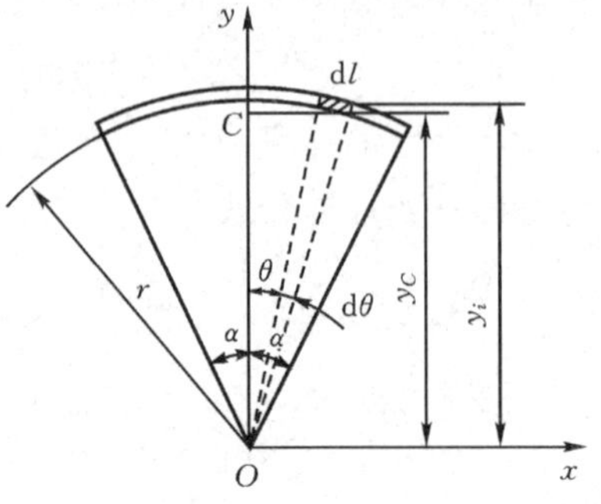

图 2-15

所有简单几何形体的形心均可直接查阅有关手册。

②分割法。在工程实际中,经常要求一些组合形体的重心,这时可以设想将组合形体分割成若干个简单形体,然后利用式(2-13)即可求出整个组合形体的重心。这种方法称为**分割法**。

例 2-5　试求图 2-16(a)所示角钢截面的形心。图中尺寸单位为 cm。

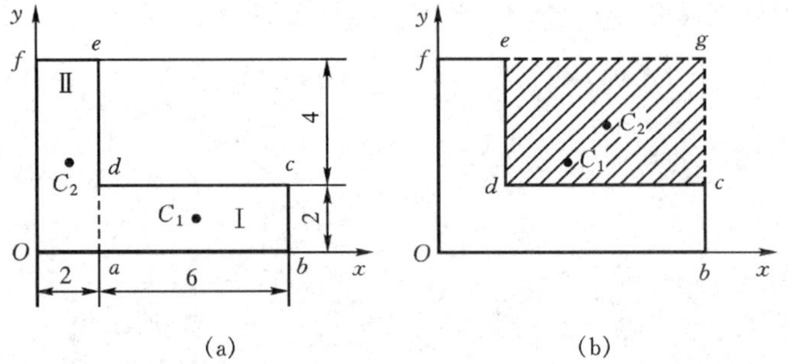

图 2-16

解　将所给图形分成两个矩形,这两个矩形的面积及其形心的坐标如表 2-1 所示。

表 2-1

简单形体	A_i/cm^2	x_i/cm	y_i/cm
Ⅰ(矩形 $abcd$)	12	5	1
Ⅱ(矩形 $Oaef$)	12	1	3

代入式(2-14),得角钢截面的形心坐标为

$$x_C=\sum x_iA_i\Big/\sum A_i=(5\times12+1\times12)/24=3\ \text{cm}$$

$$y_C=\sum y_iA_i\Big/\sum A_i=(1\times12+3\times12)/24=2\ \text{cm}$$

若在物体或薄板内切去一部分(例如有空穴或孔的物体),则这类物体的重心仍可应用与分割法相同的公式来求得,只是切去部分的面积或体积应取负值。这种方法称为**负面积(体积)法**。

例 2-6　用负面积法求解例 2-5。

解　将所给图形看成是由大矩形 $Obgf$ 减去小矩形 $cged$ 而形成。其中小矩形 $cged$ 的面积应取负值(图 2-16(b))。这两部分图形的面积及形心坐标如表 2-2 所示。

表 2-2

简单形体	A_i/cm^2	x_i/cm	y_i/cm
Ⅰ(矩形 $Obgf$)	48	4	3
Ⅱ(矩形 $cged$)	−24	5	4

代入式(2-14),得角钢截面的形心坐标为

$$x_C = \sum x_i A_i / \sum A_i = (4 \times 48 - 5 \times 24)/(48 - 24) = 3 \text{ cm}$$

$$y_C = \sum y_i A_i / \sum A_i = (3 \times 48 - 4 \times 24)/(48 - 24) = 2 \text{ cm}$$

(2) 实验法

对于形状复杂或非均质物体,很难用计算法求得其重心,这时可用实验法。下面介绍两种实验方法。

①悬挂法。在设计水坝时,为确定其截面重心的位置,可按一定比例尺将薄板做成截面的形状。先将板悬挂于任一点 A。根据二力平衡条件,重心必在过点 A 的铅垂线上,于是在板上画出该直线;再将板悬挂于另一点 B,可以画出另一条直线。两直线的交点 C 就是截面的重心。

②称重法。下面以汽车为例,说明称重法的应用。

首先称出汽车的重量 W,并测量出前后轴距 l 和车轮半径 r。设汽车是左右对称的,则重心必在其对称面内。所以只需测定重心 C 距地面的高度 z_C 和距后轮轴的距离 x_C 即可。

为了测定 x_C,将汽车后轮放在地面上,前轮放在磅秤上,车身保持水平(图2-17(a)),这时磅秤的读数为 W_1。因为车身处于平衡状态,所以有 $Wx_C = W_1 l$,于是得

$$x_C = W_1 l / W \tag{1}$$

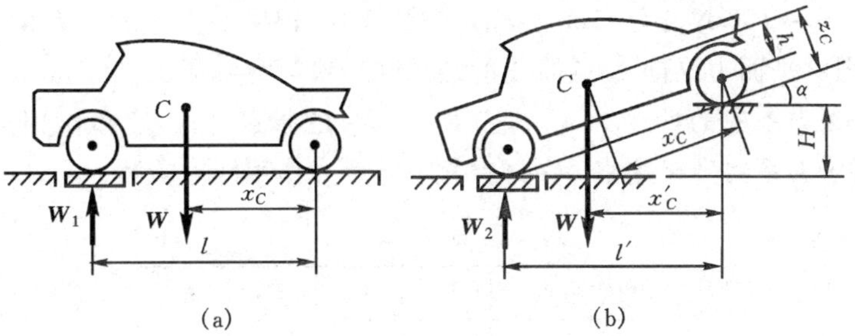

图 2-17

欲测定 z_C,需将车的后轮抬高任意高度 H(图 2-17(b)),这时磅秤的读数为 W_2。同时得

$$x'_C = W_2 l' / W \tag{2}$$

由图中的几何关系知

$$l' = l\cos\alpha, \quad x'_C = x_C\cos\alpha + h\sin\alpha$$

$$\sin\alpha = H/l,\quad \cos\alpha = \sqrt{l^2 - H^2}/l$$

其中 h 为重心高度 z_C 与后轮半径之差,即

$$h = z_C - r$$

将上述五个关系式代入(2)式,经整理得

$$z_C = r + l(W_2 - W_1)\sqrt{l^2 - H^2}/(WH) \tag{3}$$

思考题

2-1 力系的主矢与力系的合力有什么关系?能不能说力系的主矢就是力系的合力?

2-2 设力系向某一点简化得到一个合力。若另选一适当的点为简化中心,该力系能否简化为一合力偶?为什么?

2-3 空间平行力系的简化结果有哪几种可能情形?能出现力螺旋的情形吗?

2-4 如果组合形体是由两种不同材料制成的,在求这样的物体的重心时,应注意什么问题?

习　题

2-1 已知某平面力系向 A 点简化得主矢 $F'_R=50$ N,$\alpha=30°$,主矩 $M_A=20$ N·m,$\overline{AB}=200$ mm。试求原力系向图中 B 点简化的结果。

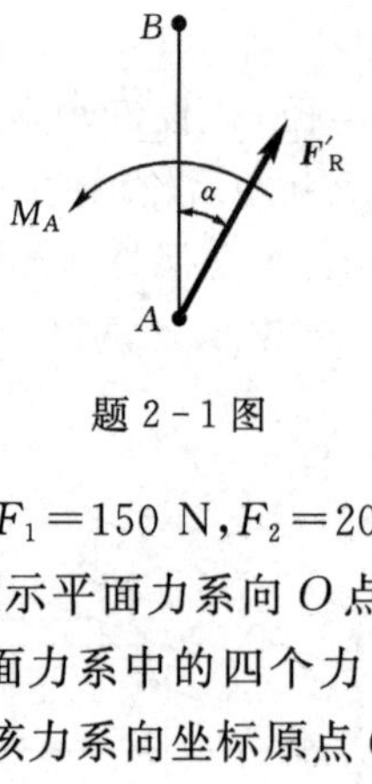

题 2-1 图

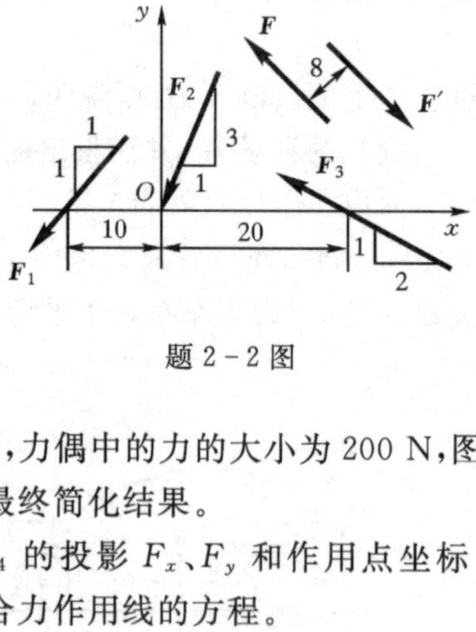

题 2-2 图

2-2 已知 $F_1=150$ N,$F_2=200$ N,$F_3=300$ N,力偶中的力的大小为 200 N,图中尺寸单位为 cm。试求图示平面力系向 O 点简化的结果和最终简化结果。

2-3 某平面力系中的四个力 $\boldsymbol{F}_1$、$\boldsymbol{F}_2$、$\boldsymbol{F}_3$ 和 $\boldsymbol{F}_4$ 的投影 F_x、F_y 和作用点坐标 x、y 如表 2-3所示。试将该力系向坐标原点 O 简化,并求其合力作用线的方程。

表 2-3

力和作用点	$\boldsymbol{F}_1$	$\boldsymbol{F}_2$	$\boldsymbol{F}_3$	$\boldsymbol{F}_4$
F_x/N	1	−2	3	−4
F_y/N	4	1	−3	−3
x/m	2	−2	3	−4
y/m	1	−1	−3	−6

2-4 图示正方形板上作用有四个铅垂力 $F_1=20$ kN,$F_2=6$ kN,$F_3=4$ kN,$F_4=10$ kN,

$a=2$ m。试求：

(1) 该平行力系中心的坐标。

(2) 若要使该平行力系中心位于正方形板的中心，A、B 两处应作用多大的铅垂力？

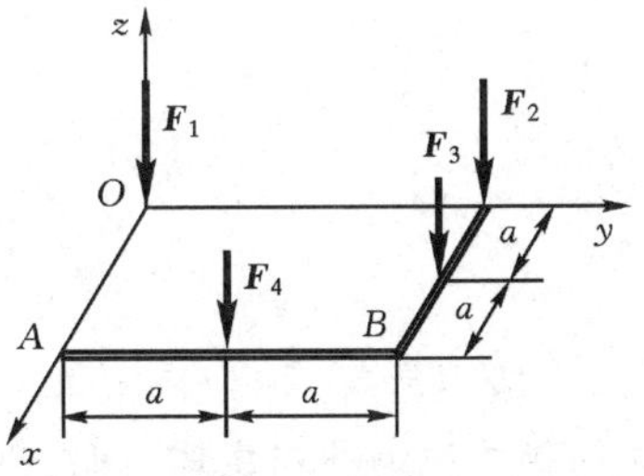

题 2-4 图

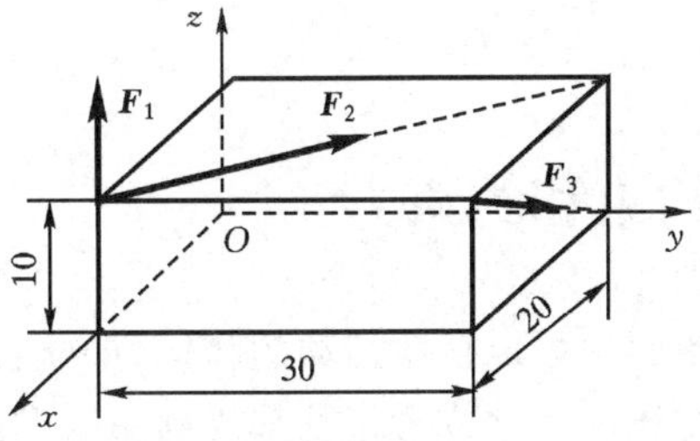

题 2-5 图

2-5 由 $\boldsymbol{F}_1$、$\boldsymbol{F}_2$、$\boldsymbol{F}_3$ 三个力构成的空间力系如图所示。已知 $F_1=100$ N，$F_2=300$ N，$F_3=200$ N，图中尺寸单位为 cm。试求该力系向原点 O 简化的结果。

2-6 等截面均质细杆被弯成图示形状，求其重心的位置。

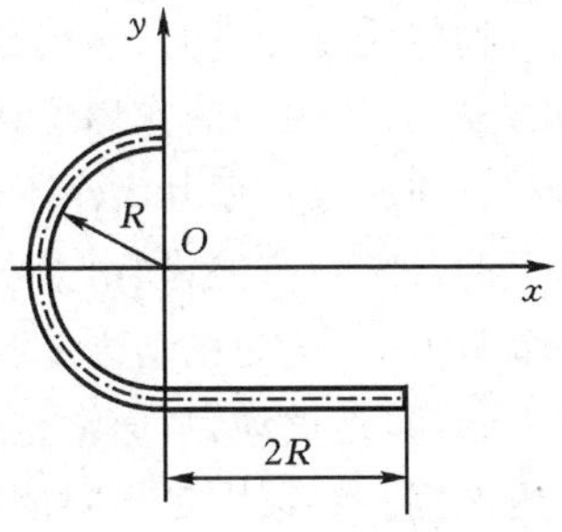

题 2-6 图

2-7 一平面力系向坐标原点 O 简化得到的主矩 $M_O=0$，向点 $A(\sqrt{3},1)$cm 简化得到的主矩 $M_A=2$ kN·cm；又知该力系的主矢在 x 轴上的投影为 500 N。试确定该力系的最终简化结果。

2-8 图示平面图形中每一方格的边长为 2 cm，求挖去圆后剩余部分面积形心的位置。

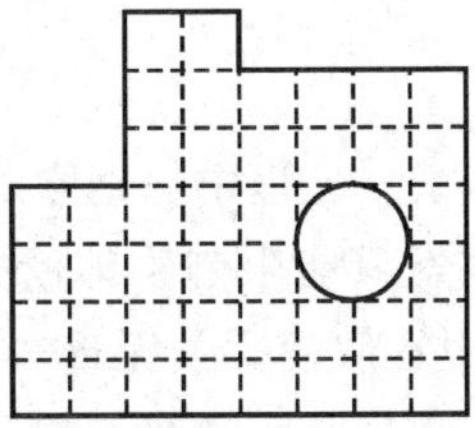

题 2-8 图

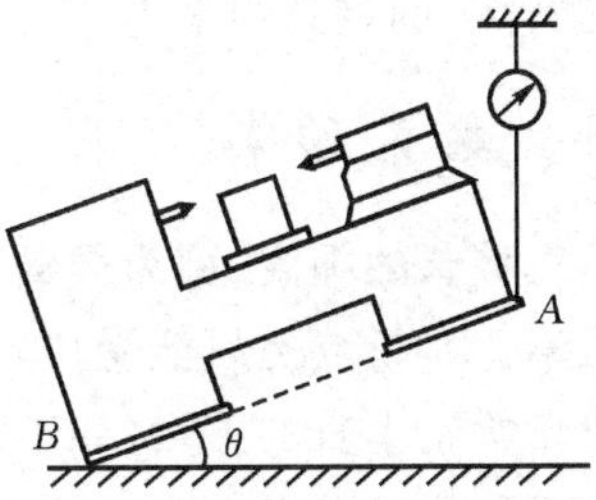

题 2-9 图

2-9 某机床重 50 kN，假设具有图示对称平面。$\overline{AB}=2.4$ m。当水平放置($\theta=0°$)时秤上读数为 35 kN，当 $\theta=20°$时秤上读数为 30 kN。该机床重心的位置在哪里？

第 3 章　物体的受力分析

3.1　约束和约束力

在空间中可以任意运动的物体，如航行中的飞机、人造卫星等，称为**自由体**。工程实际中大多数物体的运动或者位置都受到一定的限制，这样的物体称为**非自由体**，如在钢轨上行驶的火车、安装在轴承上的电机转子等。**对非自由体的运动起限制作用的周围物体称为约束**。如钢轨对于火车、轴承对于转子等都是约束。

物体受到约束时，物体与约束之间必相互作用着力。约束对非自由体的作用力称为**约束力**。显然，约束力的作用位置在约束与非自由体的接触处，约束力的方向总与约束所能阻碍的运动方向相反。但其大小不能预先独立确定，它与约束的性质、非自由体的运动状态和作用于其上的其它力有关，须由力学规律求出。工程力学中，把约束力以外的力，如重力、电磁力、机车牵引力等，称为**主动力**或**载荷**。主动力通常可以预先独立测定，是已知的；约束力是由主动力引起的，是被动力，通常是未知的。但是，未知、被动和已知、主动并不是约束力和主动力的本质区别。约束力是指限制物体位移和速度的力。有些力虽然是被动的、未知的，如流体阻力、动滑动摩擦力、弹性力等，但它们不限制物体的位移和速度，所以不是约束力，而是主动力。

无论在静力学还是在动力学中，对物体进行受力分析的一个重要内容是正确地表示出约束力的作用线的方位和指向，它们都与约束的性质有关。下面介绍几种常见的约束类型，分析每一类约束的特点，确定其约束力。

3.1.1　柔索约束

柔软而不可伸长的绳索，称为柔索。它是一种理想模型。工程中的钢索、链条和胶带等都可以简化为柔索。其特点是只能受拉，不能受压。所以柔索只能限制物体沿柔索伸长方向的运动。如果忽略柔索本身的重量（如不加特殊说明，本书中均假设柔索无重），则**其约束力总是沿着柔索而背离所系的物体**，即表现为拉力，常用 $\boldsymbol{F}_{\mathrm{T}}$ 表示。当柔索绕过轮子或考虑其自重时，其约束力则沿柔索的切线方向。

如图 3-1(a)所示，通过铁环 A 用钢索吊起重物。根据柔索约束力的特点，可以确定钢索给重物的力一定是拉力（$\boldsymbol{F}_B$、$\boldsymbol{F}_C$），钢索给铁环的力也是拉力（$\boldsymbol{F}'_B$、$\boldsymbol{F}'_C$、$\boldsymbol{F}_A$），如图 3-1(b)所示。其中 $\boldsymbol{F}_B=-\boldsymbol{F}'_B$，$\boldsymbol{F}_C=-\boldsymbol{F}'_C$。在图 3-2(a)所示的胶带传动中，胶带给两个胶带轮的力如图 3-2(b)所示。

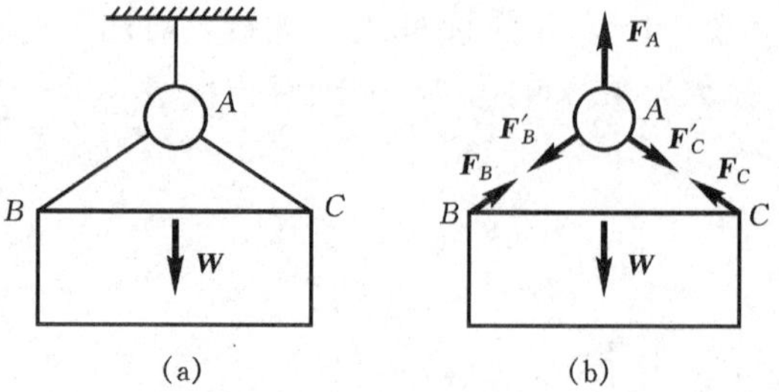

图 3-1

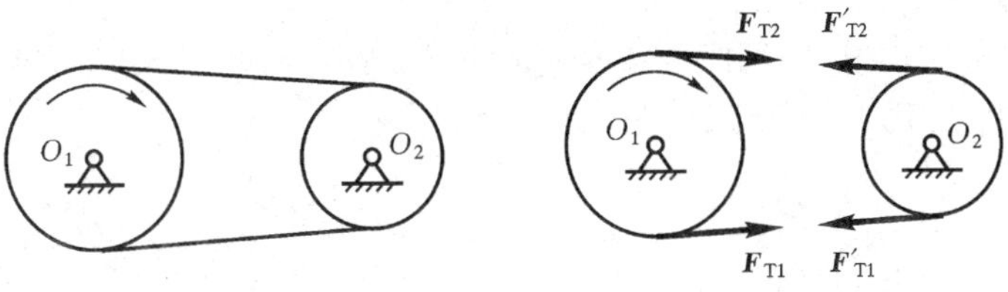

(a)　(b)

图 3-2

3.1.2　光滑接触面约束

若两物体间的接触是光滑的，则被约束物体可沿接触面运动，或沿接触面在接触点的公法线方向脱离接触，但不能沿接触面公法线方向压入接触面内。因此，**光滑接触面的约束力必通过接触点，沿接触面在该处的公法线，指向被约束物体**，即表现为压力。这种约束力称为**法向约束力**，常用 $\boldsymbol{F}_N$ 表示。

图 3-3 示出了光滑接触面对圆球的约束力。

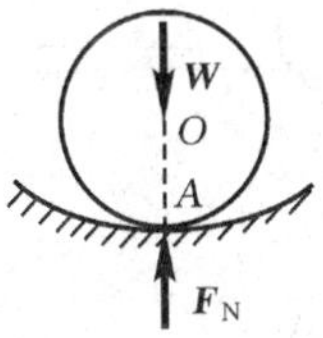

图 3-3

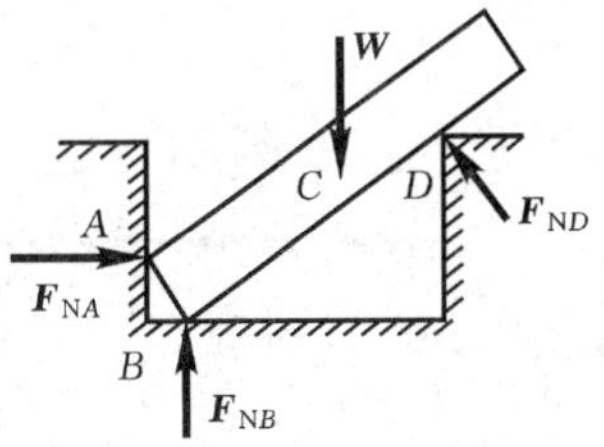

图 3-4

当物体与约束形成尖点接触(图 3-4 中的 A、B、D 三处)时，可把尖点视为半径极小的圆弧，则约束力的方向仍是沿接触处的公法线而指向被约束物体。

3.1.3　光滑铰链约束

1. 光滑圆柱形铰链

工程中常用圆柱形销钉 C 将两零件 A、B 连接起来，如图 3-5(a)、(b)所示。这种约束称为**圆柱铰链约束**。

如果两零件中有一个固定于地面(或机座)，则称为**固定铰链支座**。圆柱铰链连接和固定铰链支座可分别用图 3-5(c)和图 3-6(a)所示的简图表示。

圆柱形铰链只限制两零件在垂直于销钉轴线方向的移动，而不限制它们绕销钉轴线的相对转动。当忽略摩擦时，这种约束也就是光滑面约束，其约束力必通过铰链中心。但接触点的位置无法预先确定(图 3-6(b))。由于铰链的约束力 $\boldsymbol{F}_N$ 的大小和方向(用角 α 表示)都是未知的，故在受力分析时，常把**铰链的约束力表示为作用在铰销中心的两个大**

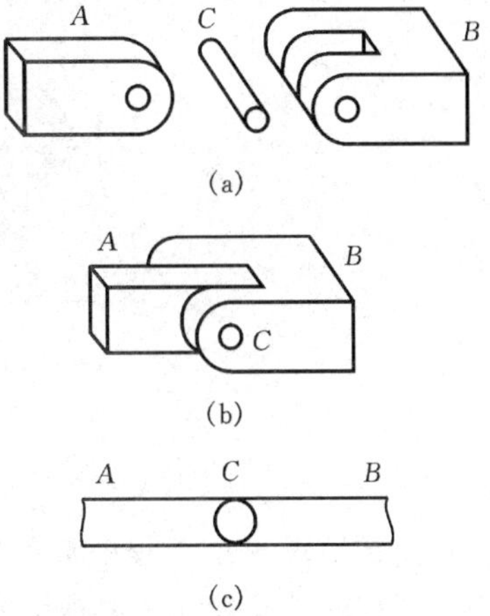

图 3-5

小未知的正交分力 $\boldsymbol{F}_{Nx}$、$\boldsymbol{F}_{Ny}$(图 3-6(c))。

应该指出,铰链结构中,也可把销钉看作是固连于两零件中的某一个零件上,这样对约束力的特征没有影响,如图 3-7 所示。

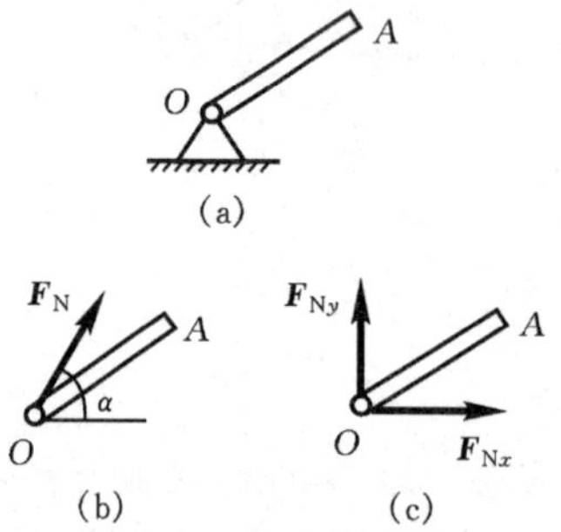

图 3-6

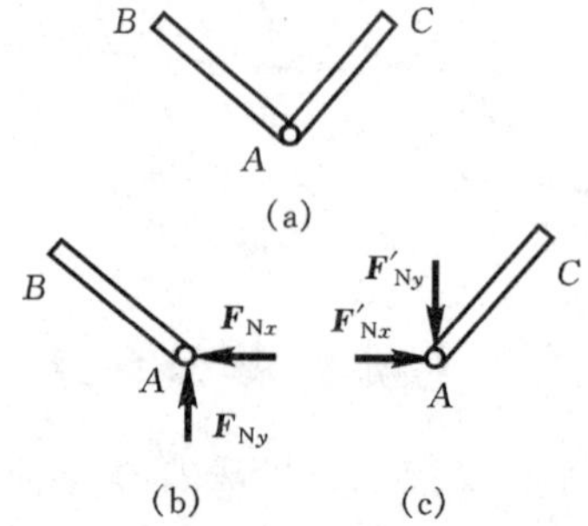

图 3-7

径向轴承(图 3-8(a))是工程中常见的一种约束,简化模型如图 3-8(b)所示。其约束力与光滑圆柱铰链相同(图 3-8(c))。

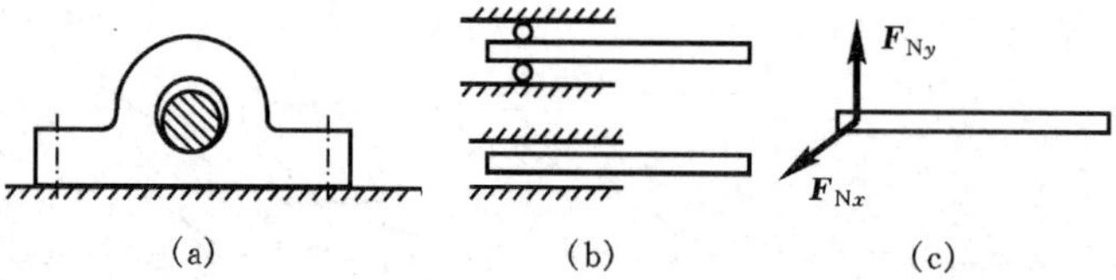

图 3-8

2. 光滑球铰链

在空间问题中会遇到球铰链(图 3-9(a)),它由在一个物体的球窝内放入一个相同半径的球构成,球窝罩具有缺口,以便球与被约束物体相连。机床照明灯的支撑杆、飞机的驾驶杆和汽车变速箱的操纵杆等就是用球铰链支承的。不计摩擦,按照光滑面约束力的特点,物体受到的约束力 $\boldsymbol{F}_N$ 必须通过球心,但它在空间的方位不能预先确定。图 3-9(b)所示为球铰链的简图,其约束力可用作用在铰链中心的三个正交分力 $\boldsymbol{F}_{Nx}$、$\boldsymbol{F}_{Ny}$、$\boldsymbol{F}_{Nz}$ 表示(图 3-9(c))。

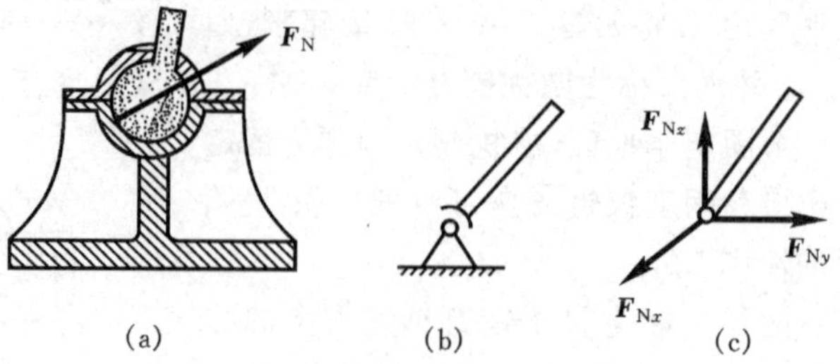

图 3-9

止推轴承也是工程中常见的一种约束,如图 3-10(a)所示。图 3-10(b)是它的示意简图。止推轴承除能起径向轴承的作用外,还限制物体沿轴向的移动,因而其约束力也可用三个正交分力表示(图 3-10(c))。

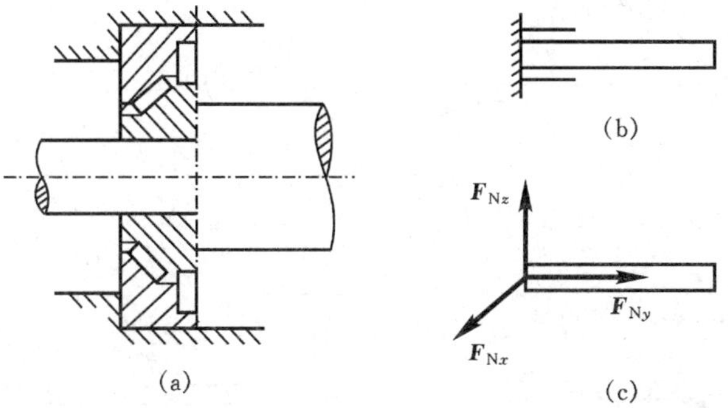

图 3－10

3. 活动铰链支座

在铰链支座和支承面之间装上一排滚轮，这样构成的一种复合约束称为**活动铰链支座**或**辊轴铰链支座**，简称为**活动支座**或**辊座**，如图 3－11(a)所示。显然，如果忽略摩擦，则这种支座的约束性质与光滑接触面相同，其**约束力垂直于支承面，且作用线过铰链中心**。图 3－11(b)、(c)、(d)所示为活动铰链支座的几种常见的表示方法。

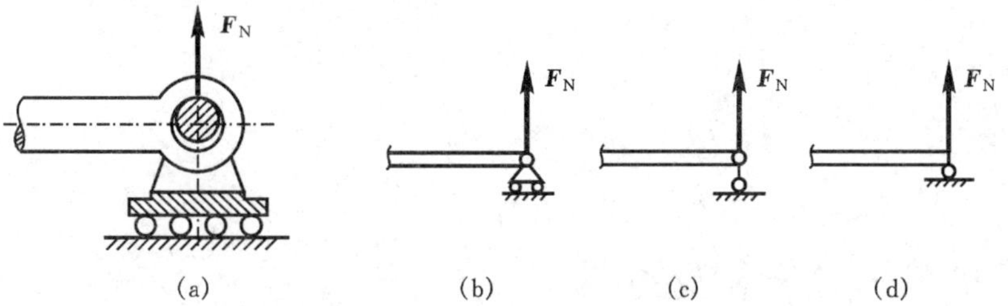

图 3－11

活动支座在桥梁、屋架等工程结构中被广泛采用，其作用是当温度变化等因素引起结构尺寸伸长或缩短时，允许支座间的距离有微小改变。

3.1.4　固定端约束

在工程中常遇到既限制物体沿任何方向移动，又限制物体沿任何方向转动的约束，例如，钉在墙上的铁钉、一端埋入地下的电线杆、连接在机身上的机翼等。这类约束称为**固定端约束**或**固定端支座**，简称为**固定端**或**插入端**。

图 3－12(a)所示的悬臂梁 AB，在主动力作用下，其插入部分受到墙的约束，约束力是一个分布复杂的空间力系(图 3－12(b))。将此力系向 A 点简化，得到一个力 $\boldsymbol{F}_A$ 和一个矩为 $\boldsymbol{M}_A$ 的力偶。由于 $\boldsymbol{F}_A$ 和 $\boldsymbol{M}_A$ 的大小和方向都不能预先确定。所以，通常用**作用于 A 点的三个正交分力 $\boldsymbol{F}_{Ax}$、$\boldsymbol{F}_{Ay}$、$\boldsymbol{F}_{Az}$ 和作用在不同平面内的三个正交力偶矩矢 $\boldsymbol{M}_{Ax}$、$\boldsymbol{M}_{Ay}$、$\boldsymbol{M}_{Az}$ 来表示固定端约束的约束力**(图3－12(c))。固定端约束还可以更简单地表示为图 3－12(d)所示的形式。

对于平面情况，其简图如图 3－13(a)所示，约束力为作用于 A 点的两个正交分力 $\boldsymbol{F}_{Ax}$、$\boldsymbol{F}_{Ay}$ 和一个作用在 Axy 平面内的矩为 M_A 的力偶，如图 3－13(b)所示。

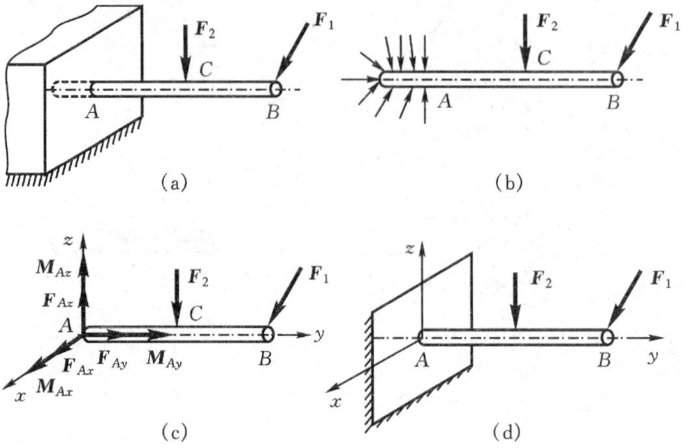

图 3-12

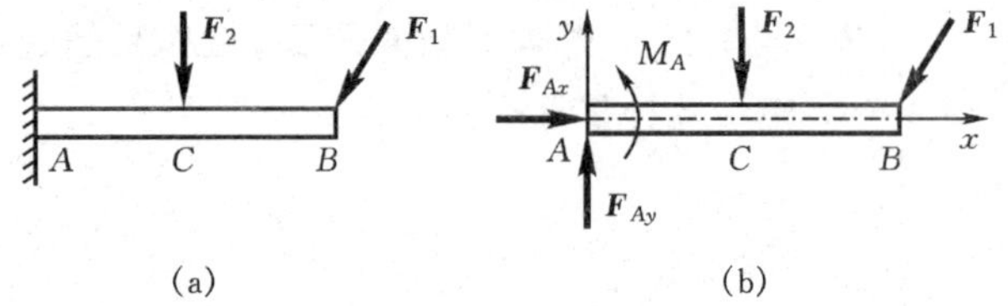

图 3-13

3.2　物体的受力分析和受力图

在研究力学问题时，必须首先根据已知条件和待求量，从有关物体中选取某一物体或几个物体组成的系统作为研究对象，分析其受力情况，即进行**受力分析**。受力分析的内容主要是分析研究对象受到哪些力的作用，以及每个力的作用线位置和指向。在受力分析时，可设想将所研究的物体从周围物体中分离出来。解除约束后的物体，称为**分离体**。在分离体图上画有其受到的全部外力(包括主动力和约束力)的简图，称为**受力图**。

受力图是研究力学问题的基础。画受力图是工程技术人员的基本技能，是研究静力学和动力学问题的先决条件。

画受力图的步骤如下：

(1) 根据题意选取研究对象，并画出分离体；

(2) 画出分离体所受到的全部主动力；

(3) 根据约束的性质，画出全部约束力。

物体系统内部各物体之间的相互作用力称为**内力**；外部物体对系统的作用力称为**外力**。内力和外力是相对于一定的研究对象而言的。对于某一系统，系统内各物体之间的相互作用力是内力，但对系统内的每个物体来说则是外力。由于内力总是成对出现的，并且彼此等值、反向、共线，故对系统的平衡没有影响。因此在刚体静力学中画受力图时，只需画出全部外力，不必画出内力。

例 3-1　均质细杆 AB 重为 $\boldsymbol{W}$，在图 3-14(a)所示的铅垂平面内处于平衡。试画出 AB 杆的受力图。

解　取 AB 杆为研究对象。解除约束，画出分离体。杆受到的主动力只有重力 $\boldsymbol{W}$，作用于杆的中点 C。杆在 A、F 处受到光滑接触面约束，约束力 $\boldsymbol{F}_{NA}$、$\boldsymbol{F}_{NF}$ 为压力，其作用线沿接触点的公法线。杆在 D 处受到柔索约束，约束力 $\boldsymbol{F}_T$ 为拉力，其作用线沿细绳方向。于是，均质杆 AB 的受力如图 3-14(b)所示。

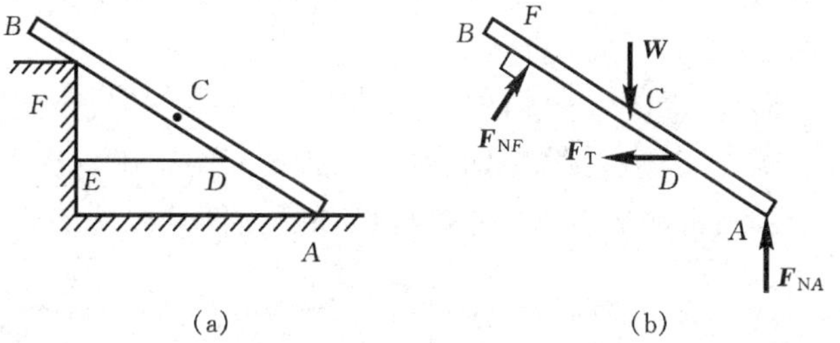

图 3-14

例 3-2　如图 3-15(a)所示的平面结构中，各物体自重及摩擦不计，试分别画出直杆 BC 和曲杆 OBA 及整体的受力图。

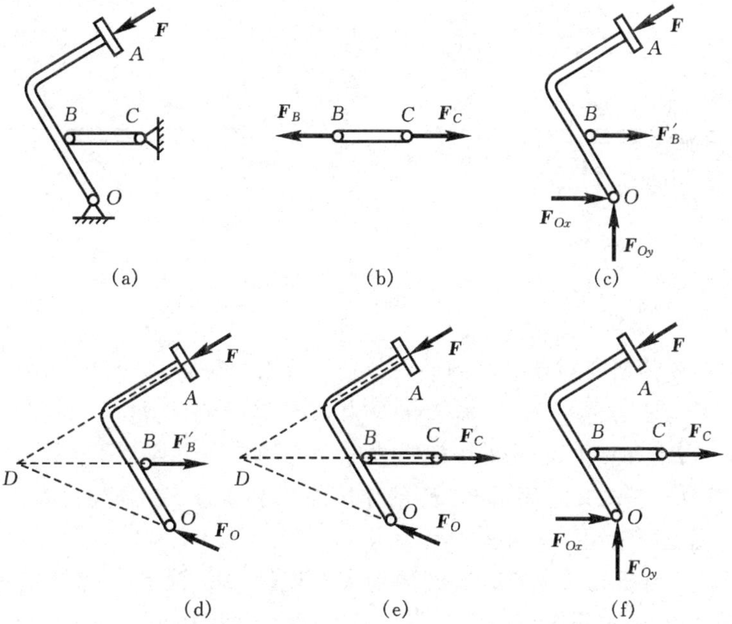

图 3-15

解　先取 BC 杆为研究对象。因杆不受主动力作用，且两端用光滑铰链连接，因此 BC 杆为二力杆，设受拉力 $\boldsymbol{F}_B$、$\boldsymbol{F}_C$，如图 3-15(b)所示。

再取曲杆 OBA 为研究对象，作用在其上的主动力为 $\boldsymbol{F}$。B 处受 BC 杆的拉力 $\boldsymbol{F}'_B$，它与 $\boldsymbol{F}_B$ 互为作用与反作用力，即 $\boldsymbol{F}'_B=-\boldsymbol{F}_B$。$O$ 处为铰链约束，其约束力可用两个正交分力 $\boldsymbol{F}_{Ox}$、$\boldsymbol{F}_{Oy}$ 表示(图 3-15(c))。

最后取整体为研究对象，作用在整体上的主动力为 $\boldsymbol{F}$，C 处的反力为 $\boldsymbol{F}_C$(与图 3-15(b)中 C 处的约束力一致)，O 处约束力为 $\boldsymbol{F}_{Ox}$、$\boldsymbol{F}_{Oy}$(与图 3-15(c)中 O 处的约束力一致)，于是整体受力如图 3-15(f)所示。

进一步分析可知，曲杆 OBA 在力 $\boldsymbol{F}$、$\boldsymbol{F}'_B$ 和 O 处的约束力 $\boldsymbol{F}_O$ 这三个力的作用下平衡，而力

$\boldsymbol{F}$ 和 $\boldsymbol{F}'_B$ 的作用线交于 D 点(图 3－15(d)),于是根据三力平衡汇交定理可知 $\boldsymbol{F}_O$ 的作用线也必然通过 D 点。至于力 $\boldsymbol{F}_O$ 的指向,以后可通过平衡条件确定。故曲杆 OBA 的受力图也可以画成图 3－15(d)所示的形式。

同理,整体的受力图也可以画成图 3－15(e)所示的形式。

例 3－3　在图 3－16(a)所示的平面结构中,重物 M 重量为 $\boldsymbol{W}$,其余各构件的自重不计。试分别画出水平梁 AB 和圆盘 C 的受力图。

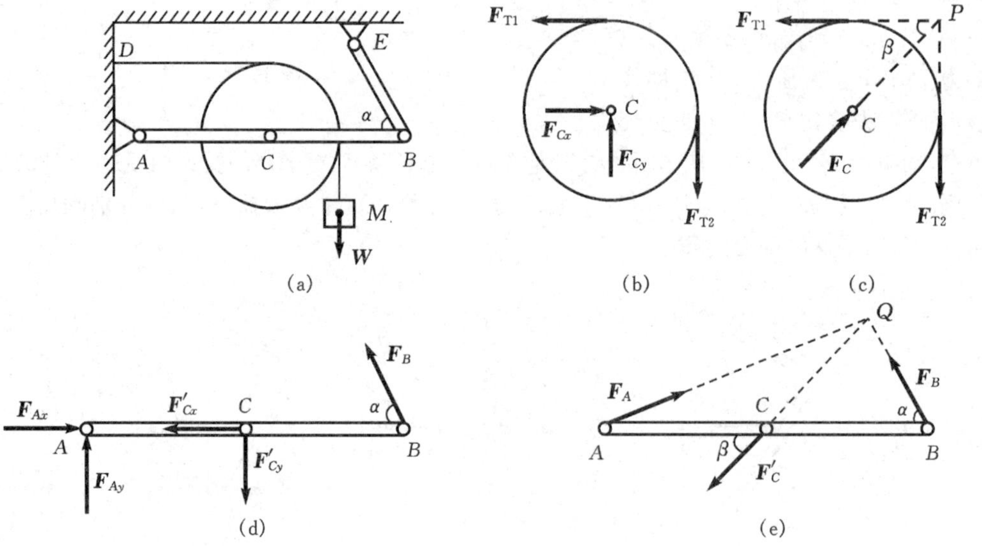

图 3－16

解　先取圆盘 C 为研究对象。受到的力分别为柔索的拉力 $\boldsymbol{F}_{T1}$ 和 $\boldsymbol{F}_{T2}$,轴承 C 处的约束力用两个正交分力 $\boldsymbol{F}_{Cx}$、$\boldsymbol{F}_{Cy}$ 表示,于是圆盘 C 的受力如图 3－16(b)所示。圆盘 C 也可以视为是在柔索的拉力 $\boldsymbol{F}_{T1}$、$\boldsymbol{F}_{T2}$ 和轴承的约束力 $\boldsymbol{F}_C$ 这样三个力的作用下处于平衡。由于 $\boldsymbol{F}_{T1}$、$\boldsymbol{F}_{T2}$ 的作用线已知,根据三力平衡汇交定理可知,$\boldsymbol{F}_C$ 的作用线也必通过 $\boldsymbol{F}_{T1}$、$\boldsymbol{F}_{T2}$ 两力作用线的交点 P,则圆盘 C 的受力图也可如图 3－16(c)所示。

再取水平梁 AB 为研究对象。梁受到的约束有连杆 BE、轴承 C 和固定铰支座 A。连杆 BE 为二力杆,其约束力 $\boldsymbol{F}_B$ 的作用线沿 BE;轴承 C 处的约束力可用两正交分力 $\boldsymbol{F}'_{Cx}$、$\boldsymbol{F}'_{Cy}$ 表示,它们是圆盘的约束力 $\boldsymbol{F}_{Cx}$、$\boldsymbol{F}_{Cy}$ 的反作用力;固定铰支座 A 处的约束力可用 $\boldsymbol{F}_{Ax}$、$\boldsymbol{F}_{Ay}$ 这两个正交分力表示。于是水平梁 AB 的受力如图 3－16(d)所示。

由于 $\boldsymbol{F}_B$ 的方向已知,根据图 3－16(c),水平梁在 C 处的约束力也可以用一个力 $\boldsymbol{F}'_C$ 表示,$\boldsymbol{F}'_C$ 是圆盘在 C 处的约束力 $\boldsymbol{F}_C$ 的反作用力。$\boldsymbol{F}_B$ 和 $\boldsymbol{F}'_C$ 的作用线相交于点 Q。根据三力平衡汇交定理,若固定铰支座 A 处的约束力用一个力 $\boldsymbol{F}_A$ 表示,则 $\boldsymbol{F}_A$ 的作用线也必通过 Q 点。于是水平梁 AB 的受力也可如图 3－16(e)所示。

思考题

3－1　凡是两端用光滑铰链连接的直杆都是二力杆,这种说法对吗?

3－2　结构如图(a)所示。根据力的可传性定理将力 $\boldsymbol{F}_1$ 的作用点 D 沿作用线移到 E 点

(图(b)),由此画出构件 AC 的受力如图(c)所示。试问此受力图是否正确,为什么?

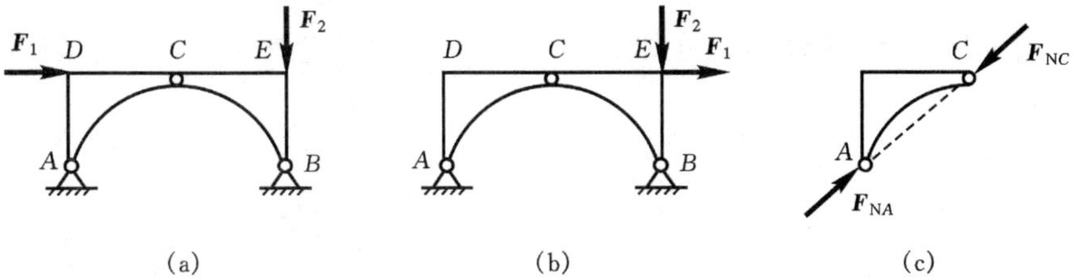

思 3-2 图

3-3 下列各图中未标重力的构件皆不计自重,试问画出的各构件受力图是否有误?若有误,如何改正?

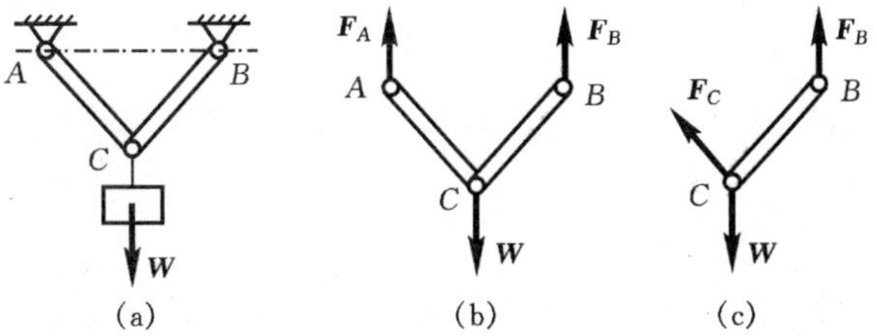

思 3-3-1 图

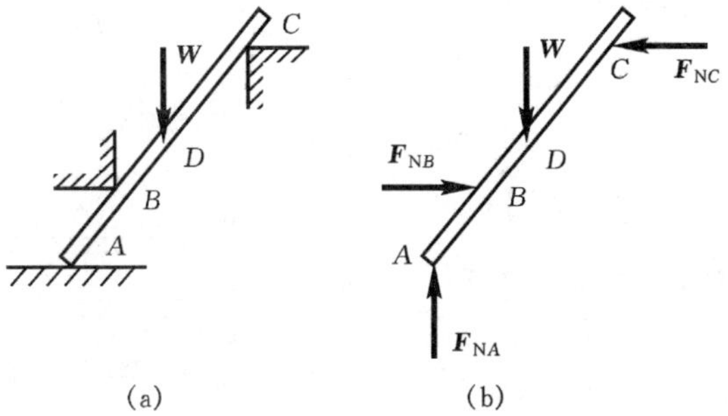

思 3-3-2 图

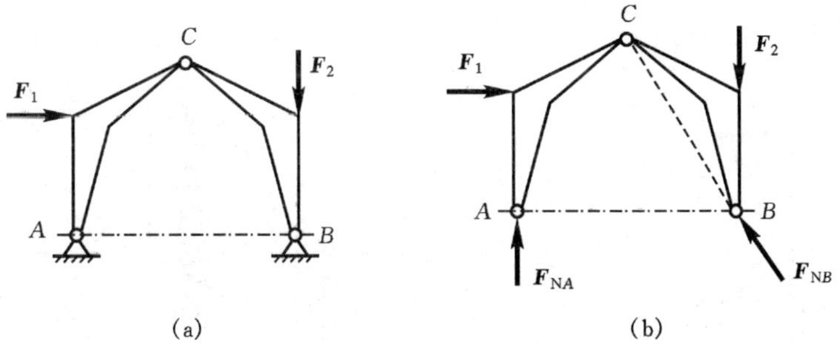

思 3-3-3 图

习　题

画出下列各图中指定物体的受力图。设所有接触面都是光滑的，物体的重力(除已标出者外)均略去不计。

3-1　杆 AB。

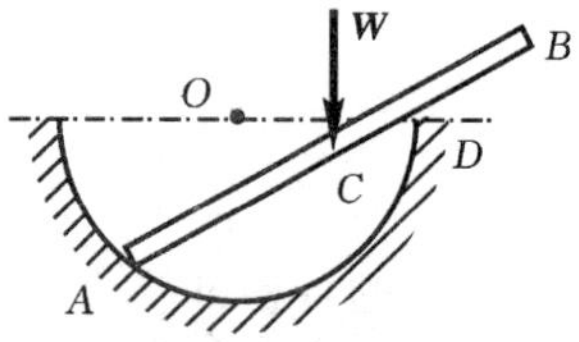

题 3-1 图

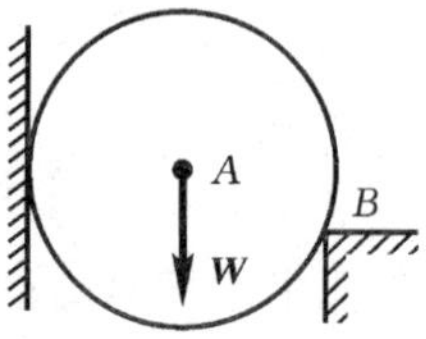

题 3-2 图

3-2　轮 A。

3-3　AB 杆、BC 杆及整体。

3-4　AC 杆及整体。

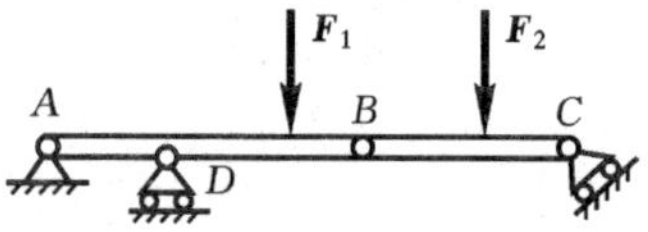

题 3-3 图

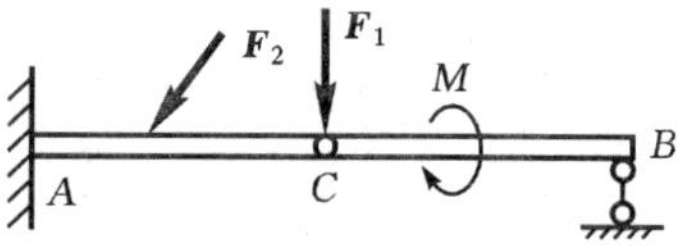

题 3-4 图

3-5　EH 杆及整体。

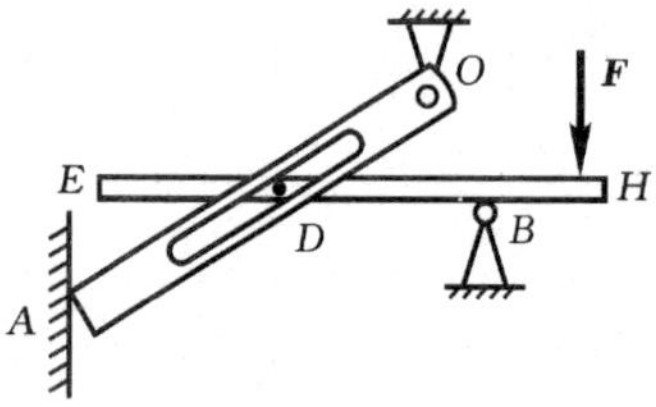

题 3-5 图

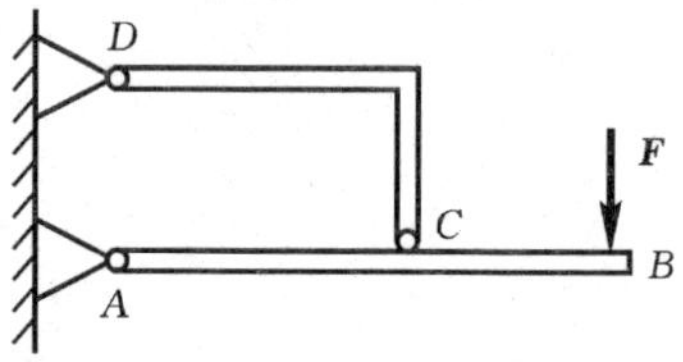

题 3-6 图

3-6　AB 杆。

3-7　AB 杆和 AC 杆。

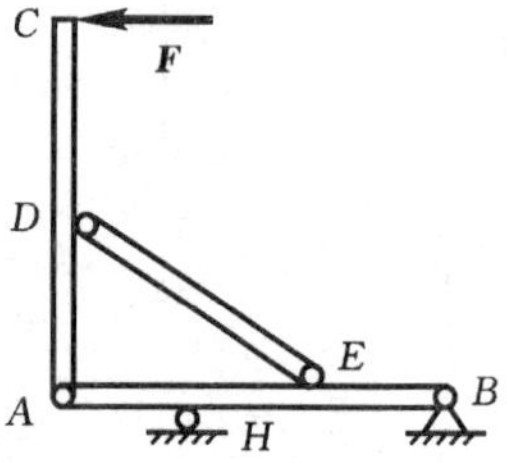

题 3-7 图

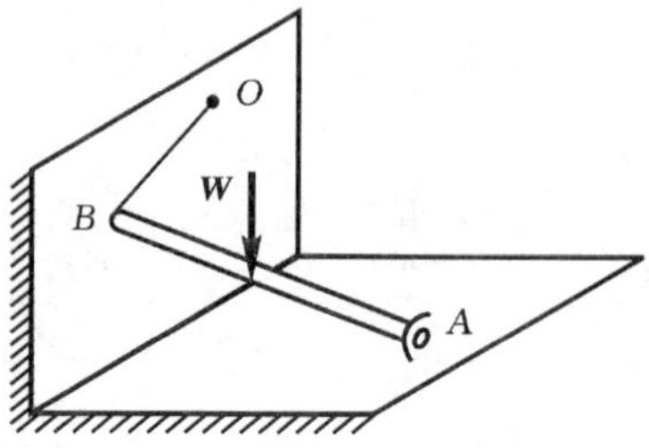

题 3-8 图

3-8　AB 杆(A 处为球铰链，OB 为细绳)。

3－9　AG 杆、CI 杆和 BH 杆。

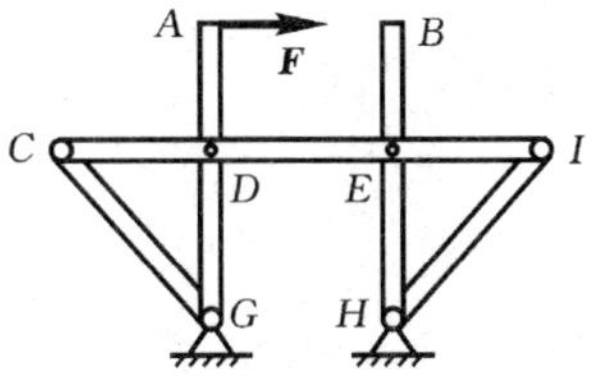

题 3－9 图

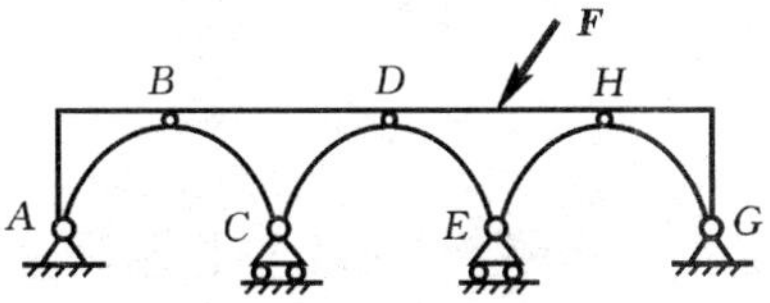

题 3－10 图

3－10　BCD 和 DEH。

第 4 章　力系的平衡

本章研究力系的平衡问题，它是刚体静力学的重点。由于平面力系是工程实际中最常见的力系，同时有许多结构及其所承受的载荷具有对称平面，作用在这些结构上的力系可以简化为在这个对称平面内的平面力系（如图 4-1 所示的载重汽车，它所承受的载荷、迎风阻力和路面的约束力，可以简化为在汽车对称面内的平面力系），而且空间力系还可以转化为平面力系处理。因此，我们把平面力系的平衡问题作为本章的重点。

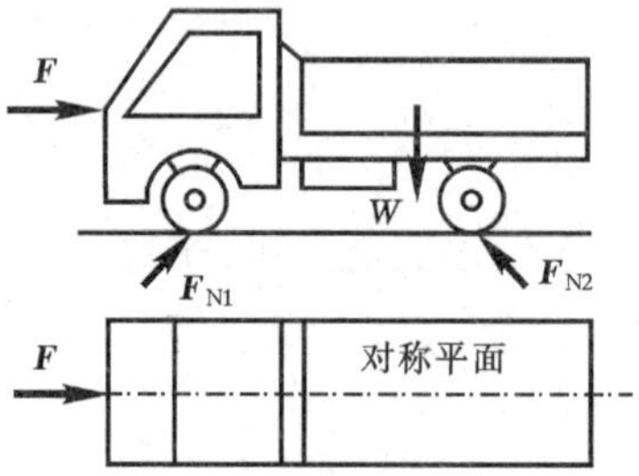

图 4-1

4.1　空间力系的平衡方程

由力系的简化理论知，空间力系平衡的充分和必要条件是：**力系的主矢和对任一点的主矩分别等于零**。即

$$\boldsymbol{F}'_{\mathrm{R}} = 0, \quad \boldsymbol{M}_O = 0 \tag{4-1}$$

写成投影形式为

$$\left.\begin{array}{lll}\sum F_x = 0, & \sum F_y = 0, & \sum F_z = 0 \\ \sum M_x(\boldsymbol{F}) = 0, & \sum M_y(\boldsymbol{F}) = 0, & \sum M_z(\boldsymbol{F}) = 0\end{array}\right\} \tag{4-2}$$

上式称为**空间力系的平衡方程**。它以解析形式表明空间力系平衡的充分和必要条件是：**力系中各力在三根坐标轴上投影的代数和分别等于零，各力对该三轴之矩的代数和也分别等于零。** 式(4-2)包含六个方程。当一个刚体受空间力系作用而平衡时，可利用这组方程求解六个未知量，在应用式(4-2)解题时，所选取的投影轴不一定要相互垂直，所选取的矩轴也不一定要与投影轴重合。

对于各力的作用线相互平行的**空间平行力系**（图 4-2），若取 z 轴与各力平行，则因为 $\sum F_x \equiv 0$，$\sum F_y \equiv 0$ 和 $\sum M_z(\boldsymbol{F}) \equiv 0$，所以独立的平衡方程为

$$\left.\begin{array}{l}\sum F_z = 0 \\ \sum M_x(\boldsymbol{F}) = 0 \\ \sum M_y(\boldsymbol{F}) = 0\end{array}\right\} \tag{4-3}$$

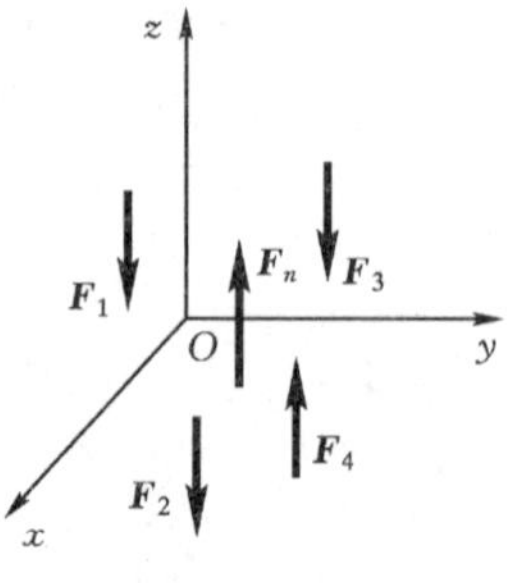

图 4-2

对于各力的作用线汇交于一点的**空间汇交力系**，若取三根矩轴通过力系的汇交点，则三个力矩方程变为恒等式，所以平衡方程为

$$\sum F_x = 0, \quad \sum F_y = 0, \quad \sum F_z = 0 \tag{4-4}$$

求解力系平衡问题的步骤如下。

(1) 根据题意，选取研究对象。

(2) 对选定的研究对象进行受力分析，画出其受力图。

(3) 选取投影轴和矩轴，建立平衡方程。为了求解方便，所选取的投影轴应尽量与某些未知力垂直，所选取的矩轴应尽量与某些未知力共面。

(4) 解方程。若求得的未知力为负值，则说明该力的实际指向与受力图假设的指向相反。但把它代入另一方程求解别的未知量时，则应连同其负号一并代入。

例 4-1 图 4-3(a)所示的均质正方形薄板重为 $W=1\ 200$ N，用三根铅直细绳悬挂在水平位置。设薄板的边长为 l，求各绳的张力。

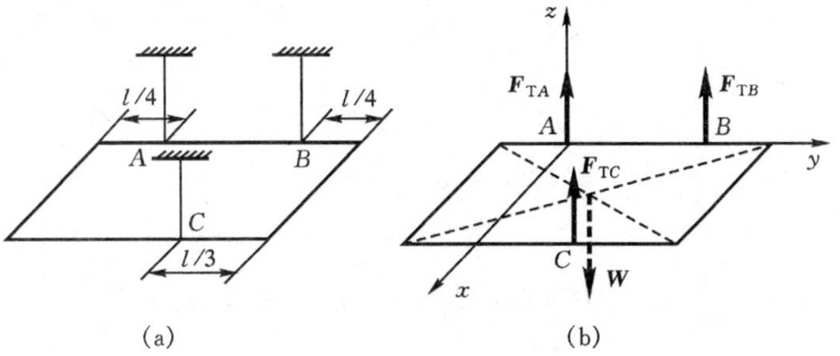

图 4-3

解 取薄板为研究对象，受力如图 4-3(b)所示。主动力 $\boldsymbol{W}$ 和约束力 $\boldsymbol{F}_{TA}$、$\boldsymbol{F}_{TB}$、$\boldsymbol{F}_{TC}$ 组成了一个空间平行力系。建立坐标系 $Axyz$，由空间平行力系的平衡方程有

$$\sum M_y(\boldsymbol{F})=0,\quad W\cdot\frac{l}{2}-F_{TC}\cdot l=0 \tag{1}$$

$$\sum M_x(\boldsymbol{F})=0,\quad F_{TB}\cdot\frac{l}{2}+F_{TC}\cdot\frac{5l}{12}-W\cdot\frac{l}{4}=0 \tag{2}$$

$$\sum F_z=0,\quad F_{TA}+F_{TB}+F_{TC}-W=0 \tag{3}$$

可解得

$$F_{TC}=\frac{1}{2}W=600\ \text{N},\quad F_{TB}=\frac{1}{2}W-\frac{5}{6}F_{TC}=100\ \text{N}$$

$$F_{TA}=W-F_{TB}-F_{TC}=500\ \text{N}$$

例 4-2 六杆通过光滑球铰链支承一水平板 $ABCD$，如图 4-4(a)所示。在板角 A 处作用一铅垂力 $\boldsymbol{F}$，尺寸 $b=50$ cm，$d=100$ cm，$h=30$ cm，不计板和各杆的重量，求各杆对板的约束力。

解 取水平板为研究对象。由于不计杆重和摩擦，所以六根杆皆为二力杆。设各杆均受拉力，于是板的受力如图 4-4(b)所示。根据空间力系的平衡方程，有

$$\sum F_{x_1}=0,\quad F_{N6}=0 \tag{1}$$

$$\sum M_{x_2}(\boldsymbol{F})=0,\quad -bF\sin\beta-bF_{N1}\sin\beta=0 \tag{2}$$

可得

$$F_{N1}=-F$$

$$\sum M_{x_3}(\boldsymbol{F})=0,\quad -bF-bF_{N1}-bF_{N4}\sin\alpha=0 \tag{3}$$

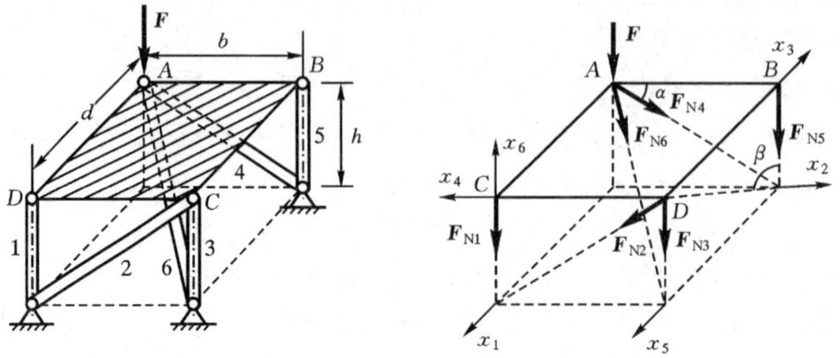

(a)　　　　(b)

图 4 - 4

可得　　$F_{N4} = 0$

$$\sum M_{x_4}(\boldsymbol{F}) = 0, \quad dF_{N5} + dF = 0 \tag{4}$$

可得　　$F_{N5} = -F$

$$\sum M_{x_5}(\boldsymbol{F}) = 0, \quad bF_{N1} + bF + hF_{N2}\cos\alpha = 0 \tag{5}$$

可得　　$F_{N2} = 0$

$$\sum F_{x_6} = 0, \quad -F - F_{N1} - F_{N5} - F_{N3} = 0 \tag{6}$$

可得　　$F_{N3} = F$

在上述求解过程中,我们选用了两个投影方程和四个力矩方程。容易看出,也可以把投影方程(6)换成力矩方程

$$\sum M_{x_1}(\boldsymbol{F}) = 0, \quad -bF_{N3} - bF_{N5} = 0$$

同样可求得　　$F_{N3} = -F_{N5} = F$

由上例可见,平衡方程形式的选取是相当灵活的。为了解题方便,常用力矩方程取代投影方程,从而构成四矩式、五矩式甚至六矩式平衡方程。但绝不是说任意建立六个平衡方程都能求解六个未知量。要想求解六个未知量,所建立的六个方程必须彼此独立。判别任意写出的六个平衡方程的独立性,是一个比较复杂的问题。限于篇幅,这里不加阐述。实用中,如果建立一个方程即能求出一个未知量(如例 4 - 2 所作的那样),则不仅能够保证该方程是独立的,而且可以避免解联立方程的麻烦。因此,在建立平衡方程时,应尽可能使每个方程中只含一个未知量。

4.2　平面力系的平衡方程

4.2.1　平面力系平衡方程的形式

作为空间力系的特殊情况,取平面力系$\{\boldsymbol{F}_1, \boldsymbol{F}_2, \cdots, \boldsymbol{F}_n\}$,设各力作用线所在的平面为坐标平面 Oxy(图 4 - 5)。根据空间力系的平衡方程,由于$\sum F_z \equiv 0$,$\sum M_x(\boldsymbol{F}) \equiv 0$,$\sum M_y(\boldsymbol{F}) \equiv 0$,于是可得平面任意力系的平衡方程为

$$\sum F_x = 0,\quad \sum F_y = 0,\quad \sum M_z(\boldsymbol{F}) = 0 \qquad (4-5)$$

方程式(4-5)是平面力系平衡方程的基本形式。由于其中只有一个力矩方程,因而也称为**一矩式**。考虑到$\sum M_z(\boldsymbol{F})=\sum M_O(\boldsymbol{F})$,所以式(4-5)中的第三式通常改写为$\sum M_O(\boldsymbol{F})=0$。平面力系的平衡方程还可以表示为二矩式和三矩式。

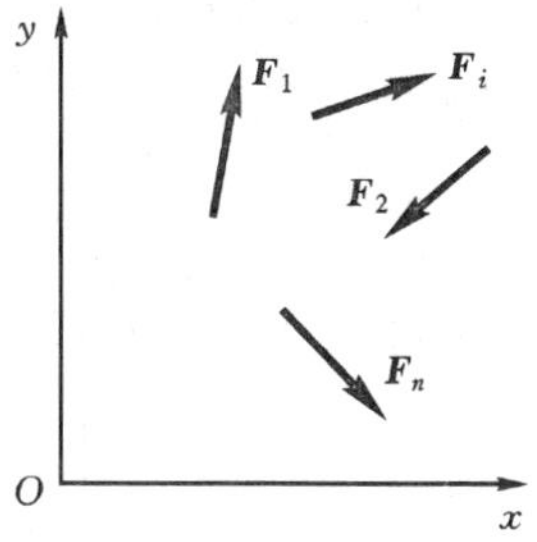

图 4-5

所谓**二矩式**平衡方程,其形式为

$$\sum F_x = 0,\quad \sum M_A(\boldsymbol{F}) = 0,\quad \sum M_B(\boldsymbol{F}) = 0 \qquad (4-6)$$

但 A、B 两点的连线不能垂直于投影轴 Ox。

二矩式平衡方程也是平面力系平衡的充分和必要条件。现证明如下。

必要性: 当力系平衡时,必有力系主矢 $\boldsymbol{F}'_R=\sum\boldsymbol{F}=0$ 和力系对任意点 O 的主矩 $M_O=\sum M_O(\boldsymbol{F})=0$。因此式(4-6)成立。

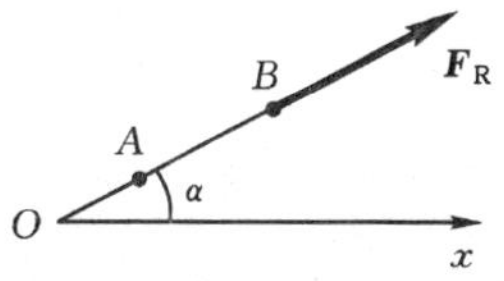

图 4-6

充分性: 式(4-6)中,$\sum M_A(\boldsymbol{F})=0$ 和 $\sum M_B(\boldsymbol{F})=0$ 说明力系不可能简化为一个力偶,只可能简化为一个作用线过 A、B 两点的合力 $\boldsymbol{F}_R$ 或为平衡力系。但是力系又满足$\sum F_x=F_R\cos\alpha=0$,而 A、B 两点连线不垂直于 Ox 轴(图 4-6),即 $\cos\alpha\neq0$,显然只有合力 $\boldsymbol{F}_R$ 为零。这表明只要力系满足式(4-6)及相应的限制条件,则力系必为平衡力系。

所谓**三矩式**平衡方程,其形式为

$$\sum M_A(\boldsymbol{F}) = 0,\quad \sum M_B(\boldsymbol{F}) = 0,\quad \sum M_C(\boldsymbol{F}) = 0 \qquad (4-7)$$

但 A、B、C 三点不应在同一条直线上。三矩式平衡方程的充分性请读者自行证明。

平面力系平衡方程的一矩式、二矩式和三矩式,每组中都有三个独立方程,能求解三个未知量。在具体解题时,常采用多矩式。

4.2.2　平面平行力系的平衡方程

各力的作用线在同一平面内且相互平行的力系,称为**平面平行力系**。它是平面力系的一种特殊形式。如图 4-7 所示,若选取 x 轴与力系中各力垂直,而 y 轴与各力平行,则$\sum F_x\equiv0$,于是,平面平行力系的平衡方程为

$$\sum F_y = 0,\quad \sum M_O(\boldsymbol{F}) = 0 \qquad (4-8)$$

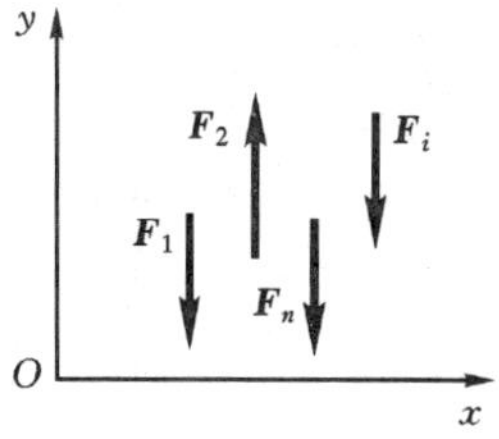

图 4-7

与平面任意力系平衡方程形式的多样性相似,也可将平面平行力系的平衡方程表示为二矩式,即

$$\sum M_A(\boldsymbol{F}) = 0,\quad \sum M_B(\boldsymbol{F}) = 0 \qquad (4-9)$$

但 A、B 连线不能与诸力平行。

4.2.3　平面力系平衡方程的应用

应用平面力系平衡方程解题的方法步骤,与空间力系的相同,现举例说明如下。

例 4-3　冲天炉的加料料斗车沿倾角 $\alpha=60°$的倾斜轨道匀速上升,如图4-8(a)所示。已

知料斗车连同所装炉料共重为 $W=10\ \mathrm{kN}$,重心在 C 点;$a=0.4\ \mathrm{m}$,$b=0.5\ \mathrm{m}$,$e=0.2\ \mathrm{m}$,$l=0.3\ \mathrm{m}$。不计摩擦,试求钢索的张力和轨道作用于料斗车小轮的约束力。

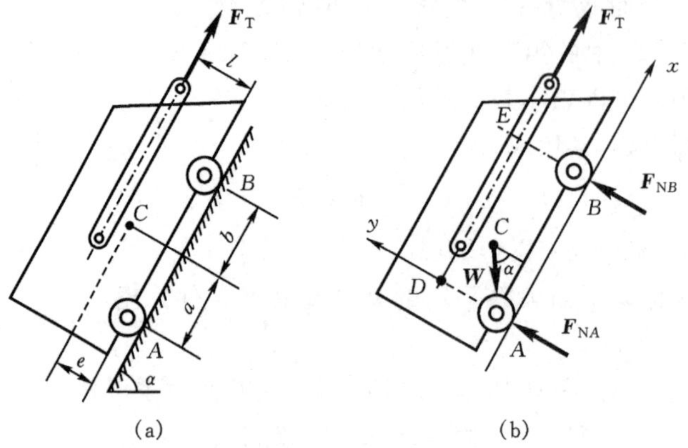

图 4-8

解　取料斗车为研究对象。作用于车上的主动力只有其重力 $\boldsymbol{W}$;约束力有钢索的张力 $\boldsymbol{F}_{\mathrm{T}}$ 和轨道对料斗车小轮的约束力 $\boldsymbol{F}_{\mathrm{NA}}$、$\boldsymbol{F}_{\mathrm{NB}}$。于是料斗车的受力如图 4-8(b)所示。取坐标系 Axy,根据平面力系的平衡方程,有

$$\sum F_x=0,\quad F_{\mathrm{T}}-W\sin\alpha=0 \tag{1}$$

$$\sum M_D(\boldsymbol{F})=0,\quad F_{\mathrm{NB}}(a+b)-W(l-e)\sin\alpha-Wa\cos\alpha=0 \tag{2}$$

$$\sum F_y=0,\quad F_{\mathrm{NA}}+F_{\mathrm{NB}}-W\cos\alpha=0 \tag{3}$$

代入已知数据,由上述三个方程即可解得

$$F_{\mathrm{T}}=8.66\ \mathrm{kN},\quad F_{\mathrm{NA}}=1.82\ \mathrm{kN},\quad F_{\mathrm{NB}}=3.18\ \mathrm{kN}$$

例 4-4　起重机的水平梁 AB 的 A 端以铰链固定,B 端用钢索 BC 拉住,如图 4-9(a)所示。梁重 $W_1=4\ \mathrm{kN}$,载荷重 $W_2=10\ \mathrm{kN}$,$\overline{AB}=l=6\ \mathrm{m}$,$\overline{AE}=a=5\ \mathrm{m}$。试求钢索的拉力和铰链 A 的约束力。

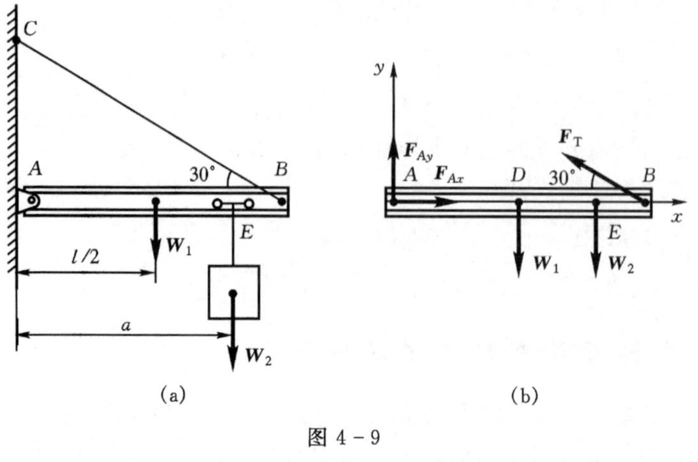

图 4-9

解　取水平梁 AB 为研究对象。作用于梁上的主动力有重力 $\boldsymbol{W}_1$、$\boldsymbol{W}_2$；约束力有钢索 BC 的拉力 $\boldsymbol{F}_T$ 和固定铰支座 A 的约束力 $\boldsymbol{F}_{Ax}$、$\boldsymbol{F}_{Ay}$。于是水平梁的受力如图 4-9(b)所示。选取坐标系 Axy，根据平面力系的平衡方程，有

$$\sum M_A(\boldsymbol{F}) = 0,\quad F_T\,\overline{AB}\sin30^\circ - W_1\,\overline{AD} - W_2\,\overline{AE} = 0 \tag{1}$$

$$\sum F_x = 0,\quad F_{Ax} - F_T\cos30^\circ = 0 \tag{2}$$

$$\sum F_y = 0,\quad F_{Ay} - W_1 - W_2 + F_T\sin30^\circ = 0 \tag{3}$$

代入已知数据，由上述三个方程即可解得

$$F_T = 20.7\ \text{kN},\quad F_{Ax} = 17.9\ \text{kN},\quad F_{Ay} = 3.67\ \text{kN}$$

从以上两个例题可以看出，选取适当的投影轴和矩心，常能使列出的平衡方程比较简单而便于求解。在平面问题中，矩心应尽量取为某些未知力的交点；投影轴应尽量与某些未知力垂直。

例 4-5　塔式起重机的翻倒问题。

图 4-10(a)所示为塔式起重机的简图。已知机身重 W，重心在 C 处，最大起吊重量为 $\boldsymbol{F}_1$，各部分的尺寸 a、b、e、d 如图。求能保证起重机不致翻倒的平衡锤重 $\boldsymbol{F}_2$ 的大小。

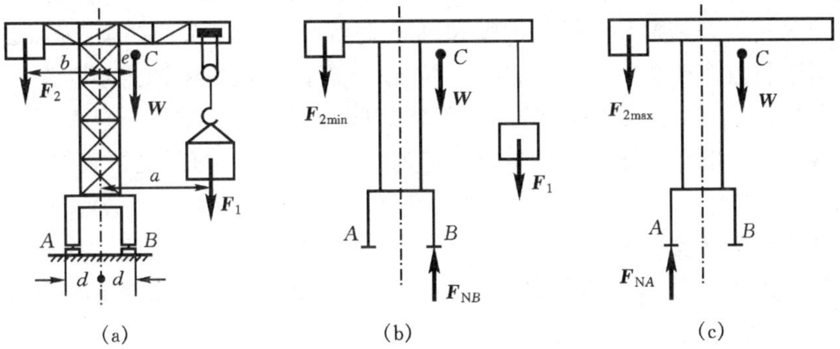

图 4-10

解　取起重机为研究对象。当满载时，要防止起重机绕 B 点向右翻倒。考虑临界情况，有 $F_{NA}=0$，这时的平衡锤重为所允许的最小值 $F_{2\min}$。于是，起重机的受力如图 4-10(b)所示。根据平面平行力系的平衡方程，有

$$\sum M_B(\boldsymbol{F}) = 0,\quad F_{2\min}(b+d) - W(e-d) - F_1(a-d) = 0$$

可解得

$$F_{2\min} = \frac{W(e-d) + F_1(a-d)}{b+d}$$

当空载时，要防止起重机绕 A 点向左翻倒。考虑临界情况，有 $F_{NB}=0$，这时平衡锤重为所允许的最大值 $F_{2\max}$。于是，起重机在空载时的受力如图 4-10(c)所示。根据平面平行力系的平衡方程，有

$$\sum M_A(\boldsymbol{F}) = 0,\quad F_{2\max}(b-d) - W(e+d) = 0$$

可解得

$$F_{2\max} = \frac{W(e+d)}{b-d}$$

综合考虑上述两种情况，可知保证起重机不致翻倒的平衡锤重 F_2 的范围是

$$\frac{W(e-d)+F_1(a-d)}{b+d}<F_2<\frac{W(e+d)}{b-d}$$

顺便指出,当确定了 W、F_1 以及 a、e、d 的值后,在确定 F_2 的值时,要考虑选择合适的平衡臂的臂长 b,应使 b 值不要过大。为了扩大 F_2 值的容许变化范围,平衡臂的臂长 b 最好是可调的。

4.3 物系平衡问题

工程机械和结构都是由许多物体通过一定的约束组成的系统,力学中统称为**物体系统**,或**力学系统**,简称为**物系**。研究物系平衡问题,不仅要求解系统所受到的约束力,而且要求解系统中各物体间的相互作用力。

根据刚化公理,当物系平衡时,组成系统的每个物体和物体分系统都是平衡的。对于每一个受平面力系作用的物体,都可以列出三个独立的平衡方程。如果物体系统由 n 个物体组成,则可以列出 $3n$ 个独立的方程。若系统中有的构件受平面汇交力系或平面平行力系作用时,系统独立的平衡方程数目则相应地减少。当系统中的未知量数目等于所能列出的独立平衡方程数目时,所有未知量都能由平衡方程求出,此类问题称为**静定问题**。刚体静力学中只研究静定问题。工程中为了提高结构和构件的刚度和可靠性,常常增加多余的约束,因而这些结构或构件中的未知量数目就多于所能列出的独立平衡方程数目,则这些未知量不能全部由刚体静力学的平衡方程求出,这样的问题称为**静不定问题**或**超静定问题**。如图 4-11 所示的三轴承齿轮轴和图 4-12 所示的水平悬臂梁都是超静定的。在图 4-13 所示的平面结构中,未知量有 10 个,而所能列出的独立平衡方程只有 9 个,因而这个结构也是超静定的。对于超静定问题必须考虑构件的变形而建立相应的补充方程,才能使独立的方程数目等于未知量数目。超静定问题将在变形固体静力学部分进行研究。求解物系平衡问题时,原则上都应首先分析问题是否静定。

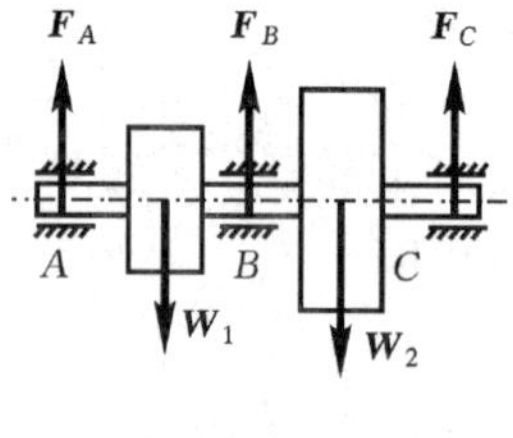

图 4-11

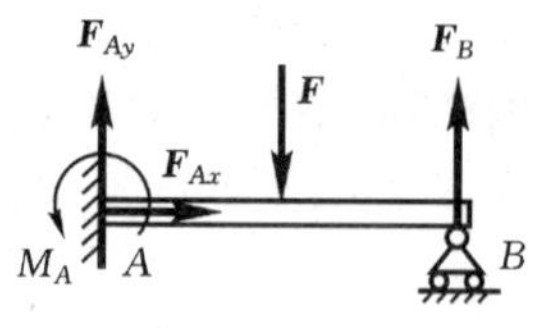

图 4-12

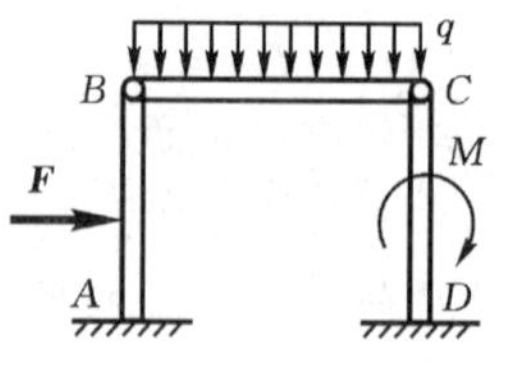

图 4-13

物系平衡问题的特点是,系统中包含的物体数目多,约束方式和受力情况较为复杂,所以只取一次研究对象不能求出全部待求量。因此,在求解物系平衡问题时,恰当地选取研究对象就成了问题的关键。

选取研究对象的方法是非常灵活的。通常分析时应先从能反映出待求量的物体或物系入手,然后根据求出待求量所必需的补充条件,再酌情选取与之相连的物体或物系进行分析,直至能够求出全部待求量为止。具体求解时,为了计算方便,要把顺序颠倒过来,从受已知力作用的物体或物系开始。

例 4-6 水平组合梁由 AC 和 CD 两部分组成,在 C 处用铰链相连。支承和承载情况如

图 4－14(a)所示。其中 $F=500\ \text{N}$，$\alpha=60°$，$l=8\ \text{m}$，$M=500\ \text{N·m}$，均布载荷的集度 $q=250\ \text{N/m}$。若不计梁重，试求支座 A、B 和 D 处的约束力。

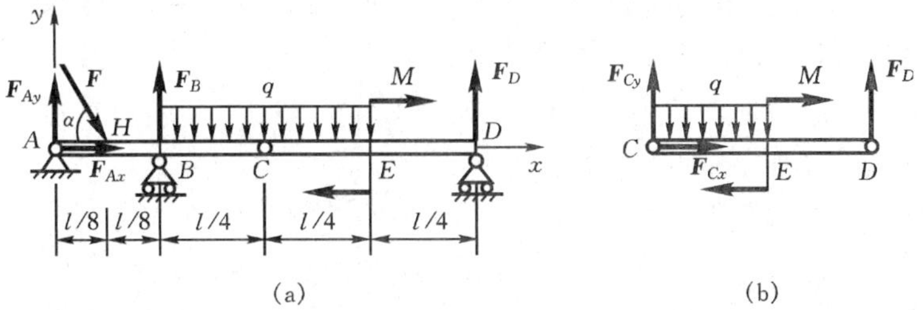

图 4－14

解 本题只需求 A、B 和 D 三个支座的约束力，故应首先考虑取包含这些待求量的系统整体为研究对象，受力如图 4－14(a)所示，共包含 $\boldsymbol{F}_{Ax}$、$\boldsymbol{F}_{Ay}$、$\boldsymbol{F}_B$、$\boldsymbol{F}_D$ 四个未知量。如果能够通过研究其它物体，求出四个待求量当中的任意一个，即可进一步求得全部解答。若取 CD 段为研究对象，受力如图 4－14(b)所示，容易看出，由 $\sum M_C(\boldsymbol{F})=0$，即可求得 F_D。于是可得本题的解题步骤，并解之如下。

首先取 CD 段为研究对象，受力如图 4－14(b)所示，有

$$\sum M_C(\boldsymbol{F})=0,\quad F_D\cdot\frac{l}{2}-M-q\cdot\frac{l}{4}\cdot\frac{l}{8}=0 \tag{1}$$

解得

$$F_D=\frac{2M}{l}+\frac{ql}{16}=250\ \text{N}$$

再取整体为研究对象，受力如图 4－14(a)所示，建立坐标系 Axy，有

$$\sum F_x=0,\quad F_{Ax}+F\cos\alpha=0 \tag{2}$$

$$\sum M_A(\boldsymbol{F})=0,\quad F_B\cdot\frac{l}{4}+F_Dl-M-q\cdot\frac{l}{2}\cdot\frac{l}{2}-F\cdot\frac{l}{8}\sin\alpha=0 \tag{3}$$

$$\sum F_y=0,\quad F_{Ay}+F_B+F_D-F\sin\alpha-q\cdot\frac{l}{2}=0 \tag{4}$$

解方程(2)、(3)、(4)，并代入已知数据可得

$$F_{Ax}=-250\ \text{N},\quad F_{Ay}=-284\ \text{N},\quad F_B=1\ 467\ \text{N}$$

例 4－7 在图 4－15(a)所示的结构中，$\overline{AB}=l$，$\overline{CD}=a$，$AB\perp BC$，$\alpha=60°$，$\boldsymbol{F}_1$、$\boldsymbol{F}_2$ 分别为已知的铅垂与水平主动力，M 为已知主动力偶矩。不计各杆自重，求固定端 D 处的约束力。

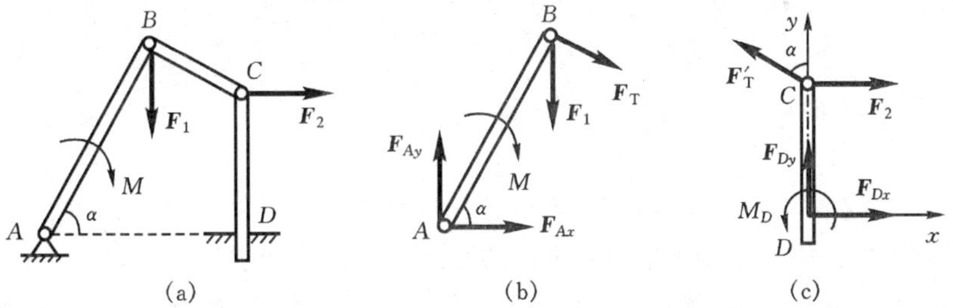

图 4－15

解　因需求固定端 D 处的约束力,故应首先考虑取包含此待求量的 CD 杆或系统整体为研究对象。但因取后者出现的未知力较多,而且不易求出,故应取 CD 杆为研究对象。CD 杆的受力如图 4-15(c)所示,共包含四个未知量:$\boldsymbol{F}_{Dx}$、$\boldsymbol{F}_{Dy}$、M_D、$\boldsymbol{F}'_T$,若能通过研究其它物体求出二力杆 BC 的约束力 $\boldsymbol{F}'_T$,便可求出全部待求量。取 AB 杆为研究对象,受力如图 4-15(b)所示,它包含有与 $\boldsymbol{F}'_T$ 等值反向的二力杆约束力 $\boldsymbol{F}_T$,由 $\sum M_A(\boldsymbol{F})=0$,即可求得 $\boldsymbol{F}_T$。于是可确定本题的解题步骤并解之如下。

首先取 AB 杆为研究对象,受力如图 4-15(b)所示,有

$$\sum M_A(\boldsymbol{F}) = 0,\quad -F_1 l\cos\alpha - M - F_T l = 0 \tag{1}$$

解得

$$F_T = -\left(\frac{M}{l}+\frac{F_1}{2}\right)$$

再取 CD 杆为研究对象,受力如图 4-15(c)所示,建立坐标系 Dxy,有

$$\sum F_x = 0,\quad -F'_T\sin\alpha + F_2 + F_{Dx} = 0 \tag{2}$$

$$\sum F_y = 0,\quad F'_T\cos\alpha + F_{Dy} = 0 \tag{3}$$

$$\sum M_D(\boldsymbol{F}) = 0,\quad M_D - F_2 a + F'_T a\sin\alpha = 0 \tag{4}$$

由方程(2)、(3)、(4)即可求得 D 处的约束力为

$$F_{Dx} = -\left(F_2+\frac{\sqrt{3}M}{2l}+\frac{\sqrt{3}}{4}F_1\right),\quad F_{Dy} = \frac{M}{2l}+\frac{F_1}{4}$$

$$M_D = \left(F_2+\frac{\sqrt{3}M}{2l}+\frac{\sqrt{3}}{4}F_1\right)a$$

例 4-8　在图 4-16(a)所示的结构中,已知重物 M 重 $\boldsymbol{W}$,结构尺寸如图所示,不计杆和滑轮的自重,求支座 A、B 的约束力。

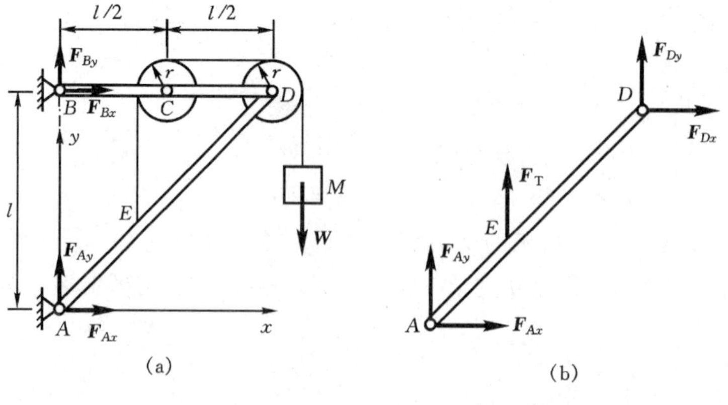

图 4-16

解　本题只需求 A、B 支座约束力,故应首先考虑取包含这些待求量的系统(即整体)为研究对象。受力如图 4-16(a)所示,其中 $\boldsymbol{F}_{Ax}$、$\boldsymbol{F}_{Ay}$、$\boldsymbol{F}_{Bx}$、$\boldsymbol{F}_{By}$ 为待求的四个未知量。整体受平面任意力系作用,有三个独立平衡方程。如果再取包含 $\boldsymbol{F}_{Ax}$、$\boldsymbol{F}_{Ay}$ 的 AD 杆为研究对象,建立一个只含 $\boldsymbol{F}_{Ax}$、$\boldsymbol{F}_{Ay}$ 两个未知量的方程,与前面三个方程联立,即可求出全部待求量。AD 杆的受力如图 4-16(b)所示,显然只要建立一个以 D 点为矩心的力矩方程就可以了。于是可确定本题

的解题步骤并求解如下。

首先取系统整体为研究对象，受力如图 4-16(a)所示。建立坐标系 Axy，则有

$$\sum M_A(\boldsymbol{F})=0,\quad -F_{Bx}l-W(l+r)=0 \tag{1}$$

$$\sum F_x=0,\quad F_{Ax}+F_{Bx}=0 \tag{2}$$

$$\sum F_y=0,\quad F_{Ay}+F_{By}-W=0 \tag{3}$$

再取 AD 杆为研究对象，受力如图 4-16(b)所示，有

$$\sum M_D(\boldsymbol{F})=0,\quad F_{Ax}l-F_{Ay}l-F_{\mathrm{T}}\left(r+\frac{l}{2}\right)=0 \tag{4}$$

由方程(1)～(4)可解得

$$F_{Bx}=-\frac{l+r}{l}W,\quad F_{Ax}=\frac{l+r}{l}W,\quad F_{Ay}=F_{By}=\frac{1}{2}W$$

例 4-9　在图 4-17(a)所示的结构中，已知 $\overline{AB}=\overline{BC}=\overline{AC}=2l$，$D$、$E$ 分别为 AB 和 BC 的中点，$\boldsymbol{F}$ 为已知铅垂力，M 为已知力偶矩，不计各杆自重，求 DE 杆在 DE 两处的约束力。

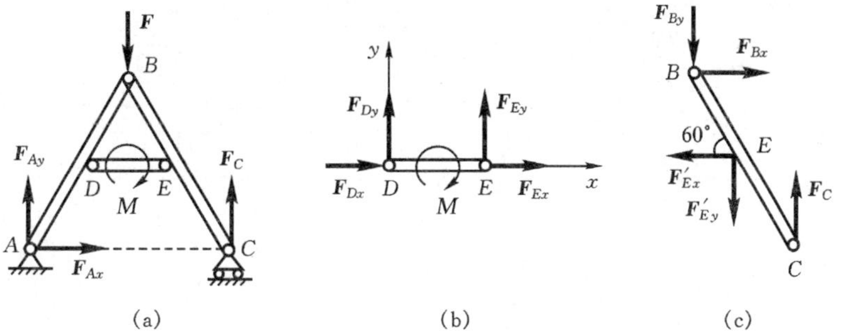

图 4-17

解　本题要求 DE 杆在 D、E 两点的约束力，故应首先对 DE 杆进行分析，其受力如图 4-17(b)所示。其中 $\boldsymbol{F}_{Dx}$、$\boldsymbol{F}_{Dy}$、$\boldsymbol{F}_{Ex}$、$\boldsymbol{F}_{Ey}$ 是四个待求量。因此欲求得全部待求量，还应选择与 D 或 E 有关的某个构件为研究对象。例如，取 BC 杆为研究对象，其受力如图 4-17(c)所示。显然，如果已知 $\boldsymbol{F}_C$，则建立以 B 点为矩心的力矩方程就是所需的补充方程。但 $\boldsymbol{F}_C$ 是未知的，为求得 $\boldsymbol{F}_C$，可以取整体为研究对象，受力如图 4-17(a)所示。容易看出，这时只要写出以 A 点为矩心的力矩方程，即可求得 $\boldsymbol{F}_C$。于是本题的解题步骤如下。

首先取系统整体为研究对象，受力如图 4-17(a)所示，有

$$\sum M_A(\boldsymbol{F})=0,\quad F_C\cdot 2l-Fl-M=0 \tag{1}$$

解得

$$F_C=\frac{F}{2}+\frac{M}{2l}$$

再取 BC 杆为研究对象，受力如图 4-17(c)所示，有

$$\sum M_B(\boldsymbol{F})=0,\quad F_Cl-F'_{Ey}\cdot\frac{l}{2}-F'_{Ex}l\sin 60^\circ=0 \tag{2}$$

最后取 DE 杆为研究对象，受力如图 4-17(b)所示，有

$$\sum M_D(\boldsymbol{F})=0,\quad F_{Ey}l-M=0 \tag{3}$$

$$\sum F_y=0,\quad F_{Dy}+F_{Ey}=0 \tag{4}$$

$$\sum F_x = 0, \quad F_{Dx} + F_{Ex} = 0 \tag{5}$$

方程(2)～(5)联立,即可解得

$$F_{Ey} = \frac{M}{l}, \quad F_{Dy} = -\frac{M}{l}, \quad F_{Ex} = F_{Dx} = \frac{\sqrt{3}}{3}F$$

4.4* 简单结构组成分析

工程中用以担负预定任务、承受载荷的构件体系都可称为**结构**。结构是由构件组成的,但结构并不是若干构件的任意组合体,而是必须满足一定的条件。

判断一个构件体系能否成为结构的工作,常称为**机构分析**或**几何构造分析**。

如图4-18(a)所示体系,受到任意载荷作用时,若将构件视为刚体,则其几何形状和位置均能保持不变,这样的体系称为**几何不变体系**。而图4-18(b)所示体系,即使将构件视为刚体,在很小的载荷作用下,也会发生机械运动而不能保持原有的几何形状和位置,这样的体系称为**几何可变体系**。

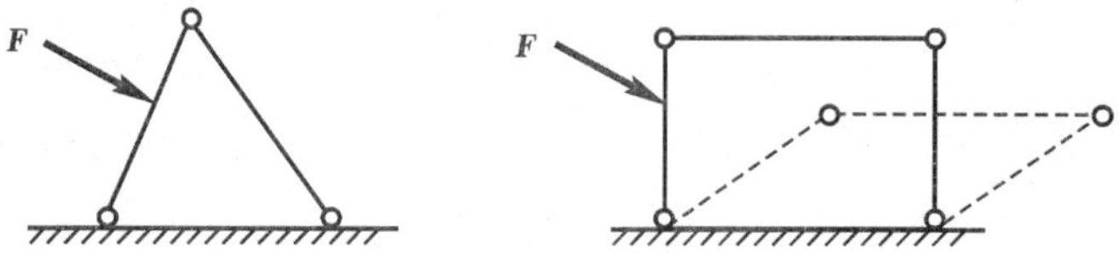

(a)　　　　(b)

图4-18

很显然,建筑与土木工程中的结构,如桥梁、房屋等,必须是几何不变体系。

机械与运输工程的承载构件则比较复杂,有的体系如汽车、飞机等,其整体相对于地面可以有运动,但内部受力体系如车架和机身的构造应当是几何不变的。有的体系如挖掘机的前臂(图4-19),其几何形状是可以变化的,但这种变化不应是由于受力造成的,而应是可以控制的。如果停止人为对几何形状的改变(如液压杆的伸缩),体系就必须是几何不变的。

图4-19

判断一个体系是否几何不变，可以用计算体系自由度的方法。所谓**自由度**，是指物体运动时可以独立变化的几何参数的数目，也就是确定物体位置所需的独立坐标数目。

如果体系的自由度大于零，说明有构件可以发生刚体运动。若这种运动是可以控制的，如车辆的整体运动，可将其加以约束后再分析；若这种运动是不能控制的，该体系就是几何可变体系，不能作为结构。

如果体系计算出的自由度等于零甚至小于零，体系是否一定就是几何不变呢？这还要进行分析。最常用的方法就是运用几何不变的平面体系的如下简单组成规则：

(1) 三刚片规则。三刚片用不在同一直线上的三个铰链两两铰接(图 4-20(a))，组成的体系是几何不变的。

(2) 二元体规则。如图 4-20(b))所示，不共线的两链杆 AB 和 BC 铰接成的装置 $A-B-C$，称为**二元体**。在一个体系上增加或减少一个二元体，不会改变原有体系的几何构造性质。

(3) 两刚片规则。两个刚片用三根不全平行也不全交于一点的铰接链杆相连(图 4-20(c))，组成的体系为**几何不变体系**。

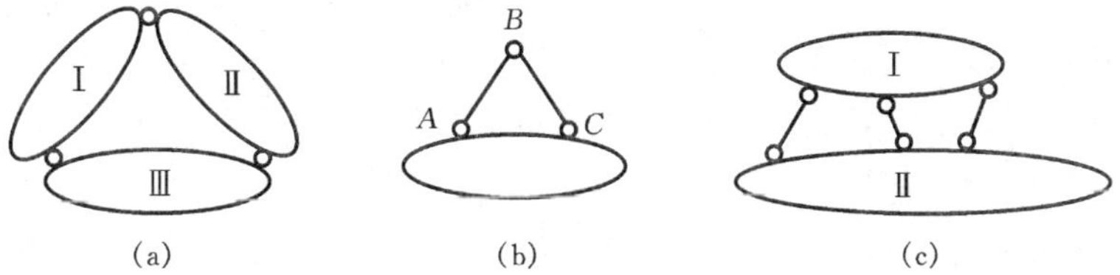

图 4-20

例 4-10　试分析图 4-21 所示两铰接链杆体系的几何构造。

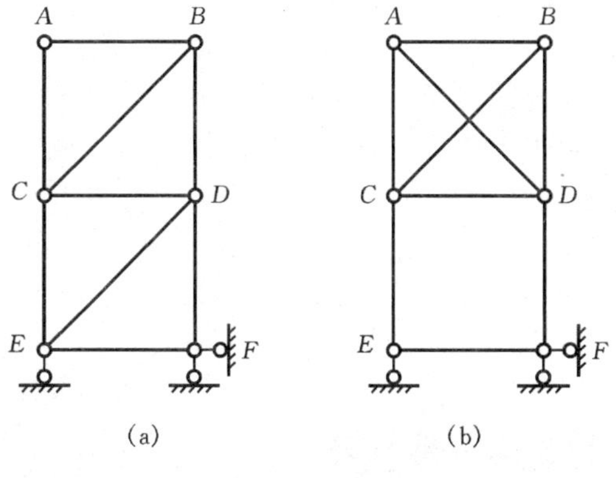

图 4-21

解　(1)计算体系的自由度。

铰接链杆体系的自由度 d 计算公式为

$$d = 2j - (b + r) \tag{4-10}$$

式中：j 为体系的结点数；b 为体系的杆件数；r 为体系的支座链杆数。

对图 4-21(a)所示的体系，$j=6$，$b=9$，$r=3$。故

$$d = 2 \times 6 - (9 + 3) = 0$$

对图 4-21(b)所示的体系，也有 $d=0$，但其却是几何可变的。

应当指出的是,用式(4-10)求出的 d 值只是所谓“计算自由度”,不是体系真实的运动自由度。它只反映了约束的数量,反映不出约束的位置。图4-21(b)所示的体系,具有刚体运动自由度,但在式(4-10)中却无法体现。此外,体系的真实运动自由度是不会为负值的。

要使体系成为结构,不仅约束的数量要足够,而且要放在适当的位置。

(2) 用结构组成规律分析。

图 4-21(a)所示的体系,AB、BC、AC 三杆由不共线的三铰链连接,构成一个几何不变体(规则一),常称为**基本三角形**。DB、DC 两杆可认为是一个二元体,继续增加 $C-E-D$ 二元体和 $E-F-D$ 二元体,整个内部体系为几何不变(规则二)。地面看作一个刚片,与整个内部体系由不平行不交于一点的三根杆相连(规则三),因此体系为没有多余约束的几何不变体系。

对图 4-21(b)所示的体系,同样从 ABC 基本三角形开始分析,增加二元体 $B-D-C$,AD 杆可认为是在几何不变体系 $ABDC$ 内部增加了一个约束,从自由度分析可知,杆件并无富余,这样 $CDFE$ 部分就缺少了一个约束,体系为几何可变的。

例 4-11　试分析图示体系的几何构造。

解　如图 4-22 所示的体系,AC 杆、CB 杆与地面三刚片用三铰相连,但 A、B、C 三铰共线,不是几何不变体系。

显然,在力 $\boldsymbol{F}$ 的作用下,C 点会有向下的位移,这样三铰就不共线了。这种原为几何可变,经微小位移后即转化为几何不变的体系,称为**瞬变体系**。

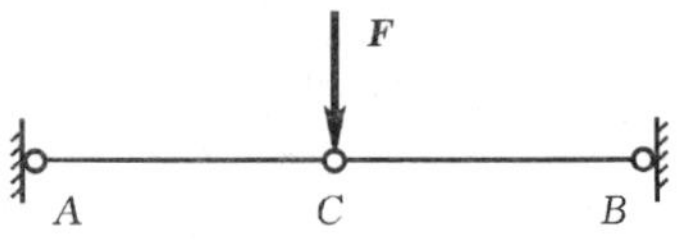

图 4-22

瞬变体系也不能用作结构,因为它会使构件在微小的外力下产生巨大的内力,从而导致体系的破坏。

例 4-12　工程机械中的几何构成分析问题。

解　在许多工程机械中,有的部件既要受力又要运动,如图 4-23 所示推土机的铲刀就是如此。在对这类体系进行几何构成分析时,可以先将预先设计的运动,如推土机的前后运动和液压支杆油缸的伸缩,给予固定。然后用前面的三条规则来判断。对图 4-23 所示的体系,可以把推土机看作一个刚片(视为平面情况),把前铲看作另一个刚片,相互间用三根杆相连(规则三)。因此,铲刀可以作为构件来受力。

在工程中,实际约束往往与理想约束有一定差别,许多体系的约束并不很牢固,为了保证体系的几何不变性,经常要采取一些措施,如图 4-24 中脚手架上的斜杆。

图 4-23

图 4-24　脚手架上的斜杆

机构分析除了可以判定体系是否几何不变外，还可以说明体系是否静定。

如果体系是几何可变的，就无法在任意载荷下维持平衡。如果一个几何不变体系有多余约束，平衡方程就无法解出所有的未知力，就是超静定结构，而多余约束的数目就是超静定的次数。

因此，只有无多余约束的几何不变体系才是静定的。或者说，静定结构的几何构造特征是几何不变且无多余约束。

4.5* 摩　擦

摩擦是一种常见的物理现象，它表现为相互接触的物体间对相对运动或相对运动趋势的阻碍，根据接触物体之间相对运动的情况，这种阻碍可分为滑动摩擦和滚动摩阻两类。

4.5.1 滑动摩擦

1. 滑动摩擦定律

滑动摩擦力是指当两物体接触处有相对滑动或有相对滑动趋势时，在接触面间产生的彼此相互阻碍滑动的力，简称为**摩擦力**。

物体间仅有相对滑动趋势而仍保持静止，这时的滑动摩擦力称为静摩擦力 $\boldsymbol{F}_s$，其大小由平衡条件确定，方向与物体相对滑动趋势相反。

临界时的静摩擦力称为**最大静摩擦力**，用 $\boldsymbol{F}_{smax}$ 表示，其大小可由**库仑滑动摩擦定律**确定，即

$$F_{smax} = f_s F_N \tag{4-11}$$

式中：F_N 为接触点处的法向约束力；f_s 是无量纲的比例常数，称为**静摩擦因数**。

当物体间已产生相对滑动时的摩擦力称为**动滑动摩擦力**，方向与相对滑动的方向相反，记为 $\boldsymbol{F}$，其大小由**库伦动滑动摩擦定律**确定，即

$$F = fF_N \tag{4-12}$$

式中：f 也是无量纲的比例常数，称为**动摩擦因数**。f 通常略小于静摩擦因数 f_s。在一般计算时，若不加特别说明，就认为两者相等。

常用材料的静摩擦因数可在一般工程手册中查到。这里摘录如表 4-1 所示①。

表 4-1

材料	钢对钢	钢对铸铁	软钢对铸铁	青铜对青铜	铸铁对青铜
静摩擦因数	0.15	0.2～0.3	0.2	0.15～0.20	0.28

2. 摩擦角(摩擦锥)和自锁现象

当考虑滑动摩擦力时，物体受到的接触面的约束力包括法向约束力 $\boldsymbol{F}_N$(正压力)和切向力 $\boldsymbol{F}_s$(摩擦力)。记它们的合力为 $\boldsymbol{F}_R$。

$\boldsymbol{F}_R$ 与接触面公法线的夹角为 φ，如图 4-25(a)所示。显然，夹角 φ 随静摩擦力的变化而

① 徐灏.机械设计手册(第 1 卷)[M].北京：机械工业出版社，1991：7-13.

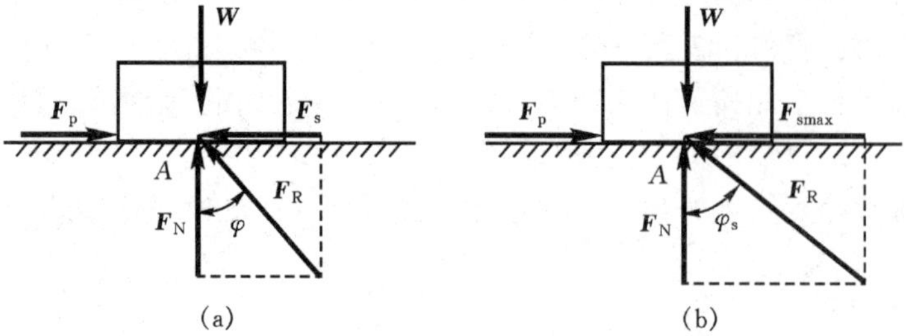

图 4 - 25

变化，当静摩擦力达到最大值时，夹角也达到最大值 φ_s，称为**临界摩擦角**，简称**摩擦角**，如图 4 - 25(b)所示。由图可知

$$\tan\varphi_s = \frac{F_{smax}}{F_N} = \frac{f_s F_N}{F_N} = f_s \qquad (4-13)$$

即摩擦角的正切等于静摩擦因数。可见摩擦角也是表示材料和表面摩擦性质的物理量。

摩擦角也表示合力 $\boldsymbol{F}_R$ 能够偏离接触面公法线的范围。如果物体与支承面的摩擦因数在各方向都相同，则这个范围在空间就形成一个锥体，称为**摩擦锥**，如图4 - 26所示。

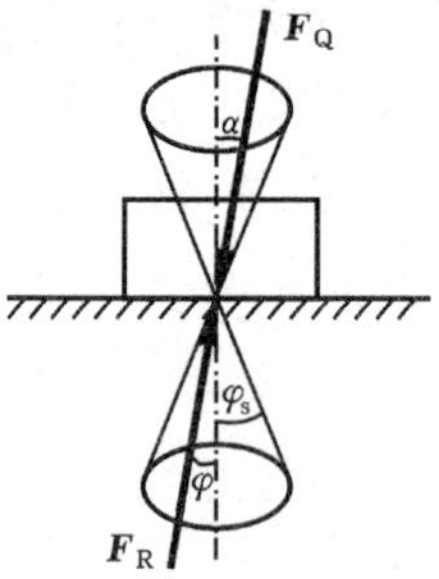

图 4 - 26

摩擦角和摩擦锥可从几何角度形象地说明考虑摩擦时物体的平衡状态，即物体的平衡范围可表示为

$$0 \leqslant \varphi \leqslant \varphi_s \qquad (4-14)$$

就是说若主动力的合力 $\boldsymbol{F}_Q$ 的作用线在摩擦锥的范围内，则约束面必产生一个与之等值、反向且共线的力 $\boldsymbol{F}_R$ 与之平衡。无论怎样增加 $\boldsymbol{F}_Q$ 的大小，物体总能保持平衡而不移动，这种现象称为**自锁**。工程上常利用自锁原理设计一些机构和夹具，如螺旋千斤顶、螺钉等。

反之，若主动力的合力 $\boldsymbol{F}_Q$ 的作用线在摩擦锥的范围外，则无论这个合力多么小，物体也不能保持静止。堆积沙子时，沙堆坡面的倾斜角不可能超过摩擦角就是这个道理。

3. 考虑滑动摩擦时的平衡问题

在前面的讨论中，都是假定物体间的接触面是绝对光滑的。但这只是理想情况，只有当问题中的摩擦力很小，可以忽略不计时，这样的假设才是合理的。在一些问题中，摩擦力对物体的平衡或运动是重要的因素，例如，自锁式炮闩依靠摩擦锁紧炮闩；桥梁基础中的摩擦桩依靠摩擦来承载；各种车辆的起动或制动、胶带轮或摩擦轮的传动都要靠摩擦。对于这些问题，摩擦力不仅不能忽略，而且应该正确分析它对物体的作用。

考虑滑动摩擦时的平衡问题，只要将滑动摩擦力看成是接触点切线方向的约束力，其解法与不考虑摩擦时的平衡问题解法相同，但也有其特点。

(1) 要区分物体是处于一般平衡状态还是处于临界平衡状态。

在一般平衡状态时，静摩擦力的大小有一个范围，由平衡条件来求解确定。只有在临界平衡状态时，才有 $F_{sm}=f_s F_N$。

(2) 在画受力图时，首先要搞清楚物体的滑动趋势，从而把滑动摩擦力的指向画对，不能随意假设。

在画滑动摩擦力的指向时，不能像画二力杆的内力，或固定铰支座、向心轴承、固定端等的约束力那样，只需画对约束力的方位即可。而应像画柔索约束的拉力和光滑接触面约束的正压力那样，不仅要把力的方位画对，同时还必须把其指向也画对。

若随意假设滑动摩擦力的指向，则可能会改变问题的性质，导致错误的结果。

(3) 平衡的破坏既可能是滑动，也可能是翻倒。

考虑滑动摩擦时物体的平衡问题，大致分为三类：一类是已知作用于物体上的主动力，需要判断物体是否处于平衡状态或计算物体受到的摩擦力；另一类是已知物体处于临界平衡状态，求主动力的大小或物体的平衡位置；第三类是求物体的平衡范围。

例 4-13　重为 $W=980$ N 的物块置于倾角为 $\alpha=30°$ 的斜面上，物块与斜面间的静摩擦因数 $f_s=0.2$。若物块受到与斜面平行的推力 $F_p=588$ N 作用，如图 4-27(a)所示。问物块在斜面上是否静止？并求出物块受到的摩擦力的大小和方向。

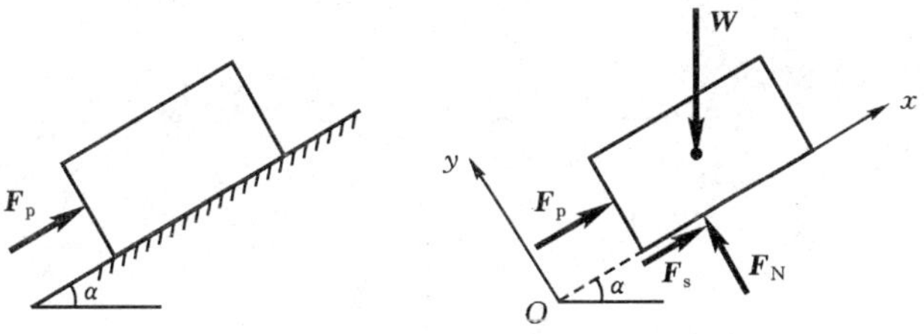

(a)　　(b)

图 4-27

解　不妨假设物块有下滑的趋势，静摩擦力 F_s 与相对滑动趋势方向相反。物块的受力如图 4-27(b)所示。建立坐标系 Oxy，由平衡方程有

$$\sum F_x = 0,\quad F_p - W\sin\alpha + F_s = 0 \tag{1}$$

解得

$$F_s = W\sin\alpha - F_p = 980\sin30° - 588 = -98\ \text{N}$$

负号说明摩擦力的实际指向与图 4-27(b)所设相反。

$$\sum F_y = 0,\quad F_N - W\cos\alpha = 0 \tag{2}$$

解得

$$F_N = W\cos\alpha = 980\cos30° = 849\ \text{N}$$

可求出最大静摩擦力为

$$F_{smax} = f_s F_N = 0.2 \times 849 = 170\ \text{N}$$

由于 $|F_s|=98$ N $<F_{smax}=170$ N，所以物块在斜面上保持静止，它所受到的摩擦力的大小为 98 N，方向沿斜面向下。

例 4-14　制动器的构造简图及主要尺寸如图 4-28(a)所示。已知制动块与圆轮表面间的摩擦因数为 f_s，重物 M 重为 $\boldsymbol{W}$，其余各构件自重不计。若忽略制动块的尺寸，求能制动圆轮逆钟向转动所需的最小主动力 F_{pmin}。

解　圆轮的制动是在主动力 $\boldsymbol{F}_p$ 作用下，靠制动块对圆轮的摩擦力 $\boldsymbol{F}_s$ 来实现的。所谓力 $\boldsymbol{F}_p$ 的最小值 F_{pmin}，就是圆轮处于逆钟向转动的临界平衡状态时的值。这是第二类问题。

先取圆轮为研究对象，受力如图 4-28(b)所示。由平衡条件和摩擦定律，有

$$\sum M_{O_1}(\boldsymbol{F}) = 0,\quad Wr - F_{smax}R = 0 \tag{1}$$

$$F_{smax} = f_s F_N \tag{2}$$

可解得

$$F_{smax} = \frac{r}{R}W, \quad F_N = \frac{F_{smax}}{f_s} = \frac{r}{f_s R}W$$

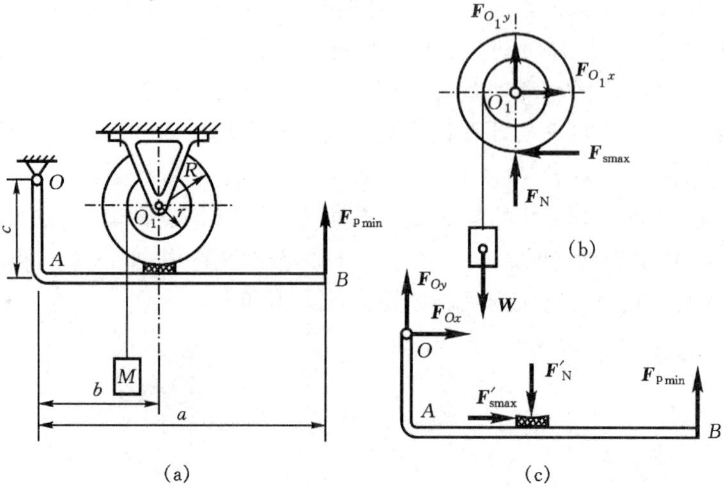

图 4 - 28

再取制动杆 OAB 为研究对象，受力如图 4 - 28(c)所示。由平衡条件，有

$$\sum M_O(\boldsymbol{F}) = 0, \quad F'_{smax}c - F'_N b + F_{pmin}a = 0 \tag{3}$$

其中 $F'_N = F_N, F'_{smax} = F_{smax}$。于是可得

$$F_{pmin} = \frac{1}{a}(F_N b - F_{smax}c) = \frac{Wr}{aR}\left(\frac{b}{f_s} - c\right)$$

当 $F_p > F_{pmin}$ 时，圆轮仍能制动，但摩擦力未达到最大值。

例 4 - 15　变速机构中的滑动齿轮如图 4 - 29(a)所示。在力 $\boldsymbol{F}_p$ 推动下，要求齿轮能够沿轴向顺利向左滑动。已知齿轮孔与轴间的摩擦因数为 f_s，齿轮孔与轴接触面的长度为 b。若不计齿轮的重量，问作用在齿轮上的力 $\boldsymbol{F}_p$ 到轴中心的距离 a 为多大时，齿轮才不致于被卡住(即不会自锁)。

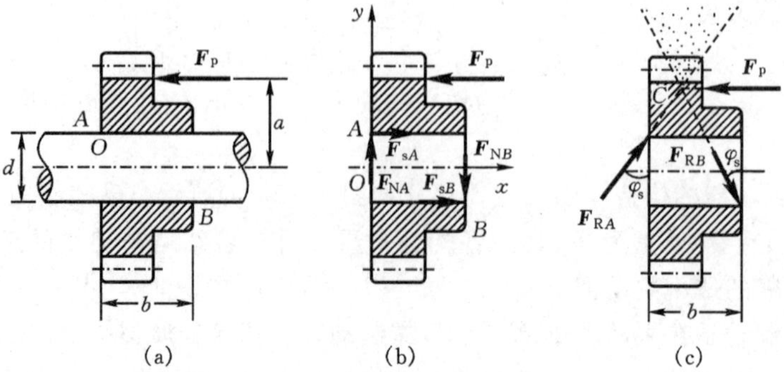

图 4 - 29

解　当力 $\boldsymbol{F}_p$ 的作用线到轴中心线的距离 a 较小时，齿轮可顺利地向左滑动。当 a 增大到某一数值时，齿轮将处于临界平衡状态。如果距离 a 再增大，齿轮将不会向左滑动。所以，求齿轮不被卡住的距离，只要能求出刚刚被卡住时的距离 a 即可。

以齿轮为研究对象。在力 $\boldsymbol{F}_p$ 的作用下，此时齿轮与轴间只在 A、B 两点接触。假设齿轮处于即将向左滑动的临界平衡状态。齿轮的受力如图 4－29(b)所示。取坐标系 Oxy，根据平面力系的平衡方程有

$$\sum F_x = 0,\quad F_{sA} + F_{sB} - F_p = 0 \tag{1}$$

$$\sum F_y = 0,\quad F_{NA} - F_{NB} = 0 \tag{2}$$

$$\sum M_O(\boldsymbol{F}) = 0,\quad F_p a - F_{NB} b - F_{sA} \cdot \frac{d}{2} + F_{sB} \cdot \frac{d}{2} = 0 \tag{3}$$

由于考虑的是临界平衡状态，故有

$$F_{sA} = f_s F_{NA} \tag{4}$$

$$F_{sB} = f_s F_{NB} \tag{5}$$

以上五式联立，即可解出

$$a = \frac{b}{2f_s}$$

即当力 $\boldsymbol{F}_p$ 的作用线到轴中心线的距离 $a<\dfrac{b}{2f_s}$时，齿轮不会被卡住。

本题也可应用几何法求解。当齿轮处于临界平衡状态时，A、B 处的法向约束力和摩擦力可分别合成为全约束力 $\boldsymbol{F}_{RA}$、$\boldsymbol{F}_{RB}$，它们与接触面法线的夹角均为 φ_s。齿轮受三个力作用而处于平衡，此时力 $\boldsymbol{F}_p$ 必通过 C 点(图 4－29(c))。由图可见

$$\left(a + \frac{d}{2}\right)\tan\varphi_s + \left(a - \frac{d}{2}\right)\tan\varphi_s = b$$

即可求得

$$a = \frac{b}{2\tan\varphi_s} = \frac{b}{2f_s}$$

由图可见，如三力作用线的汇交点在点 C 之上的阴影区域内时，$\boldsymbol{F}_{RA}$、$\boldsymbol{F}_{RB}$的作用线都不超出其摩擦角 φ_s，说明齿轮处于平衡(自锁)。如力 $\boldsymbol{F}_p$ 作用线通过点 C 下面的区域时，则由于$\boldsymbol{F}_{RA}$、$\boldsymbol{F}_{RB}$作用线不能超出其摩擦角，三力的作用线没有共同的汇交点，因而不能维持平衡，即齿轮不会被卡住。故距离 a 应满足不等式

$$a < \frac{b}{2f_s}$$

这与解析法所得结果完全相同。

例 4－16　图 4－30(a)所示的矩形均质物体重为 $W=4$ kN，置于粗糙的水平面上。物体的 E 点作用一水平力 $\boldsymbol{F}_p$。已知 $l=2$ m，$h=3$ m，物体与水平面间的摩擦因数为 $f_s=0.4$。求能维持物体在图示位置平衡时水平力 $\boldsymbol{F}_p$ 的最大值。

解　物体在图示位置平衡的破坏有向右滑动或顺钟向绕 B 翻倒两种可能。

取物体为研究对象，下面分两种情况进行讨论。

先假设物体处于即将滑动的临界平衡状态，令 $F_p=F_{p1}$，受力如图 4－30(b)所示。建立坐标系 Axy，由平衡条件及摩擦定律，有

$$\sum F_x = 0,\quad F_{p1} - F_{smax} = 0 \tag{1}$$

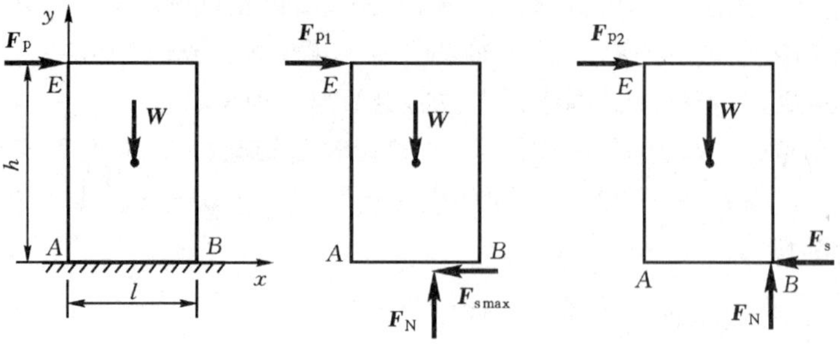

(a)　(b)　(c)

图 4-30

$$\sum F_y = 0,\quad F_N - W = 0 \tag{2}$$

$$F_{smax} = f_s F_N = f_s W \tag{3}$$

可解得
$$F_{p1} = F_{smax} = f_s W = 0.4 \times 4 = 1.6\ \text{kN}$$

再假设物体处于即将翻倒的临界平衡状态,令 $F_p = F_{p2}$,受力如图 4-30(c)所示。由平衡条件,有

$$\sum M_B(\boldsymbol{F}) = 0,\quad W \cdot \frac{l}{2} - F_{p2} h = 0 \tag{4}$$

可解得
$$F_{p2} = \frac{Wl}{2h} = \frac{4 \times 2}{2 \times 3} = 1.33\ \text{kN}$$

能维持物体平衡时水平力的最大值应为 F_{p1} 和 F_{p2} 中较小的一个,即

$$F_{pmax} = F_{p2} = 1.33\ \text{kN}$$

此时摩擦力 $F_s = F_{p2} = 1.33\ \text{kN} < F_{smax} = 1.6\ \text{kN}$。

4.5.2　滚动摩阻

滚动摩阻是指一个物体沿另一物体表面作相对滚动或具有相对滚动趋势时物体受到的阻力偶。它是由相互接触的物体产生变形所引起的。

设半径为 r 的滚轮置于粗糙水平地面上,其中心 C 处作用有铅垂载荷 $\boldsymbol{W}$ 和水平力 $\boldsymbol{F}_p$。如按前面的假设,把滚轮和地面都看成刚体,则滚轮与地面仅有一个接触点。无论水平力 $\boldsymbol{F}_p$ 多么小,滚轮在水平力 $\boldsymbol{F}_p$ 和摩擦力 $\boldsymbol{F}_s$ 的作用下都无法保持平衡(图 4-31(a))。实际上,水平力 $\boldsymbol{F}_p$ 较小时,滚轮并不滚动。这是因为滚轮和地面都不是刚体。由于受铅垂载荷作用,滚轮和地面都产生变形。当水平力 $\boldsymbol{F}_p$ 作用在滚轮上时(图 4-31(b)中只假设了地面的变形),地面对滚轮的约束力是一个沿弧线分布的平面任意力系。这个分布力系的合力 $\boldsymbol{F}_R$ 通过轮缘上的 B 点,而不是最下方的 A 点(图 4-31(c))。将 $\boldsymbol{F}_R$ 分解为两个正交分力为 $\boldsymbol{F}'_N$ 和 $\boldsymbol{F}'_s$。由平衡条件知 $\boldsymbol{F}'_N = -\boldsymbol{W}$, $\boldsymbol{F}'_s = -\boldsymbol{F}_p$,根据力的平移定理可得到图 4-31(d)的形式,其中 $\boldsymbol{F}_N = \boldsymbol{F}'_N$, $\boldsymbol{F}_s = \boldsymbol{F}'_s$,附加力偶矩 $M = F_p r$。附加力偶矩 M 就是阻碍滚轮滚动的力偶矩,称为**滚阻力偶矩**。

逐渐增大水平力 $\boldsymbol{F}_p$,则 $\boldsymbol{F}_s$ 和 M 的值也随之增大,但它们都有极限值。当 M 达到最大值 M_{max} 时,滚轮处于即将滚动的临界状态;当 $\boldsymbol{F}_s$ 达到最大值 $\boldsymbol{F}_{smax}$ 时,滚轮处于即将滑动的临界状态。工程实际中,往往当 M 达到最大值 M_{max} 时,$\boldsymbol{F}_s$ 还远没有达到最大值 $\boldsymbol{F}_{smax}$,滚轮就已处于滚动状态了,这时的运动称为**纯滚动**。

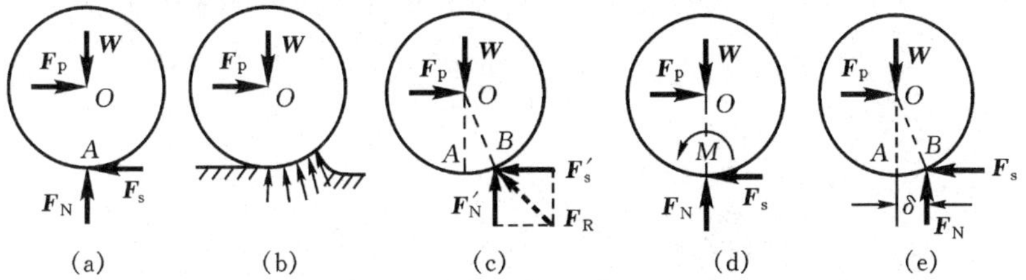

图 4 - 31

实验证明，滚阻力偶矩之最大值 M_{max} 与法向约束力 $\boldsymbol{F}_N$ 的大小成正比，即

$$M_{max} = \delta F_N \tag{4-15}$$

这里比例系数 δ 称为**滚阻系数**，它是一个具有长度单位的比例系数。其物理意义是，若应用力的平移定理之逆定理，将最大滚阻力偶和法向约束力 $\boldsymbol{F}_N$ 进行合成，则法向约束力的作用线向滚轮前方移动的距离就是滚阻系数（图 4 - 31(e)）。滚阻系数与滚轮和支承面的材料硬度等因素有关。材料硬些，受力后变形就小，因此 δ 也较小。轮胎打足气可以减小滚动摩阻就是这个道理。常用材料的滚阻系数可以在工程手册中查到，这里摘录如表 4 - 2 所示①。

表 4 - 2

材料	钢对钢	钢对木	充气轮胎对优质路面	实心橡胶轮对优质路面
δ/mm	0.2～0.4	1.5～2.5	0.5～0.55	1

应当指出，式(4 - 15)也是一个近似公式。现代摩擦理论认为，滚阻系数 δ 不仅与接触材料有关，而且与滚轮半径 r 和法向约束力 $\boldsymbol{F}_N$ 的大小也有关。

例 4 - 17　半径 r=450 mm 的橡胶轮置于水平混凝土路面上（图 4 - 32(a)）。设轮与路面间的静滑动摩擦因数 f_s=0.7，滚阻系数 δ=0.5 mm。试比较欲使轮由静止开始滑动与开始滚动时所需之水平力 $\boldsymbol{F}_p$ 的大小。

解　取橡胶轮为研究对象。设轮重为 $\boldsymbol{W}$，则其受力如图 4 - 32(b)所示。

当轮处于即将滑动的临界平衡状态时，令 $F_p = F_{p1}$，根据平面力系的平衡方程和静摩擦定律有

$$\sum F_x = 0,\quad F_{p1} - F_s = 0 \tag{1}$$

$$\sum F_y = 0,\quad F_N - W = 0 \tag{2}$$

$$F_s = f_s F_N \tag{3}$$

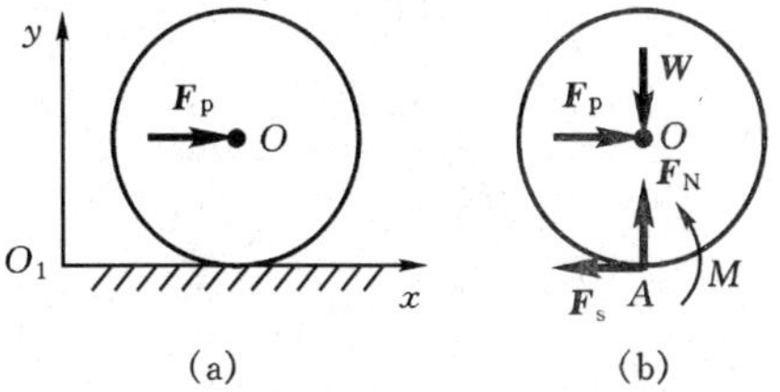

图 4 - 32

于是可解得欲使轮由静止开始滑动所需的最小水平力

$$F_{p1} = f_s W$$

当轮处于即将滚动的临界平衡状态时，令 $F_p = F_{p2}$，有

$$\sum M_A(\boldsymbol{F}) = 0,\quad M - F_{p2} r = 0 \tag{4}$$

$$M = \delta F_N \tag{5}$$

① 徐灏. 机械设计手册[M]. 北京：机械工业出版社，1991.

由方程(2)、(4)和(5)联立,即可求得欲使轮由静止开始滚动所需的最小水平力

$$F_{p2}=\frac{\delta}{r}W$$

于是可得

$$\frac{F_{p1}}{F_{p2}}=\frac{r}{\delta}f_s=\frac{450}{0.5}\times 0.7=630$$

即欲使轮由静止开始滑动所需的最小水平力远远大于开始滚动所需的最小水平力。因此,轮子受到通过轮心的水平力作用时,通常总是先滚动而不滑动。

由上例可以看出,使物体滚动一般要比滑动省力。在我国殷商时代就已经知道用有轮的车代替滑动的橇,现代工程技术中广泛使用滚珠轴承等就是根据这个道理。

思考题

4-1　平面力系的平衡方程可以是三个矩方程。能否将平面力系的平衡方程表示为三个投影方程?平面平行力系的平衡方程能否表示为两个投影方程?

4-2　平面汇交力系的平衡方程能否表示为一个矩方程和一个投影方程?能否表示为两个矩方程?若能,对矩心和投影轴的选择有什么限制?

4-3　怎样判断单个物体和物体系的静定问题?图中所示的哪些情形是静定问题,哪些情形是超静定问题?

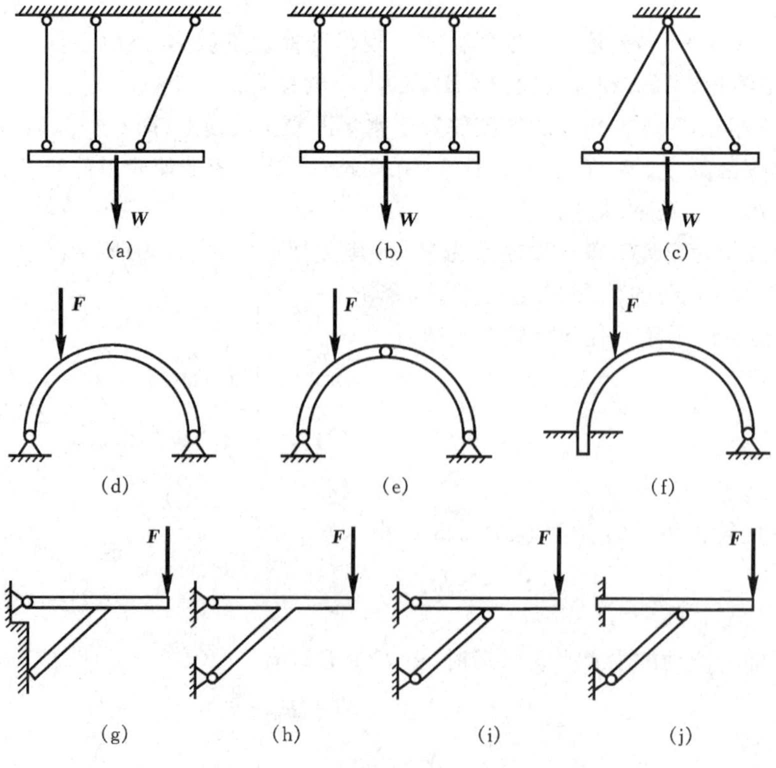

思 4-3 图

4－4　“摩擦力一定是阻力”，这种说法对不对？图示向前行驶的汽车，假设汽车是靠后轮驱动的，试分析其前、后轮上受到的摩擦力的方向。

思 4－4 图

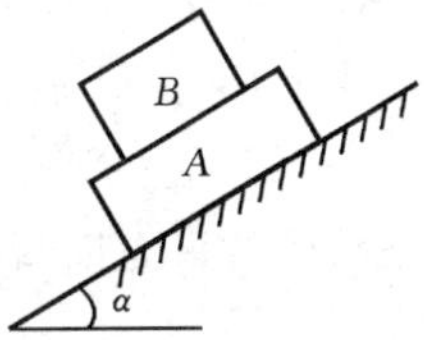

思 4－5 图

4－5　重为 W_1 的物体 A 置于倾角为 α 的斜面上，已知物体与斜面间的摩擦因数为 f_s，且 $\tan\alpha < f_s$，试问物体能否下滑？如果增大物体 A 的重量，或在物体 A 上另加一重为 W_2 的物体 B，能否使物体 A 下滑？

4－6　不计重量的水平板置于相互垂直的两墙之间，如图所示。已知 $\alpha=30°$，$\beta=60°$。板长为 l，板与两墙之间的摩擦角均为 $\varphi_s=30°$。试在图上画出人在板上行走时，不致使板滑动的行动范围。

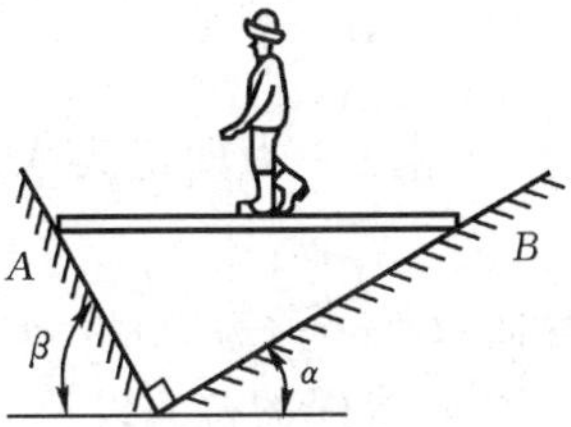

思 4－6 图

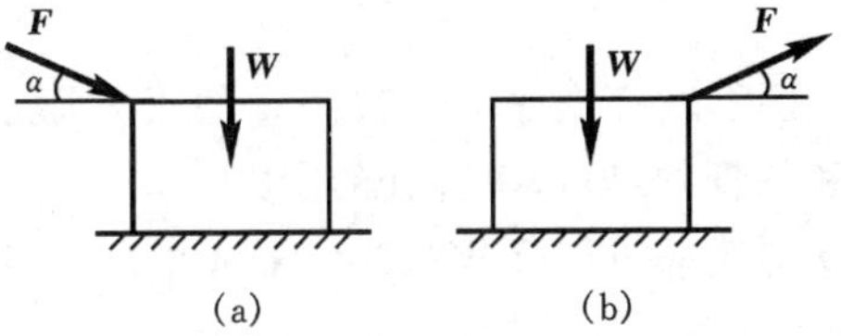

思 4－7 图

4－7　小物块重 $\boldsymbol{W}$，与水平面间的摩擦因数为 f_s。欲使物块向右滑动，用(a)、(b)两种方法施加力 $\boldsymbol{F}$。哪种情况较为省力？若要最省力，α 角应为多大？

习　题

4－1　图示三轮车连同上面的货物共重 $W=3$ kN，重力作用线通过点 C，求车子静止时各轮对水平地面的压力。图中尺寸单位为 m。

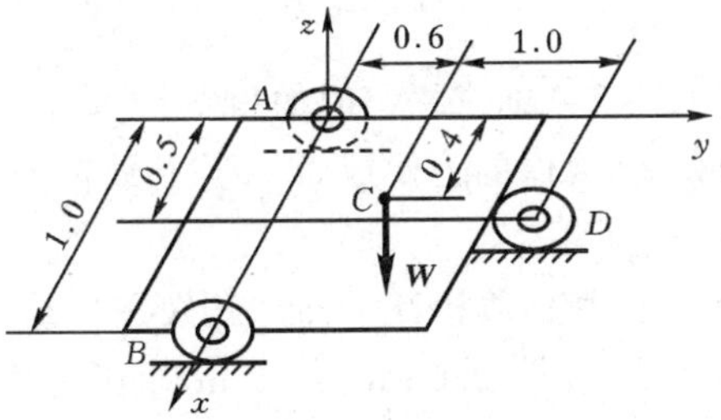

题 4－1 图

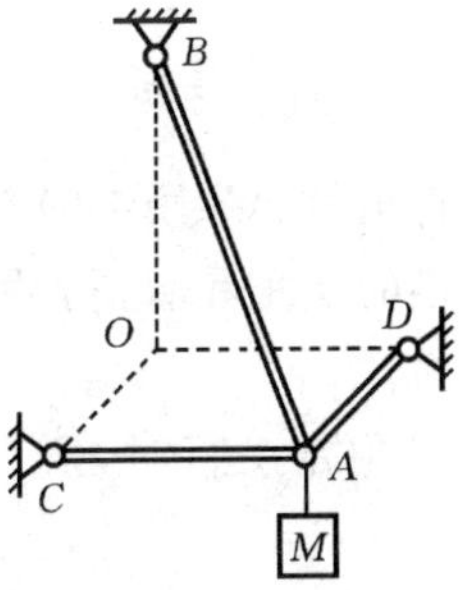

题 4－2 图

4－2　重物 M 重为 $W=5\sqrt{2}$ kN，由三根无重杆 AB、AC 和 AD 支承。C、A、D 三点位于

同一水平面内,$OCAD$ 构成一边长为 50 cm 的正方形,$\overline{OB}=50\sqrt{2}$ cm。A、B、C、D 四点皆为光滑铰链,求各杆的内力。

4-3　图示手摇钻由支点 B、钻头 A 和一个弯曲的手柄 C 组成。当支点 B 处加压力 $\boldsymbol{F}_{1x}$、$\boldsymbol{F}_{1y}$和 $\boldsymbol{F}_{1z}$以及手柄 C 上加力 $\boldsymbol{F}_2$ 后,即可带动钻头绕 AB 轴转动而钻削材料。设支点 B 不动,若已知手压力 $F_{1z}=50$ N,$F_2=150$ N,不计手摇钻的自重,试求钻头匀速转动时受到的阻抗力偶矩 M 和工件给钻头的约束力以及手在 x 和 y 方向所施加的力 $\boldsymbol{F}_{1x}$、$\boldsymbol{F}_{1y}$。图中尺寸单位为 cm。

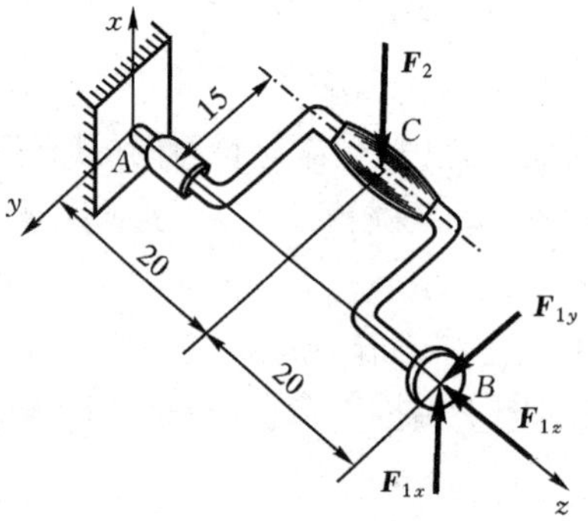

题 4-3 图

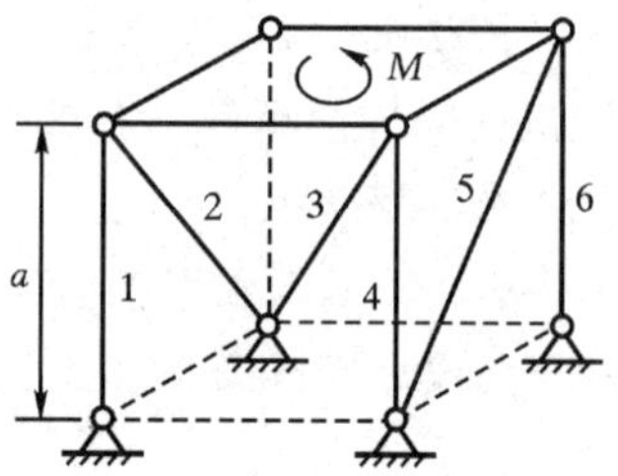

题 4-4 图

4-4　图示六杆支撑一边长为 a 的正方形水平板。板上作用有一力偶矩为 M 的力偶。若不计板和各杆的自重,求各杆的内力。

4-5　均质杆 AB 重 $W=200$ N,A 端用球铰链固定于地面,B 端靠在光滑墙面上并用细绳 BC 拉住,如图所示。若 $a=0.7$ m,$b=0.3$ m,$c=0.4$ m,$\theta=30°$,求绳的拉力以及 A 和 B 处的约束力。

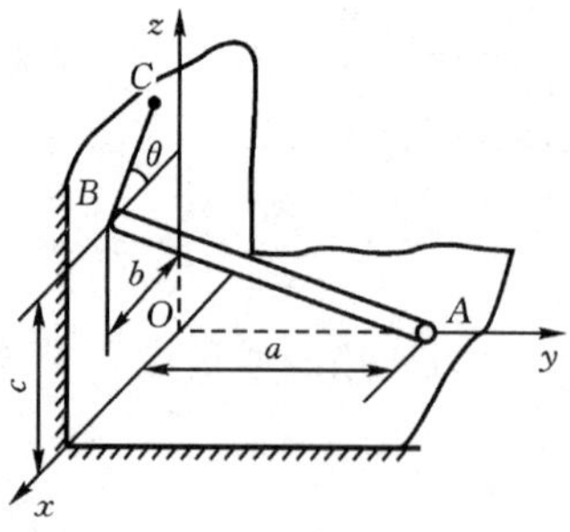

题 4-5 图

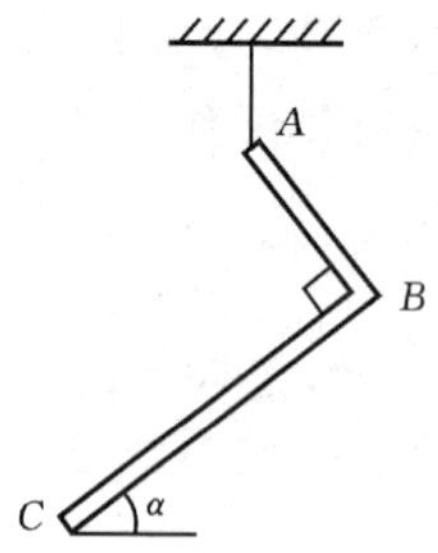

题 4-6 图

4-6　均质直角尺 AB 用细绳悬挂如图。设$\overline{BC}=2\,\overline{AB}$,求平衡时的角 α。

4-7　水平梁的支承和载荷如图所示。已知力 $\boldsymbol{F}$、力偶的力偶矩 M 和均布载荷的集度 q,求各支座的约束力。

4-8　当飞机稳定航行时,所有作用在它上面的力必须相互平衡。已知飞机重 $W=30$ kN,螺旋桨的牵引力 $F=4$ kN。若 $a=0.2$ m,$b=0.1$ m,$c=0.05$ m,$l=5$ m,求阻力 $\boldsymbol{F}_1$、机翼升力 $\boldsymbol{F}_2$ 和尾部的升力 $\boldsymbol{F}_3$。

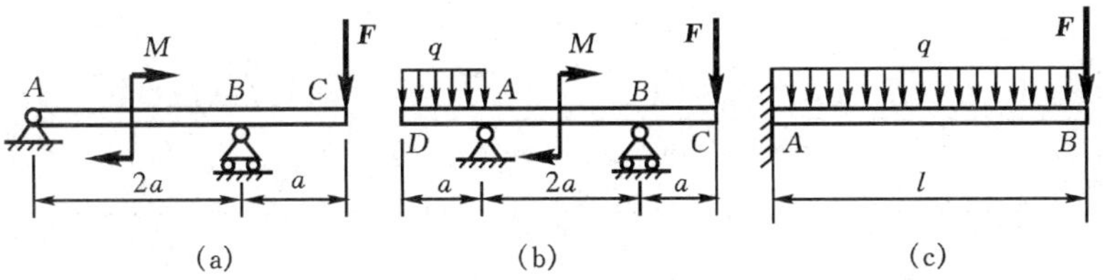

题 4-7 图

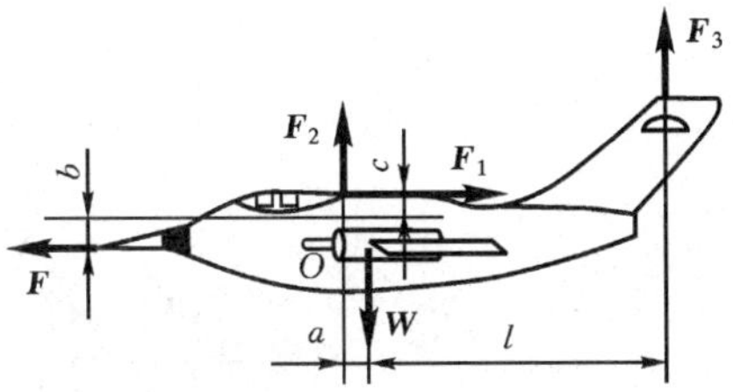

题 4-8 图

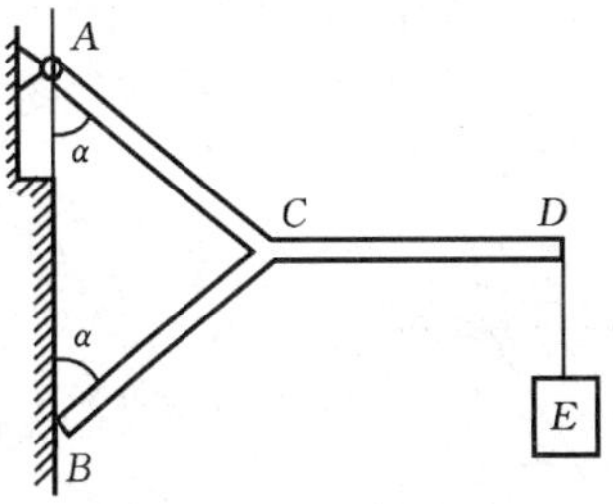

题 4-9 图

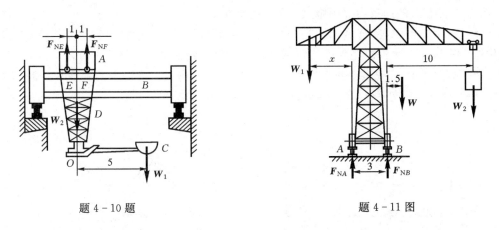

4-9　挂物架由三根重皆为 W 的相同均质杆 AC、BC 和 CD 固结而成，如图所示。已知物块 E 的重量 W_1 和角 α，求 A、B 两处的约束力。

4-10　炼钢炉的送料机由跑车 A 和移动的桥 B 组成。如图所示，跑车可沿桥上的轨道运动，两轮间的距离为2 m，跑车与操作架 D、平臂 OC 以及料斗 C 相连。料斗每次装载的物料重$W_1=15$ kN，平臂长$\overline{OC}=5$ m。设跑车 A、操作架 D 和所有附件总重为 W_2，作用在操作架的轴线上。试求 W_2 至少应为多大才能使料斗满载时跑车不致翻倒。图中尺寸单位为 m。

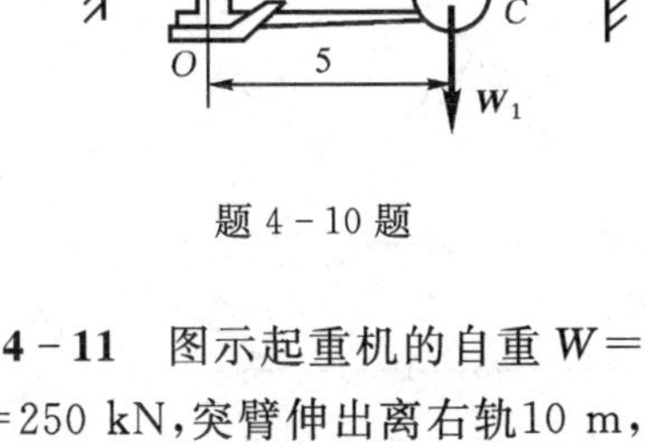

题 4-10 题

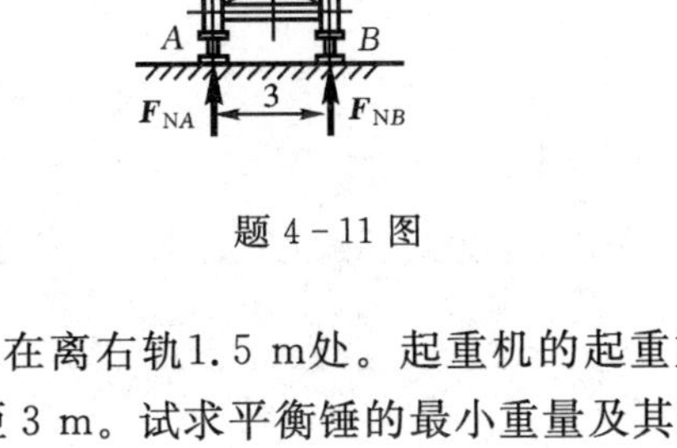

题 4-11 图

4-11　图示起重机的自重 $W=10$ kN，其重心在离右轨1.5 m处。起重机的起重重量为 $W_2=250$ kN，突臂伸出离右轨10 m，左、右两轨相距 3 m。试求平衡锤的最小重量及其到左轨的最大距离 x。图中尺寸单位为 m。

4-12　图示各水平连续梁自重不计。已知 $F=10$ kN，$M=20$ kN · m，$l=1$ m，$q=10$ kN/m，$\alpha=30°$。求支座 A、B 和 D 的约束力。

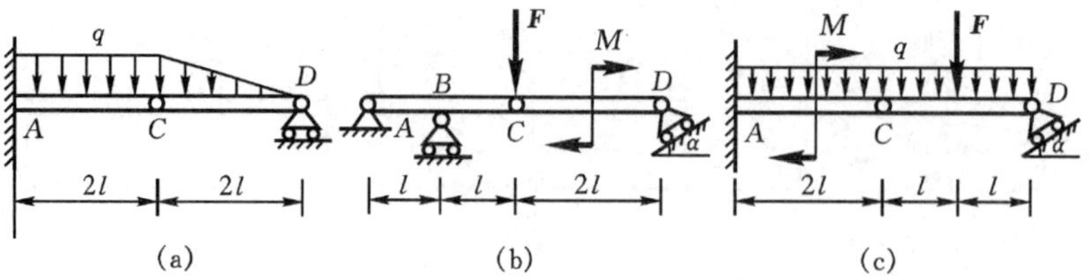

题 4 - 12 图

4 - 13　飞机起落架的尺寸如图所示,单位为 cm。设地面作用于轮子的铅垂正压力 $F=30$ kN,不计起落架自身的重量,求铰链 A 和 B 处的约束力。

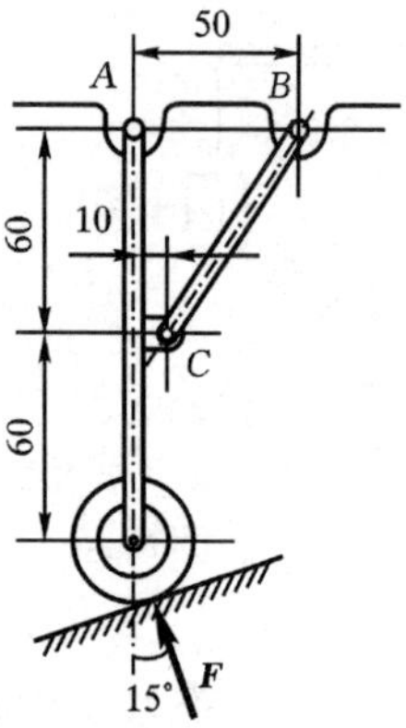

题 4 - 13 图

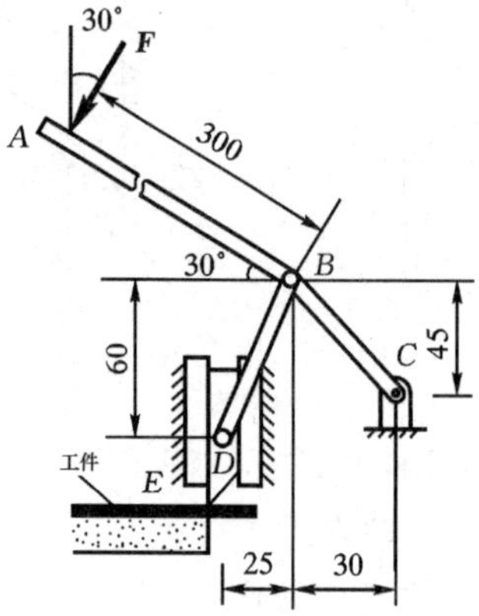

题 4 - 14 图

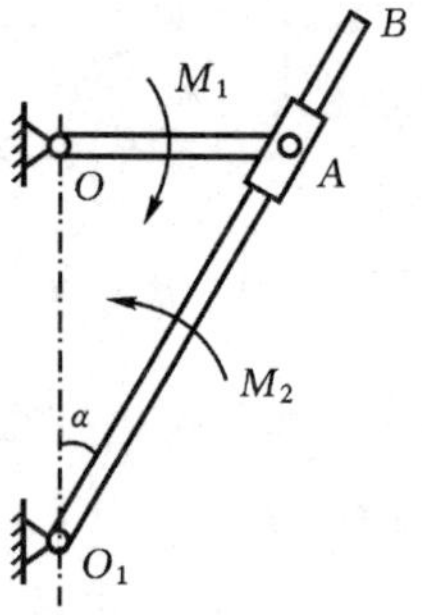

题 4 - 15 图

4 - 14　剪断机结构如图所示,作用在手柄上的力 $F=400$ N。若不计自重,求刀刃作用在工件上的力及支座 C 的约束力。图中尺寸单位为 mm。

4 - 15　图示机构中,套筒 A 与曲柄 OA 铰接,可沿摇杆 O_1B 滑动。当 $\alpha=30°$、$OA\perp OO_1$ 时,机构处于平衡。不计各构件自重,求平衡时两力偶矩 M_1 和 M_2 大小的比值。

4 - 16　如图所示,三铰拱由两半拱和三个铰链 A、B、C 构成。已知每半拱重 $W=300$ kN,$l=32$ m、$h=10$ m。求支座 A、B 的约束力。

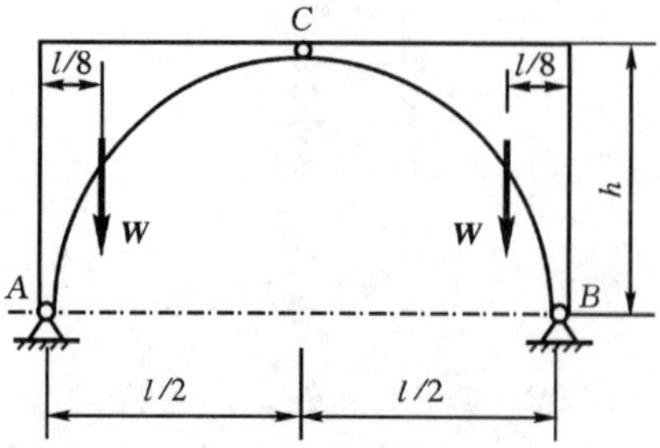

题 4 - 16 图

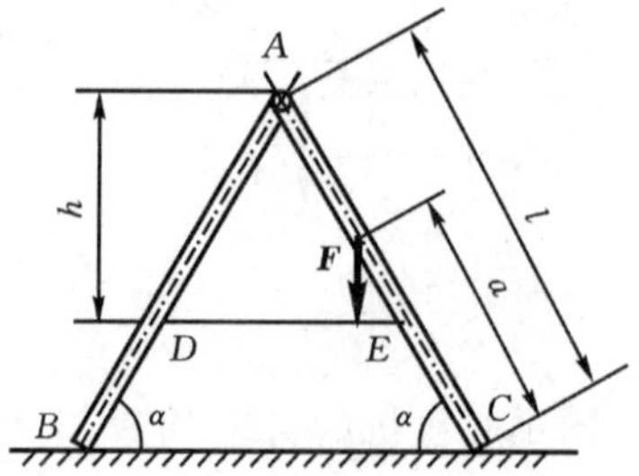

题 4 - 17 图

4 - 17　人字梯的两部分 AB 和 AC 等长,在点 A 铰接,又在 D、E 两点用水平绳相连,如图所示。梯子放在光滑水平面上,其一边作用有一铅垂力 $\boldsymbol{F}$,各部分尺寸如图。若不计梯的自重,求绳的拉力。

4-18　图示均质杆 AB 重 16 N,A 端铰接,并靠在半径为 r 的光滑圆柱上;而圆柱放在水平面上,用细绳 AC 拉住。若杆长$\overline{AB}=3r$,绳长$\overline{AC}=2r$,求绳的张力。

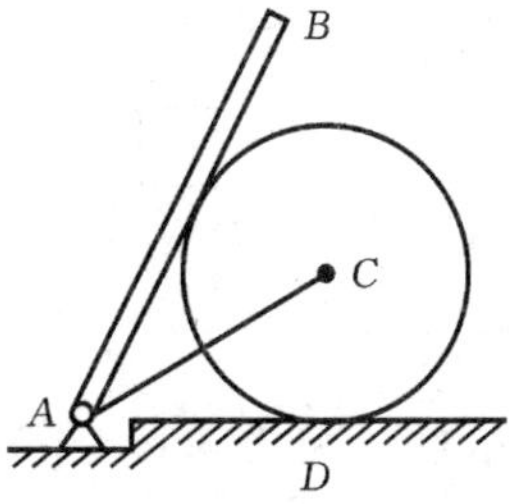

题 4-18 图

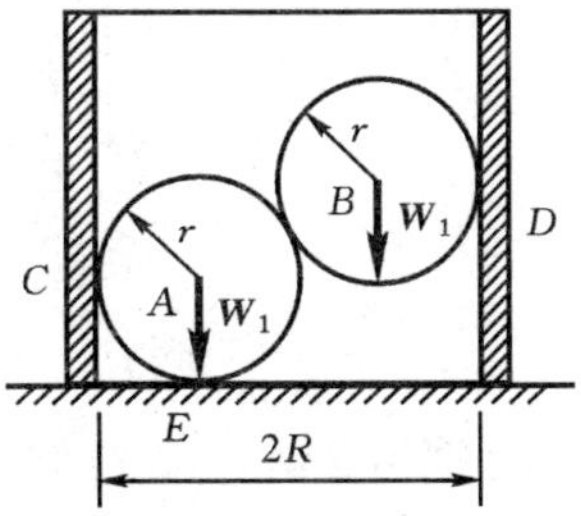

题 4-19 图

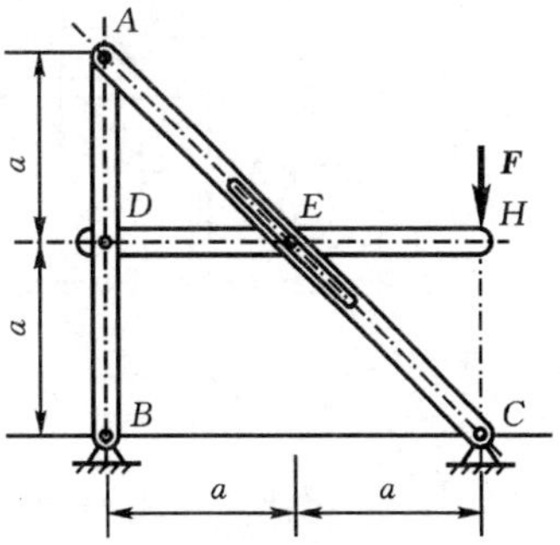

题 4-20 图

4-19　如图所示,无底圆柱形空筒放在光滑水平面上,筒内放两个重球。设每个球重皆为 W_1、半径皆为 r,而圆筒的半径为 R。不计圆筒的厚度,试求圆筒不致翻倒的最小重量。

4-20　图示平面结构中,杆 DH 上的销子 E 可在杆 AC 的槽内滑动。不计摩擦和各构件自重,求在水平杆 DH 的一端作用铅垂力 $\boldsymbol{F}$ 时,杆 AB 上的 A、D 和 B 三处所受的力。

4-21　图示平面结构中,三杆 AB、BC 和 CE 相互铰接,物块 M 重1 200 N。不计杆和滑轮的重量,求支承 A 和 B 处的约束力,以及杆 BC 的内力。图中尺寸单位为 m。

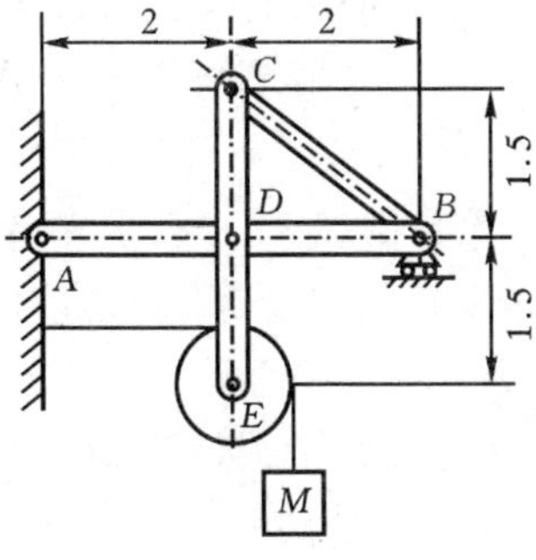

题 4-21 图

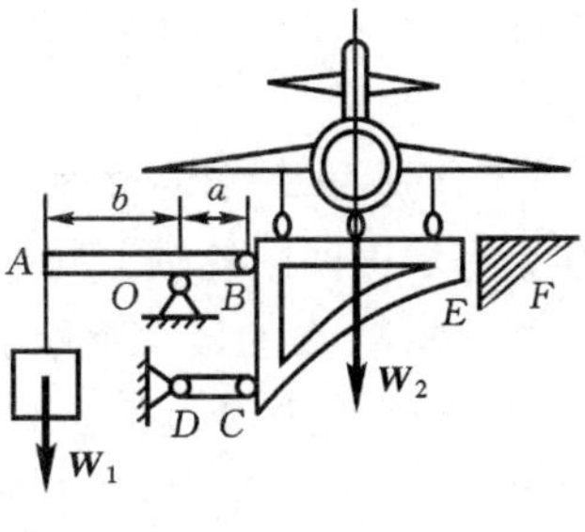

题 4-22 图

4-22　飞机(或汽车)称重用的地秤机构如图示。其中 AOB 是杠杆,BCE 是整体台面。已知$\overline{AO}=b$,$\overline{BO}=a$,求平衡砝码的重量 W_1 和被称物体重量 W_2 之间的关系。其余构件的重量不计。

4-23　火箭发动机试车台如图所示。发动机固定在水平台面上,测力计指示出绳 EK 的拉力 F_T。已知发动机和工作台共重 W,重力的作用线通过 AB 中点。$\overline{AB}=\overline{CD}=2b$,$\overline{CK}=h$,$\overline{AC}=H$,火箭推力 $\boldsymbol{F}$ 的作用线到台面 AB 的距离为 a。若不计其余构件的重量,求该推力 $\boldsymbol{F}$ 的大小。

4-24　图示两滑轮固连在一起。大滑轮的半径为 $R=20$ cm,缠在其上的绳子水平地连于 E 点,小滑轮的半径为 $r=10$ cm,缠在其上的绳子吊一重为$W=300$ N的物体 M。若不计各构件自重,求铰链 B 处的约束力。图中尺寸单位为 cm。

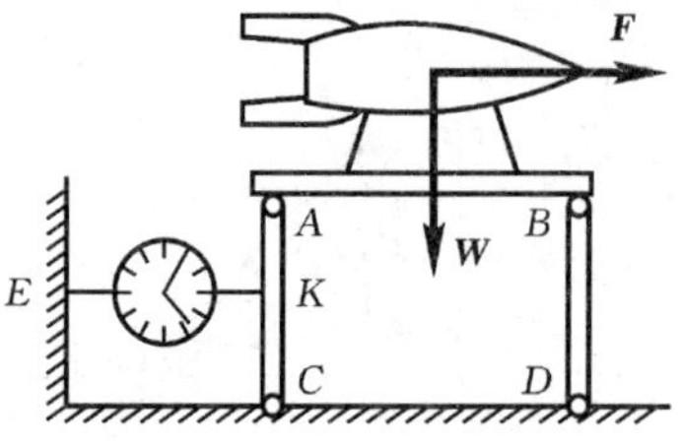

题 4 - 23 图

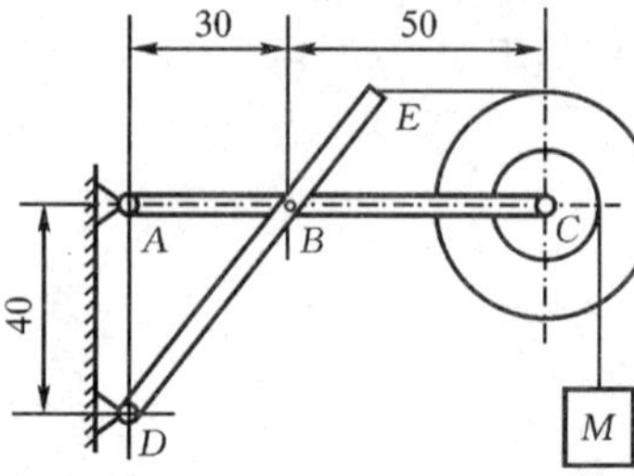

题 4 - 24 图

4 - 25　物块重 $\boldsymbol{W}$,与铅垂墙面间的摩擦因数为 f_s。已知力 $\boldsymbol{F}$ 与墙间的夹角为 α,求墙面对物块的摩擦力。

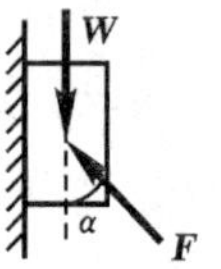

题 4 - 25 图

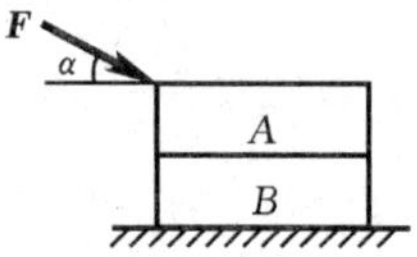

题 4 - 26 图

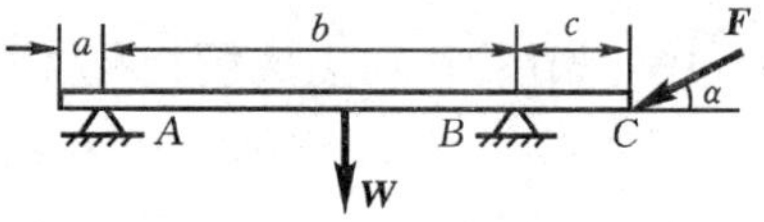

题 4 - 27 图

4 - 26　图示 A、B 两物块各重 $W=10$ N,A 与 B、B 与水平面间摩擦因数均为 $f_s=0.2$,$F=5$ N,$\alpha=30°$。试分析两物块能否运动?所受摩擦力各为多少?

4 - 27　均质板重 $W=200$ N,置于水平轨道 AB 上,其间的摩擦因数均为 $f_s=0.5$。已知 $a=60$ cm,$b=360$ cm,$c=180$ cm,若在 C 点作用一力 $\boldsymbol{F}$,$\alpha=30°$,求使平板运动所需的力 $\boldsymbol{F}$ 的最小值。

4 - 28　半径分别为 $R=20$ cm 和 $r=10$ cm 的两均质轮固连在一起,重为 $W_1=210$ N,置于水平地面和铅垂墙面间。轮轴上挂一重物 A,设所有接触处的摩擦因数均为 $f_s=0.25$,求能维持系统平衡的重物 A 的最大重量 W_{2max}。

4 - 29　均质梯子重为 $\boldsymbol{W}_1$,长为 l,B 端靠在光滑铅垂墙上,A 端与地面间的摩擦因数为 f_s。试求:(1)当 α 一定时,为使梯子保持不滑,重为 $\boldsymbol{W}_2$ 的人所能达到的最高点 D 到 A 端的距离 s;(2)当 α 角多大时,人可自 A 端爬到 B 端。

4 - 30　均质长方体 $ABCD$ 重为 $W=4.8$ kN,$\overline{AD}=1$ m,$\overline{AB}=2$ m,与地面间的摩擦因数 $f_s=1/3$。试判断当力 F 逐渐增大时,长方体是先滑动还是先翻倒,并求此时力 $\boldsymbol{F}$ 的值。

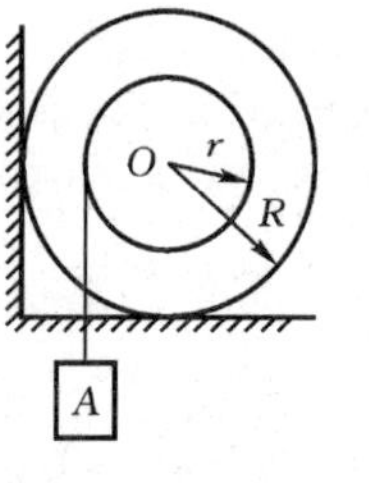

题 4 - 28 图

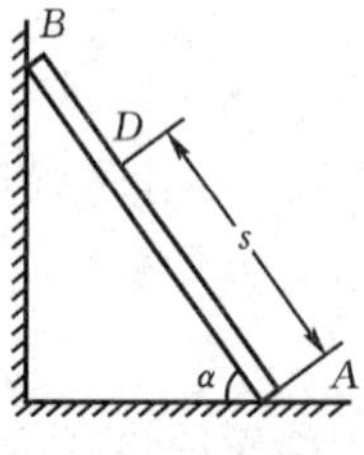

题 4 - 29 图

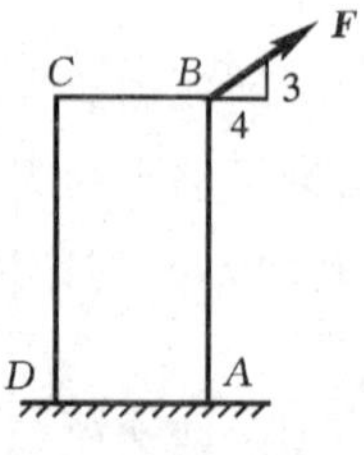

题 4 - 30 图

4－31　制动器由带有制动块的手柄 OB 和制动轮 A 组成。已知 $R=0.5$ m，$r=0.3$ m，制动块与轮间的摩擦因数为 $f_s=0.4$，重物 D 重为 $W=1$ kN，手柄长 $l=3$ m，$a=0.6$ m，$b=0.1$ m。不计手柄的重量，求能够实现制动所需力 $\boldsymbol{F}$ 的最小值。

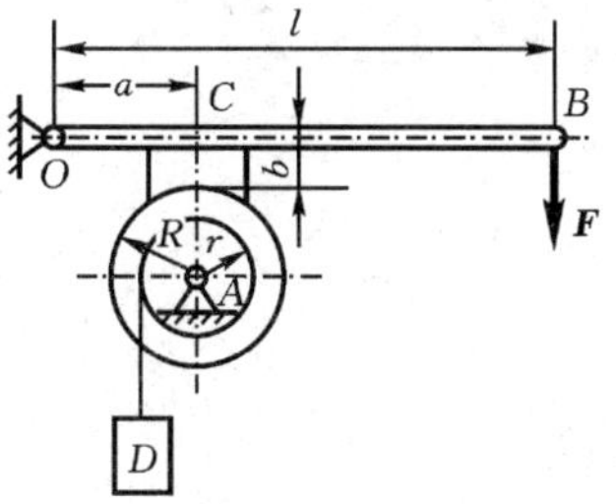

题 4－31 图

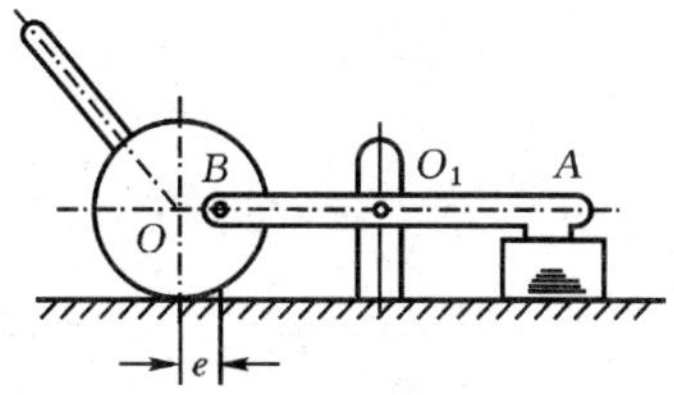

题 4－32 图

4－32　图示为偏心夹具装置。转动偏心轮手柄，可使杠杆的端点 B 升高，从而压紧工件。已知偏心轮半径为 r，偏心轮与台面间的摩擦因数为 f_s。若不计偏心轮和杠杆的自重，要求图示位置夹紧工件后不致自动松开，偏心距 e 应为多少？

第二篇　变形固体静力学

引　言

1. 变形固体的概念

上一篇在讨论力系的平衡时，总是把固体看成刚体。实际上任何固体在外力作用下都要产生变形。变形固体在外力作用下产生的变形，就其变形性质可分为**弹性变形**和**塑性变形**。

当外力去掉后变形固体能恢复原来形状和尺寸的性质称为**弹性**。所谓**弹性变形**是指变形体上的外力去掉后可消失的变形。如果去掉外力后，变形不能全部消失而留有残余，此残余部分称为**塑性变形**，也称作**残余变形**。

去掉外力后能完全恢复原状态的物体称为**理想弹性体**。由实验知，常用的工程材料如金属、木材、石料等，当外力不超过某一限度时(称为**弹性阶段**)，可将它们视为理想弹性体；如果外力超过了这一限度，就要产生明显的塑性变形(称为**塑性阶段**)。

本篇所讨论的问题，将限于材料的弹性阶段，把物体都看成为理想弹性体。

工程中的大多数构件在载荷的作用下，其几何尺寸的改变量与其本身的尺寸相比，常常是非常小的，我们称这类变形为“小变形”。我们研究的问题将仅限于小变形的范围内。由于变形微小，在计算中变形的高次方项可忽略不计，而且在研究构件的平衡、运动等问题时，可根据构件变形前的原始尺寸进行计算。

2. 变形固体静力学的任务

变形固体静力学的研究对象是组成结构物和机械的构件或零件。

要使结构物或机械正常地工作，就必须保证每个构件在载荷作用下能安全、正常地工作。因此工程中对所设计的构件，在力学上有一定的要求。这些要求如下。

(1) 强度要求。所谓**强度**，是指**材料或构件抵抗破坏(断裂或产生显著塑性变形)的能力**。强度有高低之分。在一定载荷的作用下，说某种材料的强度高，是指这种材料比较坚固，不易破坏。例如，钢材与木材相比，钢材的强度高于木材。

(2) 刚度要求。工程中的某些构件只满足强度要求是不够的，如果变形过大，也会影响其正常使用。例如，厂房内的吊车大梁如果变形过大，将会影响吊车的平衡运动；机床的传动轴变形过大，将影响机床的加工精度。因此在工程中，根据不同的用途，对某些构件的变形给予一定的限制，使构件在载荷作用下产生的变形不会超过一定的范围。这就要求构件具有一定的刚度。

所谓**刚度**，是指**构件抵抗变形的能力**。刚度有大小之分。说某个构件的刚度大，是指这个构件在载荷作用下产生的变形较小，即抵抗变形的能力强。例如，材料、长度均相同而粗细不同的两根杆，在相同载荷作用下，细杆的变形较大，表明细杆比粗杆的刚度小。

(3) 稳定性要求。所谓**稳定性**，是指**构件保持其原有平衡状态的能力**。有些构件在载荷较小时，能够在原有形状下保持平衡，但当载荷较大时，就丧失了这种在原有形状下保持平衡的能力，如图 5－1 所示受压的细长杆，当压力 F① 不太大时，可以保持原来直线形状的平衡；当压力增加到一定限度时，就不能继续保持直线形状，而突然从原来的直线形状变成弯曲形状，这种现象称为丧失稳定或简称**失稳**。

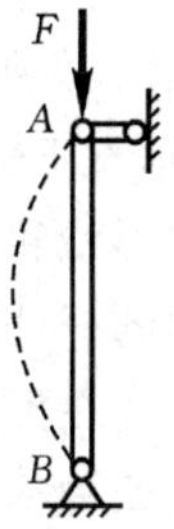

图 5－1

由于构件失稳后将丧失继续承受原设计载荷的能力，其后果往往是很严重的。例如，房屋中承重的柱子，如果过细、过高就可能由于柱子的失稳而导致整个房屋的倒塌。因此设计细长受压杆件时，必须保证其有足够的稳定性。

任何构件，只有满足了强度、刚度、稳定性三方面的要求，才能保证其安全、正常地工作。构件的强度、刚度和稳定性是变形固体静力学研究的主要内容。

构件的强度、刚度和稳定性都与所用的材料有关。例如，尺寸、载荷均相同的木杆与钢杆相比，木杆就比钢杆容易变形，也容易破坏。因此，变形固体静力学还要研究各种材料在载荷作用下所表现的力学性质。

材料的力学性质，需要通过力学试验来测定。工程中还有一些单靠理论分析解决不了的问题，也需借助于实验来解决。因而在变形固体静力学中，实验研究与理论分析同等重要，都是研究变形固体静力学问题所必须的手段。

对工程技术人员来说，设计构件时，既要使构件能安全正常地工作，还应使设计的构件能够很好地发挥材料的潜力，以减少材料的消耗。因此工程技术人员必须掌握一定的变形固体静力学知识。

3. 变形固体静力学的基本假设

变形固体静力学中对变形固体作如下的基本假设。

(1) 连续、均匀假设。**连续**是指材料内部没有空隙，**均匀**是指材料的力学性质各处都一样。连续、均匀假设认为：**物体在其整个体积内无空隙地充满了物质、且物体的力学性质各处都一样。**

由于采用了连续、均匀假设，我们就可以从物体中截取任意微小部分进行研究，并将其结果推广到整个物体；同时也可以将那些用大尺寸试件在实验中获得的材料性质，用到任何微小部分上去。

(2) 各向同性假设。该假设认为：**材料沿不同方向具有相同的力学性质。**常用的工程材料如钢、塑料、玻璃以及浇铸得很好的混凝土等，都可以认为是各向同性材料。如果材料沿不同方向具有不同的力学性质，则称为各向异性材料。我们主要研究各向同性材料。

由于采用了上述假设，大大便利了理论的研究和计算方法的推导。尽管变形固体静力学所得出的计算方法只具有近似的准确性，但它的精度可以满足工程问题一般要求。

4. 构件变形的基本形式

工程中的构件有杆、板、壳、块等各种形体。变形固体静力学的研究对象主要是杆件。所

① 为了方便，本篇中除了在介绍应力的概念时外，表示矢量的字母一律采用白斜体，而不采用黑斜体。

谓杆件,是指几何形体的某一个方向的尺寸远大于另外两个方向的尺寸的构件。一般来说,建筑工程中的梁、柱子以及机械中的传动轴等均属于杆件。杆件又简称为**杆**。

杆件就其外形来分,可分为**直杆**、**曲杆**和**折杆**。杆件的轴线为直线时称为**直杆**,如图 5-2(a)、(c)所示,轴线为曲线与折线时分别称为**曲杆**与**折杆**,如图5-2(b)、(d)所示。就横截面(垂直于轴线的截面)来分,杆件又可分为**等截面杆**和**变截面杆**。所谓**等截面杆**,是指各横截面的形状和大小均相同的杆(图 5-2(a)、(b)、(d));所谓**变截面杆**,是指各截面的形状或大小不同的杆(图 5-2(c)、(e))。本篇着重讨论等截面直杆(简称**等直杆**)。

在不同形式外力作用下,杆件产生的变形形式也各不相同,但通常可归结为以下比较简单的四种基本变形形式。

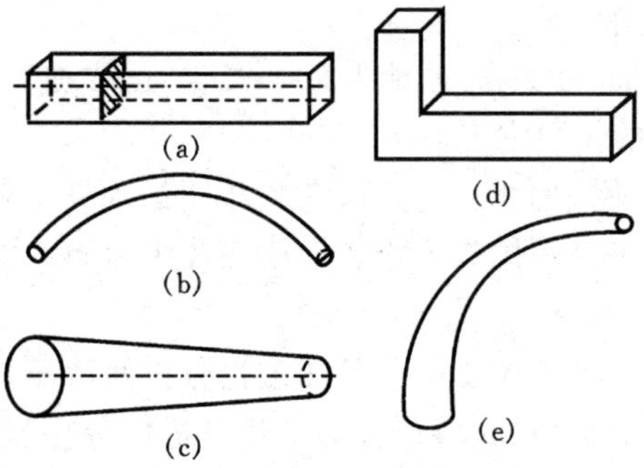

图 5-2

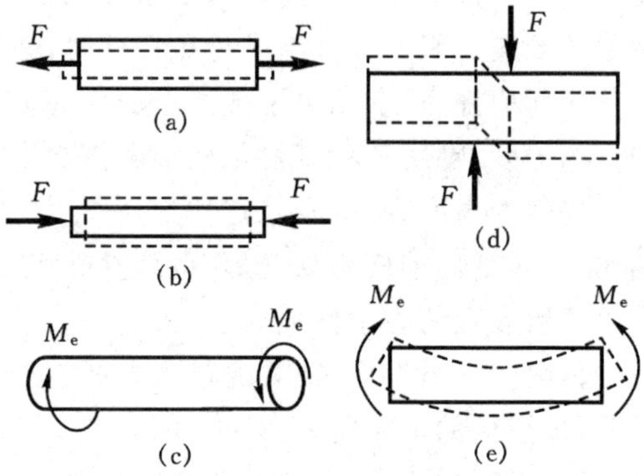

图 5-3

(1) 轴向拉伸或轴向压缩(图 5-3(a)、(b))①。

在一对大小相等、方向相反、作用线与轴线重合的外力作用下,杆件发生长度的改变(伸长或缩短)。

(2) 剪切(图 5-3(d))。

在一对大小相等、方向相反、作用线距离很近但不重合的横向外力作用下,杆件在两作用力之间的横截面沿外力方向发生相互错动。

(3) 扭转(图 5-3(c))。

在一对大小相等、旋转方向相反、位于垂直于杆轴线的两平面内的力偶作用下,杆件在两力偶间的横截面发生绕轴线的相对转动。

(4) 弯曲(图 5-3(e))。

在一对大小相等、旋转方向相反、且位于杆件的某一纵向平面内的力偶作用下,杆件发生弯曲变形。

工程实际中的杆件,或因其结构特点,或因其受力形式的不同,变形情况可能比较复杂,但不论怎样复杂,都可以看成为以上几种基本变形的组合(称为**组合变形**)。

本篇以后各章将就上述各种基本变形,以及同时存在两种以上基本变形的组合变形情况,分别加以讨论。

---

① 为了方便,本篇中对等值、反向的两个力或力偶均采用同一符号表示,而不再加一撇区别。

第 5 章　杆件的内力

构件内部各质点间的相互作用力，称为构件的**内力**。变形固体静力学中主要研究由外力引起的内力。对于杆件来说，最有意义的是横截面上的内力。为了显示和计算内力，可用一假想截面将构件分为两部分，任取其中一部分为研究对象，将另一部分对它的作用以力的形式表示，这些力就是该截面上的内力。按照连续性假设，内力在截面上是连续分布的。根据力系的简化和平衡理论，可以确定截面上内力系的主矢和主矩，或二者的分量，并可以建立内力和外力之间的平衡微分方程。上述用假想截面把构件分成两部分，以显示并确定内力的方法称为**截面法**。

一般来说，杆件在各截面处的内力是不同的。描述内力沿杆件轴线变化规律的解析表达式和曲线称为**内力方程**和**内力图**。

5.1　杆件在轴向拉伸或压缩时横截面上的内力

当杆件仅受轴向力作用时，将产生轴向拉伸或压缩变形。如图 5-4(a)所示杆件，在轴向外力 F_1、F_2、F_3、F_4 共同作用下处于平衡状态，欲求杆件在 $m—m$ 截面上的内力，可以假想地用 $m—m$ 横截面将杆件截为两段。由于杆件仅受轴向外力的作用，所以右半段对左半段作用的内力必为一轴向力，用 F_N 来表示。同样地，左半段对右半段作用的内力，也为一轴向力，它与左半段受到的轴向力为一对作用与反作用力。于是左、右两段的受力分别如图 5-4(b)、(c)所示。

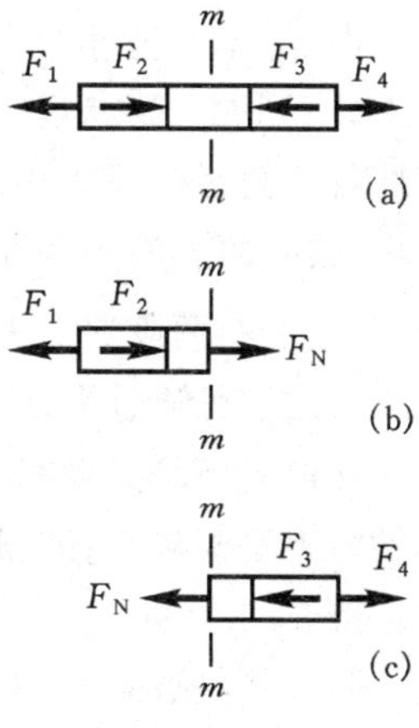

图 5-4

内力 F_N 的大小可通过平衡条件求得。

杆件在轴向拉伸、压缩时的内力，习惯上称为**轴力**。用截面法求轴力时，无论轴向外力的方向如何，截面上的轴力总是假设为拉力。**工程中规定：轴力为拉力时用正值来表示，反之用负值来表示。**

例 5-1　求图 5-5(a)所示受轴向力作用的杆件在 1—1、2—2、3—3 截面上的轴力，并画出杆的轴力图。已知：$F_1=4$ kN，$F_2=6$ kN，$F_3=5$ kN，$F_4=3$ kN。

解　先假想用 1—1 截面将杆截为两段，取左半段为研究对象，受力如图 5-5(b)所示。根据平衡条件，有

$$\sum F_x = 0,\quad F_{N1} - F_1 = 0 \tag{1}$$

$$F_{N1} = F_1 = 4\ \text{kN}$$

再假想用 2—2 截面将杆截为两段，取左半段为研究对象，受力如图 5-5(c)所示。根据平衡条件，有

$$\sum F_x = 0,\quad F_{N2} - F_1 + F_2 = 0 \tag{2}$$

$$F_{N2} = F_1 - F_2 = 4 - 6 = -2\ \text{kN}$$

F_{N2}为负值,表示 2—2 截面上的轴力为压力。

最后假想用 3—3 截面将杆截为两段,因右半段受力较简单,故取其为研究对象。受力如图 5-5(d)所示。根据平衡条件,有

$$\sum F_x = 0,\quad -F_{N3} + F_4 = 0 \tag{3}$$

$$F_{N3} = F_4 = 3\ \text{kN}$$

显见,若以杆的左端为坐标原点,则杆的轴力方程为

当 $0 \leqslant x \leqslant \overline{AB}$时,$F_N = 4$ kN;

当$\overline{AB} \leqslant x \leqslant \overline{AC}$时,$F_N = -2$ kN;

当$\overline{AC} \leqslant x \leqslant \overline{AD}$时,$F_N = 3$ kN。

于是可得杆的轴力图如图 5-5(e)所示。

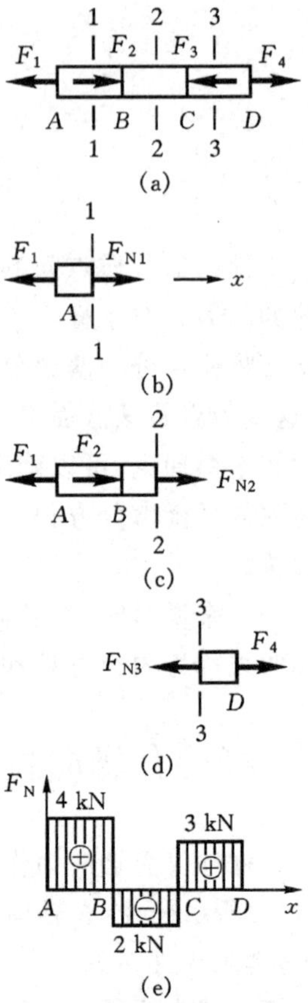

图 5-5

5.2 杆件在扭转时横截面上的内力

当杆件受到一组环绕其轴线旋转的外力偶作用时,将发生扭转变形。工程上把以扭转变形为主的杆件称为**轴**。

图 5-6(a)所示杆件,在一组环绕其轴线旋转的外力偶作用下处于平衡,欲求其在 n—n 截面上的内力。用 n—n 截面假想地将杆截为两段。由于杆仅受环绕轴线旋转的外力偶矩的作用,故截面上的内力也只能是环绕轴线旋转的力偶矩,用 T 表示。左、右两段的受力分别如图 5-6(b)、(c)所示。

T 的值可通过平衡条件求得。

杆件受环绕其轴线旋转的力偶作用而发生扭转变形时的内力称为**扭矩**。**工程中扭矩的正负按右手法则确定,即扭矩绕截面的外法线逆钟向旋转时为正值,反之为负值。**

例 5-2 图 5-7(a)所示圆轴在一组环绕轴线旋转的外力偶作用下处于平衡状态,已知:$M_{e1} = 4$ kN·m,$M_{e2} = 6$ kN·m,$M_{e3} = 5$ kN·m,$M_{e4} = 3$ kN·m。试求 1—1、2—2、3—3 截面上的扭矩,并画出圆轴的扭矩图。

解 先用 1—1 截面假想地将轴截为两段,取左段为研究对象,设截面上的扭矩为 T_1,则受力如图 5-7(b)所示。根据平衡条件,有

$$\sum M_x = 0,\quad T_1 - M_{e1} = 0 \tag{1}$$

$$T_1 = M_{e1} = 4\ \text{kN}\cdot\text{m}$$

再用 2—2 截面假想地将轴截为两段,取左段为研究对象,设截面上的扭矩为 T_2,则受力如图 5-7(c)所示,根据平衡条件,有

$$\sum M_x = 0,\quad T_2 - M_{e1} + M_{e2} = 0 \tag{2}$$

$$T_2 = M_{e1} - M_{e2} = 4 - 6 = -2\ \text{kN}\cdot\text{m}$$

T_2 为负,表示该截面上扭矩转向与图设相反。

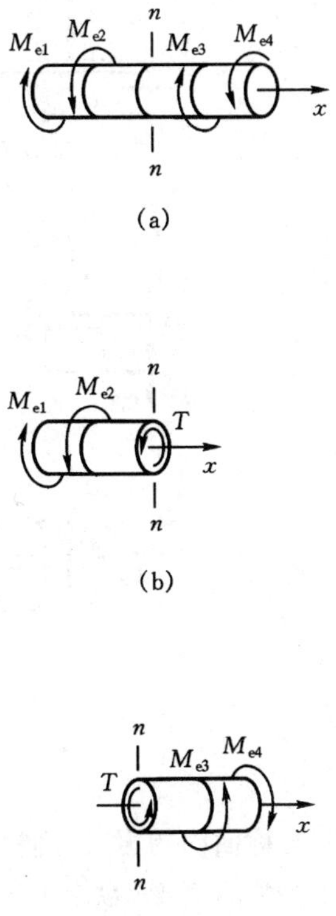

图 5 - 6

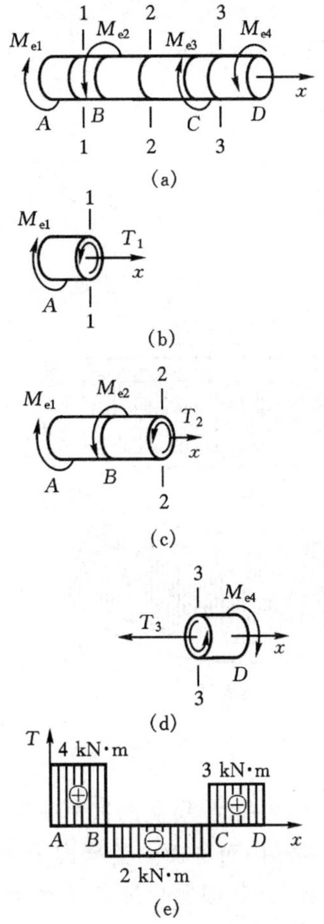

图 5 - 7

最后用 3—3 截面假想地将轴截为两段，取右段为研究对象，设截面上的扭矩为 T_3，则受力图 5 - 7(d)所示，根据平衡条件，有

$$\sum M_x = 0, \qquad -T_3 + M_{e4} = 0 \tag{3}$$

$$T_3 = M_{e4} = 3\ \text{kN} \cdot \text{m}$$

显见，若以圆轴的左端为坐标原点，则其扭矩方程为

当 $0 \leqslant x \leqslant \overline{AB}$时，$T = 4\ \text{kN} \cdot \text{m}$；

当$\overline{AB} \leqslant x \leqslant \overline{AC}$时，$T = -2\ \text{kN} \cdot \text{m}$；

当$\overline{AC} \leqslant x \leqslant \overline{AD}$时，$T = 3\ \text{kN} \cdot \text{m}$。

于是圆轴的扭矩图如图 5 - 7(e)所示。

5.3　杆件在弯曲时横截面上的内力

杆件在轴线平面内的力偶或垂直于轴线的横向力作用下将发生弯曲变形。工程上把以弯曲变形为主的杆件称为**梁**。工程中的梁，其横截面一般至少具有一个纵向对称轴，例如，矩形、工字形、T 字形、圆形截面等，全梁则至少具有一个纵向对称面，且承受的载荷全部作用在梁的纵向对称面内。这样梁发生弯曲变形后，其轴线将弯曲成一条平面曲线。这种弯曲变形称为**平面弯曲**，如图 5－8 所示。

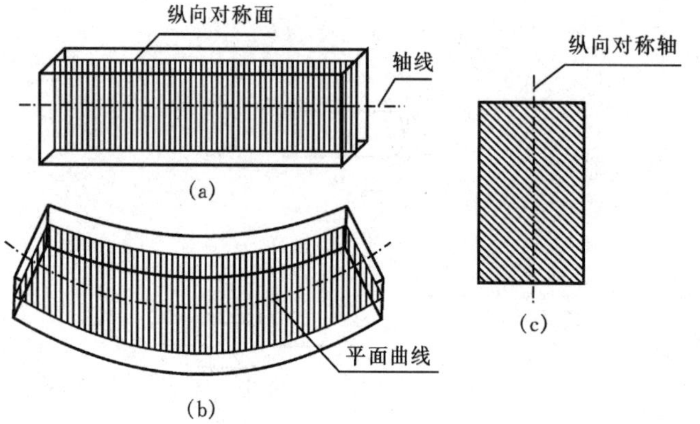

图 5－8

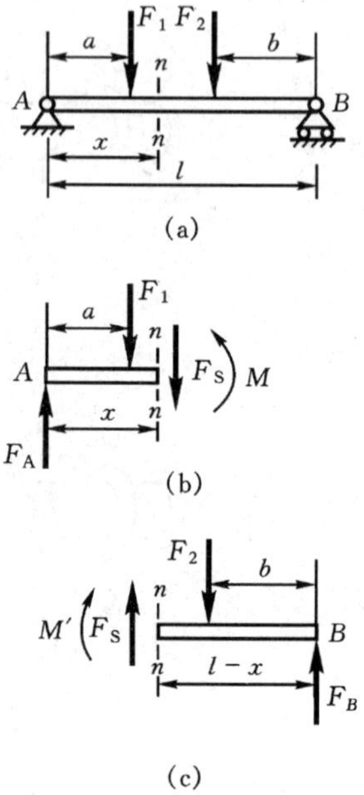

图 5－9

梁发生平面弯曲时，所受的载荷一般为作用于梁的纵向对称面内的力或力偶。如图 5－9(a)所示杆件，在其纵向对称面内受横向力 F_1、F_2 的作用而发生弯曲变形，欲求其 n—n 截面上的内力，可以用 n—n 截面假想地将梁截为两段。左半段受到的外力 F_A 和 F_1 向 n—n 截面形心简化，可得到一个力和一个力偶，这个力用 F_S 表示，这个力偶的力偶矩用 M 表示。于是左半段的受力如图 5－9(b)所示。

同理，右半段受力如图 5－9(c)所示。

F_S 和 M 可根据平衡条件求得。

由于 F_S 沿截面的切向作用，会使相邻截面产生剪切变形，故称这种内力为**剪力**。而 M 的作用主要是引起杆件产生弯曲变形，故称为**弯矩**。

梁在弯曲变形时，其剪切变形和弯曲变形各有图 5－10 所示的两种类型。**剪力和弯矩的符号规定如下：截面左段相对右段向上错动，即杆件截开部分产生顺钟向转动者，截面上的剪力为正，反之为负；作用在左侧截面上使截开部分逆钟向转动，或者作用在右侧截面上使截开部分顺钟向转动的弯矩为正，反之为负。**

例 5－3　简支梁受均布载荷作用，如图 5－11(a)所示。试建立其内力方程，并画出内力图。

解　简支梁的支座约束力为 $F_A=F_B=ql/2$。

设轴线 x 的方向向右，坐标原点在左端 A 处。求任意截面 x 上的内力，取 x 截面以左部分为研究对象，由截面法得

剪力方程：$F_S=F_A-qx=ql/2-qx \quad (0<x<l)$

弯矩方程：$M=F_Ax-qx^2/2=(ql/2)x-qx^2/2 \quad (0\leqslant x\leqslant l)$

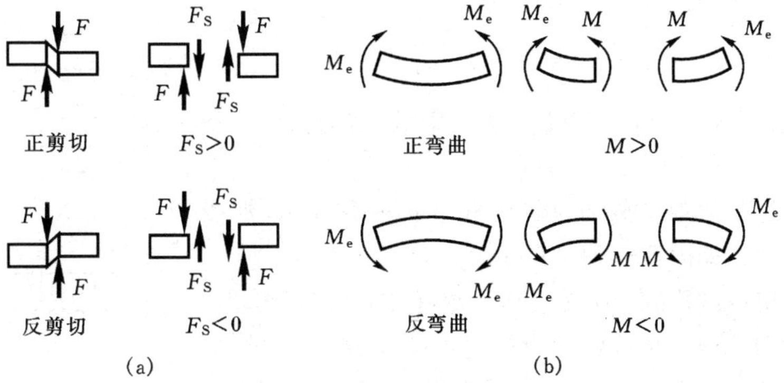

图 5 - 10

剪力方程表明，剪力为 x 的一次函数，所以剪力图为一条斜线，如图 5 - 11(b)所示。

弯矩方程表明，弯矩是截面位置坐标 x 的二次函数，所以弯矩图为二次抛物线。

A 点：$x=0, M=0$；

B 点：$x=l, M=0$。

对于曲线图形，应考虑到极值点的存在与否，若极值点存在于区间内，则第三点的选择，原则上应当优先选择极值点。极值点的位置，可以通过 $\mathrm{d}M/\mathrm{d}x=0$ 的条件来确定，即

$$\mathrm{d}M/\mathrm{d}x = ql/2 - qx$$

令
$$ql/2 - qx = 0$$

解得
$$x = l/2$$

所以，极值点位于梁跨的中点，即 C 点：

$x=l/2$，　$M=ql^2/8$　(极大值)

所画弯矩图如图 5 - 11(c)所示。就本例而言，由载荷图的对称性可知，弯矩图的极大值点必在梁跨的中点。

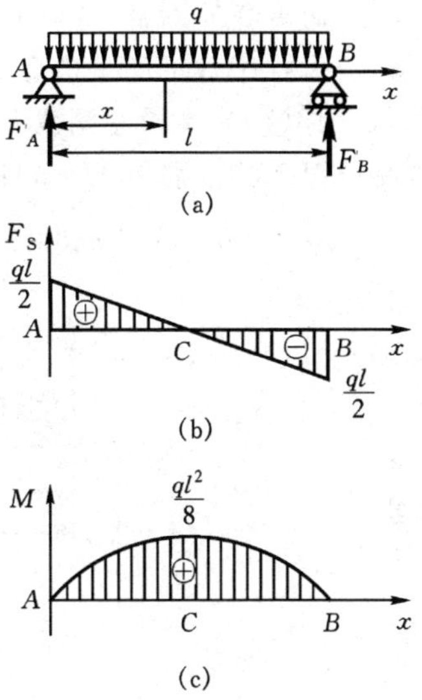

图 5 - 11

例 5 - 4　简支梁受一集中力 F 作用，如图5 - 12(a)所示。试建立内力方程，并画出内力图。

解　梁的支座约束力为 $F_A=bF/l, F_B=aF/l$。

设轴线 x 方向向右，坐标原点在左端。集中力 F 将梁分为 AC、CB 两段，需分段求解。

AC 段：取 x_1 截面以左部分为研究对象，由截面法得

剪力方程：$F_S=F_A=bF/l$；

弯矩方程：$M=F_Ax_1=bFx_1/l$。

剪力方程表明，剪力 $F_S=bF/l$ 为一常数，所以剪力图为一条与轴线平行的直线，如图 5 - 12(b)所示。

弯矩方程表明，弯矩是截面位置坐标 x 的一次函数，所以弯矩图为一斜直线，如图 5 - 12(c)所示。

CB 段：取 x_2 截面以右部分为研究对象，由截面法得

剪力方程：$F_S=-F_B=-aF/l$

弯矩方程：$M=F_B\times(l-x_2)=\dfrac{a}{l}F(l-x_2)$

剪力方程表明，剪力 $F_S=-aF/l$ 为一常数，剪力图为一条与轴线平行的直线，如图 5－12(b)所示。

弯矩方程表明，弯矩是截面位置坐标 x 的一次函数，所以弯矩图为一斜直线，如图 5－12(c)所示。

在例 5－3 中，若将弯矩 M 对坐标 x 求导数，可得剪力 F_S；若再将 F_S 对 x 求导数，则可得分布载荷的集度 q。一般情形下，分布载荷的集度 q、剪力 F_S、弯矩 M 都是 x 的函数，它们之间存在着一定的函数关系。

下面考察如图 5－13(a)所示梁 AB，分布载荷的集度为 $q(x)$。工程中规定向上的分布载荷为正。在 x 处截取一微段(图 5－13(b))，微段左侧截面上的弯矩和剪力分别为 M 和 F_S，右侧截面上的分别为 $M+\mathrm{d}M$ 和 $F_S+\mathrm{d}F_S$。根据平衡条件，有

$$\sum M_C=0,\quad (M+\mathrm{d}M)-M-F_S\mathrm{d}x-q(\mathrm{d}x)^2/2=0$$

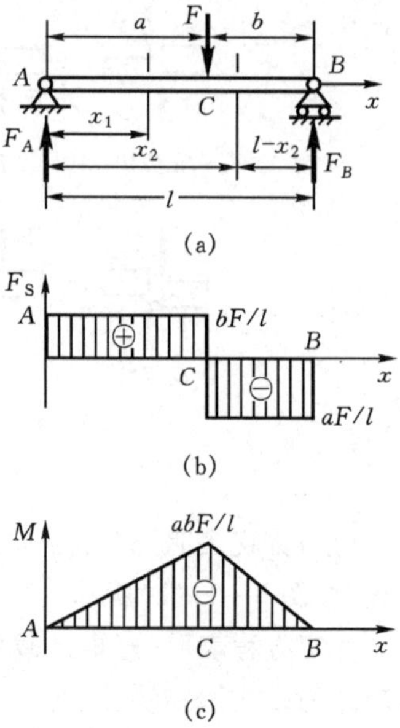

图 5－12

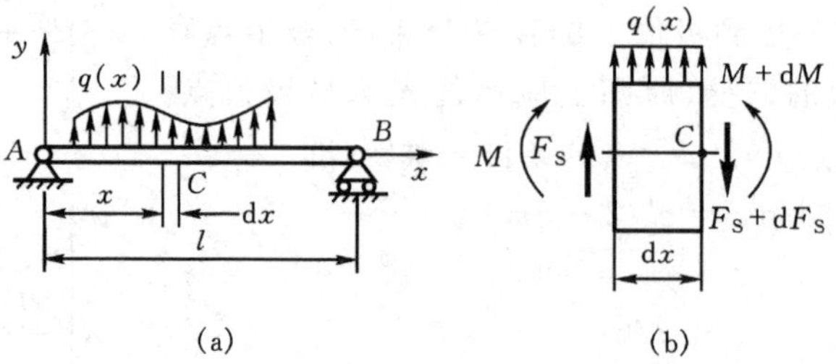

图 5－13

略去二阶微量，可得

$$\frac{\mathrm{d}M}{\mathrm{d}x}=F_S \tag{5-1}$$

$$\sum F_y=0,\quad F_S+q\mathrm{d}x-(F_S+\mathrm{d}F_S)=0$$

可得

$$\frac{\mathrm{d}F_S}{\mathrm{d}x}=q \tag{5-2}$$

比较式(5－1)和式(5－2)，又可得到

$$\frac{\mathrm{d}^2M}{\mathrm{d}x^2}=q \tag{5-3}$$

上述三式就是弯矩、剪力和分布载荷集度间的微分关系。由这些关系(结合例5－3和例 5－4)可以看出：

(1) 在无分布载荷作用的梁段，剪力为常量，弯矩是 x 的一次函数，则剪力图为平行于 x 轴的直线段，弯矩图为斜直线段；

(2) 在有均布载荷的梁段，剪力图为斜直线段，弯矩图为抛物线；

(3) 在集中力作用的截面处，剪力图发生突变(变化值等于集中力的大小)；

(4) 在集中力偶作用的截面处，弯矩图发生突变(变化值等于集中力偶矩的大小)；

(5) 若在梁的某一截面上剪力 $F_S=0$，则弯矩为极值，但此值不一定是梁的最大弯矩。梁的最大弯矩也可发生在有集中力或集中力偶作用的截面上。

例 5-5　试根据微分关系画图5-14(a)所示简支梁的剪力图和弯矩图。

解　由平衡方程可求得支座约束力

$$F_A = 6\ \text{kN},\quad F_C = 18\ \text{kN}$$

下面分别作梁的剪力图和弯矩图。

在 A、B 之间的梁段上无载荷作用，因此剪力图应为水平线。截面 A 处作用有向上的集中力，剪力图应向上突跳，突跳值为$F_A=6$ kN。在 B、C 之间的梁段上作用有向下的均布载荷，因此剪力图为向下倾斜的直线。由此作出的剪力图如图 5-14(b)所示。

在 A、B 之间的梁段上无分布载荷作用，故此段弯矩图为斜直线，斜率为 $F_S=6$ kN。再考虑到截面 A 处为铰支点，其截面弯矩 $M_A=0$，即可作出该段的弯矩图。在 B、C 之间的梁段上作用有向下的均布载荷，因此该段弯矩图为凹面向下的二次曲线。此外，截面 B 处作用一集中力偶，截面右侧的弯矩值为 12+12=24 kN·m；截面 C 处为铰支点，其截面弯矩 $M_C=0$；剪力 $F_S=0$ 的截面 D 处弯矩图上有极值，由剪力图确定 D 点的位置后，可求得 $M_D=27$ kN·m。由此可作出 B、C 段的弯矩图。梁的弯矩图如图 5-14(c)所示。

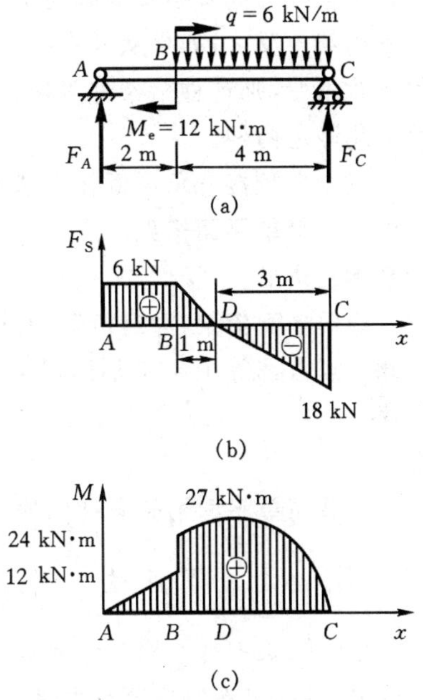

图 5-14

5.4　平面桁架的内力计算

由若干杆件在两端互相铰接，受力后几何形状保持不变的结构，称为**桁架**。例如，高压输电塔、桥梁、井架、电视塔，以及飞机、舰艇、厂房等。各杆件的连接点称为**节点**。所有杆件都处在同一平面内的桁架，称为**平面桁架**。

桁架结构的基本特征和优点是各杆件主要承受拉力或压力，可以节省材料，减轻重量，因而在工程结构中被广泛采用。

桁架中各杆件的内力只有轴力。实际桁架的构造和受力情况一般是比较复杂的。例如，节点的构造通常是用铆接或焊接，也可采用榫接(木材)、铰接或螺栓连接，有些甚至是用混凝土浇注的。在分析杆件的内力时，为了简化计算，工程中一般作如下三点假设：

(1) 杆件都是直杆，并用光滑铰链连接；

(2) 桁架的外力都作用在节点上，且各力的作用线都在桁架平面内；

(3) 如桁架承受的载荷比它本身的重量大得多时，桁架各杆件本身的重量可忽略不计。若必须考虑杆件的重量时，则把重量视为外载荷平均分配在杆件两端的节点上。因此，桁架中的每一杆件都是二力杆。

满足上述假设的桁架，称为**理想桁架**(图 5-15)。应当指出，上述三点假设不仅能简化对桁架内力的计算,而且误差不大,同时还偏于安全。

工程中,对桁架的基本要求是要能保持结构的形状不变。如果从桁架中任意抽出一根杆件,就不能使其几何形状保持不变,则这种桁架称为**简单桁架**或**静定桁架**。图 5-16(a)所示的桁架就是这种桁架。反之,如果从其中抽出一根或几根杆件仍能保持其几何形状不变,则这种桁架称为**超静定桁架**。图 5-15 所示的桁架就是超静定桁架。

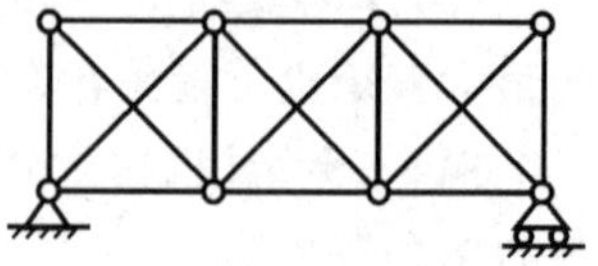

图 5-15

以一个铰接三角形框架为基础,每增加一个节点,同时增加两根不在同一直线上的杆件,可以构成**简单平面桁架**。图 5-16(a)所示的桁架就是这样构成的。这个铰接三角形框架称为**基本三角形**。

简单平面桁架(静定桁架)的杆数 m 和节点数 n 之间有一定关系。由于基本三角形的杆数和节点数都等于 3,此后所增加的杆数($m-3$)和节点数($n-3$)的比例为 2∶1,于是可得

$$m-3=2(n-3)$$

即

$$m=2n-3 \tag{5-4}$$

计算简单平面桁架各杆件的内力,常用下述两种方法。

5.4.1 节点法

由于桁架中每一根杆件都是二力杆,所以,每个节点都受到平面汇交力系作用。为求各杆的内力,可逐个选取各节点为研究对象,这就是**节点法**。因为平面汇交力系只能列出两个独立的平衡方程,所以,应用节点法时应从只包含两个未知量的节点开始计算。

在画节点的受力图时,为了方便,通常假设杆件都受拉。如计算结果为负值,则表示该杆件受压。

例 5-6 在图 5-16(a)所示的平面桁架中,已知:$l=2$ m,$h=3$ m,主动力 $F=10$ kN。求各杆的内力。

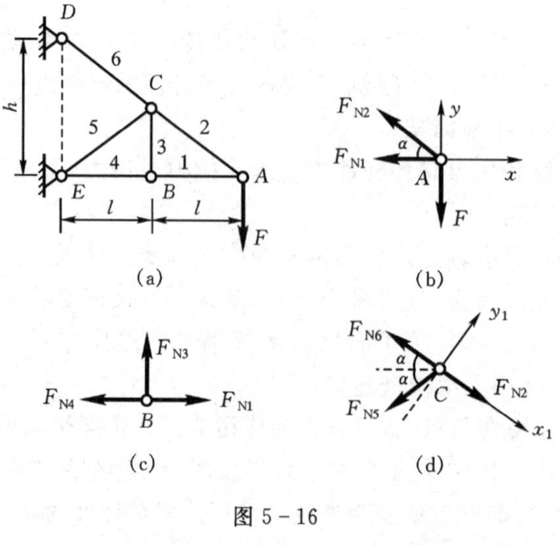

图 5-16

解 先取节点 A 作为研究对象,其受力如图 5-16(b)所示。其中 $\sin\alpha=\overline{DE}/\overline{AD}=3/5$。

根据平面汇交力系的平衡方程，有

$$\sum F_y = 0,\quad F_{N2}\sin\alpha - F = 0 \tag{1}$$

$$\sum F_x = 0,\quad -F_{N1} - F_{N2}\cos\alpha = 0 \tag{2}$$

可解得

$$F_{N2} = \frac{F}{\sin\alpha} = \frac{10}{3/5} = 16.7\ \text{kN}$$

$$F_{N1} = -F_{N2}\cos\alpha = -16.7\times 4/5 = -13.3\ \text{kN}$$

再取节点 B 为研究对象，受力如图 5-16(c)所示。于是有

$$\sum F_y = 0,\quad F_{N3} = 0 \tag{3}$$

$$\sum F_x = 0,\quad F_{N1} - F_{N4} = 0 \tag{4}$$

解得

$$F_{N4} = F_{N1} = -13.3\ \text{kN}$$

最后取节点 C 为研究对象，受力如图 5-16(d)所示。有

$$\sum F_{y1} = 0,\quad -F_{N5}\sin 2\alpha = 0 \tag{5}$$

$$\sum F_{x1} = 0,\quad F_{N2} - F_{N6} - F_{N5}\cos 2\alpha = 0 \tag{6}$$

可解得

$$F_{N5} = 0,\quad F_{N6} = F_{N2} = 16.7\ \text{kN}$$

5.4.2　截面法

当桁架中的杆件比较多，而且只需要计算其中某一部分杆件的内力时，用节点法往往显得比较麻烦，截面法则比较简便。

所谓**截面法**，即假想把桁架沿某一截面截开，然后取出其中某一部分来进行研究，根据平面力系的平衡方程求出被截断杆件的内力。为了避免解联立方程，在选取截面时，被截断杆件（其内力待求）的数目一般不应多于三根。在建立平衡方程时，选择适当的力矩方程，常能较方便地求得某些指定杆件的内力。

例 5-7　在图 5-17(a)所示的桁架中，已知 F 和 l，求杆 2、3、4 的内力。

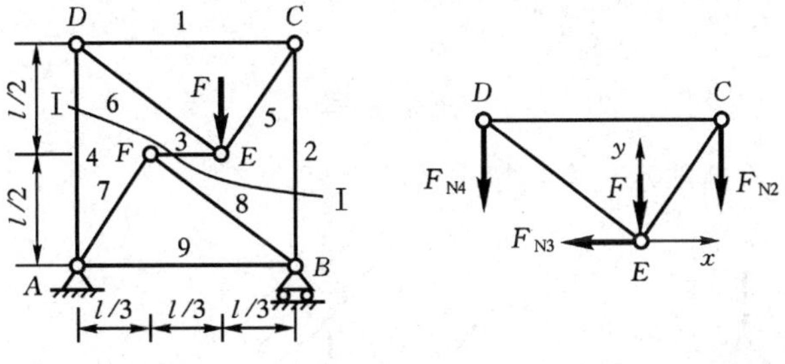

(a)　　(b)

图 5-17

解　如图 5-17(a)所示，用截面 Ⅰ—Ⅰ 将桁架截开，取其上半部为研究对象，受力如图 5-17(b)所示，根据平面力系的平衡方程，有

$$\sum F_x = 0,\quad F_{N3} = 0 \tag{1}$$

$$\sum M_D = 0,\quad -F\cdot\frac{2}{3}l - F_{N2}l = 0 \tag{2}$$

$$\sum F_y = 0, \quad -F - F_{N2} - F_{N4} = 0 \tag{3}$$

由方程(2)和(3)即可求得杆 2、4 的内力

$$F_{N2} = -\frac{2}{3}F, \quad F_{N4} = -\frac{1}{3}F$$

应当指出,对于较为复杂的问题,往往需要综合应用节点法和截面法联合求解。在工程实际中,为了便于使用计算机求解,通常都采用节点法。

思考题

5-1 为什么要研究杆件的内力?杆件的内力主要有哪几种?它们与杆件的四种基本变形之间有什么关系?

5-2 用截面法求杆件的轴力时应如何分段?

5-3 如何计算扭矩?如何作扭矩图?

5-4 如何快速求出梁指定截面上的剪力和弯矩?如何快速写出梁的剪力方程和弯矩方程?

5-5 在建立 $M(x)$、$F_S(x)$、$q(x)$之间的微分关系时,(1)若 $q(x)$取向下为正,其余不变;(2)若坐标 x 的正方向改为向左,其余不变,试问所得到的 $M(x)$、$F_S(x)$、$q(x)$之间的微分关系式是否相同,为什么?

5-6 如何根据 $M(x)$、$F_S(x)$、$q(x)$之间的微分关系快速作梁的剪力图和弯矩图?

5-7 如何写折杆和曲杆的剪力方程和弯矩方程?如何作折杆和曲杆的剪力图和弯矩图?

5-8 桁架中内力等于零的杆称为零力杆。试就图示三种情况说明如何判断零力杆。

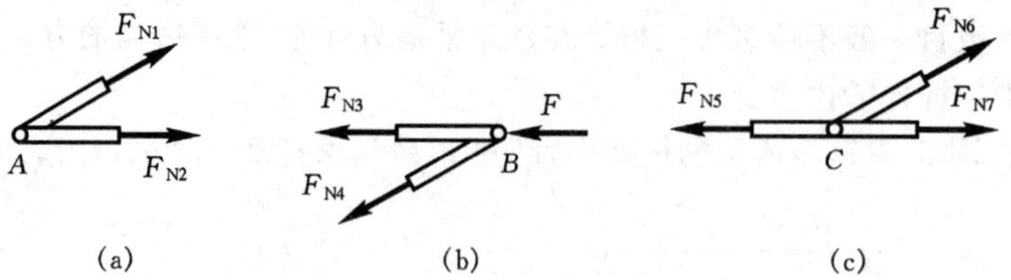

思 5-8 图

5-9 不经计算,判断图示三个桁架中的零力杆。

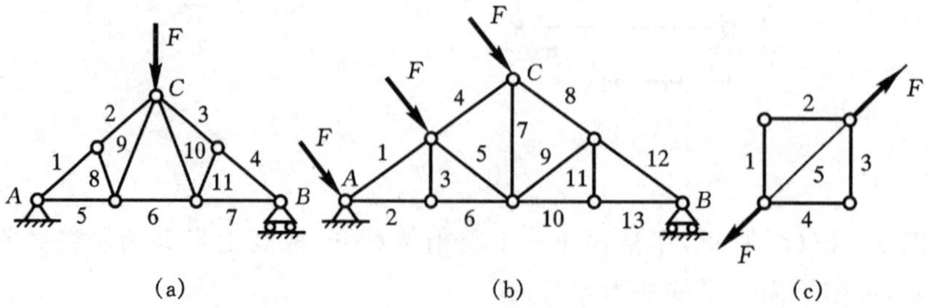

思 5-9 图

习　题

5-1　用截面法求下列杆件在 n—n 截面上的内力。

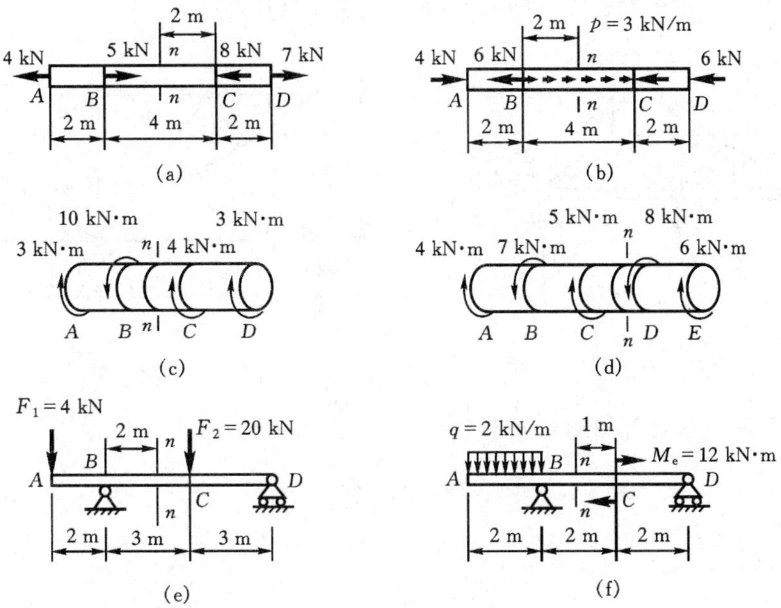

题 5-1 图

5-2　求下列各杆件指定截面上的内力。各图中 1—1、2—2 截面无限接近 C 截面。

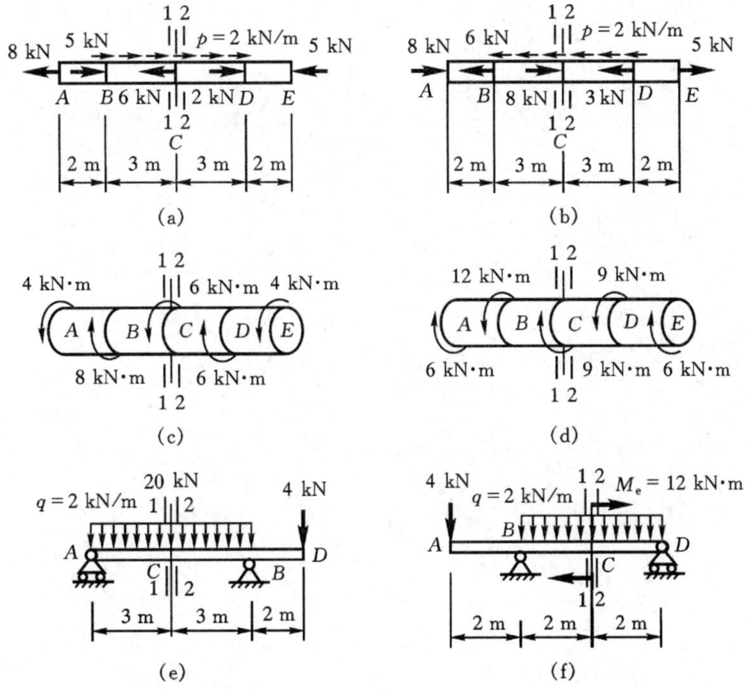

题 5-2 图

5-3　作题 5-2 图(a)、(b)所示杆件的轴力图。

5-4　作题 5-2 图(c)、(d)所示杆件的扭矩图。

5-5　作题 5-1 图(e)、(f)和题 5-2 图(e)、(f)所示杆件的剪力图和弯矩图。

5-6　计算图示桁架各杆件的轴力,并用图示出其计算结果。

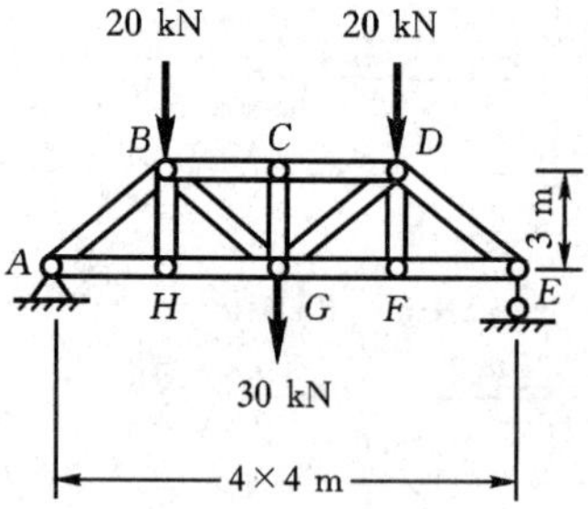

题 5-6 图

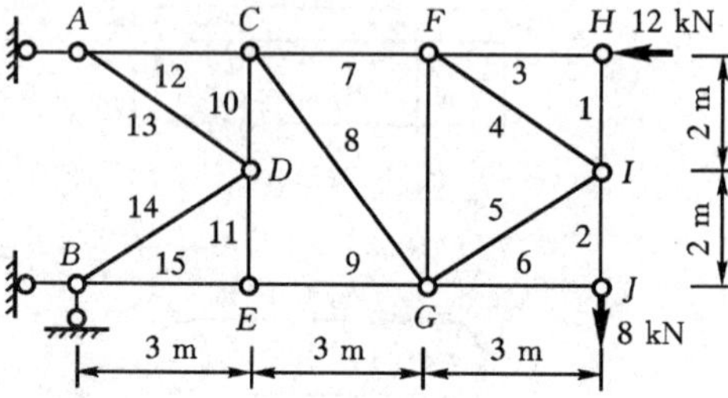

题 5-7 图

5-7　用截面法计算图示桁架中 7、8、9、10 号杆件的轴力。

第6章　拉(压)杆的强度和变形

拉(压)杆的强度和变形,与应力和应变的概念密切相关。本章在研究拉(压)杆的应力和应变的计算方法、介绍材料在拉伸和压缩时的力学性能的基础上,介绍拉(压)杆件强度计算方法,同时对结构和机械中的联接件进行强度分析。

6.1　横截面和斜截面上的应力

6.1.1　应力的概念

由截面法求得的受力构件中某一截面上的内力,仅反映该截面上的内力总量,并不说明内力在截面上的分布情况及在各点处的强弱程度。因此,要判断受力构件是否发生强度破坏,仅知道某个截面上内力的大小是不够的,有必要引入应力的概念。**应力是截面上某点处内力的集度**。

为考虑受力构件中任一截面 $n—n$ 上某一点 C 处的应力,可以在截面上围绕 C 点处取一微小面积 ΔA,在微面积 ΔA 上的分布内力的合力为 $\Delta \boldsymbol{F}$(图 6-1(a)),合力 $\Delta \boldsymbol{F}$ 与微面积 ΔA 的比值是该截面上 C 点处 ΔA 面积上的**平均应力**,表示为

$$\boldsymbol{p}_{\mathrm{m}} = \frac{\Delta \boldsymbol{F}}{\Delta A}$$

令 ΔA 无限缩小而趋于零,$\Delta \boldsymbol{F}/\Delta A$ 将趋于某一极限,则得该截面上 C 点处的应力为

$$\boldsymbol{p} = \lim_{\Delta A \to 0} \frac{\Delta \boldsymbol{F}}{\Delta A} \tag{6-1}$$

应力 $\boldsymbol{p}$ 的方向取 $\Delta \boldsymbol{F}$ 的极限方向。一般来说,同一截面上不同点处的应力是不同的,且同一点处不同方位截面上的应力也不相同。

为了计算方便,通常将应力 $\boldsymbol{p}$ 正交分解为一个沿截面法向的分量 $\boldsymbol{\sigma}$ 和一个沿截面切向的分量 $\boldsymbol{\tau}$(图 6-1(b))。法向分量 σ 称为**正应力**,切向分量 τ 称为**切应力**。

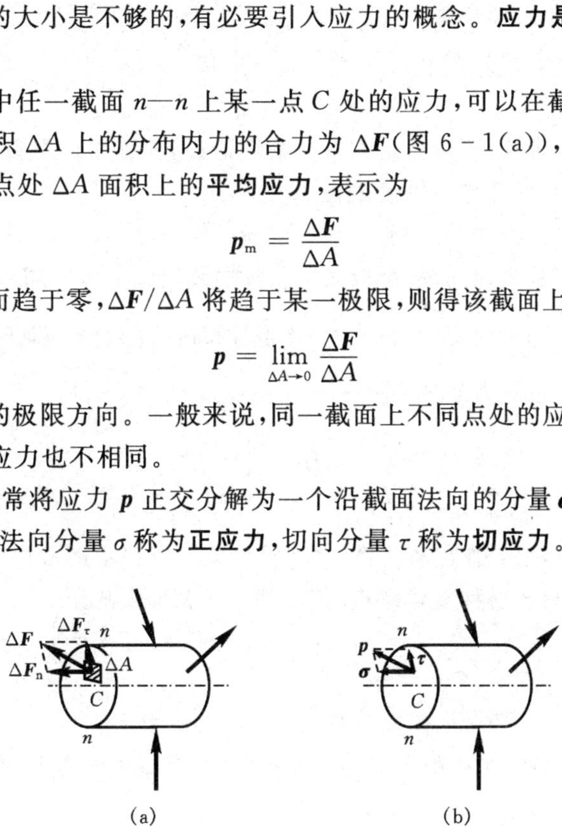

图 6-1

在国际单位制中,应力的单位是帕斯卡,简称为 Pa(帕),1 Pa 等于每平方米面积上作用 1 N的力(1 Pa=1 N/m²)。在实际应用中,Pa 的单位较小,故通常也采用千帕、兆帕或吉帕,分

别以 kPa、MPa 与 GPa 表示,1 kPa=10^3 Pa, 1 MPa=10^6 Pa, 1 GPa=10^9 Pa。

6.1.2 横截面上的应力

拉(压)杆的横截面上的内力是轴力 F_N,轴力 F_N 是横截面上所有各点处的正应力 σ 的合力。由于内力和应力均不能直接观察到,故不能直接得到横截面上的应力分布规律。但是,拉(压)杆在外力作用下,除引起内力外,同时还产生变形,这种同时出现的内力和变形之间遵循一定的物理关系。因此,为了得到正应力 σ 在横截面上的分布规律,应该从研究杆件的变形入手,这可以由杆件的拉压实验来实现。

图 6-2(a)表示横截面为任意形状的两端承受拉力 F 的等直杆。为了便于实验观察杆件轴向受拉时的变形情况,在未加外力之前,在杆的表面上画上一些表示杆横截面的周边线 ab、cd,以及平行于杆轴线的纵向直线 ac、bd。当杆在受外力 F 而变形时,可以观察到如下现象。

(1) 周边线 ab、cd 分别移到 $a'b'$、$c'd'$ 位置,但仍保持为直线,且仍互相平行并垂直于杆轴线。

(2) 纵向线 ac、bd 分别移到 $a'c'$、$b'd'$ 位置,但仍保持与杆轴线平行。

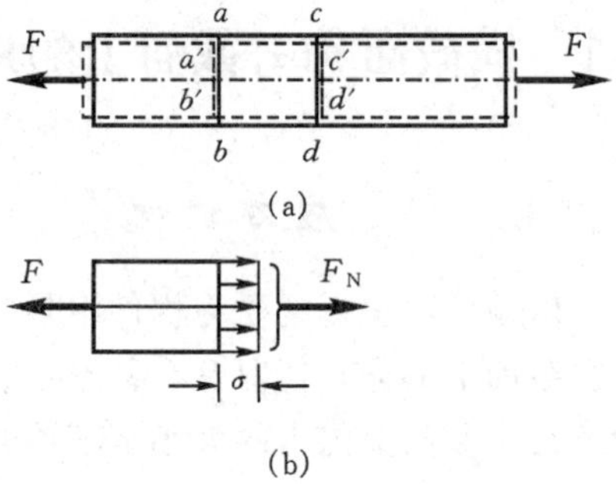

图 6-2

根据实验中的这一现象,可以作出如下**平截面假设**,简称**平面假设:直杆中变形以前的横截面,变形后仍保持为平面且与杆轴线垂直。**

根据平面假设可以推断,拉杆中所有纵向线段的伸长是相同的。考虑到材料是均匀的,所有纵向线段的力学性能是相同的,故可以认为各纵向线段的受力相同,即截面上的正应力是均匀分布的(图 6-2(b))。由于截面上的轴力 F_N 是分布内力的合力,即 $F_N=\int_A \sigma \mathrm{d}A=\sigma A$,故可得到受拉杆件横截面上正应力的计算公式

$$\sigma=\frac{F_N}{A} \tag{6-2}$$

式中:A 为横截面面积。

轴力沿轴线变化时,可先作出轴力图,再由式(6-2)求出不同截面上的正应力。当截面的尺寸也沿轴线变化时,只要这种变化缓慢,则杆任一横截面上的正应力为

$$\sigma(x)=\frac{F_N(x)}{A(x)} \tag{6-3}$$

式中:$\sigma(x)$、$F_N(x)$和 $A(x)$都是横截面位置(坐标 x)的函数。

式(6-2)和式(6-3)同样适用于轴向压缩的杆件,类似于轴力 F_N 的正负规定仍为拉应力为正,压应力为负。

例 6-1 图 6-3(a)表示一悬臂吊车的简图,斜杆 AB 为直径 $d=20$ mm 的钢杆,载荷 $F=15$ kN。当 F 移到 A 点时,求斜杆 AB 横截面上的应力。

解 当载荷 F 移到 A 点时,斜杆 AB 受到的拉力最大,设为 $F_{N\max}$(图 6-3(b))。以横梁 AC(图 6-3(c))为研究对象。

$$\sum M_C = 0,\quad F_{\mathrm{N\,max}}\,\overline{AC}\sin\alpha - F\,\overline{AC} = 0$$

$$F_{\mathrm{N\,max}} = \frac{F}{\sin\alpha} = F\,\frac{\sqrt{1.9^2+0.8^2}}{0.8} = 38.7\ \mathrm{kN}$$

斜杆 AB 的轴力为

$$F_{\mathrm{N}} = F_{\mathrm{N\,max}} = 38.7\ \mathrm{kN}$$

则 AB 杆横截面上的正应力为

$$\sigma = \frac{F_{\mathrm{N}}}{A} = \frac{38.7\times10^3}{(\pi/4)\times(20\times10^{-3})^2} = 123\ \mathrm{MPa}$$

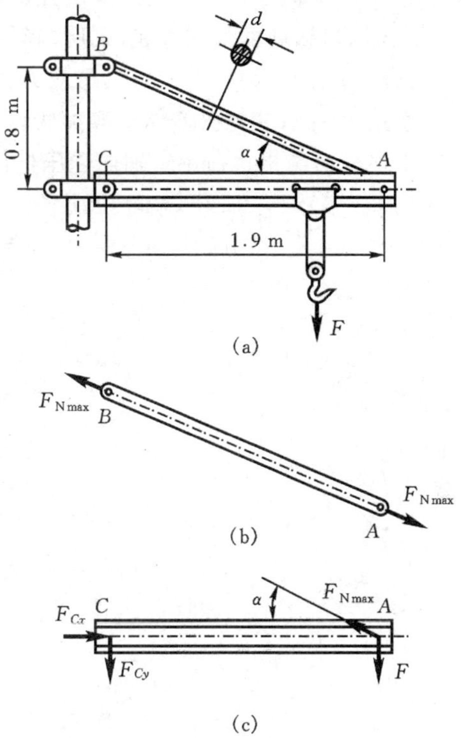

图 6-3

6.1.3 斜截面上的应力

拉(压)杆横截面上的正应力是强度计算的主要依据。但对不同材料的实验表明，拉(压)杆件的破坏并不总是沿横截面发生的。因此，有必要研究任一斜截面上的应力。

图 6-4(a)表示一两端分别受有大小为 F 的轴向拉力的直杆。应用截面法假想地用一个与横截面成 α 角度的斜面 k—k 将其截为两部分，取截面左边半段为研究对象(图 6-4(b))，以 F_α 表示斜截面上的内力。由平衡方程 $\sum F_x=0$ 可求得

$$F_\alpha = F$$

仿照上面证明横截面上正应力均匀分布的方法，可知斜截面上的应力也是均匀分布的。于是有

$$F_\alpha = \int p_\alpha \mathrm{d}A_\alpha = p_\alpha A_\alpha$$

则斜截面上的应力为

$$p_\alpha = F/A_\alpha$$

由几何关系可知，$A_\alpha = A/\cos\alpha$，则

$$p_\alpha = \frac{F}{A}\cos\alpha = \sigma\cos\alpha$$

式中：$\sigma = F/A$ 表示横截面上的正应力。

$\boldsymbol{p}_\alpha$ 表示斜截面上任一点处的总应力，可分解为两个分量，即一个是沿斜截面法向的正应力 σ_α，另一个是沿斜截面切向的切应力 τ_α。

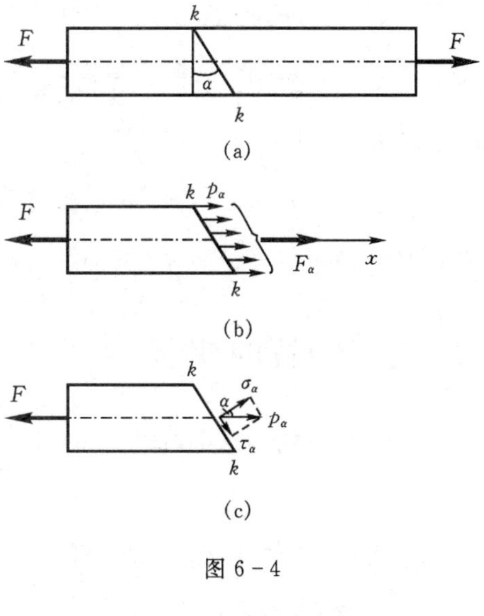

图 6-4

$$\sigma_\alpha = p_\alpha\cos\alpha = \sigma\cos^2\alpha \tag{6-4}$$

$$\tau_\alpha = p_\alpha\sin\alpha = \sigma\cos\alpha\sin\alpha = \frac{\sigma}{2}\sin2\alpha \tag{6-5}$$

式(6-4)和式(6-5)表示 σ_α 和 τ_α 均为 α 的函数，随着斜截面的方位不同，其应力也不同。当 $\alpha=0$ 时，斜截面 k—k 成为横截面，其上 $\tau_\alpha=0$，σ_α 达最大值，且 $\sigma_{\alpha\,\max}=\sigma$；当 $\alpha=45^\circ$时，τ_α 达最大值，且 $\tau_{\max}=\sigma/2$；当 $\alpha=90^\circ$时，σ_α 与 τ_α 均为零。

关于角度 α 和应力 σ_α、τ_α 的正负,分别规定如下 。

α 角以自横截面外法线起,到所求斜截面的外法线为止,逆钟向为正,顺钟向为负。

正应力 σ_α 仍以拉应力为正,压应力为负。

切应力 τ_α 以它对分离体有顺钟向转动趋势时为正,反之为负。

上述分析结果也适用于轴向受压杆件。

例 6－2　有一受轴向拉力 $F=100$ kN 的拉杆(图 6－5(a)),其横截面面积 $A=1\ 000\ \text{mm}^2$。试分别计算 $\alpha=0°$及 $\alpha=45°$时各截面上的 σ_α 和 τ_α 的数值。

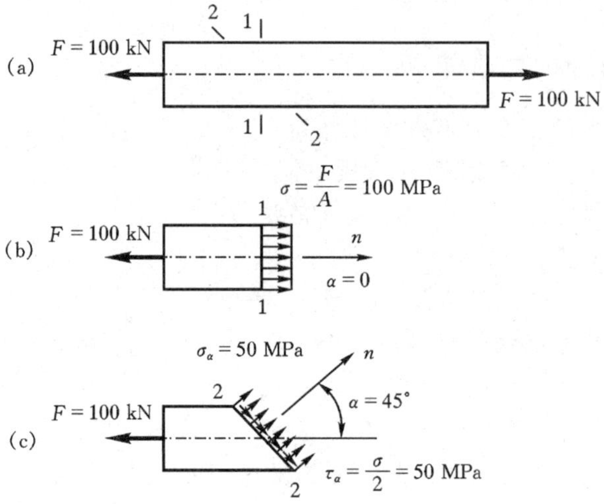

图 6－5

解　$\alpha=0°$的截面(图 6－5(a)中截面 1—1)。由式(6－4)和式(6－5)可得

$$\sigma_\alpha=\sigma\cos^2 0°=\frac{F}{A}=\frac{100\times 10^3}{1\ 000\times 10^{-6}}=100\ \text{MPa},\quad \tau_\alpha=\frac{1}{2}\sigma\sin(2\times 0°)=0$$

$\alpha=45°$的截面(图 6－5(a)中截面 2—2)

$$\sigma_\alpha=\sigma\cos^2 45°=50\ \text{MPa},\quad \tau_\alpha=\frac{1}{2}\sigma\sin(2\times 45°)=50\ \text{MPa}$$

上面的计算结果分别如图 6－5(b)、(c)所示。

6.2　拉(压)杆的变形

拉(压)杆件的变形是在纵向伸长(缩短)的同时,横向尺寸缩小(增大)。今以拉杆的变形来说明。

6.2.1　杆的纵向变形

如图 6－6 所示,设拉杆原长为 l,受拉力 F 作用,变形后的长度为 l_1,则杆的**纵向伸长**为

$$\Delta l=l_1-l \tag{1}$$

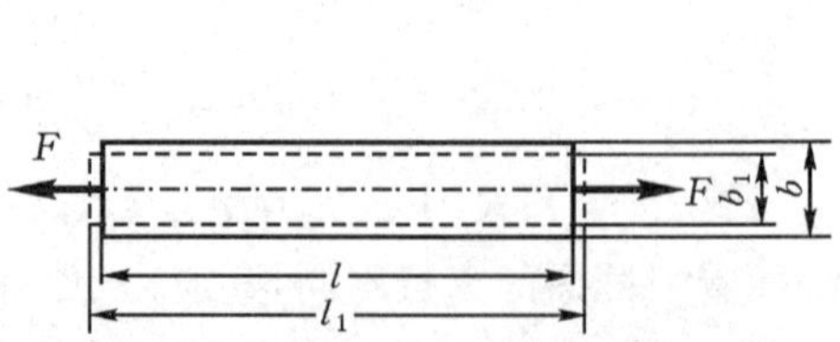

图 6－6

Δl 只反映杆的总变形量,而无法说明杆的变形程

度。由于杆各段的变形都是均匀的,故可以用单位长度上杆的纵向伸长来反映杆的变形程度,用**纵向线应变** ε 来表示为

$$\varepsilon=\frac{\Delta l}{l} \tag{6-6}$$

由(1)式可知,拉杆的 Δl 为正值,故 ε 亦为正值。

对于工程上常用的材料,如低碳钢、合金钢等所制成的拉杆,由实验研究可以证明:当杆上的外力不超过某一限度时,杆件的伸长与其所受的轴力和杆件原长成正比,而与横截面面积成反比,即

$$\Delta l \propto \frac{F_{\mathrm{N}} l}{A} \tag{2}$$

引进比例常数 E,则有

$$\Delta l=\frac{F_{\mathrm{N}} l}{E A} \tag{6-7}$$

式(6-7)称为**胡克定律**。式中的比例常数 E 称为**弹性模量**,它表示**材料在拉伸(压缩)变形时抵抗变形的能力**,单位与应力单位相同。E 的数值随材料而异,是通过实验来测定的。由式(6-7)可知,对于长度 l 相等,轴力 F_{N} 相同的杆件,EA 越大则变形 Δl 越小,所以 EA 称为杆件的抗拉(压)刚度。

式(6-7)可改写为

$$\frac{\Delta l}{l}=\frac{1}{E} \frac{F_{\mathrm{N}}}{A} \tag{3}$$

将拉(压)杆的正应力计算公式和式(6-6)代入(3)式,可得到胡克定律的另一种形式为

$$\varepsilon=\frac{\sigma}{E} \tag{6-8a}$$

或

$$\sigma=E \varepsilon \tag{6-8b}$$

上两式表示,当杆内应力不超过某一极限值时,杆的正应力 σ 与线应变 ε 成正比。

若杆件横截面沿轴线缓慢变化(图 6-7(a)),轴力也沿轴线变化且作用线仍与轴线重合时,可用相邻的两个横截面从杆件中取出长为 $\mathrm{d}x$ 的微段(图 6-7(b)),距杆左端为 x 的横截面面积为 $A(x)$,承受轴力为 $F_{\mathrm{N}}(x)$,由于微段 $\mathrm{d}x$ 很小,可近似认为整个 $\mathrm{d}x$ 上 $F_{\mathrm{N}}(x)$、$A(x)$ 为常量,则微段 $\mathrm{d}x$ 的伸长为

$$\mathrm{d}(\Delta l)=\frac{F_{\mathrm{N}}(x) \mathrm{d} x}{E A(x)} \tag{4}$$

积分(4)式,可得杆件的总伸长为

$$\Delta l=\int_{l} \frac{F_{\mathrm{N}}(x) \mathrm{d} x}{E A(x)} \tag{6-9}$$

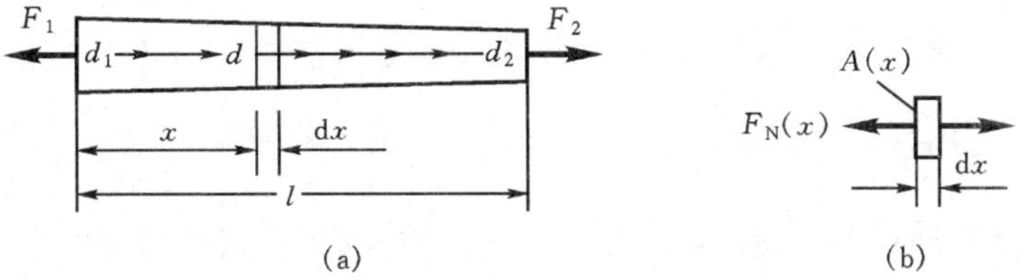

图 6-7

6.2.2 杆的横向变形

设杆件变形前的横向尺寸为 b,变形后变为 b_1(图 6 - 6),则杆件的横向变形为 $\Delta b=b_1-b$,在均匀变形的情况下,**横向线应变**为

$$\varepsilon' = \frac{\Delta b}{b} = \frac{b_1 - b}{b} \tag{5}$$

实验证明,当应力不超过某一极限值时,横向线应变与纵向线应变之比的绝对值为一常数,此常数称为**横向变形因数**或**泊松比**,通常以 ν 来表示,即

$$\nu = |\varepsilon'/\varepsilon| \tag{6}$$

ν 是一个无量纲的量,其值随材料而异,需通过实验来测定。

考虑到横向线应变和纵向线应变的符号相反,故有

$$\varepsilon' = -\nu\varepsilon \tag{6 - 10}$$

弹性模量 E 和泊松比 ν 都是材料的弹性常数,表 6 - 1 给出了一些材料的 E 和 ν 的约值。

表 6 - 1　弹性模量和泊松比的约值

材料名称	弹性模量 E/GPa	泊松比 ν
碳钢	200～220	0.25～0.33
16 锰钢	200～220	0.25～0.33
合金钢	190～220	0.24～0.33
灰口、白口铸铁	115～160	0.23～0.25
可锻铸铁	155	
铜及其合金	74～130	0.31～0.42
铝及硬铝合金	71	0.33
铅	17	0.42
花岗石	49	
石灰石	42	
混凝土	14.6～36	0.16～0.18
木材(顺纹)	10～12	
橡胶	0.008	0.47

应当指出,工程实际中大多数材料的泊松比 ν 确实为正值(表 6 - 1)。但由热力学原理可知,各向同性材料的泊松比取值范围为 $-1\leqslant\nu\leqslant\frac{1}{2}$。对于传统材料有 $0<\nu<\frac{1}{2}$。特别地,当 $\nu=\frac{1}{2}$时,材料在变形过程中体积保持不变,这样的材料称为**不可压缩材料**;当 $\nu=0$ 时,材料在变形过程中横向尺寸将保持不变;当 $-1<\nu<0$ 时,由式(6 - 10)可知,杠杆伸长时横向尺寸增大(或轴向缩短时横向尺寸缩小)的奇特现象,这种材料称为**负泊松比材料**或**拉胀材料**。黄铁

矿、α⁻方英石等天然材料即具有负泊松比效应。现在人们已经可以制造出具有负泊松比效应的材料。

例 6 - 3　有一横截面为正方形的阶梯形砖柱,由上下Ⅰ、Ⅱ两段组成。其各段的长度、横截面尺寸和受力情况如图 6 - 8 所示。已知材料的弹性模量 $E=3$ GPa,外力 $F=50$ kN,试求砖柱顶面的位移。

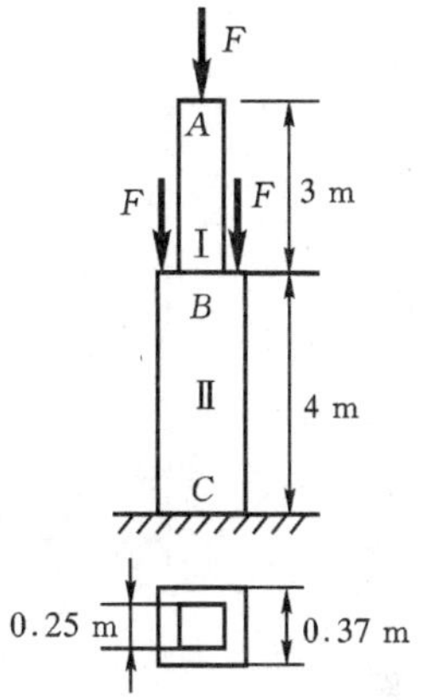

图 6 - 8

解　设砖柱顶面 A 下降的位移等于全柱的缩短量 Δl。Δl 由上、下两段的缩短量 Δl_1、Δl_2 组成,由式(6 - 7)可分别求出 Δl_1、Δl_2。于是

$$\begin{aligned}\Delta l &= \Delta l_1 + \Delta l_2 = \frac{F_{N1} l_1}{EA_1} + \frac{F_{N2} l_2}{EA_2} \\ &= \frac{(-50 \times 10^3) \times 3}{(3 \times 10^9) \times 0.25^2} + \frac{(-150 \times 10^3) \times 4}{(3 \times 10^9) \times 0.37^2} \\ &= -2.26 \text{ mm}\end{aligned}$$

6.3　材料在拉伸和压缩时的力学性能

构件的强度和刚度与材料的**力学性能**有关。力学性能是指材料在外力作用下所呈现的承受载荷和抵抗变形的能力,通常由各种试验方法来测定,其中,常温、静载条件下的拉伸试验是最主要最基本的一种。所谓常温,就是室温;所谓静载,就是加载的速度要平稳缓慢。国家标准《金属拉力试验法》(GB228—76)对试样尺寸、加工精度、加载速度等作了详细的规定。为了便于不同材料的试验结果进行比较,应将材料制成标准试件。如图 6 - 9 所示,在试件等直部分的中段划取一段 l 作为试验段,称为**标距**或**工作长度**。对于金属材料来说,通常采用圆柱形试件,标距 l 与直径的比值分为 $l=5d$ 和 $l=10d$ 两种。

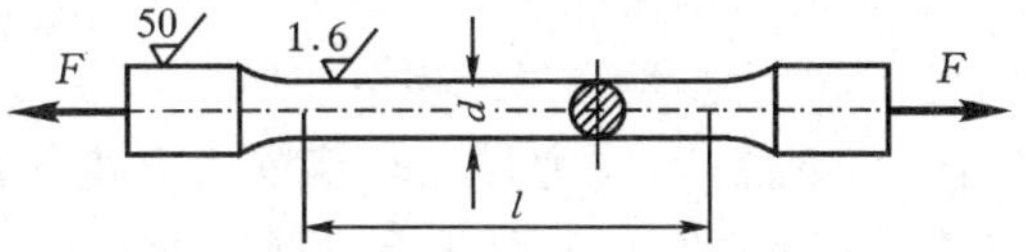

图 6 - 9

6.3.1　材料在拉伸时的力学性能

1. 低碳钢拉伸时的力学性能

低碳钢在工程中的应用极为广泛,它在拉伸试验中的力学性质也非常典型。

把试件在试验机上缓慢拉伸,可以看到随着拉力 F 的逐渐增加,标距 l 的伸长 Δl 也有规律地变化。图 6 - 10 给出了 F 和 Δl 的关系曲线,这条曲线称为低碳钢的**拉伸图**或 **F - Δl 曲线**。这个图只能反映试件受力过程中的现象,而不能直接反映材料的力学性质,原因是这一曲线受到试件几何尺寸的影响。比如,试件做得粗一些,产生相同的伸长所需的拉力要大一些,试件的标距长一些,则在同样大小的拉力作用下,Δl 也会大一些。为了消除试件尺寸的影响,使试验结果能反映材料的力学性质,将拉力 F 除以试件的原横截面面积 A,得正应力 $\sigma=$

F/A;将标距 l 的绝对伸长 Δl 除以标距原长 l,得应变 $\varepsilon=\Delta l/l$,这样得到的如图 6-11 所示的拉伸图给出了应力 σ 与应变 ε 的关系,称为**应力-应变曲线**或 **$\sigma-\varepsilon$ 曲线**,其形状与 $F-\Delta l$ 曲线相似。

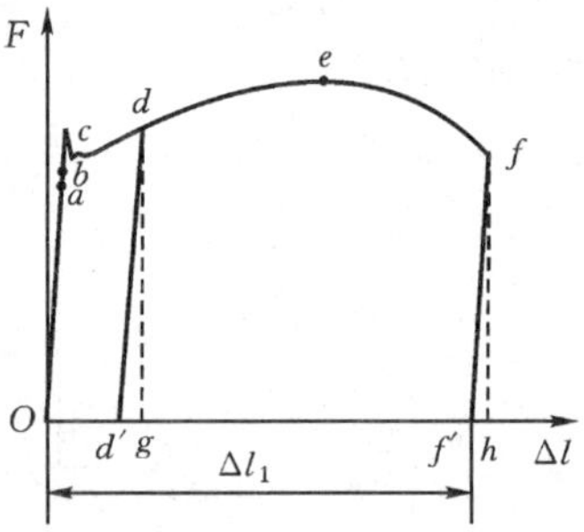

图 6-10

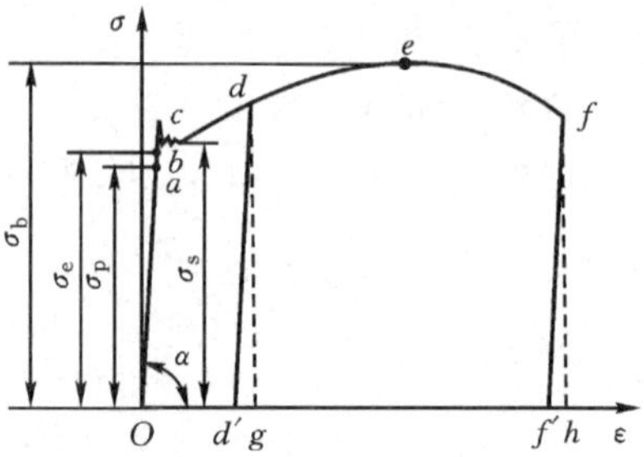

图 6-11

由图 6-11 可以看出,试件在整个拉伸过程中,$\sigma-\varepsilon$ 曲线可大致分为以下四个阶段。

(1) **弹性阶段**。在初始阶段,σ 与 ε 的关系呈直线 Oa,两者成正比,这同胡克定律是吻合的,即

$$\sigma = E\varepsilon$$

弹性模量 E 等于直线 Oa 的斜率。利用这个关系,可由拉伸试验来测定材料的弹性模量。应力与应变成正比的最高应力值,即 a 点所对应的应力称为**比例极限**,记为 σ_p。

超过比例极限以后,从 a 点到 b 点,σ 与 ε 的关系不再是直线,但如果在到达 b 点前卸除拉力,则变形基本上可以完全消失,这种变形即为弹性变形,Ob 阶段称为弹性变形阶段,与 b 点所对应的应力称为**弹性极限**,记作 σ_e。σ_p 和 σ_e 两者的值非常接近,实测中很难区分,在工程中通常不予区分。

在应力超过弹性极限后,若卸载,则试件中的一部分变形消失,而另一部分永久地保留下来,这种卸载后不能消失的变形,即为塑性变形或残余变形。

(2) **屈服阶段**。当应力超过 b 点后,应力仅在小范围内有微小的波动,而应变却急剧增加,材料暂时失去了抵抗变形的能力,在 $\sigma-\varepsilon$ 曲线上出现接近水平的小锯齿形线段。这时应力几乎不变,应变却不断增加,从而产生明显的塑性变形的现象,称为**屈服或流动**,这个阶段为屈服阶段。

在屈服阶段的最高应力和最低应力分别称为**上屈服极限**和**下屈服极限**。由于上屈服极限受试验时的一些因素的影响较大而不如下屈服极限稳定,故通常将下屈服极限称为**屈服极限**,记作 σ_s。

当材料屈服时,在经过抛光的试件表面会出现与轴线大约成 45°的条纹(图 6-12),这些条纹称为**滑移线**,这是由于材料内部晶格相对滑移而形成的。一般认为晶格滑移是产生塑性变形的根本原因。由前面的研究已知,单向拉伸时,与杆轴线成 45°的斜截面上的切应力最大,可见屈服现象与最大切应力有关。

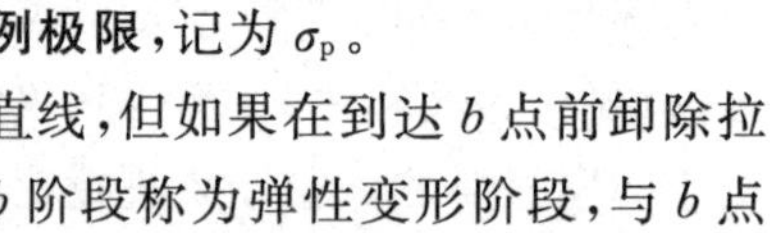

图 6-12

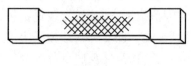

(3) **强化阶段**。经过屈服阶段以后,随着应力的增大,曲线逐渐上升,材料又恢复了抵抗

变形的能力，要使它继续变形，必须增加应力，这种现象称为材料的**强化**。从屈服以后到 $\sigma-\varepsilon$ 曲线的最高点 e 为强化阶段。e 处所对应的应力，称为**强度极限**也称**抗拉强度**，它是材料所能承受的最大应力值，记作 σ_b。

在强化阶段内的任一点 d 处若慢慢卸去外力，则应力-应变的关系将沿着与 Oa 近似平行的直线 dd' 变化，若外力全部卸去，则回到 d' 点，Od' 即为残余变形。这个过程说明，卸载时应力应变按直线规律变化，即卸载是弹性的。

如果卸载过程中或卸载后，重新加载，则应力和应变大致上沿卸载时的斜直线 dd' 变化，直到 d 点后，再遵循原来的 $\sigma-\varepsilon$ 曲线变化。由此可见，若材料曾一度受力到达强化阶段，然后卸载，再重新加载时，其比例极限 σ_p 将提高，但塑性性能将下降。这种使材料比例极限提高而塑性降低的现象称为**冷作硬化**或**加工硬化**。冷作硬化现象经退火后可以消除。

冷作硬化提高了材料在弹性阶段的承载能力，可以用冷拉的方法来提高钢筋、钢缆等的强度；另外，也可对某些零件进行喷丸处理，使其表面产生塑性变形而形成冷硬层，以提高零件表面层的强度。但是，冷作硬化使材料变硬变脆，给进一步的加工造成困难，例如，在冷轧钢板或冷拔钢丝时，由于冷作硬化，降低了材料的塑性，使继续轧制和拉拔困难，为了恢复其塑性，要进行退火处理。

(4) **局部变形阶段**。应力超过 e 点后，在试件的某一局部范围内，横向尺寸急剧缩小出现**颈缩**现象(图 6-13)。由于在颈缩部分横截面面积迅速减小，使试件继续伸长所需要的拉力也开始逐渐减小，在 $\sigma-\varepsilon$ 曲线中，以 F 除以原横截面面积所得到的名义应力 σ 也随之下降，当 $\sigma-\varepsilon$ 曲线到达 f 点时，试件被拉断。

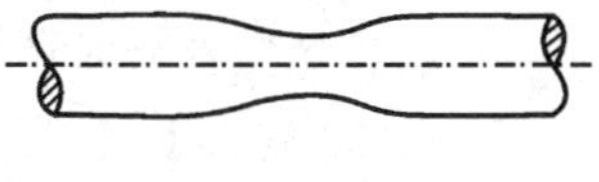

图 6-13

由上述实验现象可知，当应力达到 σ_s 时，材料会产生显著的塑性变形；当应力达到 σ_b 时，材料会由于局部变形而导致断裂。因此，**屈服极限 σ_s 和强度极限 σ_b 是反映材料强度的两个重要指标**，也是拉伸试验中需要测定的重要数据。

图 6-11 中，Of' 表示试件拉断后的最大塑性应变，反映了材料塑性变形的程度，称为材料的**伸长率**或**延伸率**。以 δ 表示，即

$$\delta=\frac{l_1-l}{l}\times 100\% \tag{6-11}$$

式中：l_1 为试件断裂后标距的长度。

工程实际中也常用**截面收缩率** ψ 来衡量材料塑性变形的程度，即

$$\psi=\frac{A-A_1}{A}\times 100\% \tag{6-12}$$

式中：A 和 A_1 分别表示试件原横截面面积和断口截面面积。

伸长率 δ 和截面收缩率 ψ 是代表材料塑性的两个重要指标。这两个数值愈高，说明材料的塑性性能愈好。低碳钢的 δ 为 12%～30%，ψ 为 60%～70%。工程上通常把 $\delta\geqslant5\%$ 的材料称为**塑性材料**，如低碳钢、黄铜、铝合金等；而把 $\delta<5\%$ 的材料称为**脆性材料**，如铸铁、玻璃、混凝土等。

2. 其它塑性材料拉伸时的力学性能

图 6-14 给出了几种塑性材料的 $\sigma-\varepsilon$ 曲线。由图可见，有些材料，如 16 Mn 钢和低碳钢一样，有明显的四个阶段；有些材料，如黄铜 H62、高碳钢 T10A，没有明显的屈服阶段。对于

没有明显的屈服极限的塑性材料，国家标准规定，以产生 0.2% 塑性应变时的应力作为材料的屈服强度，用 $\sigma_{0.2}$ 来表示(图 6－15)。

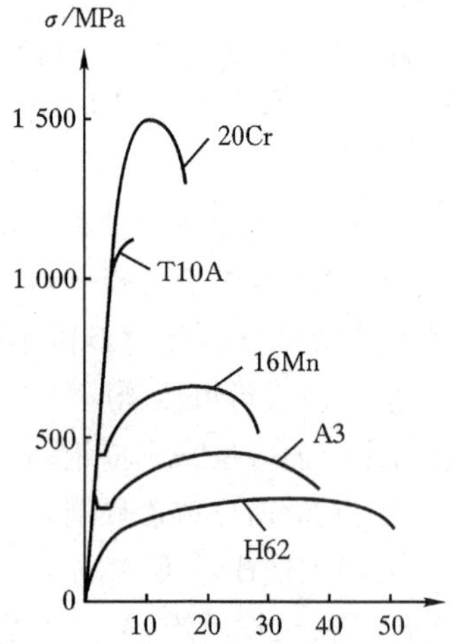

图 6－14

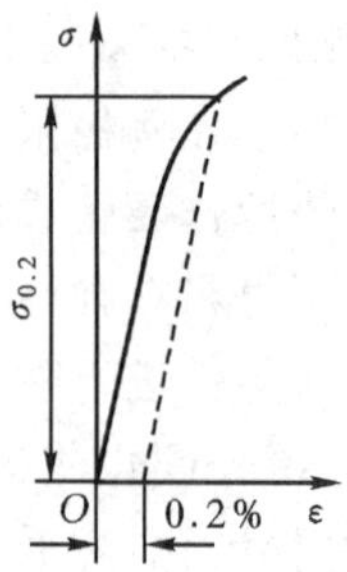

图 6－15

3. 铸铁等脆性材料拉伸时的力学性能

图 6－16 给出了灰口铸铁和玻璃钢的 $\sigma-\varepsilon$ 曲线。这些材料的共同特点是，直到拉断，试件的变形都很小，断口处的横截面面积几乎没有变化。这些脆性材料的断裂称为**脆性断裂**。这些材料的另一个特点是，没有屈服阶段，也就不存在屈服极限。所以脆性材料的强度极限 σ_b 是衡量其强度的唯一指标。由图可见，灰口铸铁的拉伸曲线没有明显的直线部分。对于应力应变不成直线关系的脆性材料，由于其断裂后的变形很小，可近似认为，在工程实际中所使用的应力范围内，应力-应变曲线仍满足胡克定律，如图 6－16 所示，用一条割线(虚线)来代替曲线。

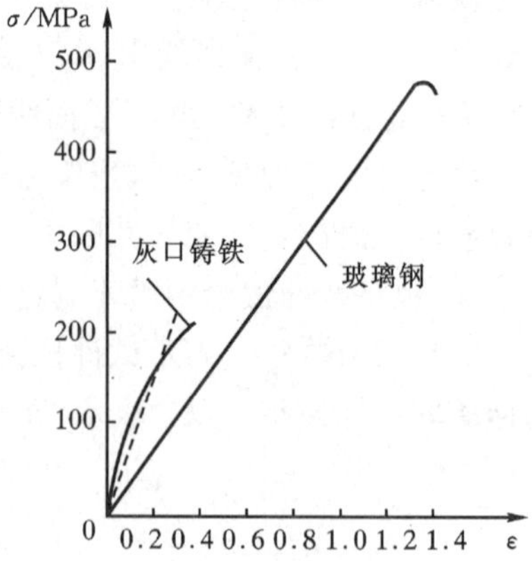

图 6－16

由于铸铁等脆性材料的抗拉强度很低，且呈现突然断裂的破坏状态，所以不宜于制造受拉构件。

6.3.2　材料在压缩时的力学性质

由于材料在受压时的力学性质与受拉时不完全相同，故有必要做压缩试验。为了避免试件被压弯，金属材料的压缩试件一般为短圆柱形，高度为直径的1.5～3.0倍；混凝土、石料等则做成立方体试块。

低碳钢压缩时的 $\sigma-\varepsilon$ 曲线如图 6－17 所示，图中虚线表示其拉伸时的 $\sigma-\varepsilon$ 曲线。由图可见，这两条直线的主要部分基本重合，两种状况下的弹性模量 E 和屈服极限 σ_s 都基本相同。不同的是，在压缩时，屈服阶段以后，试件出现显著的塑性变形，愈压愈扁而成鼓形，横截面积不断增大，抗压能力也不断增加。由于不能压坏，故测不出压缩时的强度极限。大多数塑性材料与低碳钢一样，压缩时的弹性模量、比例极限和屈服极限与拉伸时相同，所以一般不必再作压缩试验。但有一些塑性材料（如铬钼硅合金钢），压缩与拉伸时有不同的屈服极限，故需分别测定。

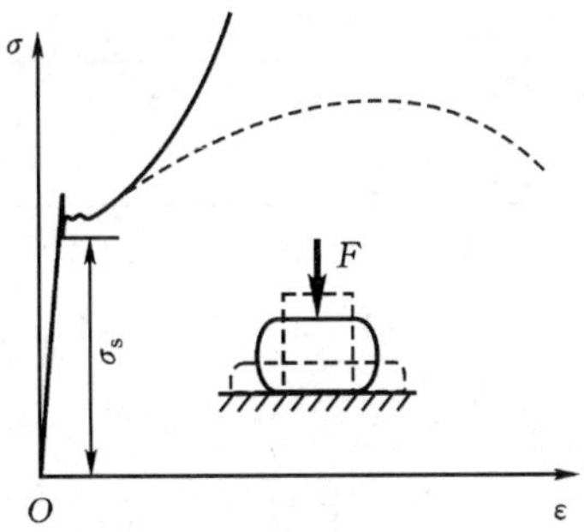

图 6-17

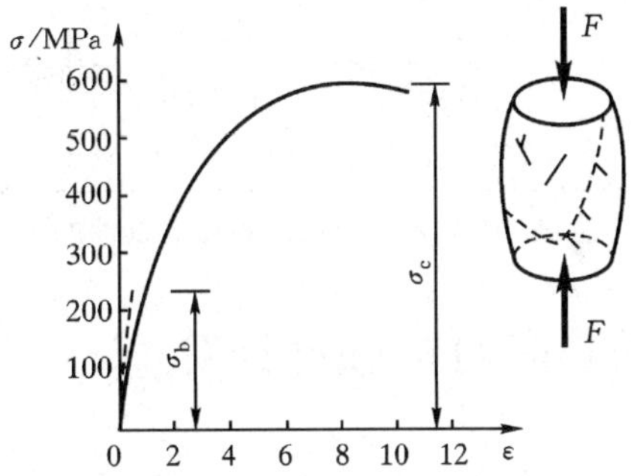

图 6-18

与塑性材料不同，脆性材料压缩时的力学性质与拉伸时有较大的区别。图 6-18 给出了铸铁压缩时的 $\sigma-\varepsilon$ 曲线和拉伸时的 $\sigma-\varepsilon$ 曲线（图中虚线），可见其抗压强度 σ_c 远比抗拉强度 σ_b 高，约为抗拉强度的 2～5 倍。铸铁压缩时的破坏形式为大约沿 45°的斜面断裂。其它脆性材料，如混凝土、石料等，抗压强度也远高于抗拉强度。

脆性材料抗拉强度低，塑性性能差，但抗压能力强，且价格便宜，宜用作受压构件（如建筑物的基础，机器的基座、外壳）的材料。

表 6-2 给出了几种常用材料在常温、静载条件下的主要力学性能。

表 6-2　几种常用材料的主要力学性能

材料名称	牌号	σ_s/MPa	σ_b/MPa	δ_5%
普通碳素钢 (GB700—88)	Q215 Q235 Q275	165～215 185～235 225～275	335～410 375～460 490～610	26～31 21～26 16～20
优质碳素 结构钢 (GB699—88)	15 40 45	225 335 355	375 570 600	27 19 16
普通低合金 结构钢 (GB1591—88)	12 Mn 16 Mn 15 MnV	235～295 275～345 335～410	390～590 470～660 490～700	20～22 20～22 18～19
合金结构钢 (GB3077—88)	20 Cr 40 Cr 50 Mn2	540 785 785	835 980 930	10 9 9
碳素铸钢 (GB11352—89)	ZG200—400 ZG270—500	200 270	400 500	25 18
可锻铸铁 (GB9440—88)	KTZ450—06 KTZ700—02	270 530	450 700	6 2

续表 6-2

材料名称	牌号	σ_s/MPa	σ_b/MPa	δ_5%
球墨铸铁 (GB1348—88)	QT400—18 QT450—10 QT600—3	250 310 370	400 450 600	18 10 3
灰铸铁 (GB9439—88)	HT1 500 HT3 000		拉 120～175 拉 230～290	

注:表中 δ_5 是指 $l=5d$ 的标准试件的延伸率。

6.4 拉(压)杆的强度计算

由拉伸和压缩试验知,当材料的应力达到抗拉强度 σ_b(或抗压强度 σ_c)时,就会发生断裂;当塑性材料的应力达到屈服极限 σ_s后,就会产生显著的塑性变形,构件不能保持原有的形状和尺寸,不能正常工作。这两种情况在工程实际中都是不允许的,都属于强度不足而造成的失效现象。

6.4.1 许用应力与安全因数

为了使构件能正常工作,对于低碳钢等塑性材料,要求其工作应力不得超过屈服极限 σ_s(或 $\sigma_{0.2}$);对于铸铁等脆性材料,要求其工作应力不得超过强度极限 σ_b(或 σ_c)。这些使材料丧失正常工作能力的应力统称为**极限应力** σ_{jx}。

但是仅将构件的工作应力限制在极限应力的范围内还是不够的,还要考虑其它因素对强度的影响,如:

(1)实际结构与计算简图的差异。对构件进行受力分析和计算时,都要经过一定的简化,与实际情况不完全相符,所求得的应力值是近似的。

(2)载荷值的差异。设计载荷不可能估计得很精确,而且构件在工作时还可能受到没有估计到的偶然因素的影响,如意外的超载,百年难遇的风、雪载荷等。

(3)材料不均匀的差异。材料不可能很均匀,而且实际构件所用的材料与测定力学性质的试件所用的材料也不完全一样。

(4)横截面尺寸的差异。个别构件的实际横截面尺寸有可能比设计尺寸小。

由此可见,构件的实际工作情况与设计计算所设想的条件不完全一致,很可能偏于不安全方向。为了保证构件能完全工作,必须要有足够的强度储备,将其工作应力限制在比极限应力 σ_{jx}更低的范围内。这可以用一个大于 1 的数 n 来除 σ_{jx},所得的工作应力最大允许值称为材料的**许用应力**,记作$[\sigma]$,这个大于 1 的数 n 称为**完全因数**,$[\sigma]$与 n 之间关系为

$$[\sigma]=\frac{\sigma_{jx}}{n} \tag{6-13}$$

对于塑性材料,σ_{jx}为 σ_s或 $\sigma_{0.2}$,则

$$[\sigma]=\frac{\sigma_s}{n_s}\quad\left(或\frac{\sigma_{0.2}}{n_s}\right) \tag{6-14}$$

对于脆性材料,σ_{jx}为 σ_b或 σ_c,则

$$[\sigma] = \frac{\sigma_b}{n_b} \quad \left(或\frac{\sigma_c}{n_c}\right) \tag{6-15}$$

安全因数的选取，关系到构件的安全和经济。如果选得过大，虽强度得到了保证，但会浪费材料，结构亦过于笨重；如果选得过小，虽然用材料较少，但安全得不到可靠保证。

6.4.2　强度条件

为了保证构件安全可靠地工作，必须使构件的工作应力不超过材料的许用应力。对于受轴向拉(压)的杆件，其**强度条件**为

$$\sigma_{max} = \frac{F_{N\,max}}{A} \leqslant [\sigma] \tag{6-16}$$

根据这个强度条件，可以进行强度校核、截面设计和确定许用载荷等，在进行截面设计和确定许用载荷时，分别采用式(6-16)如下的变换形式

$$A \geqslant \frac{F_{N\,max}}{[\sigma]} \tag{6-17}$$

$$F_{N\,max} \leqslant [\sigma] \cdot A \tag{6-18}$$

例 6-4　如图 6-19 所示，管状铸铁短柱的外径 $D=250$ mm，内径 $d=200$ mm，材料的许用应力为$[\sigma]=120$ MPa，轴向压力 $F=2\times10^3$ kN，试校核其强度。

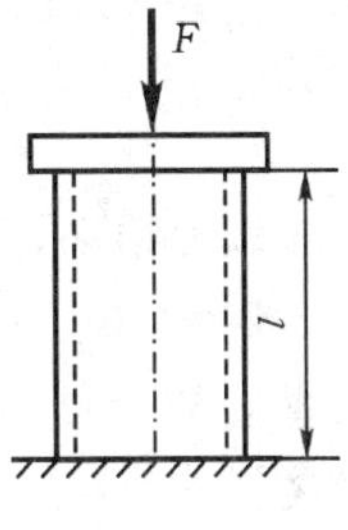

图 6-19

解　由截面法可知，短柱横截面上的轴力 F_N的大小等于 F。短柱的横截面面积为

$$A = (\pi/4)(D^2 - d^2)$$

短柱横截面上的应力为

$$\sigma = \frac{F_N}{A} = \frac{F}{A} = \frac{4F}{\pi(D^2 - d^2)}$$

$$= \frac{4\times2\times10^6}{\pi(0.25^2 - 0.20^2)} = 113\text{ MPa} < [\sigma] = 120\text{ MPa}$$

所以短柱的强度足够。

例 6-5　悬臂式起重机如图 6-20(a)所示。撑杆 AB 是外径为 105 mm、内径为 95 mm 的空心钢管。钢索 1 和 2 互相平行且可按直径 $d=25$ mm 的圆杆计算。材料的许用应力均为$[\sigma]=60$ MPa，试确定起重机的许可吊重。

解　作滑轮 A 的受力图(图 6-20(b))，撑杆 AB 受压，轴力为 F_N，钢索 1 和 2 的拉力分别为 F_{T1}和 F_{T2}，若不计摩擦，有

$$F_{T2} = F \tag{1}$$

选取坐标轴 x 和 y 如图所示。列平衡方程

$$\sum F_x = 0,\ F_{T1} + F_{T2} + F\cos60^\circ - F_N\cos15^\circ = 0 \tag{2}$$

$$\sum F_y = 0,\ F_N\sin15^\circ - F\cos30^\circ = 0 \tag{3}$$

式(1)、(2)、(3)联立，解得

$$F_N = 3.35F,\quad F_{T1} = 1.74F$$

由式(6-18)，对于撑杆 AB，$F_N\leqslant A[\sigma]$，即相应的吊重为

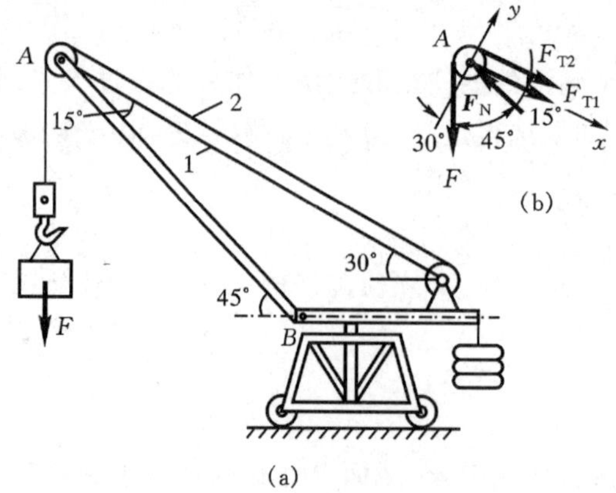

图 6-20

$$F \leqslant \frac{A[\sigma]}{3.35} = \frac{\pi/4 \times (105^2 - 95^2) \times 10^{-6} \times 60 \times 10^6}{3.35} = 28.1\ \text{kN}$$

对于钢索 1,相应的吊重为

$$F \leqslant \frac{A_1[\sigma]}{1.74} = \frac{\pi/4 \times 25^2 \times 10^{-6} \times 60 \times 10^6}{1.74} = 16.9\ \text{kN}$$

比较以上结果,可知起重机的许可吊重为 16.9 kN。

例 6-6 一悬臂吊车,其结构和尺寸如图 6-21(a)所示。已知电葫芦自重 $W_1 = 5$ kN,起吊重量 $W_2 = 15$ kN,拉杆 BC 采用 Q235 圆钢,其许用应力$[\sigma] = 140$ MPa,横梁自重不计,试选择拉杆的直径 d。

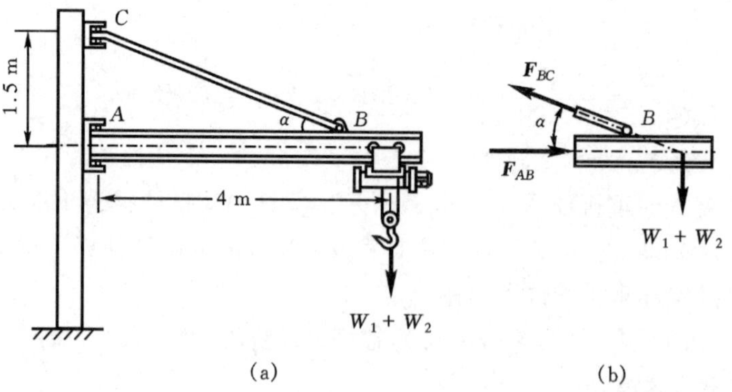

图 6-21

解 (1)计算拉杆轴力。A、B、C 三处为铰链连接,当电葫芦运行到 B 处时,杆 BC 所受拉力最大,此时横梁 AB 为二力杆。

以节点 B 为研究对象,两杆轴力分别为 F_{AB} 和 F_{BC}(图 6-21(b))。由平衡方程

$$\sum F_y = 0, \quad F_{BC} \cdot \sin\alpha - (W_1 + W_2) = 0$$

得

$$F_{BC} = (W_1 + W_2)/\sin\alpha$$

由几何关系知

$$\sin\alpha = \overline{AC}/\overline{BC} = 1.5/\sqrt{1.5^2 + 4^4}$$

则
$$F_{BC}=\frac{(5+15)\times\sqrt{1.5^2+4^2}}{1.5}=56.96\ \text{kN}$$

(2)选取截面尺寸。由式(6-17)可得,拉杆横截面面积为

$$A=\frac{\pi d^2}{4}\geqslant\frac{F_{BC}}{[\sigma]}$$

所以
$$d\geqslant\sqrt{\frac{4F_{BC}}{\pi[\sigma]}}=\sqrt{\frac{4\times56.96\times10^3}{\pi\times140\times10^6}}=0.0228\ \text{m}=22.8\ \text{mm}$$

最后可选取 $d=25$ mm 的圆钢。

6.5　应力集中的概念

等截面直杆在轴向拉伸和压缩时,横截面上的应力是均匀分布的。但工程实际中,由于结构或工艺上的需要,有些构件往往有切口、沟槽、开孔、螺纹等,使得构件的几何形状在这些部件处发生急剧的变化。实验和理论分析都表明,构件上这些截面尺寸急剧变化处的应力不再是均匀分布的,在孔槽等附近,应力急剧增加;距孔槽相当距离后,应力又趋于均匀。如图 6-22 所示的带有圆孔或切口的板条,受拉时在圆孔或切口附近的局部区域内,应力将剧烈增加,但在离开圆孔或切口稍远处,应力将迅速降低而趋于均匀。这种因外形突变局部区域应力急剧增大的现象,称为**应力集中**。

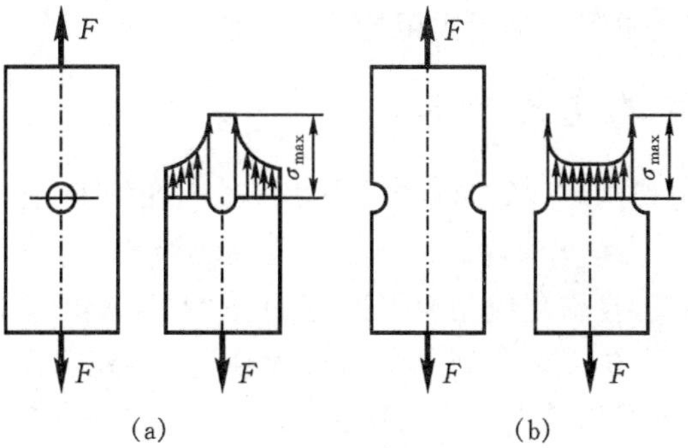

图 6-22

设发生应力集中的截面上的最大应力为 $\sigma_{\max}$,这个截面上的平均应力为 σ_{m},则 $\sigma_{\max}$ 与 σ_{m} 的比值称为**应力集中因数**,以 α_σ 表示,即

$$\alpha_\sigma=\frac{\sigma_{\max}}{\sigma_{\mathrm{m}}}\tag{6-19}$$

可见 α_σ 反映了应力集中的程度,截面变化愈剧烈,α_σ 值愈大。为了降低应力集中现象,在零件上应尽可能避免带尖角的孔和槽,在阶梯轴的轴肩处要用圆弧过度,且圆弧的半径尽可能大一些。

对于有应力集中的构件,往往可以用降低许用应力的方法来进行强度计算。但由于不同材料对应力集中的敏感程度不同,在某些情况下可以不考虑应力集中的影响。在静载荷作用下,对于塑性材料,当应力集中处的最大应力达到屈服极限 σ_{s} 后,局部会产生塑性变形,该处材料的变形可以继续增加,但应力却维持在 σ_{s}。当外力继续增加时,增加的力由截面上尚未屈服

的材料来承担,而使截面上塑性区逐渐扩展。如图 6－23 所示,截面上的应力渐趋平缓,降低了应力不均匀的程度,应力的最大值亦维持在 σ_s。因此,对静载作用下由塑性材料制成的零件,可以不考虑应力集中的影响。对于脆性材料,由于其没有屈服阶段,当局部的最大应力达到强度极限 σ_b 时,该处会产生裂纹,同时在裂纹根部又产生更严重的应力集中,使裂纹迅速扩展而导致构件断裂。因此,对由脆性材料制成的零件,应力集中的危害性显得严重。这样,即使在静载下,也应考虑应力集中现象。对于铸铁,由于其内部组织极不均匀,缺陷很多,在内部已存在许多引起严重应力集中的因素,且这些因素的影响在测定强度极限时已反映出来,故由于构件外形变化而引起的应力集中已成为次要因素,因此就不必再考虑应力集中现象。

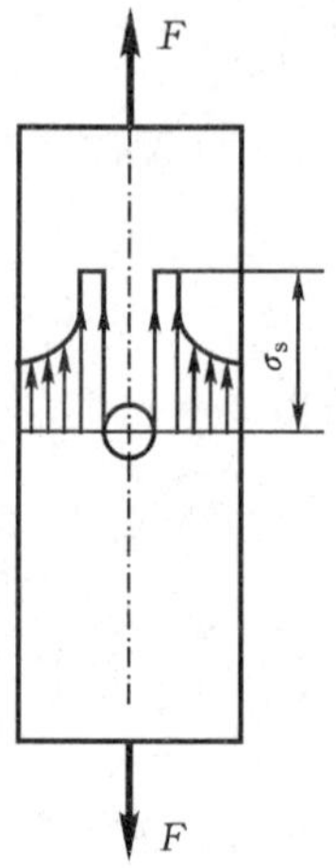

图 6－23

当零件受有周期性变化的载荷或冲击载荷时,无论是塑性材料还是脆性材料,应力集中对零件的强度都有严重影响,且往往是零件破坏的主要因素。

6.6 联接件的强度

工程实际中的构件需相互联接,起联接作用的构件称为**联接件**。联接件的尺寸较小,但受力和变形却比较复杂,工程中通常采用**实用计算**的方法。

6.6.1 剪切及其实用计算

工程实际中常遇到剪切问题,如工程结构中联接轴与轮的键(图 6－24(a))和联接钢板的螺栓(图 6－25(a))等都是受剪切构件。这类构件的受力特点是:作用在构件两侧面上的外力的合力大小相等,方向相反,且作用线相距很近(图 6－24(b))、图 6－25(b))。在这样的外力作用下,构件的变形特点是:位于两力间的横截面发生相对错动(图 6－24(c))。这种变形称为**剪切变形**,发生相对错动的横截面称为**剪切面**。

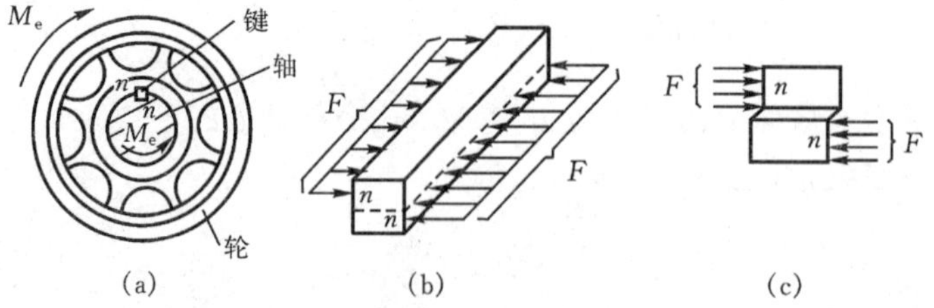

图 6－24

对受剪切构件,进行精确的强度分析是比较困难的,因为应力的实际分布情况比较复杂。今以螺栓联接件为例进行剪切实用计算。

螺栓的受力如图 6－25(b)所示。用截面法沿剪切面 $n—n$ 将螺栓截为两部分,取其中任一部分作为研究对象。图 6－25(c)为其下半部分的受力图,截面$n—n$上的内力为与截面相切

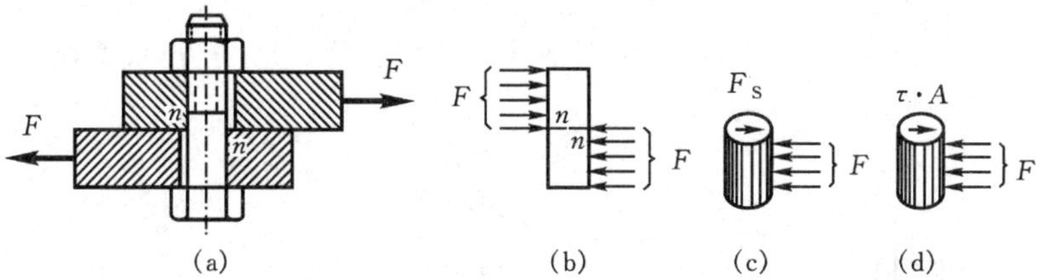

图 6-25

的剪力 F_S。由水平方向的平衡方程可求得

$$F_S = F$$

F_S是剪切面上分布切应力的合力，而切应力的分布情况比较复杂。为了计算方便，在实用计算中假设切应力 τ 在剪切面上是均匀分布的(图 6-25(d))。由此假设计算出的平均切应力称为**名义切应力**，其值为

$$\tau = \frac{F_S}{A} \tag{6-20}$$

式中：A 为剪切面的面积。

为了保证螺栓安全可靠工作，要求其剪切面上的名义工作切应力不得超过其材料的**许用切应力**$[\tau]$。由此可得剪切强度条件为

$$\tau = \frac{F_S}{A} \leqslant [\tau] \tag{6-21}$$

上式也适用于其它受剪联接件。式中的许用切应力$[\tau]$由实验确定。实验时采用与构件的实际受力情况相似的条件，取得试件失效时的极限载荷，按切应力均匀分布的假设计算出名义切应力，除以适当的安全因数得到许用切应力。一般情况下，材料的许用切应力$[\tau]$与许用拉应力$[\sigma]^+$之间有以下的关系：

对于塑性材料　$[\tau]=(0.6\sim0.8)\ [\sigma]^+$

对于脆性材料　$[\tau]=(0.8\sim1.0)\ [\sigma]^+$

利用这一关系，可根据许用拉应力来估计许用切应力之值。

实践证明，采用剪切实用计算进行强度计算的结果能保证构件的强度要求，基本上符合工程实际情况，在工程中得到了广泛的应用。

6.6.2　挤压及其实用计算

在外力作用下，联接件(图 6-26(b))除受剪切以外，在联接件与被联接件相互的接触面上还会互相压紧，可能会发生挤压破坏。挤压破坏的特点是：构件互相接触的表面上，因承受了较大的压力作用，使接触处的局部区域发生显著的塑性变形或被压碎。这种作用在接触面上的压力称为**挤压力**，接触处产生的变形称为**挤压变形**，由挤压所产生的破坏形式称为**挤压破坏**。如图6-26(b)所示，螺栓孔局部受压一侧出现压溃，材料向两侧隆起，螺栓孔也不再是圆形。挤压破坏会导致联接松动，影响联接件的正常工作，因此要对联接件进行挤压强度计算，仍采用实用计算的方法。

两个构件之间的接触面为挤压面，挤压面之间传递的力为挤压力 F_{jy}，由挤压力所引起的

正应力为**挤压应力**，记作 σ_{jy}。在挤压面上，应力分布情况也比较复杂，因此在实用计算中假设挤压应力均匀地分布在**名义挤压面**上，名义挤压面的面积为 A_{jy}。挤压应力则按下式计算

$$\sigma_{jy}=\frac{F_{jy}}{A_{jy}} \tag{6-22}$$

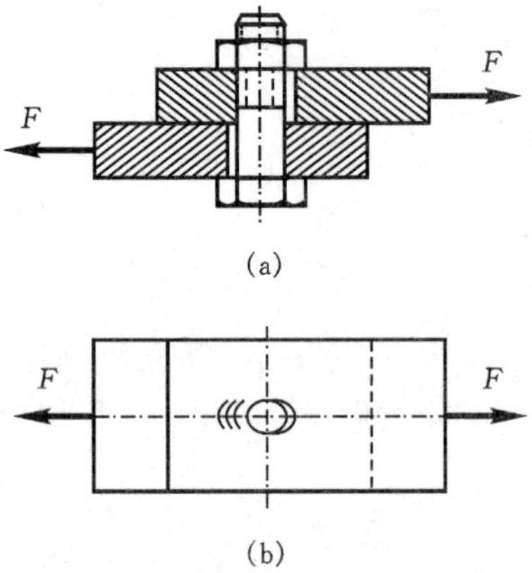

图 6-26

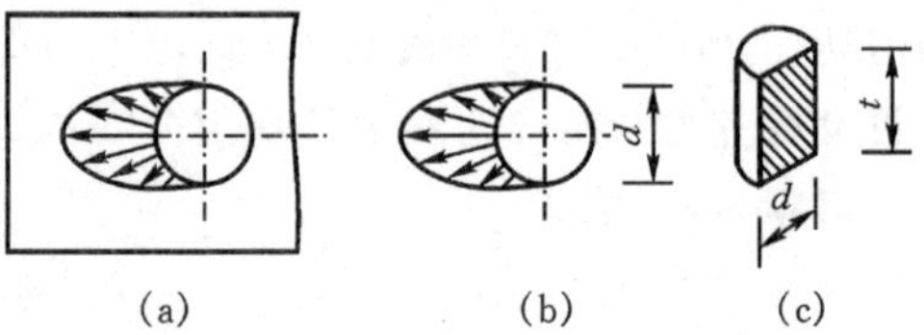

图 6-27

当联接件与被联接件之间的接触面为平面时，如图 6-24 中的键联接，则 A_{jy} 就是实际接触面的面积。当接触面为圆柱面时，由理论分析知，在半圆柱的挤压面上挤压应力的分布情况如图 6-27(a)、(b)所示，最大挤压应力在半圆弧的中点处。如果把挤压面正投影(图 6-27(c))作为名义挤压面，则 $A_{jy}=td$。由 F_{jy} 除以 A_{jy} 所得的计算应力与按理论分析所求得的最大挤压应力值接近。因此，在实用计算中一般都采用这种计算方法。

为了保证联接构件正常工作，要求构件工作时所引起的挤压应力不超过某一许用值，则挤压强度条件为

$$\sigma_{jy}=\frac{F_{jy}}{A_{jy}}\leqslant[\sigma_{jy}] \tag{6-23}$$

式中：$[\sigma_{jy}]$为材料的**许用挤压应力**，其值可由有关设计规范中查得。

根据实验，许用挤压应力$[\sigma_{jy}]$与许用拉应力$[\sigma]^+$有如下的关系：

对于塑性材料　$[\sigma_{jy}]=(1.5\sim2.5)[\sigma]^+$

对于脆性材料　$[\sigma_{jy}]=(0.9\sim1.5)[\sigma]^+$

例 6-7　拖车挂钩用销钉联接(图 6-28(a))。已知挂钩部分的钢板厚度 $t=8$ mm，销钉材料的许用切应力 $[\tau]=20$ MPa，许用挤压应力 $[\sigma_{jy}]=70$ MPa。牵引力 $F=15$ kN。试选择销钉的直径 d。

解　(1)剪切强度。根据销钉的受力情况(图 6-28(b))，销钉有两个受剪面 m—m 和 n—n。以销钉中段为研究对象，由平衡方

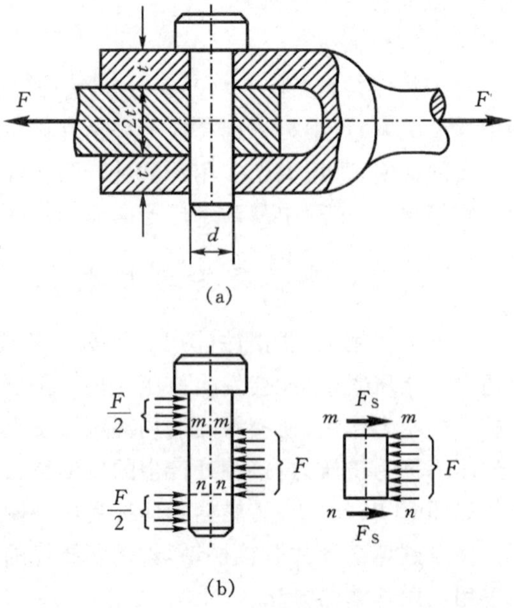

图 6-28

程易于求出力

$$F_S = F/2$$

由剪切强度条件式(6-21)有

$$\tau = \frac{F_S}{A} = \frac{F/2}{(\pi/4)d^2} \leqslant [\tau]$$

所以 $$d \geqslant \sqrt{\frac{2F}{\pi[\tau]}} = \sqrt{\frac{2\times15\times10^3}{\pi\times20\times10^6}} = 0.021\,9\ \mathrm{m} = 21.9\ \mathrm{mm}$$

(2)挤压强度。销钉的上、下两段受来自左方的挤压力 F_{jy}，中段受来自右方的挤压力 F 作用，故可任取一段来考虑，A_{jy} 均等于 $2td$。由挤压强度条件式(6-23)有

$$\sigma_{jy} = \frac{F_{jy}}{A_{jy}} = \frac{F}{2td} \leqslant [\sigma_{jy}]$$

可得 $$d \geqslant \frac{F}{2t[\sigma_{jy}]} = \frac{15\times10^3}{2\times8\times10^{-3}\times70\times10^6} = 0.013\,4\ \mathrm{m} = 13.4\ \mathrm{mm}$$

比较两种结果，需同时满足剪切和挤压强度条件，故取 $d=22$ mm。

例 6-8　图 6-29(a)所示结构中，矩形截面键将轮 A 固定在轴 B 上以便传递力偶矩。已知轴的直径 $d=50$ mm，键长 $l=30$ mm，宽 $b=10$ mm，高 $h=8$ mm，键的许用切应力 $[\tau]=80$ MPa，$[\sigma_{jy}]=200$ MPa。求所能传递的力偶矩 M_e。

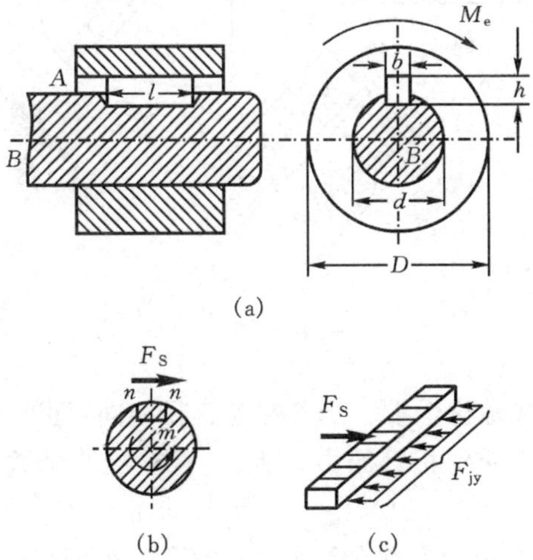

图 6-29

解　(1)剪切强度。将平键沿剪切面 $n—n$ 截面分开，并把 $n—n$ 以下部分和轴作为一个整体来考虑(图 6-29(b))，由对轴心的力矩平衡方程可得

$$F_S \cdot d/2 = M_e$$

即 $F_S=2M_e/d$。由剪切强度条件有

$$\tau = \frac{F_S}{A} = \frac{2M_e/d}{bl} \leqslant [\tau]$$

可得

$$M_e \leqslant \frac{dbl[\tau]}{2} = \frac{50\times10^{-3}\times10\times10^{-3}\times30\times10^{-3}\times80\times10^6}{2} = 600\ \mathrm{N\cdot m}$$

(2)挤压强度。考虑键 n—n 截面以下部分的平衡(图 6－29(c)),则右侧面上的挤压力为

$$F_{jy} = F_S = 2M_e/d$$

根据挤压强度条件

$$\sigma_{jy} = \frac{F_{jy}}{A_{jy}} = \frac{2M_e/d}{(h/2)l} \leqslant [\sigma_{jy}]$$

有

$$M_e \leqslant \frac{dhl[\sigma_{jy}]}{4} = \frac{50\times10^{-3}\times8\times10^{-3}\times30\times10^{-3}\times200\times10^{6}}{4} = 600\ \mathrm{N\cdot m}$$

所以许用力偶矩$[M_e]$＝600 N·m。

例 6－9　某桁架的一个节点如图 6－30(a)所示。斜杆 A 由两个 63×6 mm 的等边角钢组成,受力 F＝140 kN 的作用。该斜杆用螺栓连接在厚度 t＝10 mm 的节点板上,螺栓直径 d＝16 mm。已知角钢、节点板和螺栓的材料均为 Q235 钢,许用应力为$[\sigma]$＝170 MPa,$[\tau]$＝130 MPa,$[\sigma_{jy}]$＝300 MPa。试选择螺栓个数,并校核斜杆 A 的拉伸强度。

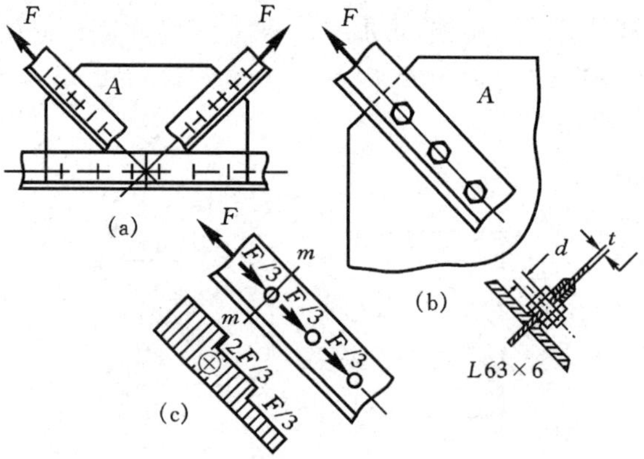

图 6－30

解　(1)从剪切强度来选螺栓个数。当各螺栓直径相同,且外力作用线通过该组螺栓的截面形心时,可以假定每个螺栓受到相等的力。所以,若螺栓的个数为 n,则每个螺栓所受力为 F/n。

由图 6－30(b)可知,每个螺栓有两个受剪面,故每个受剪面上的剪力为

$$F_S = \frac{F/n}{2} = \frac{F}{2n}$$

根据剪切强度条件

$$\tau = \frac{F}{A} = \frac{F/(2n)}{(\pi/4)d^2} \leqslant [\tau]$$

有

$$n \geqslant \frac{2F}{\pi d^2[\tau]} = \frac{2\times140\times10^3}{\pi\times16^2\times10^{-6}\times130\times10^6} = 2.68$$

取 n＝3。

(2)校核挤压强度。由于节点板的厚度小于两个角钢厚度之和,所以应该校核螺栓与节点板之间的挤压强度。由于每个螺栓所受的挤压力为 F/n,所以螺栓与节点板之间的挤压力亦为 F/n。根据挤压强度条件

$$\sigma_{jy}=\frac{F_{jy}}{A_{jy}}=\frac{F/n}{td}=\frac{F}{3td}=\frac{140\times 10^3}{3\times 10\times 10^{-3}\times 16\times 10^{-3}}$$

$$=292\times 10^6\ \mathrm{Pa}=292\ \mathrm{MPa}<[\sigma_{jy}]=300\ \mathrm{MPa}$$

可见，采用 3 个螺栓是能满足挤压强度的。

(3)校核角钢的拉伸强度。取两根角钢一起作为研究对象，其受力图及轴力图如图 6-30(c)所示。由于角钢在 $m—m$ 截面上轴力最大，而其横截面又因螺栓孔而削弱，故该截面为危险截面。该截面上轴力为

$$F_{\mathrm{N\,max}}=F=140\ \mathrm{kN}$$

由型钢规格表可查得每个 63×6 mm 角钢的横截面面积为 7.29 cm^2，故危险截面的面积为

$$A=2(729-6\times 16)=1\ 266\ \mathrm{mm}^2$$

由拉伸强度条件

$$\sigma_{\max}=\frac{F_{\mathrm{N\,max}}}{A}=\frac{140\times 10^3}{1\ 266\times 10^{-6}}=111\times 10^6\ \mathrm{Pa}=111\ \mathrm{MPa}<[\sigma]=170\ \mathrm{MPa}$$

可见，斜杆的拉伸强度也是满足的。

思考题

6-1　指出下列概念的区别：(1)内力与应力；(2)变形与应变；(3)弹性变形与塑性变形；(4)极限应力与许用应力。

6-2　轴力和截面面积相等而截面形状和材料不同的拉杆，它们的应力是否相等？

6-3　钢的弹性模量 E=200 GPa，铝的弹性模量 E=71 GPa。试比较在同一应力作用下，哪种材料的应变大？在产生同一应变的情况下，哪种材料的应力大？

6-4　已知某种低碳钢的弹性极限 σ_e=200 MPa，弹性模量 E=200 GPa，现有该种钢的一个试件，其应变已被拉到 ε=0.002，是否由此可知其应力为

$$\sigma=E\varepsilon=200\times 10^9\times 0.002=400\times 10^6\ \mathrm{Pa}=400\ \mathrm{MPa}$$

6-5　在低碳钢的应力-应变曲线上，试件断裂时的应力反而比颈缩时的应力低，为什么？

6-6　图示的铅垂杆在自重作用下各处的变形是不同的。这时如在距下端 y 处取一微段 Δy，设其伸长为 $\Delta y'$，试问在 y 处的应变 ε 应如何定义？

6-7　切应力 τ 与正应力 σ 有何区别？

6-8　挤压面与计算挤压面是否相同？试举例说明。

6-9　指出图中构件的剪切面和挤压面。

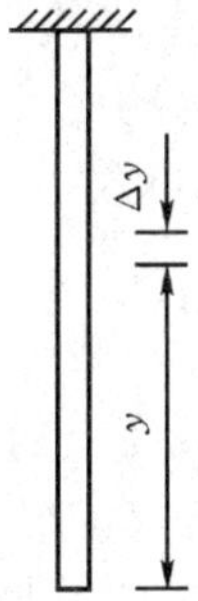

思 6-6 图

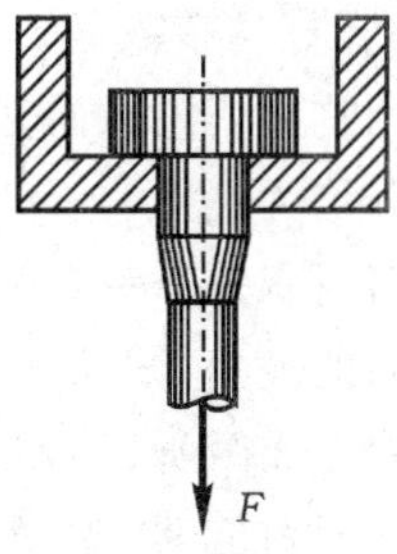

思 6-9 图

习　题

6-1　求图示阶梯状直杆各横截面上的应力。已知横截面积 $A_1=200\ \mathrm{mm}^2$，$A_2=300\ \mathrm{mm}^2$，$A_3=400\ \mathrm{mm}^2$。

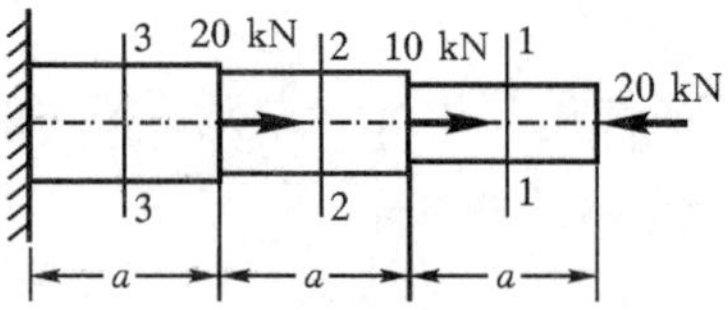

题 6-1 图

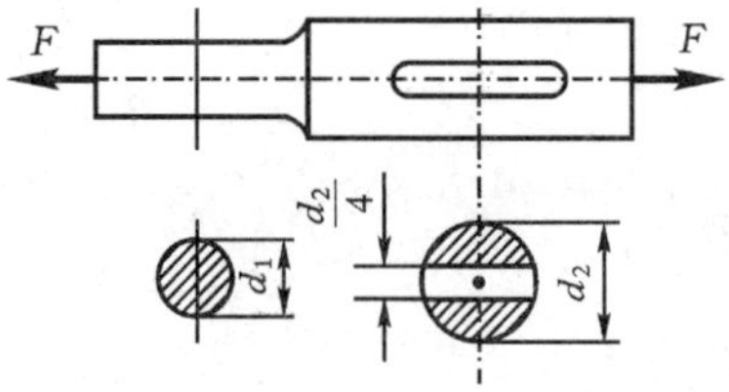

题 6-2 图

6-2　一个带有径向长通孔的阶梯杆如图所示。若 $F=100\ \mathrm{kN}$，$d_1=45\ \mathrm{mm}$，$d_2=50\ \mathrm{mm}$，试求杆中的最大正应力。

6-3　一单位长度重量为 4 kN/m，横截面积为 $6\times10^{-4}\ \mathrm{m}^2$ 的圆柱，被嵌入一套筒中，如图所示。设圆柱与套筒之间的摩擦阻力为常数，且 $f=10\ \mathrm{kN/m}$。当在图示位置作用一拉力 F 将圆柱拉出时，试求圆柱的 $\sigma(y)$ 随坐标 y 变化的规律，y 由圆柱的顶部向下量起。

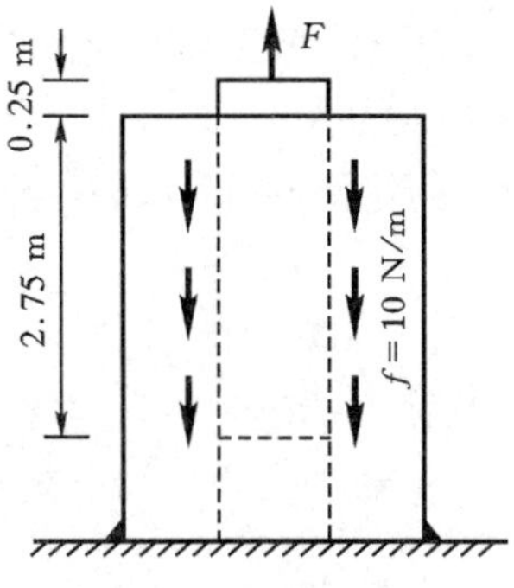

题 6-3 图

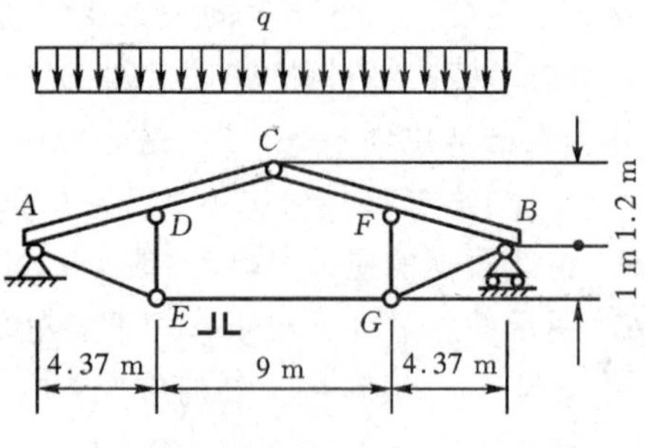

题 6-4 图

6-4　图示为一混合屋架结构的计算简图。屋架的上弦用钢筋混凝土制成，下面的拉杆和中间的竖向撑杆用角钢制成，其截面均为两个 75×8 mm 的等边角钢。已知屋面承受集度为 $q=20\ \mathrm{kN/m}$的竖直均布载荷。试求拉杆 AE 和 EG 横截面上的应力。

6-5　图示结构中，若钢拉杆 BC 的横截面直径为 10 cm，试求拉杆的应力。设由 BC 联接的 1 和 2 两部分均为刚体。

6-6　横截面面积为 $A=100\ \mathrm{mm}^2$ 的等截面拉杆承受轴向力 $F=10\ \mathrm{kN}$ 作用。如以 α 表示斜截面与横截面的夹角，试求 $\alpha=0°$、30°、45°、60°、90°时各斜截面上的正应力和切应力。

6-7　木柱受力如图所示，其横截面为边长 $a=220\ \mathrm{mm}$ 的正方形，材料的弹性模量 $E=10\times10^3\ \mathrm{MPa}$，如不计柱自重，试求(1)轴力图；(2)柱各段横截面积上的应力；(3)柱各段的纵向线应变；(4)柱的总变形。

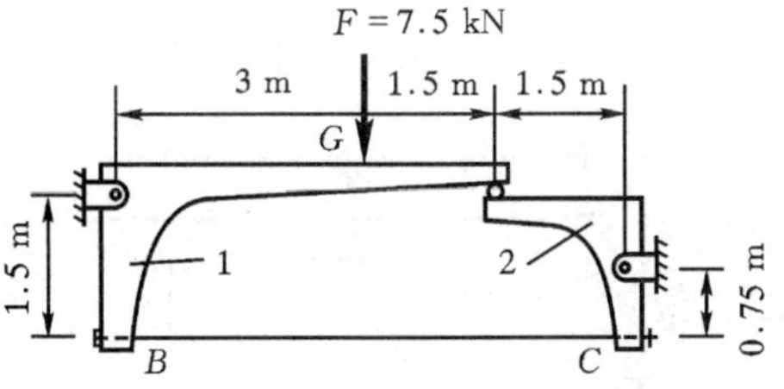

题 6 - 5 图

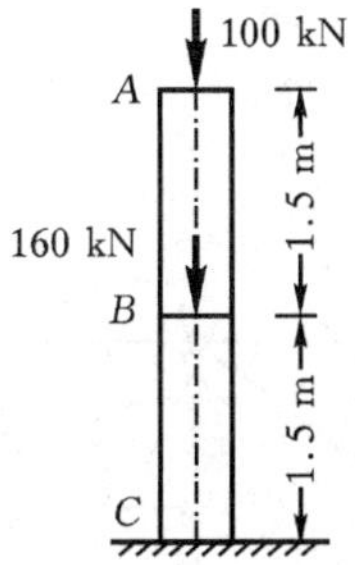

题 6 - 7 图

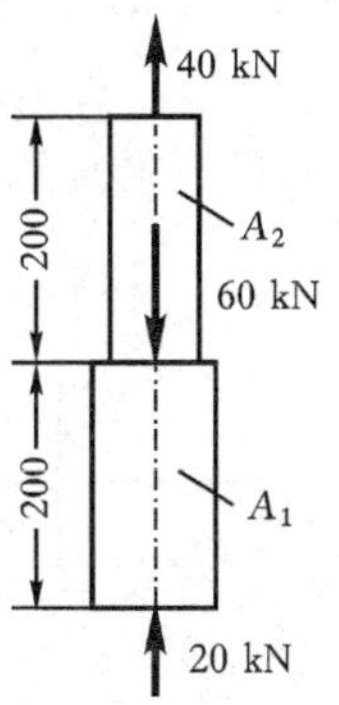

题 6 - 8 图

6 - 8　变截面杆如图所示。已知 $A_1 = 8\ \mathrm{cm}^2$，$A_2 = 4\ \mathrm{cm}^2$，$E = 200$ GPa。求杆的总伸长 Δl。

6 - 9　设 CF 为刚体，杆 BC 和 DF 长分别为 l_1 和 l_2，截面面积分别为 A_1 和 A_2，弹性模量分别为 E_1 和 E_2。若要求 CF 始终保持水平，试求 x。

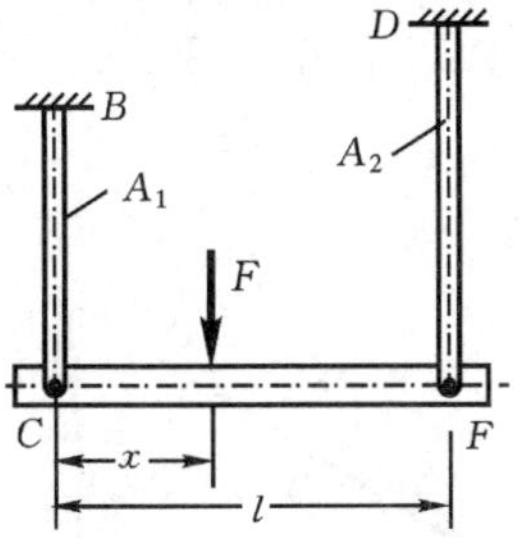

题 6 - 9 图

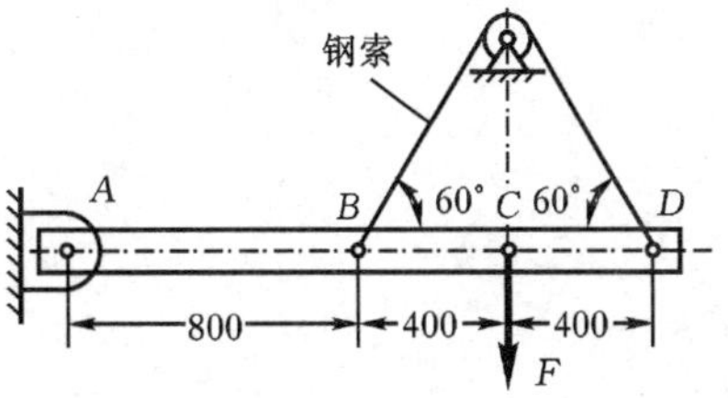

题 6 - 10 图

6 - 10　图示结构中横梁 AD 为刚体，钢索的横截面积为 $76.36\ \mathrm{cm}^2$。设 $F = 20$ kN，求钢索的应力和 C 点的垂直位移。已知钢索的弹性模量 $E = 177$ GPa。

6 - 11　横截面为正方形的混凝土柱，比重为 $\gamma = 22\ \mathrm{kN/m^3}$，$E = 20$ GPa。试求该柱由于自重引起的 A 点的位移。

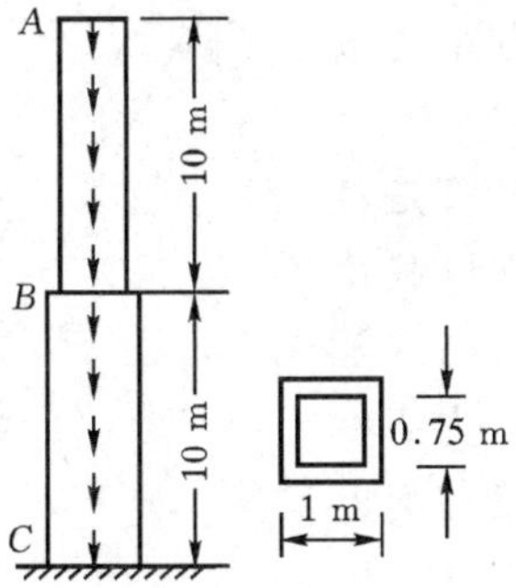

题 6 - 11 图

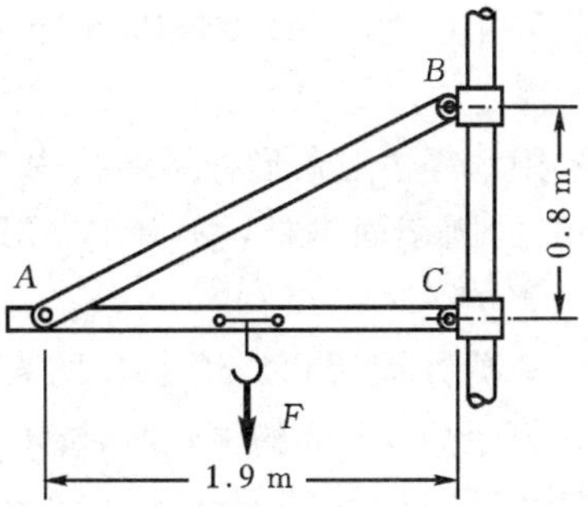

题 6 - 12 图

6 - 12　图示结构，小车可在梁 AC 上移动。若载荷 F 通过小车对梁 AC 的作用可简化为一集中力，试设计圆钢杆 AB 的横截面直径 d。设 $F=15$ kN，钢的$[\sigma]=170$ MPa。

6 - 13　图示桁架中的各杆都由两等边角钢组成，其许用应力$[\sigma]=17$ MPa，试为杆 AC 和 CD 选择所需角钢型号。

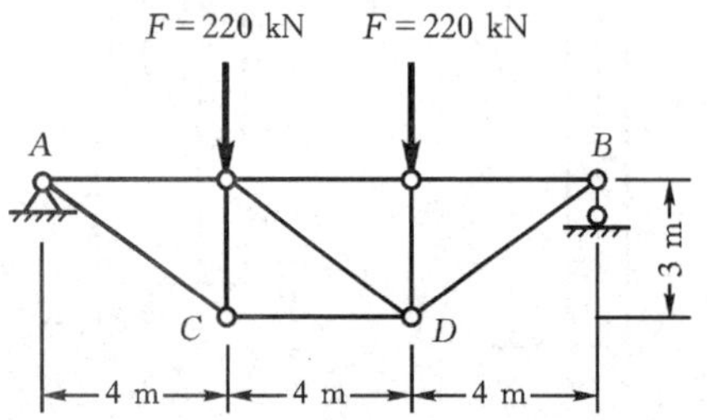

题 6 - 13 图

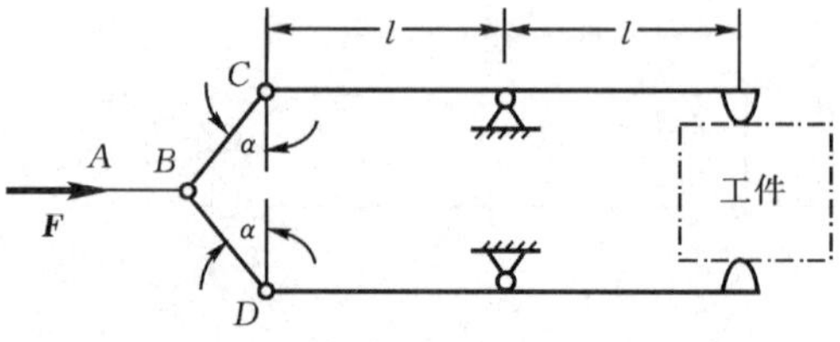

题 6 - 14 图

6 - 14　图示双杠杆夹紧机构，需产生一对 20 kN 的夹紧力，试求水平杆 AB 及二斜杆 BC 和 BD 的直径。已知 $\alpha=30°$，三杆材料相同，$[\sigma]=100$ MPa。

6 - 15　简易吊车如图所示，BC 为钢杆，横截面面积为 6 cm^2，许用应力$[\sigma_1]=160$ MPa；AB 为木杆，横截面面积为 100 cm^2，许用应力$[\sigma_2]=7$ MPa。若 $\alpha=30°$，求允许起吊的最大重量 F。

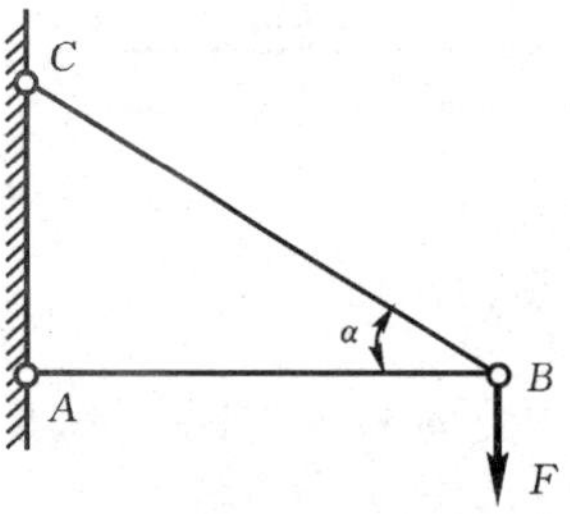

题 6 - 15 图

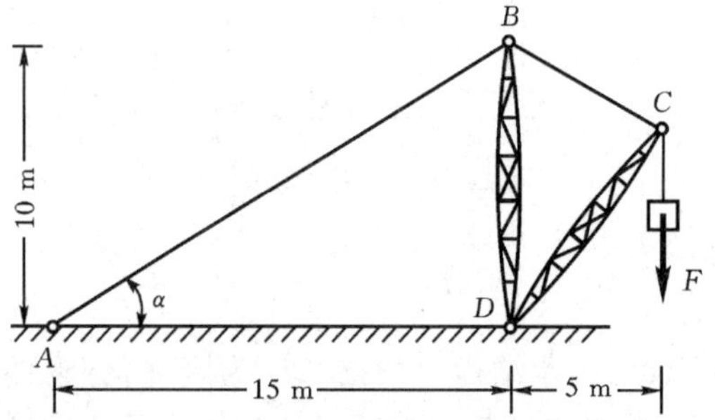

题 6 - 16 图

6 - 16　起重机尺寸如图所示。钢丝绳 AB 的横截面面积为 500 mm^2，许用应力$[\sigma]=40$ MPa，试求起重机允许起吊的最大重量 F。

6 - 17　图示等边三角形杆系结构中，杆 AB 和 AC 都是直径 $d=20$ mm 的圆截面钢杆，$[\sigma]=170$ MPa，试确定许可载荷 F。

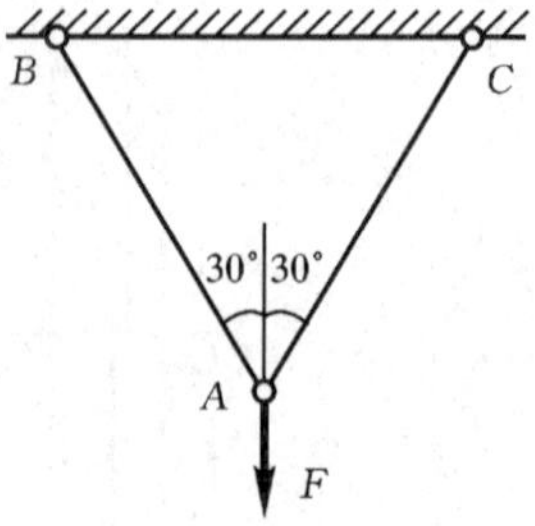

题 6 - 17 图

6 - 18　夹剪如图所示。销子 C 的直径 $d=5$ mm，力 $F=0.2$ kN，剪切直径为 5 mm 的铜丝时，试求铜丝与销子横截面上的平均切应力。已知 $a=30$ mm，$b=150$ mm。

6 - 19　试校核图示拉杆头部的剪切强度和挤压强度。已知 $D=32$ mm，$d=20$ mm，$h=12$ mm，$[\tau]=100$ MPa，$[\tau_{jy}]=240$ MPa。

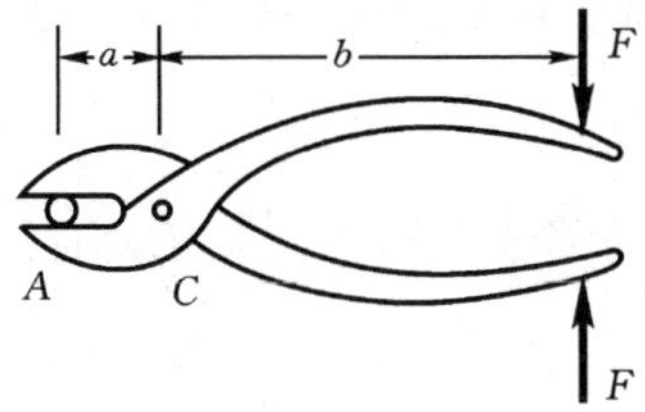

题 6-18 图

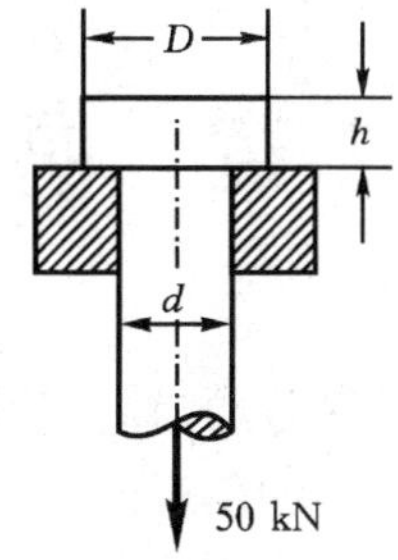

题 6-19 图

6-20　图示螺栓接头，已知 $F=40$ kN，螺栓的许用切应力 $[\tau]=130$ MPa，许用挤压应力 $[\sigma_{jy}]=300$ MPa，试求螺栓所需的直径。图中尺寸单位为 mm。

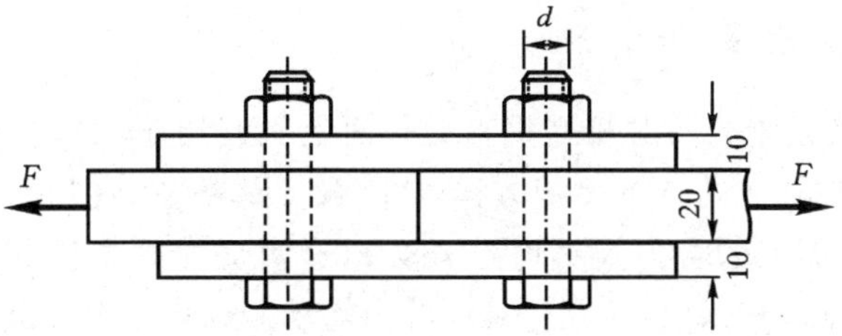

题 6-20 图

6-21　正方形截面的混凝土柱，横截面边长为 200 mm，其基底为边长 $a=1$ m 的正方形混凝土板。柱受轴向压力 $F=100$ kN 作用，如图所示。假设地基对混凝土板的支座约束力为均匀分布，混凝土的许用切应力 $[\tau]=1.5$ MPa。试求使柱不致穿过混凝土板所需的最小厚度 t。

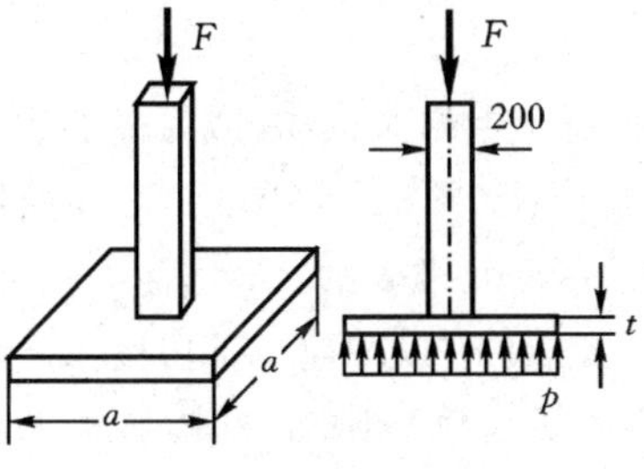

题 6-21 图

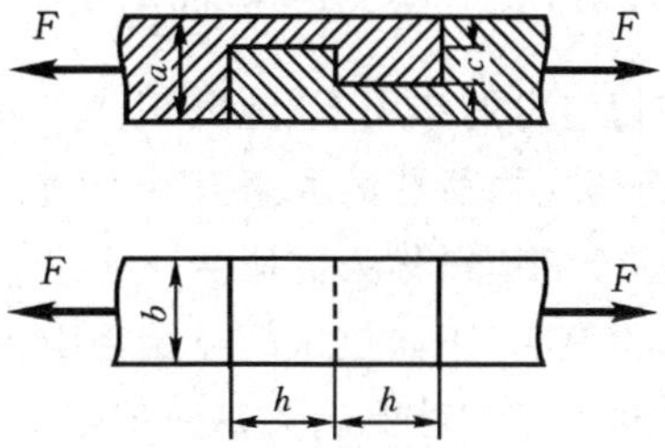

题 6-22 图

6-22　木榫接头如图所示，$a=b=12$ cm，$h=35$ cm，$c=4.5$ cm，$F=40$ kN，试求切应力和挤压应力。

第 7 章　圆轴扭转时的强度和刚度

工程中常用轴来传动，轴承受的是扭转变形。本章着重研究圆轴扭转时的应力和变形，并建立圆轴的强度条件和刚度条件。

7.1　切应力互等定理和剪切胡克定律

由杆件的内力介绍可知，圆轴在扭转时横截面上的内力是扭矩。扭矩是横截面上分布切应力对轴心的合力偶矩。下面首先分析圆轴的切应力及变形。

7.1.1　切应力互等定理

图 7-1(a)所示微元体的两对相互垂直的平面上只有切应力作用而无正应力，这种情况称为**纯剪切**。由微元体在 y 方向的平衡方程可知，微元体的左、右侧面上存在大小相等、方向相反的切应力 τ，两个面上的合力大小均为 $\tau\mathrm{d}y\mathrm{d}z$，这两个力构成了一个顺钟向(从 z 轴正向看)的力偶，力偶矩为 $\tau\mathrm{d}x\mathrm{d}y\mathrm{d}z$，使单元体有顺钟向转动的趋势。由于微元体处于平衡状态，所以在微元体上、下两个侧面上，必定有切应力 τ'，并且组成另一个逆钟向的力偶，其力偶矩为 $\tau'\mathrm{d}x\mathrm{d}y\mathrm{d}z$。由 $\sum M_z=0$，可得

$$\tau'\mathrm{d}x\mathrm{d}y\mathrm{d}z-\tau\mathrm{d}x\mathrm{d}y\mathrm{d}z=0$$

所以

$$\tau=\tau' \tag{7-1}$$

上式表明，**在相互垂直的两个平面上，切应力必然成对存在，其数值相等，两者都垂直于两个平面的交线，方向则共同指向或共同背离这一交线**。这就是**切应力互等定理**，也称为**切应力双生定理**。

7.2.1　剪切胡克定律

在切应力的作用下，纯剪切微元体的两个相对的侧面要产生相对错动，微元体的边长均不改变，但切应力所在的原来互相垂直的侧面之间的夹角要改变(图 7-1(b))。这种变形前后的角度的改变量，称为**剪应变** γ，这是一个无量纲量，用弧度(rad)来表示。

实验表明，正如拉压胡克定律中正应力 σ 与线应变 ε 之间的关系相似，在切应力 τ 与剪应变 γ 之间也存在着比例关系。即当切应力不超过材料的剪切比例极限(τ_p)时，切应力与剪应变之间有如图 7-2 中直线部分所表示的正比关系。这就是**剪切胡克定律**，表示为

$$\tau=G\gamma \tag{7-2}$$

式中：G 为**剪切弹性模量**，单位与弹性模量 E 相同，其数值由实验确定，钢材的 G 值约为 80 GPa。表 7-1 列举了几种材料的剪切弹性模量的数值，其它材料的 G 值可查阅有关手册。

各向同性材料的弹性模量 E、剪切弹性模量 G 和泊松比 ν 之间有如下关系：

$$G=\frac{E}{2(1+\nu)} \tag{7-3}$$

这说明三个常数只有两个是独立的。

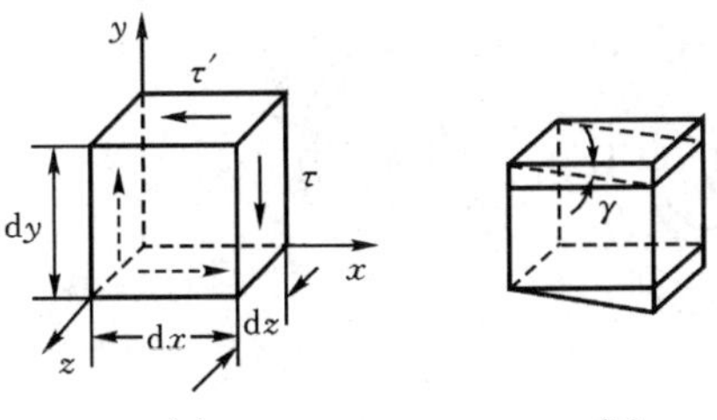

(a)　(b)

图 7-1

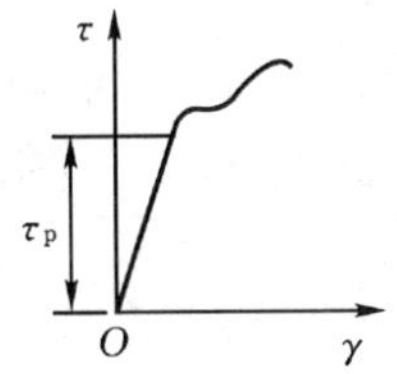

图 7-2

表 7-1　几种材料的剪切弹性模量 G

材料名称	G/GPa
钢	80～81
铸　铁	45
铜	40～46
铝	26～27
木材	0.55

7.2　圆轴扭转时的应力和强度条件

7.2.1　圆轴扭转时的应力

分析圆轴扭转时横截面上的应力，需要从几何关系、物理关系和静力关系三方面考虑。

1. 几何关系

为了确定圆轴横截面上存在什么应力及其分布规律，首先由实验观察圆轴扭转时的变形。

为了便于观察圆轴的变形，先在变形前的圆轴表面上作相邻的圆周线和纵向平行线（图 7-3(a)），然后在轴的两端施加大小相等、转向相反的力偶 M_e，使圆轴产生扭转变形（图 7-3(b)）。在小变形前提下，可观察到以下现象（图 7-4(a)）：

(1) 各圆周线的形状和大小不变，只是绕轴线相对转动了一个角度，且圆周线之间的距离不变；

(2) 各纵向平行线仍近似地看成直线且仍然平行，只是倾斜了一个角度，由变形前的纵向线和圆周线所组成的矩形，变形后错动成菱形。

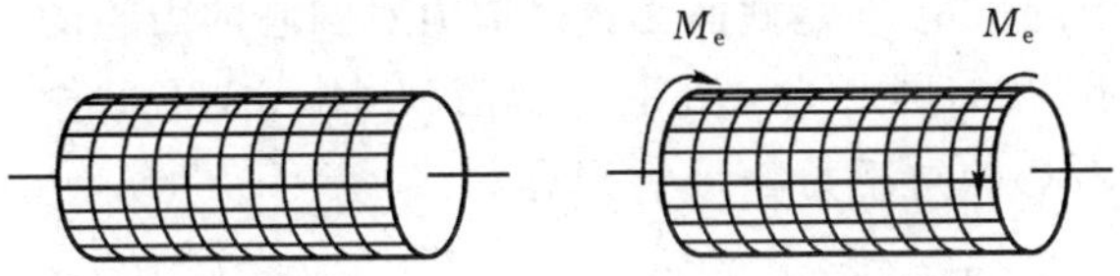

(a)　(b)

图 7-3

根据观察到的现象，可以由表及里地推测圆轴内部的变形情况，作出关于圆轴扭转的**平面假设**：圆轴扭转变形前原为平面的横截面，变形后仍保持为平面，形状和大小不变，半径仍为直线；相邻两截面间的距离不变，横截面像刚性平面一样，仅绕轴线转过了一个角度。

由平面假设可以推断，圆轴扭转时其横截面上不存在正应力 σ，只有垂直于半径方向的切应力 τ。

为了找出圆轴内剪应变的变化规律，对于如图 7-4(a)所示的圆轴，用相邻的两个横截面

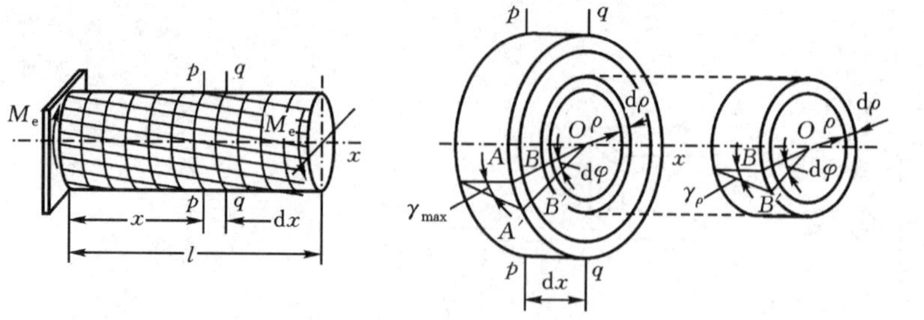

图 7－4

p—p 和 q—q 从圆轴中截取长为 $\mathrm{d}x$ 的微段(图 7－4(b)),由平面假设,q—q 面相对于 p—p 面转过了 $\mathrm{d}\varphi$ 角度。$\mathrm{d}\varphi$ 称为**相对扭转角**。由图 7－4(b)看出,q—q 面上距离圆心为 ρ 处的 B 点的剪应变 γ_ρ 为

$$\gamma_\rho = \frac{\rho \mathrm{d}\varphi}{\mathrm{d}x} \tag{1}$$

由式(1)可见,剪应变 γ_ρ 与该处到轴线的距离 ρ 成正比,轴线处剪应变为零,圆轴外表面处剪应变最大,$\gamma_{\max}=R\mathrm{d}\varphi/\mathrm{d}x$,$R$ 为圆轴的半径。

2. 物理关系

根据剪切胡克定律,当切应力不超过材料的剪切比例极限时,切应力与剪应变成正比,则离轴线为 ρ 处的切应力为

$$\tau_\rho = G\gamma_\rho = \frac{G\rho \mathrm{d}\varphi}{\mathrm{d}x} \tag{2}$$

这就是圆轴扭转时横截面上切应力的分布规律。它说明横截面上任一点处切应力的大小与该点到圆心的距离 ρ 成正比,在横截面的圆心处切应力为零,在周边上切应力最大。切应力的分布如图 7－5 所示,且方向均垂直于半径。

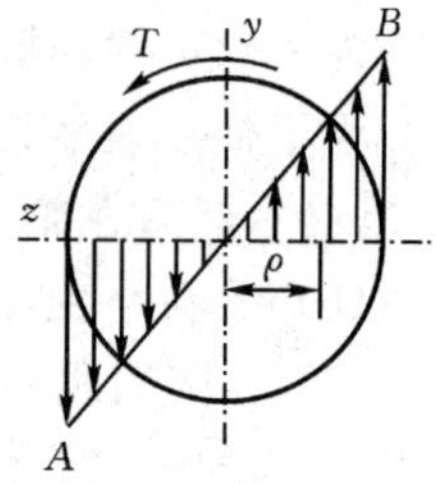

图 7－5

3. 静力关系

圆轴扭转时,截面上的扭矩 T 是截面无数微剪力对圆心的力矩的合力矩。如图 7－6 所示,在离圆心为 ρ 处取一微面积 $\mathrm{d}A$,$\mathrm{d}A$ 上的微剪力为 $\tau_\rho \mathrm{d}A$,微剪力对圆心的力矩为 $\rho\tau_\rho \mathrm{d}A$,则有

$$T = \int_A \rho\tau_\rho \mathrm{d}A \tag{3}$$

式中:A 为横截面面积。

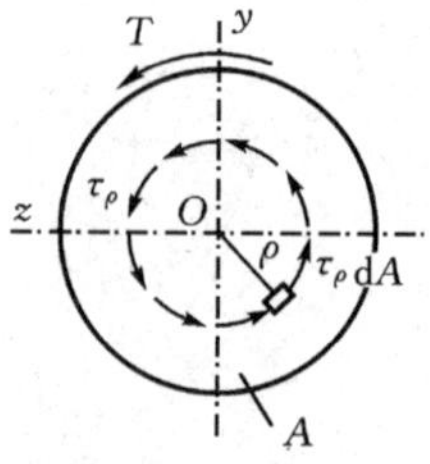

图 7－6

将(2)式代入(3)式,注意到给定截面上 $\mathrm{d}\varphi/\mathrm{d}x$ 为常量,于是有

$$T = G\frac{\mathrm{d}\varphi}{\mathrm{d}x}\int_A \rho^2 \mathrm{d}A \tag{4}$$

式中:积分 $\int_A \rho^2 \mathrm{d}A$ 是一个只取决于横截面形状和大小的几何量,以 I_p 表示,称为横截面对形心的**极惯性矩**,表示为

$$I_p = \int_A \rho^2 \mathrm{d}A \tag{5}$$

(5)式代入(4)式,可得

$$T = G\frac{\mathrm{d}\varphi}{\mathrm{d}x}I_p \tag{7-4}$$

从式(7-4)和(2)式中消去 $\mathrm{d}\varphi/\mathrm{d}x$,可得

$$\tau_\rho = \frac{T\rho}{I_p} \tag{7-5}$$

这就是圆轴扭转时横截面上任一点的切应力的计算公式。

在圆轴外表面处,$\rho=R$,切应力最大

$$\tau_{max} = \frac{TR}{I_p} \tag{7-6}$$

引入符号

$$W_t = \frac{I_p}{R} \tag{6}$$

式(7-6)变为

$$\tau_{max} = \frac{T}{W_t} \tag{7-7}$$

式中:W_t 称为**扭转截面系数**。

上述公式是以平面假设为基础导出的,试验结果表明,只有等截面的圆轴,平面假设才是正确的。因此,这些公式只适用于等直圆轴,当然也适用于等直空心圆轴。对于横截面沿轴线缓慢变化的锥形轴,可近似地用这些公式计算。

7.2.2　极惯性矩 I_p 的计算

由以上讨论可知,要计算圆轴扭转时横截面上的应力,首先应计算出极惯性矩 I_p 的大小。根据其定义式

$$I_p = \int_A \rho^2 \mathrm{d}A$$

对于直径为 D 的圆截面(图 7-7(a)),采用极坐标计算,$\mathrm{d}A=\rho\mathrm{d}\theta\mathrm{d}\rho$,则

$$I_p = \int_A \rho^2 \mathrm{d}A = \int_0^{2\pi}\int_0^R \rho^3 \mathrm{d}\rho\mathrm{d}\theta = \frac{\pi R^4}{2} = \frac{\pi D^4}{32} \tag{7-8}$$

则扭转截面系数 W_t 为

$$W_t = \frac{I_p}{R} = \frac{\pi}{16}D^3 \tag{7-9}$$

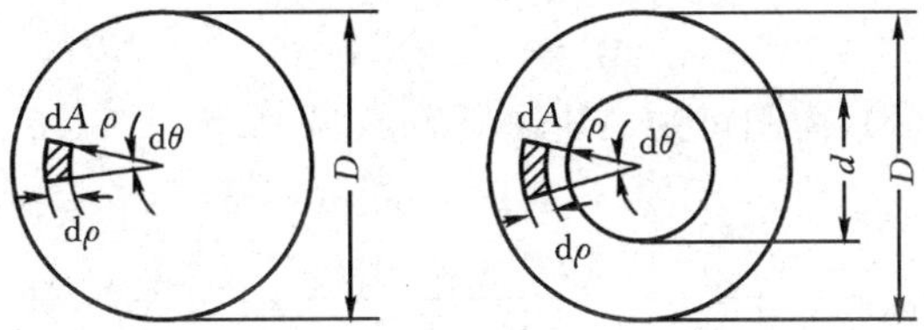

(a)　　(b)

图 7-7

对于内径为 d,外径为 D 的空心圆截面(图 7-7(b)),可得

$$I_p = \int_A \rho^2 \mathrm{d}A = \int_0^{2\pi}\int_{d/2}^{D/2} \rho^3 \mathrm{d}\rho \mathrm{d}\theta = \frac{\pi}{32}(D^4 - d^4) \tag{7-10a}$$

若取 $\alpha = d/D$,则

$$I_p = \frac{\pi}{32}D^4(1-\alpha^4) \tag{7-10b}$$

扭转截面系数为

$$W_t = \frac{I_p}{D/2} = \frac{\pi}{16D}(D^4 - d^4) \tag{7-11a}$$

或

$$W_t = \frac{\pi D^3}{16}(1-\alpha^4) \tag{7-11b}$$

$d/D \geqslant 0.9$ 的空心圆轴为薄壁圆管,这时,I_p 可变换为

$$I_p = \pi D^3 t/4 \tag{7}$$

式中:D 为平均直径,t 为壁厚。薄壁圆管的切应力可看作均匀分布的,切应力为

$$\tau = \frac{2T}{\pi D^2 t} \tag{7-12}$$

例 7-1　图 7-8(a)所示的圆轴处于平衡状态,求其最大切应力。

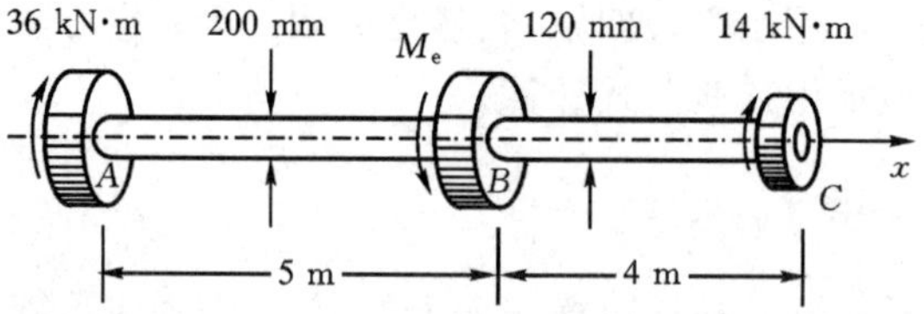

(a)

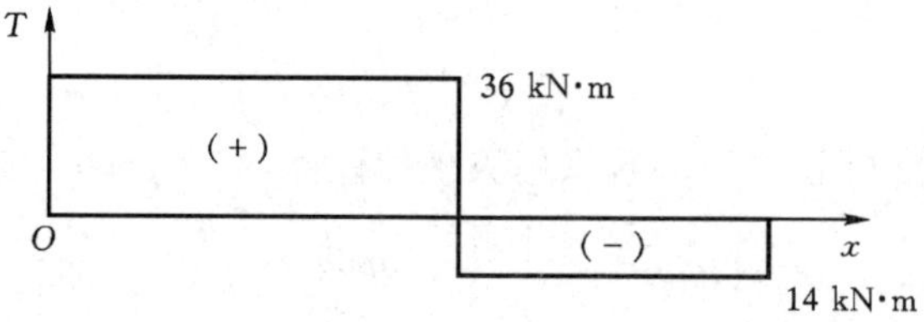

(b)

图 7-8

解　由 $\sum M_x = 0$,　$36 + 14 - M_e = 0$,可得

$$M_e = 50\ \text{kN} \cdot \text{m}$$

圆轴的扭矩图如图 7-8(b),由图可知 AB 轴上的 T 最大,为

$$T_{\max} = T_{AB} = 36\ \text{kN} \cdot \text{m}$$

$$\tau_{\max 1} = \frac{T_{\max}}{W_{tAB}} = \frac{36 \times 10^3}{(\pi/16) \times (0.2)^3} = 22.9\ \text{MPa}$$

由于 BC 段直径较小,虽然 $T_{BC} < T_{AB}$,但亦应计算 BC 段的 $\tau_{\max 2}$

$$\tau_{\max 2} = \frac{T_{BC}}{W_{tBC}} = \frac{14 \times 10^3}{(\pi/16) \times (0.12)^3} = 41.3\ \text{MPa}$$

两者比较,则最大切应力 $\tau_{\max} = 41.3$ MPa。

例 7-2　轴 AB 传递的功率为 $P=7.5$ kW，转速 $n=360$ r/min。轴的 AC 段为实心圆截面，CB 段为空心圆截面(图 7-9)。已知 $D=3$ cm，$d=2$ cm。试计算 AC 段横截面边缘上的切应力以及 CB 段横截面上外边缘和内边缘处的切应力。

解　(1)计算扭矩。轴的外力偶矩为

$$M_e = 9\,550\ P/n = 9\,550 \times 7.5/360 = 199\ \text{N·m}$$

由截面法可知，每个截面上的扭矩皆为

$$T = 199\ \text{N·m}$$

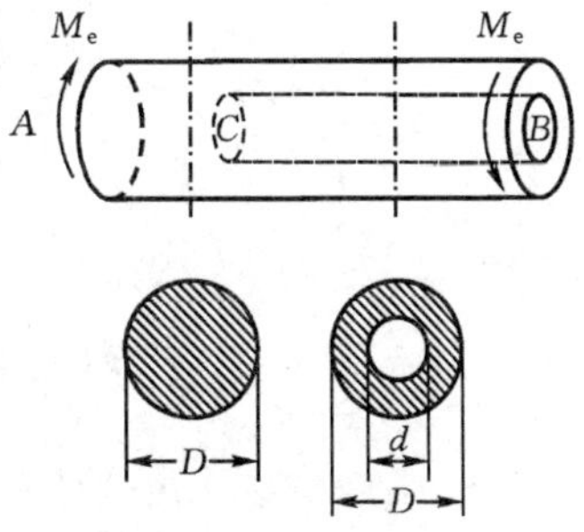

图 7-9

(2) 计算极惯性矩。由式(7-8)和式(7-10)可得，AC 段和 CB 段的极惯性矩分别为

$$I_{p1} = \frac{\pi D^4}{32} = \frac{\pi \times 3^4}{32} = 7.95\ \text{cm}^4$$

$$I_{p2} = \frac{\pi}{32}(D^4 - d^4) = \frac{\pi}{32}(3^4 - 2^4) = 6.38\ \text{cm}^4$$

(3) 计算应力。由式(7-5)，AC 段轴横截面边缘处切应力为

$$\tau_{外}^{AC} = \frac{T}{I_{p1}} \cdot \frac{D}{2} = \frac{199}{7.95 \times 10^{-8}} \times 0.015 = 37.5\ \text{MPa}$$

CB 段轴横截面内、外边缘处的切应力分别为

$$\tau_{内}^{CB} = \frac{T}{I_{p2}} \cdot \frac{d}{2} = \frac{199}{6.38 \times 10^{-8}} \times 0.01 = 31.2\ \text{MPa}$$

$$\tau_{外}^{CB} = \frac{T}{I_{p2}} \cdot \frac{D}{2} = \frac{199}{6.38 \times 10^{-8}} \times 0.015 = 46.8\ \text{MPa}$$

7.2.3　强度条件及提高强度的措施

为了保证轴安全地工作，要求轴内的最大切应力必须小于材料的**许用扭转切应力**$[\tau]$，即

$$\tau_{max} = \frac{T_{max}}{W_t} \leqslant [\tau] \tag{7-13}$$

这就是等直圆轴扭转时的强度条件，式中 T_{max} 是指 $|T|_{max}$。

在阶梯轴的情况下，由于各段的扭转截面系数不同，故全轴的 τ_{max} 不一定发生在 $|T|_{max}$ 所在的截面上，在确定全轴的 τ_{max} 时要综合考虑 T 与 W_t。

许用扭转切应力$[\tau]$的值可由扭转试验，并考虑适当的安全因数来确定。在静载情况下，它与许用拉应力$[\sigma]^+$之间有如下的近似关系：

对于塑性材料，$[\tau]=(0.5\sim0.6)[\sigma]^+$；

对于脆性材料，$[\tau]=(0.8\sim1.0)[\sigma]^+$。

顺便指出，如果分析圆轴扭转时斜截面上的应力，则可以得出结论：受扭圆轴横截面上的切应力是其所有斜截面上切应力的最大值。

例 7-3　汽车传动轴 AB(图 7-10)的外径 $D=90$ mm，壁厚 $t=2.5$ mm，材料为 45 钢。工作时的最大扭矩 $T_{max}=1.5$ kN·m，若材料的$[\tau]=60$ MPa。试校核 AB 轴的强度。

解　(1) 计算扭转截面系数。

$$D = 90\ \text{mm},\quad d = D - 2t = 85\ \text{mm};\quad \alpha = d/D = 0.944$$

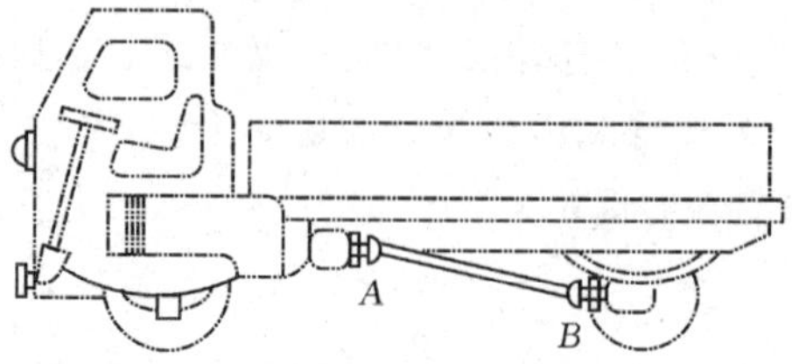

图 7-10

$$W_t = \frac{\pi D^3}{16}(1-\alpha^4) = \frac{\pi \times 90^3}{16}(1-0.944^4) = 292.55\ \text{mm}^3$$

(2) 强度校核。由式(7-13)可得

$$\tau_{max} = \frac{T_{max}}{W_t} = \frac{1\ 500}{292.55 \times 10^{-9}} = 51\ \text{MPa} < [\tau] = 60\ \text{MPa}$$

所以 AB 轴满足强度条件。

上例中,如果传动轴不用钢管而采用实心圆轴,并使其与钢管有相同的强度,即实心轴的最大切应力 τ_{max} 也等于 51 MPa,则有

$$\tau_{max} = \frac{T_{max}}{W_t} = \frac{M_{max}}{(\pi/16)D_1^3} = 51 \times 10^6\ \text{Pa}$$

$$D_1 = \sqrt[3]{\frac{16 \times 1500}{\pi \times 51 \times 10^6}} = 0.053\ 1\ \text{m}$$

实心轴的横截面面积为

$$A_1 = \pi D_1^2/4 = \pi \times 0.053\ 1^2/4 = 22.2 \times 10^{-4}\ \text{m}^2$$

而空心轴的横截面面积为

$$A_2 = \frac{\pi}{4}(D^2 - d^2) = \frac{\pi}{4} \times (0.09^2 - 0.085^2) = 6.87 \times 10^{-4}\ \text{m}^2$$

在两轴长度相等,材料相同的情况下,两轴的重量之比等于横截面面积之比

$$A_2/A_1 = 6.87/22.2 = 0.31$$

可见,在载荷相同的情况下,若采用无缝钢管时,其重量只有实心轴的 31%,耗费的材料要少得多。

为什么扭转构件采用空心圆截面时能节约材料呢？从圆轴扭转时横截面上的应力分布不难说明这个问题。圆轴扭转时横截面上的应力沿半径方向按线性规律分布(图 7-11(a))。如果采用实心轴,由于圆心附近应力很小,材料没有充分利用。如果把这部分材料移到离圆心较远的地方,使其成为空心轴(图 7-11(b)),就会使 I_p 和 W_t 增大,这样可以充分发挥材料的作用,从而提高轴的抗扭强度和承载能力。因此,在工程实际中,只要可能的话最好以钢管代替实心轴。当然,在具体选择合适的截面时,既要从强度、刚度、稳定性等多方面进行考虑,同时也要考虑到加工工艺等因素。

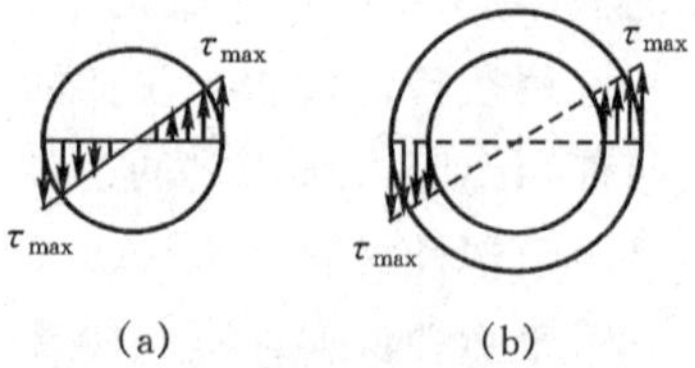

图 7-11

7.3　圆轴扭转时的变形和刚度条件

7.3.1　圆轴扭转时的变形

圆轴扭转时，两横截面间将有绕轴线的相对角位移，这种角位移称为**扭转角** φ，它是圆轴扭转变形的度量，单位用 rad(弧度)来表示。

如图 7-4(b)所示，长为 $\mathrm{d}x$ 的微段圆轴上 q—q 面相对于 p—p 面的扭转角 $\mathrm{d}\varphi$ 由式(7-4)给出

$$\mathrm{d}\varphi=\frac{T}{GI_{\mathrm{p}}}\mathrm{d}x$$

因此长为 l 的一段圆轴两端截面之间的扭转角为

$$\varphi=\int_0^l\frac{T}{GI_{\mathrm{p}}}\mathrm{d}x \tag{7-14}$$

若圆轴的两端截面间的 T 保持不变，且轴为等直圆轴，则圆轴两端截面间的扭转角 φ 为

$$\varphi=\frac{Tl}{GI_{\mathrm{p}}} \tag{7-15}$$

式中：GI_{p} 为圆轴的抗扭刚度。式(7-15)表明，扭转角与扭矩和圆轴的长度成正比，与圆轴的抗扭刚度 GI_{p} 成反比。

在通常情况下，如果圆轴由几段阶梯轴组成，且每段上的 G、I_{p}、T 各为常量，则整个轴两端截面扭转角为各段的扭转角的代数和为

$$\varphi=\sum_{i=1}^{n}\frac{T_il_i}{G_iI_{\mathrm{p}i}} \tag{7-16}$$

例 7-4　已知 $G=80$ GPa，计算例 7-1 中圆轴 A、C 截面间的扭转角。

解　由例 7-1 可知

$$T_{AB}=36\ \mathrm{kN\cdot m},\quad T_{BC}=-14\ \mathrm{kN\cdot m}$$

由式(7-16)，A、C 截面间的扭转角为

$$\begin{aligned}\varphi_{AC}&=\sum_{i=1}^{2}\frac{T_il_i}{G_iI_{\mathrm{p}i}}=\frac{1}{G}\sum_{i=1}^{2}\frac{T_iI_i}{I_{\mathrm{p}i}}\\&=\frac{1}{80\times10^9}\times\frac{1}{\pi/32}\left(\frac{36\times10^3\times5}{0.2^4}-\frac{14\times10^3\times4}{0.12^4}\right)\\&=-0.02\ \mathrm{rad}=-1.15^\circ\end{aligned}$$

负值表示从 x 轴正向看去，C 截面相对于 A 截面顺钟向转动了 1.15°。

7.3.2　刚度条件及提高刚度的措施

扭转构件除了需要满足强度条件外，还需要满足刚度方面的要求，要对它的扭转变形加以限制，否则就不能正常进行工作。例如，机床中的轴如果扭转变形过大，可能引起轴的扭转振动，影响工件的加工精度。

式(7-15)表示的扭转角 φ 的大小与轴的长度 l 有关，还不能完全反映出轴的扭转变形程度。为了准确反映轴的扭转变形，工程中通常采用单位长度内的扭转角来度量变形的程度，即

$$\theta=\frac{\mathrm{d}\varphi}{\mathrm{d}x}=\frac{T}{GI_{\mathrm{p}}}$$

要求 θ 不能超过某一许用值,即

$$\theta=\frac{T}{GI_{\mathrm{p}}}\leqslant[\theta] \tag{7-17}$$

这就是圆轴扭转的刚度条件,$[\theta]$为**单位长度的许用扭转角**,θ 和$[\theta]$的单位均为 rad/m(弧度/米)。工程中$[\theta]$的单位常采用°/m(度/米),如果 θ 的单位也采用°/m,则刚度条件可变换为

$$\theta=\frac{T}{GI_{\mathrm{p}}}\times\frac{180}{\pi}\leqslant[\theta] \tag{7-18}$$

单位长度的许用扭转角$[\theta]$,需根据载荷性质和工作条件等因素确定。在精密、稳定的传动中,$[\theta]=0.25\sim0.5$ °/m;在一般的传动中,$[\theta]=0.5\sim1.0$ °/m;在精度要求不高的传动中,$[\theta]=2\sim4$ °/m。具体数值可查阅有关资料和手册。

类似于强度条件,可利用刚度条件式(7-17)或式(7-18)来校核刚度、设计轴径或计算许用载荷。综合考虑强度条件和刚度条件,关于圆轴的计算包括以下三类问题。

(1) **校核强度、刚度**。已知圆轴的材料、尺寸及所传递的扭矩(即已知$[\tau]$、$[\theta]$、I_{p} 及 T 等),采用式(7-13)和式(7-18)分别校核强度和刚度。

(2) **设计圆轴的直径**。已知圆轴的材料和所传递的扭矩(即已知$[\tau]$、$[\theta]$及 T 等),可分别采用式(7-13)和式(7-18)算得

$$D\geqslant\sqrt[3]{\frac{16T}{\pi[\tau]}},\quad D\geqslant\sqrt[4]{\frac{32T\times180}{G\pi^{2}[\theta]}}$$

从中选出 D 较大者作为圆轴的直径。

(3) **计算圆轴的许用载荷**。已知材料和尺寸(即已知$[\tau]$、$[\theta]$、I_{p} 及 T 等),可分别采用式(7-13)和式(7-18)式算得

$$T\leqslant W_{\mathrm{t}}[\tau],\quad T\leqslant\frac{GI_{\mathrm{p}}\pi[\theta]}{180}$$

从中选取较小的 T 作为圆轴可传递的最大扭矩。

例 7-5 已知一钢质实心圆轴,$D=80$ mm,$G=80$ GPa,转速 $n=900$ r/min,传递的功率 $P=400$ kW,单位长度许用扭转角$[\theta]=1.5$ °/m。(1)校核其刚度;(2)设计合理的直径。

解 (1)计算扭矩。

$$M_{\mathrm{e}}=9\ 550\ P/n=9\ 550\times400/900=4\ 244\ \mathrm{N\cdot m}$$

(2) 计算 I_{p}。

$$I_{\mathrm{p}}=\frac{\pi}{32}D^{4}=\frac{\pi}{32}\times0.08^{4}=4.02\times10^{-6}\ \mathrm{m}^{4}$$

(3) 校核刚度。由式(7-18)可得

$$\theta=\frac{T}{GI_{\mathrm{p}}}\times\frac{180}{\pi}=\frac{4\ 244\times180}{80\times10^{9}\times4.02\times10^{-6}\times\pi}$$
$$=0.76\ °/\mathrm{m}<[\theta]=1.5\ °/\mathrm{m}$$

满足刚度要求。

(4) 选取合理直径。由式(7-18)可得

$$\theta=\frac{T}{GI_{\mathrm{p}}}\times\frac{180}{\pi}\leqslant[\theta]$$

则　$D_1 \geqslant \sqrt[4]{\dfrac{32T\times 180}{G\pi^2[\theta]}} = \sqrt[4]{\dfrac{32\times 4\ 244\times 180}{80\times 10^9\times \pi^2\times 1.5}} = 0.067\ 4\ \text{m} = 67.4\ \text{mm}$

考虑到实际应用，可选 $D_1 = 70$ mm

例 7－6　图 7－12(a)所示的阶梯状圆轴，已知 AC 段的直径为 $d_1=40$ mm，CB 段的直径为 $d_2=70$ mm，在 B 轮的输入功率 $P_3=35$ kW，在 A 轮的输出功率 $P_1=15$ kW，轴作匀速转动，转速 $n=200$ r/min。轴材料的 $G=80$ GPa，$[\tau]=60$ MPa，轴的 $[\theta]=2$ °/m。试校核轴的强度和刚度。

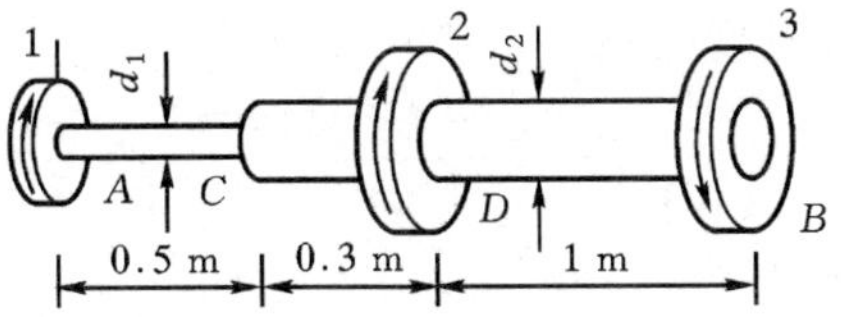

(a)

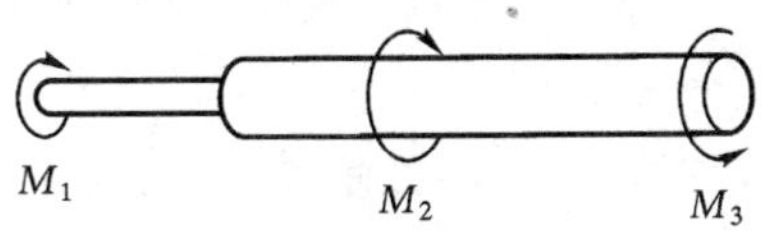

(b)

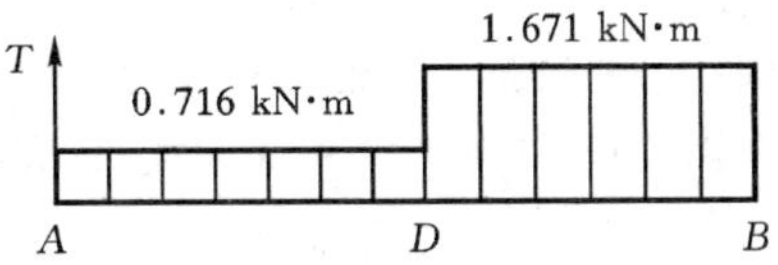

(c)

图 7－12

解　(1)计算外力偶矩。由式 $M_e=9\ 550\ P/n$ 可得

$$M_3 = 9\ 550\times 35/200 = 1\ 671\ \text{N·m} = 1.671\ \text{kN·m}$$

$$M_1 = 9\ 550\times 15/200 = 716\ \text{N·m} = 0.716\ \text{kN·m}$$

由平衡条件得　$$M_2 = M_3 - M_1 = 0.955\ \text{kN·m}$$

(2) 作扭矩图。用截面法可求得各段上的扭矩分别为

AD 段　$T_1 = M_1 = 0.716$ kN·m，　DB 段　$T_2 = M_3 = 1.671$ kN·m

作扭矩图如图 7－12(c)所示。

(3) 计算极惯性矩 I_p 和扭转截面系数 W_t。由式(7－8)和式(7－9)可算得

AC 段　$I_{p1} = \dfrac{\pi d_1^4}{32} = \dfrac{\pi\times 40^4}{32} = 2.51\times 10^5\ \text{mm}^4$

$$W_{t1} = \frac{I_{p1}}{d_1/2} = \frac{2.51\times 10^5}{20} = 1.256\times 10^4\ \text{mm}^3$$

CB 段　$I_{p2} = \dfrac{\pi d_2^4}{32} = \dfrac{\pi\times 70^4}{32} = 23.57\times 10^5\ \text{mm}^4$

$$W_{t2} = \frac{I_{p2}}{d_2/2} = \frac{23.57\times 70^5}{35} = 6.734\times 10^4\ \text{mm}^3$$

(4) 校核强度。由扭矩图知，最大扭矩发生在 DB 段，但该段的直径较大；AC 段的扭矩较

小,但该段的直径也较小。因此,AC 段和 DB 段都可能成为危险截面,应分别校核。由式(7-13)可得

$$AC\text{段}\quad \tau_{\max1}=\frac{T_1}{W_{t1}}=\frac{0.716\times10^3}{1.256\times10^4\times10^{-9}}=57\ \text{MPa}<[\tau]=60\ \text{MPa}$$

$$DB\text{段}\quad \tau_{\max2}=\frac{T_2}{W_{t2}}=\frac{1.671\times10^3}{6.734\times10^4\times10^{-9}}=24.8\ \text{MPa}<[\tau]=60\ \text{MPa}$$

所以该轴满足强度要求。

(5) 校核刚度。由式(7-18),轴的单位长度扭转角与扭矩 T 和极惯性矩 I_p 都有关系,故须分别对 AC 段和 DB 段进行刚度校核。

$$AC\text{段}\quad \theta_1=\frac{T_1}{GI_{p1}}\times\frac{180}{\pi}=\frac{0.716\times10^3\times180}{80\times10^9\times2.51\times10^5\times10^{-12}\times\pi}=2.04\ ^\circ/\text{m}>[\theta]=2\ ^\circ/\text{m}$$

$$DB\text{段}\quad \theta_2=\frac{T_2}{GI_{p2}}\times\frac{180}{\pi}=\frac{1.671\times10^3\times180}{80\times10^9\times23.57\times10^5\times10^{-12}\times\pi}=0.51\ ^\circ/\text{m}<[\theta]=2\ ^\circ/\text{m}$$

全轴中最大的单位长度扭转角发生在 AC 段,已超过了$[\theta]$,但

$$\frac{\theta_1-[\theta]}{[\theta]}\times100\%=\frac{2.04-2.0}{2.0}=2\%<5\%$$

工程上一般认为,在进行强度和刚度校核时,如果工作应力、单位扭转角等不超过许用值的5%时仍可使用,原因是在确定许用值时考虑了大于 1 的安全因数 n,所以该轴的刚度条件也可认为是满足的。

思考题

7-1 已知图示的微元体一个面上的切应力 τ,问其它几个面上的切应力是否可以确定?如何确定?

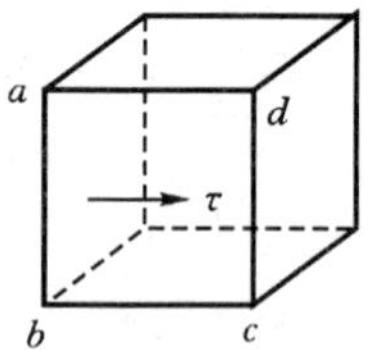

思 7-1 图

7-2 当微元体上同时存在切应力和正应力时,切应力互等定理是否仍然成立?为什么?

7-3 在切应力作用下微元体将发生怎样的变形?剪切胡克定律说明什么?它在什么条件下才成立?

7-4 图示的两个传动轴,哪一种轮的布置对提高轴的承载能力有利?

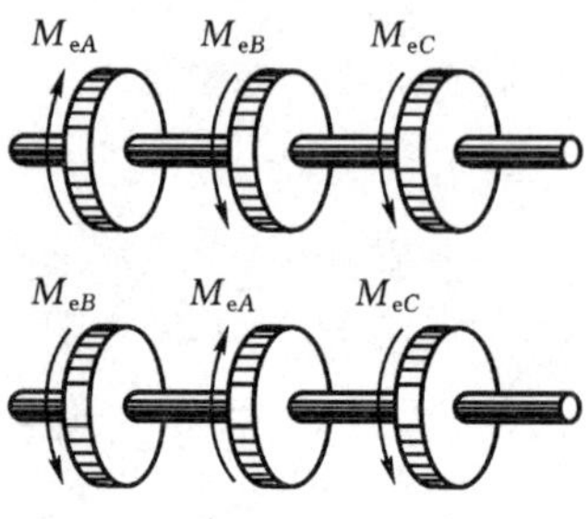

思 7-4 图

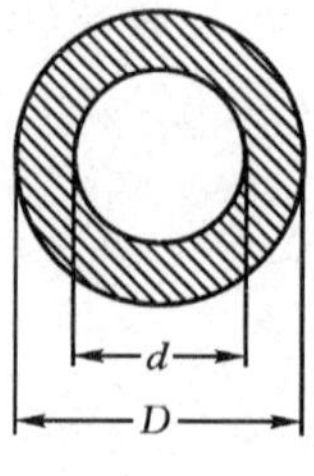

思 7-5 图

7-5 图示空心圆轴的极惯性矩 I_p 和扭转截面系数 W_t 可否按下式计算

$$I_p = I_{p外} - I_{p内} = \pi D^4/32 - \pi d^4/32,$$
$$W_t = W_{外} - W_{内} = \pi D^3/16 - \pi d^3/16$$

为什么？

7-6　直径 d 和长度 l 都相同，而材料不同的两根轴，在相同的扭矩作用下，它们的最大切应力 τ_{max} 是否相同？扭转角 φ 是否相同？为什么？

习　题

7-1　T 为圆截面杆上的扭矩，试画出截面上与 T 对应的切应力分布图。

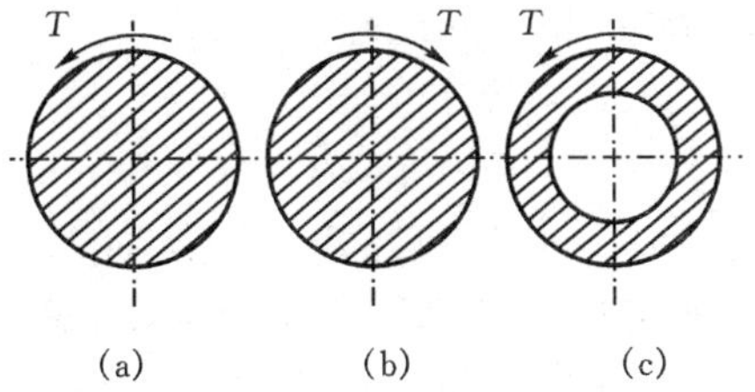

题 7-1 图

7-2　飞机在转弯时，前起落架旋转臂所受的扭矩为 T=1 377.84 N·m，旋转臂某一截面的尺寸如图所示。求截面上的最大切应力。

7-3　实心圆轴的直径 d=100 mm，长 l=1 m，两端受力偶矩 M_e=14 kN·m作用。设 $G=80\times10^9$ Pa，求：(1)最大切应力及两端截面间的相对扭转角；(2)图示 A、B、C 三点切应力的数值及方向。

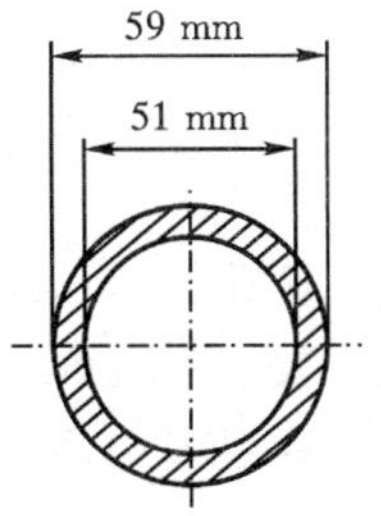

题 7-2 图

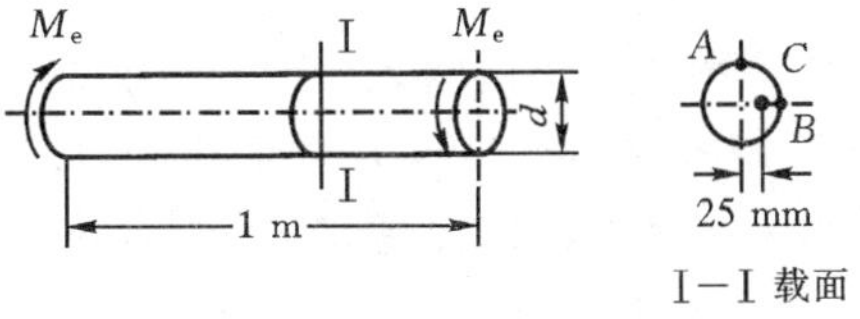

题 7-3 图

7-4　一圆轴以 300 r/min 的转速传递 33 kW 的功率。若[τ]=40 MPa，[θ]=0.5 °/m，G=80 GPa，求轴的直径。

7-5　一根钢轴，直径为 20 mm。若[τ]=100 MPa，求此轴能承受的扭矩；若转速为 100 r/min，求此轴能传递多大功率。

7-6　机器主轴由电机带动。已知电机的功率为 55 kW，主轴转速为580 r/min，直径 d=120 mm，许用切应力[τ]=40 MPa。若不考虑功率损耗，试校核主轴的强度。

7-7　实心轴和空心轴通过十字联轴器连接，已知轴的转速 n=100 r/min，传递的功率 P=7.5 kW，材料的许用切应力[τ]=40 MPa。试选择实心轴的直径 d_1 和内外径之比为 1/2 的空心轴的外径 D_2。

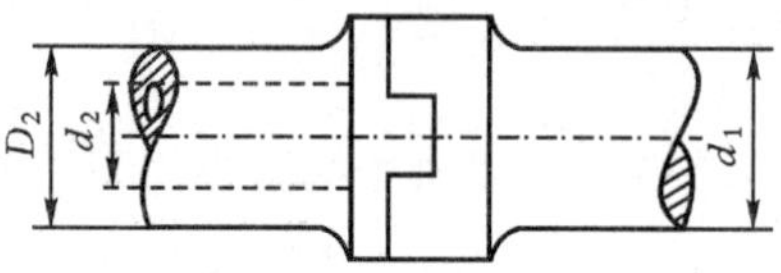

题 7-7 图

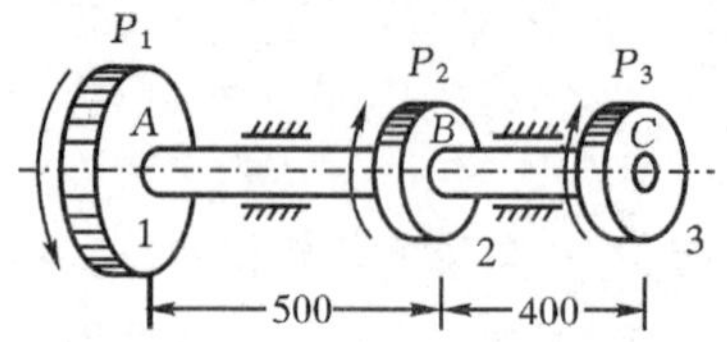

题 7-8 图

7-8 传动轴的转速为 $n=500$ r/min,主动轮 1 输入功率 $P_1=367.5$ kW,从动轮 2、3 分别输出功率为 $P_2=147$ kW 和 $P_3=220.5$ kW。已知$[\tau]=70$ MPa,$[\theta]=1$ °/m, $G=80$ GPa。

(1) 试确定 AB 段的直径和 BC 段的直径;

(2) 试问主动轮和从动轮应怎样安排才合理?

7-9 已知钻探机钻杆的外径 $D=60$ mm,内径 $d=50$ mm,功率 $P=7.35$ kW,转速 $n=180$ r/min,钻杆钻入地层深度 $l=40$ m,$G=80$ GPa,$[\tau]=40$ MPa。假定地层对钻杆的阻力矩 M 沿长度均匀分布。(1)试求地层对钻杆单位长度上的阻力矩 M;(2)进行强度校核;(3)求 A、B 两截面之间相对扭转角。

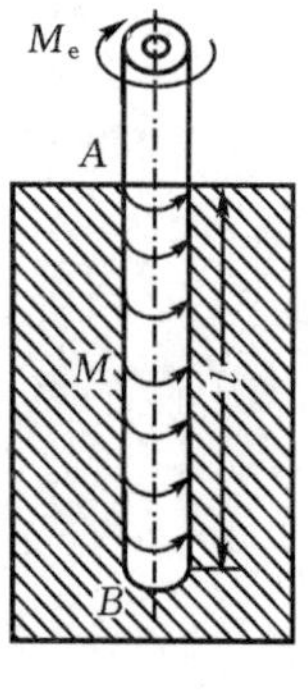

题 7-9 图

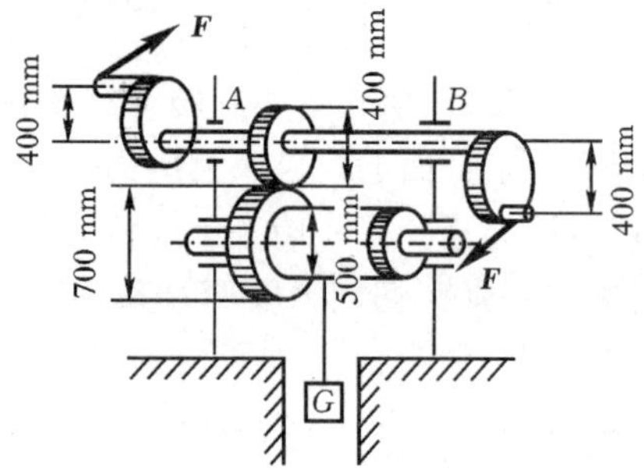

题 7-10 图

7-10 图示绞车由两人同时操作,每人加在手柄上的力 F 都是 200 N。若轴的许用切应力$[\tau]=40$ MPa,试求:(1)AB 轴的直径 d;(2)绞车可能吊起的最大重量 W。

7-11 一轴系由两段直径 $d=100$ mm 带端头圆盘的圆轴用螺栓连接而成,轴扭转时最大切应力为 70 MPa,螺栓的直径 $d_1=20$ mm,并布置在 $D_0=200$ mm的圆周上。设螺栓许用切应力$[\tau]=60$ MPa,求所需螺栓数量 n。

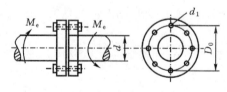

题 7-11 图

第 8 章　梁的强度和刚度

由杆件的内力介绍知，一般情况下梁的横截面上既存在剪力，也存在弯矩。由于只有切向微内力 $\tau \mathrm{d}A$ 才能构成剪力 F_S；只有法向微内力 $\sigma \mathrm{d}A$ 才能构成弯矩 M，所以在梁的横截面上将同时存在切应力 τ 和正应力 σ。因此，为了解决梁的强度问题，必须进一步研究正应力 σ 和切应力 τ 在梁的横截面上的分布规律。

8.1　梁的弯曲正应力和正应力强度条件

8.1.1　弯曲正应力

工程实际中最常见的梁往往至少具有一个纵向对称面，而外力则作用在该对称面内(图 8-1)。在这种情况下，梁的变形对称于纵向对称面，这种变形形式即为平面弯曲。它是弯曲问题中最基本、最常见的情况。本节研究梁在平面弯曲时的正应力及相应的强度条件。

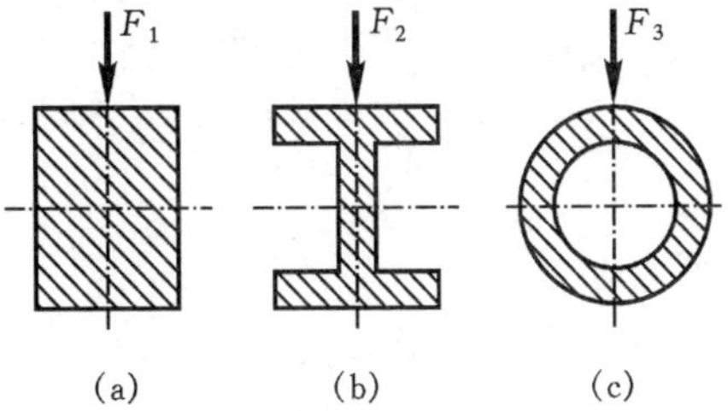

图 8-1

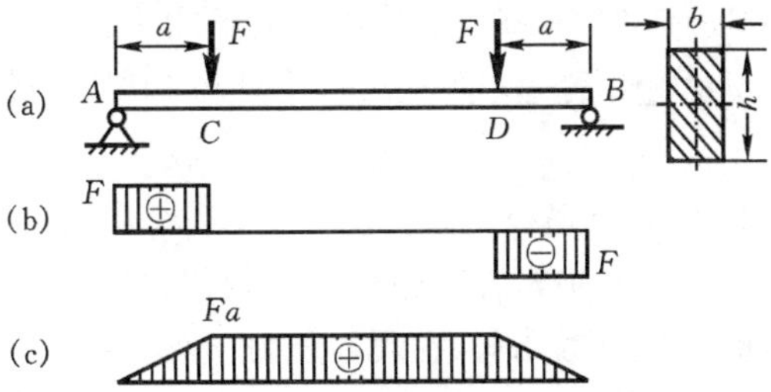

图 8-2

图 8-2(a)所示的简支梁，两个外力 F 对称地作用于梁的纵向对称面内，其剪力图和弯矩图分别如图 8-2(b)和(c)所示。从图中看出，在 AC 和 DB 两段内，梁的各个横截面上既有剪力，又有弯矩，因而既存在切应力 τ，又存在正应力 σ，此类弯曲称为**横力弯曲或剪切弯曲**。在梁的 CD 段内，各个横截面上剪力等于零，而弯矩为常量，因而横截面上只有正应力而无切应力，此类弯曲称为**纯弯曲**。现首先研究纯弯曲时梁的横截面上的弯曲正应力，然后研究横力弯曲时梁的横截面上的切应力。

1. 纯弯曲试验研究和变形基本假设

纯弯曲试验在材料试验机上进行。取对称截面梁，例如，矩形截面梁，在其侧表面上画上等间距的纵线和横线(图 8-3(a))。然后在梁的纵向对称面内加大小相等、转向相反的力偶 M，使梁产生纯弯曲变形(图 8-3(b))。观察梁的变形可见：

(1) 横线仍为直线，且仍与纵线正交，只是横截面作相对转动；

(2) 纵线弯成曲线，且靠近梁顶面的纵线缩短，靠近梁底面的纵线伸长；

(3) 在纵线的伸长区，梁的宽度减小，在纵线的缩短区，宽度增大。

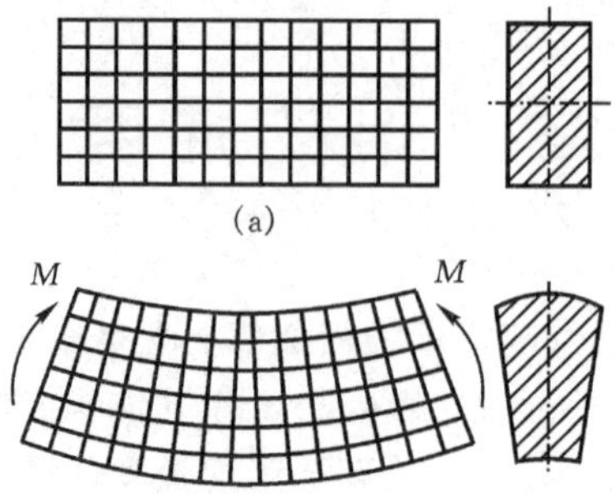

(a)　(b)

图 8-3

根据试验观察到的表面变形现象,对梁内部变形和受力作如下假设。

(1) **平面假设**。变形前原为平面的横截面,变形后仍保持为平面,且仍与梁的轴线正交,只是横截面间作相对转动。

(2) **单向受力假设**。各纵向“纤维”单向受力,各纵向“纤维”之间无挤压作用的正应力。

根据纯弯曲试验现象和纯弯曲变形的基本假设,可以设想梁是由无数层纵向“纤维”构成的。当梁弯曲时,纵向“纤维”的变形沿截面高度是连续变化的,纵向“纤维”从伸长区到缩短区之间必有一层“纤维”既不伸长也不缩短,这一长度保持不变的过渡层称为**中性层**(图 8-4),中性层和横截面的交线称为**中性轴**。

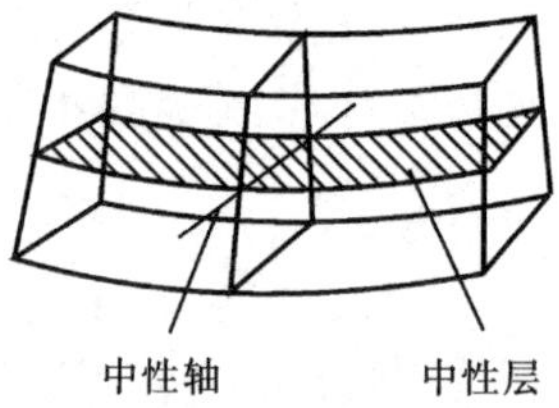

图 8-4

2. 纯弯曲时梁的正应力

和研究圆轴扭转时的切应力相似,研究梁弯曲时的正应力,也是从综合考虑几何、物理和静力三个方面的关系入手,建立弯曲正应力公式。

(1) 变形几何关系。

用横截面 1—1 和 2—2 从梁中切取长为 dx 的一段,并沿截面的纵向对称轴和中性轴分别建立 y 轴和 z 轴(图 8-5(a))。梁弯曲后,距中性层为 y 的纤维 ab 变为弧$\overset{\frown}{a'b'}$(图 8-5(b))。设截面 1—1 和 2—2 间的相对转角为 dθ,中性层 O_1O_2 的曲率半径为 ρ,则纤维$\overline{ab}$的变形为

$$\Delta l = \overset{\frown}{a'b'} - \overline{ab} = \overset{\frown}{a'b'} - \overline{O_1O_2} = \overset{\frown}{a'b'} - \overset{\frown}{O_1'O_2'}$$
$$= (\rho + y)\mathrm{d}\theta - \rho\mathrm{d}\theta = y\mathrm{d}\theta$$

而其线应变为

$$\varepsilon = \frac{\Delta l}{l} = \frac{y\mathrm{d}\theta}{\mathrm{d}x} = \frac{y\mathrm{d}\theta}{\rho\mathrm{d}\theta} = \frac{y}{\rho} \tag{1}$$

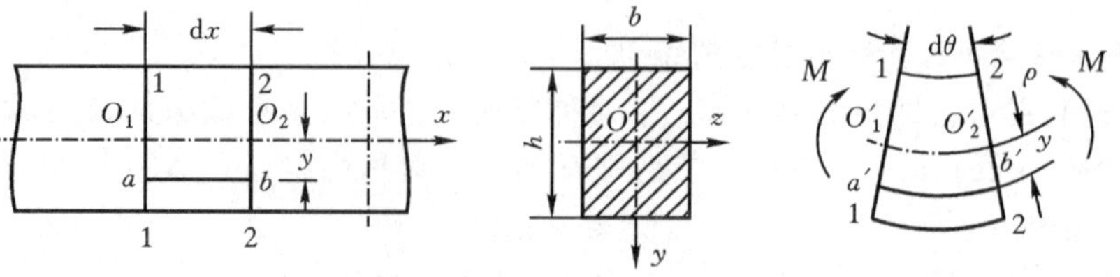

(a)　(b)

图 8-5

实际上，由于距中性层等远的各条“纤维”的变形相同。因此纵向“纤维”的线应变与它到中性层的距离成正比。

（2）变形物理关系。

根据单向受力假设，各纵向“纤维“处于单向受力状态，在正应力不超过材料的比例极限时，对每一纵向“纤维”都可应用单向拉(压)时的胡克定律，即

$$\sigma = E\varepsilon$$

将(1)式代入上式，得

$$\sigma = Ey/\rho \tag{2}$$

上式说明：σ 与 y 成正比，即横截面上的正应力沿截面高度按直线规律变化，且中性轴上各点处的正应力均为零(图 8-6)。

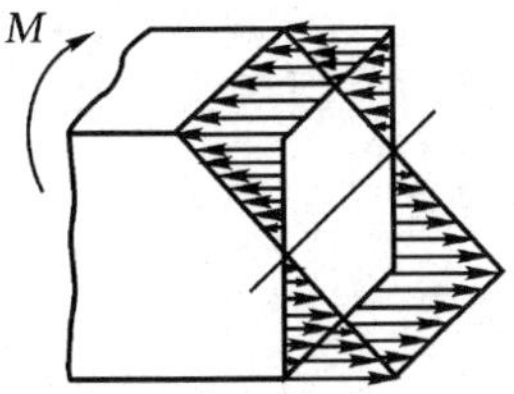

图 8-6

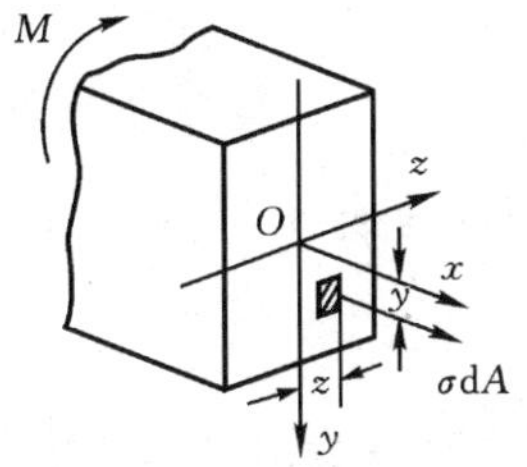

图 8-7

（3）应力与内力间的静力关系。

如图 8-7 所示，距中性轴为 y 的微面积 $\mathrm{d}A$ 上作用着微内力 $\sigma\mathrm{d}A$，横截面上各点处的微内力组成一个垂直于横截面的空间平行力系。该平行力系的三个分量分别为

$$F_{\mathrm{N}} = \int_A \sigma\mathrm{d}A,\quad M_y = \int_A z\sigma\mathrm{d}A,\quad M_z = \int_A y\sigma\mathrm{d}A$$

式中：F_{N} 为平行于 x 轴的轴力，在纯弯曲的情况下，梁的横截面上没有轴力，只有位于 Oxy 平面内的弯矩 M，于是由截面法得

$$\int_A \sigma\mathrm{d}A = 0 \tag{3}$$

$$\int_A \sigma z\,\mathrm{d}A = 0 \tag{4}$$

$$\int_A \sigma y\,\mathrm{d}A = M \tag{5}$$

将(2)式代入(3)式，得

$$\int_A \frac{E}{\rho}y\mathrm{d}A = \frac{E}{\rho}\int_A y\mathrm{d}A = 0$$

或

$$\int_A y\mathrm{d}A = 0 \tag{6}$$

上式中积分 $\int_A y\mathrm{d}A = S_z$，称为横截面对 z 轴的**静矩**。由形心坐标公式

$$y_C = \frac{\int_A y\mathrm{d}A}{\int_A \mathrm{d}A}$$

可知,只有当 z 轴通过截面形心,即 $y_C = 0$ 时,才可能有 $S_z = \int_A y\mathrm{d}A = 0$,故(6) 式表明,中性轴通过横截面的形心。

将(2) 式代入(4) 式,得

$$\int_A z\sigma\mathrm{d}A = \int_A \frac{E}{\rho}zy\mathrm{d}A = \frac{E}{\rho}\int_A zy\mathrm{d}A = 0 \tag{7}$$

式中:积分$\int_A zy\mathrm{d}A = I_{zy}$,称为横截面对 y 轴和 z 轴的**惯性积**。由于 y 轴是横截面的对称轴,必然有 $I_{zy} = 0$,所以(7) 式是自然满足的。

将(2) 式代入(5) 式,得

$$M = \int_A y\sigma\mathrm{d}A = \int_A \frac{E}{\rho}y^2\mathrm{d}A = \frac{E}{\rho}\int_A y^2\mathrm{d}A \tag{8}$$

式中:积分$\int_A y^2\mathrm{d}A = I_z$,称为横截面对 z 轴的**惯性矩**,它是与截面形状和尺寸有关的几何量。

(8)式可以改写成

$$\frac{1}{\rho} = \frac{M}{EI_z} \tag{8-1}$$

式(8-1)是用梁轴线变形后的曲率 $1/\rho$ 表示的弯曲变形公式。它表明,中性层的曲率 $1/\rho$ 与弯矩 M 成正比,与 EI_z 成反比。EI_z 越大,则曲率 $1/\rho$ 越小,反映梁的弯曲变形越小,故 EI_z 称为梁的**抗弯刚度**。

将式(8-1)中的 $1/\rho$ 代入(2)式,得

$$\sigma = \frac{My}{I_z} \tag{8-2}$$

这就是纯弯曲时梁横截面上正应力的计算公式。

弯曲变形公式(8-1)和弯曲正应力公式(8-2)经试验验证是正确的,说明在以上分析中所采用的平面假设和单向受力假设是正确的。

还应指出,以上公式虽然是在纯弯曲情况下建立的,但在一定条件下,同样适用于横力弯曲的情况,将在 8.2 节梁的切应力中讨论。

3. 最大弯曲正应力

由式(8-2)可以看出,在 $y=y_{\max}$,即横截面上离中性轴最远的各点处,弯曲正应力最大,其值为

$$\sigma_{\max} = \frac{My_{\max}}{I_z}, \quad 或 \quad \sigma_{\max} = \frac{M_{\max}}{I_z/y_{\max}}$$

式中:$I_z/y_{\max}$也是只与横截面的形状和尺寸有关的几何量,称为**弯曲截面系数**,用 W_z 表示,即

$$W_z = I_z/y_{\max} \tag{8-3}$$

这样,最大正应力公式可写为

$$\sigma_{\max} = M/W_z \tag{8-4}$$

可见,横截面上最大弯曲正应力与弯矩成正比,与弯曲截面系数成反比。弯曲截面系数 W_z 综合反映了横截面的形状和尺寸对弯曲强度的影响,其量纲是长度的三次方。工程实际中常见的矩形和圆形截面的弯曲截面系数分别为以下几种。

(1)高为 h、宽为 b 的矩形截面(图 8-8)。

$$W_z = \frac{I_z}{h/2} = \frac{bh^3/12}{h/2} = \frac{bh^2}{6}$$

(2)直径为 d 的圆形截面(图 8－9)。

$$W_z = \frac{I_z}{d/2} = \frac{\pi d^4/64}{d/2} = \frac{\pi d^3}{32}$$

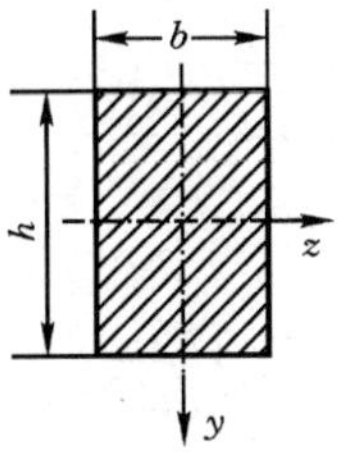

图 8－8

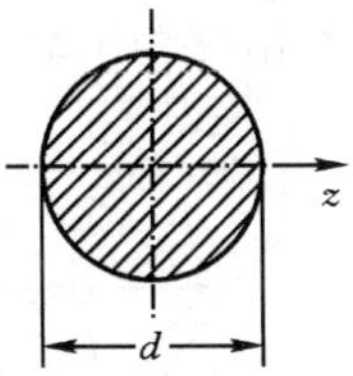

图 8－9

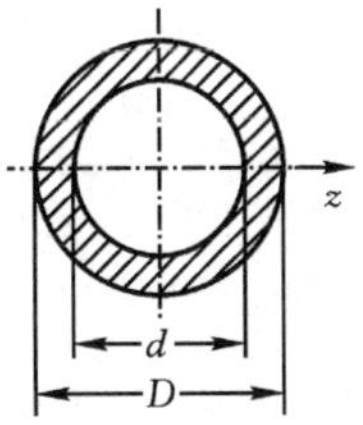

图 8－10

(3)内径为 d、外径为 D 的圆环形截面(图 8－10)。

$$W_z = \frac{I_z}{D/2} = \frac{(\pi D^4/64)(1-\alpha^4)}{D/2} = \frac{\pi D^3}{32}(1-\alpha^4)$$

式中:$\alpha = d/D$ 为内外径之比。其他各种型钢的弯曲截面系数,可在附录Ⅱ型钢表中查到。

若梁的横截面对中性轴不对称,例如,图 8－11 中的 T 形截面,其最大拉应力和最大压应力并不相等,这时应分别把 y_1 和 y_2 代入式(8－2)中计算最大拉应力和最大压应力

$$\sigma_{\max}^{+} = My_2/I_z, \quad \sigma_{\max}^{-} = My_1/I_z$$

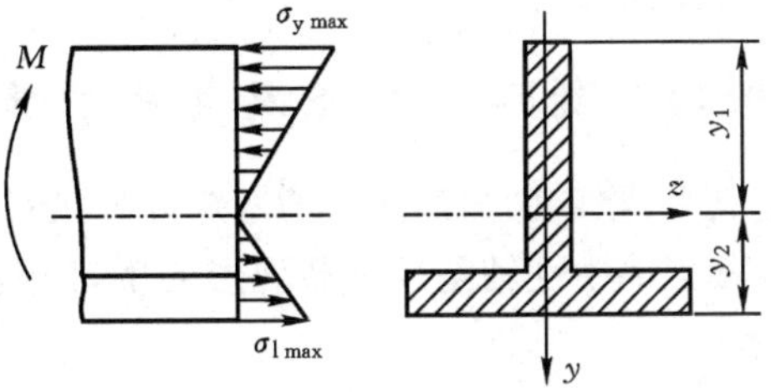

图 8－11

例 8－1　T 形截面外伸梁的受力和截面尺寸如图 8－12(a)所示,$I_z = 7.65 \times 10^6\ \text{mm}^4$,求梁内最大拉应力和最大压应力。

解　作弯矩图如图 8－12(b)所示,B、D 两截面弯矩转向不同(图 8－12(c))。

B 截面:$M_B = -4\ 400\ \text{N·m}$;　D 截面:$M_D = 2\ 800\ \text{N·m}$。

在 B 截面上,中性层以上受拉、中性层以下受压,且压应力的数值大于拉应力的数值。在 D 截面上则相反,最大拉应力的数值大于最大压应力的数值。

因为 B 截面上弯矩的绝对值比 D 截面的大,所以 B 截面上的最大压应力数值一定比 D 截面的大。但最大拉应力两个截面上的数值都比较大,只有实际计算才能比较其大小

$$B\text{截面}:\sigma_{\max}^{-} = \frac{M_B y_2}{I_z} = \frac{-4\ 400 \times 10^3 \times 88}{7.65 \times 10^6} = -50.6\ \text{MPa}$$

$$\sigma_{\max}^{+} = \frac{M_B y_1}{I_z} = \frac{-4\ 400 \times 10^3 \times (-52)}{7.65 \times 10^6} = 30\ \text{MPa}$$

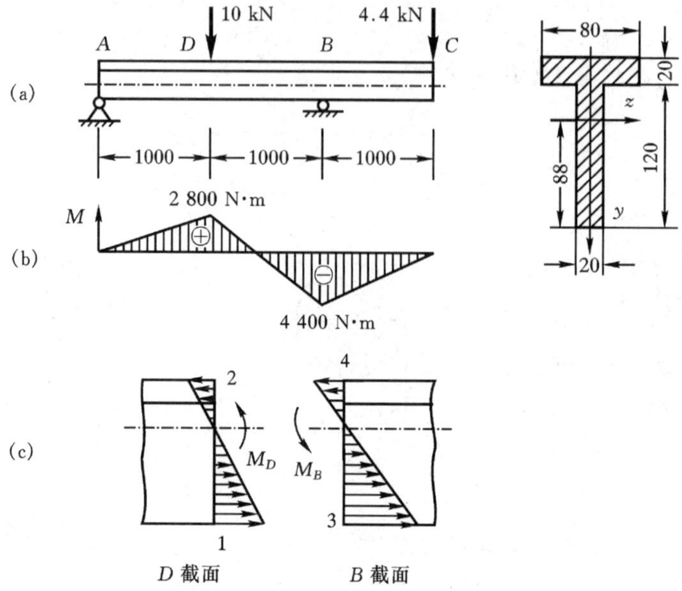

图 8-12

$$D\text{ 截面}:\sigma_{\max}^{+} = \frac{M_D y_2}{I_z} = \frac{2\ 800 \times 10^3 \times 88}{7.65 \times 10^6} = 32.2\ \text{MPa}$$

可见,最大拉应力发生在 D 截面的下边缘各点,其值为 32.2 MPa,最大压应力发生在 B 截面的下边缘各点,其值为 −50.6 MPa。

8.1.2　平面图形的静矩和惯性矩及其平行移轴公式

用式(8-2)计算弯曲正应力,除了已知截面上的弯矩以外,还须知道截面上中性轴的位置和截面对中性轴的惯性矩。截面的中性轴是通过截面形心的,因此只要确定了截面形心的坐标,也就确定了中性轴的位置。

1. 平面图形的静矩和惯性矩

图 8-13 所示的任意平面图形,其面积为 A,y 轴和 z 轴是平面图形所在平面内的任意直角坐标轴。在平面图形内取微面积 $\mathrm{d}A$。平面图形形心 C 的位置坐标为

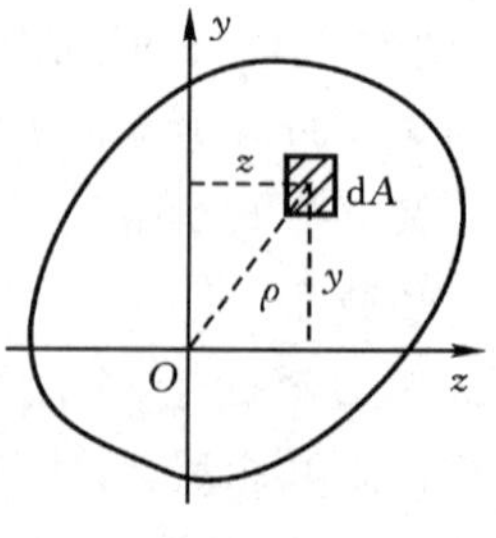

图 8-13

$$y_C = \frac{\int_A y\mathrm{d}A}{A},\quad z_C = \frac{\int_A z\mathrm{d}A}{A}$$

式中:$\int_A y\mathrm{d}A$ 和 $\int_A z\mathrm{d}A$ 分别称为平面图形对 z 轴和 y 轴的**静矩或一次矩**,用 S_z 和 S_y 表示,即

$$S_z = \int_A y\mathrm{d}A,\quad S_y = \int_A z\mathrm{d}A$$

于是,平面图形形心 C 的坐标可以表示为

$$y_C = S_z/A,\quad z_C = S_y/A$$

由此可见，当平面图形对 z 轴或 y 轴的静矩为零时，则该平面图形的形心 C 必位于 y 轴或 z 轴上。

根据积分的性质，当截面是由若干简单平面图形（如矩形、三角形、圆形等）组成时（图 8－14），截面图形对某一轴的静矩等于组成该截面的各平面图形对同一轴静矩的代数和，即

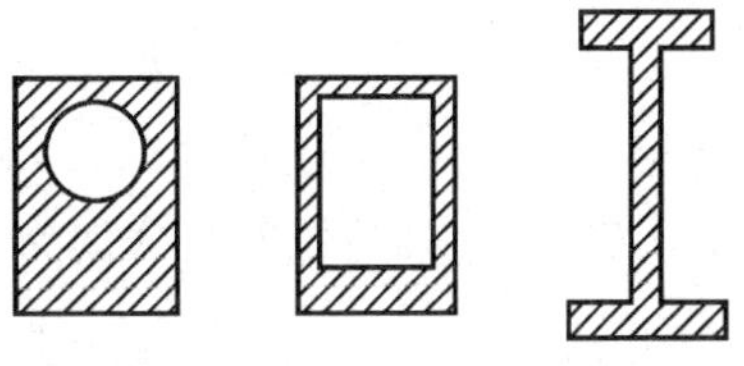

(a)　　(b)　　(c)

图 8－14

$$S_z=\int_A y\mathrm{d}A=\int_{A_1} y\mathrm{d}A+\int_{A_2} y\mathrm{d}A+\cdots+\int_{A_n} y\mathrm{d}A$$
$$=S_{z1}+S_{z2}+\cdots+S_{zn}=\sum S_{zi}=\sum A_i y_{Ci}$$

同理　$$S_y=\int_A z\mathrm{d}A=\sum S_{yi}=\sum A_i z_{Ci}$$

式中：A_i 和 y_{Ci}、z_{Ci} 分别表示任一组成部分的面积及形心的坐标。n 表示截面由 n 个平面图形组成，整个截面的形心 C 的坐标可表示为

$$y_C=\frac{S_z}{A}=\frac{\sum A_i y_{Ci}}{\sum A_i},\quad z_C=\frac{S_y}{A}=\frac{\sum A_i z_{Ci}}{\sum A_i}$$

由图 8－13，乘积 $y^2\mathrm{d}A$ 和 $z^2\mathrm{d}A$ 分别称为微面积 $\mathrm{d}A$ 对 z 轴和 y 轴的**惯性矩**或**二次矩**。乘积 $yz\mathrm{d}A$ 称为微面积 $\mathrm{d}A$ 对 y 轴和 z 轴的惯性积。而遍及整个截面 A 的积分

$$I_z=\int_A y^2\mathrm{d}A,\quad I_y=\int_A z^2\mathrm{d}A;\quad I_{yz}=\int_A yz\mathrm{d}A$$

分别称为平面图形 A 对 z 轴、y 轴的惯性矩和对 y、z 轴的**惯性积**，其量纲都是长度的四次方。

由于 y^2 和 z^2 总是正值，所以惯性矩 I_z 和 I_y 恒为正；而 I_{yz} 则因其坐标轴的位置不同，可为正、亦可为负，还可为零（如当 y 或 z 轴为形心轴时，$I_{yz}=0$）。

如果把惯性矩写成平面图形的面积 A 与某一长度平方的乘积，即

$$I_y=Ai_y^2,\quad I_z=Ai_z^2$$

或　$$i_y=\sqrt{I_y/A},\quad i_z=\sqrt{I_z/A}$$

则称 i_y 和 i_z 分别为截面对 y 轴和 z 轴的**惯性半径**，其量纲为长度的一次幂。

若以 ρ 表示微面积 $\mathrm{d}A$ 到坐标原点 O 的距离，则积分

$$\int_A \rho^2\mathrm{d}A=I_\mathrm{p}$$

即为截面 A 对原点的极惯性矩。由图 8－13 知 $\rho^2=y^2+z^2$，则

$$I_\mathrm{p}=\int_A \rho^2\mathrm{d}A=\int_A y^2\mathrm{d}A+\int_A z^2\mathrm{d}A=I_z+I_y$$

即截面对任一点的极惯性矩，等于此截面对过该点的任一对互相垂直的坐标轴的惯性矩之和。当截面由若干简单几何图形组成时，根据积分原理，组合截面对任一轴的惯性矩等于其组成部分各平面图形对同一轴惯性矩的代数和，即

$$I_z=\int_A y^2\mathrm{d}A=\int_{A_1} y^2\mathrm{d}A+\int_{A_2} y^2\mathrm{d}A+\cdots+\int_{A_n} y^2\mathrm{d}A$$
$$=I_{z1}+I_{z2}+\cdots+I_{zn}=\sum I_{zi}$$

式中：A_1，A_2，…，A_n 为组合截面各组成部分平面图形的面积；I_{z1}，I_{z2}，…，I_{zn} 为各平面图形对 z

轴的惯性矩，n 表示截面由 n 个平面图形组成。

2. 惯性矩的平行移轴公式

图 8－15 所示为任意平面图形，y_C、z_C 轴为其形心坐标轴，而 y、z 轴分别与 y_C、z_C 轴平行，在 Oyz 坐标系内，图形形心 C 的坐标为(a,b)。在任一点(y,z)处，取微面积 dA，则平面图形 A 对 z 轴和 z_C 轴的惯性矩分别为

$$I_z = \int_A y^2 dA \tag{1}$$

$$I_{z_C} = \int_A y_C^2 dA \tag{2}$$

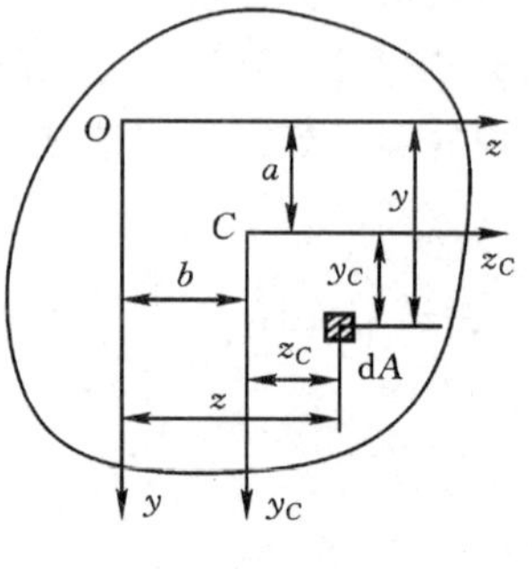

图 8－15

由图 8－15 可见

$$y = y_C + a \tag{3}$$

将(3)式代入(1)式，得

$$\begin{aligned} I_z &= \int_A (y_C + a)^2 dA = \int_A y_C^2 dA + 2a\int_A y_C dA + a^2\int_A dA \\ &= I_{z_C} + 2aS_{z_C} + a^2 A \end{aligned}$$

由于 z_C 轴是形心轴，$S_{z_C}=0$。于是上式变为

$$I_z = I_{z_C} + a^2 A \tag{8-5}$$

同理可得

$$I_y = I_{y_C} + b^2 A \tag{8-6}$$

式(8－5)和式(8－6)称为**惯性矩的平行移轴公式**。利用移轴公式可由平面图形对其形心轴的惯性矩计算与形心轴平行的其它坐标轴的惯性矩。

例 8－2　求高为 h、宽为 b 的矩形截面对其形心轴的惯性矩。

解　以形心 O 为原点建立坐标系 Oyz(图8－16)。取平行于 z 轴的狭长条作为微面积 dA，则 $dA=bdy$，矩形截面对 z 轴的惯性矩为

$$I_z = \int_A y^2 dA = \int_{-h/2}^{h/2} by^2 dy = \frac{bh^3}{12}$$

同理可得

$$I_y = hb^3/12$$

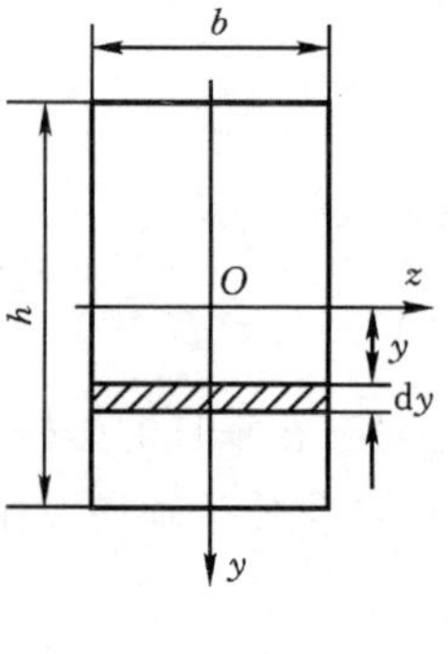

图 8－16

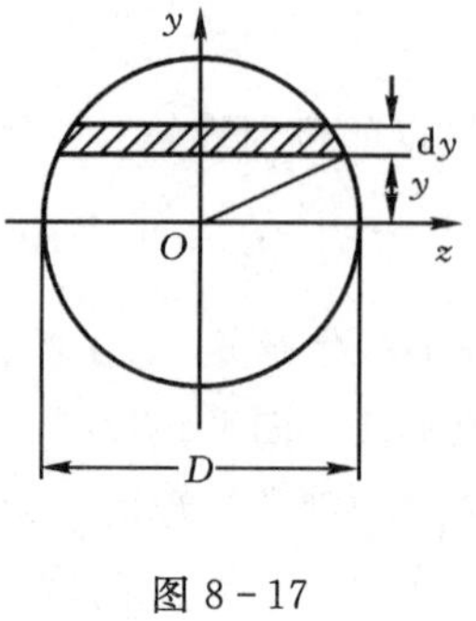

图 8－17

例 8－3　求直径为 D 的圆形截面对其形心轴的惯性矩。

解　如图 8－17 建立形心坐标轴。由 $I_p=\pi D^4/32$ 和 $I_p=I_y+I_z$ 以及对称性知，$I_y=I_z$。

所以

$$I_z = I_y = I_p/2 = \pi D^4/64$$

例 8-4　求图 8-18 所示平面图形对其形心轴 z_C 的惯性矩。

解　由图形的对称性，其形心 C 一定位于 y 轴上。

$$y_C = \frac{200 \times 100 \times 0 - (\pi/4)40^2 \times (-50)}{200 \times 100 - (\pi/4) \times 40^2} = 3.35 \text{ mm}$$

矩形截面对 z_C 轴的惯性矩

$$I_{z_C}^{(\mathrm{I})} = 100 \times 200^3/12 + 100 \times 200 \times 3.35^2 = 6.69 \times 10^7 \text{ mm}^4$$

圆形截面对 z_C 轴的惯性矩

$$I_{z_C}^{(\mathrm{II})} = \frac{\pi \times (40)^4}{64} + \frac{\pi}{4} \times (40)^2 \times (53.35)^2 = 3.7 \times 10^6 \text{ mm}^4$$

由组合图形惯性矩公式得图 8-18 所示平面图形对其中性轴 z_C 的惯性矩为

$$I_{z_C} = I_{z_C}^{(\mathrm{I})} - I_{z_C}^{(\mathrm{II})} = 6.69 \times 10^7 - 3.7 \times 10^6 = 6.32 \times 10^7 \text{ mm}^4$$

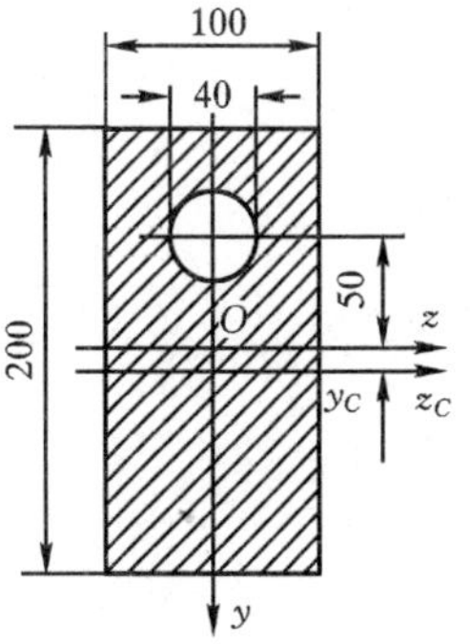

图 8-18

8.1.3　正应力强度条件

公式(8-2)是在纯弯曲情况下推导出的，但工程中常见的弯曲问题往往多为横力弯曲。这时梁的横截面上除有正应力外，还存在切应力。但当梁的跨度 L 与截面高度 h 之比大于 4 时，用式(8-2)计算横力弯曲正应力，误差非常小。所以，把纯弯曲时的正应力公式(8-2)用于横力弯曲正应力的计算，已有足够精度，可以满足工程上的要求。

横力弯曲时，弯矩不是常量，随截面位置而变。计算最大正应力时，一般以弯矩最大值 $M_{\max}$ 代入公式(8-2)或(8-4)，即

$$\sigma_{\max} = \frac{M_{\max} y_{\max}}{I_z} \tag{8-7}$$

或

$$\sigma_{\max} = M_{\max}/W_z \tag{8-8}$$

通常，$\sigma_{\max}$ 发生于弯矩最大的横截面上离中性轴最远处。但公式(8-2)或(8-4)表明，正应力不只是与弯矩有关，而且还与截面的形状和尺寸有关，因而，$\sigma_{\max}$ 有时发生于弯矩最大的截面上，有时可能发生于 W_z 最小的截面上。

在下节的研究中可以发现，在最大弯曲正应力作用处，弯曲切应力一般为零或很小，因而可将该处材料看作是承受轴向拉伸的情况，相应的强度条件为

$$\sigma_{\max} = (M/W_z)_{\max} \leqslant [\sigma] \tag{8-9}$$

即要求梁内的最大弯曲正应力 $\sigma_{\max}$ 不超过材料在单向受力时的许用应力[σ]。式(8-9)称为**弯曲正应力强度条件**。

对抗拉和抗压强度相等的材料(如碳钢等塑性材料)，只要使梁内绝对值最大的正应力不超过许用应力即可。但对抗拉和抗压强度不相等的材料(如铸铁等脆性材料)，则要求最大拉应力不超过材料的许用拉应力，最大压应力不超过材料的许用压应力。

例 8-5　空气泵操纵杆，受力如图 8-19 所示。若已知右端受力为8.5 kN；Ⅰ—Ⅰ矩形截面的高度与宽度比为 $h/b=3$；材料的许用应力[σ]=50 MPa。求Ⅰ—Ⅰ截面的高度 h 与宽度 b 各为多少？

解　Ⅰ—Ⅰ截面上的弯矩为

$$M = 8.5 \times 10^3 \times (720 - 160/2) \times 10^{-3} = 5.44 \times 10^3 \text{N·m}$$

该截面的弯曲截面系数为

$$W_z = bh^2/6 = h^3/18$$

由弯曲正应力强度条件,得

$$\frac{5.44 \times 10^3}{h^3/18} \leqslant 50 \times 10^6$$

由此解出 $h \geqslant \sqrt[3]{18 \times 5.44 \times 10^3/(50 \times 10^6)} = 125$ mm,　$b = h/3 = 42$ mm

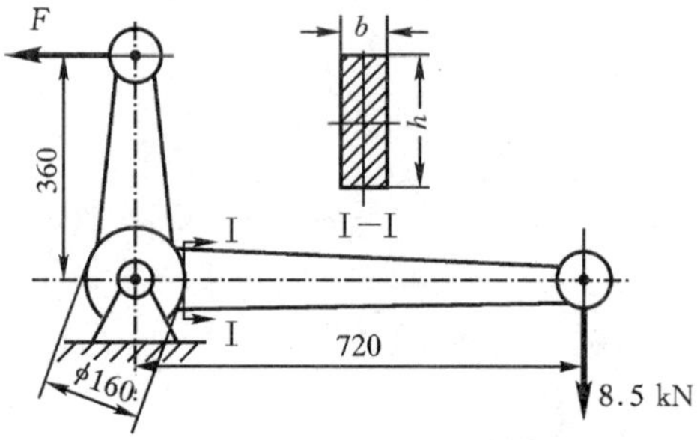

图 8-19

例 8-6　T 字形截面外伸梁,用铸铁制成,受集度为 $q=25$ N/mm 的均布载荷作用(图 8-20(a)),$y_1=45$ mm,$y_2=95$ mm,$I_z=8.84\times10^6$ mm^4,$[\sigma]^+=35$ MPa,$[\sigma]^-=140$ MPa,C 为截面形心。试校核梁的强度。

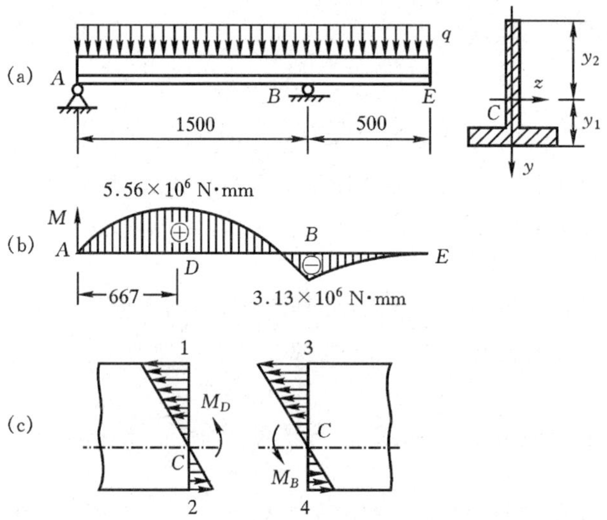

图 8-20

解　梁的弯矩图如图 8-20(b)所示。可以看出,D、B 截面是危险截面,弯矩值分别为

$$M_D = 5.56 \times 10^3 \text{ N·m}, \quad M_B = -3.13 \times 10^3 \text{ N·m}$$

危险截面上的应力分布如图 8-20(c)所示。1 点和 4 点是截面 D 和 B 的最大压应力点,2 点和 3 点是截面 D 和 B 的最大拉应力点,由于$|M_D|>|M_B|$,且$|y_2|>|y_1|$,故$|\sigma_1|>|\sigma_4|$,即最

大弯曲压应力 σ_{max}^{-} 发生在截面 D 的 1 点处；至于最大弯曲拉应力 σ_{max}^{+} 则需经过计算以后才能确定。

$$D\text{ 截面：}\sigma_{max}^{-}=\frac{M_D y_2}{I_z}=\frac{5.56\times10^6\times(-95)}{8.84\times10^6}=-59.8\ \text{MPa}$$

$$\sigma_{max}^{+}=\frac{M_D y_1}{I_z}=\frac{5.56\times10^6\times45}{8.84\times10^6}=28.3\ \text{MPa}$$

$$B\text{ 截面：}\sigma_{max}^{+}=\frac{M_B y_2}{I_z}=\frac{-3.13\times10^6\times(-95)}{8.84\times10^6}=33.6\ \text{MPa}$$

由此可见 $\sigma_{max}^{+}=33.6$ MPa $<[\sigma]^{+}$，$\sigma_{max}^{-}=59.8$ MPa $<[\sigma]^{-}$，故该 T 字形梁符合强度要求。

8.2　梁的切应力和切应力强度条件

横力弯曲时，通常梁的横截面上既有弯矩又有剪力，因而截面上既存在正应力又存在切应力。在弯曲问题中，一般情况下正应力是强度计算的主要因素，但有时（例如跨度短而截面高的梁、腹板较薄的工字梁、支座附近的梁截面等）也需要考虑弯曲切应力。现在按梁截面的形状，分别对横截面上切应力的分布进行讨论。

8.2.1　弯曲切应力

1. 矩形截面梁

图 8－21(a)所示矩形截面梁，在纵向对称面内受横向力作用。设梁的横截面高为 h，宽为 b，z 轴为其中性轴，y 轴是其对称轴，剪力 F_S 与截面对称轴 y 重合（图 8－21(b)）。切应力在横截面上的分布规律易作如下假设：①横截面上各点切应力的方向都平行于剪力 F_S（或截面的侧边）；②切应力沿截面宽度均匀分布，即离中性轴等距离的各点切应力相等。精确分析表明，当截面高度 h 大于其宽度 b 时，由上述假设建立的弯曲切应力公式是足够准确的。

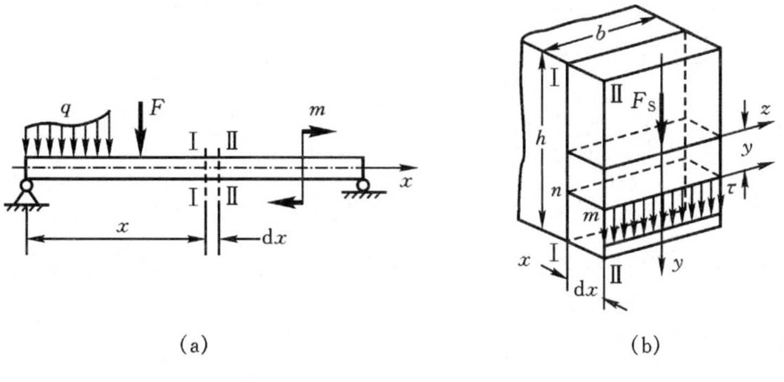

(a)　　(b)

图 8－21

用相距 dx 的两个横截面Ⅰ—Ⅰ和Ⅱ—Ⅱ从梁中切取微段 dx（图 8－22(a)），该微段的截面上内力和应力分布如图 8－22(a)所示。在横截面上纵坐标为 y 处，再用一纵向截面 m—n 将该微段的下部切出（图 8－22(b)）。设横截面上 y 处的切应力为 $\tau(y)$，由切应力互等定理可知，微体纵截面 m—n 上的切应力 τ' 与 $\tau(y)$ 大小相等，并沿截面宽度 b 均匀分布。

由于横截面上存在剪力 F_S，在截面Ⅰ—Ⅰ和Ⅱ—Ⅱ上的弯矩将不同，设截面Ⅰ—Ⅰ上的

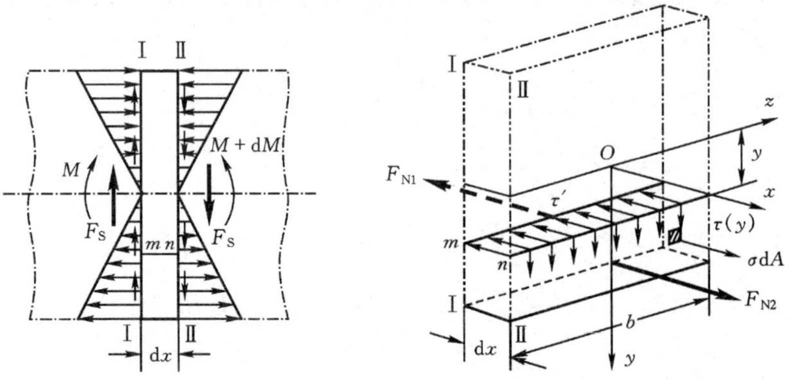

(a)　　(b)

图 8-22

弯矩为 M，则截面Ⅱ—Ⅱ上的弯矩为 $M+\mathrm{d}M$ 或 $M+F_S\mathrm{d}x$，对应两截面的弯曲正应力也不相同，下部微体上两截面由弯曲正应力所构成的轴向合力也不同。由微体下部的轴向平衡方程 $\sum F_x=0$ 可知

$$F_{N2}-F_{N1}-\tau' b\,\mathrm{d}x=0$$

即

$$\tau'=\tau(y)=\frac{F_{N2}-F_{N1}}{b\,\mathrm{d}x} \tag{1}$$

设微体下部的横截面面积为 w，则有

$$F_{N1}=\int_w \sigma \mathrm{d}A=\int_w \frac{My}{I_z}\mathrm{d}A=\frac{M}{I_z}\int_w y\,\mathrm{d}A=\frac{MS_z^{(w)}}{I_z} \tag{2}$$

同理

$$F_{N2}=\int_w \sigma \mathrm{d}A=\int_w \frac{(M+F_S\mathrm{d}x)y}{I_z}\mathrm{d}A=\frac{(M+F_S\mathrm{d}x)}{I_z}\int_w y\,\mathrm{d}A$$

$$=\frac{(M+F_S\mathrm{d}x)S_z^{(w)}}{I_z} \tag{3}$$

将(2)、(3)式代入(1)式，得

$$\tau(y)=\frac{F_S S_z^{(w)}}{I_z b} \tag{8-10}$$

式中：I_z 是整个横截面对中性轴 z 的惯性矩，而 $S_z^{(w)}$ 则代表 y 处横线一侧横截面 w 对中性轴的静矩。

对于矩形横截面(图 8-23(a))，有

$$S_z^{(w)}=\int_w y_1\mathrm{d}A=b\left(\frac{h}{2}-y\right)\times\frac{1}{2}\left(\frac{h}{2}+y\right)=\frac{b}{2}\left(\frac{h^2}{4}-y^2\right),\quad I_z=\frac{bh^3}{12}$$

于是得到矩形截面梁横截面上的弯曲切应力为

$$\tau(y)=\frac{3F_S}{2bh}\left(1-\frac{4y^2}{h^2}\right) \tag{8-11}$$

可见，矩形截面梁弯曲切应力沿截面高度按抛物线规律变化(图 8-23(b))，在截面的上、下边缘($y=\pm h/2$)处，$\tau=0$；在中性轴处($y=0$)，切应力最大，其值为

$$\tau_{\max} = \frac{3F_S}{2bh} = \frac{3}{2}\frac{F_S}{A} \tag{8-12}$$

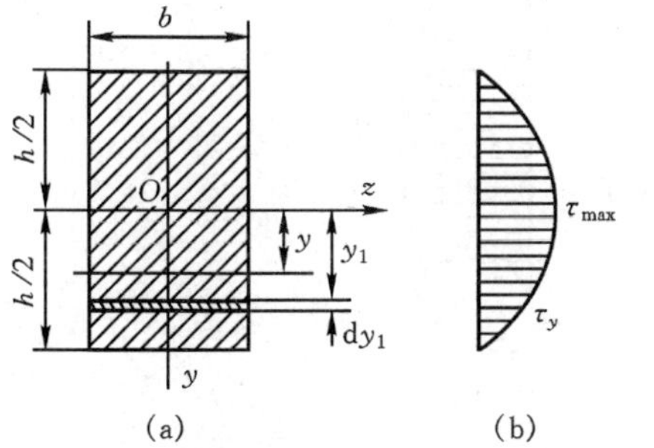

图 8-23

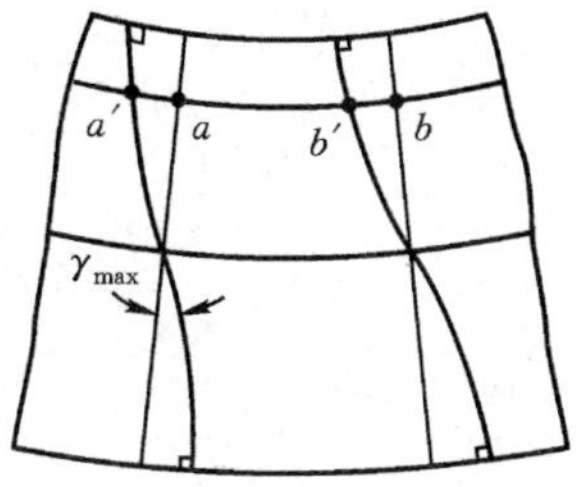

图 8-24

根据剪切胡克定律 $\tau = G\gamma$，由公式(8-11)可得切应变为

$$\gamma = \frac{3F_S}{2Gbh}\left(1 - \frac{4y^2}{h^2}\right) \tag{8-13}$$

可见，切应变沿截面高度也按抛物线规律变化。在中性层处，γ 最大，在上、下边缘处，$\gamma = 0$(图 8-24)，所以存在切应力的情况下，横截面将发生翘曲。但是，如果相邻横截面的剪力相同时，它们的翘曲程度也相同，由弯曲所引起的“纤维”的纵向变形将不受剪力的影响，如$\widehat{a'b'} = \widehat{ab}$。因此，根据平面假设所建立的弯曲正应力公式仍然成立。梁上有分布载荷作用时，梁在不同截面上的剪力不相同，各截面的翘曲程度也不一样。但精确分析表明，因相邻横截面纵向“纤维”的长度变化相当小，故对弯曲正应力的影响仍可忽略不计。

2. 工字形截面梁

工程上常用的工字形截面梁，可看成是由狭长的矩形腹板和两个扁矩形的上、下翼缘组成(图 8-25(a))，腹板上的切应力仍可用式(8-10)计算，即

$$\tau(y) = \frac{F_S S_z^{(w)}}{I_z b} = \frac{F_S}{I_z b}\left[\frac{B}{8}(H^2 - h^2) + \frac{b}{2}\left(\frac{h^2}{4} - y^2\right)\right] \tag{8-14}$$

可见，切应力沿腹板的高度也是按抛物线规律变化的(图 8-25(b))。以 $y=0$ 和 $y=h/2$ 分别代入式(8-14)，得

$$\tau_{\max} = \frac{F_S}{I_z b}\left[\frac{BH^2}{8} - \frac{h^2}{8}(B-b)\right] \tag{8-15}$$

$$\tau_{\min} = \frac{F_S}{I_z b}\left[\frac{BH^2}{8} - \frac{Bh^2}{8}\right] \tag{8-16}$$

由于 $b \ll B$，所以 $\tau_{\max}$ 与 $\tau_{\min}$ 实际上相差不大，因而可以认为腹板上的切应力大致是均匀分布的。计算结果表明，腹板上的总剪力约等于(0.95～0.97)F_S，所以腹板内的切应力可近似认为

$$\tau = \frac{F_S}{hb}$$

翼缘上的切应力比较复杂，既有 y 向分量，也有 z 向分量，但都很小，在强度计算时，通常不考虑。

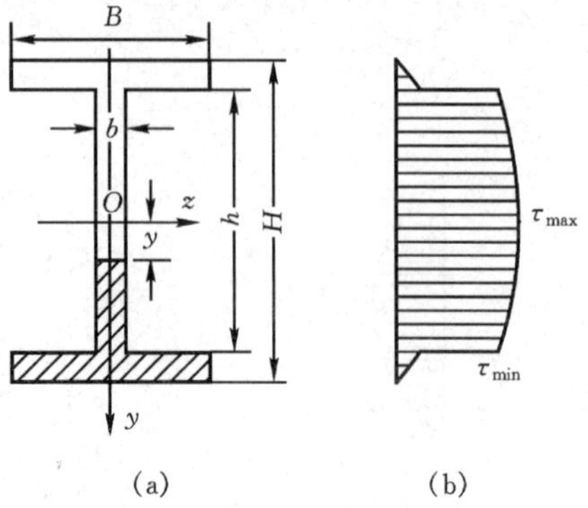

图 8-25

3. 圆形截面梁

圆形截面梁的最大弯曲切应力仍然发生在中性轴上。切应力大小沿截面高度仍按抛物线规律分布，各点切应力方向不再平行于 F_S 方向，截面边缘上各点的切应力与圆周相切，如图 8-26所示。最大切应力为

$$\tau_{max}=\frac{4}{3}\frac{F_S}{A}$$

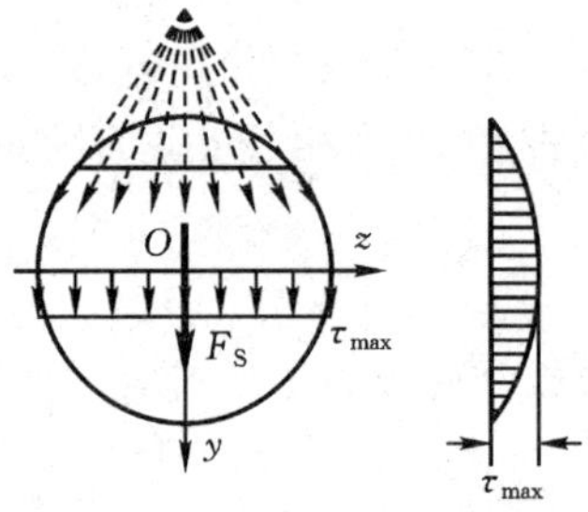

图 8-26

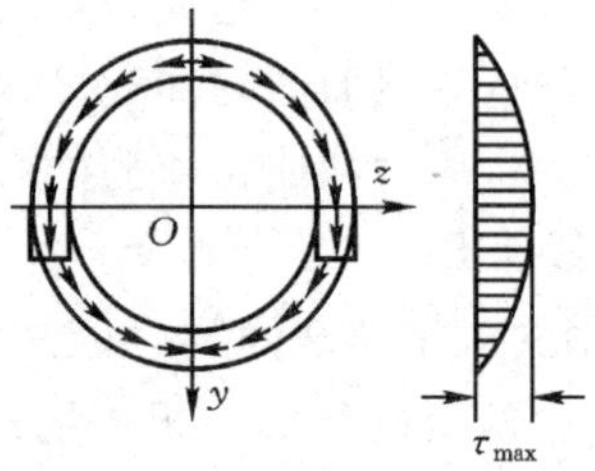

图 8-27

4. 圆环形截面梁

对于薄壁圆环形截面梁，横截面切应力的方向可假设沿圆环的切向，且沿壁厚均匀分布(图 8-27)。最大切应力在中性轴处，其值为

$$\tau_{max}=2F_S/A$$

8.2.2 切应力强度条件

如上所述，最大切应力通常发生在中性轴上各点处，而该处的弯曲正应力为零，因此最大弯曲切应力作用点处于纯切应力状态，而相应的强度条件为

$$\tau_{max}=\left(\frac{F_S S_{z\,max}}{I_z b}\right)_{max}\leqslant[\tau] \tag{8-17}$$

对于等截面直梁，其弯曲切应力强度条件为

$$\tau_{max}=\frac{F_{S\,max}S_{z\,max}}{I_z b}\leqslant[\tau] \tag{8-18}$$

即要求梁内最大弯曲切应力 τ_{max} 不超过材料在纯剪时的许用切应力$[\tau]$。式(8-17)和式(8-18)称为**弯曲切应力强度条件**。

在一般细而长的非薄壁等截面梁中，最大弯曲切应力远小于最大弯曲正应力，因此通常只需按弯曲正应力强度条件进行计算即可。但是，对薄壁截面梁和弯矩较小而剪力较大的梁，则不仅应考虑弯曲正应力强度条件，还应考虑弯曲切应力强度条件。如铆接或焊接的工字形截面梁，腹板较薄而高度却颇大；梁的跨度较短，或者在支座附近有较大的载荷，梁的弯矩较小，而剪力却可能很大；焊接、铆接或胶合而成的梁，对焊缝、铆钉或胶合面等，一般应对切应力进行校核。

例 8-7　图 8-28(a)所示外伸梁，承受载荷 F 作用。已知 $F=20$ kN，$[\sigma]=160$ MPa，$[\tau]=90$ MPa。试选择工字钢型号。

解　梁的剪力图和弯矩图分别如图 8-28(b)和(c)所示。按照弯曲正应力强度条件选择截面

$$W_z \geqslant M_{max}/[\sigma] = 20\times 10^3/160 = 125\ \text{cm}^3$$

由型钢表查得：先用 16 工字钢，其 $W_z=141\ \text{cm}^3$。

按照弯曲切应力强度条件校核剪切强度。由型钢表查得 16 工字钢 $I_z/S_z=13.8$ cm，腹板的厚度 $b=6$ mm，由公式(8-18)，得

$$\tau_{max} = \frac{F_{S\,max}S_{z\,max}}{I_z b} = \frac{20\times 10^9}{138\times 6} = 24.15\ \text{MPa} < [\tau]$$

故选用 16 工字钢符合强度要求。

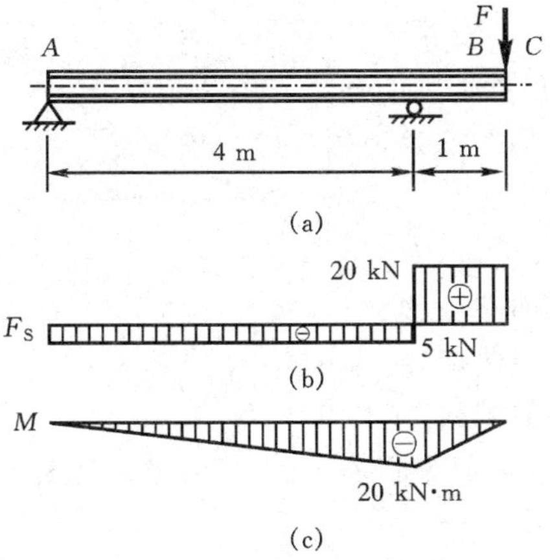

图 8-28

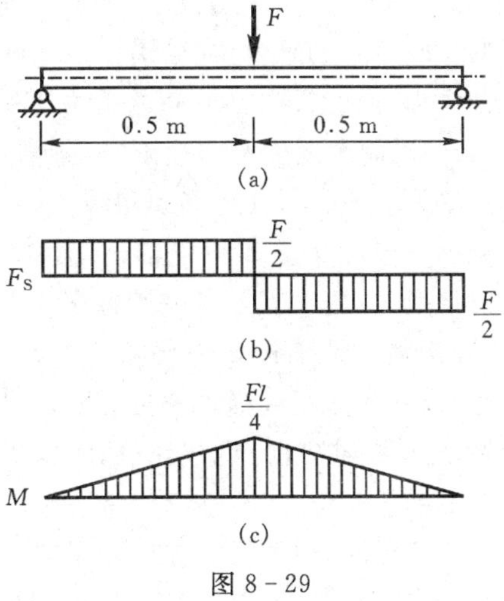

图 8-29

例 8-8　木制矩形截面($b=150$ mm，$h=250$ mm)简支梁，如图 8-29(a)所示，跨长为 1 m，$[\sigma]=7$ MPa，$[\tau]=1$ MPa，在梁的中点作用集中载荷 F，试求其容许载荷$[F]$的大小。

解　梁的剪力图和弯矩图分别如图 8-29(b)和(c)所示。按照梁的弯曲正应力强度条件

$$\sigma_{max} = \frac{M_{max}}{W_z} = \frac{Fl/4}{bh^2/6} \leqslant [\sigma]$$

由此求得容许载荷为

$$F_1 \leqslant \frac{4 \times 150 \times 250^2 \times 7}{6 \times 10^3} = 43.75\ \text{kN}$$

按照矩形截面梁的弯曲切应力强度条件

$$\tau_{\max} = \frac{3}{2}\frac{F_S}{A} = \frac{3 \times F/2}{2 \times b \times h} \leqslant [\tau]$$

由此求得容许载荷为

$$F_2 \leqslant \frac{2 \times 2 \times 150 \times 250 \times 1}{3 \times 10^3} = 50\ \text{kN}$$

比较 F_1 和 F_2,简支木梁的容许载荷为

$$[F] = 43.75\ \text{kN}$$

8.3 梁的弯曲变形和刚度条件

在工程实际中,除对梁的强度有要求外,往往还要求梁的变形不能过大,即对梁的刚度有要求。研究梁的变形不仅是为了解决梁的刚度问题和求解超静定梁,同时也为分析梁的振动和压杆稳定等问题提供基础。本节主要研究梁在平面弯曲时由弯矩引起的变形,至于剪力对梁变形的影响,在一般细长梁中均可忽略不计,因而研究梁的变形一般不考虑剪力的影响。

8.3.1 弯曲变形的度量

如果外力作用在梁的纵向对称面内,梁发生平面弯曲,梁的轴线由直线变为纵向对称面内的一条连续而光滑的平面曲线,称为**挠曲线**。

图 8-30 所示的悬臂梁,若沿变形前的梁轴选取 x 轴,沿梁端截面主形心轴选取 y 轴,忽略剪力所引起的截面翘曲,则当梁在 Oxy 平面内发生弯曲变形时,梁内各横截面将保持为平面,并在 Oxy 平面内发生移动和转动。

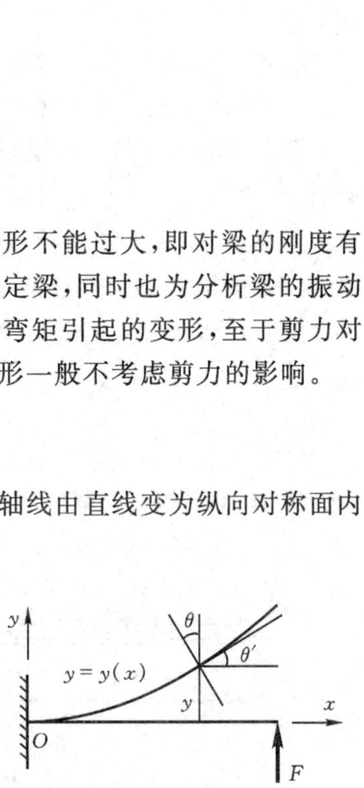

图 8-30

横截面的形心在垂直于梁轴(x 轴)方向的线位移,称为横截面的**挠度**,并用 y 表示。一般情况下,不同横截面的挠度不同,所以挠度 y 是坐标 x 的函数。这就是梁轴的**挠曲线方程**,也称为**挠曲轴方程**或**弹性曲线方程**。应该指出,横截面形心沿梁轴方向(x 轴方向)也存在位移,精确分析表明在小变形条件下,它远小于挠度 y,因而可以忽略不计。

梁弯曲变形时,横截面对原来位置转过的角度称为**截面转角**,用 θ 表示。根据平面假设,变形前与 x 轴正交的横截面,变形后仍与挠曲线正交。所以 θ 就是 y 轴与挠曲线法线的夹角。它应等于 x 轴与挠曲线切线的夹角 θ',即

$$\theta = \theta'$$

工程实际中在小变形条件下,转角 θ 或 θ' 一般都很小,这样

$$\theta = \theta' \approx \tan\theta' = \frac{\mathrm{d}y}{\mathrm{d}x} \tag{8-19}$$

式(8-19)给出了挠度与转角之间的关系,它反映了挠曲轴上任一点的斜率等于该点处横截面的转角。可见,度量梁的变形,关键在于建立梁的弹性曲线方程 $y=y(x)$。

8.3.2　弹性曲线近似微分方程

在 8.1 中建立纯弯曲正应力公式时，曾得到利用中性层曲率表示的弯曲变形公式

$$\frac{1}{\rho}=\frac{M}{EI} \tag{8-20}$$

如果忽略剪力对变形的影响，则上式也可用于一般弯曲。式中：EI 为梁的抗弯刚度，$1/\rho$ 是中性层的曲率。

注意到梁挠曲线上任一点的曲率为

$$\frac{1}{\rho}=\pm\frac{\mathrm{d}^2y/\mathrm{d}x^2}{[1+(\mathrm{d}y/\mathrm{d}x)^2]^{3/2}}$$

将上式代入式(8-20)，得

$$\pm\frac{\mathrm{d}^2y/\mathrm{d}x^2}{[1+(\mathrm{d}y/\mathrm{d}x)^2]^{3/2}}=\frac{M(x)}{EI} \tag{8-21}$$

式(8-21)称为**弹性曲线微分方程**，它是一个二阶非线性常微分方程。

在工程实际中，梁的变形一般很小，弹性曲线通常是一条极其平坦的曲线，转角 $\theta=\mathrm{d}y/\mathrm{d}x$ 是一个很小的角度，$(\mathrm{d}y/\mathrm{d}x)^2$ 与 1 相比十分微小，完全可以忽略不计，于是式(8-21)可以简化为

$$\pm\frac{\mathrm{d}^2y}{\mathrm{d}x^2}=\frac{M(x)}{EI}$$

上式左端正负号的选择与弯矩的符号规定以及 Oxy 坐标系的选择有关。如果弯矩的正负号仍按以前的规定，而 y 轴则以向上为正，即以弯矩 M 与 $\mathrm{d}^2y/\mathrm{d}x^2$ 的正负号总是一致的(图 8-31)。这样，可以写成

$$\frac{\mathrm{d}^2y}{\mathrm{d}x^2}=\frac{M(x)}{EI} \tag{8-22}$$

这就是**梁弯曲挠曲线近似微分方程**。

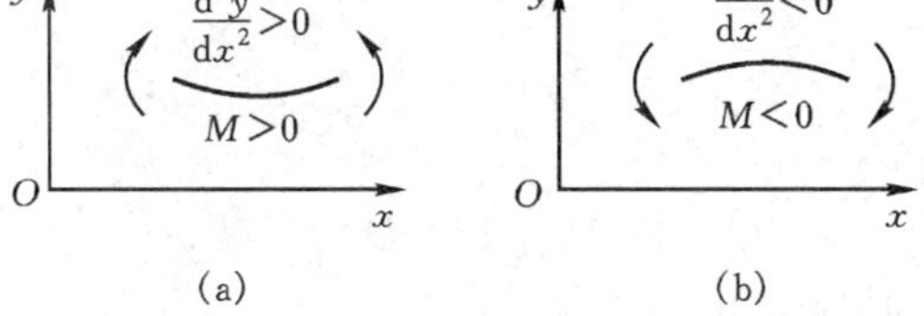

图 8-31

以下除用 y 表示任意截面的挠度外，还经常用 f 表示指定截面的挠度。

8.3.3　用直接积分法求梁的弯曲变形

对等截面梁，EI 为常量。将式(8-22)的两边乘以 EI 得

$$EI\frac{\mathrm{d}^2y}{\mathrm{d}x^2}=M(x)$$

再将等式两边同乘以 $\mathrm{d}x$，积分得转角方程为

$$EI\frac{\mathrm{d}y}{\mathrm{d}x}=\int M(x)\mathrm{d}x+C$$

再用 dx 乘上式等号两边,积分得挠曲线方程为

$$EIy=\int\left[\int M(x)\mathrm{d}x\right]\mathrm{d}x+Cx+D$$

式中:C、D 为积分常数。

积分常数可利用梁上某些截面的已知位移和转角来确定。例如,在固定端挠度和转角均为零;在铰支座处,挠度为零;在弯曲变形的对称点上,转角等于零,这类条件统称为梁的**边界条件**。此外,弹性曲线应该是一条光滑的连续曲线,在弹性曲线的任一点上,有唯一确定的挠度和转角,这就是梁的**连续性条件**。根据梁的边界条件和连续性条件可以确定弹性曲线中的所有积分常数。

例 8-9 悬臂梁长为 L,在自由端受集中力 F 作用,EI 为已知常数,求梁的转角方程和挠度方程,并求最大转角和最大挠度。

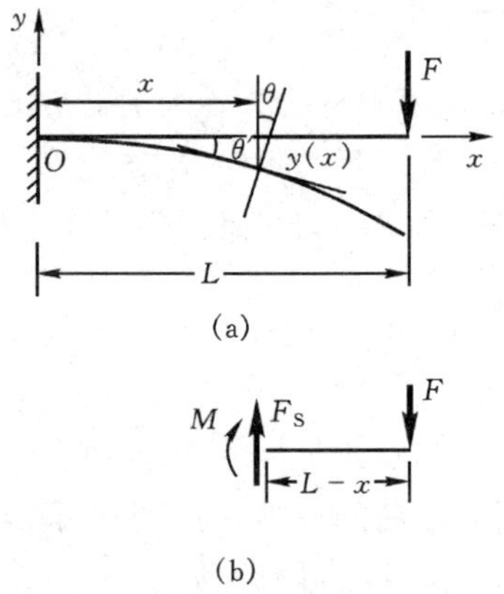

图 8-32

解 选取直角坐标系 Oxy(图 8-32(a))。可求得任意横截面上的弯矩方程为

$$M(x)=-F(L-x) \tag{1}$$

悬臂梁弹性曲线近似微分方程为

$$EI\frac{\mathrm{d}^2y}{\mathrm{d}x^2}=-F(L-x) \tag{2}$$

积分得

$$EI\frac{\mathrm{d}y}{\mathrm{d}x}=\frac{F}{2}(L-x)^2+C \tag{3}$$

$$EIy=-\frac{F}{6}(L-x)^3+Cx+D \tag{4}$$

在固定端($x=0$),转角 θ_0 和挠度 y_0 均等于零,即

$$\left.\frac{\mathrm{d}y}{\mathrm{d}x}\right|_{x=0}=0 \tag{5}$$

$$y|_{x=0}=0 \tag{6}$$

将(5)、(6)式代入(3)、(4)式,得

$$C=-FL^2/2,\quad D=FL^3/6$$

于是得转角方程和挠度方程分别为

$$EI\theta=EI\frac{\mathrm{d}y}{\mathrm{d}x}=\frac{F}{2}(L-x)^2-\frac{FL^2}{2}=\frac{Fx^2}{2}-FLx \tag{7}$$

$$EIy=-\frac{F}{6}(L-x)^3-\frac{FL^2}{2}x+\frac{FL^3}{6}=\frac{Fx^3}{6}-\frac{FLx^2}{2} \tag{8}$$

在自由端转角和挠度最大,它们分别是

$$\theta_{\max}=\left.\frac{\mathrm{d}y}{\mathrm{d}x}\right|_{x=L}=-\frac{FL^2}{2EI},\quad f_{\max}=y|_{x=L}=-\frac{FL^3}{3EI}$$

转角 $\theta_{\max}$的符号为负,表示截面转角是顺钟向转动的;挠度 $f_{\max}$的符号为负,表示截面形心的位移与 y 轴正方向相反,即挠度是向下的。

例 8-10 桥式起重机大梁的自重可视为集度为 q 的均布载荷,试求梁的弹性曲线方程

和转角方程并求其最大挠度和最大转角。设梁的长度为 L，EI 为已知常数。

解　选取直角坐标系 Axy(图 8-33(a))，可求得任意截面上的弯矩为

$$M(x)=\frac{qL}{2}x-\frac{qx^2}{2} \tag{1}$$

梁的弹性曲线近似微分方程为

$$EI\frac{d^2y}{dx^2}=\frac{qL}{2}x-\frac{qx^2}{2} \tag{2}$$

积分得

$$EI\frac{dy}{dx}=\frac{qL}{4}x^2-\frac{qx^3}{6}+C \tag{3}$$

$$EIy=\frac{qL}{12}x^3-\frac{q}{24}x^4+Cx+D \tag{4}$$

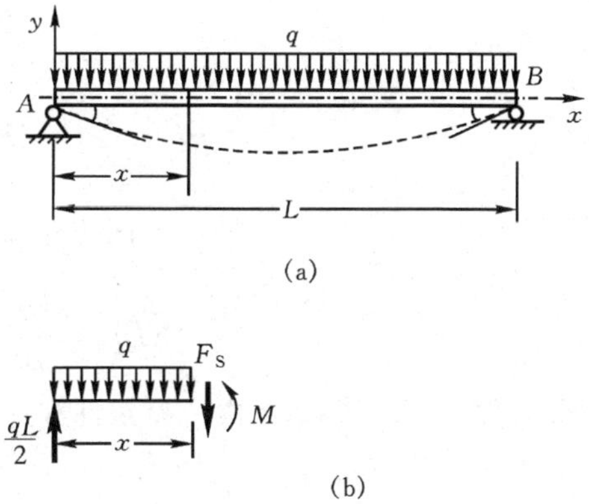

图 8-33

梁在两端铰支座处的挠度均为零，得

$$y|_{x=0}=y|_{x=L}=0 \tag{5}$$

将其代入(4)式，得

$$C=-qL^3/24,\quad D=0 \tag{6}$$

于是得到梁的转角方程和挠曲线方程分别为

$$EI\theta=EI\frac{dy}{dx}=\frac{qL}{4}x^2-\frac{qx^3}{6}-\frac{qL^3}{24} \tag{7}$$

$$EIy=\frac{qL}{12}x^3-\frac{q}{24}x^4-\frac{qL^3}{24}x \tag{8}$$

由对称性知最大挠度位于梁的跨度中点，即

$$f_{\max}=y|_{x=L/2}=-\frac{5qL^4}{384EI} \tag{9}$$

在铰支座处，截面转角数值相等，符号相反，且绝对值最大，即

$$\theta_{\max}=\frac{dy}{dx}\bigg|_{x=0}=-\frac{dy}{dx}\bigg|_{x=L}=-\frac{qL^3}{24EI} \tag{10}$$

例 8-11　内燃机凸轮轴(或某些齿轮轴)，可以简化为集中力 F 作用下的简支梁，如图 8-34 所示。讨论该梁的弯曲变形。设轴长为 L，EI 为已知常数。

解　选取直角坐标系 Axy(图 8-34)并分段建立弯矩方程

AC 段：$M_1(x_1)=\frac{Fb}{L}x_1\quad(0\leqslant x_1\leqslant a)$　　(1)

CB 段：

$$M_2(x_2)=\frac{Fa}{L}(L-x_2)\quad(a\leqslant x_2\leqslant L) \tag{2}$$

分段建立弹性曲线微分方程并积分，得

AC 段：$EI\frac{d^2y_1}{dx^2}=\frac{Fb}{L}x_1\quad(0\leqslant x_1\leqslant a)$　　(3)

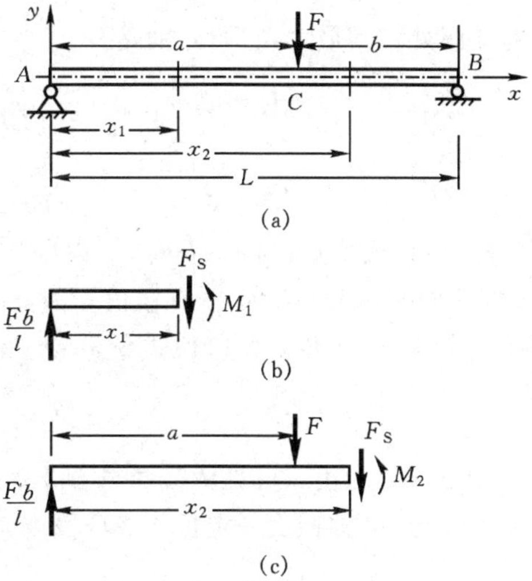

图 8-34

$$EI\frac{\mathrm{d}y_1}{\mathrm{d}x}=\frac{Fb}{2L}x_1^2+C_1 \tag{4}$$

$$EIy_1=\frac{Fb}{6L}x_1^3+C_1x_1+D_1 \tag{5}$$

CB 段：

$$EI\frac{\mathrm{d}^2y_2}{\mathrm{d}x^2}=\frac{Fa}{L}(L-x_2)\quad(a\leqslant x_2\leqslant L) \tag{6}$$

$$EI\frac{\mathrm{d}y_2}{\mathrm{d}x}=-\frac{Fa}{2L}(L-x_2)^2+C_2 \tag{7}$$

$$EIy_2=\frac{Fa}{6L}(L-x_2)^3+C_2x_2+D_2 \tag{8}$$

积分常数 C_1、D_1、C_2、D_2 由边界条件和连续性条件确定，即

当 $x_1=0$ 时，$y_1|_{x_1=0}=0$；当 $x_2=L$ 时，$y_2|_{x_2=L}=0$；

当 $x_1=a$ 时，$\theta_1|_{x_1=a}=\theta_2|_{x_2=a}$；当 $x_1=a$ 时，$y_1|_{x_1=a}=y_2|_{x_2=a}$。

由此得

$$C_1=-\frac{Fab}{6L}(a+2b),\quad C_2=\frac{Fab}{6L}(2a+b);$$

$$D_1=0,\quad D_2=-\frac{Fab}{6}(2a+b)$$

于是得到梁的转角方程和挠度方程如下

$$EI\theta_1=\frac{Fb}{2L}x_1^2-\frac{Fab}{6L}(a+2b)=-\frac{Fb}{6L}(L^2-b^2-3x_1^2) \tag{9}$$

$$EIy_1=\frac{Fb}{6L}x_1^3-\frac{Fab}{6L}(a+2b)x_1=-\frac{Fbx}{6L}(L^2-b^2-x_1^2) \tag{10}$$

$$EI\theta_2=-\frac{Fa}{2L}(L-x_1)^2+\frac{Fab}{6L}(2a+b)=\frac{Fa}{6L}[L^2-a^2-3(L-x_2)^2] \tag{11}$$

$$\begin{aligned}EIy_2&=\frac{Fa}{6L}(L-x_2)^3+\frac{Fab}{6L}(2a+b)x_2-\frac{Fab}{6}(2a+b)\\&=\frac{Fa}{6L}[(L-x_2)^3-(L^2-a^2)(L-x_2)]\end{aligned} \tag{12}$$

梁的支座处转角最大，它们分别是

$$\theta_A=\theta_1|_{x_1=0}=-\frac{Fb}{6EIL}(L^2-b^2)=-\frac{Fab}{6EIL}(L+b) \tag{13}$$

$$\theta_B=\theta_2|_{x_2=L}=\frac{Fa}{6EIL}(L^2-a^2)=\frac{Fab}{6EIL}(L+a) \tag{14}$$

由(13)、(14)式可知，当 $a>b$ 时，可以断定 θ_B 为最大转角。最大挠度位于 $\theta=0$ 的截面位置处，即当 $\theta=\mathrm{d}y/\mathrm{d}x=0$ 时，y 有极值。因此，应首先确定转角为零的截面位置。由(13)式知，截面 A 的转角 θ_A 为负。由(11)式令 $x=a$，得截面 C 的转角 θ_C 为

$$\theta_C=\frac{Fab}{3EIL}(a-b)$$

若 $a>b$ 时，θ_C 为正。可见从截面 A 到截面 C，转角由负变为正，改变了符号，由曲线的光滑连续性可知，$\theta=0$ 的截面一定位于 AC 段内，故令(9)式等于零，得

$$x_0=\sqrt{\frac{L^2-b^2}{3}}$$

x_0 即为挠度最大的截面横坐标，以 x_0 之值代入(10)式，得梁的最大挠度为

$$f_{\max} = y_1 \big|_{x_1 = x_0} = -\frac{Fb}{9\sqrt{3}EIL}\sqrt{(L^2 - b^2)^3} \tag{15}$$

如果 $a<b$，可类似地求出 $\theta_{\max}$和 $f_{\max}$。

积分法求弯曲变形的优点是可以求得转角和挠度的普遍方程式。但当梁上载荷较多，或只需确定某些特定截面的转角和挠度时，积分法就显得过于繁琐。为此，将梁在某些简单载荷作用下的变形列入表 8－1 中，以便直接查用；而利用这些表格使用叠加法可以比较方便地解决一些梁上作用有复杂载荷时的弯曲变形问题。

表 8－1　常用梁在简单载荷作用下的变形

支承和载荷情况	端截面转角	挠曲线方程	最大挠度
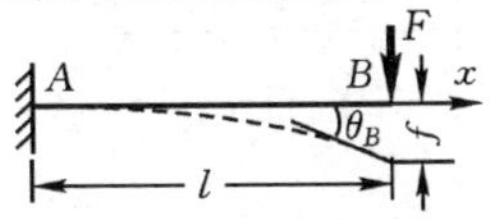	$\theta_B = -\dfrac{Fl^2}{2EI}$	$y = -\dfrac{Fx^2}{6EI}(3l - x)$	$f = -\dfrac{Fl^3}{3EI}$
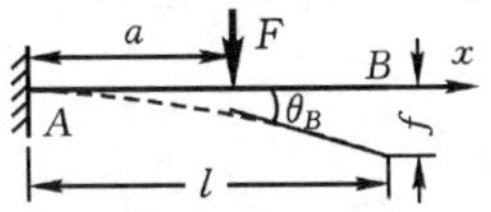	$\theta_B = -\dfrac{Fa^2}{2EI}$	当 $0 \leqslant x \leqslant a$ 时 $y = -\dfrac{Fx^2}{6EI}(3a - x)$ 当 $a \leqslant x \leqslant l$ 时 $y = -\dfrac{Fa^2}{6EI}(3x - a)$	$f = -\dfrac{Fa^2}{6EI}(3l - a)$
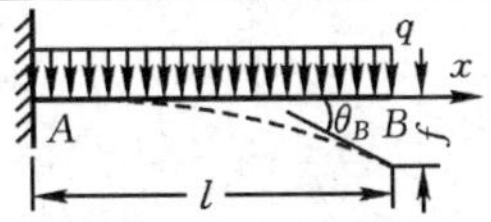	$\theta_B = -\dfrac{ql^3}{6EI}$	$y = -\dfrac{qx^2}{24EI}(x^2 + 6l^2 - 4lx)$	$f = -\dfrac{ql^4}{8EI}$
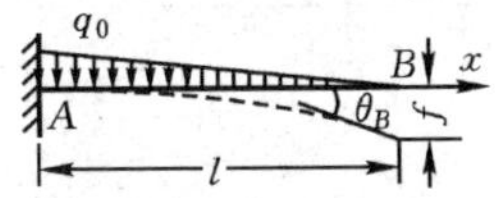	$\theta_B = -\dfrac{q_0 l^3}{24EI}$	$y = \dfrac{q_0 x^2}{120lEI}(10l^3 -$ $10l^2 x + 5lx^2 - x^3)$	$f = -\dfrac{q_0 l^4}{30EI}$
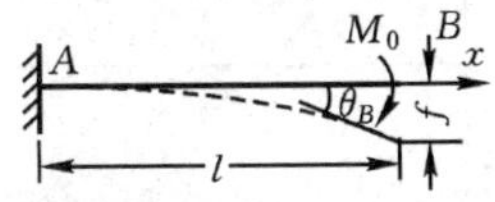	$\theta_B = -\dfrac{M_0 l}{EI}$	$y = -\dfrac{M_0 x^2}{2EI}$	$f = -\dfrac{M_0 l^2}{2EI}$
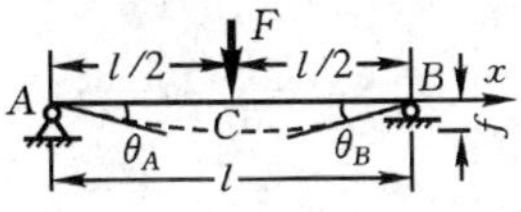	$\theta_A = -\theta_B = -\dfrac{Fl^2}{16EI}$	当 $0 \leqslant x \leqslant l/2$ 时 $y = -\dfrac{Fx}{12EI}\left(\dfrac{3l^2}{4} - x^2\right)$	$f = -\dfrac{Fl^3}{48EI}$
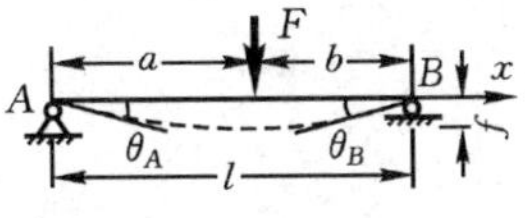	$\theta_A = -\dfrac{Fab(l+b)}{6lEI}$ $\theta_B = \dfrac{Fab(l+a)}{6lEI}$	当 $0 \leqslant x \leqslant a$ 时 $y = -\dfrac{Fbx}{6lEI}(l^2 - x^2 - b^2)$ 当 $a \leqslant x \leqslant l$ 时 $y = -\dfrac{Fa(l-x)}{6lEI}$ $(2lx - x^2 - a^2)$	在 $x = \sqrt{(l^2 - b^2)/3}$处 $f_{\max} = -\dfrac{\sqrt{3}Fb(l^2 - b^2)^{3/2}}{27lEI}$ $f\big|_{x=\frac{l}{2}} = -\dfrac{Fb(3l^2 - 4b^2)}{48EI}$ $(a>b)$
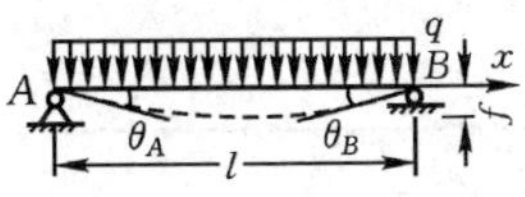	$\theta_A = -\theta_B = -\dfrac{ql^3}{24EI}$	$y = -\dfrac{qx}{24EI}(l^3 - 2lx^2 + x^3)$	$f = \dfrac{-5ql^4}{384EI}$

续表 8－1

支承和载荷情况	端截面转角	挠曲线方程	最大挠度
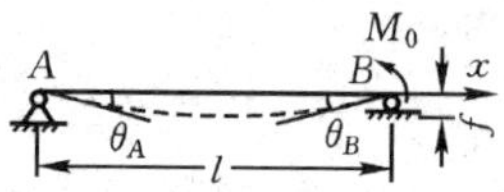	$\theta_A=-\dfrac{M_0 l}{6EI}$ $\theta_B=\dfrac{M_0 l}{3EI}$	$y=-\dfrac{M_0 x}{6lEI}(l^2-x^2)$	在 $x=l/\sqrt{3}$处 $f_{\max}=-\dfrac{M_0 l^2}{9\sqrt{3}EI}$ $f\big\|_{x=\frac{l}{2}}=-\dfrac{M_0 l^2}{16EI}$
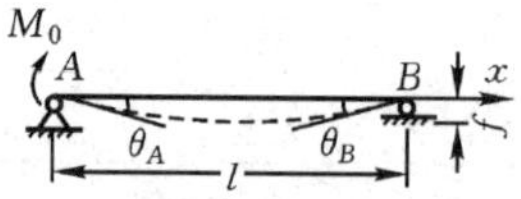	$\theta_A=-\dfrac{M_0 l}{3EI}$ $\theta_B=\dfrac{M_0 l}{6EI}$	$y=-\dfrac{M_0 x}{6lEI}(l-x)(2l-x)$	在 $x=(1-1/\sqrt{3})l$ 处 $f_{\max}=-\dfrac{M_0 l^2}{9\sqrt{3}EI}$ $f\big\|_{x=l/2}=-\dfrac{M_0 l^2}{16EI}$
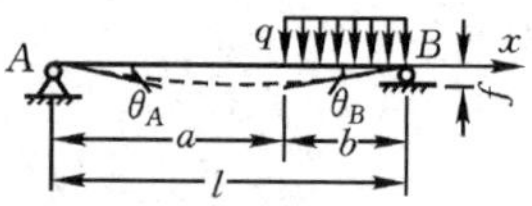	$\theta_A=-\dfrac{ql^2}{24lEI}(2l^2-b^2)$ $\theta_B=\dfrac{qb^2}{24lEI}(2l-b)^2$	当 $0\leqslant x\leqslant a$ 时 $y=-\dfrac{qb^5}{24lEI}\left[\dfrac{2x^3}{b^3}-\dfrac{x}{b}\left(\dfrac{2l^2}{b^2}-1\right)\right]$ 当 $a\leqslant x\leqslant l$ 时 $y=-\dfrac{q}{24EI}\left[\dfrac{2b^2x^3}{l}-\dfrac{b^2x}{l}\cdot(2l^2-b^2)-(x-a)^4\right]$	当 $a>b$ 时 $y\big\|_{x=l/2}=-\dfrac{qb^5}{24lEI}\cdot\left(\dfrac{3l^3}{4b^3}-\dfrac{l}{2b}\right)$ 当 $a<b$ 时 $f\big\|_{x=l/2}=-\dfrac{qb^5}{24lEI}\cdot\left[\dfrac{3l^3}{4b^3}-\dfrac{l}{2b}+\dfrac{l^5}{16b^5}\left(1-\dfrac{2a}{l}\right)^4\right]$
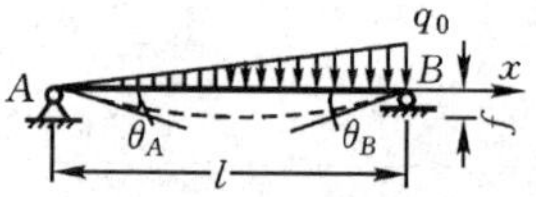	$\theta_A=-\dfrac{7ql^3}{360EI}$ $\theta_B=\dfrac{ql^3}{45EI}$	$y=-\dfrac{q_0 x}{360lEI}\cdot(7l^4-10l^2x^2+3x^4)$	$f\big\|_{x=l/2}=-\dfrac{5q_0 l^4}{768EI}$
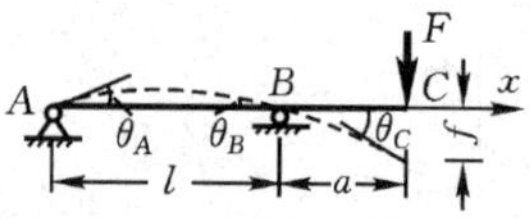	$\theta_A=-\dfrac{1}{2}\theta_B=\dfrac{Fal}{3EI}$ $\theta_C=-\dfrac{Fa}{6EI}(2l+3a)$	当 $0\leqslant x\leqslant l$ 时 $y=\dfrac{Fax(l^2-x^2)}{6lEI}$ 当 $l\leqslant x\leqslant(l+a)$时 $y=-\dfrac{F(x-l)}{6EI}\cdot[a(3x-1)-(x-l)^2]$	$f=-\dfrac{Fa^2}{3EI}(l+a)$
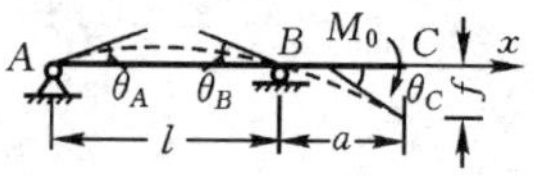	$\theta_A=-\dfrac{1}{2}\theta_B=\dfrac{M_0 l}{6EI}$ $\theta_C=-\dfrac{M_0}{3EI}(l+3a)$	当 $0\leqslant x\leqslant l$ 时 $y=\dfrac{M_0 x}{6lEI}(l_2-x_2)$ 当 $l\leqslant x\leqslant(l+a)$时 $y=-\dfrac{M_0}{6EI}(3x^2-4xl+l^2)$	$f=-\dfrac{M_0 a}{6EI}(2l+3a)$

8.3.4　用叠加法求梁的弯曲变形

一般说来，当构件或结构上同时作用几个载荷时，如果各载荷所产生的效果(约束力、内力、应力和位移等)互不影响，或影响甚小可忽略不计，则它们所产生的总效果即等于各载荷单独作用时所产生的效果之总和(或为代数和，或为矢量和，由所求物理量的性质而定)，上述原理称为**叠加原理或力的独立作用原理**。它是工程力学中的普遍原理。

在材料服从胡克定律且弯曲变形很小时，挠曲线微分方程式(8-22)是线性的。又因在小变形的条件下，计算弯矩时用梁变形前的位置，即弯矩与载荷的关系也是线性的。这样，对于梁上作用不同的载荷，弯矩可以叠加，方程(8-22)的解也可以叠加。这就是计算梁弯曲变形的叠加法，下面举例说明。

例 8-12　梁跨度为 L，EI 为常数的桥式起重机大梁自重可视为集度为 q 的均布载荷，作用于跨度中点的吊重可视为集中力 F(图 8-35)，试求梁的最大挠度。

解　由表 8-1 中查得，由均布载荷 q 单独作用下简支梁的最大挠度发生在梁跨度中点处，其值为

$$f_{q\max}=-\frac{5qL^4}{384EI}$$

在集中力 F 单独作用下，简支梁的最大挠度亦发生在梁跨度中点处

$$f_{F\max}=-\frac{FL^3}{48EI}$$

由叠加原理知，当载荷 q、F 同时作用时，梁跨度中点处挠度最大，数值为

$$f_{C\max}=f_{q\max}+f_{F\max}=-\frac{5qL^4}{384EI}-\frac{FL^3}{48EI}$$

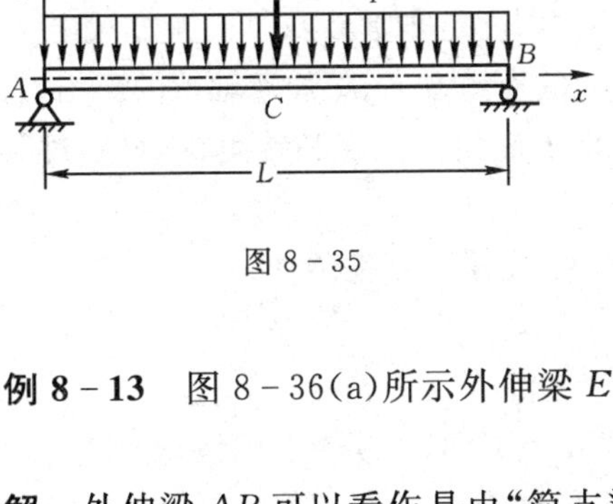

图 8-35

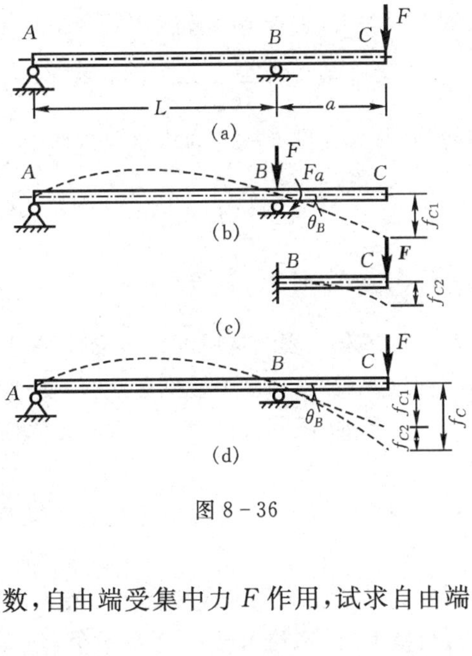

图 8-36

例 8-13　图 8-36(a)所示外伸梁 EI 为常数，自由端受集中力 F 作用，试求自由端的挠度。

解　外伸梁 AB 可以看作是由“简支梁”AB 和固定在横截面 B 的“悬臂梁”BC 组成的。

当"简支梁"AB 变形时,截面 B 转动,使截面 C 铅垂下移 f_{C1}(图8-36(b));当"悬臂梁"BC 变形时,也引起截面 C 铅垂下移 f_{C2}(图 8-36(c));则截面 C 的总位移为

$$f_C = f_{C1} + f_{C2}$$

为了计算 f_{C1},将作用于 C 截面的载荷 F 对"简支梁"AB 的影响以作用在截面 B 的集中力 F 和力偶(其矩 Fa)代替。由表 8-1 查得截面 B 的转角为

$$\theta_B = -\frac{FaL}{3EI}$$

由此得

$$f_{C_1} = \theta_B a = -\frac{Fa^2 L}{3EI}$$

由表 8-1 查得,"悬臂梁"BC 在集中力 F 的作用下,自由端的挠度为

$$f_{C_2} = -\frac{Fa^3}{3EI}$$

于是由叠加原理得截面 C 的总挠度(图 8-36(d))为

$$f_C = -\frac{Fa^2 L}{3EI} - \frac{Fa^3}{3EI} = -\frac{Fa^2}{3EI}(L + a)$$

例 8-14　在简支梁 AB 的一部分梁段 BC 上作用均布载荷 q,试求跨度中点 D 的挠度。设 $b < l/2$。

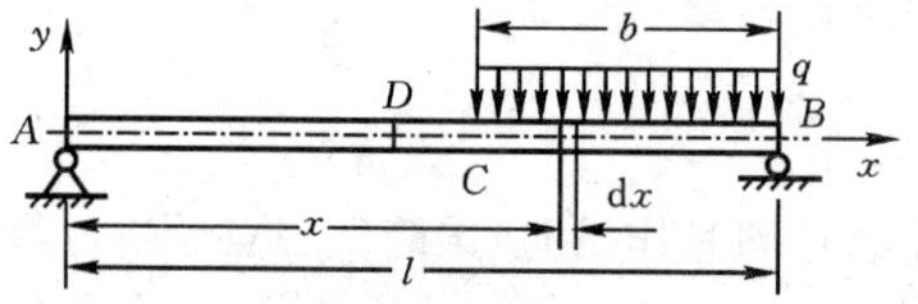

图 8-37

解　由表 8-1 查得微分载荷 $\mathrm{d}F = q\mathrm{d}x$ 在梁的跨度中点 D 引起的挠度为

$$\mathrm{d}f_D = -\frac{\mathrm{d}F(l-x)}{48EI}[3l^2 - 4(l-x)^2] = -\frac{q(l-x)}{48EI}[3l^2 - 4(l-x)^2]\mathrm{d}x$$

根据叠加原理,在图 8-37 的均布载荷作用下,跨度中点的挠度为 $\mathrm{d}f_D$ 的积分

$$f_D = -\frac{q}{48EI}\int_{l-b}^{l}[3l^2 - 4(l-x)^2](l-x)\mathrm{d}x = -\frac{qb^2}{48EI}\left(\frac{3}{2}l^2 - b^2\right)$$

8.3.5　刚度条件

对于机械和工程结构中的许多梁来说,具备足够的刚度是非常必要的。例如,如果机床主轴的挠度过大,加工精度将受到影响;传动轴在支承处的转角过大,将加速轴承的磨损。因此,根据不同的需要,限制梁的最大挠度和最大转角(或指定截面的挠度和转角)不可超过某一规定值。

常用$[\theta]$表示梁的许可转角,$[f]$表示梁的许可挠度,则梁的刚度条件为

$$|\theta|_{\max} \leqslant [\theta], \quad |f|_{\max} \leqslant [f]$$

式中:$|\theta|_{\max}$、$|f|_{\max}$为梁的最大转角和最大挠度。

许可挠度$[f]$和许可转角$[\theta]$的数值,随梁的工作要求不同,可从有关的设计规范和手册中查到。例如,对于跨度为 L 的桥式起重机大梁其许可挠度为

$$[f] = (1/700 \sim 1/1\ 000)L$$

而对于一般用途的轴，其许可挠度为

$$[f] = (3/10\ 000 \sim 5/10\ 000)L$$

8.4　提高梁的强度和刚度的措施

8.1 节中指出，弯曲正应力是控制弯曲强度的主要因素，所以弯曲正应力的强度条件

$$\sigma_{\max} = \frac{M_{\max}}{W_z} \leqslant [\sigma]$$

往往是设计梁的主要依据。而梁弯曲变形的弹性曲线近似微分方程及其积分得到的转角和挠度

$$\frac{d^2 y}{dx^2} = \frac{M(x)}{EI}, \quad \theta = \frac{dy}{dx} = \int \frac{M(x)}{EI} dx + C$$

$$y = \int \left[\int \frac{M(x)}{EI} dx \right] dx + Cx + D$$

是控制弯曲刚度的主要因素，相应的刚度条件

$$|\theta_{\max}| \leqslant [\theta], \quad |f_{\max}| \leqslant [f]$$

也是设计梁的重要依据。从以上分析可以看出，梁的弯曲强度和弯曲刚度，都与梁所用的材料、截面的形状和尺寸以及外力在梁上引起的弯矩有关。因此为了提高梁的强度和刚度，可以从以下几个方面考虑。

8.4.1　合理安排梁上的载荷或巧妙地布置支座使 $M_{\max}$ 尽可能的小

如图 8-38(a)所示简支梁，受均布载荷 q 作用，梁的最大弯矩为

$$M_{\max} = ql^2/8$$

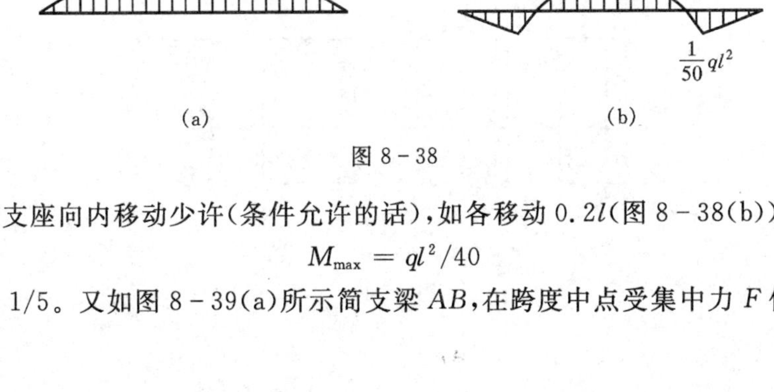

图 8-38

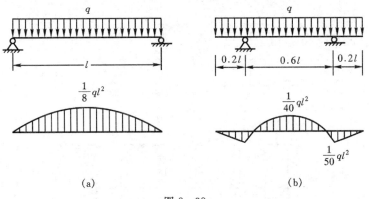

如果将两端铰支座向内移动少许（条件允许的话），如各移动 0.2l（图 8-38(b)）则最大弯矩为

$$M_{\max} = ql^2/40$$

即仅为前者的 1/5。又如图 8-39(a)所示简支梁 AB，在跨度中点受集中力 F 作用，梁的最大弯矩为

$$M_{\max} = Fl/4$$

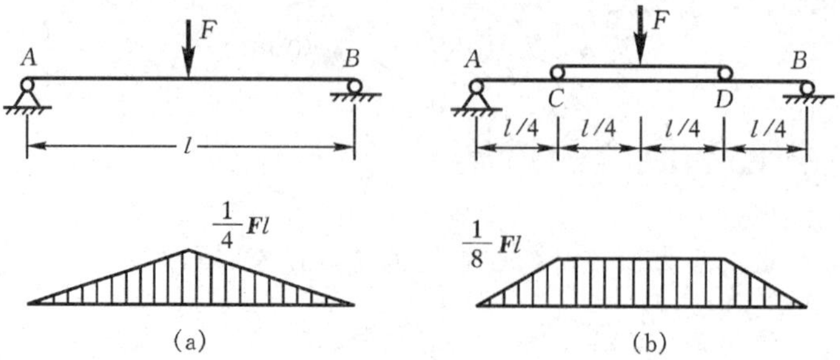

图 8-39

如果在该梁的中部安置一长为 $l/2$ 的辅助梁 CD(图 8-39(b))则梁 AB 的最大弯矩为

$$M_{\max} = Fl/8$$

由此可见合理布置载荷同样可以降低 $M_{\max}$的数值,起到提高梁强度和刚度的目的。

8.4.2　合理选择梁的截面,使 W_z/A 或 I_z/A 的比值尽可能的大

由弯曲正应力强度条件

$$\sigma_{\max} = M_{\max}/W_z \leqslant [\sigma]$$

看出,梁的承载能力还与梁的**弯曲截面系数** W_z 成反比。合理的截面形状应该是截面面积 A 较小而**弯曲截面系数** W_z 较大的截面形状。即当截面面积 A 一定时,宜将较多的材料配置在离中性轴较远的部位。对于抗拉强度与抗压强度相同的塑性材料,宜采用对称于中性轴的截面,如工字形、箱形截面等(图 8-40(a));而对于抗拉强度小于抗压强度的脆性材料,则采用中性轴偏于受拉一侧的截面,如 T 字形、槽形等截面(图 8-40(b)),且使

$$\frac{\sigma_{\max}^{+}}{\sigma_{\max}^{-}} = \frac{M_{\max}y_1/I_z}{M_{\max}y_2/I_z} = \frac{y_1}{y_2} = \frac{[\sigma]^{+}}{[\sigma]^{-}}$$

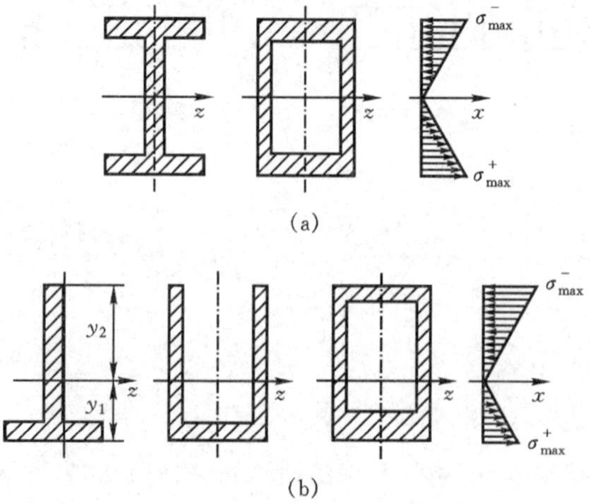

图 8-40

由梁的弯曲刚度条件

$$|f_{\max}| \leqslant [f], \quad |\theta_{\max}| \leqslant [\theta]$$

而 $f_{\max}$、$\theta_{\max}$均由$\dfrac{d^2 y}{dx^2}=\dfrac{M(x)}{EI_z}$求得，可见，影响梁的刚度的截面几何性质是梁的截面惯性矩 I_z。所以从提高梁的刚度考虑，合理的截面形状，是用较小的截面面积获得较大的惯性矩的截面。例如，工字形、箱形、槽形、T 字形截面都比同样面积的矩形截面有更大的惯性矩，所以起重机大梁一般采用工字形或箱形截面，而机器的箱体采用适当布置加强筋的办法提高箱壁的抗弯刚度，而不是采用增加壁厚的办法。一般来说，提高截面惯性矩 I 的数值，往往也同时提高了梁的强度。可是，在强度问题中，更准确地说，是提高在弯矩较大的局部范围内的弯曲截面系数，而弯曲变形则与构件全长内各部分的刚度有关，往往要考虑提高构件全长的弯曲刚度。

8.4.3　选用适宜的材料

影响梁强度的材料性能是极限应力 σ_{jx}（塑性材料为 σ_s、脆性材料为 σ_b），而影响梁刚度的材料性能是弹性模量 E。从提高梁强度考虑，应选择极限应力 σ_{jx}较高的材料，如优质钢；从提高刚度考虑，则应选择弹性模量 E 较大的材料。但是各种钢材的弹性模量 E 大致相同，所以为提高弯曲刚度而选用优质钢是不合适的。

8.4.4　采用变截面梁或等强度梁

在一般情况下，梁不同横截面处的弯矩不同，因此按最大弯矩设计的等截面梁，除最大弯矩所在截面外，其余截面的材料强度均未得到充分利用。所以在工程实际中，特别是航空、航天结构中，为了减轻重量和节省材料，常根据弯矩随梁轴的变化情况，将梁也设计成变截面的，并使

$$\frac{M(x)}{W(x)} = [\sigma]$$

由此得

$$W(x) = \frac{M(x)}{[\sigma]}$$

这种横截面沿梁轴变化的梁称为**变截面梁**。由于各截面具有相同的强度，又称为**等强度梁**。

应该指出，等强度设计虽然是一种较为理想的设计，但考虑到加工制造的方便和结构上的需要等因素，实际构件通常均设计成近似等强度的变截面梁，例如，工程上常用的鱼腹梁（图 8 - 41(a)）和阶梯轴（图 8 - 41(b)）等。

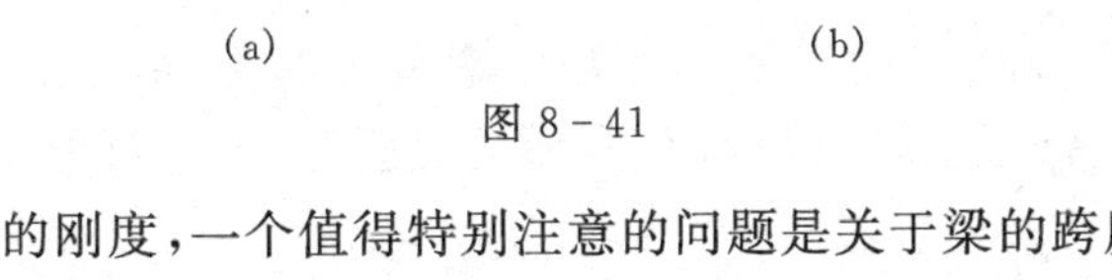

(a)　　(b)

图 8 - 41

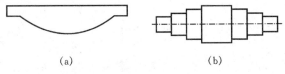

最后，为了提高梁的刚度，一个值得特别注意的问题是关于梁的跨度的选取问题。一般来说，在集中力作用下，梁的最大挠度与梁的跨度的三次方成正比，而最大弯曲正应力则只与跨度成正比，这表明，梁的跨度的微小改变将引起弯曲变形的显著改变，所以，如果条件允许，应尽量减小梁的跨度以提高其刚度。如不能减小梁的跨度，也可以利用增加梁的约束（如增加梁

的支座)的方法,即设计成超静定梁,这样可大大提高梁的刚度。

思考题

8-1 在推导平面弯曲正应力公式时作了哪些假设?这些假设有什么作用?平面弯曲正应力公式的适用条件是什么?

8-2 试指出下列概念的区别:中性轴与形心轴,惯性矩与极惯性矩,抗弯刚度与弯曲截面系数。

8-3 按梁的弯曲正应力条件进行强度计算时,应考虑哪些因素,主要步骤是哪些?

8-4 试比较说明公式(8-10)、(8-11)和(8-12)的适用条件分别是什么?

8-5 用积分法计算梁的挠度和转角时,如何确定积分常数?又采取什么措施可以使积分常数的确定变得较为简单?

8-6 画梁的挠曲线时为什么不能出现转折点?

8-7 用叠加法计算梁位移的前提条件是什么?

8-8 提高梁强度和刚度的措施有哪些共同和不同之处。

习 题

8-1 矩形截面悬臂梁承受载荷如图所示,求危险截面上的最大正应力以及Ⅰ—Ⅰ截面上 A、B 两点处的正应力。

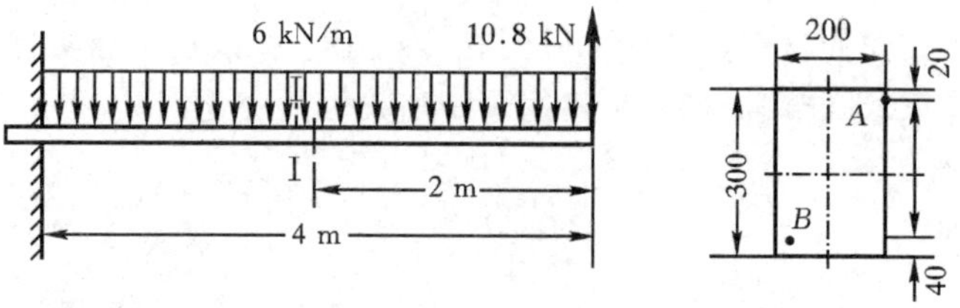

题 8-1 图

8-2 圆截面梁的外伸段为空心管状,求梁内最大弯曲正应力。

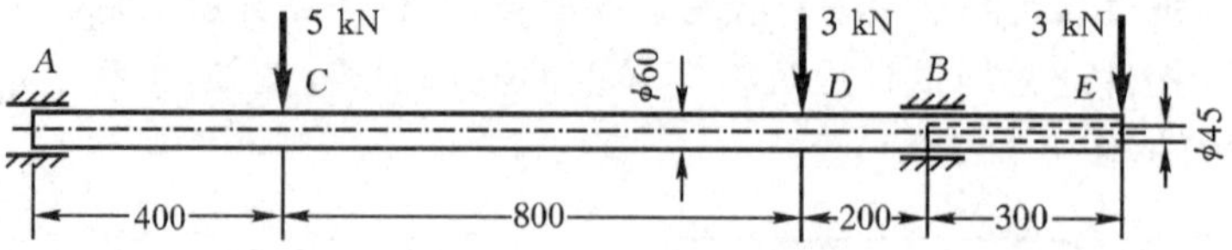

题 8-2 图

8-3 简支梁受均布载荷如图所示。若分别采用实心和空心截面,其中 $D_1=40$ mm ,$d_2/D_2=3/5$,问它们的最大正应力相等时,哪种截面节省材料,两种截面所用材料之比为多少?最大正应力为多大?

8-4 试求下面各图形对水平形心轴 z_C 的惯性矩。

8-5 试求图示平面图形对形心轴 z 的惯性矩。

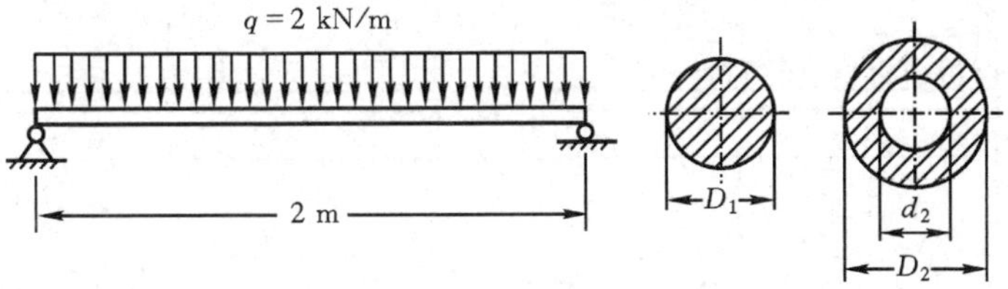

题 8 - 3 图

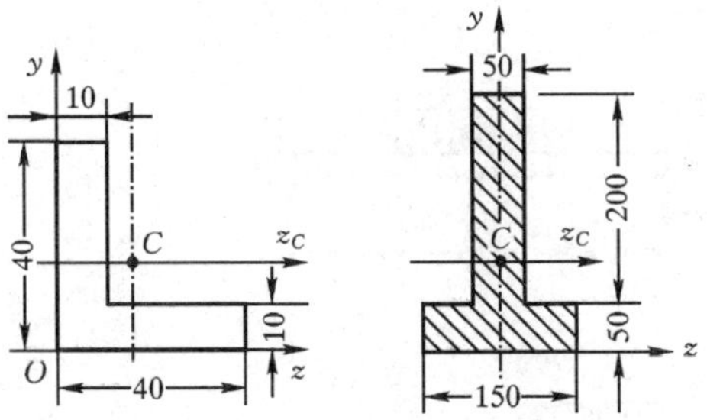

(a)　　(b)

题 8 - 4 图

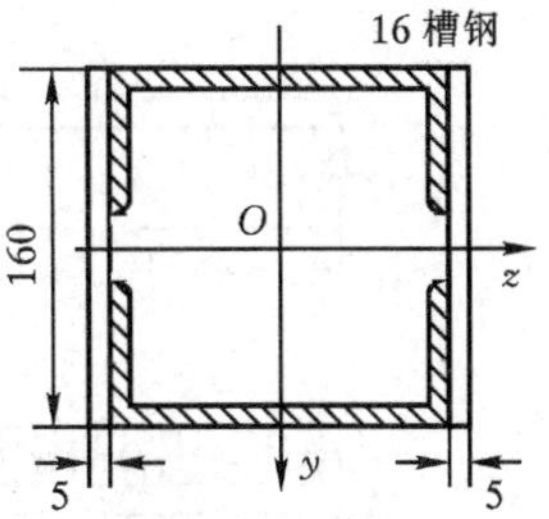

题 8 - 5 图

8 - 6　10 工字钢梁 ABD，支承和载荷情况如图所示。已知圆截面钢杆 BC 的直径 $d=20$ mm，梁和杆的许用应力$[\sigma]=160$ MPa，试求许可均布载荷 q。

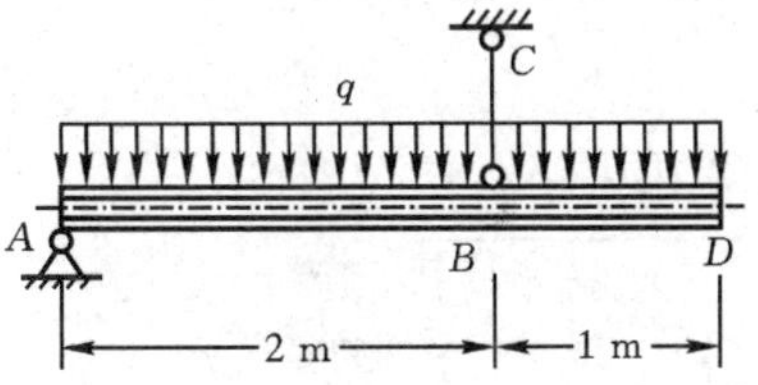

题 8 - 6 图

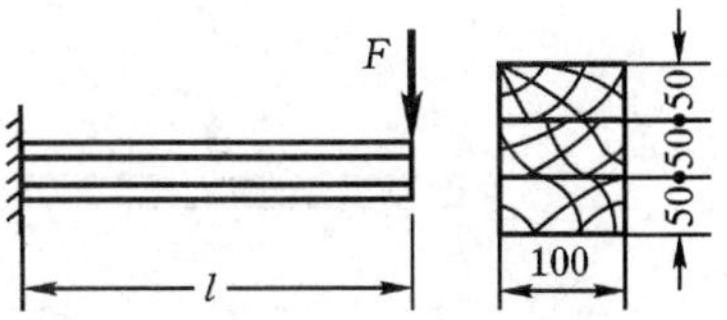

题 8 - 7 图

8 - 7　由三根木条胶合而成的悬臂梁如图所示。跨度 $l=1$ m，各胶合面上的许用切应力为 0.34 MPa，材料的许用弯曲正应力$[\sigma]=10$ MPa，许用切应力$[\tau]=1$ MPa，试求许可载荷 F。

8 - 8　T 字形截面外伸梁，受力与截面尺寸如图所示。梁的材料为铸铁，其抗拉许用应力为$[\sigma]^{+}=80$ MPa，抗压许用应力为$[\sigma]^{-}=160$ MPa，试校核梁的强度。

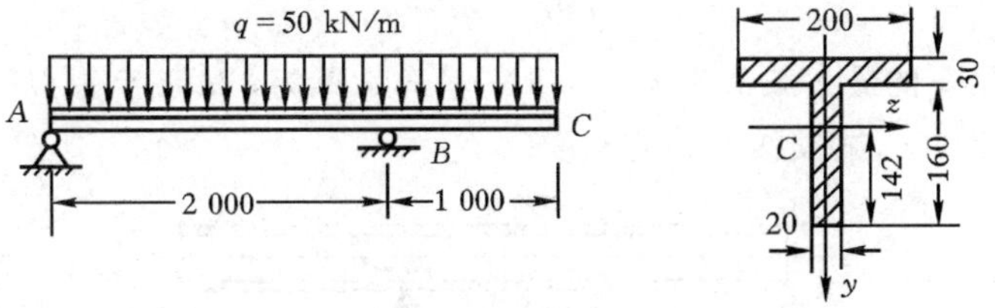

题 8 - 8 图

8 - 9　用积分法求图示各梁的挠曲线方程、自由端的挠度和转角，设 EI 为常量。

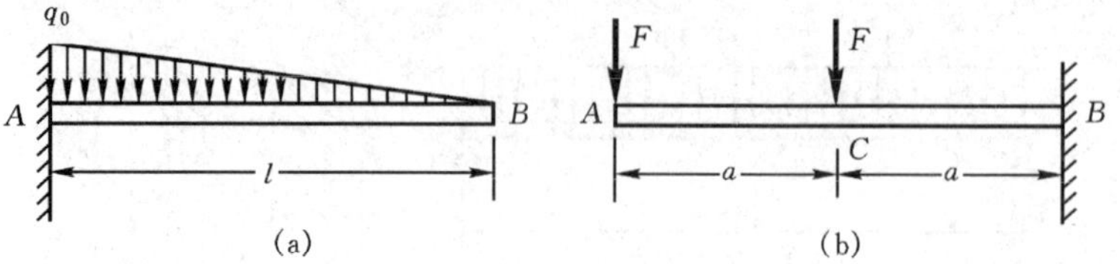

题 8-9 图

8-10　用积分法求图示各梁的端面转角 θ_A 和 θ_B、跨度中点的挠度及最大挠度,设 EI 为常量。

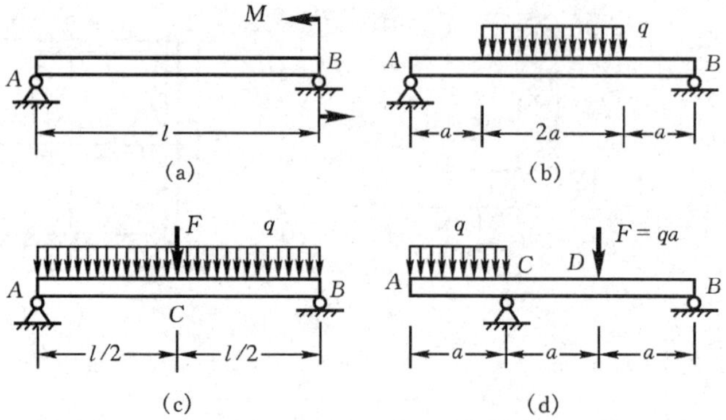

题 8-10 图

8-11　用叠加法求图示各梁截面 A 的挠度和截面 B 的转角。EI 为常数。

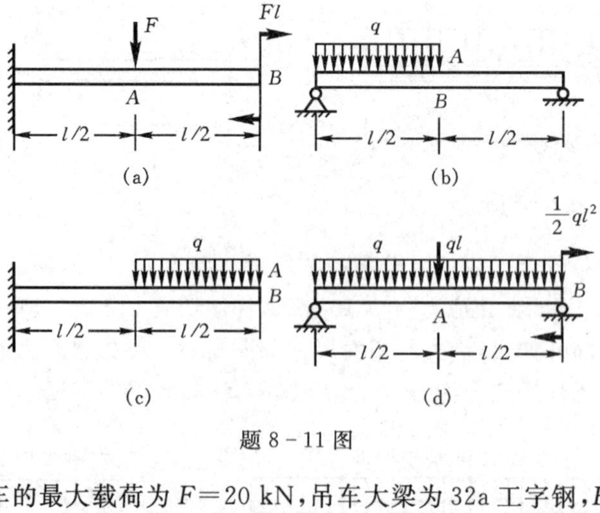

题 8-11 图

8-12　桥式吊车的最大载荷为 $F=20$ kN,吊车大梁为 32a 工字钢,$E=210$ GPa,$l=8.76$ m,许可挠度$[f]=l/500$,试校核大梁的刚度。

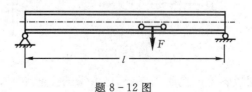

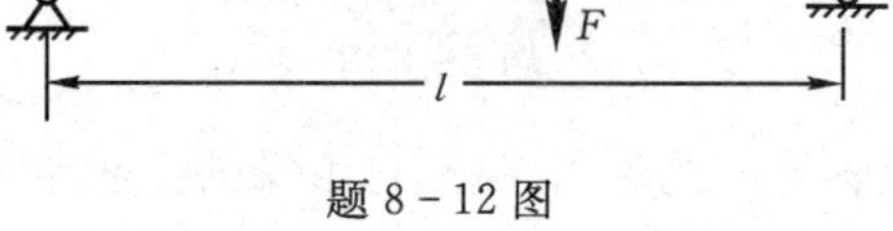

题 8-12 图

第 9 章　应力状态和强度理论

9.1　点的应力状态的概念

一般来说，在受力构件的同一横截面上，点的位置不同，应力就不同；而且在通过同一点的不同斜截面上，应力也随截面的方位而变化。为了深入研究构件的强度，必须分析通过一点的各截面上的应力情况。我们把在受力构件内部通过某点的各个截面上的应力状态称为该点处的**应力状态**。

研究受力构件内部某点处的应力状态，通常是假想地从构件内部围绕该点截取单元体。例如，直杆受轴向拉伸(图 9－1(a))，为了分析杆内任一点 A 处的应力状态，围绕 A 点假想地

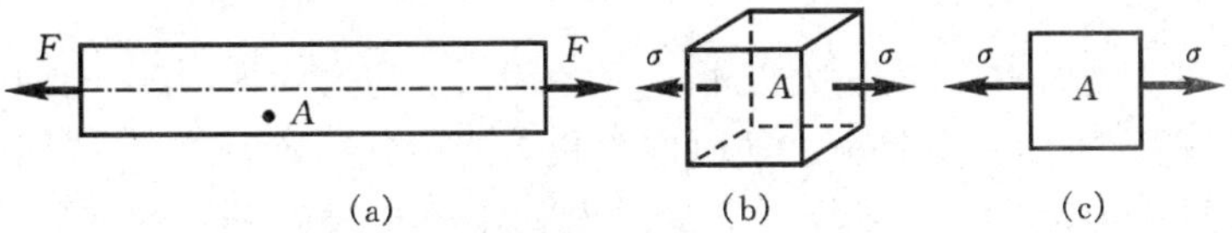

图 9－1

切取一微小正六面体，并称之为**单元体**(图 9－1(b))。图 9－1(c)是单元体的平面图。单元体的左右两面都是横截面的一部分，面上的应力皆为 $\sigma=F/A$。单元体的上下前后四个面均平行于杆的轴线，这些面上的应力均为零。又如圆轴扭转时，表面上一点 K 的应力状态，也可仿效上述方法，从构件内 K 点处取单元体，用单元体六个面上的应力情况表示该点的应力状态，如图 9－2 所示。对其它受力构件中任一点的应力情况，都可以用围绕该点切取单元体的方法，研究各个侧面上的应力状况。由于单元体的边长均为无穷小量，因此可以认为在它的各个面上的应力都是均匀分布的，并且在单元体内互相平行的截面上的应力的性质相同，数值相等，都等于通过所研究的点的平行面上的应力。所以，单元体的应力状态就代表了该单元体所包围点处的应力状态。

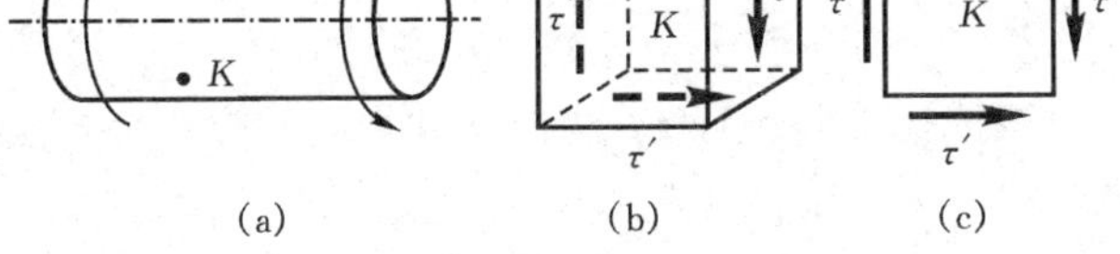

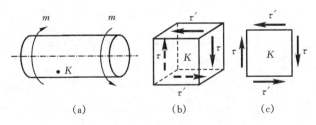

图 9－2

9.2　应力状态分析

在图 9-1(b)中，单元体的三对相互垂直的面上都无切应力，像这种切应力等于零的面称为**主平面**。主平面上的正应力称为**主应力**。一般来说，通过受力构件内的任意一点都可以找到三对相互垂直的主平面，因而任意一点都有三个主应力，通常按它们代数值的大小依次用 σ_1、σ_2、σ_3 表示，即 $\sigma_1 \geqslant \sigma_2 \geqslant \sigma_3$。由三对互相垂直的主平面构成的单元体称为**主单元体**。简单拉伸(或压缩)的构件，其内部任一点的三个主应力中只有一个不等于零，此种应力状态称为**单向应力状态**。若一点的三个主应力中有两个不等于零，称为**二向应力状态**或**平面应力状态**。当一点处的三个主应力都不等于零时，称该点处的应力状态为**三向应力状态**或**空间应力状态**。单向应力状态也称为**简单应力状态**，二向和三向应力状态统称为**复杂应力状态**。

关于单向应力状态的分析，在 6.1 节拉(压)杆的强度和变形中已经讨论过，本节着重分析平面应力状态。

9.2.1　平面应力状态分析的解析法

在单元体的六个侧面中，只有一对互相平行的侧面上应力为零，其余的四个侧面作用有应力，这种应力状态即为平面应力状态。平面应力状态的一般形式如图 9-3 所示。在垂直于 x 轴的截面上作用着应力 σ_x、τ_x，在垂直于 y 轴的截面上作用着应力 σ_y、τ_y，若 σ_x、τ_x、σ_y、τ_y 均为已知，现在来研究与 z 轴平行的任意斜截面 $efgh$ 上的应力。如图 9-4(a)所示，$efgh$ 截面的外法线 n 位于 xy 平面内，并与 x 轴成 α 角，此斜截面上的应力用 σ_α、τ_α 表示。

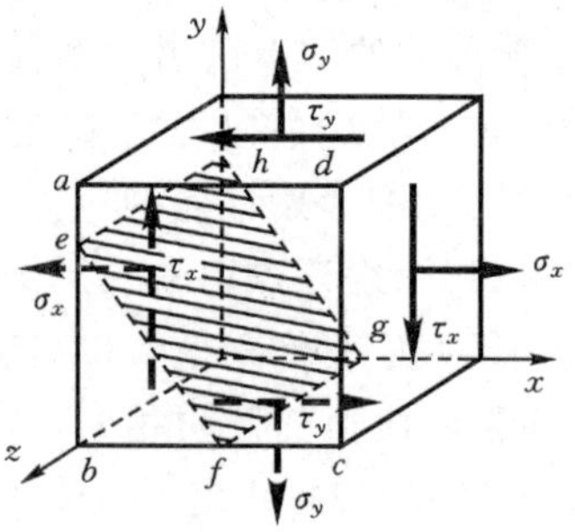

图 9-3

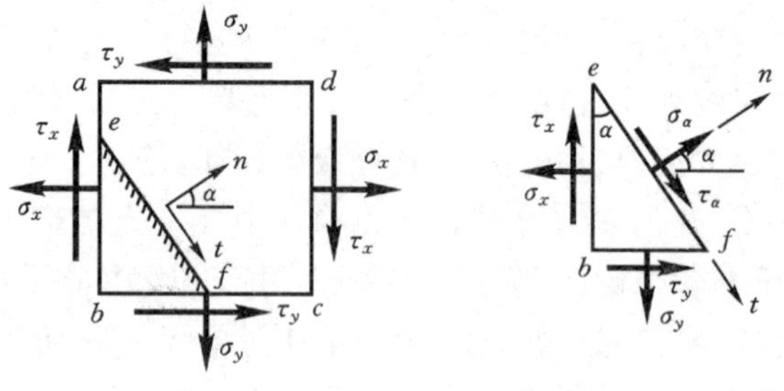

(a)　　(b)

图 9-4

为了计算该斜面上的应力，将单元体沿斜截面假想地切成两部分，并取左边三角微体 ebf 为对象，研究它的平衡，如图 9-4(b)所示。设截面 ef 的面积为 $\mathrm{d}A$，则截面 eb 和 bf 的面积分别为 $\mathrm{d}A\cos\alpha$ 和 $\mathrm{d}A\sin\alpha$。该微体沿斜截面 ef 法向 n 和切向 t 的平衡方程分别为

$$\sum F_n = 0,\quad \sigma_\alpha \mathrm{d}A + \tau_x \mathrm{d}A\cos\alpha\sin\alpha - \sigma_x \mathrm{d}A\cos\alpha\cos\alpha + \tau_y \mathrm{d}A\sin\alpha\cos\alpha - \sigma_y \mathrm{d}A\sin\alpha\sin\alpha = 0$$

$$\sum F_t = 0,\quad \tau_\alpha \mathrm{d}A - \tau_x \mathrm{d}A\cos\alpha\cos\alpha - \sigma_x \mathrm{d}A\cos\alpha\sin\alpha + \tau_y \mathrm{d}A\sin\alpha\sin\alpha + \sigma_y \mathrm{d}A\sin\alpha\cos\alpha = 0$$

可得

$$\sigma_\alpha = \sigma_x\cos^2\alpha + \sigma_y\sin^2\alpha - (\tau_x + \tau_y)\sin\alpha\cos\alpha$$

$$\tau_\alpha=(\sigma_x-\sigma_y)\sin\alpha\cos\alpha+\tau_x\cos^2\alpha-\tau_y\sin^2\alpha$$

根据切应力互等定理知，τ_x 和 τ_y 大小相等，以 τ_x 代换 τ_y，简化上述两式，得

$$\sigma_\alpha=\frac{\sigma_x+\sigma_y}{2}+\frac{\sigma_x-\sigma_y}{2}\cos2\alpha-\tau_x\sin2\alpha \tag{9-1}$$

$$\tau_\alpha=\frac{\sigma_x-\sigma_y}{2}\sin2\alpha+\tau_x\cos2\alpha \tag{9-2}$$

此即平面应力状态斜截面上的应力公式。

式(9-1)和式(9-2)表明，斜截面上的正应力 σ_α 和切应力 τ_α 随 α 角的改变而改变，即 σ_α 和 τ_α 都是 α 的函数。由以上公式可以确定正应力和切应力的极值以及它们所在截面的方位。将式(9-1)对 α 取导数，得

$$\frac{d\sigma_\alpha}{d\alpha}=-2\left(\frac{\sigma_x-\sigma_y}{2}\sin2\alpha+\tau_x\cos2\alpha\right) \tag{1}$$

若 $\alpha=\alpha_0$ 时，能使导数 $\frac{d\sigma_\alpha}{d\alpha}=0$，则在 α_0 所确定的截面上，正应力即为最大值或最小值。以 α_0 代入(1)式，并令其等于零，得

$$\frac{\sigma_x-\sigma_y}{2}\sin2\alpha_0+\tau_x\cos2\alpha_0=0 \tag{2}$$

由此解得

$$\tan2\alpha_0=-\frac{2\tau_x}{\sigma_x-\sigma_y} \tag{9-3}$$

由式(9-3)可以求出相差 90°的两个角度 α_0，它们确定两个相互垂直的平面，其中一个是最大正应力所在平面，另一个是最小正应力所在平面。比较式(9-2)和(2)式，可见满足(2)式的 α_0 恰好使 τ_α 等于零。也就是说，α_0 所确定的两个平面为主平面，主应力分别为最大正应力或最小正应力。由式(9-3)中解出 $\sin2\alpha_0$ 和 $\cos2\alpha_0$，代入式(9-1)，得最大、最小正应力为

$$\left.\begin{matrix}\sigma_{max}\\ \sigma_{min}\end{matrix}\right\}=\frac{\sigma_x+\sigma_y}{2}\pm\sqrt{\left(\frac{\sigma_x-\sigma_y}{2}\right)^2+\tau_x^2} \tag{9-4}$$

在导出以上公式时，除假设 σ_x、σ_y、τ_x 皆为正值外，并无其它限制，但使用这些公式时，如约定用 σ_x 表示两个正应力中代数值较大的一个，即 $\sigma_x\geqslant\sigma_y$，则用式(9-3)确定的两个角度 α_0 中绝对值较小的一个确定 σ_{max}所在的平面。

例 9-1　讨论圆轴扭转时的应力状态，并分析铸铁试件受扭时的破坏现象及原因。

解　根据圆轴扭转时切应力公式 $\tau_\rho=\frac{T}{I_p}\rho$，可见，在横截面的边缘处切应力最大，且与圆周相切，其值为

$$\tau_{max}=\frac{T}{I_p}\cdot\frac{D}{2}=\frac{T}{W_t}$$

在圆轴的最外层，按图 9-5(a)所示切取单元体 $ABCD$，该单元体各面上的应力如图 9-5(b)所示。

在此情况下，$\sigma_x=\sigma_y=0$，$\tau_x=\tau_y=\tau$。将以上 σ_x、σ_y、τ_x 之值代入式(9-4)得

$$\left.\begin{matrix}\sigma_{max}\\ \sigma_{min}\end{matrix}\right\}=\frac{\sigma_x+\sigma_y}{2}\pm\sqrt{\left(\frac{\sigma_x-\sigma_y}{2}\right)^2+\tau_x^2}=\pm\tau$$

由式(9-3)得

$$\tan2\alpha_0=-\frac{2\tau_x}{\sigma_x-\sigma_y}\rightarrow-\infty$$

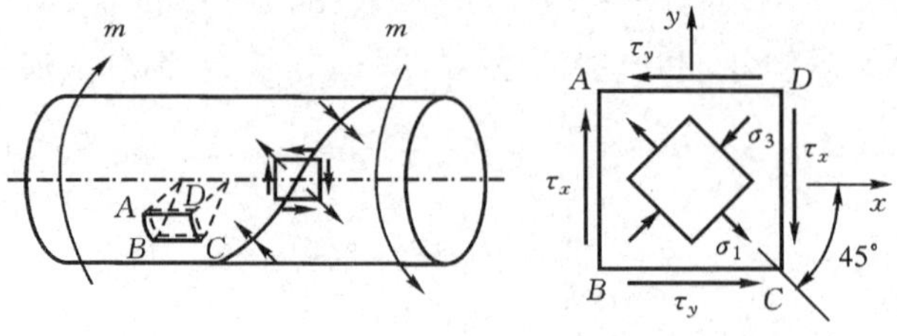

(a) (b)

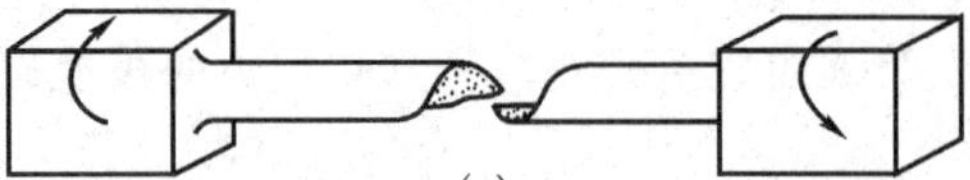
(c)

图 9-5

所以 $2\alpha_0=-90°$ 或 $-270°, \alpha_0=-45°$ 或 $-135°$

由此可知,从 x 轴正向量起,由 $\alpha_0=-45°$(顺时针)所确定的主平面上的主应力为 $\sigma_{max}=\tau$;而由 $\alpha_0=-135°$所确定的主平面上的主应力为 $\sigma_{min}=-\tau$。按照主应力的记号规定

$$\sigma_1=\sigma_{max}=\tau,\ \sigma_2=0,\ \sigma_3=\sigma_{min}=-\tau$$

圆截面铸铁试件扭转时,表面各点的 σ_{max}所在主平面连成倾角为 45°的螺旋面。由于铸铁为脆性材料,其抗拉强度较低,试件将沿这一螺旋面因拉伸而发生断裂破坏。

例 9-2 如图 9-6(a)所示,矩形截面简支梁长为 l,受均布载荷 q 作用,试确定Ⅰ—Ⅰ截面上 K 点的应力状态,并绘出主单元体表示。

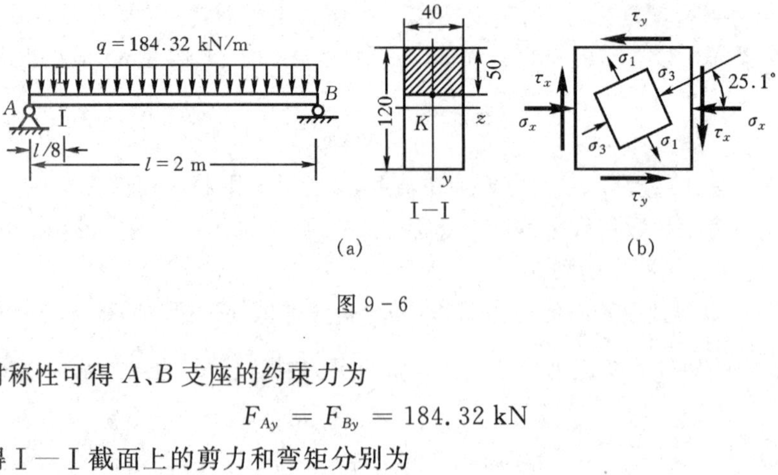

(a) (b)

图 9-6

解 由对称性可得 A、B 支座的约束力为

$$F_{Ay}=F_{By}=184.32\ \mathrm{kN}$$

由截面法求得Ⅰ—Ⅰ截面上的剪力和弯矩分别为

$$F_S=F_{Ay}-\frac{1}{8}ql=184.32-\frac{1}{8}\times184.32\times2=138.24\ \mathrm{kN}$$

$$M=F_{Ay}\frac{l}{8}-\frac{1}{2}q(\frac{l}{8})^2=184.32\times\frac{2}{8}-\frac{1}{2}\times184.32\times(\frac{2}{8})^2$$

$$=40.32\ \mathrm{kN\cdot m}$$

由矩形截面尺寸得

$$I_z=\frac{bh^3}{12}=\frac{40\times120^3}{12}=5.76\times10^6\ \mathrm{mm^4}$$

$$S_z^{(w)} = 40 \times 50 \times 35 = 7 \times 10^4 \ \text{mm}^3$$

Ⅰ—Ⅰ截面上 K 点的正应力和切应力分别为

$$\sigma_K = \frac{My_K}{I_z} = -\frac{40.32 \times 10^6 \times 10}{5.76 \times 10^6} = -70 \ \text{MPa}$$

$$\tau_K = \frac{F_S S_z^{(\omega)}}{I_z b} = \frac{138.24 \times 10^3 \times 7 \times 10^4}{5.76 \times 10^6 \times 40} = 42 \ \text{MPa}$$

切取 K 点处的单元体如图 9-6(b)所示。图中 $\sigma_x = -70$ MPa，$\sigma_y = 0$，$\tau_x = 42$ MPa，$\tau_y = -42$ MPa。由式(9-3)确定主平面的位置

$$\tan 2\alpha_0 = -\frac{2\tau_x}{\sigma_x - \sigma_y} = -\frac{2 \times 42}{-70} = 1.2$$

$$2\alpha_0 = 50.2° \text{ 或 } 230.2°, \quad \alpha_0 = 25.1° \text{ 或 } 115.1°$$

由式(9-4)确定主应力

$$\left.\begin{matrix}\sigma_{\max} \\ \sigma_{\min}\end{matrix}\right\} = \frac{\sigma_x + \sigma_y}{2} \pm \sqrt{\left(\frac{\sigma_x - \sigma_y}{2}\right)^2 + \tau_x^2}$$

$$= \frac{-70}{2} \pm \sqrt{\left(\frac{-70}{2}\right)^2 + 42^2} = \begin{cases} 19.67 \\ -89.67 \end{cases} \text{MPa}$$

K 点的三个主应力分别为

$$\sigma_1 = 19.67 \ \text{MPa}, \quad \sigma_2 = 0, \quad \sigma_3 = -89.67 \ \text{MPa}$$

9.2.2　平面应力状态分析的图解法

由式(9-1)和式(9-2)可知，α 斜截面上的正应力 σ_α 和切应力 τ_α 都是 α 的函数。为了建立 σ_α 和 τ_α 之间的直接关系式，首先将式(9-1)和式(9-2)改写成如下形式

$$\left.\begin{aligned} \sigma_\alpha - \frac{\sigma_x + \sigma_y}{2} &= \frac{\sigma_x - \sigma_y}{2}\cos 2\alpha - \tau_x \sin 2\alpha \\ \tau_\alpha - 0 &= \frac{\sigma_x - \sigma_y}{2}\sin 2\alpha + \tau_x \cos 2\alpha \end{aligned}\right\} \tag{1}$$

然后，将以上两式等号两端各自平方后相加，得

$$\left(\sigma_\alpha - \frac{\sigma_x + \sigma_y}{2}\right)^2 + \tau_\alpha^2 = \left(\frac{\sigma_x - \sigma_y}{2}\right)^2 + \tau_x^2 \tag{2}$$

因为 σ_x、σ_y、τ_x 皆为已知量，所以(2)式是一个以 σ_α 和 τ_α 为变量的圆周方程。若以 σ 为横坐标，以 τ 为纵坐标，则该圆的圆心坐标为 $\left(\frac{\sigma_x + \sigma_y}{2}, 0\right)$，圆的半径 $R = \sqrt{\left(\frac{\sigma_x - \sigma_y}{2}\right)^2 + \tau_x^2}$，而圆周上任一点的纵、横坐标分别代表单元体某一斜截面上的切应力和正应力。这个表示一点处应力状态的圆称为**应力圆**或**莫尔圆**，如图 9-7 所示。

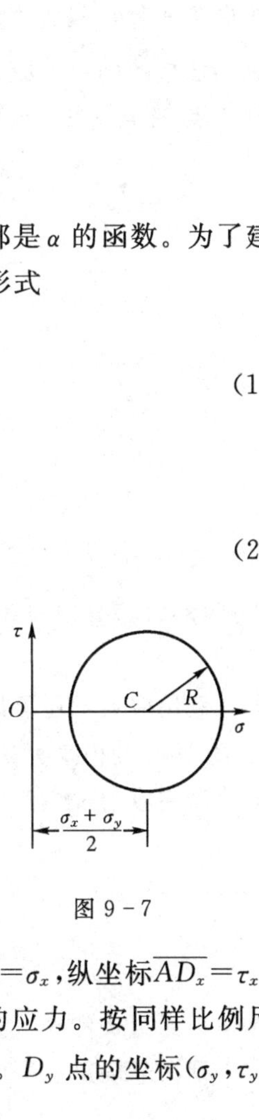

图 9-7

现以图 9-8(a)所示的平面应力状态研究应力圆的绘制及其应用。

如图 9-8(b)所示，在 σ-τ 平面内，按一定的比例尺量取横坐标 $\overline{OA} = \sigma_x$，纵坐标 $\overline{AD_x} = \tau_x$，确定 D_x 点。D_x 点的坐标(σ_x，τ_x)代表单元体上以 x 轴为法线的面上的应力。按同样比例尺量取 $\overline{OB} = \sigma_y$，$\overline{BD_y} = \tau_y$，确定 D_y 点。τ_y 为负，故 D_y 点的纵坐标也为负。D_y 点的坐标(σ_y，τ_y)

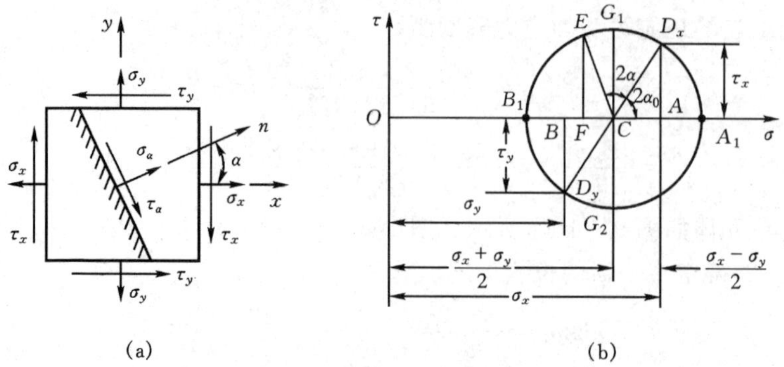

图 9-8

代表单元体上以 y 轴为法线的面上的应力。连接 D_xD_y 与横坐标轴 σ 交于 C 点。以 C 点为圆心、$\overline{CD_x}$ 为半径作圆,该圆即为(2)式所表示的应力圆。

可以证明,单元体内任意斜截面上的应力都可用应力圆求出。在图 9-8(a)中,设由 x 轴正向到任意斜截面法线的夹角为逆钟向转动 α 角。在应力圆上,从 D_x 点(σ_x,τ_x)(它代表以 x 轴为法线的面上的应力)也按逆时针沿圆周转到 E 点,且使 $\widehat{D_xE}$ 所对的圆心角为 α 角的两倍,则 E 点的坐标(σ_E,τ_E)就代表以 n 为法线的斜截面上的应力。这是因为

$$\begin{aligned}\sigma_E &= \overline{OC} - \overline{CF} = \frac{\sigma_x+\sigma_y}{2} + \overline{CE}\cos(2\alpha_0+2\alpha)\\&= \frac{\sigma_x+\sigma_y}{2} + \overline{CD}_x\cos(2\alpha_0+2\alpha)\\&= \frac{\sigma_x+\sigma_y}{2} + \overline{CD}_x\cos2\alpha_0\cos2\alpha - \overline{CD}_x\sin2\alpha_0\sin2\alpha\\&= \frac{\sigma_x+\sigma_y}{2} + \frac{\sigma_x-\sigma_y}{2}\cos2\alpha - \tau_x\sin2\alpha \qquad (3)\end{aligned}$$

$$\begin{aligned}\tau_E &= \overline{CE}\sin(2\alpha_0+2\alpha) = \overline{CD}_x\sin2\alpha_0\cos2\alpha + \overline{CD}_x\cos2\alpha_0\sin2\alpha\\&= \frac{\sigma_x-\sigma_y}{2}\sin2\alpha + \tau_x\cos2\alpha \qquad (4)\end{aligned}$$

将式(3)、(4)分别与式(9-1)、式(9-2)比较,可见

$$\sigma_E=\sigma_\alpha,\quad \tau_E=\tau_\alpha$$

利用应力圆还可以比较方便地求出主应力的数值和确定主平面的方位。在应力圆上 A_1 和 B_1 两点的横坐标是正应力 σ 的最大值和最小值,而纵坐标皆等于零,因此这两点的横坐标即代表主应力,故有

$$\sigma_{\max} = \overline{OA}_1 = \overline{OC} + \overline{CA}_1 = \frac{\sigma_x+\sigma_y}{2} + \sqrt{\left(\frac{\sigma_x-\sigma_y}{2}\right)^2+\tau_x^2}$$

$$\sigma_{\min} = \overline{OB}_1 = \overline{OC} - \overline{CB_1} = \frac{\sigma_x+\sigma_y}{2} - \sqrt{\left(\frac{\sigma_x-\sigma_y}{2}\right)^2+\tau_x^2}$$

这里得到与式(9-4)完全相同的结果。

现在来确定主平面的方位。在应力圆上由 D_x 点到 A_1 点所对的圆心角为顺时针的 $2\alpha_0$,

在单元体中由 x 轴的正向也按顺时针量取 α_0 角，这样就确定了 σ_1 所在主平面的法线方向(图 9－9)。在应力圆上由 A_1 点到 B_1 点所对圆心角为 180°，在单元体中，σ_1 和 σ_2 所在主平面的法线之间夹角为 90°。从 x 轴正向到 σ_1 所在主平面法线的转角 α_0 为顺时针方向，按照关于 α 角的符号规定，α_0 是负值，故 $\tan 2\alpha_0$ 也应为负值。由图 9－8(b)可以看出

$$\tan 2\alpha_0 = -\frac{\overline{AD_x}}{\overline{CA}} = -\frac{2\tau_x}{\sigma_x - \sigma_y} \tag{5}$$

(5)式也与式(9－3)完全一样。

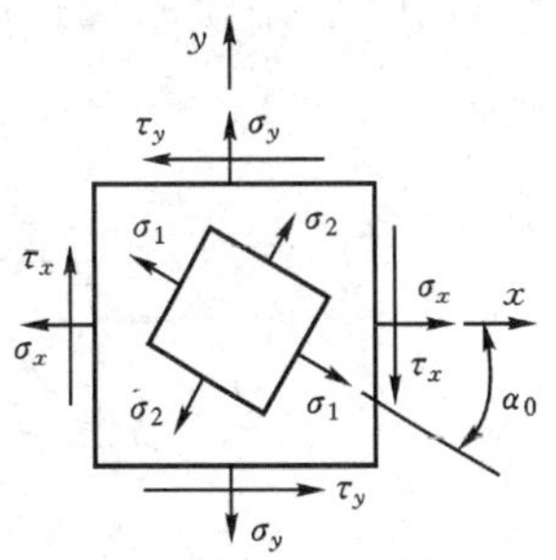

图 9－9

例 9－3　从受力构件中切出的单元体各侧面的应力如图 9－10(a)所示，试用图解法计算 m—m 斜截面上的正应力 σ_m 和切应力 τ_m 以及该单元体的主应力和主平面方位。

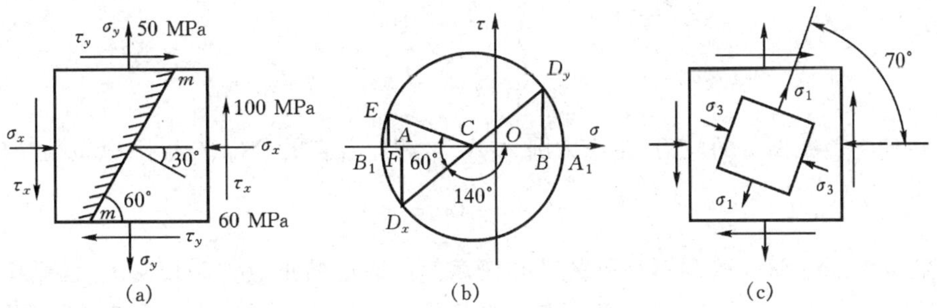

图 9－10

解　在 $\sigma-\tau$ 平面内，按照一定的比例量取横坐标 $\overline{OA}=-100$ MPa，纵坐标 $\overline{AD_x}=-60$ MPa，确定 D_x 点；量取横坐标 $\overline{OB}=50$ MPa，纵坐标 $\overline{BD_y}=60$ MPa，确定 D_y 点。连接 D_xD_y，交横坐标轴于 C 点，以 C 点为圆心，$\overline{CD_x}$ 为半径作圆，该圆为图 9－10(a)所示单元体之应力圆。由图 9－10(a)知，m—m 斜截面的外法线与 x 轴正向夹角 $\alpha=-30°$，从 D_x 点开始，沿应力圆顺时针转过圆心角 $2\alpha=-60°$，到达 E 点，则 E 点的坐标(σ_E,τ_E)即为 m—m 斜截面上的正应力和切应力。由图 9－10(b)量取 $\overline{OF}=\sigma_E=-110$ MPa，$\overline{EF}=\tau_E=35$ MPa，$\overline{OA_1}=\sigma_1=71$ MPa，$\overline{OB_1}=\sigma_3=-121$ MPa，$2\alpha_0=140°$，$\alpha_0=70°$。于是可得主平面的方位如图9－10(c)所示。

9.2.3　三向应力状态时的最大切应力

三向应力状态分析比较复杂，这里只讨论当三个主应力 σ_1、σ_2 和 σ_3 已知时，试确定单元体内的最大切应力。

设某一单元体处于三向应力状态，如图 9－11(a)所示。设想用 $aa'c'c$ 平面把单元体分成两部分，取三棱柱部分进行研究。由于其前后两个三角形面积相等，σ_3 在这两个平面上产生的力自相平衡，对斜截面上的应力没有影响，故该斜截面上的应力只取决于 σ_1 和 σ_2，相当于二向应力状态，如图 9－11(b)所示。因而平行于 σ_3 的各截面上的应力，可由 σ_1 和 σ_2 所确定的应力圆上相应各点的坐标来表示，如图 9－11(c)中的 A_1A_2 小圆所示，由 A_1A_2 应力圆可知，平行于 σ_3 的各斜截面上的极值切应力 τ_{12} 的大小，等于 A_1A_2 应力圆的半径，即

$$\tau_{12} = \frac{1}{2}(\sigma_1 - \sigma_2)$$

其作用面与 σ_1 和 σ_2 的作用面均成 45°夹角。

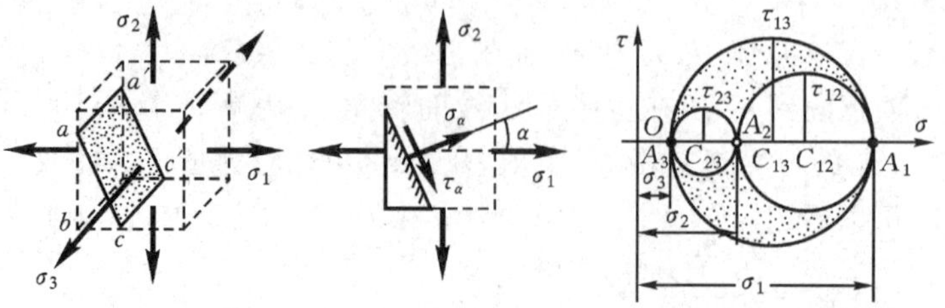

(a)　　(b)　　(c)

图 9-11

同理，平行于 σ_1 的各斜截面上的应力，由应力圆 A_2A_3 上相应各点的坐标来表示，其极值切应力为

$$\tau_{23} = \frac{1}{2}(\sigma_2 - \sigma_3)$$

平行于 σ_2 的各斜截面上的应力，由应力圆 A_1A_3 上相应各点的坐标来表示，其极值切应力为

$$\tau_{13} = \frac{1}{2}(\sigma_1 - \sigma_3)$$

研究表明，除上述三类斜截面外的其它任意斜截面上的正应力和切应力，也可用 $\sigma-\tau$ 坐标系内某一点的坐标值来表示，并且该点必位于图 9-11(c)所示三个应力圆所围成的阴影范围内。因此三向应力状态时的最大切应力应等于 A_1A_3 应力圆的半径，即

$$\tau_{\max} = \frac{1}{2}(\sigma_1 - \sigma_3) \tag{9-5}$$

由于单向和二向平面应力状态均为三向应力状态的特例，因此上式对单向和二向平面应力状态同样适用。

9.3　广义胡克定律

在讨论单向拉伸或压缩时，根据实验结果曾得到在线弹性范围内应力与应变的关系为

$$\sigma = E\varepsilon \quad 或 \quad \varepsilon = \sigma/E \tag{1}$$

这就是胡克定律。此外，实验还指出，轴向变形也将引起横向尺寸的变化(见6.2节)，横向应变 ε' 可表示为

$$\varepsilon' = -\nu\varepsilon = -\nu\sigma/E \tag{2}$$

在纯剪切的情况下的实验结果表明，当切应力不超过材料的剪切比例极限时，切应力和切应变之间的关系也服从胡克定律，即

$$\tau = G\gamma \quad 或 \quad \gamma = \tau/G \tag{3}$$

但是，如果构件不是单向应力状态或纯剪切应力状态，而是其它的复杂应力状态时，其应力和应变的关系是否还服从(1)式或(3)式表示的胡克定律呢？下面来讨论这一问题。

当构件上某点处于复杂应力状态时，单元体各侧面上共有 18 个应力分量，由于单元体两平行平面上的应力相等，所以单元体的三对互相垂直的表面上的应力可用 9 个应力分量表示，

如图 9 - 12 所示，即 3 个正应力分量 σ_x、σ_y、σ_z 和 6 个切应力分量 τ_{xy}、τ_{yz}、τ_{zx}、τ_{yx}、τ_{zy}、τ_{xz}。

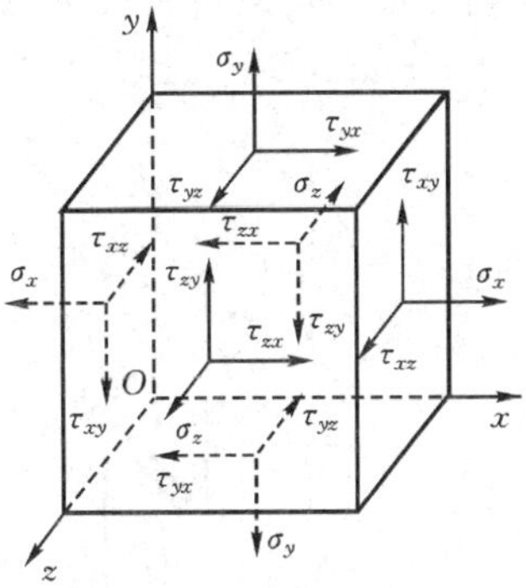

图 9 - 12

切应力分量中第一个下标表示该切应力作用面的外法线方向，第二个下标表示该切应力的方向。由切应力互等定理可知

$$\tau_{xy}=-\tau_{yx},\quad \tau_{yz}=-\tau_{zy},\quad \tau_{zx}=-\tau_{xz}$$

因此，实际上只有 3 个独立的切应力分量。

对于各向同性材料，当变形很小且在线弹性范围内时，线应变只与正应力有关，而与切应力无关；切应变只与切应力有关，而与正应力无关。这样，对于三向应力状态的单元体，可以利用(1)、(2)、(3)式分别求出各应力分量各自对应的应变，然后进行叠加，从而得到三向应力状态的应力和应变之间的关系。例如，图9 - 12所示三向应力状态单元体，由 σ_x 单独作用，在 x 方向引起的线应变为 σ_x/E，由 σ_y、σ_z 单独作用，在 x 方向引起的线应变分别为 $-\nu\sigma_y/E$ 和 $-\nu\sigma_z/E$。其余切应力分量与 x 方向的线应变无关。叠加上述结果得

$$\varepsilon_x=\frac{\sigma_x}{E}-\nu\frac{\sigma_y}{E}-\nu\frac{\sigma_z}{E}=\frac{1}{E}[\sigma_x-\nu(\sigma_y+\sigma_z)]$$

同理可得在 y 方向和 z 方向的线应变 ε_y 和 ε_z。最后得

$$\left.\begin{aligned}\varepsilon_x&=\frac{1}{E}[\sigma_x-\nu(\sigma_y+\sigma_z)]\\\varepsilon_y&=\frac{1}{E}[\sigma_y-\nu(\sigma_z+\sigma_x)]\\\varepsilon_z&=\frac{1}{E}[\sigma_z-\nu(\sigma_x+\sigma_y)]\end{aligned}\right\}\tag{9-6}$$

至于切应变与切应力之间的关系，自然是(3)式所表示的关系，且与正应力分量无关。这样，在 Oxy、Oyz、Ozx 三个面内的切应变分别为

$$\gamma_{xy}=\frac{\tau_{xy}}{G},\quad \gamma_{yz}=\frac{\tau_{yz}}{G},\quad \gamma_{zx}=\frac{\tau_{zx}}{G}\tag{9-7}$$

式(9 - 6)和式(9 - 7)称为**广义胡克定律**。

当单元体是主单元体时，设 x、y、z 方向分别与 σ_1、σ_2、σ_3 方向一致。这时，$\sigma_x=\sigma_1$，$\sigma_y=\sigma_2$，$\sigma_z=\sigma_3$，$\tau_{xy}=\tau_{yz}=\tau_{zx}=0$，广义胡克定律变为

$$\left.\begin{aligned}\varepsilon_1&=\frac{1}{E}[\sigma_1-\nu(\sigma_2+\sigma_3)]\\\varepsilon_2&=\frac{1}{E}[\sigma_2-\nu(\sigma_3+\sigma_1)]\\\varepsilon_3&=\frac{1}{E}[\sigma_3-\nu(\sigma_1+\sigma_2)]\end{aligned}\right\}\tag{9-8}$$

这里 ε_1、ε_2、ε_3 分别表示沿三个主应力方向的线应变，称为**主应变**。式(9 - 8)是由主应力表示的广义胡克定律。

例 9 - 4　图 9 - 13(a)所示螺旋浆主轴承受轴向拉伸与扭转作用。为了用实验方法测定拉力 F 和扭矩 T，在主轴上沿轴线方向及与轴向夹角 45°的方向各贴一电阻丝应变片。实验

测得轴在匀速旋转时线应变平均值分别为 $\varepsilon_{90^\circ}=25\times10^{-6}$，$\varepsilon_{45^\circ}=140\times10^{-6}$。若已知轴的直径 $d=100$ mm，$E=2.1\times10^5$ MPa，$\nu=0.28$，求轴向拉力 F 和扭矩 T。

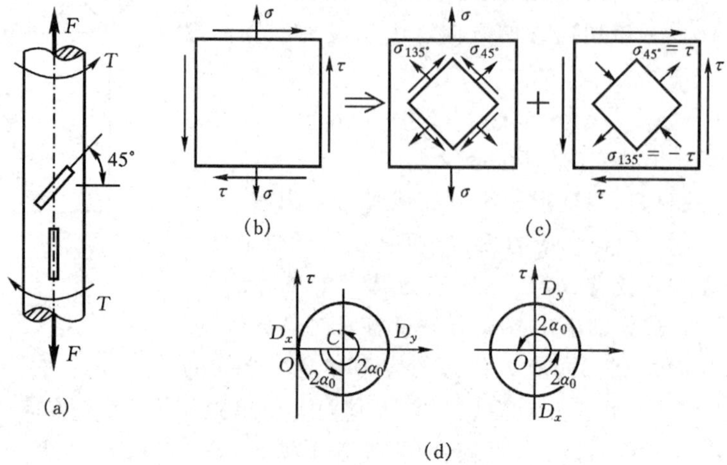

图 9－13

解　主轴在拉力和扭矩的作用下，外表面各点的应力状态均相同，如图9－13(b)所示。其中

$$\sigma=\frac{F_{\mathrm{N}}}{A}=\frac{4F}{\pi d^2},\quad \tau=\frac{T}{W_{\mathrm{t}}}=\frac{16T}{\pi d^3}$$

根据叠加原理，图 9－13(b)之应力状态可以分解成单向拉伸应力状态和纯切应力状态的叠加，如图 9－13(c)所示。由图可见，只有单向拉伸应力状态中的正应力(沿轴线方向)引起轴向应变 ε_{90°，而纯切应力状态，因为在轴线方向无正应力而不会引起轴向应变；但两种应力状态都会引起 45°方向的应变，应用应力圆或解析式，可求得引起 45°方向正应变的正应力 σ_{45° 与 σ_{135° 的大小和方向，分别标于图 9－13(d)的两个应力状态中。于是有

$$\varepsilon_{90^\circ}=\frac{\sigma}{E}=\frac{4F}{E\pi d^2}$$

可得

$$F=\frac{\varepsilon_{90^\circ}E\pi d^2}{4}=\frac{25\times10^{-6}\times2.1\times10^5\pi\times100^2}{4}$$

$$=41.2\ \mathrm{kN}$$

由式(9－8)知

$$\varepsilon_{45^\circ}=\frac{\sigma_{45^\circ}}{E}-\nu\frac{\sigma_{135^\circ}}{E}=\frac{1}{E}(\sigma_{45^\circ}-\nu\sigma_{135^\circ})$$

其中

$$\sigma_{45^\circ}=\frac{\sigma}{2}+\tau,\quad \sigma_{135^\circ}=\frac{\sigma}{2}-\tau$$

而

$$\sigma=\frac{4F}{\pi d^2}=\frac{4\times41.2\times10^3}{3.14\times100^2}=5.25\ \mathrm{MPa}$$

所以

$$\varepsilon_{45^\circ}=\frac{1}{E}\left[\frac{\sigma}{2}+\tau-\nu\left(\frac{\sigma}{2}-\tau\right)\right]$$

$$=\frac{\sigma}{2E}(1-\nu)+\frac{\tau}{E}(1+\nu)$$

$$=\frac{5.25}{2E}(1-\nu)+\frac{\tau}{E}(1+\nu)$$

考虑到 $\tau=\frac{16T}{\pi d^3}$，则扭矩

$$T=\frac{\pi d^3[2\varepsilon_{45^\circ}E-5.25(1-\nu)]}{32(1+\nu)}$$
$$=\frac{3.14\times 100^3[2\times 140\times 10^{-6}\times 2.1\times 10^5-5.25\times(1-0.28)]}{32\times(1+0.28)}$$
$$=42.2\ \text{kN}\cdot\text{m}$$

9.4　强度理论

9.4.1　强度理论的概念

实验表明，各种材料的破坏现象是不相同的。塑性材料，如低碳钢，在轴向拉伸、压缩和扭转时，当应力达到屈服极限后，将出现明显的不可恢复的塑性变形。材料的这种破坏形式，称之为**塑性屈服**。在这种情况下，构件已不能正常工作，因此出现流动现象或塑性变形就是这类破坏的标志。脆性材料，如铸铁，在轴向拉伸、压缩和扭转时，当还没有出现明显的塑性变形时，就突然断裂，这是材料破坏的另一类形式，称之为**脆性断裂**。值得注意的是，材料的破坏形式不仅与材料的性质有关，还与材料所处的应力状态有关。如灰铸铁在三向等压情况下将发生塑性屈服破坏，而不是脆性断裂破坏。

在轴向拉伸时，塑性材料的塑性屈服破坏发生于应力达到屈服极限，而脆性材料的脆性断裂破坏发生于应力达到强度极限。因此把屈服极限 σ_s 作为塑性屈服破坏的极限应力 σ_{jx}，而把强度极限 σ_b 作为脆性断裂破坏的极限应力 σ_{jx}。极限应力除以安全因数得到材料的许用应力，即

$$\text{塑性屈服破坏}\quad [\sigma]=\frac{\sigma_s}{n_s};\qquad \text{脆性断裂破坏}\quad [\sigma]=\frac{\sigma_b}{n_b}$$

式中：n_s 和 n_b 分别是塑性屈服破坏和脆性断裂破坏时的安全因数。确定了许用应力以后，容易建立以下强度条件

$$\sigma\leqslant[\sigma]$$

所以在单向应力状态下，强度条件可以说是根据实验结果建立的。

但在工程实际中，很多受力构件的危险点都处于复杂应力状态。实现材料在复杂应力状态下的试验要比单向拉伸或压缩困难得多。而且复杂应力状态中应力组合的方式有无数种，若完全靠实验来一一对应的建立强度条件是不可能的。为了对复杂应力状态下的构件进行强度计算，一般是依据部分实验结果，采用判断推理的方法，提出一些假说，推测材料在复杂应力状态下的破坏原因，从而建立相应的强度条件。

实际上，尽管材料的应力状态多种多样，破坏现象也比较复杂，但大量的试验表明，材料的破坏形式主要还是塑性屈服与脆性断裂两种类型。人们在长期生产实践和大量试验中，积累了各种各样破坏现象的资料，经过分析、判断、推理、综合，对材料的破坏现象以及发生破坏的原因提出了各种不同的假说，这些假说普遍认为，材料的某一类型的破坏是某一特定因素引起

的。按照这种假说,无论是简单应力状态或是复杂应力状态,某种类型的破坏都是同一因素引起的。于是可以利用简单应力状态下的试验结果,建立复杂应力状态下的强度条件。这样的一些假说称为**强度理论**。

强度理论既然是推测材料破坏原因的假说,它是否正确,以及适用范围如何,都必须经过实践检验。经常会遇到这种情况,适用于某种材料的强度理论,并不适用于另外一种材料;在某种条件下适用的理论,却不一定适用于另外一种条件。

9.4.2 常用的四种强度理论

目前工程上常用的有四种强度理论,它们比较成功地解决了常用材料的强度计算问题。

材料破坏的主要形式为塑性屈服破坏与脆性断裂破坏,强度理论也相应地分为两类。一类是解释材料脆性断裂破坏的强度理论,包括最大拉应力理论和最大伸长线应变理论;另一类是解释材料塑性屈服破坏的强度理论,包括最大切应力理论和形状改变比能理论。这是在常温、静载条件下经常使用的四种强度理论。

1. 最大拉应力理论(第一强度理论)

这一理论认为最大拉应力是引起材料脆性断裂破坏的主要因素,即认为无论是复杂应力状态还是简单应力状态,引起脆性断裂破坏的因素都是最大拉应力 σ_1。在单向拉伸时,脆性断裂破坏的极限应力是强度极限 σ_b。按照这一理论,在复杂应力状态下,只要最大拉应力 σ_1 达到简单拉伸时的极限应力 σ_b,就认为会引起脆性断裂破坏。于是得到发生脆性断裂破坏的条件是

$$\sigma_1 = \sigma_b$$

按照第一强度理论建立的强度条件是

$$\sigma_1 \leqslant [\sigma] \tag{9-9}$$

铸铁等脆性材料在单向拉伸时的脆性断裂破坏发生于拉应力最大的横截面上。脆性材料的扭转破坏也是沿拉应力最大的斜截面发生断裂。这些都与最大拉应力理论相符。但该理论没有考虑其它两个主应力 σ_2 和 σ_3 对材料破坏的影响,而且对没有拉应力的应力状态(如单向压缩、三向压缩等)无法应用。

2. 最大伸长线应变理论(第二强度理论)

这个理论假定材料的脆性断裂破坏,取决于最大伸长线应变 ε_1。按照这个理论,无论材料在何种应力状态下,只要最大伸长线应变 ε_1 达到某一极限值$\varepsilon_{jx}=\sigma_b/E$时,就认为材料会发生脆性断裂破坏。于是得到材料发生脆性断裂破坏的条件是

$$\varepsilon_1 = \varepsilon_{jx} = \sigma_b/E$$

由广义胡克定律式(9-8)

$$\varepsilon_1 = \frac{1}{E}[\sigma_1 - \nu(\sigma_2 + \sigma_3)]$$

代入上式,得到用应力表达的脆性断裂破坏条件为

$$\sigma_1 - \nu(\sigma_2 + \sigma_3) = \sigma_b$$

最后得到按第二强度理论建立的强度条件是

$$\sigma_1 - \nu(\sigma_2 + \sigma_3) \leqslant [\sigma] \tag{9-10}$$

实验证明,石料或混凝土等脆性材料受轴向压缩时,试件将沿垂直于压力的方向发生脆性

断裂破坏，而这一方向也就是最大伸长线应变的方向。铸铁在拉-压二向应力状态且压应力较大的情况下，试验结果也与这一理论结果相近。但是，铸铁受二向拉伸时的破坏却与这一理论相矛盾。

3. 最大切应力理论(第三强度理论)

这一理论认为最大切应力是引起材料塑性屈服破坏的主要因素，即材料无论处于何种应力状态，引起材料塑性屈服破坏的主要因素都是最大切应力为 τ_{max}。在单向拉伸时，当横截面上的拉应力达到材料塑性屈服破坏极限 σ_s 时，与轴线成 45°的斜面上相应的最大切应力为 $\tau_{max}=\sigma_s/2$。按照这一理论，在复杂应力状态下，当最大切应力 τ_{max} 达到单向拉伸发生塑性屈服破坏时的最大切应力时，就认为材料发生了塑性屈服破坏。由此得出材料发生塑性屈服破坏的条件是

$$\tau_{max}=\sigma_s/2$$

由式(9-5)知

$$\tau_{max}=\frac{\sigma_1-\sigma_3}{2}$$

代入上式，得到用主应力表达的塑性屈服破坏条件是

$$\sigma_1-\sigma_3=\sigma_s$$

于是，按照第三强度理论建立的强度条件是

$$\sigma_1-\sigma_3\leqslant[\sigma] \tag{9-11}$$

低碳钢受拉伸时，在与轴线成 45°的斜截面上发生最大切应力，也正是在沿这些平面的方向出现滑移线。钢和铜的薄管试验都表明，塑性材料出现塑性变形时，最大切应力接近常数。这个理论忽略了 σ_2 的影响，使得在二向应力状态下，按这一理论所得的结果与试验结果相比偏于安全。由于上述原因，加之该理论提供的算式也比较简明，因此得到广泛应用。

4. 形状改变比能理论(第四强度理论)

材料在外力作用下发生变形，同时在材料内部积蓄变形能，单元体内积蓄的变形能称为变形比能。一般单元体变形时其形状发生改变，同时体积也发生改变，与体积改变相应的那一部分变形比能称为**体积改变比能**，与形状改变相应的那一部分变形比能称为**形状改变比能**。第四强度理论认为形状改变比能是引起材料塑性屈服破坏的主要原因。即假定无论材料处于何种应力状态，引起材料塑性屈服破坏的因素都是形状改变比能，当构件内一点处的形状改变比能达到极限值(材料受单向拉伸发生塑性屈服破坏的形状改变比能)时，就认为材料会发生塑性屈服破坏。根据这一理论建立的由主应力表达的塑性屈服破坏条件是

$$\sqrt{\frac{1}{2}[(\sigma_1-\sigma_2)^2+(\sigma_2-\sigma_3)^2+(\sigma_3-\sigma_1)^2]}=\sigma_s$$

于是，按照第四强度理论建立的强度条件是

$$\sqrt{\frac{1}{2}[(\sigma_1-\sigma_2)^2+(\sigma_2-\sigma_3)^2+(\sigma_3-\sigma_1)^2]}\leqslant[\sigma] \tag{9-12}$$

塑性材料钢、铜、铝等的薄管试验资料表明，这一理论与试验结果相当接近，它比第三强度理论更符合试验结果，更为经济。

综合式(9-9)、式(9-10)、式(9-11)、式(9-12)可以把四个强度理论的强度条件写成下面的统一形式

$$\sigma_{xd}\leqslant[\sigma] \tag{9-13}$$

式中：σ_{xd}称为相当应力，它是由三个主应力按一定形式组合而成的。按照从第一强度理论到第四强度理论的顺序，相当应力分别是

$$\sigma_{xd1}=\sigma_1,\quad \sigma_{xd2}=\sigma_1-\nu(\sigma_2+\sigma_3),\quad \sigma_{xd3}=\sigma_1-\sigma_3$$

$$\sigma_{xd4}=\sqrt{\frac{1}{2}[(\sigma_1-\sigma_2)^2+(\sigma_2-\sigma_3)^2+(\sigma_3-\sigma_1)^2]}$$

9.4.3　强度理论的选择

以上介绍了四种常用的强度理论。一般说来，处于复杂应力状态并在常温和静载条件下的脆性材料(如铸铁、石料、混凝土、玻璃等)，通常以断裂的形式失效，宜采用第一和第二强度理论。塑性材料(如碳钢、铜、铝等)，通常以屈服的形式失效，宜采用第三和第四强度理论。第一、第三强度理论的表达式比较简单，第二、第四强度理论多用于设计较为经济的截面尺寸。

根据材料来选择相应的强度理论，在多数情况下是合适的。但是材料的脆性和塑性还与其所处的应力状态有关。即便是同一材料，在不同应力状态下也可能有不同的失效形式。例如，碳钢在单向拉伸下以屈服的形式失效，但碳钢制成的螺钉受拉时，螺纹根部因应力集中引起三向拉伸，就会出现断裂。这是因为当三向拉伸的三个主应力数值接近时，屈服将很难出现。又如，铸铁单向受拉时以断裂的形式失效。但如以淬火钢球压在铸铁板上，接触点附近的材料处于三向受压状态，随着压力的增大，铸铁板会出现明显的凹坑，这表明已出现屈服现象。以上各例说明材料的失效形式还与它所处的应力状态有关。无论是塑性或脆性材料，在三向拉应力相近的情况下，都将以断裂的形式失效，宜采用最大拉应力理论。在三向压应力相近的情况下，都可引起塑性变形，宜采用第三或第四强度理论。

例 9-5　图 9-14(a)所示薄壁锅炉，其圆筒平均直径为 D，壁厚为 δ(当$\delta<D/20$时，称为**薄壁容器**)，承受蒸汽内压，其压强为 p，试计算横截面和纵截面上的应力并建立强度条件。

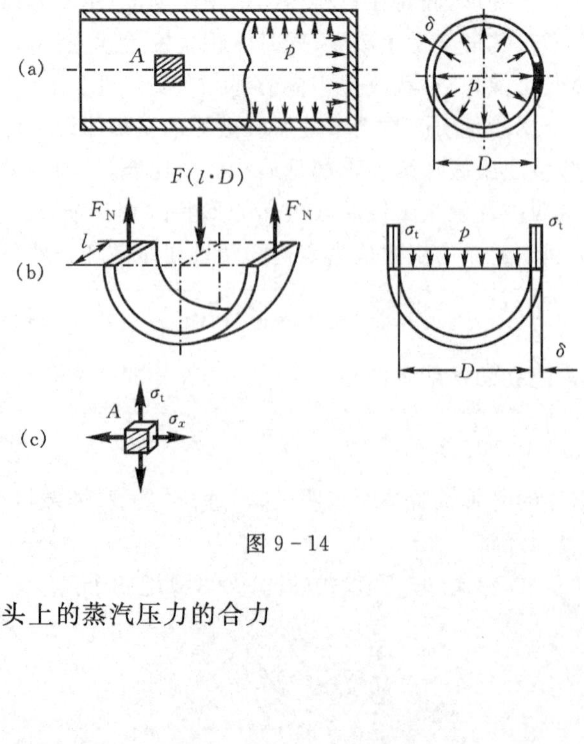

图 9-14

解　锅炉两端封头上的蒸汽压力的合力

$$F=\frac{\pi D^2}{4}p$$

由于轴向拉伸，横截面上的应力是均匀分布的，故横截面上正应力

$$\sigma_x=\frac{F}{A}=\frac{\frac{\pi D^2}{4}p}{\pi D\delta}=\frac{pD}{4\delta}$$

利用截面法，用相距单位长度的两个截面与一个通过锅炉轴线的径向纵截面，从锅炉中取出一部分为研究对象(图 9-14(b))，作用在该部分上的总压力为 $p(l\cdot D)$，取 $l=1$ 个单位长度，则总压力为 pD，纵截面上的法向内力为

$$F_{\mathrm{N}}=\sigma_{\mathrm{t}}(l\cdot\delta)=\sigma_{\mathrm{t}}\delta$$

由平衡方程

$$2F_{\mathrm{N}}-pD=0$$

得纵截面应力

$$\sigma_{\mathrm{t}}=\frac{pD}{2\delta}$$

由上述计算知，薄壁圆筒处于二向应力状态(图 9-14(c)，其主应力

$$\sigma_1=\sigma_{\mathrm{t}}=\frac{pD}{2\delta},\quad \sigma_2=\sigma_x=\frac{pD}{4\delta},\quad \sigma_3=0$$

锅炉为塑性材料，按第三和第四强度理论建立的强度条件分别为

$$\sigma_{\mathrm{xd3}}=\frac{pD}{2\delta}\leqslant[\sigma],\quad \sigma_{\mathrm{xd4}}=\frac{\sqrt{3}pD}{4\delta}\leqslant[\sigma]$$

思考题

9-1　为什么要研究一点的应力状态？如何研究一点的应力状态？

9-2　圆轴受扭时，轴表面各点处于何种应力状态？梁受横力弯曲时，梁顶、梁底及其它各点处于何种应力状态？

9-3　有人说，最大正应力作用面上没有切应力，最大切应力作用面上没有正应力，对吗？

9-4　何谓强度理论，略述四个常用强度理论的内容及其适用范围。

习　题

9-1　求图示单元体中指定斜截面上的应力，并用应力圆校核。应力单位为 MPa。

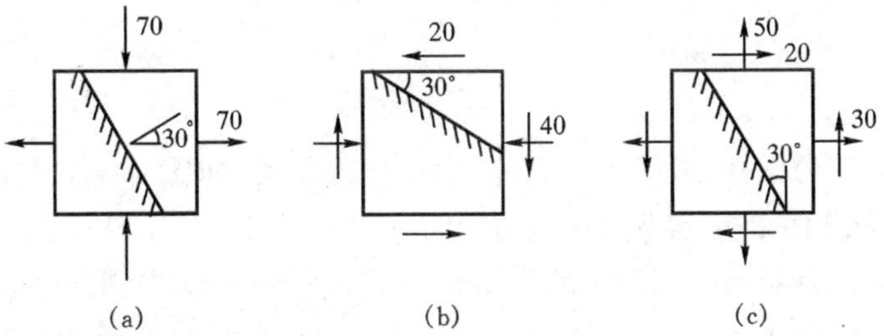

题 9-1 图

9-2　试求图示单元体的主应力大小和方向，并按主平面画出单元体。应力单位为 MPa。

9-3　试求图示应力状态的主应力及最大切应力。应力单位为 MPa。

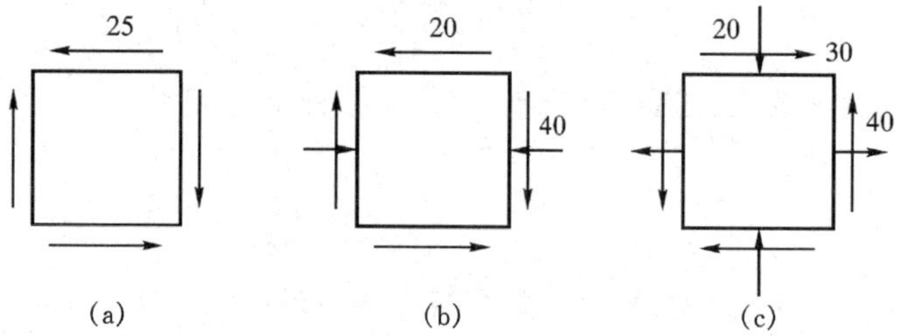

题 9－2 图

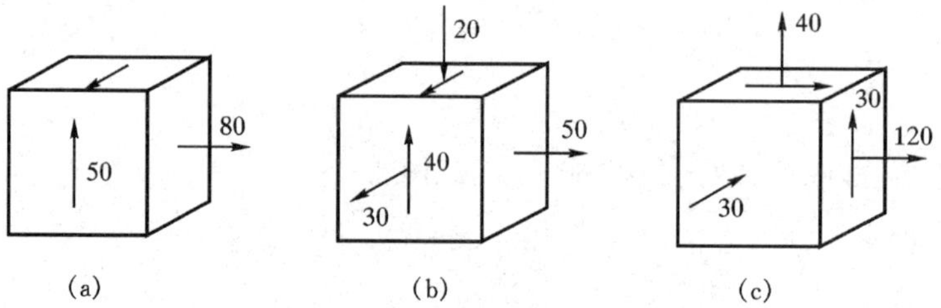

题 9－3 图

9－4 已知矩形截面梁某截面上的剪力 $F_S=120$ kN,弯矩 $M=10$ kN·m,截面尺寸如图所示。试绘出 1、2、3、4 点的应力状态,并确定各点的主应力。

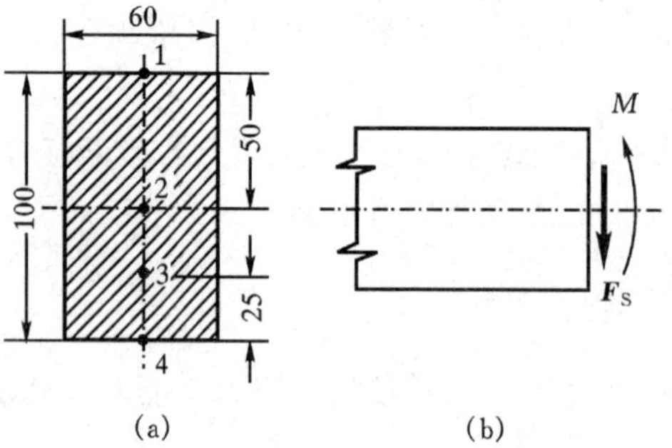

题 9－4 图

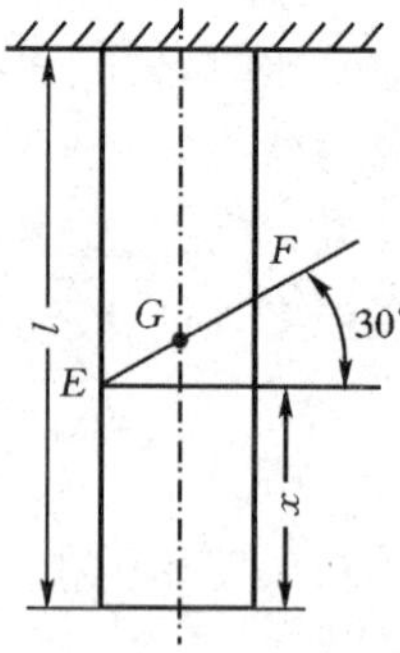

题 9－5 图

9－5 直径为 d 的圆杆,悬挂于天花板,承受自重作用,如图所示。若尺寸 d、l 及比重 γ 均为已知,求 EF 斜截面上 G 点所受正应力和切应力。G 点位于杆表面上。

9－6 图示薄壁容器,其内径 $D=500$ mm,壁厚 $t=10$ mm,在内压 p 的作用下分别测得容器轴向和周向的线应变为 $\varepsilon_l=100\times10^{-6}$,$\varepsilon_t=350\times10^{-6}$,材料的弹性模量 $E=200$ GPa,泊松比 $\nu=0.25$。试求轴向应力和周向应力及内压力 p。

9－7 承受轴向拉伸的直杆如图所示。若已知横截面上的正应力 σ,材料的弹性模量 E 和泊松比 ν,求与轴线夹角 45°方向上的正应变 ε_{45°。

9－8 由铸铁 HT20－40 制成的液压缸,平均直径 $D=500$ mm,壁厚 $t=20$ mm,承受内压

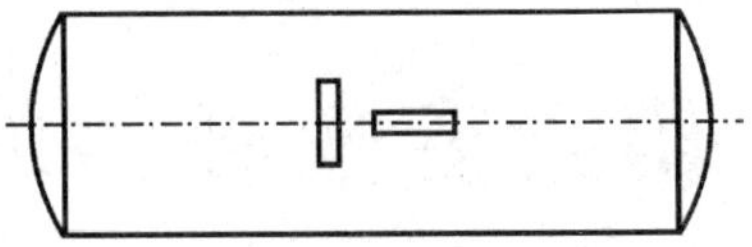

题 9-6 图

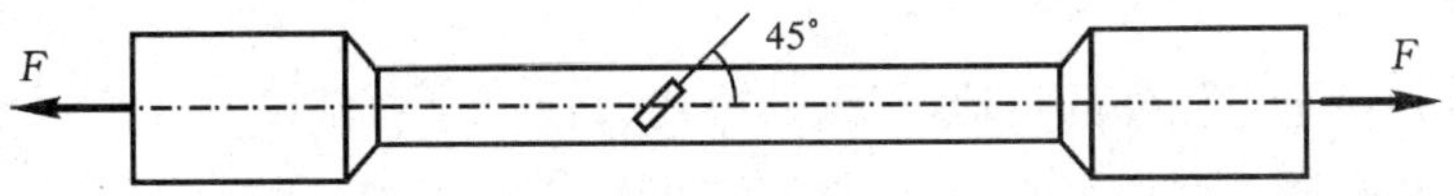

题 9-7 图

力 p 及轴向压力 $F=4D^2p$；材料抗拉强度极限 $\sigma_b^+=300$ MPa，抗压强度极限 $\sigma_b^-=750$ MPa，安全因数 $n=2$。求液压缸所能承受的许可内压力 p(取 $\nu=0.25$)，并分析当材料改为$[\sigma]=160$ MPa 的钢材料时，许可内压力如何变化？

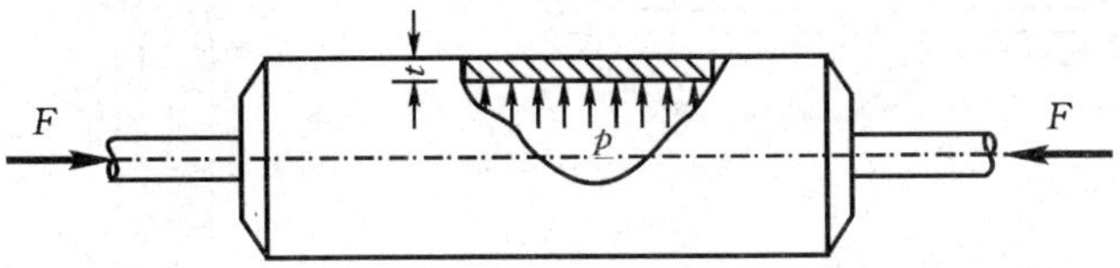

题 9-8 图

第 10 章　组合变形杆件的强度计算

10.1　组合变形问题的基本分析方法

以上各章分别讨论了杆件的拉伸(压缩)、剪切、扭转、弯曲等基本变形。工程结构中的构件大多同时产生几种基本变形。例如，机器中由齿轮传动的轴(图 10 - 1(a))，由于传递扭转力偶而发生扭转，同时还因横向外力的作用而发生弯曲。又如烟囱(图 10 - 1(b))，除因自重而发生轴向压缩外，还因受风力作用而发生弯曲。这类由两种或两种以上基本变形组合的情况，称为**组合变形**。

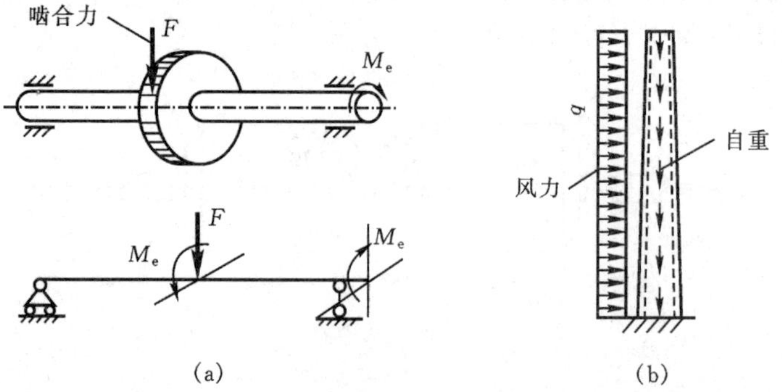

图 10 - 1

由于所研究的构件是在小变形条件下，并且材料服从胡克定律，所以可认为各载荷的作用彼此独立，互不影响，即每一载荷所引起的应力或变形不受其他载荷的影响。这样可以将作用于构件上的载荷进行适当的简化和分解，使分解后的每组载荷只产生一种基本变形。分别计算各基本变形所引起的应力，然后把这些应力叠加，得到的就是原所有载荷作用下的总应力。求解的基本步骤是：

(1)将作用在构件上的载荷进行分解、简化，得到与原载荷静力等效的几组载荷，使构件在每组载荷作用下，只产生一种基本变形；

(2)分别计算构件在每种基本变形情况下的应力；

(3)将各基本变形情况下的应力叠加，即当构件危险点处于单向应力状态时，可将上述各应力进行代数相加；若处于复杂应力状态时，按有关的强度理论计算相当应力，然后根据强度条件进行强度计算。

10.2　拉伸(压缩)与弯曲的组合变形

在载荷作用下，构件同时产生拉伸(或压缩)变形与弯曲变形的情况，称为**拉伸(压缩)与弯**

曲的组合变形。以图 10-2(a)中起重机横梁 AB 为例，其受力如图 10-2(b)所示。轴向力 F_{Bx} 和 F_{Ax} 引起压缩变形，横向力 F_{Ay}、F、F_{By} 引起弯曲变形，所以梁 AB 产生压缩与弯曲的组合变形。现在讨论拉伸(压缩)与弯曲组合变形构件的应力和强度计算。

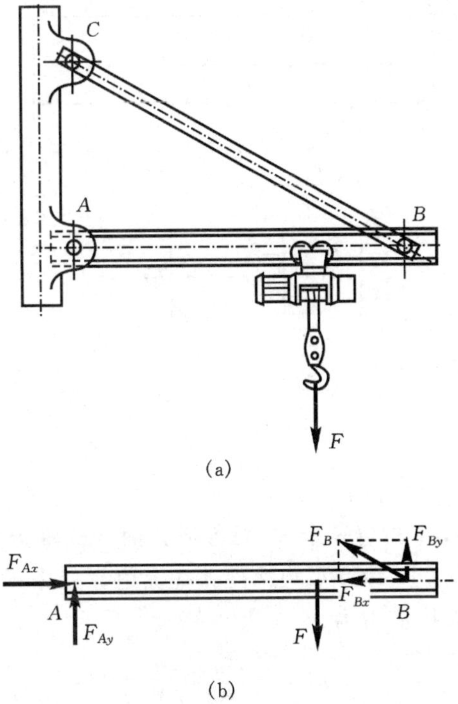

图 10-2

图 10-3(a)所示矩形截面杆的一端固定，另一端自由。杆受到轴向拉力 F 以及在纵向对称面内作用的集度为 q 的横向均布载荷。

轴向拉力使杆发生轴向拉伸。此时，任一横截面上的轴力均为

$$F_N = F$$

因此，杆的横截面上各点的正应力均为

$$\sigma' = F_N/A$$

横向外力使杆发生平面弯曲，距左端为 x 的横截面上的弯矩值为

$$M = \frac{1}{2}q(L-x)^2$$

该截面上距中性轴为 y 点处的弯曲正应力 σ'' 为

$$\sigma'' = My/I_z$$

σ' 与 σ'' 在横截面上的分布情况如图 10-3(b)、(c)所示。

杆件在外力作用下变形很小时，可用叠加原理。上述任意一点处的总的正应力应为以上两项正应力的代数和，即

$$\sigma = \sigma' + \sigma'' = \frac{F_N}{A} + \frac{My}{I_z} \tag{10-1}$$

叠加后正应力沿横截面高度的分布情况如图 10-3(d)所示。

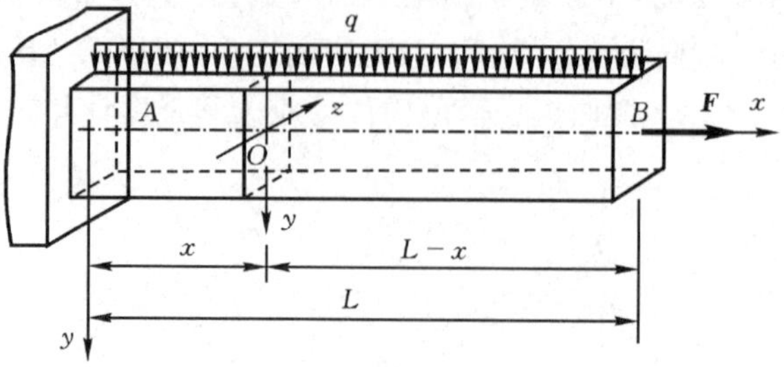

(a)

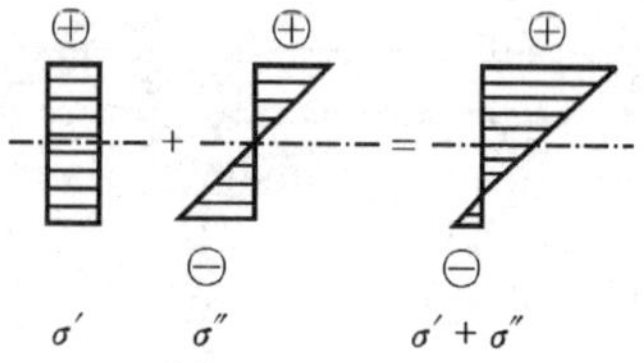

(b)　　(c)　　(d)

图 10－3

由于杆在固定端截面 A 上的弯矩最大，而各横截面上的轴力是相等的，故截面 A 为危险截面。危险点位于该截面的上边缘或下边缘处。在上边缘处由于 σ' 和 σ'' 均为拉应力，故总应力为两应力之和。所以最大拉应力为

$$\sigma_{\max}^{+}=\frac{F_{\mathrm{N}}}{A}+\frac{M_{\max}}{W_z} \tag{10-2}$$

在下边缘处由于 σ' 为拉应力，而 σ'' 为压应力，故总应力为两应力之差，由此得出最大压应力为

$$\sigma_{\max}^{-}=\frac{F_{\mathrm{N}}}{A}-\frac{M_{\max}}{W_z} \tag{10-3}$$

上两式中：$M_{\max}$ 为危险截面处的弯矩；W_z 为弯曲截面系数。如果轴力是压应力，F_{N} 用负值代入。如果轴向压应力在数值上大于弯曲正应力，上、下边缘的总应力都是压应力。如果轴向拉应力在数值上大于弯曲正应力，则上、下边缘的总应力都是拉应力。得到危险点的总应力后，即可建立强度条件。由于危险点处的应力状态为单向应力状态，因此强度条件分别为

$$\sigma_{\max}^{+}=\frac{F_{\mathrm{N}}}{A}+\frac{M_{\max}}{W_z}\leqslant[\sigma]^{+} \tag{10-4}$$

$$\sigma_{\max}^{-}=\left|\frac{F_{\mathrm{N}}}{A}+\frac{M_{\max}}{W_z}\right|\leqslant[\sigma]^{-} \tag{10-5}$$

式中：$[\sigma]^{+}$ 和 $[\sigma]^{-}$ 分别为材料在拉伸和压缩时的应用应力。

一般情况下，对于抗拉与抗压能力不相同的材料，如铸铁和混凝土等，需用以上两式分别校核强度；对于抗拉与抗压能力相同的材料，如低碳钢，则只需校核总应力绝对值最大处的强度。

也可将强度条件统一写成

$$[\sigma]_{\max}^{+}=\left|\pm\frac{F_{\mathrm{N}}}{A}\pm\frac{M_{\max}}{W_z}\right|\leqslant[\sigma] \tag{10-6}$$

例 10－1　悬臂吊车的计算简图如图 10－4(a)所示。横梁由两根 20 槽钢组成，材料的许

用应力$[\sigma]=120\ \text{MPa}$,试校核横梁的强度。

解　(1)受力分析。横梁 AB 的受力如图 10－4(b)所示。由平衡方程

$$\sum M_A = 0,\quad F_{BC}h - FL/2 = 0$$

及
$$h = L\sin\alpha = L\,\overline{AC}/\overline{BC} = L/2$$

得
$$F_{BC} = F = 40\ \text{kN}$$

由图 10－4(a)知 $\alpha = 30°$。将 F_{BC} 分解为水平分量 F_{Bx} 和铅垂分别 F_{By},则

$$F_{Bx} = F_{BC}\cos 30° = 40 \times \sqrt{3}/2 = 34.6\ \text{kN}$$

$$F_{By} = F_{BC}\sin 30° = 40 \times 1/2 = 20\ \text{kN}$$

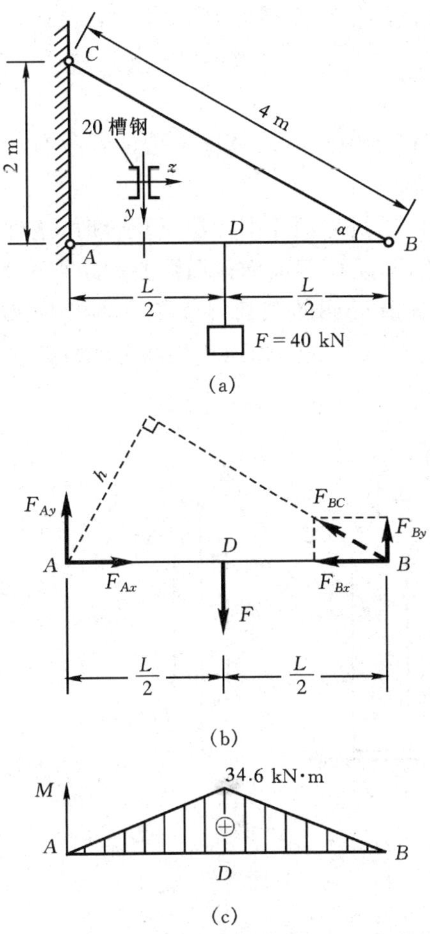

图 10－4

最后由平衡方程 $\sum F_x = 0$ 和 $\sum F_y = 0$,分别得

$$F_{Ax} = F_{Bx} = 34.6\ \text{kN}$$

$$F_{Ay} = F - F_{By} = 40 - 20 = 20\ \text{kN}$$

可见,横梁既因横向力 F 发生弯曲,又因轴向压力 F_{Ax} 发生轴向压缩,其变形属于轴向压缩与平面弯曲的组合变形。

(2)确定危险截面。作横梁的弯矩图如图 10－4(c)所示。由图可见,最大弯矩 $M_{max}=34.6\ kN\cdot m$发生在截面 D 上。由于轴力在横梁各横截面上相等,故截面 D 为危险截面。

(3)求危险截面上的最大正应力。从型钢规格表查得 20 槽钢截面的 $A=32.83\ cm^2=32.83\times10^{-4}\ m^2$,$W_z=191.4\ cm^3=191.4\times10^{-6}\ m^3$。

在危险截面的上边缘各点处具有最大压应力,可由 $M_{max}=34.6\ kN\cdot m$ 及 $F_N=-34.6\ kN$,按前述方法求得为

$$\sigma_{max}^{-}=-\frac{F_N}{A}-\frac{M_{max}}{W_z}=-\frac{34.6\times10^3}{2\times32.83\times10^{-4}}-\frac{34.6\times10^3}{2\times191.4\times10^{-6}}$$
$$=-5.27-90.38=-95.6\ MPa$$

(4)强度校核。将上述 σ_{max}^{-}的值与许用应力$[\sigma]$相比,可见

$$\sigma_{max}^{-}=95.6\ MPa<[\sigma]$$

故此梁能满足强度要求。

以上计算了力 F 作用在横梁中点时的情况。请读者考虑,当力 F 可以在横梁上移动时,其力作用点的最不利位置在哪里。

当作用在直杆上的载荷作用线与轴线平行但不重合时,这种受力情况称为**偏心拉伸**或**偏心压缩**,这种载荷称为**偏心载荷**,载荷偏离横截面形心的距离称为偏心距。例如,图 10－5(a)所示的夹具,在夹紧工件时,夹具受到的载荷将使夹具的竖杆产生偏心拉伸(图 10－5(b))。又如图 10－5(c)所示支承吊车梁的立柱,作用在牛腿上的载荷将使立柱产生偏心压缩。

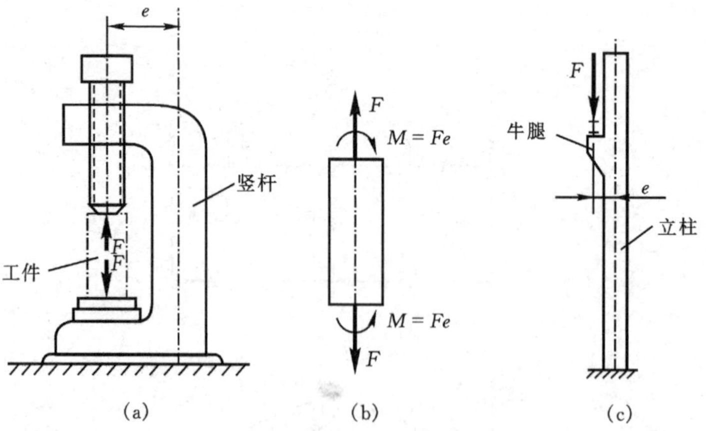

图 10－5

构件受偏心拉伸或偏心压缩时,将同时产生拉伸或压缩和弯曲变形。故其实质是产生了拉伸(压缩)与弯曲组合变形。以图 10－5(a)所示的夹具为例,将作用在夹具上的载荷向竖杆轴线平移,可得一力 F 及一矩为 $M=Fe$ 的力偶,如图 10－5(b)所示。F 引起拉伸变形,M 引起弯曲变形,显然是拉伸与弯曲的组合变形。力偶矩 M 称为**偏心弯矩**。由此可见,偏心拉伸或偏心压缩时的强度计算仍可按前述方法进行,只要将公式中的最大弯矩改成偏心弯矩即可。

例 10－2 图 10－6(a)所示的钩头螺栓联接,已知螺纹的内径 $d_1=24$ mm,材料的许用应力$[\sigma]=120$ MPa,在拧紧螺母后,螺栓受一偏心载荷 $F=6$ kN,偏心距 $e=d_1$,试校核螺栓的强度。

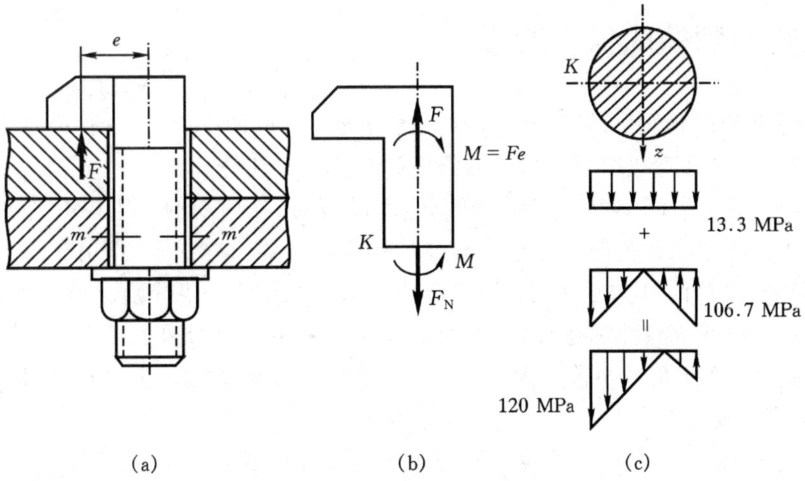

图 10－6

解　(1)外力分析。钩头螺栓所受载荷为偏心载荷，将载荷平移到轴线上，得一力 F 及一矩为 $M_e = Fe$ 的力偶。F 引起拉伸，M_e 引起弯曲。故为拉伸与弯曲的组合变形。

(2)内力分析。假想将螺栓沿 $m—m$ 截面截开，如图 10－6(b)所示。$m—m$ 截面上有轴力 F_N 及弯矩 M，其中

$$F_N = F = 6\ \text{kN},\quad M = M_e = Fe = 6 \times 24 = 144\ \text{kN} \cdot \text{mm}$$

(3)应力分析。由于钩头螺栓各截面的内力 F_N 及 M 是相同的，所以各截面的危险程度相同。根据拉伸与弯曲的应力分布规律可知，K 点为危险点(图 10－6(c))。危险点处的拉伸正应力为

$$\sigma' = \frac{F_N}{A} = \frac{6\ 000}{(\pi/4) \times 24^2} = 13.3\ \text{MPa}$$

最大弯曲正应力为

$$\sigma'_{\max} = \frac{M}{W_z} = \frac{144 \times 10^3}{(\pi/32) \times 24^3} = 106.7\ \text{MPa}$$

因此，危险点处总的正应力为

$$\sigma_{\max}^{+} = \frac{F_N}{A} + \frac{M}{W_z} = 13.3 + 106.7 = 120\ \text{MPa}$$

(4)强度校核。危险点处总的正应力

$$\sigma_{\max}^{+} = 120\ \text{MPa} = [\sigma]$$

钩头螺栓满足强度要求。

如果螺栓所受载荷不是偏心的，这时螺栓所能承受的载荷是

$$F' = A[\sigma] = \frac{\pi}{4} d_1^2 [\sigma] = \frac{\pi}{4} \times 24^2 \times 120 = 54.3\ \text{kN}$$

$$F'/F = 54.3/6 = 9$$

由此可见，构件受偏心载荷的作用，承载能力将大大降低。故工程中应尽量避免采用钩头螺栓。在装配时应尽量使螺母及螺栓头部支承面为平面，并且与螺栓轴线垂直，否则将因螺栓头部的偏斜而产生附加弯曲应力。

10.3　扭转与弯曲的组合变形

扭转与弯曲的组合变形是工程中最常见的情况。现以图 10－7(a)所示处于水平位置的曲拐为例,说明杆件在弯扭组合变形下的强度计算方法和步骤。

水平安装的曲拐,AB 段为一等截面圆杆,A 端固定,在曲拐的自由端 C 作用有铅垂向下的集中载荷 F。将集中载荷向 AB 杆的截面 B 的形心平移,得到一个作用在 B 端的横向力 F 和一个作用在杆端截面 B 内且矩为 Fa 的扭转力偶 M_e(图 10－7(b))。横向力 F 和力偶 M_e 分别使 AB 杆发生平面弯曲和扭转。AB 杆的弯矩图和扭矩图如图 10－7(c)、(d)所示。由图可见,固定端截面 A 上的弯矩值最大,$M=Fl$,而 AB 杆在各横截面上的扭矩都相等,$T=Fa$,故截面 A 为危险截面。

现在分析截面 A 上的应力情况。对应于弯矩 M,横截面上有正应力,其分布情况如图 10－7(e)所示,在此截面上的最上点 k_1 处有最大拉应力,最下点 k_2 处有最大压应力,其数值为

$$\sigma = M/W_z$$

式中:M 为危险截面上的弯矩。对应于扭矩 T,各横截面上切应力 τ 的分布情况均相同,如图 10－7(e)所示。在截面 A 周边上各点处的切应力均达到最大值,其值为

$$\tau = \frac{T}{W_t}$$

式中:T 为危险截面上的扭矩。由上面分析可知,因为该截面上 k_1 和 k_2 点处的正应力 σ 和切应力 τ 均为最大值,故此两点均为危险点。对于拉伸和压缩强度性能相同的材料制成的杆,如低碳钢杆,这两点的危险程度是相同的,故可取其中任一点(例如 k_1 点)来研究。

k_1 点处于平面应力状态(图 10－7(f)),这就必须根据适当的强度理论来进行强度计算。

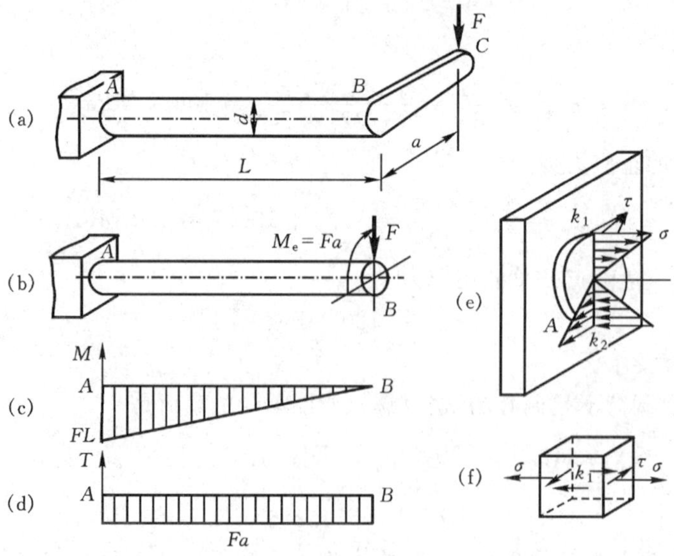

图 10－7

对于图 10－7(f)所示的一类平面应力状态，其强度理论公式可进一步简化。为此，可将 $\sigma_x=\sigma,\sigma_y=0,\tau_{xy}=-\tau$ 代入求主应力公式(9－4)，得主应力为

$$\sigma_1=\frac{\sigma}{2}+\sqrt{\left(\frac{\sigma}{2}\right)^2+\tau^2},\quad \sigma_2=0,\quad \sigma_3=\frac{\sigma}{2}-\sqrt{\left(\frac{\sigma}{2}\right)^2+\tau^2}$$

轴类零件一般都采用塑性材料——钢材，所以应选用第三或第四强度理论建立强度条件。现将上述主应力分别代入第三、第四强度理论的强度条件得

$$\sigma_{xd3}=\sqrt{\sigma^2+4\tau^2}\leqslant[\sigma] \tag{10-7}$$

$$\sigma_{xd4}=\sqrt{\sigma^2+3\tau^2}\leqslant[\sigma] \tag{10-8}$$

上面两式中的 σ 和 τ 均为危险截面上危险点处的正应力和切应力。

将 $\sigma=M/W_z$ 和 $\tau=T/W_t$ 代入式(10－7)和式(10－8)，并注意到圆截面 $W_t=2W_z(W_t=\pi d^3/16,W_z=\pi d^3/32)$，可得到圆轴弯扭组合变形时，按第三强度理论得到的另一形式的强度条件为

$$\sigma_{xd3}=\frac{\sqrt{M^2+T^2}}{W_z}\leqslant[\sigma] \tag{10-9}$$

按第四强度理论得到的另一形式的强度条件为

$$\sigma_{xd4}=\frac{\sqrt{M^2+0.75T^2}}{W_z}\leqslant[\sigma] \tag{10-10}$$

式中：M 和 T 分别为危险截面上的弯矩和扭矩；W_z 为圆轴的弯曲截面系数。

上面两式也适用于空心圆截面杆，但不适用于非圆截面杆，因为前者也有 $W_t=2W_z$ 的关系，而后者则一般无此关系。

例 10－3　图 10－8(a)为绞车轴，直径 $d=90$ mm，鼓轮直径 $D=360$ mm，两轴承间距离为 $l=800$ mm，轴的材料为钢材，许用应力$[\sigma]=40$ MPa。试按第三强度理论求轴的许可载荷。

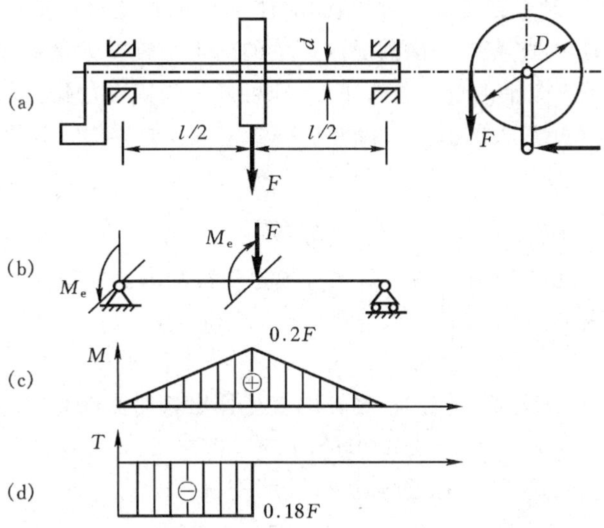

图 10－8

解 (1)外力分析。将外力 F 向轴线平移得到一个使轴弯曲的横向力 F 和使轴扭转的力偶矩 M_e,如图 10－8(b)所示。由受力情况可知,轴将产生扭转和弯曲组合变形。

(2)内力分析。作弯矩图和扭矩图分别如图 10－8(c)、(d)所示。分析内力图可知,危险截面在轴的跨中截面处,其上内力分别为

$$M_{max} = Fl/4 = F \times 0.8/4 = 0.2F, \quad T = FD/2 = F \times 0.36/2 = 0.18F$$

(3)确定许可载荷。由式(10－9)得

$$\sigma_{xd3} = \frac{\sqrt{M^2 + T^2}}{W_z} \leqslant [\sigma]$$

所以

$$\frac{1}{\pi d^3/32}\sqrt{(0.2F)^2+(0.18F)^2} \leqslant 40\times10^6$$

$$F \leqslant \frac{40\times10^6\times\pi\times0.09^3}{32\sqrt{(0.2)^2+(0.18)^2}} = 10.8\ \text{kN}$$

此轴的许可载荷 $F_{cr}=10.8$ kN。

例 10－4 一变速箱的齿轮轴如图 10－9(a)所示,材料的许用应力$[\sigma]=55$ MPa,试按最大切应力理论校核轴的强度。

解 (1)外力分析。首先将外力 F_{z_1}、F_{y_1} 和 F_{z_2}、F_{y_2} 分别平移到横截面 D 和 C 的形心,得轴的受力图如图 10－9(b)所示。载荷 F_{y_1} 和 F_{y_2} 及相应的约束力使轴在 xy 平面内发生弯曲(图 10－9(c));F_{z_1}、F_{z_2} 及相应的约束力使轴在 xz 平面内发生弯曲(图 10－9(e));力偶矩 $M_{e1}=M_{e2}=1.4\times\frac{75}{2}=52.5$ N·m,使轴的 CD 段发生扭转(图 10－9(b))。由此可见,轴的变形属于两个平面内的平面弯曲与扭转的组合变形。

(2)内力分析。由于横向力作用在两个互相垂直的平面内,为了便于计算弯矩和确定轴的危险截面,作这两个平面内的弯矩图即 M_z 图和 M_y 图(图 10－9(d)、(f)),轴的扭矩图如图 10－9(g)所示。

(3)确定危险截面。对于圆截面轴,横截面的任一直径都是对称轴,故当外力作用在两个互相垂直的直径平面时,可将在同一横截面内产生的两个弯矩按矢量求和,从而得到该截面上的总弯矩。按此方法求得全轴的最大总弯矩后,即可进一步确定危险截面。在本例题中,由图 10－9(d)、(f)可知,总弯矩最大的截面只可能在 B 或 C 处,该两截面上的总弯矩应分别为

$$M_B = \sqrt{M_{By}^2 + M_{Bz}^2} = \sqrt{(-42)^2 + 15^2} = 44.6\ \text{N·m}$$

$$M_C = \sqrt{M_{Cy}^2 + M_{Cz}^2} = \sqrt{(-85.7)^2 + (-9.52)^2} = 86.2\ \text{N·m}$$

显然 M_C 值为最大值。在 CD 段内,各横截面上的扭矩都相同。故截面 C 是危险截面,该截面上的弯矩和扭矩值分别为

$$M_C = 86.2\ \text{N·m}, \quad T_C = 52.5\ \text{N·m}$$

(4)计算相当应力并作强度校核。根据轴的直径算出弯曲截面系数为

$$W_z = \pi d^3/32 = \pi \times 30^3 \times 10^{-9}/32 = 2.65 \times 10^{-6}\ \text{m}^3$$

然后将有关数据代入式(10－9),对轴进行强度校核:

$$\sigma_{xd3} = \frac{\sqrt{M_C^2 + T_C^2}}{W_z} = \frac{\sqrt{86.2^2 + (-52.5)^2}}{2.65 \times 10^{-6}} = 38\ \text{MPa} < [\sigma]$$

故此轴的强度足够。

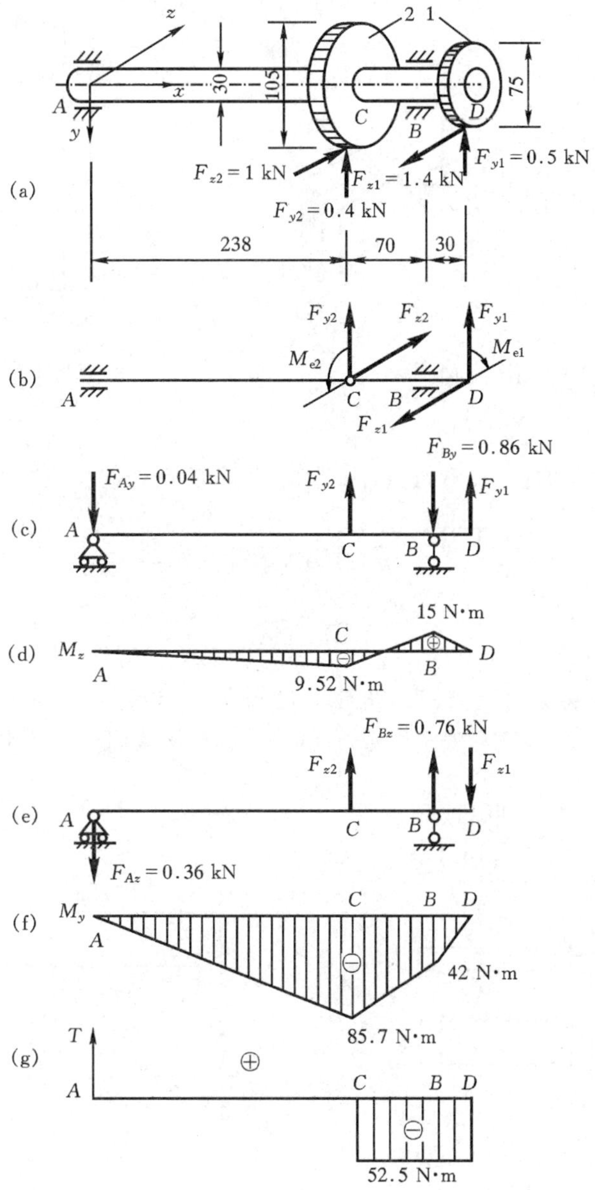

图 10 - 9

思考题

10 - 1　试判断图中杆 AB、BC 和 CD 各产生哪些变形？

10 - 2　钢制圆杆承受拉伸与扭转组合变形，试写出它的强度条件，并说明它与弯扭组合变形有何异同。

10 - 3　若在正方形截面短柱的中间处开一个槽，使横截面面积减少为原截面的一半。试问最大正应力比不开槽时增大几倍？

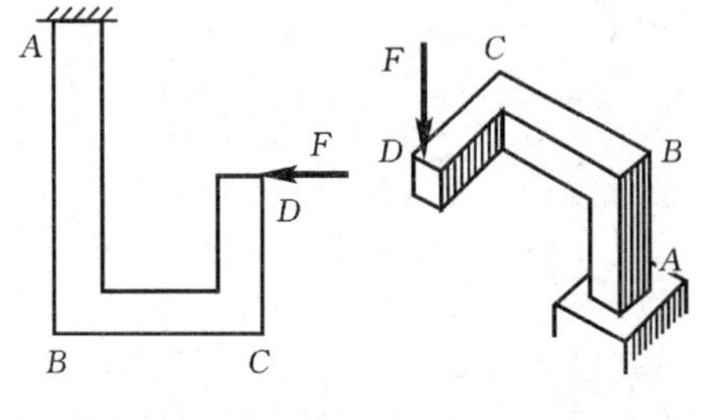

思 10-1 图

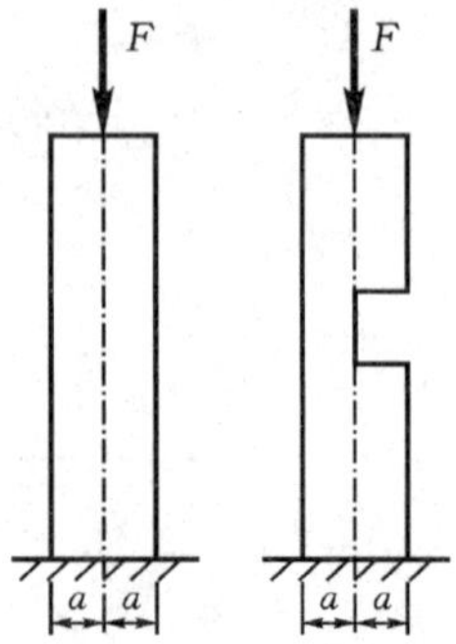

思 10-3 图

10-4 对于圆形截面杆,在弯扭组合变形时,其危险点处的相当应力 $\sigma_{xd3}=\frac{\sqrt{M^2+T^2}}{W_z}$,应力应用叠加原理为 $\sigma_{xd3}=\frac{\sqrt{M^2+T^2}}{W_z}+\frac{F_N}{A}$,对吗? 为什么?

习 题

10-1 图示为一夹紧器,材料为 A3 钢。已知 $F=2$ kN,偏心距 $e=9$ cm,$a=1$ cm,$b=2.2$ cm,屈服应力 $\sigma_s=240$ MPa,安全因数 $n=1.5$。试校核截面 n—n 的强度。

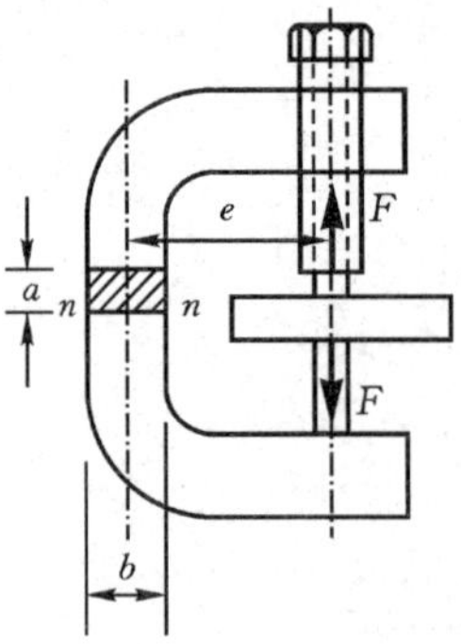

题 10-1 图

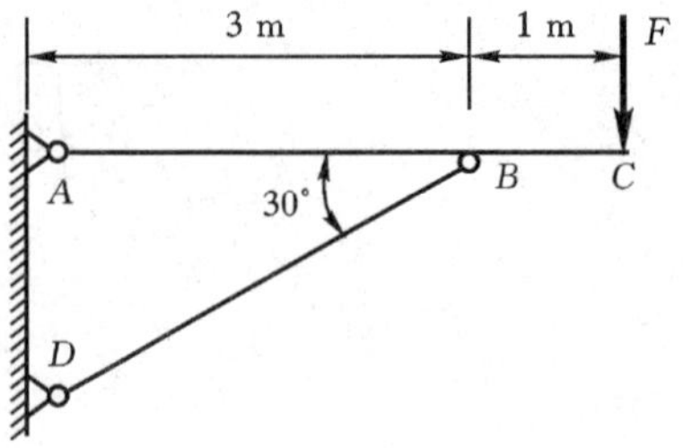

题 10-2 图

10-2 图示支架中,AC 杆为直径 $d=15$ cm 的圆截面杆,已知其许用应力$[\sigma]=160$ MPa,$F=45$ kN。试校核 AC 杆的强度。

10-3 图示为某一起重链条的链环,环径 $d=50$ mm,材料的许用应力$[\sigma]=100$ MPa,求链环承受的许可拉力 F_{cr}。

10-4 拆卸工具的爪由 45 钢制成,其许用应力$[\sigma]=180$ MPa。试按爪的强度,确定工具的最大顶压力 F_{max}。

10-5 一 20a 工字钢斜放在高度不同的两支座 A、B 上如图所示。材料的许用应力$[\sigma]=170$ MPa。试求该杆的轴力,作弯矩图,并校核杆的强度(不计工字钢自重)。

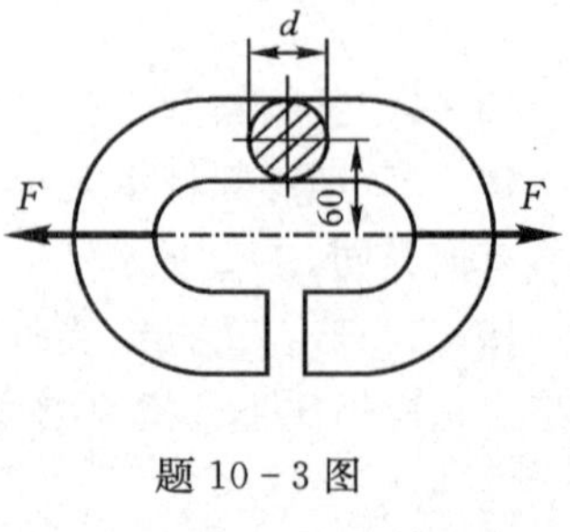

题 10-3 图

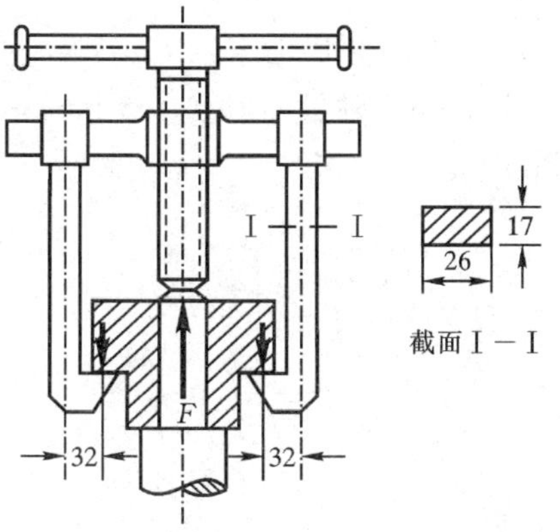

题 10－4 图

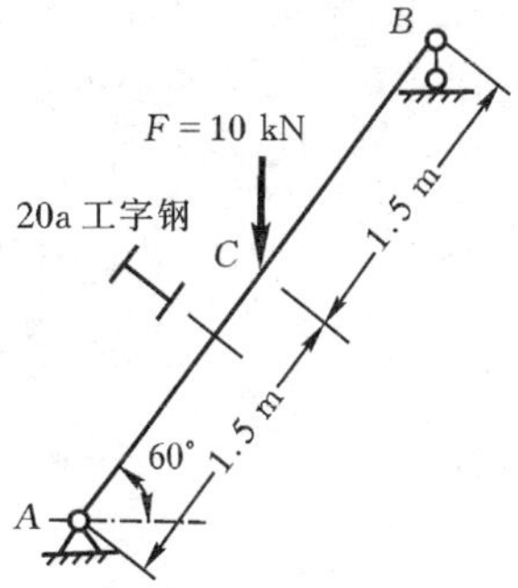

题 10－5 图

10－6　一矩形截面悬臂梁如图所示，其截面高度与宽度之比 $h/b=2$，梁的长度 $l=20b$。在自由端 B 处沿端截面的水平对称轴作用有集中载荷 $F_1=F$，在梁长中点处沿横截面的铅垂对称轴作用有集中载荷 $F_2=F$。试求梁横截面上的最大正应力。如果横截面为圆形，其直径为 d，且梁长 $l=10d$，试再求梁横截面上的最大正应力。

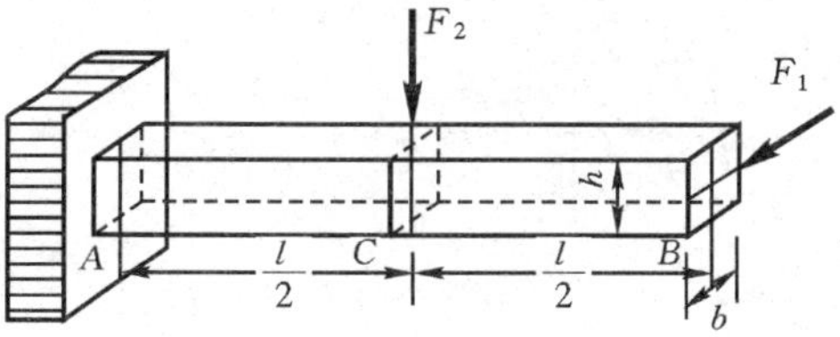

题 10－6 图

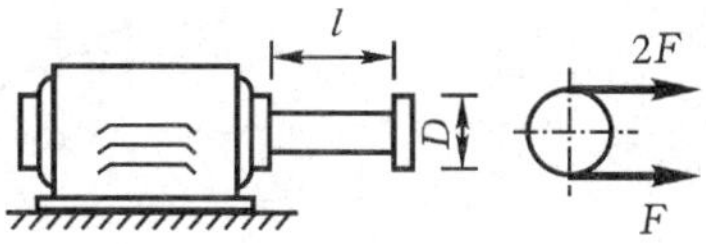

题 10－7 图

10－7　电动机的功率为 9 kW，转速为 715 r/min，皮带轮直径 $D=250$ mm，主轴外伸部分长度为 $l=120$ mm，主轴直径 $d=40$ mm，材料的许用应力$[\sigma]=60$ MPa，试用第三强度理论校核轴的强度。

10－8　电动机带动直径 $D=300$ mm，重量 $W=600$ N 的皮带轮转动。若电动机功率 $P=14$ kW，转速 $n=900$ r/min。皮带轮紧边拉力与松边拉力之比为 $F_{T1}/F_{T2}=2$，轴的许用应力$[\sigma]=120$ MPa。试按第四强度理论设计轴的直径。

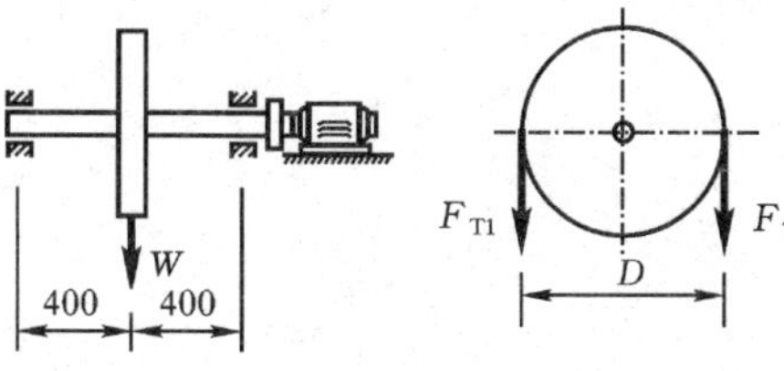

题 10－8 图

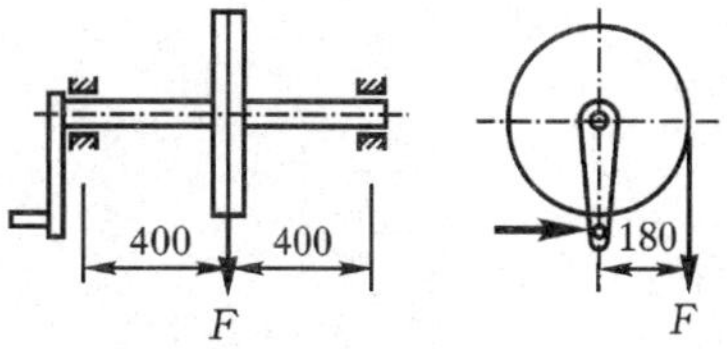

题 10－9 图

10－9　手摇绞车如图所示。轴的直径 $d=30$ mm，材料为 Q235 钢，$[\sigma]=80$ MPa，试按第

三强度理论确定铰车的最大起吊重量 F。

10-10 图示传动轴装有两个直齿轮。齿轮 C 上的圆周力 $F_{tC}=10$ kN,直径 $d_C=150$ mm;齿轮 D 上的圆周力 $F_{tD}=5$ kN,直径 $d_D=300$ mm,轴的直径 $d=55$ mm。若$[\sigma]=100$ MPa,试分别用第三和第四强度理论校核轴的强度。

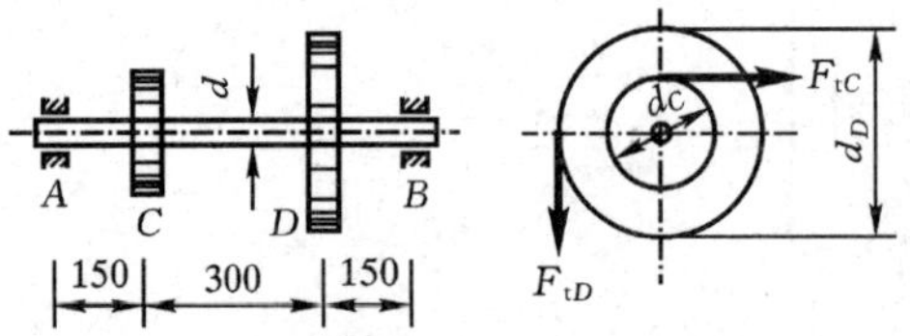

题 10-10 图

10-11 图示胶带轮传动轴传递功率 $P=7$ kW,转速 $n=200$ r/min,胶带拉力 $F_{T1}=2F_{T2}$,胶带轮重量 $W=1.8$ kN。左端齿轮上啮合力 F_N 与齿轮节圆切线的夹角(压力角)为 20°。轴的材料为 Q235 钢,许用应力$[\sigma]=80$ MPa。试分别在忽略和考虑胶带轮重量的两种情况下,按第三强度理论设计轴的直径。

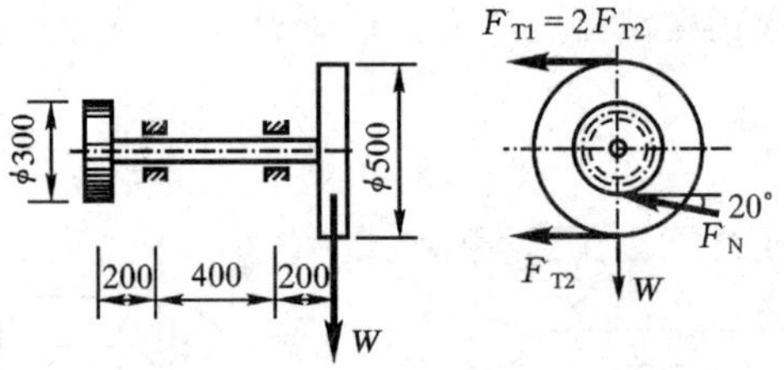

题 10-11 图

10-12 一折杆 ABC 如图所示,材料的许用应力$[\sigma]=120$ MPa。试按第四强度理论校核 ABC 杆的强度。

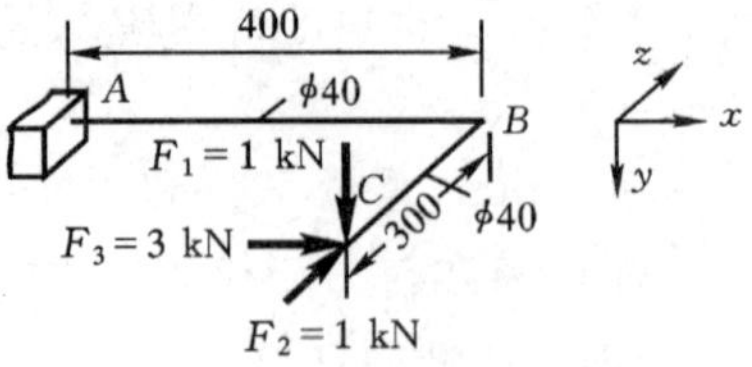

题 10-12 图

第 11 章　压杆稳定

11.1　压杆稳定性的概念

所谓压杆，是指受轴向压力的直杆。在第六章讨论压杆时，认为杆总是在直线形状下保持平衡，只要满足压缩强度条件，压杆就能保持正常工作，而杆失去正常工作能力都是由于强度不足而引起的。事实上，这个结论只对粗短的压杆才是正确的，如果用于细长的压杆，将导致错误的结果。以下实验说明：取两根横截面尺寸均为宽 $x=30$ mm，厚 $y=5$ mm 的松木直杆，它们的长度分别为 $l_{z_1}=20$ mm 与 $l_{z_2}=1\ 000$ mm，强度极限 $\sigma_b=40$ MPa。沿它们的轴线施加压力 F(图 11-1)。按照强度计算的概念，只有当它们的压应力达到了材料的强度极限，才发生破坏，此时压力 $F=6$ kN。而实验结果表明，长度为 20 mm 的杆符合上述情况，且破坏前始终保持直线形状的平衡。但是长度为 1 000 mm 的杆，当 $F=30$ N 时，就开始变弯。如果力 F 继续增加，则杆的弯曲变形将急剧加大而折断，此时力 F 远小于 6 kN。这说明细长直杆受压丧失工作能力不是简单的受压强度破坏，而是在受压时不能保持自己原有的直线形状而发生弯曲的缘故。这种不能保持原有形状下的平衡而发生弯曲的现象，称为**压杆丧失稳定性**，简称**压杆失稳**。

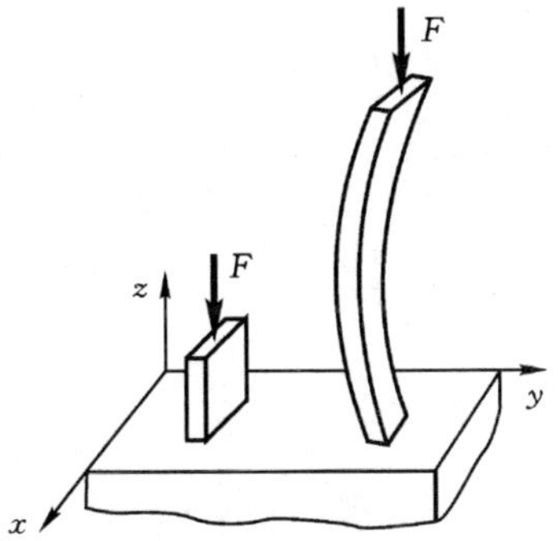

图 11-1

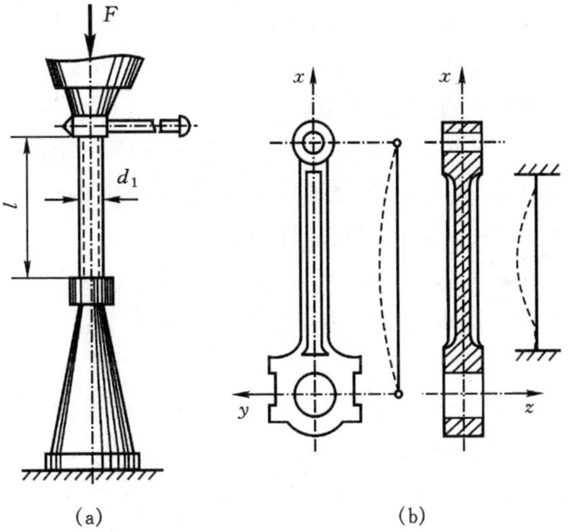

图 11-2

机械中有许多细长压杆，例如，螺旋千斤顶的螺杆(图 11-2(a))，内燃机的连杆(图 11-2(b))、内燃机气门阀的挺杆等。还有，桁架结构中的受压杆、建筑物中的柱等都是压杆。这类构件除了要有足够的强度外，还必须有足够的稳定性，才能正常工作。

历史上发生过不少次桥梁突然倒塌的严重事故(如北美洲圣劳伦斯河上的魁北克大桥，1907 年、1916 年两次发生倒塌)，其原因是对桥梁桁架中的受压杆只按强度条件设计，而实际上发生的是失稳破坏。

怎样判定细长压杆是否稳定呢？我们可以作这样的试验，取一细长直杆承受轴向压力 F，此杆在力 F 作用下处于直线形状的平衡，如图 11－3(a)所示。此时给杆加一横向干扰力 F_1，杆便发生微小弯曲，当去掉干扰力后，杆经几次摆动，仍然复为原来的直线平衡状态(图 11－3(b))，这说明在杆最初的直线形状的平衡是稳定的；但当压力 F 增大到某一值 F_{cr}时，杆受横向力干扰后将发生弯曲，当除去干扰力后，杆便不再恢复原有的直线形状，而在微弯形状下保持新的平衡(图 11－3(c))，此时压杆在它最初的直线形状下的平衡就是不稳定的。

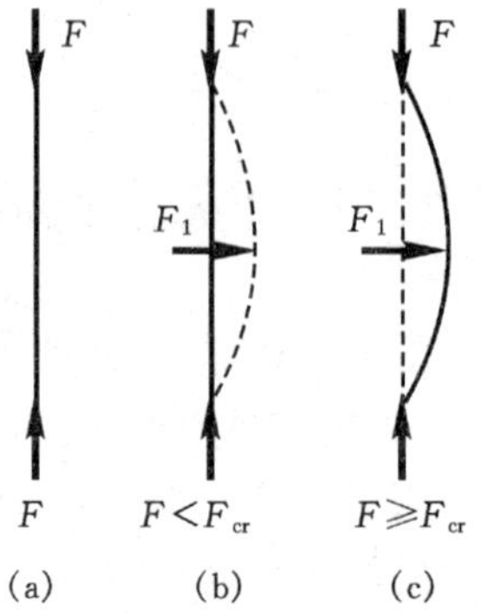

图 11－3

可见，细长压杆的直线平衡状态是否稳定，取决于压力 F 的大小。当压力达到临界值 F_{cr}时，压杆就处于由直线平衡过渡到不稳定微弯形状下平衡的临界状态。对应于这种临界状态的压力值 F_{cr}，称为**临界压力**或**临界力**。它是压杆丧失工作能力的极限载荷。所以，对于压杆稳定性的研究，关键在于确定临界力 F_{cr}的数值。

11.2　细长压杆的临界力

为了确定临界力的大小，现在研究图 11－4(a)所示的长为 l、两端为球形铰支座的细长压杆 AB。设此压杆受轴向压力 F 作用而在微弯形状下保持平衡。如前所述，当压力达到临界值时，压杆就有可能在微弯形状下保持平衡。可以认为，使压杆在微弯形状下保持平衡的最小压力 F 值，即为细长压杆的临界力 F_{cr}。

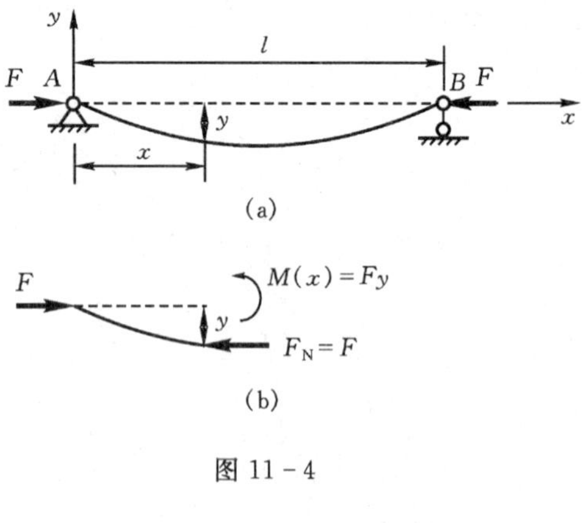

图 11－4

选取坐标系如图所示，距原点 A 为 x 的任意截面的挠度为 y，弯矩 M(图 11－4(b))为

$$M(x)=-Fy$$

因为力 F 不考虑正负号，在选定的坐标系内，当 y 为正值时，$M(x)$为负值，所以 $M(x)$与 y 的符号恒相反。

压杆失稳时的弯曲变形是很小的，当杆内的应力不超过材料的比例极限时，其挠曲线近似微分方程为

$$\frac{d^2y}{dx^2}=\frac{M(x)}{EI}=\frac{-Fy}{EI} \tag{1}$$

由于两端是球铰，允许杆件在任意纵向平面内发生弯曲变形，因而杆件的微小弯曲变形一定发生于抗弯能力最小的纵向平面内。所以上式中的 I 应是横截面最小的惯性矩。

令
$$k^2=\frac{F}{EI} \tag{2}$$
于是(1)式可以写成
$$\frac{d^2y}{dx^2}+k^2y=0 \tag{3}$$
此微分方程的通解为
$$y=A\sin kx+B\cos kx \tag{4}$$
式中：A、B 为积分常数。

AB 杆两端的约束提供了两个边界条件：在 $x=0$ 处，$y=0$；在 $x=l$ 处，$y=0$。将第一个边界条件代入(4)式得
$$B=0$$
则(4)式可改写成
$$y=A\sin kx \tag{5}$$
再将第二个边界条件代入(4)式得
$$A\sin kl=0$$
由此解得　$A=0$　或　$\sin kl=0$

当取 $A=0$ 时，由式(4)得 $y\equiv 0$，表明压杆没有弯曲，仍保持直线形状的平衡，这与杆已发生微小弯曲变形的前提相矛盾，因此必须是 $\sin kl=0$。满足这一条件的 kl 的值为
$$kl=n\pi \quad (n=0,1,2,\cdots)$$
由此求得
$$k=n\pi/l \tag{6}$$
将(6)式代回(2)式，求出
$$F=n^2\pi^2EI/l^2 \tag{7}$$
上式表明，使杆保持曲线平衡的压力，理论上是多值的。在这些压力中，使杆保持微小弯曲的最小压力，才是临界力 F_{cr}。若取 $n=0$，则 $F=0$，表示杆件上并无压力，与讨论的情况不相符。这样，只有取 $n=1$，才使压力为最小值。于是得临界力为
$$F_{cr}=\frac{\pi^2EI}{l^2} \tag{11-1}$$
式中：E 为压杆材料的弹性模量；I 为压杆横截面对中性轴的最小惯性矩；l 为压杆的长度。此式即为**两端铰支细长压杆临界力的计算公式**，也称为**两端铰支压杆的欧拉公式**。

从公式(11－1)可以看出，临界力 F_{cr} 与杆的抗弯刚度 EI 成正比，与杆长 l 的平方成反比。这就是说，杆越细长，其临界力越小，越容易丧失稳定。

导出欧拉公式时，用变形以后的位置计算弯矩，如(1)式所示。这里不再使用原始尺寸原理，是稳定问题在处理方法上与以往不同之处。

例 11－1　柴油机的挺杆是钢制空心圆管，内、外径分别为 10 mm 和 12 mm，杆长 383 mm，钢材的 $E=210$ GPa，可简化为两端铰支的细长压杆。试计算该挺杆的临界压力 F_{cr}。

解　挺杆横截面的惯性矩
$$I=\frac{\pi}{64}(D^4-d^4)=\frac{\pi}{64}[(12\times10^{-3})^4-(10\times10^{-3})^4]=5.27\times10^{-10}\ \text{m}^4$$
由公式(11－1)即可算出该挺杆的临界压力为

$$F_{cr}=\frac{\pi^2 EI}{l^2}=\frac{\pi^2\times 210\times 10^9\times 5.27\times 10^{-10}}{(383\times 10^{-3})^2}=7\ 446\ \text{N}$$

上面导出的是两端铰支压杆的临界力计算公式。工程实际中,将遇到不同形式的杆端约束。当压杆两端的约束情况改变时,压杆的挠曲线近似微分方程和边界条件也随之改变,因而临界力的数值也是不同的。仿照前述方法,可得到各种约束情况下压杆的临界力计算公式。这些公式的形式是相类似的,只是因为约束不同,计算公式的系数有些变化。因此欧拉公式的一般形式为

$$F_{cr}=\frac{\pi^2 EI}{(\mu l)^2} \tag{11-2}$$

式中:μl 表示把压杆折算成两端铰支杆的长度,称为**相当长度**,μ 称为**长度系数**,它反映了不同支承情况对临界力的影响。几种常见的理想杆端约束情况的 μ 值列于表 11-1 中

表 11-1　压杆长度系数表

支座	两端铰支	一端固定 一端自由	两端固定	一端固定 一端铰支
简图	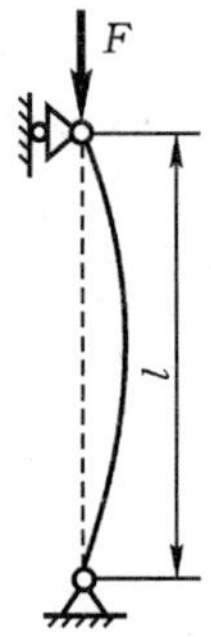	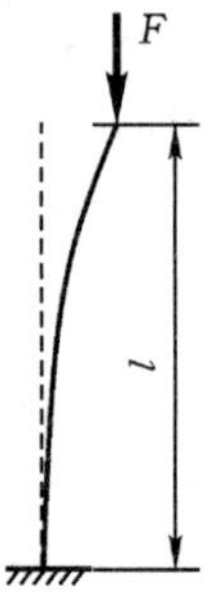	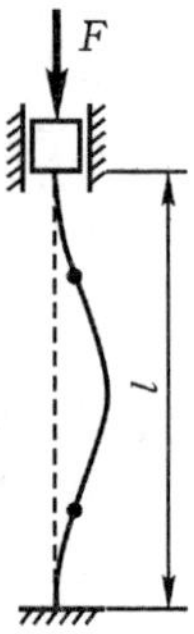	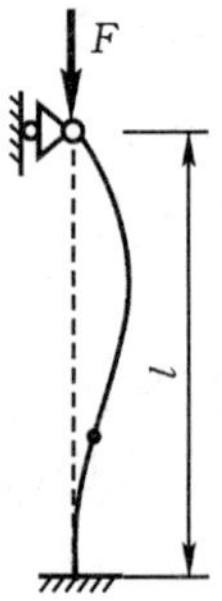
μ	1	2	0.5	0.7

应该指出,上表所列的压杆长度系数,仅适用于理想约束情况。在实际问题中,支座情况要复杂一些,有时很难简单地将其归结为哪一种理想约束。这就应该根据实际情况作具体分析,选用适当的 μ 值。尤其应注意的是,在将具体支座抽象为固定端约束时,要特别慎重,因为压杆的端部连接,很难完全固定,杆端截面往往会有一些转动,但又不像铰支那样能自由转动。设计时应根据杆端固接程度在 0.5 与 1 之间取一接近实际情况的 μ 值。在工程实际中,压杆的长度系数 μ 可在有关的设计手册或规范中查到。

11.3　欧拉公式的适用范围及经验公式

前面已经导出了计算临界压力的公式(11-2),我们还可以用临界应力表达式来描述欧拉公式。用压杆的横截面面积 A 除 F_{cr},得到与临界压力对应的应力

$$\sigma_{cr}=\frac{F_{cr}}{A}=\frac{\pi^2 EI}{(\mu l)^2 A} \tag{1}$$

式中:σ_{cr}称为**临界应力**。把横截面的惯性矩 I 写成

$$I = i^2 A$$

式中:i 为横截面的惯性半径,则(1)式可以写成

$$\sigma_{cr} = \frac{\pi^2 E}{(\mu l/i)^2} \tag{2}$$

再令

$$\lambda = \frac{\mu l}{i} \tag{11-3}$$

则(2)式可改写为

$$\sigma_{cr} = \frac{\pi^2 E}{\lambda^2} \tag{11-4}$$

式中:λ 称为压杆的**柔度**或**长细比**,它是一个无量纲量,集中反映了压杆的长度、约束条件、截面尺寸和形状等因素对临界应力的影响。从式(11-4)可以看出,柔度越大,临界应力越低。因此压杆总是在柔度大的弯曲平面内首先失稳。式(11-4)是欧拉公式(11-2)的另一种表达形式,两者并无实质性的差别。

欧拉公式是由挠曲线近似微分方程$\frac{d^2y}{dx^2}=\frac{M}{EI}$导出的,而材料服从胡克定律又是上述微分方程成立的基础,所以,**欧拉公式适用的条件是:压杆的临界应力不能超过材料的比例极限**,即

$$\sigma_{cr} = \pi^2 E/\lambda^2 \leqslant \sigma_p$$

由此得到

$$\lambda \geqslant \sqrt{\frac{\pi^2 E}{\sigma_p}} = \lambda_1 \tag{11-5}$$

这就是欧拉公式(11-2)或(11-4)适用的范围。不在这个范围之内的压杆不能使用欧拉公式。公式(11-5)中的 λ_1 称为压杆的**极限柔度**,也就是适用欧拉公式的最小柔度,它与压杆的材料性质有关。例如,Q235 钢的 $E=206$ GPa,$\sigma_p=200$ MPa,于是

$$\lambda_1 = \sqrt{\frac{\pi^2 E}{\sigma_p}} = \sqrt{\frac{\pi^2 \times 206 \times 10^9}{200 \times 10^6}} \approx 100$$

所以,用 Q235 钢制成的压杆,只有当 $\lambda \geqslant 100$ 时,才能使用欧拉公式。其它材料 λ_1 可查表 11-2。

表 11-2　直线公式的系数和适用范围

材料		a/MPa	b/MPa	λ_1	λ_2
Q235 钢	$\sigma_s=235$ MPa $\sigma_b=372$ MPa	304	1.12	100	61.4
优质钢	$\sigma_s=306$ MPa $\sigma_b=470$ MPa	460	2.57	100	60
硅钢	$\sigma_s=353$ MPa $\sigma_b=510$ MPa	577	3.74	100	60
铬钼钢		980	5.29	55	
硬铝		392	3.26	50	
铸铁		331.9	1.453	80	
松木		39.2	0.199	89	

柔度$\lambda \geqslant \lambda_1$的压杆称为**大柔度杆(细长杆)**。它在弹性范围内会因失稳而致破坏。

若压杆的柔度λ小于λ_1,则临界应力σ_{cr}大于材料的比例极限σ_p,此时欧拉公式已不能应用,属于超过比例极限的压杆稳定问题。常见的压杆,如内燃机连杆、千斤顶螺杆等,其柔度λ就往往小于λ_1。对超过比例极限后的压杆失稳问题,也有理论分析的结果。但工程中对这类压杆的计算,一般使用以试验结果为依据的经验公式,如直线公式和抛物线公式等。在这里我们只介绍直线公式。计算临界应力的直线公式为

$$\sigma_{cr}=a-b\lambda \tag{11-6}$$

式中:λ是压杆的柔度;a和b是与材料性质有关的常数。例如,Q235 钢制成的压杆,$a=304$ MPa,$b=1.12$ MPa。几种材料的a、b值可查表 11-2。

上述经验公式,也仅适用于压杆柔度的一定范围。例如,对于塑性材料制成的压杆,当其临界应力等于材料的屈服极限时,压杆就会发生屈服而应按强度问题来考虑。因此,应用直线公式时,压杆的临界应力不能超过屈服极限σ_s,即

$$\sigma_{cr}=a-b\lambda \leqslant \sigma_s$$

用柔度来表示,上式可写成

$$\lambda \geqslant \frac{a-\sigma_s}{b}=\lambda_2 \tag{11-7}$$

λ_2是适用于直线公式的最小柔度。对于脆性材料,只需将式中的σ_s改成σ_b即可。

注意到式(11-5),则直线公式的适用范围为

$$\lambda_2 \leqslant \lambda \leqslant \lambda_1 \tag{11-8}$$

通常将这一类压杆称为**中柔度杆(中长杆)**。λ_2的值可查表 11-2。

对于$\lambda \leqslant \lambda_2$的压杆,称为**小柔度杆(粗短杆)**,它的破坏是由强度不足引起的,应按压缩强度计算。

综上所述,可归结如下。

(1)**大柔度杆(细长杆)**,当$\lambda > \lambda_1$时,是在比例极限范围内丧失稳定,应该用欧拉公式计算。

(2)**中柔度杆(中长杆)**,$\lambda_2 \leqslant \lambda \leqslant \lambda_1$,在比例极限和屈服极限间丧失稳定,可用直线公式计算。

(3)**小柔度杆(粗短杆)**,$\lambda < \lambda_2$,是强度问题,按压缩强度计算。

压杆的承载能力也可用图 11-5 所描述的临界应力σ_{cr}随压杆柔度λ变化的曲线图来表示,此图称为**临界应力总图**。从图上可以明显看出,粗短杆的临界应力不随λ变化,而中长杆与细长杆的临界应力则随λ的增大而减小。

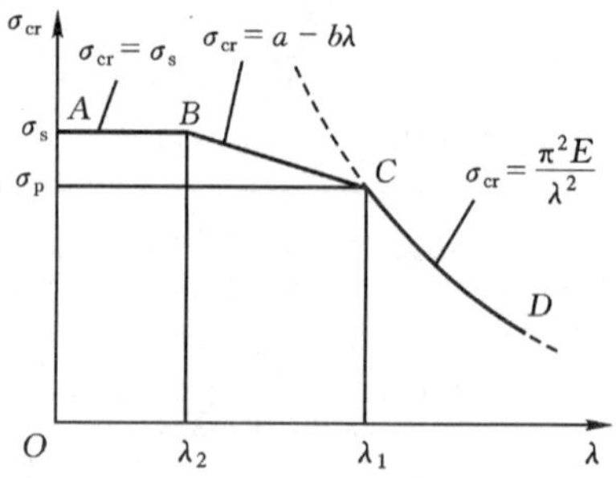

图 11-5

例 11-2　图 11-6 所示压杆,两端为固定端约束,材料为 Q235 钢,弹性模量$E=200$ GPa,横截面形状有两种,但其面积均为 314 mm^2,试计算它们的临界应力。

解　因为两端固支,故$\mu=0.5$。

(1)实心圆截面杆的临界应力。

为了判定应按哪个公式计算临界应力,首先应求出压杆的柔度λ,再根据适当的公式计算临界应力。

①柔度计算。因为$A=\pi d^2/4$,故

$$d=\sqrt{\frac{4A}{\pi}}=\sqrt{\frac{4\times 314}{3.14}}=20\ \text{mm}$$

$$i=\sqrt{\frac{I}{A}}=\sqrt{\frac{\pi d^4}{64}\bigg/\frac{\pi d^2}{4}}=\frac{d}{4}=5\text{mm}$$

所以　　$\lambda=\mu l/i=0.5\times1\ 200/5=120$

②临界应力计算。查表 11-2 得 $\lambda_1=100$，由于 $\lambda>\lambda_1$，属大柔度杆，应采用欧拉公式计算临界应力，即

$$\sigma_{cr}=\pi^2E/\lambda^2=3.14^2\times200\times10^3/120^2=137\ \text{MPa}$$

(2)空心圆截面杆的临界应力。

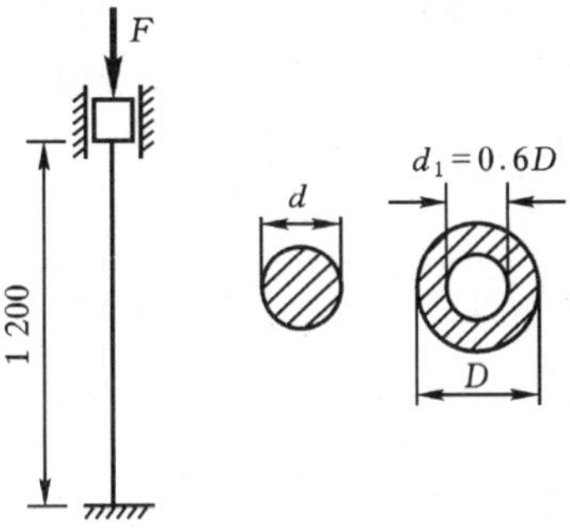

图 11-6

①柔度计算。因为 $A=\frac{\pi}{4}(D^2-d^2)=\frac{\pi}{4}[D^2-(0.6D)^2]=0.16\pi D^2$，故

$$D=\sqrt{\frac{A}{0.16\pi}}=\sqrt{\frac{314}{0.16\times3.14}}=25\ \text{mm},\quad d_1=0.6D=15\ \text{mm}$$

$$i=\sqrt{\frac{I}{A}}=\sqrt{\frac{(\pi/64)(D^4-d_1^4)}{(\pi/4)(D^2-d_1^2)}}=\frac{\sqrt{D^2+d_1^2}}{4}=\frac{\sqrt{25^2+15^2}}{4}=7.29\ \text{mm}$$

所以

$$\lambda=\mu l/i=0.5\times1\ 200/7.29=82.3$$

②临界应力计算。查表 11-2 得 $\lambda_2=61.4$，因此 $\lambda_2<\lambda<\lambda_1$，属于中长杆，应采用直线公式计算临界应力。再查表 11-2 得 $a=304$ MPa，$b=1.12$ MPa，所以临界应力为

$$\sigma_{cr}=a-b\lambda=304-1.12\times82.3=212\ \text{MPa}$$

11.4　压杆稳定性计算

前面已经讨论了确定各种柔度的压杆的临界力和临界应力的问题。这仅相当于在强度计算中知道了材料的极限应力。为了对压杆进行稳定性计算，还须建立类似于强度条件的**稳定条件**。通常采用的方法为**安全因数法**，即为了使压杆能正常工作，不丧失稳定，则压杆工作时的工作安全因数 n 应大于规定的稳定安全因数$[n]_{st}$。故压杆的稳定条件为

$$n=\frac{\sigma_{cr}}{\sigma}\geqslant[n]_{st}\quad \text{或}\quad n=\frac{F_{cr}}{F}\geqslant[n]_{st}\tag{11-9}$$

式中：F 是压杆的实际工作压力；σ 是压杆的实际工作应力，由 $\sigma=F/A$ 计算得到。

压杆规定的稳定安全因数$[n]_{st}$一般要高于强度安全因数。这是因为一些难以避免的因素，如杆件的初弯曲、压力偏心、材料不均匀和支座缺陷等，都严重地影响压杆的稳定，降低了临界压力。关于稳定安全因数$[n]_{st}$，一般可在有关设计手册或规范中查到。

应当指出，由于压杆的稳定性取决于整个压杆的抗弯刚度，因此，在确定压杆的临界力或临界应力时，可不必考虑压杆局部截面削弱(如油孔、螺钉孔等)的影响，均按未削弱截面的尺寸来计算截面面积、惯性矩及惯性半径。但是，进行强度校核时，横截面面积要按削弱后截面的尺寸来计算。

压杆稳定性计算可根据稳定条件进行压杆稳定性校核、压杆截面选择和压杆能承受的最大压力来确定。下面举例说明。

例 11－3　图 11－7(a)所示托架，承受载荷 $F=10$ kN，已知 AB 杆的外径 $D=50$ mm，内径 $d=40$ mm，两端铰支，材料为 Q235 钢，$E=200$ GPa，若规定稳定安全因数 $[n]_{st}=3$，试问 AB 杆是否稳定。

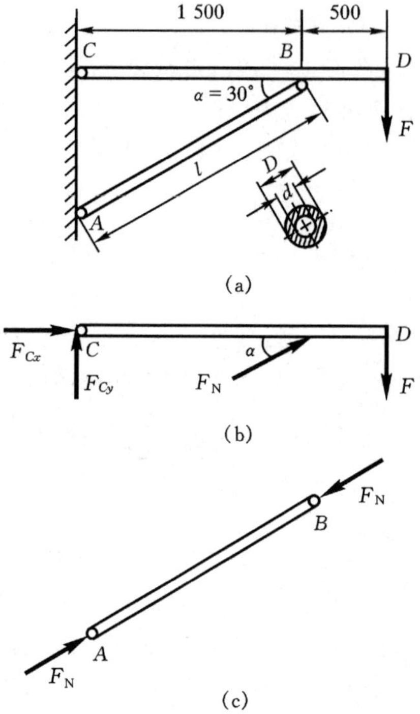

图 11－7

解　(1)计算 AB 杆的轴向压力。分别取 CD 杆和 AB 杆为研究对象，受力如图 11－7(b)、(c)所示。根据平衡方程有

$$\sum M_C=0,\quad F_N\times 1\,500\sin 30^\circ-2\,000\times F=0$$

可得

$$F_N=\frac{2\,000\times 10}{1\,500\times \sin 30^\circ}=26.67\ \text{kN}$$

(2)计算压杆柔度

$$i=\sqrt{\frac{I}{A}}=\sqrt{\frac{(\pi/64)(D^4-d^4)}{(\pi/4)(D^2-d^2)}}=\frac{\sqrt{D^2+d^2}}{4}=\frac{\sqrt{50^2+40^2}}{4}=16\ \text{mm}$$

$$l=\frac{1\,500}{\cos 30^\circ}=1\,732\ \text{mm}$$

AB 杆两端铰支，$\mu=1$。所以 AB 杆的柔度为

$$\lambda=\mu l/i=1\times 1\,732/16=108.2$$

(3)计算临界力。由表 11－2 查得 $\lambda_1=100<\lambda$，故 AB 杆属大柔度杆，其临界力

$$F_{cr}=\sigma_{cr}\cdot A=\frac{\pi^2 EA}{\lambda^2}=\frac{\pi^2\times 200\times 10^3\times \pi\times(50^2-40^2)}{(108.2)^2\times 4}=119\ \text{kN}$$

(4)校核稳定性

$$n=F_{cr}/F_N=119/26.67=4.46>[n]_{st}=3$$

所以 AB 杆满足稳定要求。

例 11-4　某发动机的连杆如图 11-8 所示。已知连杆的横截面面积 $A=552\ mm^2$，惯性矩 $I_z=7.42\times10^4\ mm^4$，$I_y=1.42\times10^4\ mm^4$，材料为 45 钢，所受的最大轴向压力为 30 kN，规定稳定安全因数为 $[n]_{st}=5$，试进行稳定校核。

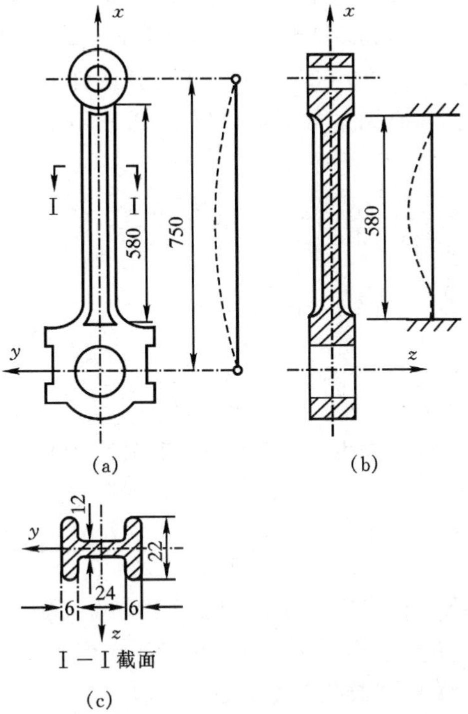

图 11-8

解　(1)柔度计算。连杆受压时，可能在 $x-y$ 平面内失稳，也可能在 $x-z$ 平面内失稳。故在进行稳定计算时，必须首先计算出两个失稳平面的柔度，以确定失稳平面。

若在 $x-y$ 平面内失稳(图 11-8(a))，则连杆两端可认为是铰支，$\mu=1$，连杆的柔度为

$$\lambda_z=\frac{(\mu l)_z}{i_z}=\frac{(\mu l)_z}{\sqrt{I_z/A}}=\frac{1\times750}{\sqrt{7.42\times10^4/552}}=64.7$$

若在 $x-z$ 平面内失稳(图 11-8(b))，则连杆两端可认为是固定端，$\mu=0.5$，连杆的柔度为

$$\lambda_y=\frac{(\mu l)_y}{i_y}=\frac{(\mu l)_y}{\sqrt{I_y/A}}=\frac{0.5\times580}{\sqrt{1.42\times10^4/552}}=57.2$$

由于 $\lambda_z>\lambda_y$，故连杆将首先在 $x-y$ 平面内失稳。所以只须对连杆在 $x-y$ 平面内的稳定性进行校核。

(2)临界力或临界应力计算。查表 11-2 得 45 钢(属优质钢)$\lambda_1=100$，$\lambda_2=60$，有 $\lambda_2<\lambda<\lambda_1$，连杆在 $x-y$ 平面内属中长杆，应用直线公式。再查表 11-2 得 $a=460$ MPa，$b=2.57$ MPa，所以，连杆的临界应力为

$$\sigma_{cr}=a-b\lambda=460-2.57\times64.7=294\ \text{MPa}$$

(3)稳定性校核。连杆的工作应力为

$$\sigma = F/A = 30 \times 10^3/552 = 54.3\ \text{MPa}$$

由稳定条件得 $n=\sigma_{cr}/\sigma=294/54.3=5.41>[n]_{st}=5$

所以连杆是稳定的。

例 11-5 图 11-9 所示压杆，上端为铰支，下端为固定端，杆的外径 $D=200$ mm，内径 $d=100$ mm，材料为 Q235 钢，$E=200$ GPa，$[n]_{st}=4$，$[\sigma]=160$ MPa，若杆长 $l=9\ 000$ mm，试求压杆的许可载荷。

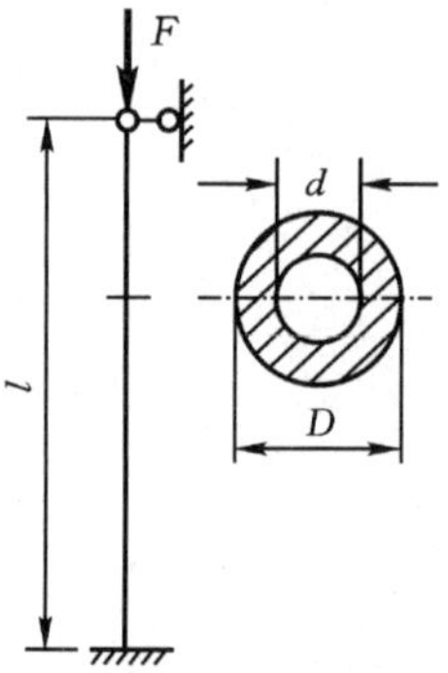

图 11-9

解 (1)柔度计算。根据压杆两端的约束可知$\mu=0.7$。截面的惯性半径为

$$i=\sqrt{\frac{I}{A}}=\sqrt{\frac{(\pi/64)(D^4-d^4)}{(\pi/4)(D^2-d^2)}}=\frac{\sqrt{D^2+d^2}}{4}$$

$$=\frac{\sqrt{200^2+100^2}}{4}=55.9\ \text{mm}$$

压杆的柔度为

$$\lambda = \mu l/i = 0.7 \times 9\ 000/55.9 = 112.7$$

(2)临界力或临界应力计算。查表 11-2 得 A3 钢 $\lambda_1=100$，因为 $\lambda>\lambda_1$，压杆为大柔度杆，应采用欧拉公式计算临界力

$$F_{cr}=\sigma_{cr}A=\frac{\pi^2 EA}{\lambda^2}=\frac{3.14^3\times 200\times 10^3\times(200^2-100^2)}{112.7^2\times 4}=3\ 656\ \text{kN}$$

(3)确定许可载荷。根据压杆稳定条件 $n=F_{cr}/F\geqslant[n]_{st}$，故压杆的许可载荷

$$[F]\leqslant F_{cr}/[n]_{st}=3\ 656/4=914\ \text{kN}$$

例 11-6 图 11-10 所示压杆横截面为空心正方形的立柱，其两端固定，材料为优质钢，许用应力$[\sigma]=200$ MPa，$\lambda_1=100$，$\lambda_2=60$，$a=460$ MPa，$b=2.57$ MPa，$[n]_{st}=2.5$，因构造需要，在压杆中点 C 开一直径为 $d=5$ mm的圆孔，断面形状如图 11-10 所示。当顶部受压力 $F=40$ kN 时，试校核其稳定性和强度。

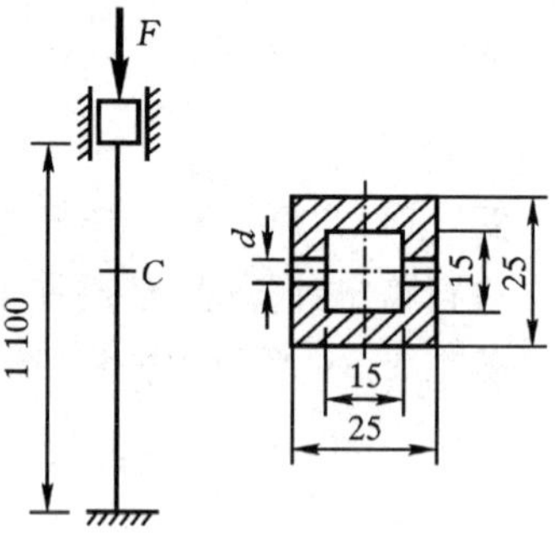

图 11-10

解 (1)柔度计算

$$i=\sqrt{\frac{I}{A}}=\sqrt{\frac{(25^4-15^4)/12}{(25^2-15^2)}}=8.41\ \text{mm}$$

故柔度 $\lambda=\mu l/i=0.5\times 1\ 100/8.41=65.4$

(2)临界应力计算。由于 $\lambda_2<\lambda<\lambda_1$，属中长压杆，采用直线公式计算临界应力

$$\sigma_{cr}=a-b\lambda=460-2.57\times 65.4=292\ \text{MPa}$$

(3)稳定性校核

$$\sigma=\frac{F}{A}=\frac{40\times 10^3}{25^2-15^2}=100\ \text{MPa}$$

故 $n=\sigma_{cr}/\sigma=292/100=2.92>[n]_{st}=2.5$

所以压杆满足稳定性要求。

(4)强度校核。压杆开孔处 C 截面为危险截面，其横截面面积为

$$A_C = A - 2\times5\times5 = 25^2 - 15^2 - 50$$
$$= 350\ \text{mm}^2$$

故
$$\sigma = F/A_C = 40\times10^3/350$$
$$= 114.3\ \text{MPa} < [\sigma] = 200\ \text{MPa}$$

所以压杆的强度也足够。

11.5　提高压杆稳定性的措施

如前所述，压杆的临界力或临界应力的大小，反映了压杆稳定性的高低。提高压杆稳定性的关键，在于提高压杆的临界力或临界应力。而影响压杆临界应力的因素有：压杆的截面形状、长度、约束条件、材料的性质等。因而，也从这几方面着手，讨论如何提高压杆的稳定性。

1. 选择合理的截面形状

从欧拉公式看出，截面的惯性矩 I 越大，临界压力 F_{cr} 越大。从直线公式又可看到，柔度 λ 越小，临界应力越高。由于 $\lambda=\mu l/i$，所以提高惯性半径 i 的数值，就能减小 λ 的数值。可见，如不增加截面面积，尽可能使材料分布在离截面形心较远处，以取得较大的 I 和 i，临界压力会随之提高。例如，当截面面积相同时，图 11－11(c)所示的截面形状比图 11－11(b)所示的截面形状更为合理；由四根角钢组成的起重臂(图 11－12(a))，其四根角钢分散布置在截面的四角(图 11－12(b))，比集中布置在截面形心附近(图 11－12(c))更为合理。

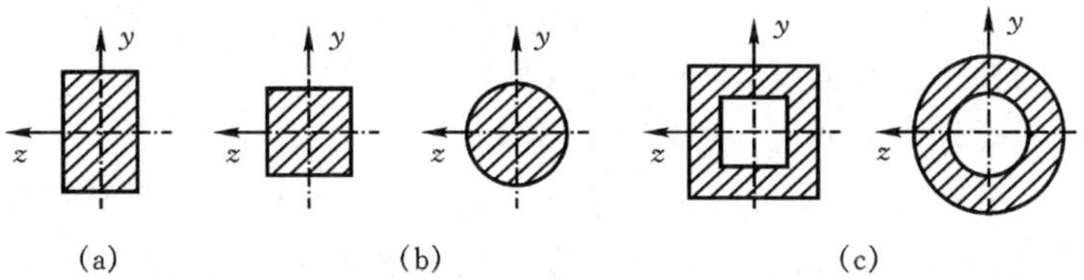

图 11－11

另外，由于压杆的失稳首先发生于柔度大的弯曲平面内，所以选择截面形状时，应使压杆在各个弯曲平面内的柔度尽可能相等或相近，这样可以提高其抗失稳的能力。例如，图 11－11(b)、(c)显然比(a)的截面形状合理。

若压杆需要图 11－11(a)类似的截面形状时，可通过选择合适的约束来配合，从而使压杆在各弯曲平面内的柔度相近，以利提高压杆的稳定性。例 11－4 所示的连杆就是采用此种方法，$\lambda_z=64.7$，$\lambda_y=57.2$，二者相近，说明该连杆设计是比较合理的。当然最理想的设计是 $\lambda_z=\lambda_y$，这种情况称为**等稳定性**。

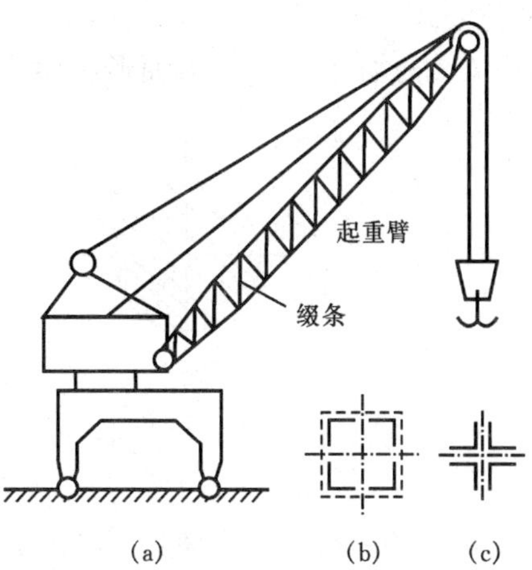

图 11－12

2. 改变压杆的约束条件

改变压杆的支座条件,直接影响临界力的大小。例如,将两端铰支的压杆改为两端固定约束,则长度系数由 $\mu=1$ 变为 $\mu=0.5$,临界力由原来的 $F_{cr}=\pi^2EI/l^2$ 变为 $F_{cr}=\pi^2EI/(0.5l)^2=4\pi^2EI/l^2$,提高了三倍。

再如将长为 l、两端铰支压杆(图 11-13(a))的中点增加一个中间支座,如图 11-13(b)所示,则压杆的长度变为原来的一半,而它的临界力变为原来的四倍,从而提高了稳定性。一般说来增加压杆的约束,使其更不容易发生弯曲变形,可以提高压杆的稳定性。

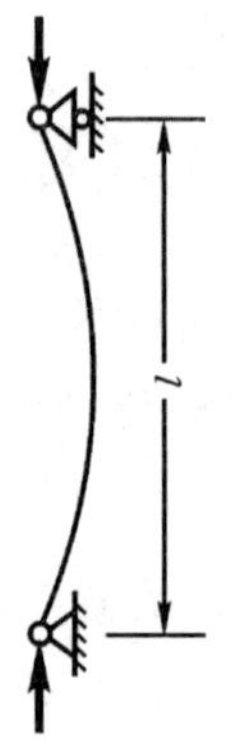

(a) (b)

图 11-13

3. 合理选择材料

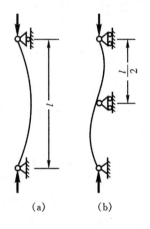

对于细长压杆($\lambda>\lambda_1$),临界应力 $\sigma_{cr}=\pi^2E/\lambda^2$。故选用 E 值较大的材料能提高细长压杆的稳定性。但由于各种钢材的 E 大致相等,而合金钢比普通碳钢价格高得多,所以试图选用合金钢来提高细长压杆的稳定性是不合理的。

对于中长杆($\lambda_2<\lambda<\lambda_1$),其临界应力 $\sigma_{cr}=a-b\lambda$。由于优质钢、合金钢的 a 值比普通碳钢高,故选用前者在一定程度上可以提高其稳定性,当然在设计时应对提高稳定性和构件造价综合考虑。

思考题

11-1 构件的稳定性与强度、刚度的主要区别是什么?

11-2 什么叫柔性?它的大小由哪些因素确定?

11-3 如何区分细长杆、中长杆和粗短杆?它们的临界应力各是如何确定的?

11-4 若其它条件不变,细长压杆的长度增加一倍,它的临界力有什么变化?

11-5 若其它条件不变,圆形截面细长杆的直径增加一倍,它的临界力有什么变化?

11-6 对于两端铰支,由 Q235 钢制成的圆截面压杆,问杆长 l 应比直径 d 大多少倍,才能用欧拉公式?

11-7 两端为铰支,其截面形状如图所示。问压杆失稳时,各横截面将绕哪一根轴转动?

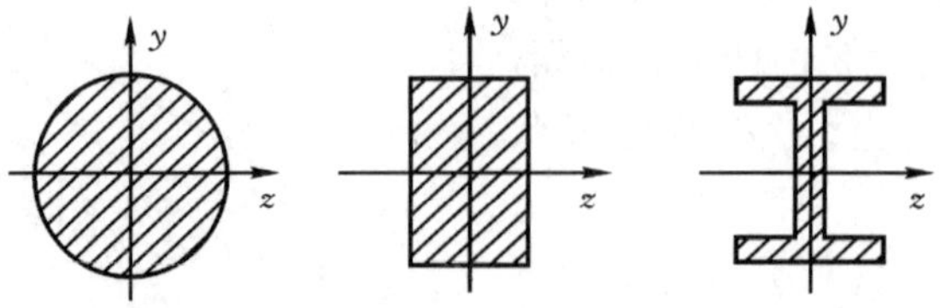

(a) (b) (c)

思 11-7 图

11-8 如图所示,四个角钢所组成的焊接截面,当压杆两端均为铰支时,哪种截面较为合理?为什么?

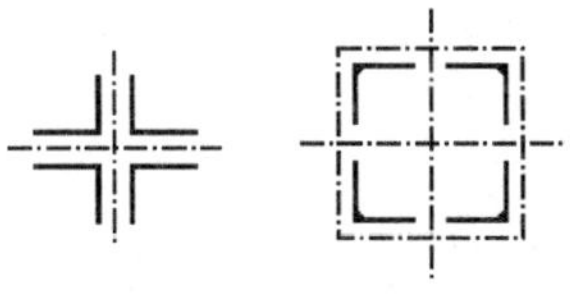

思 11-8 图

习　题

11-1　图示细长杆，两端为球形铰支，弹性模量 $E=200$ GPa，试用欧拉公式计算其临界力。

(1)圆形截面，$d=25$ mm，$l=1\ 000$ mm；

(2)矩形截面，$h=40$ mm，$b=20$ mm，$l=1\ 000$ mm；

(3)16 工字钢，$l=2\ 000$ mm，已知 $I=9.31\times10^{-7}$ m^4。

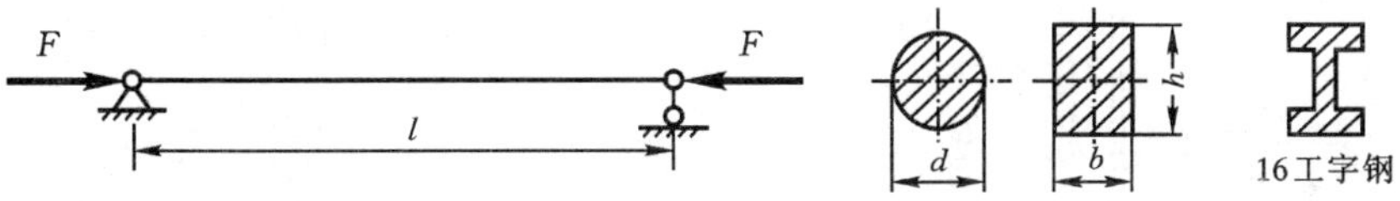

题 11-1 图

11-2　两端铰支、一端铰支另一端固定以及两端固定的细长压杆分别如图(a)、(b)、(c)所示。杆的材料均为 Q235 钢，横截面均为圆形，直径均为 $d=100$ mm，材料的弹性模量 $E=200$ GPa，试求各杆的临界力。

11-3　图示蒸汽机的活塞杆 AB，可简化为两端铰支，所受的压力 $F=120$ kN，$l=1\ 800$ mm，横截面为圆形，直径 $d=75$ mm。材料为 Q275 钢，$E=210$ GPa，$\sigma_p=240$ MPa。规定稳定安全因数$[n]_{st}=8$，试校核活塞杆的稳定性。

11-4　两端固定并由 28a 工字钢制成的立柱如图所示。材料为 Q235 钢，$E=200$ GPa，立柱所受压力 $F=400$ kN，规定稳定安全因数$[n]_{st}=2.5$，试校核该立柱的稳定性。

11-5　图示立柱的一端固定，一端自由，顶部受轴向压力 $F=200$ kN 作用。立柱用 25a 工字钢制成，材料为 Q235 钢，规定稳定安全因数$[n]_{st}=3$，许用应力$[\sigma]=160$ MPa，$E=200$ GPa，在立柱中点横截面 C 处，开一直径为 $d=70$ mm 的圆孔。试校核其稳定性和强度。

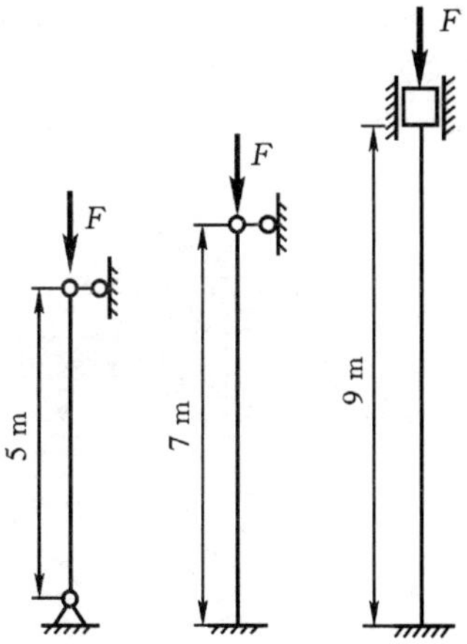

题 11-2 图

11-6　已知如图所示的千斤顶丝杠的最大承载量 $F=150$ kN，丝杠内径 $d_1=52$ mm，长度 $l=500$ mm，材料为 Q235 钢，试计算此丝杠的工作安全因数。(提示：可认为丝杠下端

固定,上端是自由的)

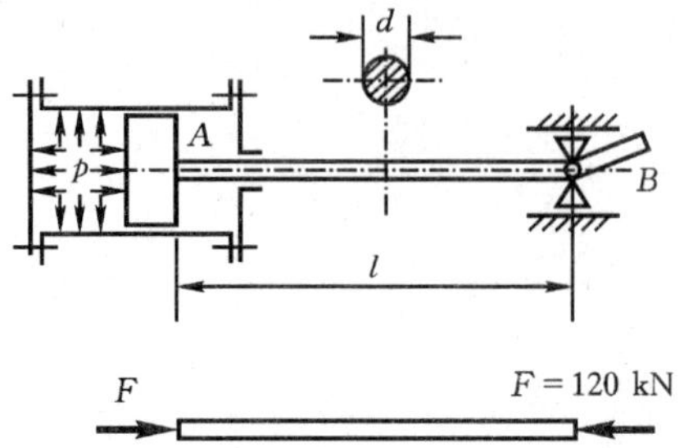

题 11 - 3 图

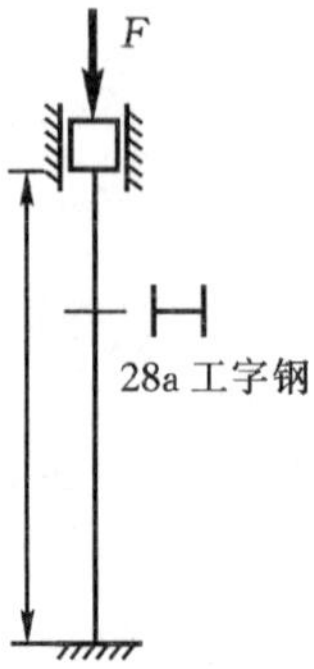

题 11 - 4 图

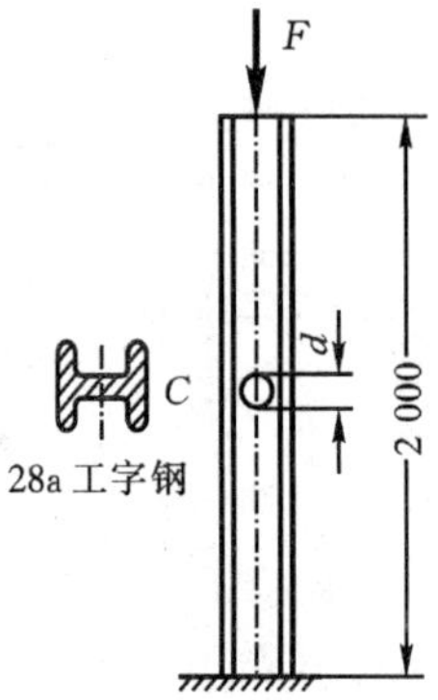

题 11 - 5 图

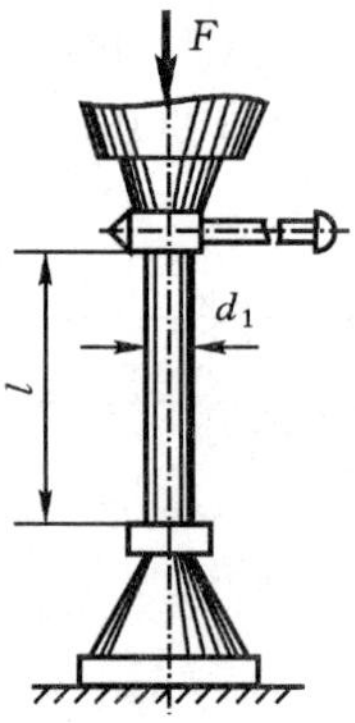

题 11 - 6 图

11 - 7　无缝钢管厂的穿孔顶杆如图所示,杆端承受压力,杆长 l=4.5 m,横截面直径 d=15 cm。材料为 Q235 钢,两端可简化为铰支,E=200 GPa,规定稳定安全因数$[n]_{st}$=3.3。试求顶杆的许可载荷。

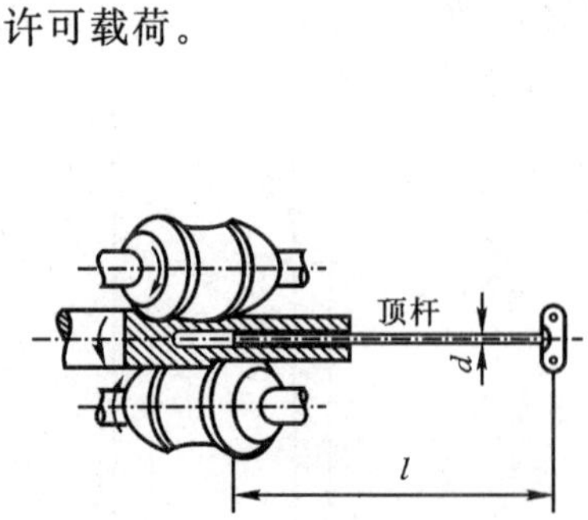

题 11 - 7 图

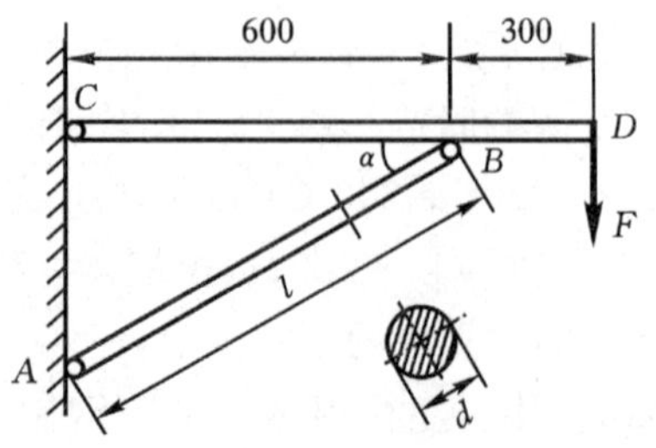

题 11 - 8 图

11 - 8　图示托架中的 AB 杆,直径 d=40 mm,长度 l=800 mm,两端可视为铰支,材料为 Q235 钢。

(1)试求托架的临界载荷 F_{cr};

(2)若已知工作载荷 F=70 kN;并要求 AB 杆的稳定安全因数$[n]_{st}$=2,试问此托架是否安全?

11－9　蒸汽机车的连杆如图所示。截面为工字钢,材料为 Q235 钢,连杆承受最大轴向压力为 465 kN。在 $x-y$ 平面内,两端可认为铰支,在 $x-z$ 平面内,两端可认为是固定支座,试确定其安全因数。

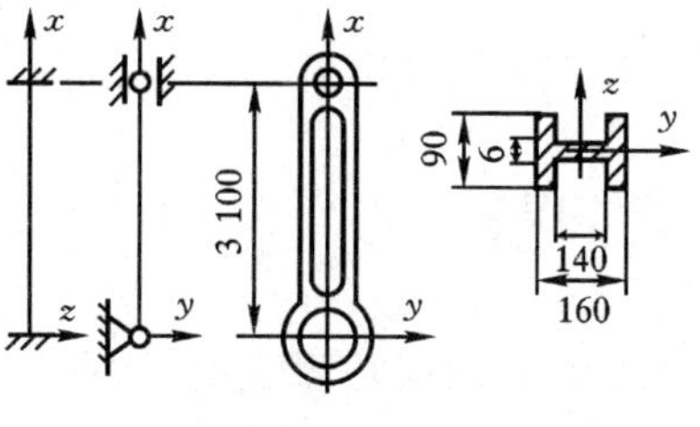

题 11－9 图

11－10　图示机构中,横梁 AB 及支撑杆 CD 材料均为 Q235 钢,许用应力$[\sigma]=100$ MPa,材料的弹性模量 $E=200$ GPa,AB 梁为矩形截面梁。支撑杆 CD 为空心圆截面立柱,规定其稳定安全因数为$[n]_{st}=2$,试确定许可载荷 F_u。

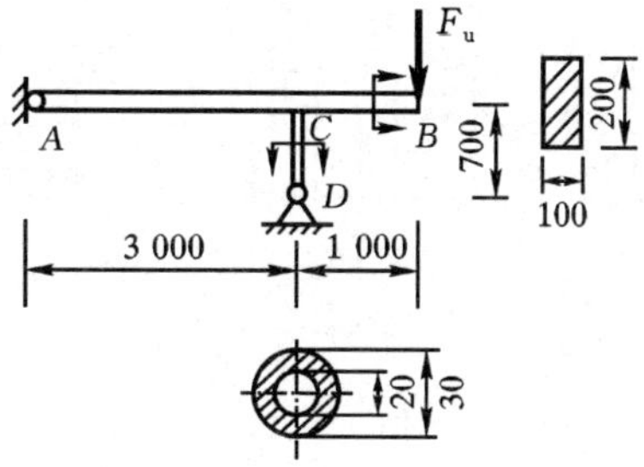

题 11－10 图

第 12 章　简单超静定问题

本章主要研究一些简单的超静定问题及其解法。

12.1　拉伸和压缩超静定问题

在图 12-1(a)中，直杆 AB 上下两端都是固定的，沿杆的轴线受到一个集中力 F 作用。可以看出，在杆的上下固定处将分别产生约束力 F_A 和 F_B，且 AC 段受到拉伸，CB 段将受到压缩，根据整个杆的静力平衡条件，只能列出一个独立的平衡方程，即

$$F_A + F_B - F = 0 \tag{1}$$

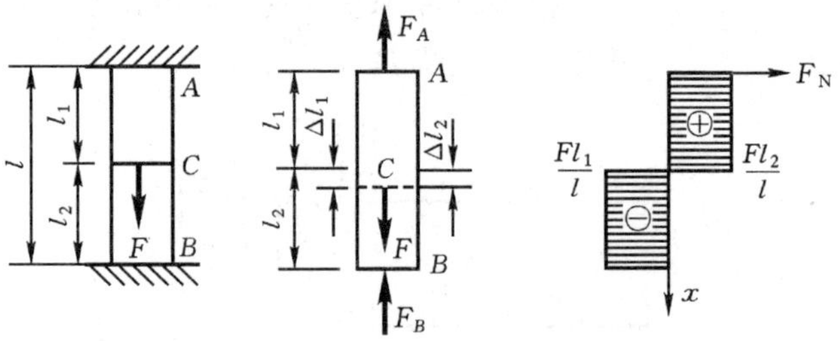

(a)　(b)　(c)

图 12-1

为了求出两个独立的未知量 F_A、F_B，必须设法建立一个补充方程，这就需要分析杆的变形情况。图 12-1(b)中，当杆受外力 F 作用而变形时，上、下端截面 A 和 B 不会沿杆轴线方向发生相对线位移，即在外力 F 作用下，杆的上段产生伸长变形 Δl_1，下段产生缩短变形 Δl_2，但杆的总长度 l 不会改变。故有

$$\Delta l_1 - \Delta l_2 = 0 \tag{2}$$

这个关系称为**变形协调条件**。

在弹性范围内，由胡克定律，又可建立力与变形的物理关系

$$\Delta l_1 = \frac{F_A l_1}{EA}, \quad \Delta l_2 = \frac{F_B l_2}{EA} \tag{3}$$

将(3)式代入(2)式，即得补充方程

$$\frac{F_A l_1}{EA} - \frac{F_B l_2}{EA} = 0 \tag{4}$$

解方程组(1)和(4)，得

$$F_A = Fl_2/l, \quad F_B = Fl_1/l$$

根据外力 F、F_A、F_B 便可求出轴力 F_{N1} 和 F_{N2}，画出轴力图如图 12-1(c)。

例 12-1　图 12-2(a)所示一结构，由刚性杆 AB 及两弹性杆 EC 及 FD 组成，在 B 端受力 F 作用。两弹性杆的抗拉刚度分别为 E_1A_1 和 E_2A_2。试求杆 EC 及 FD 的内力。

解　设两杆的轴力分别为 F_{N1} 和 F_{N2}，由平衡条件有

$$\sum M_A = 0,$$

$$F_{N1} \times \frac{l}{3} + F_{N2} \times \frac{2l}{3} - F \times l = 0 \tag{1}$$

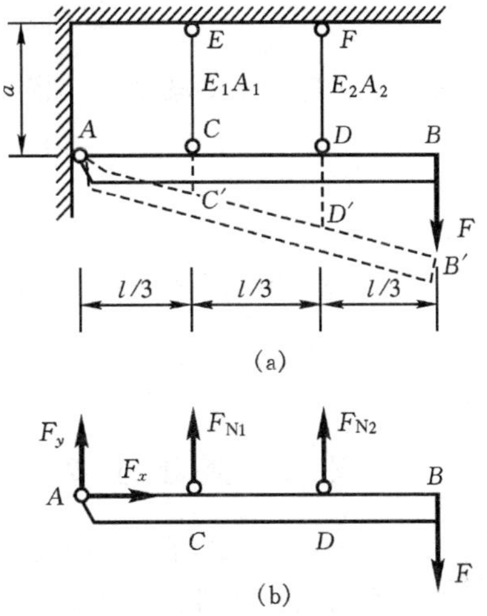

图 12-2

由变形协调条件建立补充方程。刚性杆在力 F 作用下，将绕 A 点顺时针转动，杆 EC 和 FD 将伸长。由于是小变形，可以认为 C、D 两点铅垂向下移动到 C' 和 D' 点，设两杆的伸长分别为 $\overline{CC'} = \Delta l_1$，$\overline{DD'} = \Delta l_2$，由图可知它们的几何关系为

$$\Delta l_1 / \Delta l_2 = 1/2 \tag{2}$$

根据变形和内力的物理关系，即胡克定律，有

$$\Delta l_1 = \frac{F_{N1}a}{E_1A_1}, \quad \Delta l_2 = \frac{F_{N2}a}{E_2A_2} \tag{3}$$

将(3)式代入(2)式得

$$2\frac{F_{N1}a}{E_1A_1} = \frac{F_{N2}a}{E_2A_2} \tag{4}$$

这就是补充方程。将补充方程代入(1)式得

$$F_{N1} = \frac{3E_1A_1F}{E_1A_1 + 4E_2A_2}, \quad F_{N2} = \frac{6E_2A_2F}{E_1A_1 + 4E_2A_2}$$

12.2　温度应力与装配应力

12.2.1　温度应力

温度变化时，构件的形状与尺寸也将发生变化。对于静定结构，由于构件可以随温度变化而自由伸长和缩短，因此，温度的改变对构件的内力不会产生影响。如图 12-3(a)所示的杆件，左端固定，右端自由，是静定杆件，当温度为 t_1 时，其长为 l，当温度升高 Δt 而成为 $t_2 = t_1 + \Delta t$ 时，长度增长 Δl_t，此时杆能自由伸长到 B'，杆件不产生内力。但对如图 12-3(b)所示的杆件，两端固定，是超静定的，当温度升高时，杆件要伸长 Δl_t，如图 12-3(a)那样要达到 B'位置。但由于右端是固定的，使杆的伸长受到限制，就会在杆端产生约束力 F_B(图 12-3(c))。此力使杆件缩短 Δl_F，由于杆件两端固定，其长度不能改变，于是得变形条件

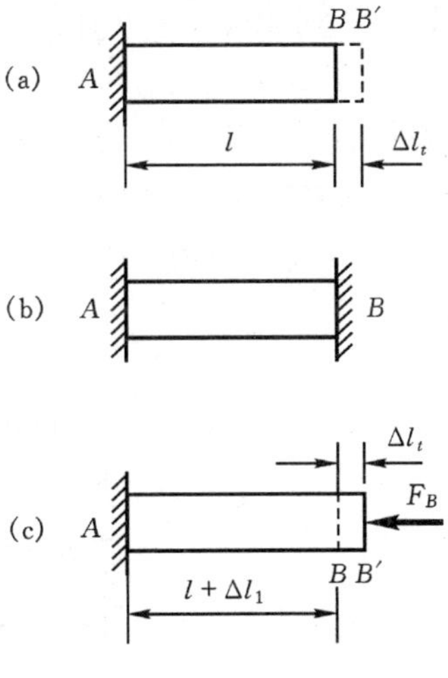

图 12-3

$$|\Delta l_F| = \Delta l_t \tag{1}$$

其物理方程为

$$\Delta l_t = \alpha l(t_1 - t_2),\quad \Delta l_F = \frac{F_B l}{EA} \tag{2}$$

式中:α 为材料的线膨胀系数。将(2)式代入(1)式得

$$\frac{F_B l}{EA} = \alpha l(t_1 - t_2)$$

即

$$F_B = \alpha EA(t_1 - t_2) \tag{3}$$

然后利用平衡条件,可解得温度内力 F_N 和温度应力 σ 分别为

$$F_N = F_B = \alpha EA(t_1 - t_2) \tag{4}$$

$$\sigma = F_N/A = \alpha E(t_1 - t_2) \tag{5}$$

12.2.2　装配应力

在超静定结构中,有时并无载荷作用,但由于有些构件制作不精确,在强行装配后即产生装配应力。有时也由于某种需要,有计划地使其产生一定的装配应力,如图 12-4 所示杆件,装配前原长为 $l+\Delta l$,其中 Δl 是制作误差,装配后长度被迫缩短为 l,于是两端产生压力 F_N,显然

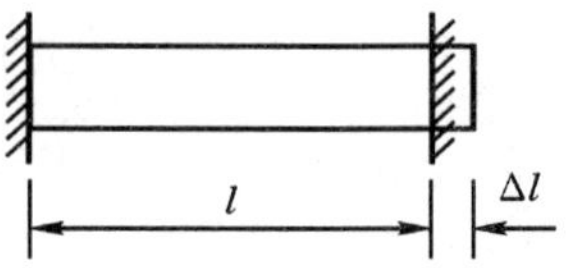

图 12-4

$$\Delta l = \frac{F_N(l + \Delta l)}{EA}$$

在通常情况下,$\Delta l \ll l$,所以上式右端的 Δl 可略去不计,即

$$\Delta l = \frac{F_N L}{EA} \tag{6}$$

所以

$$\sigma = \frac{E}{l}\Delta l \tag{7}$$

这就是**装配应力**。

12.3　扭转超静定问题

如图 12-5(a)所示,有一空心管 A 套在实心圆杆 B 的一端,两杆在同一横截面处各有一直径相同的贯穿孔,两孔的中心线的夹角为 β。现在杆 B 上施加一外力偶,使其扭转到两孔对准的位置,并在孔中装上销钉。欲求在外力偶除去后两杆所受到的扭矩,这是一个扭转超静定问题。

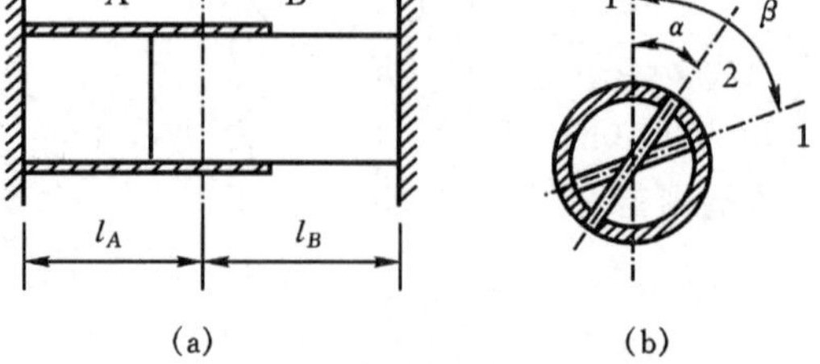

图 12-5

图 12-15(b)中,1 为孔的原始位置,2 为装上销钉,除去外力偶后孔的位置。由于内杆和

外管通过销钉相互作用，因此，它们所承受的扭矩 T_A、T_B 必然大小相等、转向相反。

设除去外力偶后内杆带动外管转过 α 角。与初始状态比较，内杆的扭转角为

$$\varphi_B = \beta - \alpha \tag{1}$$

而外管的扭转角为

$$\varphi_A = \alpha \tag{2}$$

下面分别列出其平衡、物理、几何三方面的条件。

平衡条件 $$T_A = T_B = T \tag{3}$$

变形协调条件 $$\varphi_A + \varphi_B = \beta \tag{4}$$

物理关系 $$\varphi_A = \frac{T_A l_A}{GI_{pA}}, \quad \varphi_B = \frac{T_B l_B}{GI_{pB}} \tag{5}$$

将(5)式代入(4)式得

$$\frac{T}{G}\left(\frac{l_A}{I_{pA}} + \frac{l_B}{I_{pB}}\right) = \beta$$

$$T = \frac{G\beta}{(l_A/I_{pA}) + (l_B/I_{pB})}$$

12.4　弯曲超静定问题

图 12-6(a)、(b)所示的梁 AB 都是超静定梁。

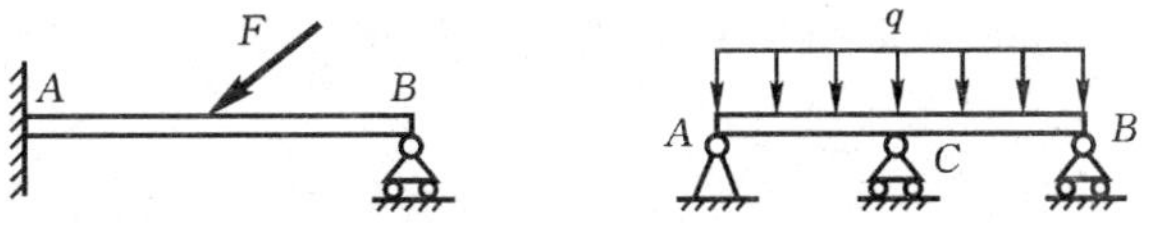

(a)　(b)

图 12-6

在超静定梁中，那些超过维持梁平衡所必须的约束，习惯上称为**多余约束**，相应的约束力称为**多余约束力**。可以设想，如果撤除超静定梁上的多余约束，那么这个超静定梁又将变为一个静定梁。这个静定梁称为原超静定梁的**静定基**。下面介绍对超静定梁进行强度或刚度计算的**变形比较法**。由于该法以力或力偶矩作为方程的未知量，因此也称为**力法**。

图 12-7(a)所示的梁为超静定梁。我们将支座 B 视为多余约束，并将该支座去掉代之以约束力 F_B。视 F_B 为已知，这样图 12-7(a)所示的超静定梁就变成在集度为 q 的均布载荷和 F_B 作用下的静定梁(图 12-7(b))。该梁在均布载荷 q 和 F_B 的共同作用下，变形情况应与原超静定梁完全相同。在图 12-7(a)中，支座 B 处的挠度为零，即

$$y_B = 0 \tag{1}$$

所以，静定梁在均布载荷 q 和 F_B 的共同作用下，B 处的挠度也应等于零，即

$$y_B = y_q + y_{F_B} = 0 \tag{2}$$

式中：y_q 和 y_{F_B} 为静定梁上只有均布载荷 q 和只有 F_B 单独作用时在 B 处引起的挠度，其值分别为

$$y_q = -\frac{ql^4}{8EI_z}, \quad y_{F_B} = \frac{F_B l^3}{3EI_z} \tag{3}$$

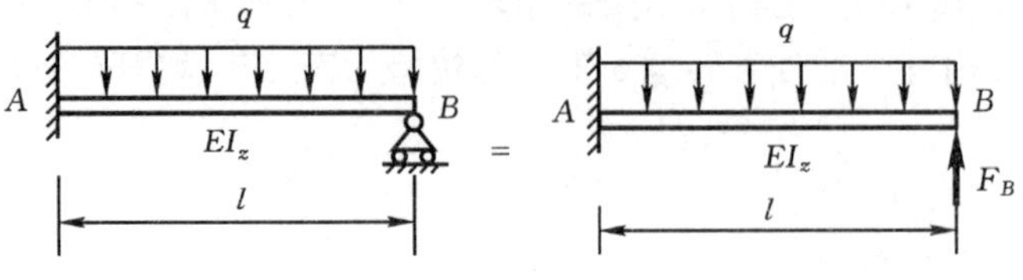

图 12－7

将 y_q 和 y_{F_B} 代入(2)式得

$$-\frac{ql^4}{8EI_z}+\frac{F_Bl^3}{3EI_z}=0 \tag{4}$$

上式就是根据梁的变形条件建立的补充方程。由该方程可解得

$$F_B = 3ql/8$$

求得多余约束力 F_B 后，图 12－7(a)所示之超静定梁就变成了图 12－7(b)所示之静定梁，支座 A 的约束力及梁的内力便可方便地求出。

需要指出，超静定梁对应的静定基并不是唯一的，在选取静定基时，可选取不同的形式，只要静定梁可承受载荷即可。例如，上面讨论的超静定梁，也可选取图 12－8 所示的静定基。此时 M_A 为多余约束力，而列补充方程式的变形条件，则为支座 A 处的转角等于零，从而建立一个补充方程，并由该方程求出 M_A。虽然所选的静定基不同，但两者所求得的全部支座约束力是相同的。建议读者自行验证。

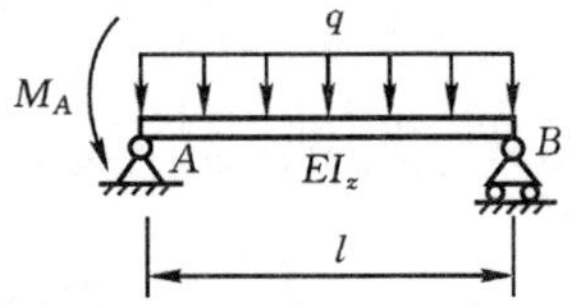

图 12－8

例 12－2　图 12－9(a)所示为水平放置的两根悬臂梁。二梁在自由端处自由叠落在一起，梁的长度及梁上的载荷如图所示，已知二梁抗弯刚度相同。试分别画出二梁的弯矩图。

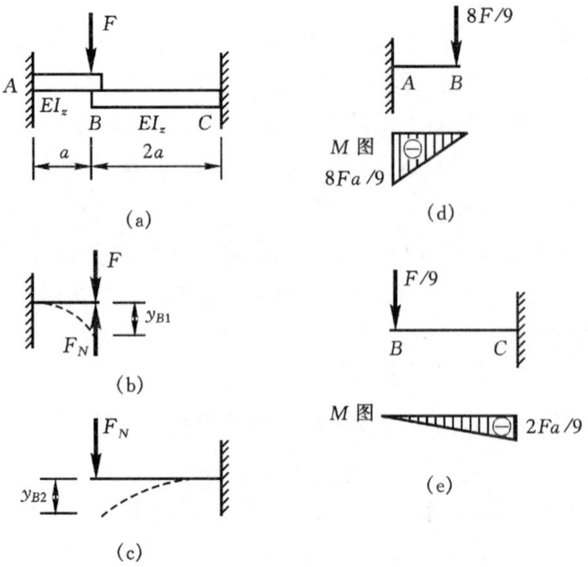

图 12－9

解　此结构为超静定结构。欲画二梁的弯矩图应首先求出每根梁所承受的载荷。AB、BC 二梁的受力分别如图 12-9(b)、(c)所示，其中 F_N 为未知力，可通过补充方程求得。因二梁在自由端处叠落在一起，所以二梁在自由端处的挠度相等，即

$$y_{B1} = y_{B2} \tag{1}$$

式中：y_{B2} 是由 F_N 引起，y_{B1} 是由 F 与 F_N 共同引起的，其值分别为

$$y_{B1} = -\frac{(F-F_N)a^3}{3EI_z}, \quad y_{B2} = -\frac{F_N(2a)^3}{3EI_z}$$

将 y_{B1} 和 y_{B2} 代入(1)式得

$$\frac{(F-F_N)a^3}{3EI_z} = \frac{F_N(2a)^3}{3EI_z} \tag{2}$$

从而可解得　$F_N = F/9$

于是，二梁弯矩图分别如图 12-9(d)、(e)所示。

思考题

12-1　什么叫超静定问题？超静定问题是如何发生的？解超静定问题的步骤如何？

12-2　计算拉压超静定问题时，轴力的指向和变形的伸缩是否可以任意假设？为什么？

12-3　杆件只要发生变形，就必然有应力，这种说法是否正确？

12-4　图示两端固定的直杆，在 C 处受一集中力 F 作用，因该杆件总伸长为零，即全杆既不伸长又不缩短，因而该杆各点处的线应变和位移都等于零。这种说法错在哪里？

12-5　如图所示的超静定梁，试选择三种不同形式的静定基，并分别写出其变形协调条件。

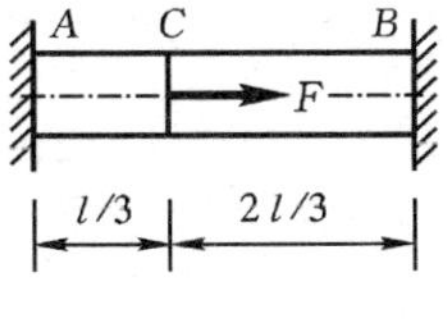

思 12-4 图

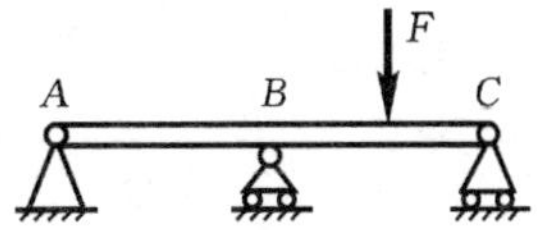

思 12-5 图

12-6　求解超静定梁，除静力平衡方程外，还必须列出补充方程，其补充方程是否是唯一的？

习　题

12-1　图示两端固定杆 AC、CD 和 DB 三段长均为 l，今在 C、D 两截面处加一对沿轴线方向的力 F，杆的截面面积为 A，求杆内的最大正应力。

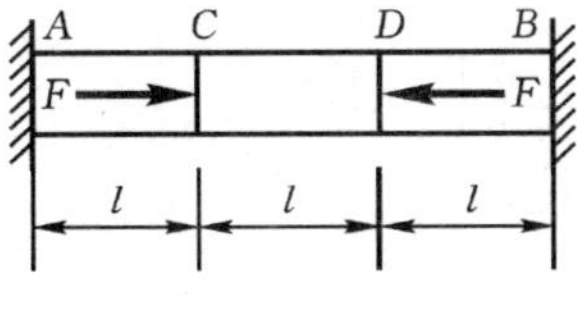

题 12-1 图

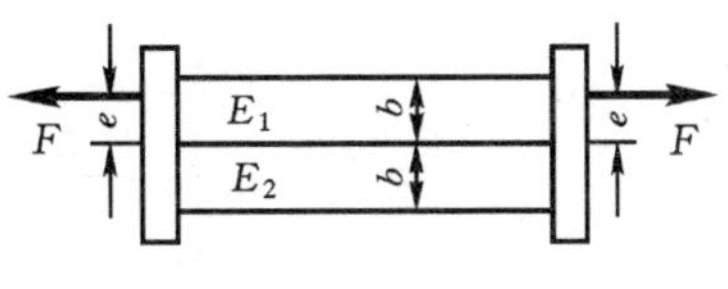

题 12-2 图

12-2　一方形截面杆由两根不同材料的杆件构成，弹性模量分别为 E_1 和 E_2，两杆截面

尺寸相同,假设 $E_1>E_2$。假设其端板是刚性的,试求使两杆都为均匀受拉时,载荷 F 的偏心距 e。

12－3　图示刚性梁受均布载荷作用。梁在 A 端铰支,在 B、C 两点由两根钢杆 BD 和 CE 支承。已知 BD 和 CE 杆的横截面面积分别为 $A_2=200\ \text{mm}^2$,$A_1=400\ \text{mm}^2$,钢的许用应力 $[\sigma]=170$ MPa,试校核钢杆 BD 的强度。

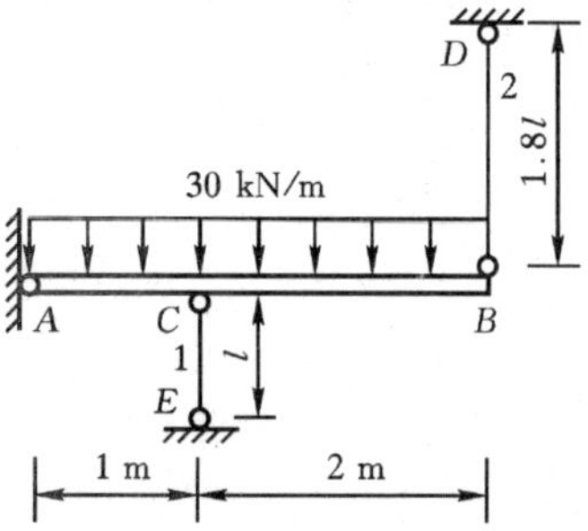

题 12－3 图

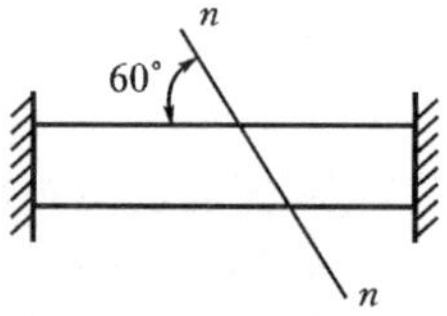

题 12－4 图

12－4　在室温为 21 ℃时,将金属杆固定于两刚性支承之间,如图所示。试计算当温度升高到 111 ℃时,斜截面 n—n 上的正应力和切应力。假设 $\alpha=11.7\times10^{-6}\ \text{K}^{-1}$,$E=200$ GPa。

12－5　如图一变截面杆 AB,两端为刚性固定连结,其上作用有一对大小相等、方向相反的力 F。已知 AC 段和 DB 段的横截面面积皆为 $A=500\ \text{mm}^2$,$F=21$ kN,$b=3a=375$ mm,为了使杆中间段的应力为零,必须降低多少温度 Δt?假设 $\alpha=26\times10^{-6}\text{K}^{-1}$,$E=40$ GPa。

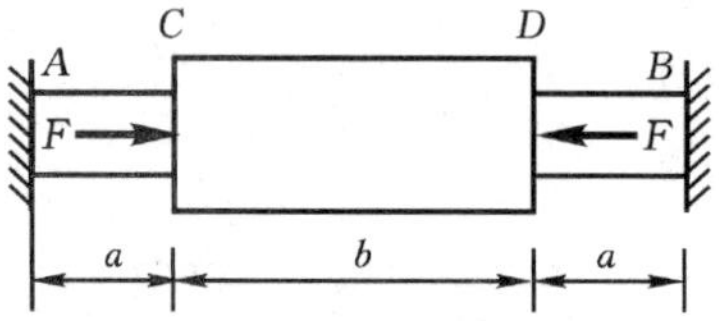

题 12－5 图

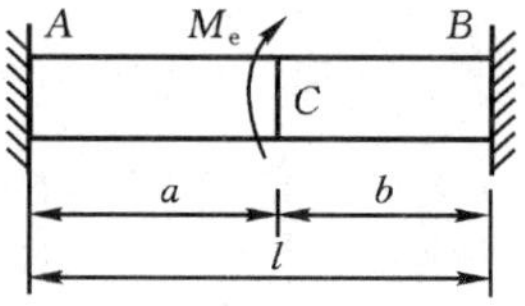

题 12－6 图

12－6　如图所示,将钢质圆杆 AB 的两端加以固定,并在截面 C 上作用有转矩 M_e,设轴的许用切应力为$[\tau]$,试求轴的直径 d。($a>b$)

12－7　图示悬臂梁 AB,在它的自由端用缆索 BC 悬挂着,在载荷作用前,缆索是拉紧的,但没有受力。试求在均布载荷 q 的作用下,缆索所产生的拉力 F_T。假设梁的抗弯刚度为 EI,缆索的抗拉刚度为 EA。

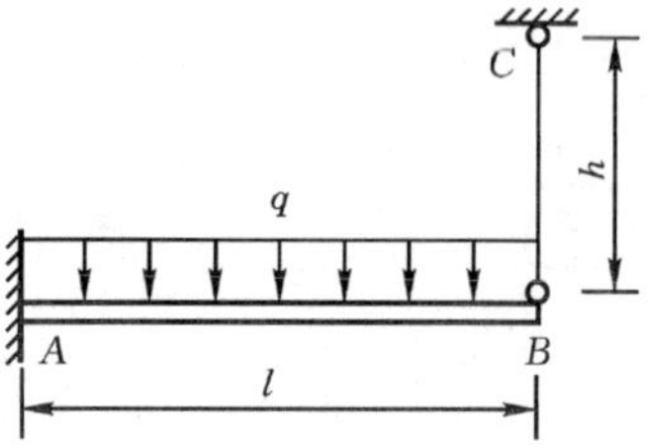

题 12－7 图

12－8　两跨不相等的连续梁，其上作用有均布载荷，如图所示，试求其全部约束力。

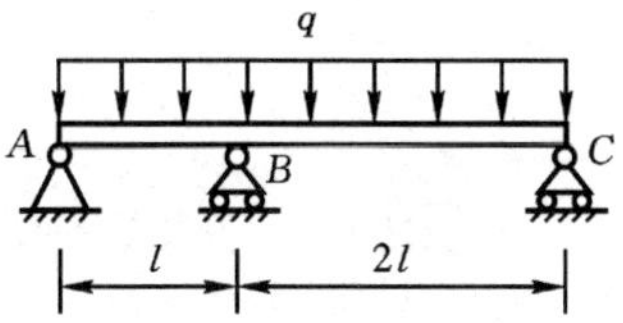

题 12－8 图

12－9　一双跨梁在受载之前支承于 A 处和 C 处，梁与 B 支座之间有一微小的间隙 Δ。当均布载荷作用于梁上时，其间隙密合了，同时三个支座处都产生了约束力，为了使三个支座约束力相等，试问间隙 Δ 应为多大？（EI 已知）

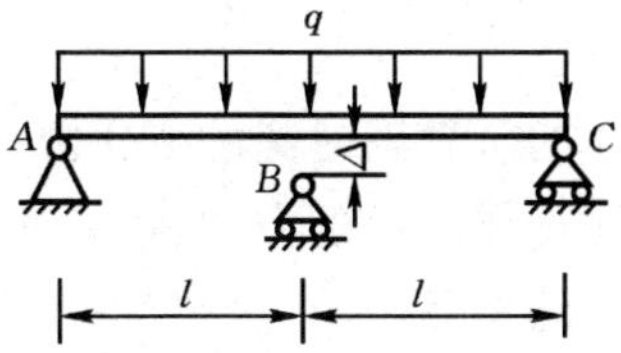

题 12－9 图

12－10　两悬臂梁 AB 和 CD，其支承如图所示。在两梁之间的 D 处放置有辊子，上、下两梁的抗弯刚度都为 EI，试求二梁在 D 处传递的力。

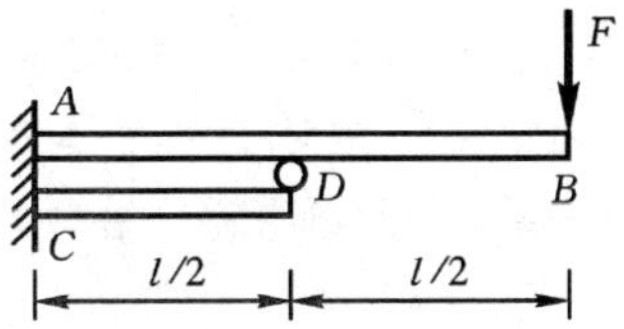

题 12－10 图

第三篇　运动学

引　言

运动学仅从几何角度研究物体的位置随时间的变化规律，不涉及力、质量等运动变化的物理因素。运动学的任务是建立描述物体运动的方法，确定物体运动的有关特征，如点的轨迹、速度、加速度及刚体的角速度、角加速度等。

在运动学中，常遇到瞬时、时间间隔和空间的概念。**瞬时**是指物体运动过程中的某一时刻。**时间间隔**则是指从某一瞬时到另一瞬时所经过的一段时间，它表示该事件所经过的一段时间历程。**空间**被视为均匀的、各向同性的欧几里得空间，不考虑运动对其产生的影响。

物质的运动是绝对的，但是观察某个物体的运动规律却有相对性。因为任何一个物体在空间的位置和运动的情况，必须选取另一物体作为参考物体才能确定。因此，描述某一物体的运动必须明确指出它是相对于哪个物体而言。这个使物体的运动描述具有明确意义、起"标准"作用的物体称为**参考体**。为了确定物体相对于参考体的位置和对物体的运动进行数学分析，可在参考体上固连以适当的坐标系，称为**参考系**。在一般工程实际中，如不加特别说明，通常都是将参考系固连于地球上。

运动学的研究对象是点和刚体。点是指在空间有确定位置的几何点。点和刚体都是实际物体的抽象。一个物体究竟是抽象为点还是抽象为刚体，完全取决于所讨论问题的性质。如在研究人造卫星的运行轨迹时，可把它抽象为一个点，而在描述其飞行姿态时，则须把它视为刚体。一般地说，当物体的几何形状在运动过程中不起主要作用时，物体的运动可简化为点的运动。反之，则应作为刚体的运动。

学习运动学，一方面是为学习动力学提供必要的基础；另一方面也有其工程意义。对于一定的机构，要实现预先规定的各种运动，就必须进行运动学分析。运动学为分析机构运动的规律提供了必要的基础。

第 13 章　运动学基础

本单元介绍点的运动和刚体的两种基本运动——平动和定轴转动。主要研究：①动点相对于某参考系的几何位置随时间变化的规律（轨迹、运动方程、速度、加速度）；②刚体的整体运动规律，建立刚体内各点的运动特征（轨迹、运动方程、速度、加速度）与刚体整体运动特征之间的关系。它们不仅在工程上有广泛的应用，也是研究点和刚体复杂运动的基础。

13.1　点的运动学

研究点的运动方法很多，这里主要介绍矢量法、直角坐标法和自然法。

13.1.1　矢量法

设动点在瞬时 t 处于 M 点。为确定动点的位置，以固定点 O 为起点到动点 M 作一矢径 $\boldsymbol{r}$（图13－1），则动点 M 的位置确定时，矢径 $\boldsymbol{r}$ 便被唯一确定，而矢径 $\boldsymbol{r}$ 确定后，动点 M 的位置也就唯一地确定了。显然，$\boldsymbol{r}$ 是时间 t 的单值连续函数，即

$$\boldsymbol{r}=\boldsymbol{r}(t) \tag{13-1}$$

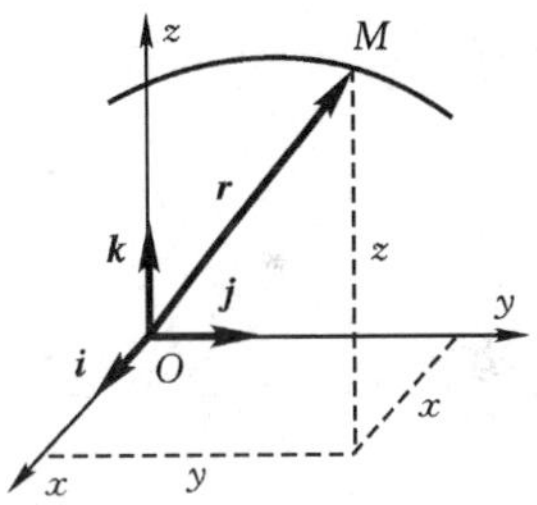

图 13－1

上式称为动点的**矢量形式的运动方程**。

某瞬时动点位置变化的快慢和运动的方向用**速度**来度量为

$$\boldsymbol{v}=\frac{\mathrm{d}\boldsymbol{r}}{\mathrm{d}t}=\dot{\boldsymbol{r}} \tag{13-2}$$

即**动点的速度等于点的矢径对时间的一阶导数**。速度是矢量，在国际单位制中，速度的单位为 m/s（米/秒）。

某瞬时动点的速度对时间的变化率用**加速度**来度量为

$$\boldsymbol{a}=\frac{\mathrm{d}\boldsymbol{v}}{\mathrm{d}t}=\frac{\mathrm{d}^2\boldsymbol{r}}{\mathrm{d}t^2}=\ddot{\boldsymbol{r}} \tag{13-3}$$

即**动点的加速度等于其速度对时间的一阶导数，等于动点的矢径对时间的二阶导数**。加速度也是矢量，其单位为 $\mathrm{m/s^2}$（米/秒^2）。

用矢量法描述点的运动直观、简洁，形式上不随参考系的不同而变化。例如，雷达就是用矢径 $\boldsymbol{r}$ 来确定空中目标的位置。矢径的模由雷达波反射的时间算出，矢径的方向可用图13－2中的方位角 φ 和俯仰角 θ 确定。矢量法多用于公式推导。具体计算中，常采用直角坐标法或自然法。

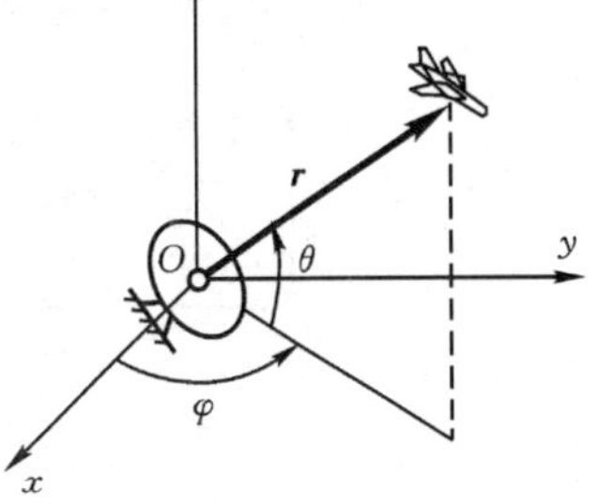

图 13－2

13.1.2　直角坐标法

设动点在某瞬时 t 位于 M 处（图 13－1），则动点在 t 瞬

时的位置可用它在固定直角坐标系 $Oxyz$ 中的坐标 x、y、z 唯一确定。显然,x、y、z 可以表示为时间的单值连续函数,即

$$x = f_1(t),\quad y = f_2(t),\quad z = f_3(t) \tag{13-4}$$

上式称为点的**直角坐标形式的运动方程。**

点的矢径可写成如下解析形式

$$\boldsymbol{r} = x\boldsymbol{i} + y\boldsymbol{j} + z\boldsymbol{k} \tag{13-5}$$

式中:$\boldsymbol{i}$、$\boldsymbol{j}$、$\boldsymbol{k}$ 为固定坐标轴的三个单位矢量。把式(13-5)代入式(13-2),可得

$$\boldsymbol{v} = \frac{\mathrm{d}\boldsymbol{r}}{\mathrm{d}t} = \frac{\mathrm{d}x}{\mathrm{d}t}\boldsymbol{i} + \frac{\mathrm{d}y}{\mathrm{d}t}\boldsymbol{j} + \frac{\mathrm{d}z}{\mathrm{d}t}\boldsymbol{k} = \dot{x}\boldsymbol{i} + \dot{y}\boldsymbol{j} + \dot{z}\boldsymbol{k} \tag{13-6}$$

将上式向三根坐标轴投影得

$$v_x = \dot{x},\quad v_y = \dot{y},\quad v_z = \dot{z} \tag{13-7}$$

即点的速度在固定坐标轴上的投影分别等于相应坐标对时间的一阶导数。进而可求得速度的大小和方向余弦为

$$v = \sqrt{\dot{x}^2 + \dot{y}^2 + \dot{z}^2} \tag{13-8}$$

$$\cos(\boldsymbol{v},x) = \frac{\dot{x}}{v},\quad \cos(\boldsymbol{v},y) = \frac{\dot{y}}{v},\quad \cos(\boldsymbol{v},z) = \frac{\dot{z}}{v} \tag{13-9}$$

将式(13-6)代入式(13-3)可得

$$\begin{aligned}\boldsymbol{a} &= \frac{\mathrm{d}\boldsymbol{v}}{\mathrm{d}t} = \frac{\mathrm{d}(\dot{x}\boldsymbol{i} + \dot{y}\boldsymbol{j} + \dot{z}\boldsymbol{k})}{\mathrm{d}t} = \frac{\mathrm{d}v_x}{\mathrm{d}t}\boldsymbol{i} + \frac{\mathrm{d}v_y}{\mathrm{d}t}\boldsymbol{j} + \frac{\mathrm{d}v_z}{\mathrm{d}t}\boldsymbol{k} \\ &= \ddot{x}\boldsymbol{i} + \ddot{y}\boldsymbol{j} + \ddot{z}\boldsymbol{k}\end{aligned} \tag{13-10}$$

将上式向三根坐标轴投影可得

$$a_x = \frac{\mathrm{d}v_x}{\mathrm{d}t} = \ddot{x},\quad a_y = \frac{\mathrm{d}v_y}{\mathrm{d}t} = \ddot{y},\quad a_z = \frac{\mathrm{d}v_z}{\mathrm{d}t} = \ddot{z} \tag{13-11}$$

可见,**动点的加速度在固定直角坐标轴上的投影等于速度在相应坐标轴上的投影对时间的一阶导数或等于相应坐标对时间的二阶导数。**加速度的大小和方向余弦分别为

$$a = \sqrt{\ddot{x}^2 + \ddot{y}^2 + \ddot{z}^2} \tag{13-12}$$

$$\cos(\boldsymbol{a},x) = \frac{\ddot{x}}{a},\quad \cos(\boldsymbol{a},y) = \frac{\ddot{y}}{a},\quad \cos(\boldsymbol{a},z) = \frac{\ddot{z}}{a} \tag{13-13}$$

例 13-1 曲柄连杆机构如图 13-3(a)所示。曲柄 OA 长为 r,$\varphi=\omega t$。连杆 AB 长为 l。试求滑块 B 的运动方程和当 $\varphi=0$、$\pi/2$ 时滑块的速度及加速度。

解 曲柄连杆机构是内燃机的主要运动机构,在工程上广泛地应用于冲床、往复式水泵、空气压缩机等设备上,它能实现移动和转动的相互转换。

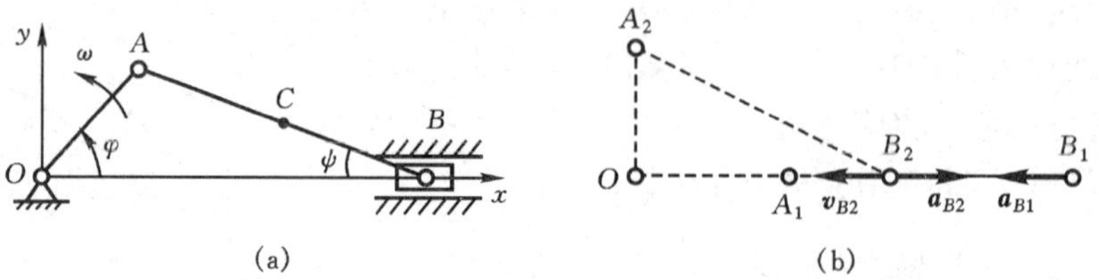

图 13-3

滑块 B 作直线运动。建立如图 13-3(a)所示的坐标系 Oxy，在任意时刻 t，B 点的坐标为

$$x_B = r\cos\varphi + l\cos\psi$$

由几何关系，有 $r\sin\varphi = l\sin\psi$，于是动点 B 的运动方程为

$$x_B = r\cos\omega t + l\sqrt{1-(r/l)^2\sin^2\omega t} \tag{1}$$

在许多实际工程中，(r/l) 的值通常不大。例如，汽车发动机的曲柄连杆比在 0.26～0.3 之间；而往复泵的 $r/l<0.25$。因此，将上式中的根式展开成 $(r/l)^2$ 的幂级数并略去 $(r/l)^4$ 以上的高阶项，得

$$x_B = l[1-r^2/(4l^2)] + r\{\cos\omega t + [r/(4l)]\cos 2\omega t\} \tag{2}$$

将(2)式分别对时间求一、二阶导数，得

$$v_B = \dot{x}_B = -r\omega\{\sin\omega t + [r/(2l)]\sin 2\omega t\} \tag{3}$$

$$a_B = \ddot{x}_B = -r\omega^2[\cos\omega t + (r/l)\cos 2\omega t] \tag{4}$$

当 $\varphi=\omega t=0$ 时，B 点位于如图 13-3(b)所示的 B_1 点，$v_{B_1}=0$，$a_{B_1}=-r\omega^2(1+r/l)$。方向如图。

当 $\varphi=\omega t=\pi/2$ 时，B 点位于如图 13-3(b)所示的 B_2 点，$v_{B_2}=-r\omega$，$a_{B_2}=r^2\omega^2/l$，方向如图。

13.1.3　自然法（弧坐标法）

1. 点的运动方程

若动点相对于某一参考系的运动轨迹已知，则可取动点沿轨迹曲线的弧坐标来确定动点在每一瞬时的位置。

设动点 M 沿某一轨迹曲线 AB 运动。在轨迹上任选一点 O 为原点，并规定轨迹的正负向，如图 13-4 所示。设在某一瞬时 t，动点在轨迹上 M 处。令 $s=\pm\overset{\frown}{OM}$，称为**弧坐标**。它是一个代数量，可唯一地确定动点在空间的位置。显然，当动点沿轨迹运动时，弧坐标 s 可以表示为时间的单值连续函数，即

$$s = s(t) \tag{13-14}$$

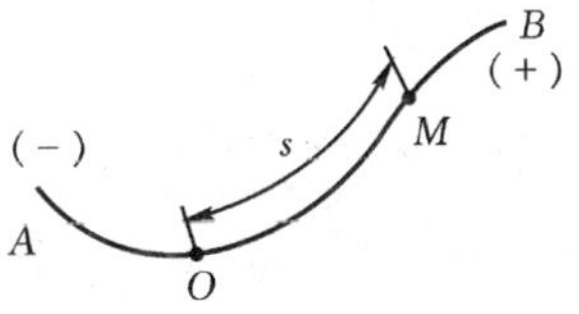

图 13-4

上式称为点的**自然形式的运动方程**。

2. 点的速度在自然轴上的投影

在图 13-5 中，设在时间间隔 Δt 内，动点由位置 M 运动到 M'，其弧坐标的增量为 Δs，动点的矢径的增量为 $\Delta \boldsymbol{r}$，由式(13-2)可得

$$\boldsymbol{v} = \frac{\mathrm{d}\boldsymbol{r}}{\mathrm{d}t} = \lim_{\Delta t\to 0}\frac{\Delta\boldsymbol{r}}{\Delta t} = \lim_{\Delta t\to 0}\frac{\Delta s}{\Delta t}\cdot\lim_{\Delta s\to 0}\frac{\Delta\boldsymbol{r}}{\Delta s} = \frac{\mathrm{d}s}{\mathrm{d}t}\cdot\lim_{\Delta s\to 0}\frac{\Delta\boldsymbol{r}}{\Delta s}$$

当 $\Delta s\to 0$ 时，$\lim\limits_{\Delta s\to 0}\left|\dfrac{\Delta\boldsymbol{r}}{\Delta s}\right|=1$，而 $\Delta\boldsymbol{r}$ 的方位趋近于轨迹在 M 点的切线，指向与 Δs 正向一致。$\lim\limits_{\Delta s\to 0}\dfrac{\Delta\boldsymbol{r}}{\Delta s}$ 代表沿轨迹切线的单位矢量，其指向总是沿轨迹切线的正方向，即

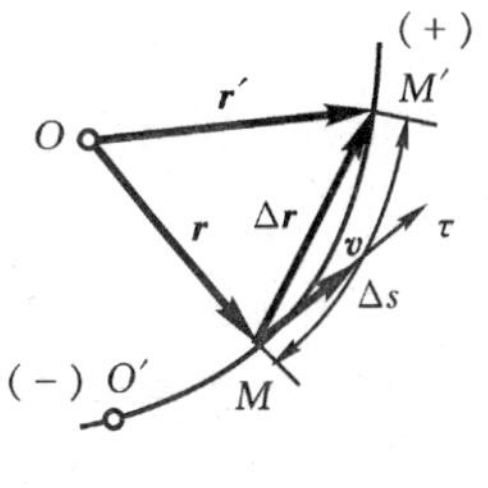

图 13-5

$$\lim_{\Delta s\to 0}\frac{\Delta\boldsymbol{r}}{\Delta s} = \boldsymbol{\tau}$$

于是

$$v=\left(\frac{\mathrm{d}s}{\mathrm{d}t}\right)\tau=\dot{s}\tau \tag{13-15}$$

上式表明**动点的速度沿轨迹在该点的切线，它在切线方向的投影等于弧坐标对时间的一阶导数。**当 $\mathrm{d}s/\mathrm{d}t>0$ 时，动点沿弧坐标正向运动，指向与 τ 相同；反之两者相反。

3. 点的加速度在自然轴上的投影

将动点速度矢量公式(13-15)代入加速度公式(13-3)得

$$a=\frac{\mathrm{d}v}{\mathrm{d}t}=\frac{\mathrm{d}(v\tau)}{\mathrm{d}t}=\frac{\mathrm{d}v}{\mathrm{d}t}\tau+v\frac{\mathrm{d}\tau}{\mathrm{d}t} \tag{13-16}$$

上式右端第一项是反映速度大小改变的加速度分量，因其沿轨迹切线方向，故称为**切向加速度**，记为 a_t。第二项是反映速度方向变化的加速度分量，记为 a_n。若动点的运动轨迹是一条平面曲线，则

$$a_t=\frac{\mathrm{d}v}{\mathrm{d}t}\tau=\frac{\mathrm{d}^2s}{\mathrm{d}t^2}\tau=\ddot{s}\tau \tag{13-17}$$

当 $\ddot{s}>0$ 时，a_t 指向轨迹曲线在 M 处切线的正向；当 $\ddot{s}<0$ 时，指向负向。

在瞬时 t，轨迹在 M 点的切向单位矢量为 τ，经过时间间隔 Δt，动点运动到 M' 点，轨迹在该点的切向单位矢量为 τ'，如图 13-6 所示。可以看出

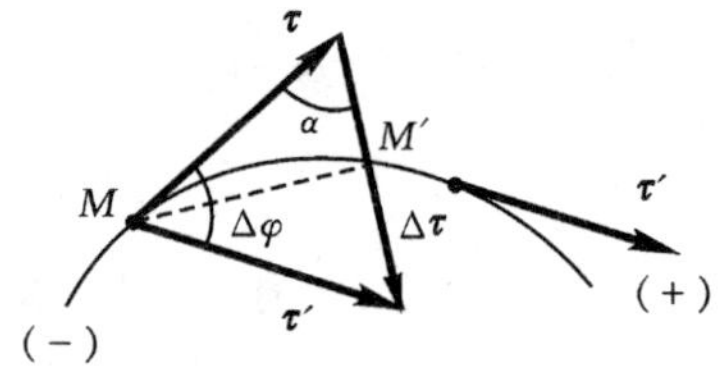

图 13-6

$$\lim_{\Delta\varphi\to0}\frac{|\Delta\tau|}{\Delta\varphi}=\lim_{\Delta\varphi\to0}\frac{2\sin(\Delta\varphi/2)}{\Delta\varphi}=1$$

$$\frac{\mathrm{d}\tau}{\mathrm{d}t}=\lim_{\Delta t\to0}\frac{\Delta\tau}{\Delta t}=\lim_{\Delta\tau\to0}\frac{\Delta\tau}{|\Delta\tau|}\cdot\lim_{\Delta\varphi\to0}\frac{|\Delta\tau|}{\Delta\varphi}\cdot\lim_{\Delta s\to0}\frac{\Delta\varphi}{\Delta s}\cdot\lim_{\Delta t\to0}\frac{\Delta s}{\Delta t}=\frac{\dot{s}}{\rho}\cdot\lim_{\Delta\tau\to0}\frac{\Delta\tau}{|\Delta\tau|} \tag{13-18}$$

式中：$\frac{1}{\rho}=\lim\limits_{\Delta s\to0}\frac{\Delta\varphi}{\Delta s}$ 为轨迹曲线在 M 点的**曲率**，ρ 为曲率半径。当 $\Delta t\to0$ 时，$\Delta\tau$ 与 τ 的夹角趋近于直角，即 $\Delta\tau$ 趋近于轨迹在 M 点的法线，指向曲率中心。又因为 $\Delta\tau/|\Delta\tau|$ 为沿 $\Delta\tau$ 方向的单位矢量，若记指向曲率中心的法线方向的单位矢量为 n，则

$$\frac{\mathrm{d}\tau}{\mathrm{d}t}=\frac{v}{\rho}n=\frac{\dot{s}}{\rho}n \tag{13-19}$$

因而有

$$a_n=v\frac{\mathrm{d}\tau}{\mathrm{d}t}=\frac{\dot{s}^2}{\rho}n \tag{13-20}$$

这个矢量始终沿法线正向，指向曲率中心，故称为**法向加速度**(图 13-7)。

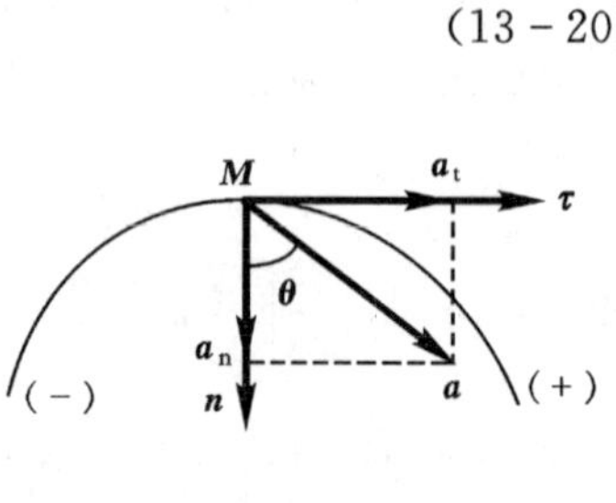

图 13-7

综上所述，应用加速度在自然轴上的投影，可以将动点的加速度分解为两部分，即切向加速度和法向加速度

$$a=\frac{\mathrm{d}v}{\mathrm{d}t}=\frac{\mathrm{d}^2s}{\mathrm{d}t^2}\tau+\frac{\dot{s}^2}{\rho}n=a_t\tau+a_nn \tag{13-21}$$

此式说明：动点加速度在其轨迹的切线方向的投影等于弧坐标对时间的二阶导数；加速度在法线方向的投影等于速度的平方与轨迹在该处的曲率半径之比。即

$$a_t = \frac{dv}{dt} = \frac{d^2 s}{dt^2}, \quad a_n = \frac{v^2}{\rho} = \frac{\dot{s}^2}{\rho} \tag{13-22}$$

动点的加速度大小和方向为

$$a = \sqrt{a_t^2 + a_n^2}, \quad \tan\theta = |a_t| / a_n \tag{13-23}$$

式中：θ 是加速度与法线正向之间的夹角。

例 13-2　在图 13-8 所示平面机构中，摇杆 OA 以匀角速度 ω 绕定轴 O 逆钟向转动，曲柄 O_1M 长为 r，绕固定轴 O_1 转动。两杆的运动通过套筒 M 联系起来，$OO_1 = r$。初始时杆 O_1M 与 O 点成一直线，试求套筒 M 的运动方程及速度和加速度。

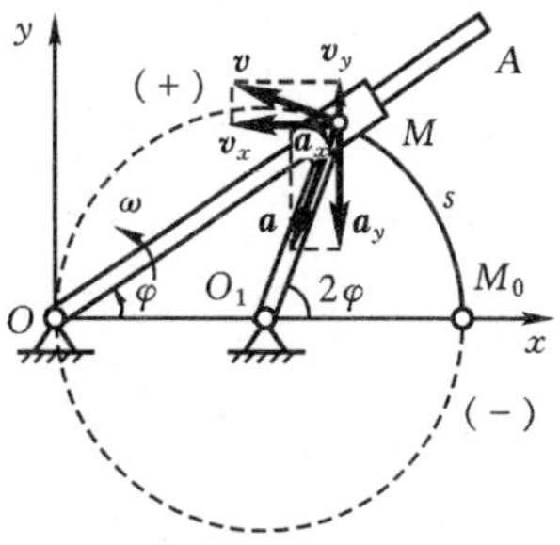

图 13-8

解　现分别采用自然法和直角坐标法求解，以资对比。

1. 自然法　取套筒初始位置 M_0 为弧坐标 s 的原点，以套筒的运动方向为弧坐标 s 的正向，则

$$s = \widehat{M_0 M} = r \cdot 2\varphi = 2r\varphi$$

将 $\varphi = \omega t$ 代入上式，得套筒的运动方程为

$$s = 2r\omega t \tag{1}$$

套筒 M 的速度大小为

$$v = ds/dt = 2r\omega \tag{2}$$

其方向如图 13-8 所示。由此可知套筒作匀速圆周运动，套筒的切向与法向加速度分别为

$$a_t = dv/dt = 0, \quad a_n = v^2/r = 4r\omega^2 \tag{3}$$

故套筒 M 的全加速度大小为

$$a = \sqrt{a_t^2 + a_n^2} = a_n = 4r\omega^2 \tag{4}$$

方向指向圆心 O_1。

2. 直角坐标法　选取固定直角坐标 Oxy 如图 13-8 所示，则

$$x = \overline{OM}\cos\varphi = 2r\cos^2\varphi = r + r\cos 2\varphi$$

$$y = \overline{OM}\sin\varphi = 2r\cos\varphi\sin\varphi = r\sin 2\varphi$$

将 $\varphi = \omega t$ 代入上式，即得套筒 M 在直角坐标系中的运动方程为

$$x = r(1 + \cos 2\omega t); \quad y = r\sin 2\omega t \tag{5}$$

将(5)式对时间 t 求导数得

$$v_x = dx/dt = -2r\omega\sin 2\omega t, \quad v_y = dy/dt = 2r\omega\cos 2\omega t \tag{6}$$

$$a_x = d^2x/dt^2 = -4r\omega^2\cos 2\omega t, \quad a_y = d^2y/dt^2 = -4r\omega^2\sin 2\omega t \tag{7}$$

故套筒 M 的速度、加速度的大小和方向分别为

$$\left.\begin{aligned} & v = \sqrt{v_x^2 + v_y^2} = 2r\omega \\ & \cos(\boldsymbol{v}, x) = v_x/v = -\sin 2\omega t, \quad \cos(\boldsymbol{v}, y) = v_y/v = \cos 2\omega t \end{aligned}\right\} \tag{8}$$

$$\left.\begin{aligned} & a = \sqrt{a_x^2 + a_y^2} = 4r\omega^2 \\ & \cos(\boldsymbol{a}, x) = a_x/a = -\cos 2\omega t, \quad \cos(\boldsymbol{a}, y) = a_y/a = -\sin 2\omega t \end{aligned}\right\} \tag{9}$$

可见，两种方法所得结果完全相同，但本题采用自然法较简便。一般来说，若动点轨迹为已知圆周时，应用自然法往往较为方便。若动点轨迹未知，则常采用直角坐标法。

例 13-3 滚轮半径 $R=1$ m,沿直线轨道滚动而不滑动,如图 13-9 所示。轮心 A 的速度为常量 $v_A=20$ m/s。试求轮缘上任一点 M 的运动方程、轨迹、速度和加速度以及轨迹的曲率半径。

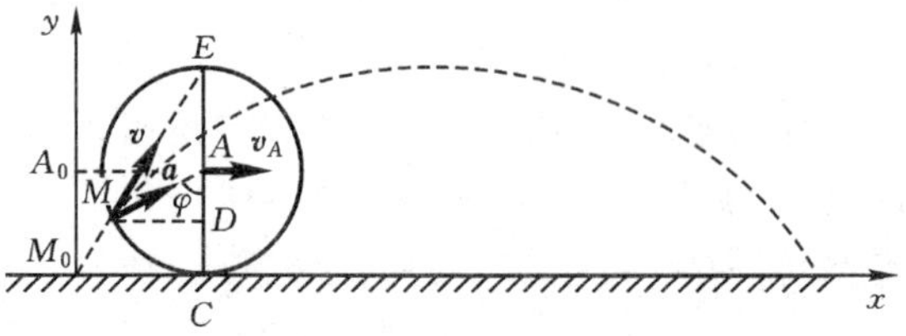

图 13-9

解 以 M 点与直线轨道上的 M_0 点相接触的瞬时作为时间的计算起点($t=0$)。建立如图 13-9 所示的坐标系 M_0xy。由几何关系

$$x=\overline{A_0A}-\overline{MD}=v_At-R\sin\varphi,\quad y=\overline{AC}-\overline{AD}=R(1-\cos\varphi)$$

根据只滚不滑条件,有 $v_At=R\varphi$,即 $\varphi=v_At/R=20t$。代入上式可得 M 点的运动方程为

$$\left.\begin{aligned}x&=v_At-R\sin(v_At/R)=20t-\sin20t\ \text{m}\\y&=R[1-\cos(v_At/R)]=1-\cos20t\ \text{m}\end{aligned}\right\}\tag{1}$$

其轨迹方程为

$$(x-20t)^2+(y-1)^2=1\tag{2}$$

上式表示轨迹为一**摆线**(或**旋轮线**)。

将(1)式对 t 求导数得

$$v_x=\mathrm{d}x/\mathrm{d}t=20(1-\cos20t),\quad v_y=\mathrm{d}y/\mathrm{d}t=20\sin20t\tag{3}$$

$$a_x=\mathrm{d}v_x/\mathrm{d}t=400\sin20t,\quad a_y=\mathrm{d}v_y/\mathrm{d}t=400\cos20t\tag{4}$$

由此可得动点 M 的速度和加速度

$$\left.\begin{aligned}&v=\sqrt{v_x^2+v_y^2}=20\sqrt{(1-\cos20t)^2+\sin^2 20t}=40\sin10t\\&\cos(\boldsymbol{v},x)=\sin10t,\quad\cos(\boldsymbol{v},y)=\cos10t\end{aligned}\right\}\tag{5}$$

$$a=\sqrt{a_x^2+a_y^2}=400\ \text{m/s}^2;\quad\cos(\boldsymbol{a},x)=\sin20t,\quad\cos(\boldsymbol{a},y)=\cos20t\tag{6}$$

为求曲率半径,须先求出点的切向加速度和法向加速度。将(5)式求导得

$$a_\mathrm{t}=\mathrm{d}v/\mathrm{d}t=400\cos10t\ \text{m/s}^2\tag{7}$$

$$a_\mathrm{n}=\sqrt{a^2-a_\mathrm{t}^2}=400\sin10t\ \text{m/s}^2\tag{8}$$

再由式(13-22)可得轨迹在 M 点的曲率半径

$$\rho=v^2/a_\mathrm{n}=4\sin10t\ \text{m}$$

当 $t=0$ 时,M 点与 M_0 相重合,由(5)式和(6)式可得 M 点在此瞬时的速度和加速度分别为

$$v=0,\ a=a_y=400\ \text{m/s}^2;\quad\cos(\boldsymbol{a},x)=0,\ \cos(\boldsymbol{a},y)=1$$

即加速度沿铅垂方向向上。

13.2 刚体的基本运动

刚体的运动,可分为:①平行移动(平动);②定轴转动;③平面平行运动;④定点转动;⑤一

般运动。

刚体的平行移动及定轴转动是刚体运动中最简单的情况。而刚体的其它复杂运动都可分解为这两种运动。因此，这两种运动称为**刚体的基本运动**。本节仅研究这两种基本运动。

研究刚体的运动，首先是描述刚体的整体运动规律，其次是建立刚体内各点的运动(如轨迹、速度、加速度)与整体运动的关系。

13.2.1　刚体的平行移动

若刚体运动时，体内任一直线均保持与原来位置平行，则刚体的这种运动称为**平行移动**，简称为**平动**。例如，火车在直线轨道上行驶时车厢的运动，图 13－10 所示筛砂机构中料斗的运动，图 13－11 中连接两车轮的平行杆 AB 的运动等。根据刚体上任一点的轨迹形状，刚体的平动可分为**直线平动**和**曲线平动**。如车厢的运动为直线平动，而料斗的运动则为曲线平动。

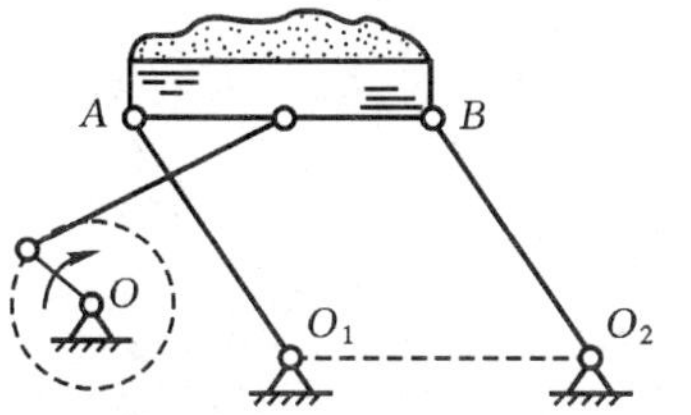

图 13－10

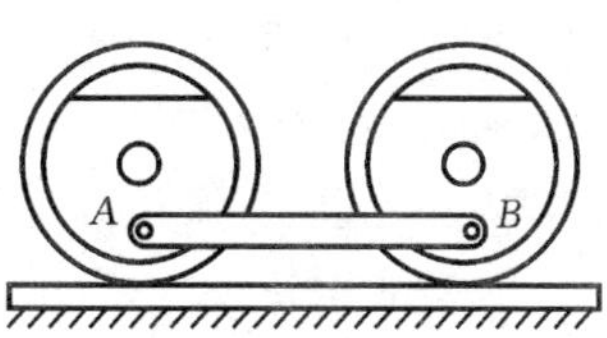

图 13－11

根据刚体平动的定义，可得如下定理：**当刚体平动时，体内各点的轨迹形状相同且相互平行；在任一瞬时，各点具有相同的速度和相同的加速度。**

证明：设刚体上任意两点 A、B 相对于固定点 O 的矢径分别为 $\boldsymbol{r}_A$、$\boldsymbol{r}_B$(图13－12)。根据刚体平动的定义可知，过 A、B 两点的直线段的方位在刚体的运动过程中保持不变，即$\overrightarrow{AB}$是一常矢量。显然

$$\boldsymbol{r}_B=\boldsymbol{r}_A+\overrightarrow{AB} \tag{13-24}$$

将式(13－24)对时间求导数，可得

$$\frac{\mathrm{d}\boldsymbol{r}_B}{\mathrm{d}t}=\frac{\mathrm{d}\boldsymbol{r}_A}{\mathrm{d}t}$$

即

$$\boldsymbol{v}_B=\boldsymbol{v}_A \tag{13-25}$$

$$\frac{\mathrm{d}\boldsymbol{v}_B}{\mathrm{d}t}=\frac{\mathrm{d}\boldsymbol{v}_A}{\mathrm{d}t}$$

即

$$\boldsymbol{a}_B=\boldsymbol{a}_A \tag{13-26}$$

于是，定理得证。

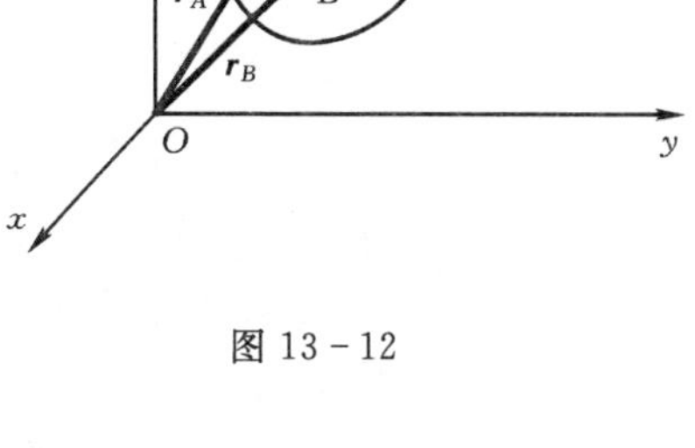

图 13－12

由此可知，平动刚体的整体运动可由其上任一点的运动来代替，故刚体的平动可归结为点的运动学问题来处理。

13.2.2　刚体的定轴转动

在刚体运动过程中，若刚体内(或其延拓部分)有一条**直线段**始终保持不动，则这种运动称为刚体的**定轴转动**。这条固定的直线段称为**转轴**。例如，飞轮、电机的转子等都是刚体绕定轴转动的实例。

1. 转动方程、角速度、角加速度

设刚体绕固定轴 z 转动。通过转轴作两个平面 S_0、S,其中 S_0 固定不动,S 与刚体固连,如图 13－13 所示。在任意位置时,平面 S_0 与 S 的夹角 φ,称为**转角**或**角坐标**。转角 φ 是一个代数量,其正负号按右手螺旋法则确定,单位为 rad(弧度)。

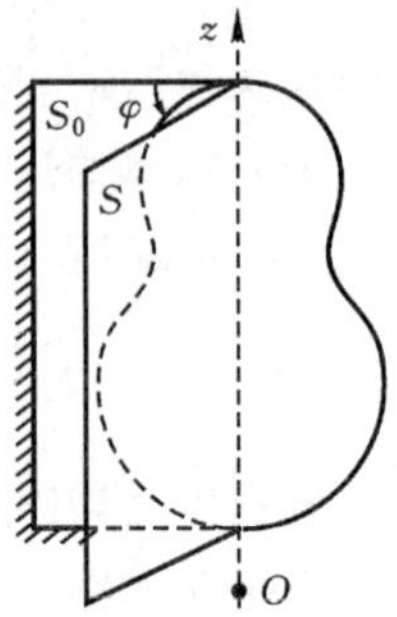

图 13－13

转角 φ 可表示为时间的单值连续函数

$$\varphi = \varphi(t) \tag{13-27}$$

此即刚体定轴转动时的运动方程,称为**转动方程**。

角速度是反映刚体转动快慢和转动方向的物理量,记为 ω。**角加速度**是反映角速度变化率的物理量,记为 α。由物理学知

$$\omega = \mathrm{d}\varphi/\mathrm{d}t = \dot{\varphi} \tag{13-28}$$

$$\alpha = \mathrm{d}\omega/\mathrm{d}t = \ddot{\varphi} \tag{13-29}$$

即角速度等于转角对时间的一阶导数;角加速度等于角速度对时间的一阶导数或转角对时间的二阶导数,它们也都是代数量。

角速度的单位为 rad/s(弧度/秒),角加速度的单位为 $\mathrm{rad/s^2}$(弧度/秒^2)。工程中常用转速 n(r/min)表示刚体转动的快慢。n 与 ω 的关系为

$$\omega = \frac{2\pi n}{60} = \frac{\pi n}{30} \tag{13-30}$$

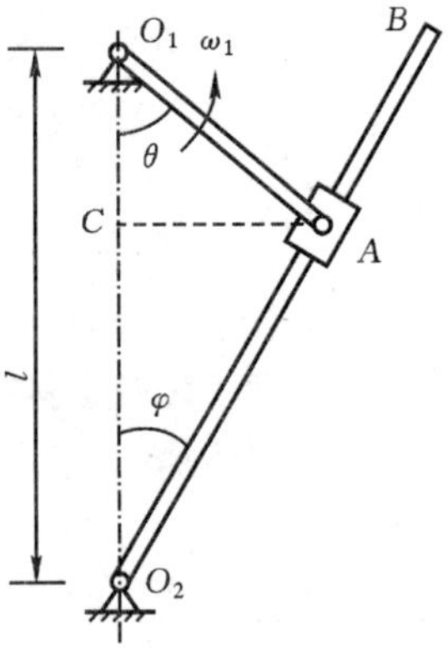

图 13－14

例 13－4　图 13－14 为刨床中的急回机构的示意图。滑块 A 套在摇杆 O_2B 上,并与曲柄 O_1A 铰接。当 O_1A 转动时,通过滑块 A 带动 O_2B 左右摆动。设曲柄长为 r,以匀角速度 ω_1 转动,$\overline{O_1O_2}$ 长为 l。求摇杆 O_2B 的转动方程、角速度及角加速度。

解　设 $t=0$ 时,$\theta=0$,则曲柄的转动方程为 $\theta=\omega_1 t$。由图可知

$$\tan\varphi = \frac{\overline{AC}}{\overline{CO_2}} = \frac{r\sin\theta}{l - r\cos\theta} = \frac{r\sin\omega_1 t}{l - r\cos\omega_1 t}$$

于是得到

$$\varphi = \arctan\frac{r\sin\omega_1 t}{l - r\cos\omega_1 t}$$

这就是摇杆 O_2B 的转动方程。摇杆的角速度及角加速度为

$$\omega_2 = \dot{\varphi} = \frac{[(l - r\cos\omega_1 t) r\omega_1\cos\omega_1 t - r^2\omega_1\sin^2\omega_1 t]/(l - r\cos\omega_1 t)^2}{1 + [r\sin\omega_1 t/(l - r\cos\omega_1 t)]^2}$$

$$= \frac{r(l\cos\omega_1 t - r)}{r^2 + l^2 - 2rl\cos\omega_1 t}\omega_1$$

$$\alpha_2 = \dot{\omega}_2 = \ddot{\varphi} = \frac{(l^2 - r^2) rl\sin\omega_1 t}{(r^2 + l^2 - 2rl\cos\omega_1 t)^2}\omega_1^2$$

现在来看摇杆在几个特殊位置时的角速度和角加速度。

(1)当 $\theta=\omega_1 t=0$ 时,$\cos\omega_1 t=1$,$\sin\omega_1 t=0$,所以

$$\omega_2 = \frac{r}{l - r}\omega_1,\quad \alpha_2 = 0$$

(2)当摇杆到达右面的极限位置,亦即 $\cos\theta = r/l$ 时

$$\omega_2 = 0, \quad \alpha_2 = -\frac{r}{\sqrt{l^2 - r^2}}\omega_1^2$$

(3)当 $\theta=\omega_1 t=\pi/2$,亦即 O_1A 与 O_1O_2 垂直时

$$\omega_2 = -\frac{r^2}{r^2 + l^2}\omega_1, \quad \alpha_2 = -\frac{(l^2 - r^2)rl}{(r^2 + l^2)^2}\omega_1^2$$

2. 定轴转动刚体上各点的速度和加速度

如上所述,定轴转动刚体上各点(除转轴上各点外)均在通过该点且垂直于转轴的平面上作圆周运动,故可用自然法确定各点的运动。设刚体上任一点 M 到转轴的垂直距离为 R(即转动半径)。选 $\varphi=0$ 时 M 点的位置 M_0 为弧坐标原点,以 φ 增大的方位为弧坐标的正向,如图 13-15 所示。则 M 点的运动方程、速度、切向加速度和法向加速度分别为

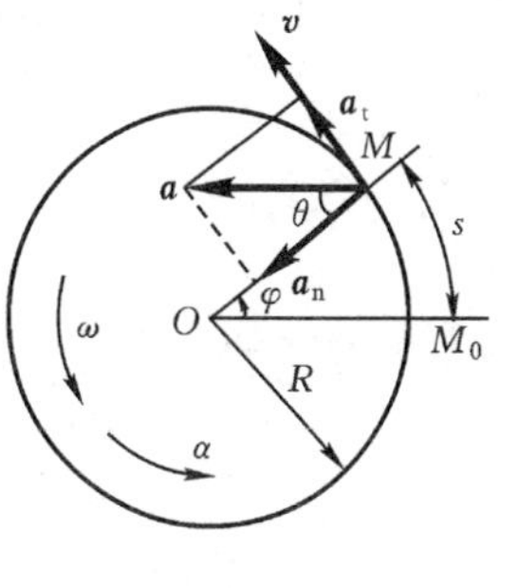

图 13-15

$$s = R\varphi$$

$$v = \frac{ds}{dt} = R\frac{d\varphi}{dt} = R\omega \tag{13-31}$$

$$a_t = \frac{dv}{dt} = \frac{Rd\omega}{dt} = R\alpha, \quad a_n = \frac{v^2}{R} = R\omega^2 \tag{13-32}$$

速度和切向加速度的方位沿轨迹切线,指向分别与 ω 与 α 的转向一致。此时 M 点的全加速度的大小和方向为

$$a = \sqrt{a_t^2 + a_n^2} = R\sqrt{\alpha^2 + \omega^4}, \quad \theta = \arctan\frac{|a_t|}{a_n} = \arctan\frac{|\alpha|}{\omega^2} \tag{13-33}$$

可以看出,在任意瞬时,转动刚体上各点的速度、切向加速度、法向加速度和全加速度的大小与各点的转动半径成正比;各点的速度方位与各点的转动半径垂直,各点的加速度的方位与各点的转动半径的夹角都相同。因此转动刚体上通过且垂直于转轴的任一条直线上的各点,在同一瞬时的速度和加速度是按线性规律分布的,如图 13-16 所示。

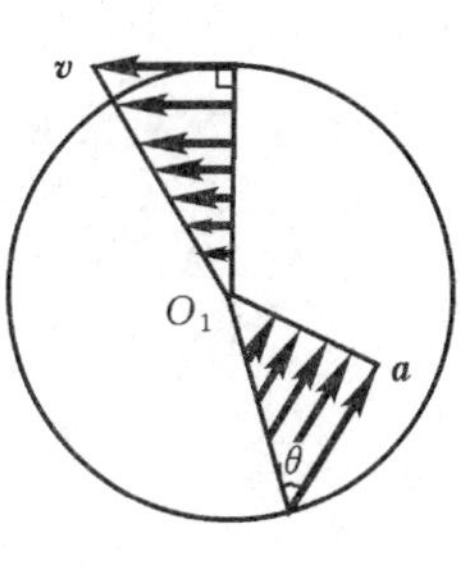

图 13-16

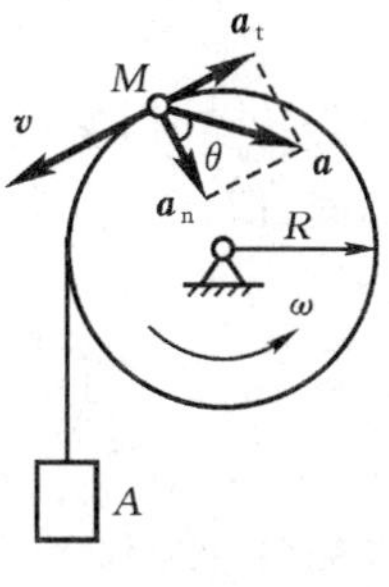

图 13-17

例 13-5　如图 13-17 所示,半径 $R=0.2$ m 的圆轮绕定轴 O 的转动方程为 $\varphi=-t^2+4t$ (rad)。柔绳不可伸长。求 $t=1$ s 时,轮缘上任一点 M 的速度和加速度及重物 A 的速度和加速度。

解　圆轮在任一瞬时的角速度和角加速度为

$$\omega = d\varphi/dt = -2t + 4, \quad \alpha = d\omega/dt = -2$$

当 $t=1$ s 时

$$\omega = -2t + 4 = -2 + 4 = 2 \text{ rad/s}$$
$$\alpha = -2 \text{ rad/s}^2$$

因此轮缘上任一点 M 的速度和加速度为

$$v = R\omega = 0.2 \times 2 = 0.4 \text{ m/s}$$
$$a_t = R\alpha = 0.2 \times (-2) = -0.4 \text{ m/s}^2$$
$$a_n = R\omega^2 = 0.2 \times 2^2 = 0.8 \text{ m/s}^2$$

它们的方向如图 13－17 所示。M 点的加速度大小和方向分别为

$$a = \sqrt{a_t^2 + a_n^2} = \sqrt{(-0.4)^2 + (0.8)^2} = 0.894 \text{ m/s}^2$$
$$\theta = \arctan\frac{|\alpha|}{\omega^2} = \arctan\frac{2}{2^2} = 26°34'$$

由于绳不可伸长,故物体 A 落下的距离 s_A 应与轮缘上任一点 M 在同一时间内所走过的弧长 s_M 相等。因此

$$v_A = v_M = 0.4 \text{ m/s}, \quad a_A = a_t = -0.4 \text{ m/s}^2$$

显然重物的速度方向铅垂向下,而加速度方向是铅垂向上的。

例 13－6　图 13－18 为一对啮合圆柱齿轮。设齿轮节圆半径分别为 r_1 和 r_2,已知某瞬时齿轮Ⅰ的角速度 ω_1、角加速度 α_1,求此时齿轮Ⅱ的角速度 ω_2 和角加速度 α_2。

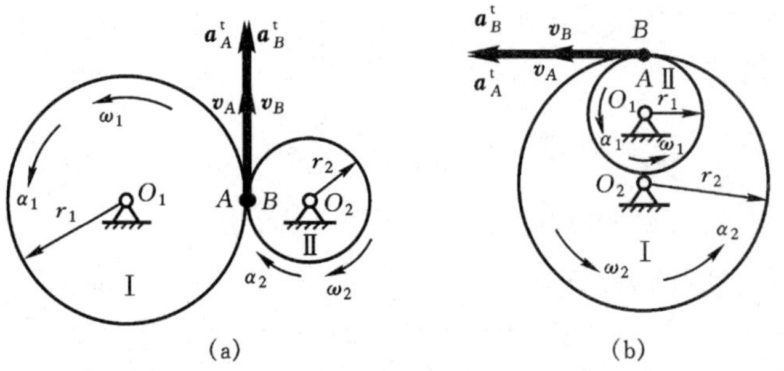

图 13－18

解　两齿轮啮合转动时,它们的节圆相切且彼此无相对滑动,故两轮的啮合点 A、B 的速度和切向加速度相同,即

$$\boldsymbol{v}_A = \boldsymbol{v}_B, \quad \boldsymbol{a}_A^t = \boldsymbol{a}_B^t$$

因为 $v_A = r_1\omega_1$, $v_B = r_2\omega_2$; $a_A^t = r_1\alpha_1$, $a_B^t = r_2\alpha_2$。因此

$$r_1\omega_1 = r_2\omega_2, \quad r_1\alpha_1 = r_2\alpha_2 \tag{1}$$

故齿轮Ⅱ的角速度和角加速度为

$$\omega_2 = \omega_1 r_1 / r_2, \quad \alpha_2 = \alpha_1 r_1 / r_2 \tag{2}$$

当两齿轮外啮合时,由图 13－18(a)知,$\omega_2(\alpha_2)$与 $\omega_1(\alpha_1)$转向相反;内啮合时,转向相同(图 13－18(b))。

由(2)式可知,一对啮合齿轮的角速度和角加速度的大小与其节圆半径成反比。故在工程中采用不同的节圆半径的齿轮进行啮合,可以得到不同的角速度,从而实现变速。

设轮Ⅰ是主动轮,轮Ⅱ是从动轮,工程中常把主动轮和从动轮的角速度之比称为**传动比**。用附有角标的符号表示

$$i_{12}=\pm\omega_1/\omega_2 \tag{13-34}$$

式中：正号表示主动轮与从动轮转向相同（内啮合），负号表示转向相反（外啮合）。

由(2)式和式(13-34)可得计算传动比的基本公式

$$i_{12}=\pm\omega_1/\omega_2=\pm r_2/r_1=\pm Z_2/Z_1 \tag{13-35}$$

式中：Z 为传动轮齿数（因为两啮合齿轮齿形相同，即模数相同，因此，其节圆半径 r_1、r_2 与齿数 Z_1、Z_2 成正比）。式(13-35)不仅适用于圆柱齿轮，也可推广到圆锥齿轮、摩擦轮传动、链轮传动等情况。

3. 角速度矢量和角加速度矢量

要确定刚体的转动情况，必须说明转轴的位置、刚体转动的快慢和转向。这三个要素可用一矢量 $\boldsymbol{\omega}$ 表示，称为**角速度矢量**。沿转轴 Oz 作角速度矢量 $\boldsymbol{\omega}$，其长度表示角速度的大小，指向与角速度转向之间的关系满足右手法则，如图 13-19 所示。矢量 $\boldsymbol{\omega}$ 可以从轴上任一点画起，所以它是滑动矢量。设 $\boldsymbol{k}$ 为沿 Oz 轴正向的单位矢量，则

$$\boldsymbol{\omega}=\omega\boldsymbol{k} \tag{13-36}$$

由此可定义**角加速度矢量**为

$$\boldsymbol{\alpha}=\mathrm{d}\boldsymbol{\omega}/\mathrm{d}t=(\mathrm{d}\omega/\mathrm{d}t)\boldsymbol{k}=\alpha\boldsymbol{k} \tag{13-37}$$

即 $\boldsymbol{\alpha}$ 也位于转轴上，与 $\boldsymbol{\omega}$ 共线，且也是滑动矢量。刚体加速转动时 $\boldsymbol{\alpha}$ 与 $\boldsymbol{\omega}$ 同向；反之则反向。

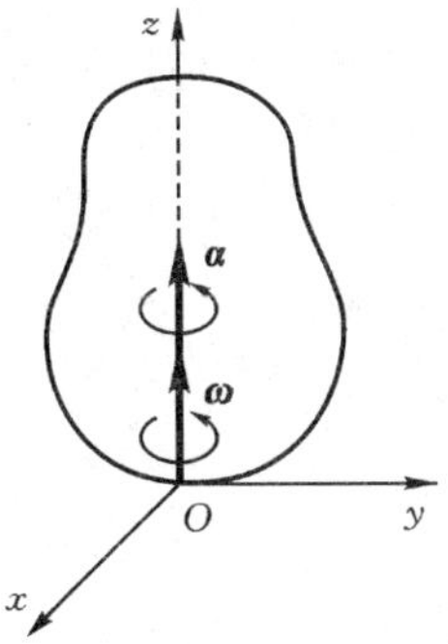

图 13-19

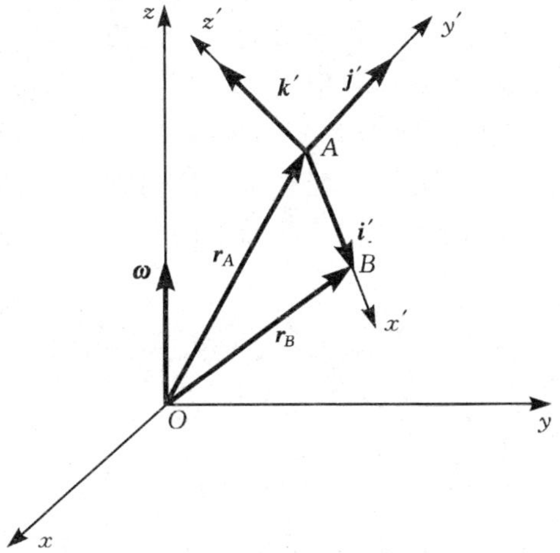

图 13-20

例 13-7　如图 13-20 所示，刚体绕固定轴 z 以角速度 $\boldsymbol{\omega}$ 转动。在刚体内任取一点 A，以 A 为原点建立固连于刚体的直角坐标系 $Ax'y'z'$。若以 $\boldsymbol{i}'$、$\boldsymbol{j}'$、$\boldsymbol{k}'$ 分别表示沿 x'、y'、z' 轴的单位矢量，试求 $\boldsymbol{i}'$、$\boldsymbol{j}'$、$\boldsymbol{k}'$ 随时间的变化规律。

解　设单位矢量 $\boldsymbol{i}'$ 的端点为 B（图 13-20），分别以 $\boldsymbol{r}_A$、$\boldsymbol{r}_B$ 表示点 A、B 相对于转轴 z 上的点 O 的矢径，则有

$$\boldsymbol{i}'=\boldsymbol{r}_B-\boldsymbol{r}_A \tag{1}$$

$$\frac{\mathrm{d}\boldsymbol{i}'}{\mathrm{d}t}=\frac{\mathrm{d}\boldsymbol{r}_B}{\mathrm{d}t}-\frac{\mathrm{d}\boldsymbol{r}_A}{\mathrm{d}t}=\boldsymbol{v}_B-\boldsymbol{v}_A \tag{2}$$

由于点 A 和 B 都是定轴转动刚体上的点，因此有

$$\boldsymbol{v}_B = \boldsymbol{\omega} \times \boldsymbol{r}_B \quad \boldsymbol{v}_A = \boldsymbol{\omega} \times \boldsymbol{r}_A \tag{3}$$

由上述三式可得

$$\frac{\mathrm{d}\boldsymbol{i}'}{\mathrm{d}t} = \boldsymbol{\omega} \times \boldsymbol{r}_B - \boldsymbol{\omega} \times \boldsymbol{r}_A = \boldsymbol{\omega} \times (\boldsymbol{r}_B - \boldsymbol{r}_A) = \boldsymbol{\omega} \times \boldsymbol{i}'$$

同理可得
$$\frac{\mathrm{d}\boldsymbol{j}'}{\mathrm{d}t} = \boldsymbol{\omega} \times \boldsymbol{j}', \qquad \frac{\mathrm{d}\boldsymbol{k}'}{\mathrm{d}t} = \boldsymbol{\omega} \times \boldsymbol{k}'$$

故单位矢量 $\boldsymbol{i}'$、$\boldsymbol{j}'$、$\boldsymbol{k}'$ 随时间的变化规律为

$$\left.\begin{aligned} \frac{\mathrm{d}\boldsymbol{i}'}{\mathrm{d}t} &= \boldsymbol{\omega} \times \boldsymbol{i}' \\ \frac{\mathrm{d}\boldsymbol{j}'}{\mathrm{d}t} &= \boldsymbol{\omega} \times \boldsymbol{j}' \\ \frac{\mathrm{d}\boldsymbol{k}'}{\mathrm{d}t} &= \boldsymbol{\omega} \times \boldsymbol{k}' \end{aligned}\right\} \tag{13-38}$$

式(13-38)称为**泊松公式**。

思考题

13-1 直角坐标系和自然轴系有哪些类似的地方？主要区别是什么？

13-2 怎样用直角坐标法和自然法建立点的运动方程？运动方程和轨迹有何区别？

13-3 某瞬时动点的速度等于零，这时的加速度是否也等于零？

13-4 点作曲线运动时，如果切向加速度始终为零，即加速度方向始终垂直于速度方向，点是否一定作匀速圆周运动？

13-5 图中给出动点沿轨迹运动到 M_1、M_2、M_3、M_4 时的速度和加速度方向。试判断哪些情况是可能的，哪些情况是不可能的？为什么？

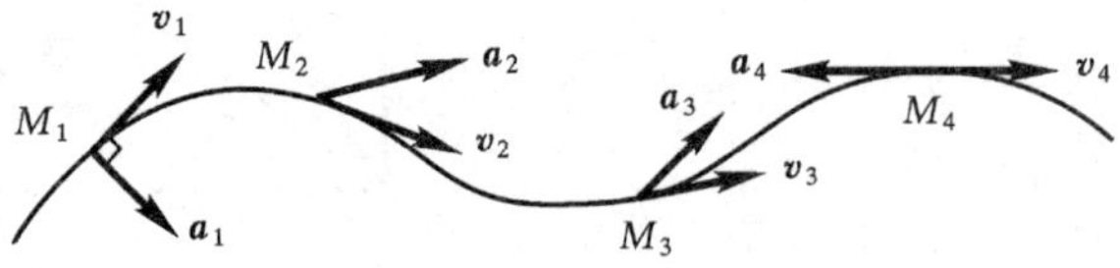

思 13-5 图

13-6 图示平面机构中 $\overline{O_1A}=\overline{O_2B}$，$\overline{O_1O_2}=\overline{AB}$，曲柄 O_1A 以匀角速度 ω 转动，则钩尖 M 的速度大小 $v_M=\overline{O_3M}\cdot\omega$，对否？为什么？

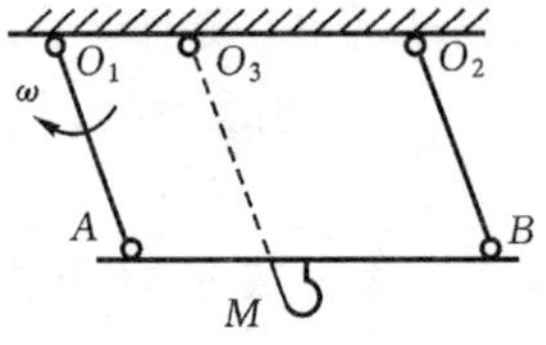

思 13-6 图

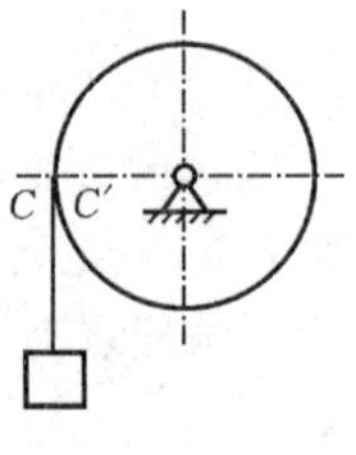

思 13-7 图

13-7 图示悬挂重物的绳绕在鼓轮上。当重物上升时，绳上点 C 与轮上的点 C' 接触。问这两点的速度和加速度是否相同？重物下降时又如何？为什么？

习 题

13-1 已知点的直角坐标形式的运动方程，求其轨迹方程，并以初始位置为原点，写出点沿轨迹的运动规律。

(1) $x=4t-2t^2$，$y=3t-1.5t^2$；

(2) $x=4\cos^2 kt$，$y=3\sin^2 kt$。

13-2 如图所示一曲线规，当 OA 转动时，M 点即画出一曲线。已知 $\overline{OA}=\overline{AB}=l$，$\overline{CM}=\overline{DM}=\overline{AC}=\overline{DA}=a$，试求当 OA 以匀角速度 ω 转动时，M 点的运动方程及轨迹方程。

13-3 重物 C 由绕定滑轮 A 的绳索牵引而沿直线导轨上升，滑轮至导轨的水平距离为 b。设绳子自由端以匀速 $\boldsymbol{u}$ 拉动，试求重物 C 的速度和加速度与 x 的关系。滑轮尺寸不计。

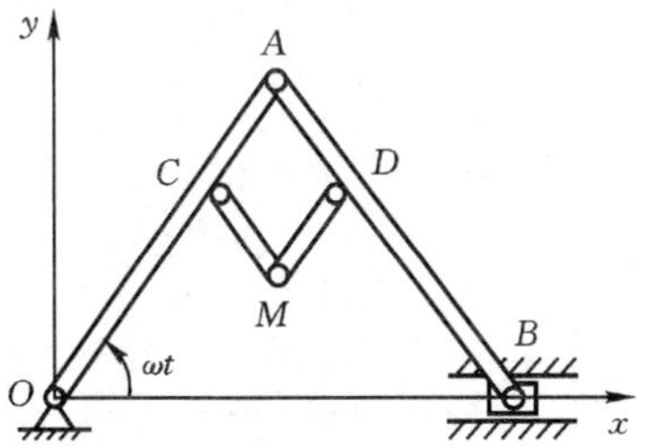

题 13-2 图

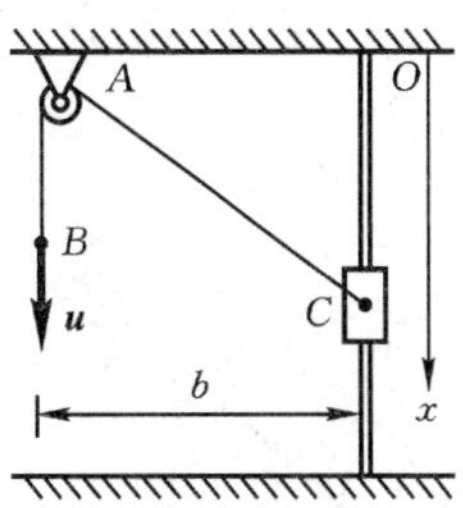

题 13-3 图

13-4 一车以速度 $\boldsymbol{v}$ 匀速运动时提升一重物如图所示。求当小车与 O 点的距离为 l 时重物上升的速度和加速度。

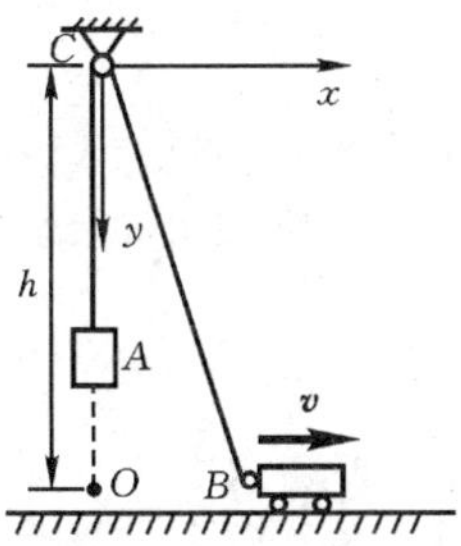

题 13-4 图

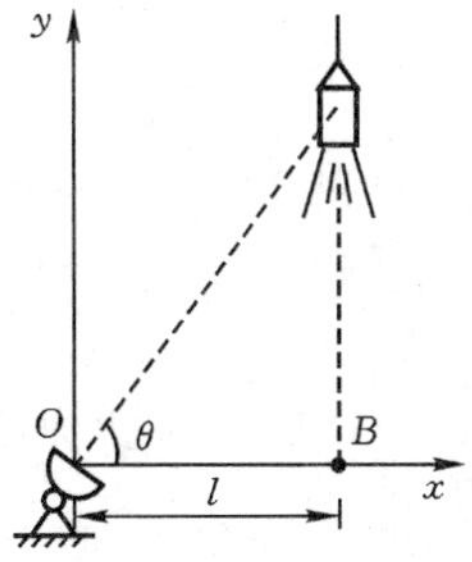

题 13-5 图

13-5 如图所示，雷达在距离火箭发射台 b 处，观察铅垂上升的火箭发射，测得 θ 角的规律 $\theta=kt$。试计算火箭的运动方程及 $\theta=\pi/6$ 和 $\pi/3$ 时火箭的速度和加速度。

13-6 AB 杆以匀角速度 ω 绕 A 轴转动，并带动套在水平杆 OC 上的小环运动。运动开始时，AB 杆在铅垂位置。设 $\overline{OA}=h$，求小环 M 沿 OC 杆滑动的速度及小环 M 相对于 AB 杆运动的速度。

13-7 半圆形凸轮以匀速 $v_0=1$ m/s 沿水平方向向左运动，而使活塞杆 AB 沿铅直方向运动，如图所示。当运动开始时，活塞杆 A 端在凸轮的最高点上。若凸轮的半径 $R=8$ cm，求活塞 B 的运动方程和速度。

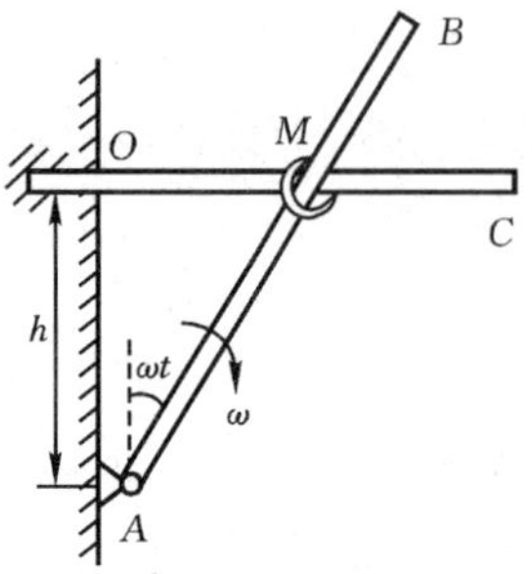

题 13-6 图

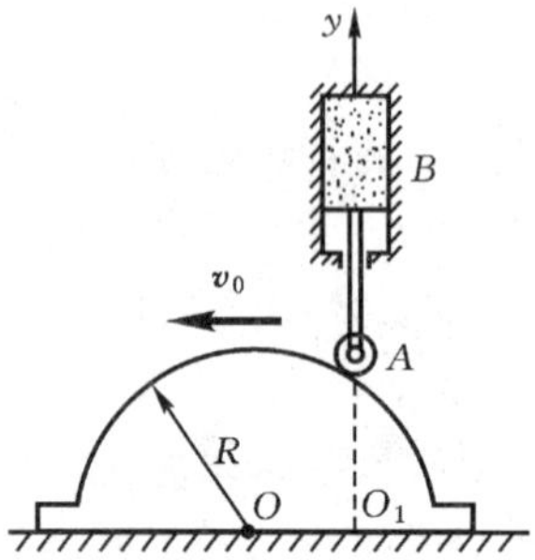

题 13-7 图

13-8　摇杆机构的滑杆 AB 在某段时间内以匀速 $\boldsymbol{u}$ 向上运动。试分别用自然法和直角坐标法建立摇杆上 C 点的运动方程,并求出此点在 $\varphi=\pi/4$ 时的速度的大小。设初瞬时 $\varphi=0$,摇杆长 $\overline{OC}=a$。

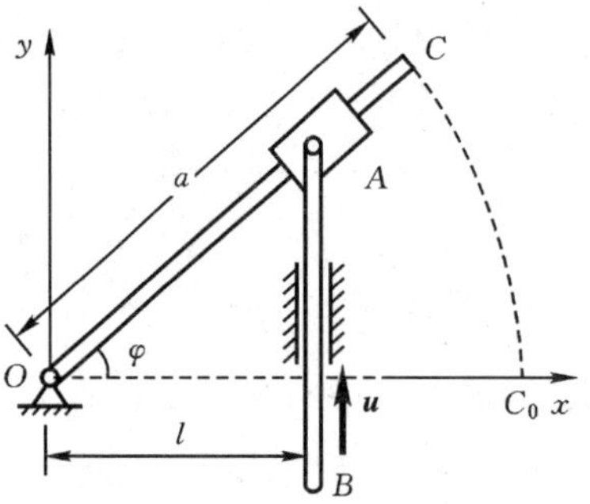

题 13-8 图

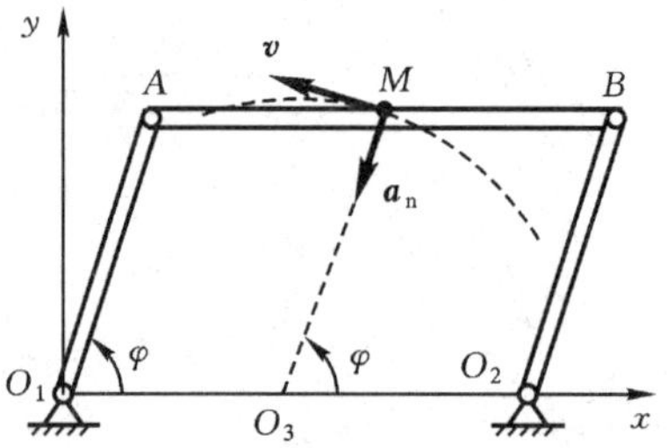

题 13-9 图

13-9　曲柄 O_1A 和 O_2B 长均为 r,分别用铰链与杆 AB 连接,$\overline{AB}=\overline{O_1O_2}$,$\overline{AM}=b$。曲柄 O_1A 以匀角速度 ω 转动,每 4 秒钟转一周。求 AB 杆上的固定点 M 的运动方程、速度和加速度的大小。

13-10　图示揉茶机的揉桶由三个曲柄支持,曲柄的支座 A、B、C 的连线与支轴 A_1、B_1、C_1 的连线恰成等边三角形。曲柄各长 $l=150$ mm,并皆以转速 $n=45$ r/min 分别绕其支座转动。求揉桶中心 O 点的速度和加速度。

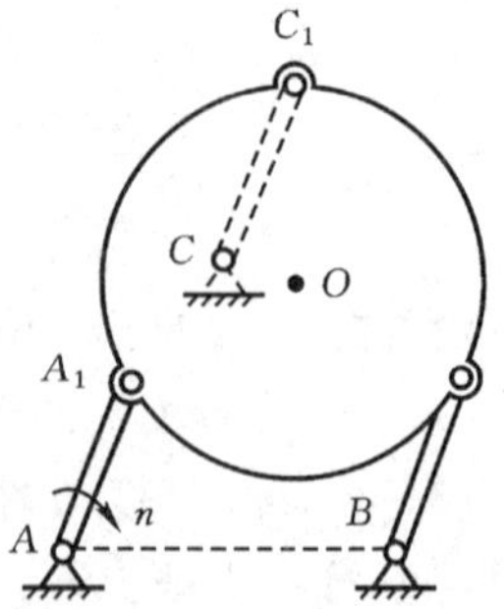

题 13-10 图

13-11　曲柄 O_1A 和 O_2B 的长度都是 $2r$,以匀角速度 ω_0 转动。连杆 AB 长度等于 $\overline{O_1O_2}$,在连杆 AB 的中点固连着半径为 r 的齿轮Ⅰ,齿轮Ⅰ随同连杆运动时,带动半径为 r 的齿轮Ⅱ绕 O 轴转动。试求齿轮Ⅱ的角速度及轮缘上任一点的加速度。

13-12　飞轮半径 $R=0.5$ m,由静止开始作匀加速转动,经过 10 s 后,轮缘上各点的速度大小 $v=10$ m/s。求 $t=15$ s 时,轮缘上任一点的速度、切向加速度和法向加速度的大小。

13-13　滑块以匀速 $\boldsymbol{v}_0$ 水平向右平动,通过其上的销钉 B 带动摇杆 OA 绕 O 轴转动。开始时,销钉在 B_0 处,且 $\overline{OB_0}=b$。求摇杆 OA 的转动方程及其角速度随时间的变化规律。

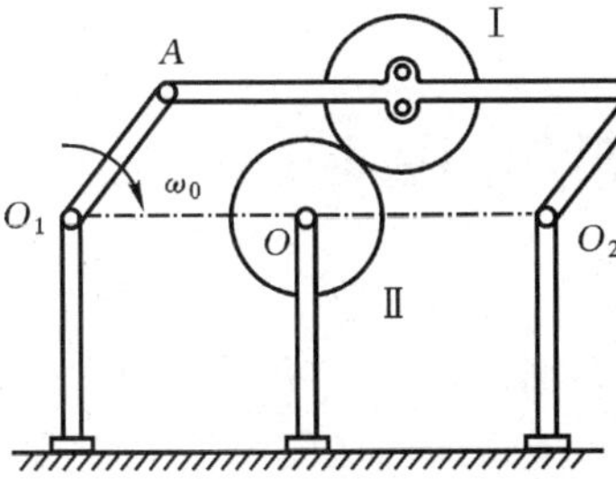

题 13－11 图

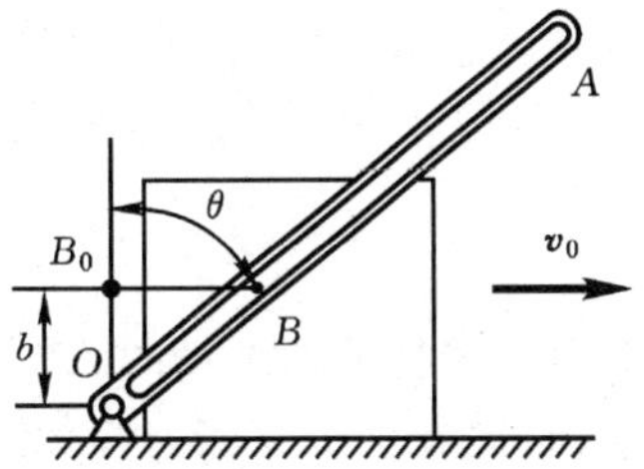

题 13－13 图

13－14　图示仪表机构中，齿轮 2、3、4 的节圆半径分别为 r_2、r_3 和 r_4。已知齿条的运动方程为 $x=a\sin kt$（其中 a、k 为常数），求指针的转动方程和角速度。

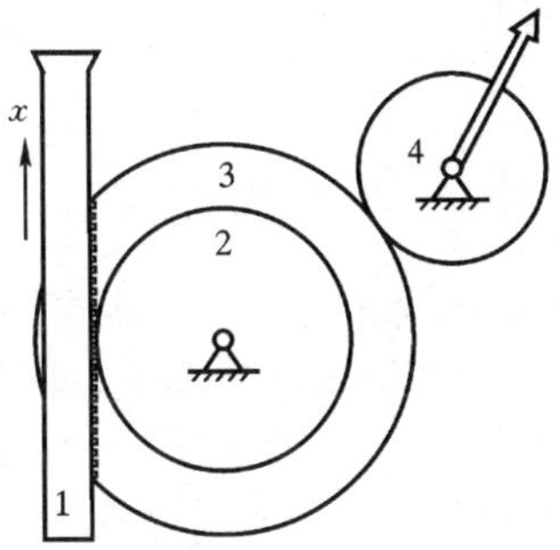

题 13－14 图

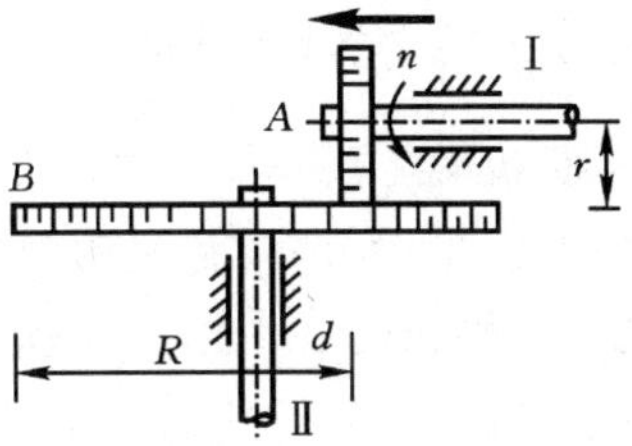

题 13－15 图

13－15　摩擦传动机构的主动轴 I 的转速为 $n=600$ r/min。轴 I 的轮盘与轴 II 的轮盘接触，接触点按箭头 A 所示方向移动，距离 d 的变化规律为 $d=10-0.5t$，其中 d 以 cm 计，t 以 s 计。已知 $r=5$ cm，$R=15$ cm。求：

(1)以距离 d 表示轴 II 的角加速度；

(2)当 $d=r$ 时，轮 B 边缘上一点的全加速度。

第 14 章　点的合成运动

上单元描述物体的运动时，都是相对于某一个参考系而言的。但有时问题中会牵涉到两个参考系，而且需要研究同一物体相对于这两个不同的参考系运动之间的关系，这就必须考虑这两个参考系之间的相对运动。本章将建立一个点相对两个不同参考系的运动(包括速度和加速度)之间的关系，并利用这些关系来研究点的复杂运动问题。在分析机构传动时，经常利用这些关系来确定从动件的运动。本章在机构运动分析中占有重要地位，同时也是研究刚体的复杂运动和动力学问题的基础。

14.1　点的绝对运动、相对运动和牵连运动

14.1.1　点的绝对运动、相对运动和牵连运动的概念

图 14－1 是机械工厂车间里常见的桥式起重机，当起吊重物时，若桥架固定不动，而卷扬小车沿桥面作直线平动，同时将吊钩上的重物铅垂向上提升，则站在小车上(即以小车为参考系)的观察者看到的重物 M 的运动是铅垂向上的直线运动。而站在地面上(即以地面为参考系)的观察者看到的重物 M 的运动是平面曲线运动。显然，重物 M 相对于地面的运动可以看成是相对于卷扬小车的运动(向上直线运动)和随同卷扬小车的运动(向右水平的直线平动)两者合成的结果。又如，直管 OB 以匀角速度 ω 在水平面内绕 O 轴转动(图 14－2)时，小球相对于管子(以管为参考系)作直线运动，而对于地面(以地面为参考系)则作平面螺线运动，这也是当 M 点沿管子运动时，管子本身的转动牵带 M 点运动的结果。

在上述两例中，都包括一个动点(研究对象)、两个参考系和三种不同的运动。为了区别起见，我们假设其中一个参考系是固定不动的，称为**定参考系**，简称**定系**；另一个相对于定参考系运动的参考系(固连在运动物体上)为**动参考系**，简称**动系**。应当注意，这里的“动”和“定”都只有相对的意义。我们把**动点相对于动系的运动**称为**相对运动**；把**动点相对于定系的运动**称为**绝对运动**或**合成运动**；而把**动系对于定系的运动**称为**牵连运动**。

在图 14－1 中，若以重物 M 为动点，定系固连在桥架上，动系固连在卷扬小车上，则 M 点相对于桥架的曲线运动是绝对运动，相对于卷扬小车的直线运动是相对运动，而卷扬小车对桥架的平动则是牵连运动。在图 14－2 中，若以小球 M 为动点，动系固连在管子上，定系固连在地面上，则小球 M 相对于地面的平面螺线运动为绝对运动，球 M 沿管子的直线运动为相对运动，而管子相对于地面的定轴转动为牵连运动。

必须指出，动点的绝对运动、相对运动都是指一个点的运动，它可能是直线运动或曲线运动；而牵连运动是指动系的运动，即刚体的运动，它可能是平动、定轴转动或刚体的其它运动形式。但动系并不完全等同于与之固连的刚体，因为具体问题中的刚体具有一定的几何尺寸，而动系却应理解为包括与之固连的刚体在内的、随刚体一起运动的空间。

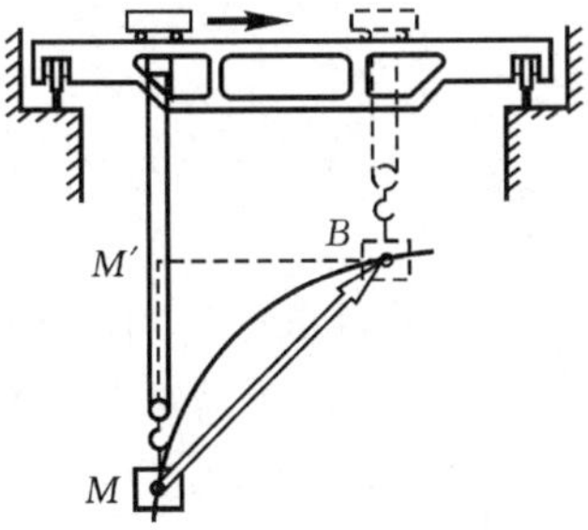

图 14 - 1

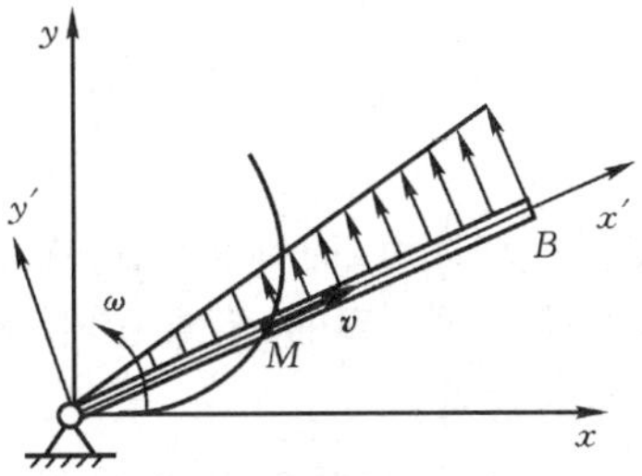

图 14 - 2

14.1.2　绝对速度和绝对加速度、相对速度和相对加速度及牵连速度和牵连加速度的概念

动点相对于定系运动的速度和加速度称为**动点的绝对速度和绝对加速度**，记为 $\boldsymbol{v}_a$ 和 $\boldsymbol{a}_a$。

动点相对于动系运动的速度和加速度称为**动点的相对速度和相对加速度**，记为 $\boldsymbol{v}_r$ 和 $\boldsymbol{a}_r$。

由于动系是一个包含与之固连的刚体在内的运动空间，不是一个点，除了动系作平动之外，动系上各点的运动状态是不同的。每一瞬时能够直接参与牵带动点运动的只是动系上的一个点，即**该瞬时动系上与动点相重合的点**称为**牵连点**。只有牵连点的运动才能给动点以直接的影响。因此，动点的牵连速度和牵连加速度可以这样定义：**某瞬时动系上与动点相重合的点（即牵连点）相对于定系的运动速度和加速度称为动点在该瞬时的牵连速度和牵连加速度**，记为 $\boldsymbol{v}_e$ 和 $\boldsymbol{a}_e$。

如图 14 - 3 所示，动点 M 相对于定系 $Oxyz$ 和动系 $O'x'y'z'$ 运动。动点 M 的相对运动矢径为

$$\boldsymbol{r}' = x'\boldsymbol{i}' + y'\boldsymbol{j}' + z'\boldsymbol{k}' \tag{14-1}$$

式中：单位矢量 $\boldsymbol{i}'$、$\boldsymbol{j}'$、$\boldsymbol{k}'$ 为常矢量。于是动点的相对速度 $\boldsymbol{v}_r$ 和相对加速度 $\boldsymbol{a}_r$ 分别为

$$\boldsymbol{v}_r = \left.\frac{d\boldsymbol{r}'}{dt}\right|_{\boldsymbol{i}'、\boldsymbol{j}'、\boldsymbol{k}'\text{为常矢量}} = \dot{x}'\boldsymbol{i}' + \dot{y}'\boldsymbol{j}' + \dot{z}'\boldsymbol{k}' \tag{14-2}$$

$$\boldsymbol{a}_r = \left.\frac{d^2\boldsymbol{r}'}{dt^2}\right|_{\boldsymbol{i}'、\boldsymbol{j}'、\boldsymbol{k}'\text{为常矢量}} = \ddot{x}'\boldsymbol{i}' + \ddot{y}'\boldsymbol{j}' + \ddot{z}'\boldsymbol{k}' \tag{14-3}$$

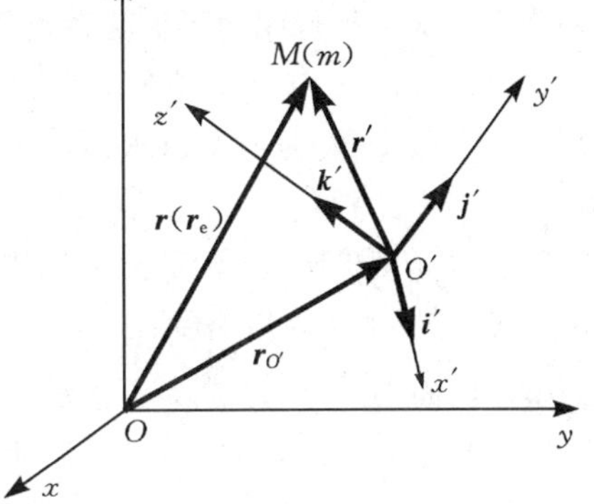

图 14 - 3

若动系的坐标原点 O' 相对于定系 $Oxyz$ 的矢径为 $\boldsymbol{r}_{O'}$，则动点 M 的绝对运动矢径为

$$\boldsymbol{r} = \boldsymbol{r}_{O'} + \boldsymbol{r}' = \boldsymbol{r}_{O'} + x'\boldsymbol{i}' + y'\boldsymbol{j}' + z'\boldsymbol{k}' \tag{14-4}$$

式中：坐标 x'、y'、z' 和单位矢量 $\boldsymbol{i}'$、$\boldsymbol{j}'$、$\boldsymbol{k}'$ 皆为变量。于是动点 M 的绝对速度 $\boldsymbol{v}_a$ 和绝对加速度 $\boldsymbol{a}_a$ 分别为

$$\boldsymbol{v}_a = \frac{d\boldsymbol{r}}{dt} = \frac{d\boldsymbol{r}_{O'}}{dt} + \frac{d\boldsymbol{r}'}{dt} = \dot{\boldsymbol{r}}_{O'} + x'\dot{\boldsymbol{i}}' + y'\dot{\boldsymbol{j}}' + z'\dot{\boldsymbol{k}}' + \dot{x}'\boldsymbol{i}' + \dot{y}'\boldsymbol{j}' + \dot{z}'\boldsymbol{k}' \tag{14-5}$$

$$a_a=\frac{d^2r}{dt^2}=\frac{d^2r_{O'}}{dt^2}+\frac{d^2r'}{dt^2}$$

$$=\ddot{r}_{O'}+x'\ddot{i}'+y'\ddot{j}'+z'\ddot{k}'+\ddot{x}'i'+\ddot{y}'j'+\ddot{z}'k'+2(\dot{x}'\dot{i}'+\dot{y}'\dot{j}'+\dot{z}'\dot{k}') \quad (14-6)$$

令

$$a_C=2(\dot{x}'\dot{i}'+\dot{y}'\dot{j}'+\dot{z}'\dot{k}') \quad (14-7)$$

a_C 称为**科里奥利加速度**,简称**科氏加速度**。它是法国科学家科里奥利(Coriolis)于 1832 年在研究水轮机的转动时发现的,不难看出,科氏加速度 a_C 的产生是由于动点的相对运动和牵连运动相互影响的结果。

在图 14-3 中,若动点 M 的牵连点为 m,则牵连点 m 的矢径为

$$r_e=r=r_{O'}+r'=r_{O'}+x'i'+y'j'+z'k' \quad (14-8)$$

式(14-8)与式(14-4)在形式上完全相同,但应当注意,由于牵连点 m 是动系 $O'x'y'z'$ 上的点,所以式(14-8)中的坐标 x'、y'、z' 为常量。于是动点牵连速度 v_e 和牵连加速度 a_e 分别为

$$v_e=\left.\frac{dr}{dt}\right|_{x'、y'、z'为常量}=\dot{r}_{O'}+x'\dot{i}'+y'\dot{j}'+z'\dot{k}' \quad (14-9)$$

$$a_e=\left.\frac{d^2r}{dt^2}\right|_{x'、y'、z'为常量}=\ddot{r}_{O'}+x'\ddot{i}'+y'\ddot{j}'+z'\ddot{k}' \quad (14-10)$$

14.2　速度合成定理

根据动点的绝对速度、牵连速度和相对速度的定义,由式(14-2)、式(14-5)和式(14-9)可得

$$v_a=v_e+v_r \quad (14-11)$$

这就是**速度合成定理**。它表明:**某瞬时动点的绝对速度等于其牵连速度与相对速度的矢量和**。也就是说,动点的绝对速度可以用其牵连速度与相对速度为邻边所构成的平行四边形的对角线来确定。这个平行四边形称为**速度平行四边形**。

式(14-1)是一个矢量方程,其中包含有 v_a、v_r、v_e 三者的大小和方向共六个量,如果知道了其中任意四个量,一般可以求出其余的二个未知量。具体计算时既可用几何法,又可用解析法。

例 14-1　图 14-4 所示急回机构中,已知曲柄 O_1A 长为 r,以匀角速度 ω_1 转动。试求图示位置时摇杆 O_2B 的角速度 ω_2。

解　以曲柄 O_1A 的端点 A 为动点,动系固连在摇杆 O_2B 上,定系固连于基座。于是,动点的绝对运动为圆周运动;相对运动为直线运动;牵连运动为定轴转动。

动点的三种速度分析如表 14-1 所示。

表 14-1

速度	v_a	v_e	v_r
大小	$r\omega_1$	未知	未知
方向	$\perp O_1A$	$\perp O_2B$	沿 O_2B

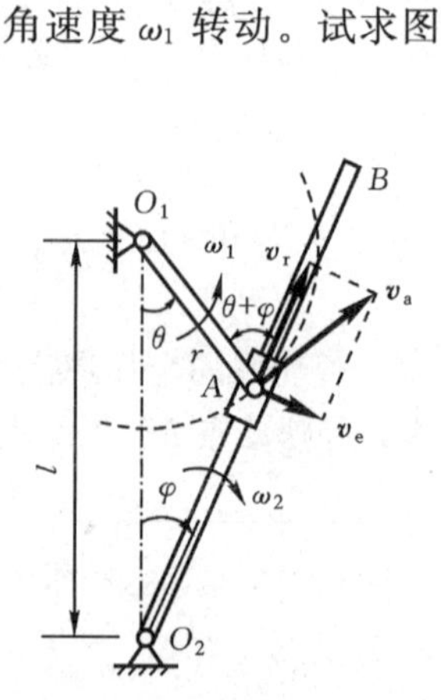

图 14-4

根据速度合成定理 $\boldsymbol{v}_a=\boldsymbol{v}_e+\boldsymbol{v}_r$，可得图示的速度平行四边形，由图中的几何关系，有

$$v_r = v_a\cos[90°-(\theta+\varphi)] = r\omega_1\sin(\theta+\varphi)$$

$$v_e = v_a\sin[90°-(\theta+\varphi)] = r\omega_1\cos(\theta+\varphi)$$

而

$$\overline{O_2A}\cos(\theta+\varphi)=l\cos\theta-r$$

于是可得摇杆 O_2B 的角速度

$$\omega_2 = \frac{v_e}{\overline{O_2A}} = \frac{r(l\cos\theta-r)\omega_1}{\overline{O_2A}^2} = \frac{r(l\cos\theta-r)}{l^2+r^2-2lr\cos\theta}\omega_1$$

ω_2 的转向由 $\boldsymbol{v}_e$ 的指向确定，为顺钟向。

例 14-2　图 14-5 所示的凸轮导杆机构中，偏心圆凸轮以匀角速度 ω 绕 O 轴逆钟向转动，偏心距$\overline{OC}=e$，半径 $r=\sqrt{3}e$。A、B 连线恰与轴心 O 在同一铅垂线上。试求图示瞬时（$\angle OCA$ 为直角）导杆 AB 的速度。

解　导杆 AB 作直线平动，为求其速度，只须求出其上 A 点的速度 $\boldsymbol{v}_A$ 即可。以导杆 AB 上的 A 点为动点，动系固连于偏心圆凸轮。则动点 A 的绝对运动为沿铅垂方向的直线运动；相对运动为沿凸轮轮廓线的圆周运动；而牵连运动为圆凸轮绕 O 轴的转动。

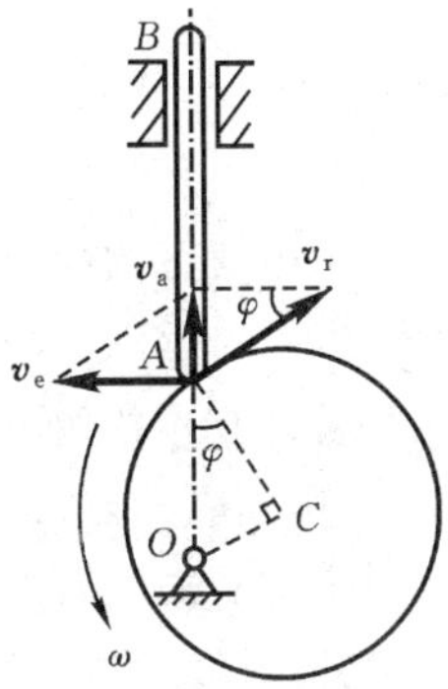

图 14-5

动点 A 的三种速度分析如表 14-2 所示。

表 14-2

速度	$\boldsymbol{v}_a$	$\boldsymbol{v}_e$	$\boldsymbol{v}_r$
大小	待求	$\overline{OA}\cdot\omega$	未知
方向	沿铅垂线	$\perp OA$ 向左	$\perp AC$

根据速度合成定理 $\boldsymbol{v}_a=\boldsymbol{v}_e+\boldsymbol{v}_r$，可得动点 A 的速度矢量图如图 14-5 所示。由图中几何关系，有

$$v_a = v_e\tan\varphi$$

而

$$v_e=\overline{OA}\cdot\omega=\sqrt{\overline{OC}^2+\overline{AC}^2}\,\omega=\sqrt{e^2+(\sqrt{3}e)^2}\,\omega=2e\omega$$

$$\tan\varphi = \overline{OC}/AC = e/(\sqrt{3}e) = \sqrt{3}/3$$

即 $\varphi=30°$，所以

$$v_A = v_a = v_e\tan\varphi = 2e\omega\sqrt{3}/3 = (2\sqrt{3}/3)e\omega$$

这就是导杆 AB 的速度，方向向上，如图所示。

例 14-3　离心水泵的叶轮以转速$n=1\ 450$ r/min绕 O 轴转动。水沿叶片作相对运动，叶片上一点 E 离 O 轴距离 $r=7.5$ cm。当 OE 位于铅垂位置时，叶片在 E 点的切线与水平线的夹角为 $\beta=20°11'$。设已知在 E 点处水滴的绝对速度方向与水平线夹角 $\alpha=75°$（图 14-6）。试求水滴的绝对速度和相对于叶轮的速度的大小。

解　以 E 点处水滴 M 为动点，动系固连于叶轮，定系固连于地面。于是，M 点的绝对运动为曲线运动；相对运动为沿叶片的曲线运动；牵连运动为定轴转动。

动点的三种速度分析如表 14-3 所示。

表 14-3

速度	$\boldsymbol{v}_a$	$\boldsymbol{v}_e$	$\boldsymbol{v}_r$
大小	未知	$rn\pi/30$	未知
方向	如图示	$\perp OM$	沿叶片切线

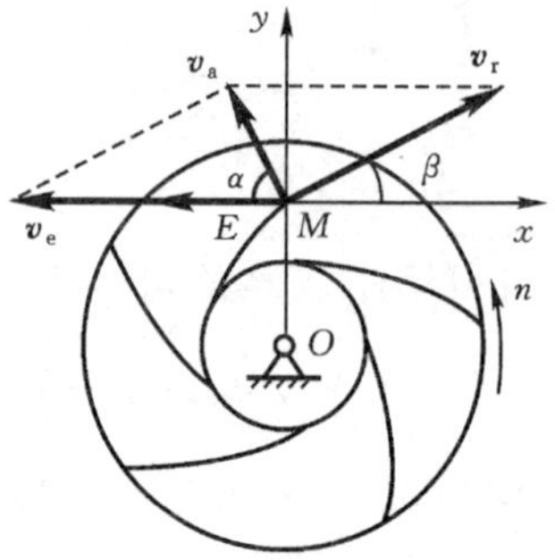

图 14-6

由 $\boldsymbol{v}_a=\boldsymbol{v}_e+\boldsymbol{v}_r$ 可得速度矢量图如图 14-6 所示。建立图示坐标系 Mxy。将矢量方程分别向 x、y 轴投影,有

$$-v_a\cos\alpha=-v_e+v_r\cos\beta \tag{1}$$

$$v_a\sin\alpha=v_r\sin\beta \tag{2}$$

从而解得水滴绝对速度和相对速度的大小分别为

$$v_a=\frac{rn\pi/30}{\cos\alpha+\sin\alpha\cot\beta}=\frac{7.5\times1\ 450\pi/30}{\cos75^\circ+\sin75^\circ\cot20^\circ11'}=3.93\ \text{m/s}$$

$$v_r=\frac{\sin75^\circ}{\sin20^\circ11'}\times3.93=11.0\ \text{m/s}$$

本题是点的合成运动中一种常见的类型。如气流或水流质点在燃气涡轮机、空气压缩机、水轮机中的运动都属此类型。

通过上述各例可以看出,应用速度合成定理解题的基本步骤如下。

(1)选取动点、动系和定系,并对动点作运动分析。其中动点、动系的恰当选择是问题的关键。恰当地选取动点和动系的主要原则是,应使动点的相对运动轨迹是已知的或易于确定的。

(2)速度分析。即分析动点三种速度的大小和方向。在分析 $\boldsymbol{v}_e$ 时,要特别注意牵连点的位置。

(3)应用速度合成定理求解。由 $\boldsymbol{v}_a=\boldsymbol{v}_e+\boldsymbol{v}_r$ 画出速度平行四边形,其中 $\boldsymbol{v}_a$ 一定要画在四边形的对角线位置。

14.3　加速度合成定理

根据动点的绝对加速度、牵连加速度、相对加速度和科氏加速度的定义,由式(14-2)、式(14-4)、式(14-7)和式(14-5)可得

$$\boldsymbol{a}_a=\boldsymbol{a}_e+\boldsymbol{a}_r+\boldsymbol{a}_C \tag{14-12}$$

这个结论称为**加速度合成定理**。它表明:**某瞬时动点的绝对加速度等于其牵连加速度、相对加速度与科氏加速度的矢量和。**

下面讨论两种特殊情况。

1. 动系作平动

当动系作平动时,由于单位矢量 $\boldsymbol{i}'$、$\boldsymbol{j}'$、$\boldsymbol{k}'$ 为常矢量,即 $\dot{\boldsymbol{i}}'=\dot{\boldsymbol{j}}'=\dot{\boldsymbol{k}}'=0$,故

$$a_C=2(\dot{x}'\dot{\boldsymbol{i}}'+\dot{y}'\dot{\boldsymbol{j}}'+\dot{z}'\dot{\boldsymbol{k}}')=0$$

于是可得

$$\boldsymbol{a}_a=\boldsymbol{a}_e+\boldsymbol{a}_r \tag{14-13}$$

上式称为**牵连运动为平动时的加速度合成定理**。它表明:**当牵连运动为平动时,某瞬时动**

点的绝对加速度等于其牵连加速度与相对加速度的矢量和。

2. 动系作定轴转动

如图 14-7 所示，动系 $O'x'y'z'$ 绕固定轴 z 以角速度 $\boldsymbol{\omega}$ 转动，其单位矢量 $\boldsymbol{i}'$、$\boldsymbol{j}'$、$\boldsymbol{k}'$ 为变矢量。根据泊松公式(13-38)，有

$$\dot{\boldsymbol{i}}' = \boldsymbol{\omega} \times \boldsymbol{i}', \quad \dot{\boldsymbol{j}}' = \boldsymbol{\omega} \times \boldsymbol{j}', \quad \dot{\boldsymbol{k}}' = \boldsymbol{\omega} \times \boldsymbol{k}'$$

代入式(14-7)

$$\boldsymbol{a}_C = 2(\dot{x}'\dot{\boldsymbol{i}}' + \dot{y}'\dot{\boldsymbol{j}}' + \dot{z}'\dot{\boldsymbol{k}}') = 2\boldsymbol{\omega} \times (\dot{x}'\boldsymbol{i}' + \dot{y}'\boldsymbol{j}' + \dot{z}'\boldsymbol{k}')$$

而

$$\boldsymbol{v}_r = \dot{x}'\boldsymbol{i}' + \dot{y}'\boldsymbol{j}' + \dot{z}'\boldsymbol{k}'$$

故

$$\boldsymbol{a}_C = 2\boldsymbol{\omega} \times \boldsymbol{v}_r \qquad (14-14)$$

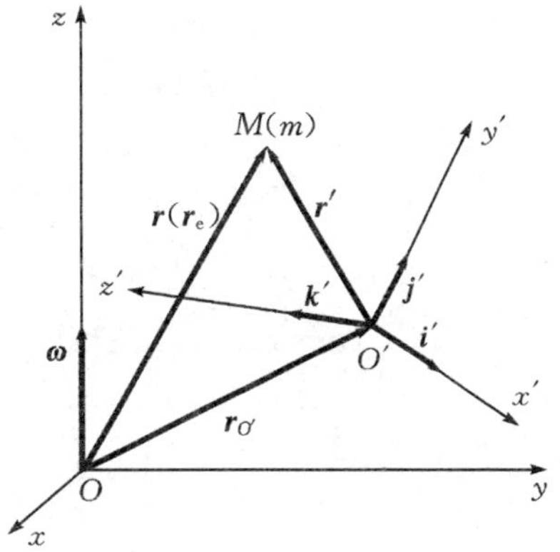

图 14-7

应当指出，式(14-14)虽然是由牵连运动为定轴转动时导出的，但当牵连运动为其它复杂的刚体运动形式时依然成立。

由式(14-14)可知，科氏加速度 $\boldsymbol{a}_C$ 的大小为

$$a_C = 2\omega\, v_r \sin\theta$$

式中：θ 为矢量 $\boldsymbol{\omega}$ 与 $\boldsymbol{v}_r$ 之间小于 π 的夹角。$\boldsymbol{a}_C$ 的方位垂直于 $\boldsymbol{\omega}$ 与 $\boldsymbol{v}_r$ 决定的平面，指向由右手螺旋法则确定，如图 14-8(a)所示。

当 $\boldsymbol{\omega} /\!/ \boldsymbol{v}_r$，即 $\theta=0°$ 或 $\theta=180°$ 时，$\boldsymbol{a}_C=0$；当 $\boldsymbol{\omega} \perp \boldsymbol{v}_r$ 时，$\theta=90°$，$a_C=2\omega v_r$，在这种情况下，只要将 $\boldsymbol{v}_r$ 顺着角速度 $\boldsymbol{\omega}$ 的转向转过 90°，即可得到 $\boldsymbol{a}_C$ 的方向，如图 14-8(b)所示。工程中最为常见的平面机构运动问题，大都属于 $\theta=90°$ 的情形。

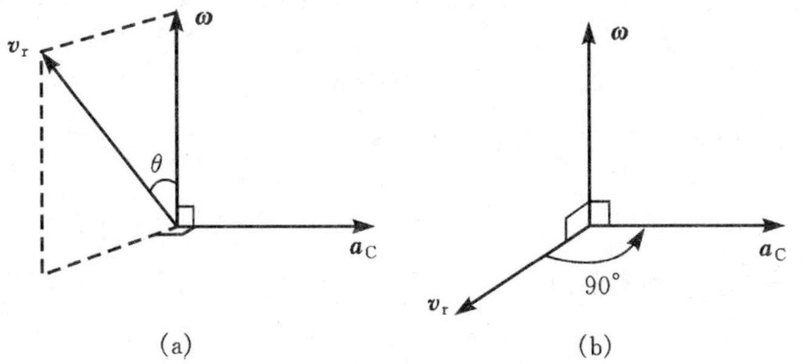

图 14-8

下面再通过一个特例加以证明。

证明：设动点在直杆 OA 上运动，同时，杆绕定轴 O 转动。图 14-9(a)表示动点在瞬时 t 以及 $t'=t+\Delta t$ 时的位置与速度。

由速度合成定理，动点在瞬时 t 的绝对速度为 $\boldsymbol{v}_a=\boldsymbol{v}_e+\boldsymbol{v}_r$，在瞬时 t' 的绝对速度为 $\boldsymbol{v}'_a=\boldsymbol{v}'_e+\boldsymbol{v}'_r$。因此，动点在 Δt 内的绝对速度增量 $\Delta\boldsymbol{v}$ 为

$$\Delta\boldsymbol{v} = \boldsymbol{v}'_a - \boldsymbol{v}_a = (\boldsymbol{v}'_e - \boldsymbol{v}_e) + (\boldsymbol{v}'_r - \boldsymbol{v}_r)$$

而上式中的 $\boldsymbol{v}'_e-\boldsymbol{v}_e$ 可改写为

$$\boldsymbol{v}'_e - \boldsymbol{v}_e = (\boldsymbol{v}'_e - \boldsymbol{v}_{m'}) + (\boldsymbol{v}_{m'} - \boldsymbol{v}_e)$$

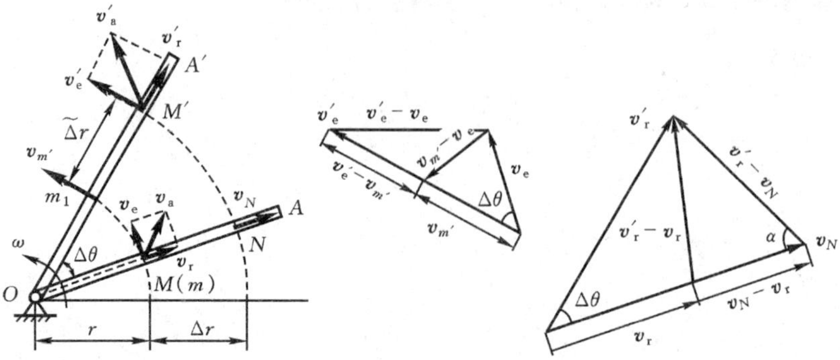

(a)　　(b)　　(c)

图 14－9

$\boldsymbol{v}_{m'}$ 是 t 瞬时杆 OA 上与动点相重合的点 m 经过 Δt 后随杆运动到 m_1 时的速度。同样，可将上式中的 $\boldsymbol{v}'_{\mathrm{r}}-\boldsymbol{v}_{\mathrm{r}}$ 改写成

$$\boldsymbol{v}'_{\mathrm{r}}-\boldsymbol{v}_{\mathrm{r}}=(\boldsymbol{v}'_{\mathrm{r}}-\boldsymbol{v}_N)+(\boldsymbol{v}_N-\boldsymbol{v}_{\mathrm{r}})$$

$\boldsymbol{v}_N$ 是不考虑杆 OA 的转动，经过 Δt 后 M 点沿杆运动到位置 N 时的速度。于是，动点 M 在瞬时 t 的绝对加速度可写为

$$\begin{aligned}\boldsymbol{a}_{\mathrm{a}}&=\lim_{\Delta t\to 0}\frac{\Delta\boldsymbol{v}}{\Delta t}=\lim_{\Delta t\to 0}\frac{\boldsymbol{v}'_{\mathrm{a}}-\boldsymbol{v}_{\mathrm{a}}}{\Delta t}=\lim_{\Delta t\to 0}\frac{\boldsymbol{v}'_{\mathrm{e}}-\boldsymbol{v}_{\mathrm{e}}}{\Delta t}+\lim_{\Delta t\to 0}\frac{\boldsymbol{v}'_{\mathrm{r}}-\boldsymbol{v}_{\mathrm{r}}}{\Delta t}\\&=\lim_{\Delta t\to 0}\frac{\boldsymbol{v}'_{\mathrm{e}}-\boldsymbol{v}_{m'}}{\Delta t}+\lim_{\Delta t\to 0}\frac{\boldsymbol{v}_{m'}-\boldsymbol{v}_{\mathrm{e}}}{\Delta t}+\lim_{\Delta t\to 0}\frac{\boldsymbol{v}'_{\mathrm{r}}-\boldsymbol{v}_N}{\Delta t}+\lim_{\Delta t\to 0}\frac{\boldsymbol{v}_N-\boldsymbol{v}_{\mathrm{r}}}{\Delta t}\end{aligned}\qquad(*)$$

现在考查式(*)中右边各项的物理意义。

(1)$\lim\limits_{\Delta t\to 0}\dfrac{\boldsymbol{v}_{m'}-\boldsymbol{v}_{\mathrm{e}}}{\Delta t}$ 是瞬时 t 杆 OA 上与动点相重合的点(牵连点)m 的加速度，即等于动点的牵连加速度 $\boldsymbol{a}_{\mathrm{e}}$。

(2)$\lim\limits_{\Delta t\to 0}\dfrac{\boldsymbol{v}_N-\boldsymbol{v}_{\mathrm{r}}}{\Delta t}$ 是不考虑杆 OA 本身的转动时，动点对于动坐标系的加速度，即动点的相对加速度 $\boldsymbol{a}_{\mathrm{r}}$。

(3)$\lim\limits_{\Delta t\to 0}\dfrac{\boldsymbol{v}'_{\mathrm{e}}-\boldsymbol{v}_{m'}}{\Delta t}$ 是由于相对运动使牵连速度发生附加变化而出现的加速度。用 $\boldsymbol{a}_{\mathrm{C1}}$ 表示。由图 14－9(a)可知，$\boldsymbol{v}'_{\mathrm{e}}=\boldsymbol{\omega}\times(\boldsymbol{r}+\widetilde{\Delta}\boldsymbol{r})$，$\boldsymbol{v}_{m'}=\boldsymbol{\omega}\times\boldsymbol{r}$。故

$$\lim_{\Delta t\to 0}\frac{\boldsymbol{v}'_{\mathrm{e}}-\boldsymbol{v}_{m'}}{\Delta t}=\lim_{\Delta t\to 0}\frac{\boldsymbol{\omega}\times(\boldsymbol{r}+\widetilde{\Delta}\boldsymbol{r})-\boldsymbol{\omega}\times\boldsymbol{r}}{\Delta t}=\boldsymbol{\omega}\times\lim_{\Delta t\to 0}\frac{\widetilde{\Delta}\boldsymbol{r}}{\Delta t}$$

此时的 $\widetilde{\Delta}\boldsymbol{r}$ 就是动点在 Δt 内的相对位移，故 $\lim\limits_{\Delta t\to 0}\dfrac{\widetilde{\Delta}\boldsymbol{r}}{\Delta t}=\boldsymbol{v}_{\mathrm{r}}$，所以

$$\boldsymbol{a}_{\mathrm{C1}}=\lim_{\Delta t\to 0}\frac{\boldsymbol{v}'_{\mathrm{e}}-\boldsymbol{v}_{m'}}{\Delta t}=\boldsymbol{\omega}\times\boldsymbol{v}_{\mathrm{r}}$$

它反映了牵连速度受到相对运动的影响。

(4)$\lim\limits_{\Delta t\to 0}\dfrac{\boldsymbol{v}'_{\mathrm{r}}-\boldsymbol{v}_N}{\Delta t}$ 是由于牵连转动使相对速度的方向发生变化而出现的加速度，用 $\boldsymbol{a}_{\mathrm{C2}}$ 表示。由图 14－9(c)可见，它的大小为

$$\lim_{\Delta t\to 0}\left|\frac{\boldsymbol{v}'_r-\boldsymbol{v}_N}{\Delta t}\right|=\lim_{\Delta t\to 0}\left|\frac{2v'_r\sin(\Delta\theta/2)}{\Delta t}\right|=\lim_{\Delta t\to 0}|v'_r|\cdot\lim_{\Delta t\to 0}\frac{\Delta\theta}{\Delta t}=v_r\omega$$

其方向与($\boldsymbol{v}'_r-\boldsymbol{v}_N$)的极限方向相同。当 $\Delta t\to 0$ 时,$\Delta\theta\to 0$,角 α 的极限值为$\pi/2$。所以 $\boldsymbol{a}_{C2}$ 必垂直于 $\boldsymbol{v}_r$,指向与 ω 的转向一致,于是

$$\boldsymbol{a}_{C2}=\boldsymbol{\omega}\times\boldsymbol{v}_r$$

$\boldsymbol{a}_{C2}$说明了牵连运动影响动点相对速度方向的变化。将(3)、(4)两项合并,得

$$\boldsymbol{a}_C=\boldsymbol{a}_{C1}+\boldsymbol{a}_{C2}=2\boldsymbol{\omega}\times\boldsymbol{v}_r$$

综上所述式(*)可写成

$$\boldsymbol{a}_a=\boldsymbol{a}_e+\boldsymbol{a}_r+\boldsymbol{a}_C$$

定理得证。

例 14-4 图 14-10(a)所示的曲柄滑杆机构中,滑杆上有圆弧形滑道,其半径 $R=100$ mm,圆心在滑杆 BC 上的 D 处。曲柄长$\overline{OA}=r=100$ mm,以匀角速度 $\omega_0=4$ rad/s 绕 O 轴逆钟向转动。求当曲柄与水平线的交角 $\varphi=30°$时,滑杆 BC 的加速度。

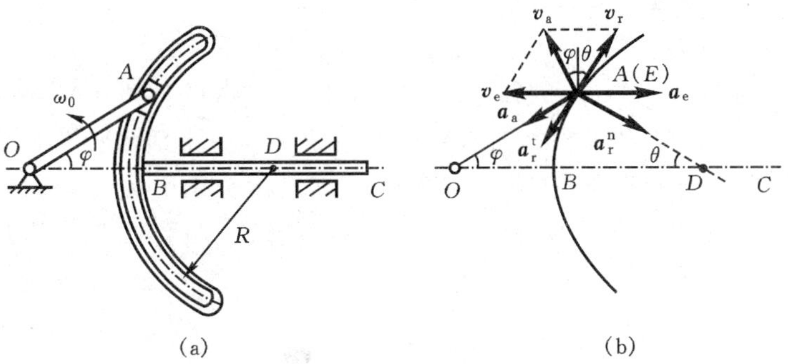

图 14-10

解 以曲柄 OA 的端点 A 为动点,动系固连于滑杆 BC,定系固连于机座。动点 A 的绝对运动为以O 为圆心、r 为半径的匀速圆周运动;相对运动为以 D 为圆心、R 为半径的圆周运动;牵连运动为滑杆 BC 沿水平轨道的直线平动。

动点 A 的速度分析如表 14-4 所示。

表 14-4

速度	$\boldsymbol{v}_a$	$\boldsymbol{v}_e$	$\boldsymbol{v}_r$
大小	$r\omega_0$	未知	未知
方向	$\perp OA$	沿水平直线	$\perp AD$

根据速度合成定理 $\boldsymbol{v}_a=\boldsymbol{v}_e+\boldsymbol{v}_r$,可得动点的速度平行四边形(图 14-10(b))。将各矢量向铅垂方向投影,有

$$v_a\cos\varphi=v_r\cos\theta$$

因为 $r\sin\varphi=R\sin\theta$,即 $\sin\varphi=\sin\theta$,所以 $\theta=\varphi=30°$。故

$$v_r=v_a\cos\varphi/\cos\theta=v_a=r\omega_0$$

动点的加速度分析如表 14-5 所示。

表 14-5

加速度	$\boldsymbol{a}_a$	$\boldsymbol{a}_e$	$\boldsymbol{a}_r^t$	$\boldsymbol{a}_r^n$
大小	$r\omega_0^2$	未知	未知	$r\omega_0^2$
方向	$A\to O$	沿水平直线	$\perp AD$	$A\to D$

于是动点的加速度矢量图如图 14-10(b)所示。根据加速度合成定理,有

$$\boldsymbol{a}_a = \boldsymbol{a}_e + \boldsymbol{a}_r^t + \boldsymbol{a}_r^n$$

将上式向 AD 方向投影可得

$$-a_a\sin\varphi = a_r^n + a_e\cos\theta$$

则滑杆 BC 的加速度

$$\begin{aligned} a_{BC} = a_e &= -(a_a\sin\varphi + a_r^n)/\cos\theta = -(r\omega_0^2\sin\varphi + r\omega_0^2)/\cos\theta \\ &= -(100\times 4^2\sin 30^\circ + 100\times 4^2)/\cos 30^\circ \\ &= -2\ 770\ \mathrm{mm/s^2} = -2.77\ \mathrm{m/s^2} \end{aligned}$$

负号说明 $\boldsymbol{a}_{BC}$ 的实际方向与图 14-10(b)所示相反,即应水平向左。

例 14-5 一半径 $r=20$ cm 的圆盘 A 与一长 $l=40$ cm 的直杆 OA 铰接,如图 14-11(a)所示。在圆盘绕中心 A 转动的同时,直杆绕其一端 O 在同一平面内转动。设图示瞬时 $AM\perp OA$,圆盘相对直杆 OA 和 OA 绕 O 转动的角速度、角加速度分别为 $\omega_r=3$ rad/s 和 $\alpha_r=4$ rad/s²、$\omega_0=1$ rad/s 和 $\alpha_0=2$ rad/s²,转向如图所示。求该瞬时盘缘上 M 点的绝对速度和绝对加速度。

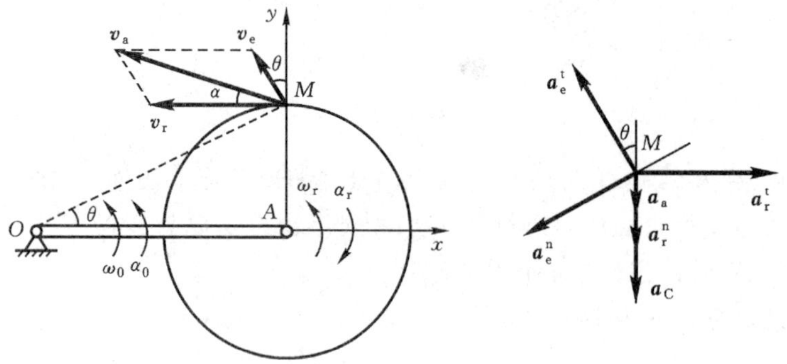

(a) (b)

图 14-11

解 以圆盘上 M 点为动点,动系固连于 OA 杆,定系固连于地面。M 点的绝对运动为平面曲线运动;相对运动为圆周运动;牵连运动为定轴转动。

动点的速度分析如表 14-6 所示。

表 14-6

速度	$\boldsymbol{v}_a$	$\boldsymbol{v}_e$	$\boldsymbol{v}_r$
大小	未知	$\overline{OM}\cdot\omega_0$	$r\omega_r$
方向	未知	$\perp OM$	$\perp MA$

将 $\boldsymbol{v}_a=\boldsymbol{v}_e+\boldsymbol{v}_r$ 向图示 x、y 轴投影，并根据图 14-11(a)中的几何关系，有

$$v_{ax}=-(v_r+v_e\sin\theta)=-(r\omega_r+\overline{OM}\cdot\omega_0 r/\overline{OM})$$
$$=-r(\omega_r+\omega_0)=-80\ \text{cm/s}$$
$$v_{ay}=v_e\cos\theta=\overline{OM}\cdot\omega_0 l/\overline{OM}=l\omega_0=40\ \text{cm/s}$$

M 点的绝对速度的大小和方向为

$$v_a=\sqrt{v_{ax}^2+v_{ay}^2}=40\sqrt{5}\ \text{cm/s}=89.4\ \text{cm/s}$$
$$\tan\alpha=|v_{ay}/v_{ax}|=0.5,\quad \alpha=26.6°$$

动点的加速度分析如表 14-7 所示。

表 14-7

加速度	$\boldsymbol{a}_a$	$\boldsymbol{a}_e^n$	$\boldsymbol{a}_e^t$	$\boldsymbol{a}_r^n$	$\boldsymbol{a}_r^t$	$\boldsymbol{a}_C$
大小	未知	$\overline{OM}\omega_0^2$	$\overline{OM}\alpha_0$	$r\omega_r^2$	$r\alpha_r$	$2\omega_0 v_r$
方向	未知	沿 OM	$\perp OM$	沿 MA	$\perp MA$	沿 MA

将矢量方程 $\boldsymbol{a}_a=\boldsymbol{a}_e^t+\boldsymbol{a}_e^n+\boldsymbol{a}_r^t+\boldsymbol{a}_r^n+\boldsymbol{a}_C$ 向 x、y 轴投影，并根据图 14-11(b)中的几何关系，有

$$a_{ax}=-a_e^t\sin\theta-a_e^n\cos\theta+a_r^t=-\overline{OM}\alpha_0 r/\overline{OM}-\overline{OM}\omega_0^2 l/\overline{OM}+r\alpha_r$$
$$=-r\alpha_0-l\omega_0^2+r\alpha_r=-20\times2-40\times1^2+20\times4=0$$
$$a_{ay}=-a_e^n\sin\theta+a_e^t\cos\theta-a_r^n-a_C$$
$$=-\overline{OM}\omega_0^2 r/\overline{OM}+\overline{OM}\alpha_0 l/\overline{OM}-r\omega_r^2-2\omega_0 r\omega_r$$
$$=-r\omega_0^2+l\alpha_0-r\omega_r^2-2r\omega_0\omega_r$$
$$=-20\times1^2+40\times2-20\times3^2-2\times20\times1\times3=-240\ \text{cm/s}^2$$

负号说明 M 点的绝对加速度沿 y 轴负向，指向轮心 A。

由以上二例可见，应用加速度合成定理的解题步骤与求解速度问题基本相同。在具体计算时，要注意以下几点：

(1)选取动点和动系后，应根据动系的运动形式确定是否有科氏加速度；

(2)在解决加速度问题之前，一般要先解决速度问题；

(3)加速度合成定理中涉及的矢量数目较多，用几何法比较麻烦，一般采用解析法，亦即通过矢量方程的投影式来计算。

思考题

14-1　对图示平面机构，若取 AB 杆上的 B 点为动点，动系固连于 CD 杆，则图示的速度平行四边形和 $\boldsymbol{a}_C$ 是否正确。

14-2　已知圆盘 O 以匀角速度 ω 绕轴 O 转动，其上一点 M 又沿着圆盘的半径以匀速 $\boldsymbol{v}$ 运动，则该动点的速度和加速度矢量图如图示，于是动点 M 的加速度大小为

$$a_a=a_e^n/\cos\theta=s\omega^2/\cos\theta$$

上述解答是否正确？为什么？

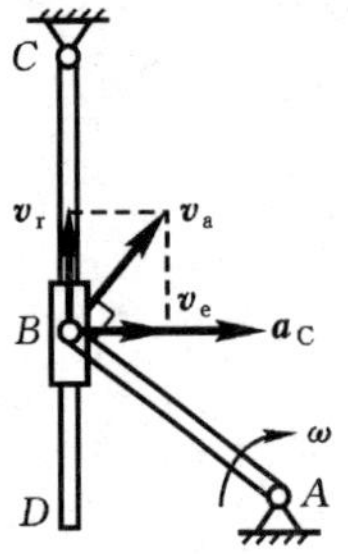

思 14-1 图

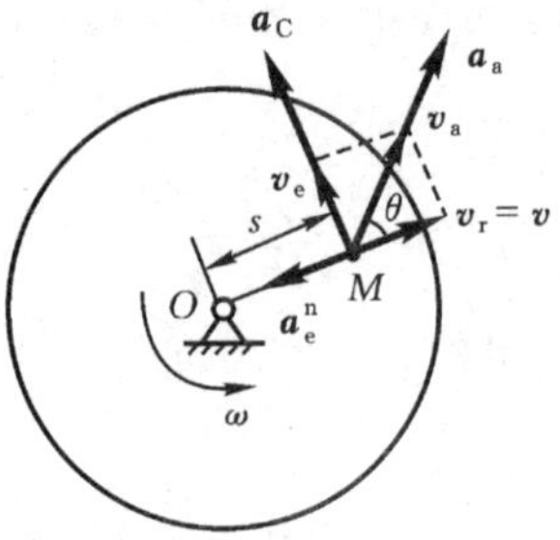

思 14-2 图

习　题

14-1　河两岸相互平行,如图所示。一船由点 A 朝与岸垂直的方向匀速驶出,经 10 min 到达对岸,这时船到达点 A 下游 120 m 处的点 C。为使船从点 A 能到达对岸的点 B(直线 AB 垂直河岸),船应逆流并保持与直线 AB 成某一角度的方向航行。在此情况下,船经 12 min 到达对岸。求河宽 L。

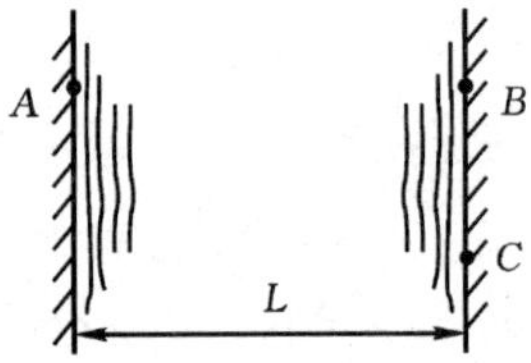

题 14-1 图

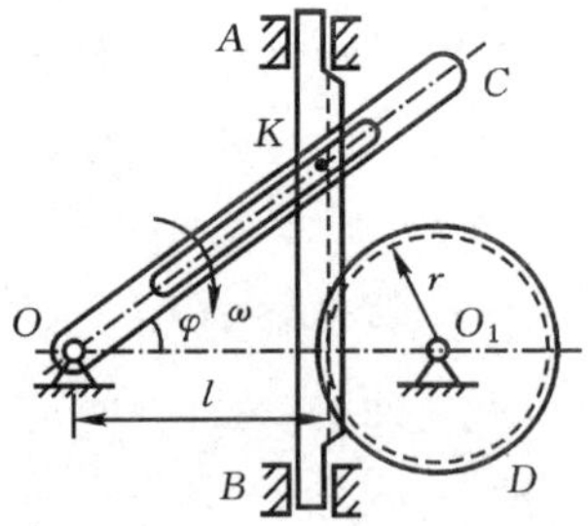

题 14-2 图

14-2　摆杆 OC 绕 O 轴转动。拨动固定在齿条 AB 上的销钉 K 而使齿条在铅垂导轨内移动,齿条再带动半径为 $r=10$ cm 的齿轮 D 转动。连线 OO_1 是水平的,距离 $l=40$ cm。在图示位置摆杆角速度 $\omega=0.5$ rad/s,$\varphi=30°$,试求这时齿轮 D 的角速度。

14-3　两种曲柄摆杆机构如图示。已知 $\overline{O_1O_2}=25$ cm,$\omega_1=0.3$ rad/s,试求图示位置时,杆 O_2A 角速度 ω_2。

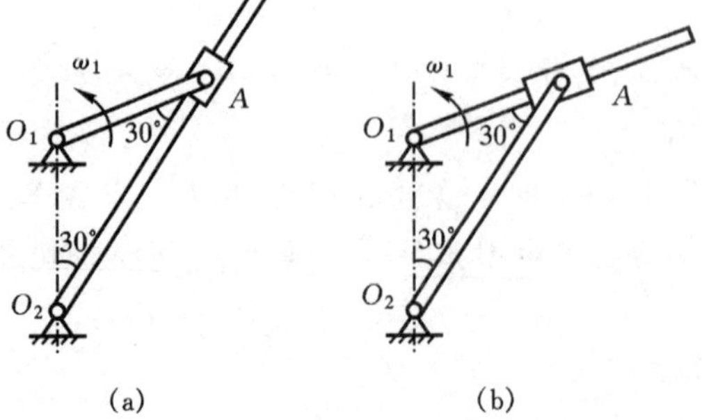

题 14-3 图

14－4　图示曲柄滑道机构中，杆 BC 水平，而杆 DE 保持铅直。曲柄长$\overline{OA}=10$ cm，并以等角速度 $\omega=20$ rad/s 绕 O 轴转动，通过套筒 A 使杆 BC 作往复运动。求当曲柄与水平间的交角 φ 分别为 0°、30°、90°时，杆 BC 的速度。

14－5　图示直角弯杆 BCD 以匀速 $\boldsymbol{u}$ 沿导槽向右平动，BC 垂直于 CD，杆的 BC 段长为 h，靠在它上面并保持接触的直杆 OA 长为 l，可绕 O 轴转动。试以 x 的函数表示出直杆 OA 端点 A 的速度。

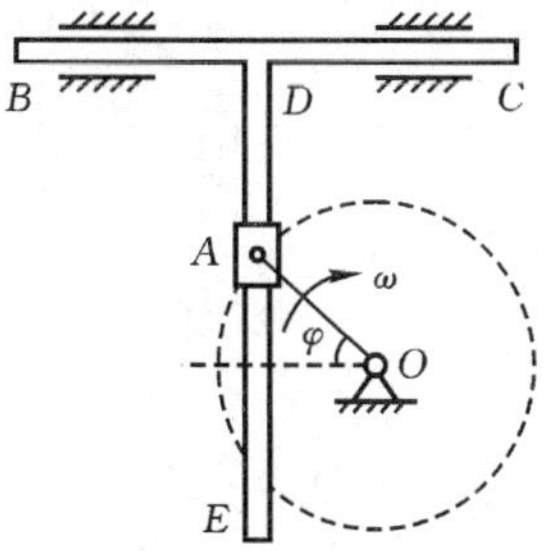

题 14－4 图

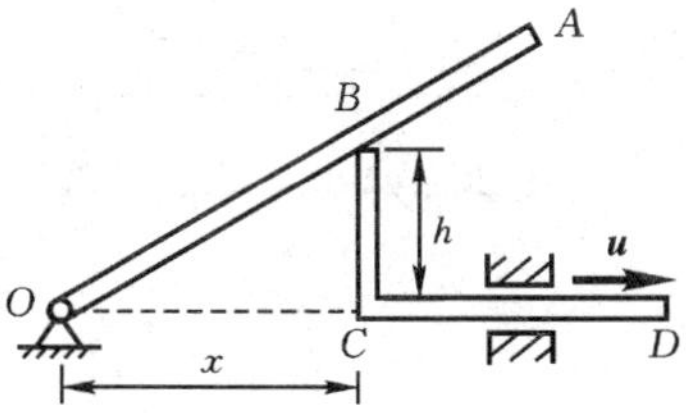

题 14－5 图

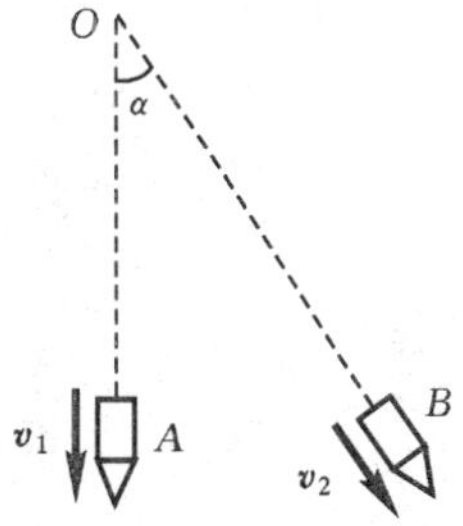

题 14－6 图

14－6　船 A 和船 B 分别沿夹角为 α 的两条直线行驶，如图所示。已知船 A 的速度是 $\boldsymbol{v}_1$，船 B 始终在船 A 的左舷正对方向。试求船 B 的速度 $\boldsymbol{v}_2$ 和它相对于船 A 的速度。

14－7　在图示机构中，滑块 B 的销子带动摇杆 O_1C 摆动。设 $\varphi=\pi t/3$，$\overline{OA}=\overline{AB}=15$ cm，$\overline{O_1O}=20$ cm，$\overline{O_1C}=50$ cm，试求当 $t=7$ s 时，C 点的速度。

14－8　塔式起重机悬臂水平，并以 π/2 r/min 的转速绕铅垂轴匀速转动，跑车按 $s=10-(\cos 3t)/3$ 水平运动（s 以 m 计，t 以 s 计）。设悬挂之重物以匀速 $u=0.5$ m/s 铅垂向上运动，求 $t=\pi/6$ s 时重物的绝对速度的大小。

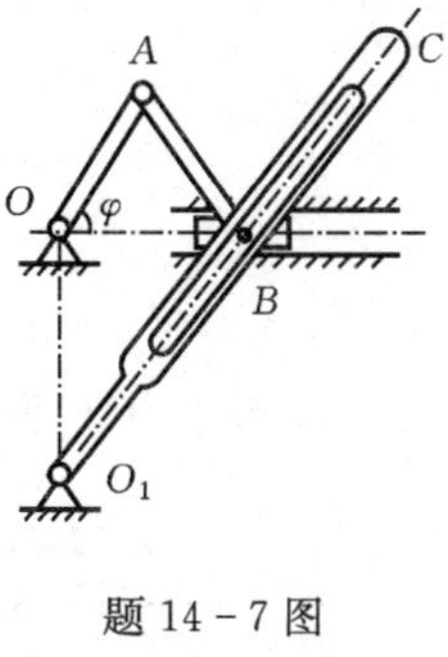

题 14－7 图

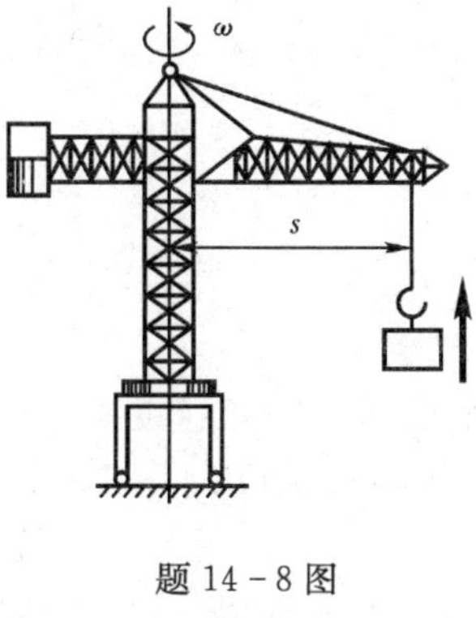

题 14－8 图

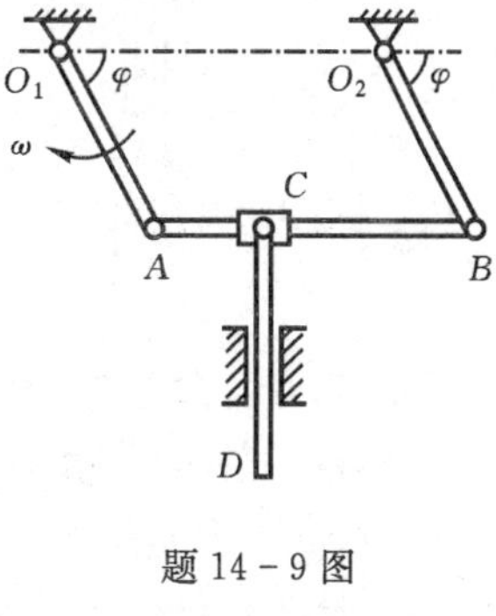

题 14－9 图

14－9　图示铰接平行四边形机构中，$\overline{O_1A}=\overline{O_2B}=10$ cm，又$\overline{O_1O_2}=\overline{AB}$，并且杆$\overline{O_1A}$以匀角速度 $\omega=2$ rad/s 绕 O_1 轴转动。杆 AB 上有一套筒 C，此套筒与杆 CD 铰接，机构的各部件都在同一铅垂面内。求 $\varphi=60°$时，杆 CD 的速度和加速度。

14－10　图示一正切机构。当 OC 杆转动时，通过滑块 A 带动 AB 杆运动。$l=30$ cm。设当 $\theta=30°$时，OC 杆的角速度 $\omega=2$ rad/s，角加速度 $\alpha=1$ rad/s²。求此瞬时 AB 杆的速度和

加速度以及滑块 A 在 OC 杆上滑动的速度和加速度。

14－11　图示小车沿水平方向向右作加速运动，其加速度为 $a=492\ \text{mm/s}^2$。在小车上有一轮绕水平轴 O 转动，轮的半径 $r=200$ mm，转动规律为 $\varphi=t^2$（其中 t 以 s 计，φ 以 rad 计）。当 $t=1$ s 时，轮缘上 A 点的位置如图所示，$\varphi=30°$。求此瞬时 A 点的绝对加速度。

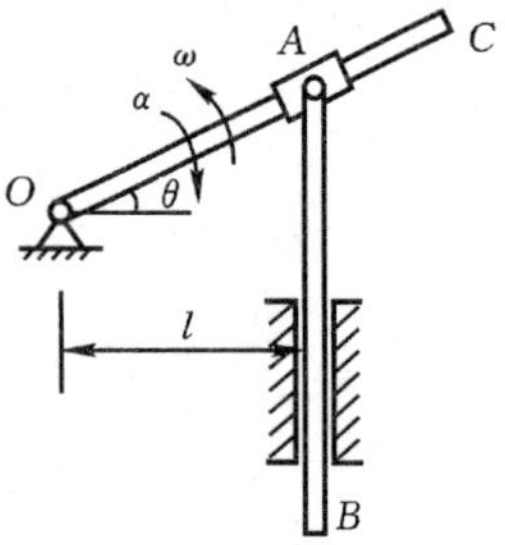

题 14－10 图

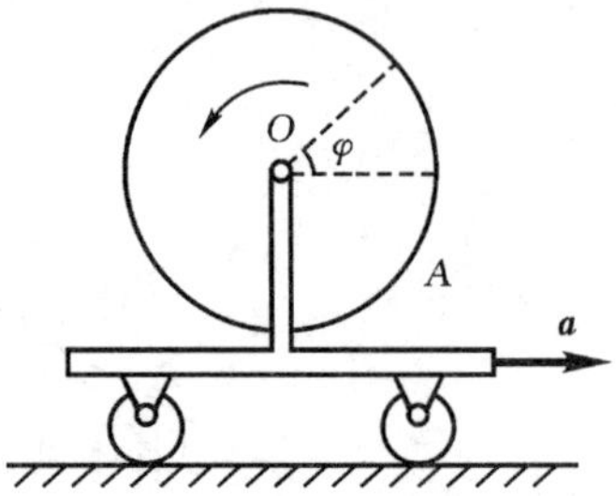

题 14－11 图

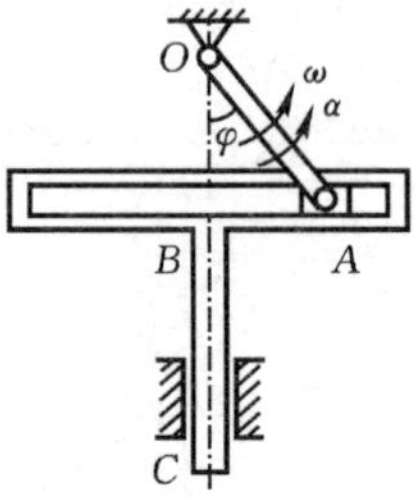

题 14－12 图

14－12　图示曲柄滑道机构中，曲柄长 $\overline{OA}=100$ mm，绕固定轴 O 摆动。在图示瞬时，其角速度 $\omega=1$ rad/s，角加速度 $\alpha=1\ \text{rad/s}^2$，$\varphi=30°$。求此瞬时导杆上 C 点的加速度和滑块 A 在滑道中的相对加速度。

14－13　图示机构中，圆盘 O_1 绕其中心以匀角速度 ω_1 转动，$\omega_1=3$ rad/s。当圆盘转动时，通过圆盘上的销子 M_1 与导槽 CD 带动水平杆 AB 往复运动。同时，在 AB 杆上有一销子 M_2 带动杆 O_2E 绕 O_2 轴左右摆动。设 $r=20$ cm，$l=30$ cm；$\theta=30°$时，$\varphi=30°$。求此瞬时杆 O_2E 的角速度与角加速度。

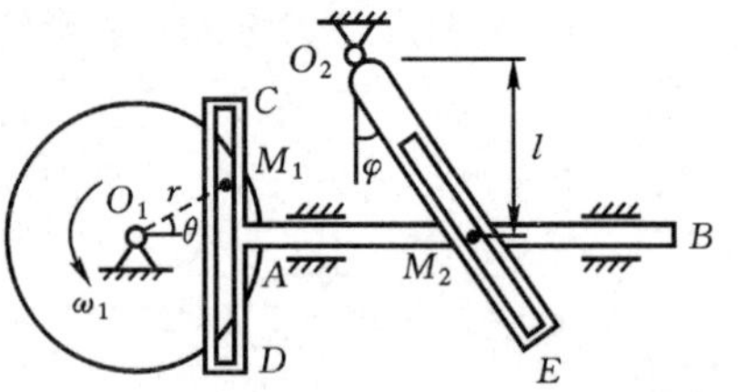

题 14－13 图

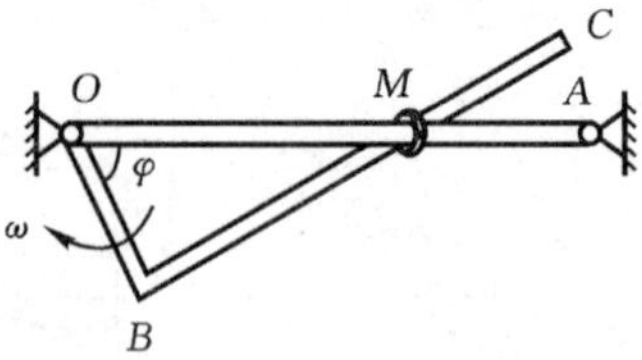

题 14－14 图

14－14　直角弯杆 OBC 绕固定水平轴 O 匀角速度 $\omega=0.5$ rad/s 转动，使套在其上的小环 M 沿固定直杆 OA 滑动。已知 $\overline{OB}=100$ mm，$OB\perp BC$。求当 $\varphi=60°$时，小环 M 的速度和加速度。

14－15　机构中直角折杆 BCD 以匀速 $\boldsymbol{u}$ 平动，OA 杆绕 O 轴作定轴转动，$\omega=$常数。在两杆相交处套一个小环 M。在图示瞬时，尺寸 b 为已知，求此瞬时小环 M 的速度和加速度。

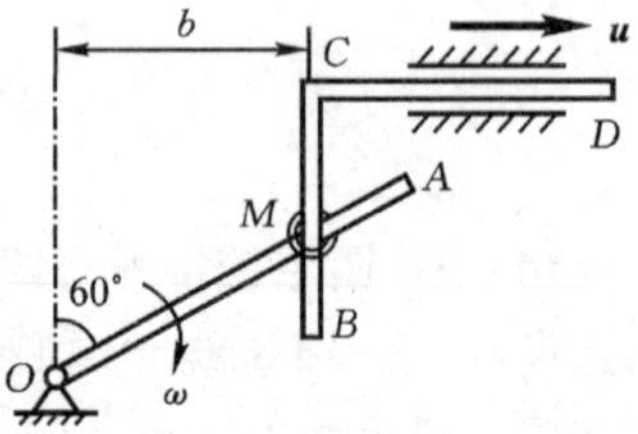

题 14－15 图

14－16　下列所示三种机构中，曲柄 O_1A 长 r，角速度 ω 为常数，$l=4r$。试以 r 与 ω 表示图示位置时水平杆 CD 的速度与加速度。

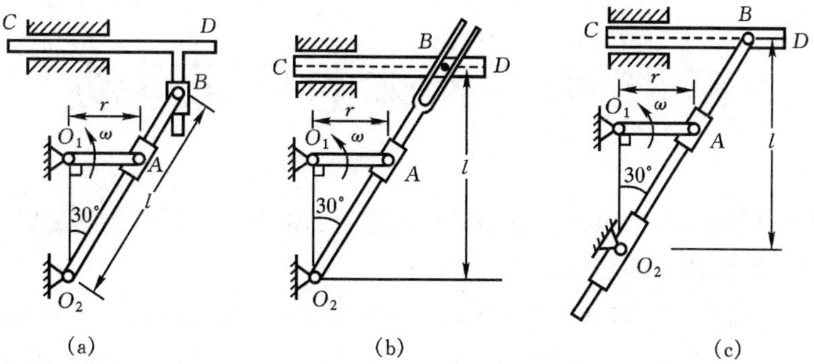

题 14-16 图

第 15 章　刚体的平面运动

在刚体运动过程中，若体内任一点到某一固定平面的距离始终保持不变，则称该刚体的运动为平面平行运动，简称为平面运动。

刚体的平面运动在工程实际中极为常见。例如，沿直线轨道滚动的车轮（图 15-1），曲柄连杆机构中的连杆（图 15-2 中 AB）等构件都是作平面运动的刚体。因此，本章的研究在工程中具有重要的实际意义。

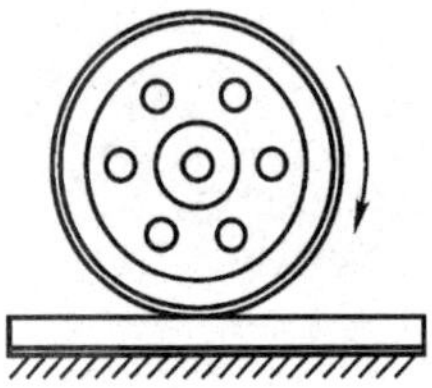

图 15-1

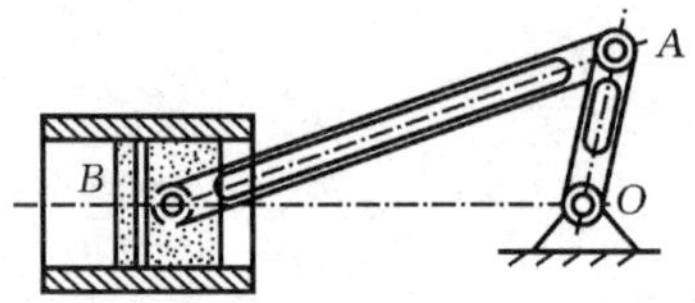

图 15-2

刚体的平面运动是一种比较复杂的运动。本章以上述两章的内容为基础，应用运动的分解和合成的概念，对刚体的平面运动进行分析。

15.1　刚体平面运动的简化和分解

15.1.1　刚体平面运动的简化

设刚体运动过程中，体内任一点到固定平面 $O_1x_1y_1$ 的距离始终保持不变（图 15-3(a)），另取与平面 $O_1x_1y_1$ 相平行的平面 Oxy 横截刚体，截出一个平面图形 S，由刚体平面运动的定义知图形 S 将始终在固定平面 Oxy 内运动。刚体内与 S 垂直的直线 A_1A_2 与 S 的交点为 A，

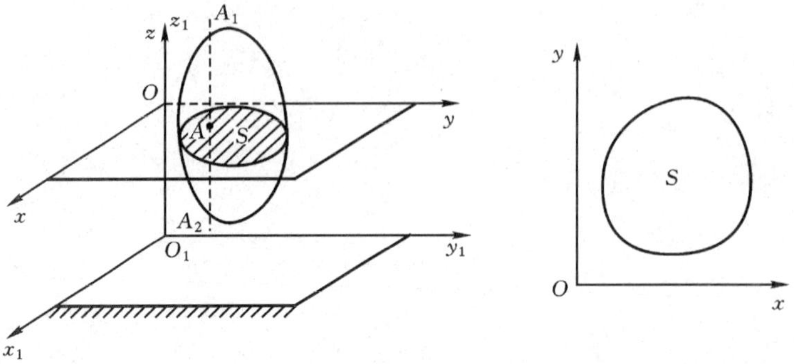

(a)　　(b)

图 15-3

直线 A_1A_2 上各点的运动均相同,因此可用 A 点的运动来代表 A_1A_2 的运动。进而可用图形 S 的运动来代表整个刚体的运动。由此可见,**刚体的平面运动可以简化为平面图形 S 在固定平面 Oxy 内的运动**(图 15-3(b))。

15.1.2　刚体的平面运动方程

如图 15-4 所示,设平面图形 S 在平面 Oxy 内运动。为了确定 S 在任一瞬时的位置,只要确定 S 内任一直线段 AB 的位置即可。AB 的位置可完全由 A 点的坐标 x_A 和 y_A(或矢径 $\boldsymbol{r}_A$)以及 AB 与 x 轴之间的夹角 φ 确定。A 点称为**基点**。当 S 运动时,x_A、y_A 及 φ 都是时间 t 的单值连续函数,可表示为

$$x_A = f_1(t),\quad y_A = f_2(t),\quad \varphi = f_3(t) \qquad (15-1)$$

上式即是平面图形 S 的运动方程,也就是**刚体平面运动的运动方程**。

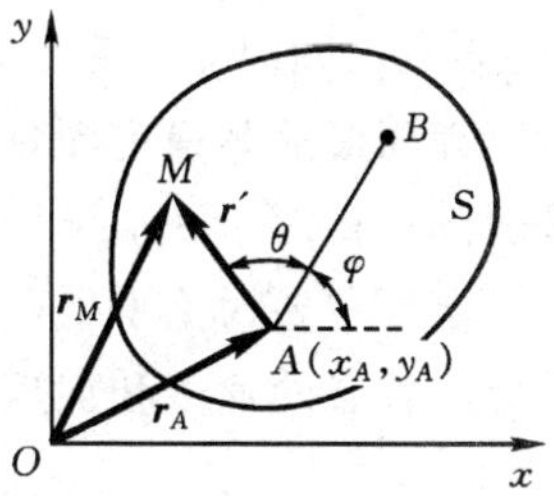

图 15-4

刚体上任一点 M 相对于基点 A 的位置是不随时间变化的,因此刚体平面运动的运动方程不仅完全可以确定平面图形的运动,而且还可以确定平面图形上任一点的运动规律。但研究刚体平面运动时,除了可以采用上述建立平面运动方程的解析法外,还可以应用运动分解与合成的方法。

15.1.3　刚体的平面运动分解为平动和转动

从刚体的平面运动方程可以看出,当平面图形 S 运动时,若 φ 保持不变,则刚体作平面平动;若 x_A 和 y_A 不变,即 A 点不动,则刚体作定轴转动。而一般情况下 x_A、y_A 和 φ 均同时随时间而变化。可见平面图形在固定平面内的运动是由平动和转动合成而得。

如图 15-5 所示,在平面图形上任取一点 A 为基点,以 A 为原点,作一平动坐标系 $Ax'y'$。则平面图形的运动可视为一方面随同平动坐标系 $Ax'y'$(或基点 A)作平动(牵连运动),另一方面又绕基点 A 相对于平动坐标系 $Ax'y'$ 作定轴转动(相对运动)。因此**平面图形的绝对运动可以分解为随基点的牵连平动和绕基点的相对转动**。

应该指出,上述分解对基点的选择未加任何限制,也就是说基点的选择是任意的。那么选择不同的基点对平面运动的分解有什么影响呢?

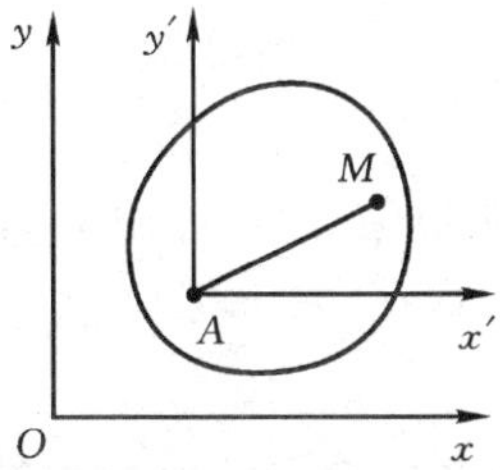

图 15-5

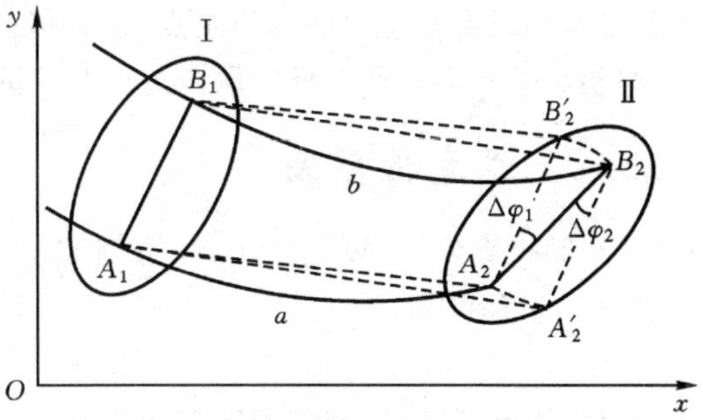

图 15-6

如图 15-6 所示,平面图形由位置Ⅰ经过时间间隔 Δt 后运动到位置Ⅱ,图形上 A、B 的轨

迹分别为曲线 a、b。一般情况下 A、B 两点的速度、加速度是不相同的,因此**平面图形随同基点平动的速度和加速度随基点选取的不同而不同**。然而,由于 $A_2B'_2$ 和 $B_2A'_2$ 均平行于 A_1B_1,可知刚体绕基点 A 转动的转角 $\Delta\varphi_1$ 与绕基点 B 转动的转角 $\Delta\varphi_2$ 大小相等,转向相同。故

$$\lim_{\Delta t \to 0} \frac{\Delta\varphi_1}{\Delta t} = \lim_{\Delta t \to 0} \frac{\Delta\varphi_2}{\Delta t}$$

即 $\dot{\varphi}_1 = \dot{\varphi}_2$,同时 $\ddot{\varphi}_1 = \ddot{\varphi}_2$。因此**平面图形绕基点转动的角速度、角加速度与基点的选择无关**,称为**平面图形的角速度和角加速度**。同时,由于平动坐标系的角速度和角加速度都等于零,因此平面图形相对于平动坐标系和相对于固定坐标系的角速度、角加速度也分别相同。

上面主要讨论了平面运动刚体的整体运动特征,下面应用点的合成运动知识来分析平面图形上各点的速度和加速度。

15.2 平面图形上各点的速度分析

15.2.1 基点法(合成法)

设已知某瞬时平面图形上 A 点的速度为 $\boldsymbol{v}_A$ 和平面图形的角速度为 ω,求平面图形上任一点 M 的速度。

由上节可知,刚体的平面运动可分解为随基点的平动和绕基点的转动。取 A 为基点,建立平动坐标系 $Ax'y'$(图 15-7 中未画出),则由速度合成定理,图形上 M 点的绝对速度

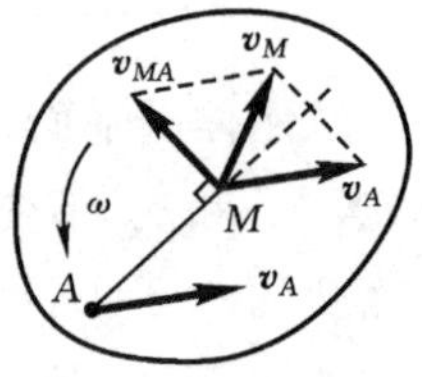

图 15-7

$$\boldsymbol{v}_M = \boldsymbol{v}_e + \boldsymbol{v}_r$$

式中:$\boldsymbol{v}_e$ 为动系上与 M 点重合之点的速度,因动系作平动,所以,$\boldsymbol{v}_e = \boldsymbol{v}_A$;相对速度 $\boldsymbol{v}_r$ 为 M 点绕基点 A 转动的速度,记为 $\boldsymbol{v}_{MA}$,其大小

$$v_{MA} = \overline{AM} \cdot \omega$$

方向垂直于 $\overline{AM}$,指向与 ω 的转向一致,即 $\boldsymbol{v}_r = \boldsymbol{v}_{MA}$,于是

$$\boldsymbol{v}_M = \boldsymbol{v}_A + \boldsymbol{v}_{MA} \tag{15-2}$$

此式表明,**平面图形上任一点的速度等于基点的速度与该点随同图形绕基点转动的速度的矢量和**。上述求平面图形上任一点速度的方法称为**合成法**。在应用合成法时,通常选取平面图形上速度是已知的或容易求得的点为基点,故又称为**基点法**。由于基点的选取是任意的,实质上式(15-2)给出了平面图形上任意两点速度之间的关系。

15.2.2 速度投影法

将式(15-2)投影到 A、M 连线上,注意到 $\boldsymbol{v}_{MA}$ 垂直于 AM,所以 $\boldsymbol{v}_{MA}$ 在 A、M 连线上的投影 $[\boldsymbol{v}_{MA}]_{AM}=0$。于是可得

$$[\boldsymbol{v}_M]_{AM} = [\boldsymbol{v}_A]_{AM} \tag{15-3}$$

该式称为**速度投影定理**,它表明**平面图形上任意两点的速度在两点连线上的投影相等**。该定理反映了刚体上任意两点间距离保持不变的性质,它对于作任何运动形式的刚体都是成立的。

应用速度投影定理来求速度的方法称为**速度投影法**。

例 15－1　图 15－8 所示的平面四连杆机构中，曲柄 OA 长 $r=0.5$ m，以匀角速度 $\omega=4$ rad/s 绕 O 轴顺钟向转动，连杆 AB 长 $l=1$ m。图示瞬时，$OA\perp OO_1$，$AB\perp O_1B$，$\theta=60°$。求此瞬时摇杆 O_1B 的角速度。

解　取连杆 AB 为研究对象，它作平面运动。以 A 为基点，有 $\boldsymbol{v}_B=\boldsymbol{v}_A+\boldsymbol{v}_{BA}$，如表 15－1 所示。

表 15－1

速度	$\boldsymbol{v}_B$	$\boldsymbol{v}_A$	$\boldsymbol{v}_{BA}$
大小	未知	$r\omega$	未知
方向	$\perp O_1B$	$\perp OA$ 向右	$\perp AB$

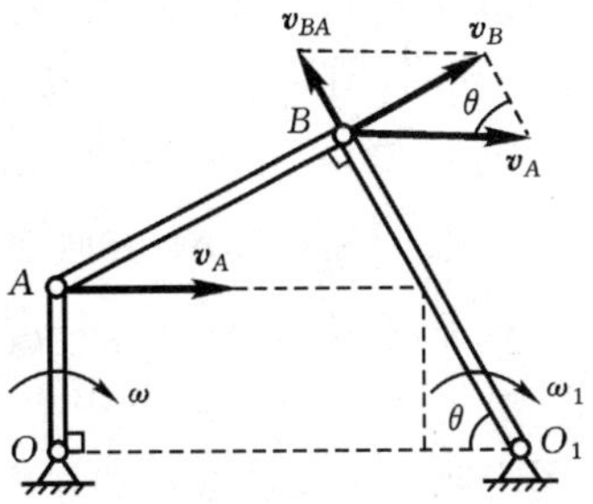

图 15－8

于是，B 点的速度分析如图 15－8 所示。根据图中的几何关系，可得

$$v_B=v_A\sin\theta=r\omega\sin\theta=0.5\times4\times\sin60°=\sqrt{3}\ \text{m/s}$$

$$\overline{O_1B}=\overline{AB}\cot\theta+\overline{OA}/\sin\theta=\cot60°+0.5/\sin60°=2\sqrt{3}/3\ \text{m}$$

故图示瞬时摇杆 O_1B 的角速度为

$$\omega_1=\frac{v_B}{\overline{O_1B}}=\frac{\sqrt{3}}{2\sqrt{3}/3}=1.50\ \text{rad/s}$$

转向为顺钟向。

容易看出，在求 B 点的速度时，若应用速度投影定理则更为简便，请读者自行练习。

例 15－2　如图 15－9(a)所示，半径为 r 的滚轮沿固定直线轨道作纯滚动。已知轮心 O 的速度为 $\boldsymbol{v}_O$，试求轮缘上 A、B、C、D 四点的速度。

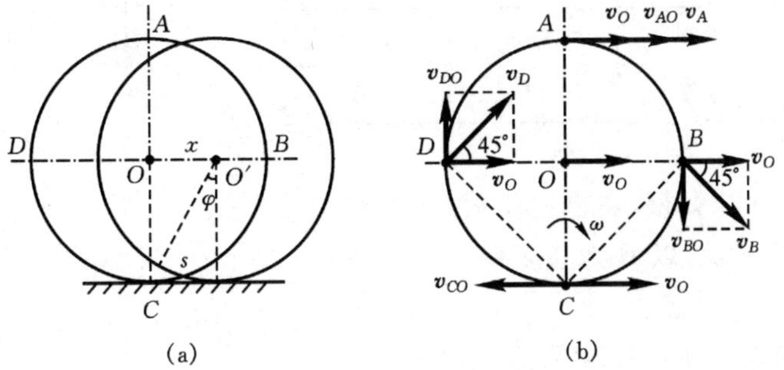

图 15－9

解　取滚轮为研究对象，由于滚轮沿直线轨道滚动而不滑动，因此在任一段时间间隔 Δt 内轮心 O 移动的距离 x 应与轮缘上任一点在同一时间间隔内转过的弧长 $s(=r\varphi)$ 相等（图 15－9(a)），即 $x=s=r\varphi$。将此式对时间求一、二阶导数，得

$$v_O=r\omega,\quad a_O=r\alpha \tag{1}$$

于是可求得滚轮的角速度和角加速度

$$\omega=v_O/r,\quad \alpha=a_O/r \tag{2}$$

(1)、(2)两式表明了当**轮子沿固定直线轨道作纯滚动时，轮子的角速度和角加速度与轮心的速度和加速度的关系**。今后可作为公式直接引用。

现以 O 为基点，分别求 A、B、C、D 各点的速度。

由 $\boldsymbol{v}_A=\boldsymbol{v}_O+\boldsymbol{v}_{AO}$，其中 $v_{AO}=r\omega=v_O$，方向垂直于 OA，指向与 ω 的转向一致，即 $\boldsymbol{v}_{AO}$ 的方向与 $\boldsymbol{v}_O$ 相同(图15-9(b))，故 $v_A=v_O+v_{AO}=2v_O$，方向水平向右。

由 $\boldsymbol{v}_B=\boldsymbol{v}_O+\boldsymbol{v}_{BO}$，其中 $\boldsymbol{v}_{BO}$ 的大小 $v_{BO}=r\omega=v_O$，方向垂直于 OB 向下(图 15-9(b))，故 $v_B=\sqrt{v_O^2+v_{BO}^2}=\sqrt{2}v_O$，方向与 OB 间的夹角为 45°，即与 BC 连线垂直。

同理，可得 $v_D=\sqrt{v_O^2+v_{DO}^2}=\sqrt{2}v_O$，方向与 DC 的连线垂直。

由 $\boldsymbol{v}_C=\boldsymbol{v}_O+\boldsymbol{v}_{CO}$，其中 $\boldsymbol{v}_{CO}$ 的大小 $v_{CO}=r\omega=v_O$，方向与轮心 O 的速度 $\boldsymbol{v}_O$ 相反，故轮缘上与固定轨道的接触点 C 的速度为零，即

$$\boldsymbol{v}_C=0$$

事实上由于轨道固定不动，显而易见，滚轮与轨道间的一对接触点具有相同的瞬时速度。这个结论可以推广到任意刚体沿任意轨道作纯滚动的一般情形，即**当刚体沿轨道作纯滚动时，此刚体与轨道间的一对接触点的瞬时速度相同**。

例 15-3　如图 15-10 所示的平面机构中，在图示瞬时 AC 杆和 O_2B 杆水平，BC 杆与铅垂线的夹角为 30°，$O_1A\perp AC$。已知$\overline{O_1A}=\sqrt{3}r$，$\overline{O_2B}=r$，$\overline{AC}=\overline{BC}=l$，$O_1A$ 绕 O_1 轴顺时针转动的角速度为 ω_1，O_2B 绕 O_2 轴逆时针转动的角速度为 ω_2，求 C 点的速度。

解　先取 AC 为研究对象，以 A 为基点，有

$$\boldsymbol{v}_C=\boldsymbol{v}_A+\boldsymbol{v}_{CA} \tag{1}$$

其中，这三个速度的大小和方向如表 15-2 所示。

表 15-2

速度	$\boldsymbol{v}_C$	$\boldsymbol{v}_A$	$\boldsymbol{v}_{CA}$
大小	未知	$\sqrt{3}r\omega_1$	未知
方向	未知	$\perp O_1A$	$\perp AC$

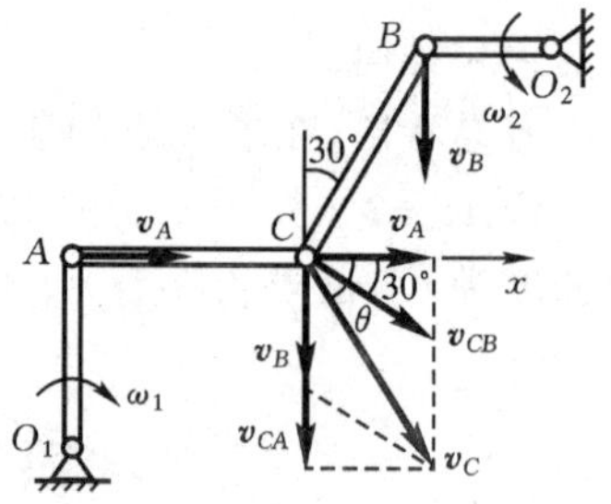

图 15-10

显然，方程中出现三个未知量，需建立补充方程。

再取 BC 为研究对象，以 B 为基点有

$$\boldsymbol{v}_C=\boldsymbol{v}_B+\boldsymbol{v}_{CB} \tag{2}$$

其中，这三个速度的大小和方向如表 15-3 所示。

表 15-3

速度	$\boldsymbol{v}_C$	$\boldsymbol{v}_B$	$\boldsymbol{v}_{CB}$
大小	未知	$r\omega_2$	未知
方向	未知	$\perp O_2B$	$\perp CB$

方程(1)、(2)中共有四个未知量，可联立求解。有

$$\boldsymbol{v}_A+\boldsymbol{v}_{CA}=\boldsymbol{v}_B+\boldsymbol{v}_{CB} \tag{3}$$

速度矢量关系如图 15 - 10 所示。将(3)式向 x 轴投影，得

$$v_A = v_{CB}\cos 30^\circ$$

或 $v_{CB} = v_A/\cos 30^\circ$，代入(2)式，解得

$$v_{Cx} = v_{CB}\cos 30^\circ = v_A = \sqrt{3}r\omega_1$$

$$v_{Cy} = v_B + v_{CB}\sin 30^\circ = r\omega_2 + \sqrt{3}r\omega_1\tan 30^\circ = r(\omega_1 + \omega_2)$$

本题也可用速度投影定理求解。由 $\boldsymbol{v}_C$ 在 A、C 连线投影和 $\boldsymbol{v}_C$ 在 B、C 连线投影可解得 $\boldsymbol{v}_C$ 的大小和方向。读者自行练习。

15.2.3　瞬心法

1. 速度瞬心的概念

在应用基点法求平面图形上任一点的速度时，基点可以是平面图形上的任一点。不难看出，如果选取平面图形上(或其延伸部分上)速度为零的点为基点，则求解过程会得到简化。

下面先证明，在一般情况下，每一瞬时平面图形(或其延伸部分)上存在速度为零的一点。

已知某瞬时平面图形上某点 O 的速度 $\boldsymbol{v}_O$ 和平面图形的角速度 ω(图 15 - 11)，将速度矢 $\boldsymbol{v}_O$ 绕 O 点沿 ω 转向转过 90°作一射线。以 O 为基点，则此射线上各点的牵连速度都等于 $\boldsymbol{v}_O$，而相对速度的方向与 $\boldsymbol{v}_O$ 相反，大小正比于该点至基点 O 的距离。因此，在射线上必须有且只有一点 P，满足

$$\boldsymbol{v}_O = -\boldsymbol{v}_{PO}$$

即 $\boldsymbol{v}_O$ 与 $\boldsymbol{v}_{PO}$ 等值、反向。因而，P 点就是该瞬时平面图形上速度为零的点。且由

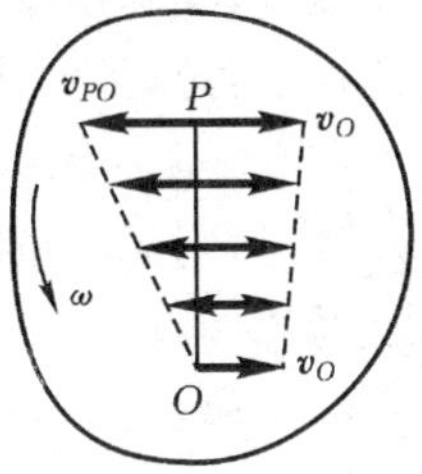

图 15 - 11

$$v_{PO} = \overline{PO}\omega = v_O$$

可得 P 点的位置

$$\overline{PO} = v_O/\omega \tag{15-4}$$

某瞬时平面图形(或其延伸部分)上速度为零的点，称为平面图形在该**瞬时的瞬时速度中心**，简称为**速度瞬心**。请注意，速度瞬心并不是平面图形上的一个固定点，其位置是随时间而变化的；在不同瞬时，它在平面图形上的位置也不同。可以看出，如果已知平面图形上任一点的速度，则图形的速度瞬心 P 必然在过该点且与该点的速度矢相垂直的直线上。

2. 速度瞬心法

以速度瞬心 P 为基点求速度的方法，称为**速度瞬心法**。

如果以速度瞬心 P 为基点，则平面图形上任一点 M 的速度

$$\boldsymbol{v}_M = \boldsymbol{v}_{MP} \tag{15-5}$$

即平面图形上任一点的速度等于该点绕速度瞬心作圆周运动的速度。

图 15 - 12 为平面图形绕速度瞬心转动时，图形上各点速度分布图。由图可见，其速度分布就像定轴转动时一样。这个转动的角速度就是图形的绝对角速度(但平面图形绕速度瞬心转动与刚体定轴转动是有原则差别的，请读者思考)。

3. 确定速度瞬心位置的方法

用速度瞬心法求平面图形上各点的速度，首先须确定速度瞬心的位置。下面介绍各种情况下确定速度瞬心位置的一般方法。

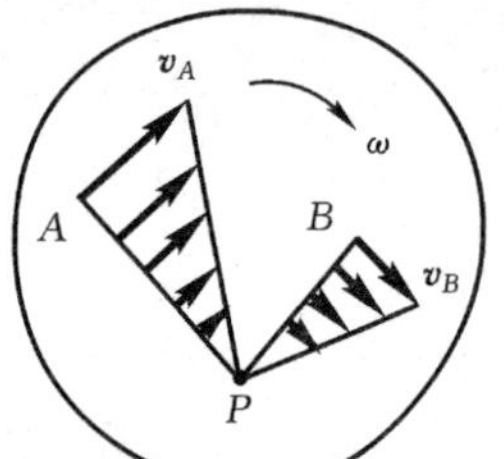

图 15－12

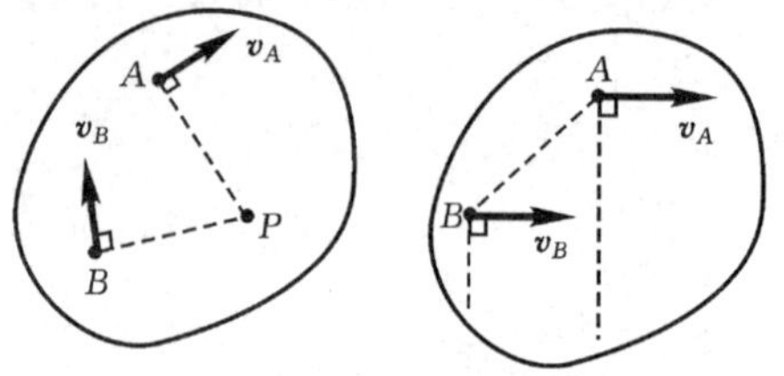

(a)　　(b)

图 15－13

(1)已知某瞬时平面图形上 A、B 两点速度的方向，且互不平行(图 15－13(a))。过 A、B 分别作 $\boldsymbol{v}_A$ 和 $\boldsymbol{v}_B$ 的垂线，交点 P 即为图形的速度瞬心。

特殊地，若 $\boldsymbol{v}_A // \boldsymbol{v}_B$，但与连线 AB 不垂直(图 15－13(b))，这时，速度瞬心 P 在无穷远处，该瞬时图形的角速度 $\omega = v_A/\overline{PA} = v_A/\infty = 0$。事实上该瞬时图形上各点的速度都相互平行且大小相等，其速度分布与刚体平动一样，故称图形此时的运动状态为**瞬时平动**。但要注意，此时图形上各点的加速度并不一定相等。

(2)已知某瞬时平面图形上 A、B 两点速度的大小，且其方向都垂直于 AB 连线(图 15－14(a)、(b))，则无论 $\boldsymbol{v}_A$、$\boldsymbol{v}_B$ 同向还是反向，两速度矢端连线与 A、B 连线的交点 P，即为图形的速度瞬心。

特殊地，若 $\boldsymbol{v}_A$ 与 $\boldsymbol{v}_B$ 的大小相等且指向相同(图 15－14(c))，此时，图形的速度瞬心也在无穷远处，与图 15－13(b)的情况相同，图形处于瞬时平动状态。

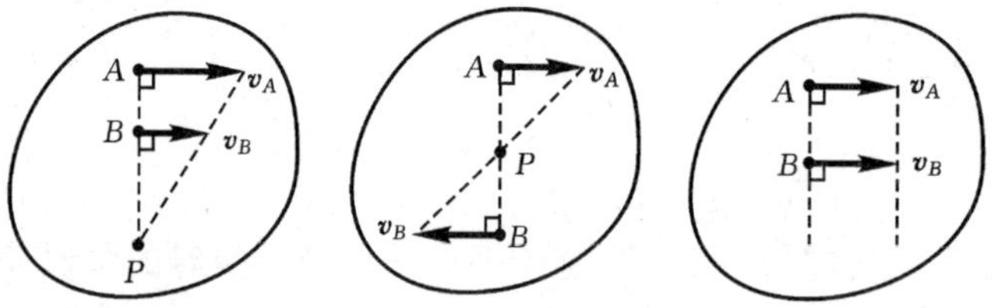

(a)　　(b)　　(c)

图 15－14

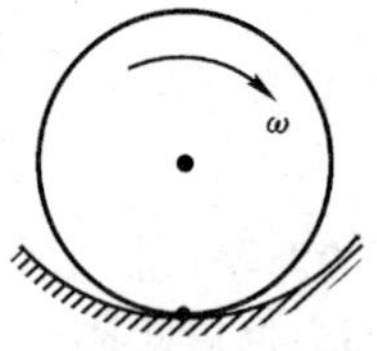

图 15－15

(3)已知平面图形沿某一固定曲线(或直线)轨道作纯滚动(图 15－15)，则平面图形上与固定轨道的接触点 P 即为图形在该瞬时的速度瞬心。

在平面机构的运动分析中，常采用速度瞬心法求解图形上某些点的速度。

例 15－4　在图 15－16(a)所示的平面机构中，杆 O_1A 和 O_2B 可分别绕水平固定轴 O_1 和 O_2 转动。半径为 R 的圆轮相对于杆 O_2B 作纯滚动，其轮心与杆端 A 铰接。在图示瞬时，杆 O_1A 以角速度 ω_1 顺时针转动，它与水平线的夹角为 φ；杆 O_2B 水平，轮与杆 O_2B 的接触点为 C，且 $\overline{O_2C} = l$。若 $\overline{O_1A} = r$，求此瞬时圆轮的角速度 ω 和杆 O_2B 的角速度 ω_2。

解　取圆轮为研究对象，它作平面运动。轮心的速度 $v_A = r\omega_1$，方向垂直于 O_1A 而偏向右上方(图 15－16(b))。因为轮与杆 O_2B 之间无相对滑动，则轮与杆 O_2B 之间的一对接触点 C 应具有相同的速度，即 $\boldsymbol{v}_C \perp O_2B$。过点 A 和 C 分别作 $\boldsymbol{v}_A$ 和 $\boldsymbol{v}_C$ 的垂线，其交点 P 即为图示瞬

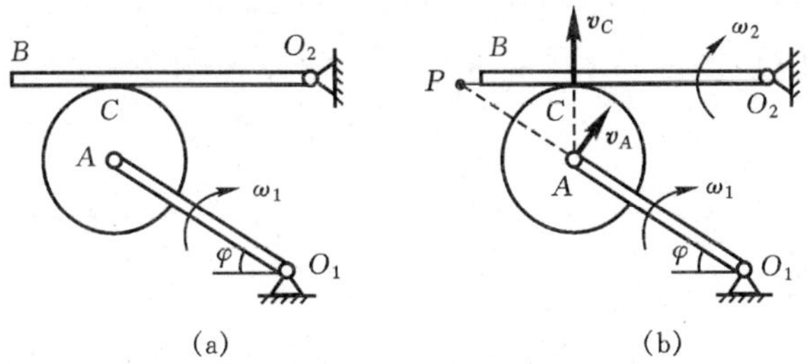

图 15-16

时圆轮的速度瞬心。

由几何关系可得$\overline{PA}=R/\sin\varphi$，$\overline{PC}=R\cot\varphi$。故圆轮的角速度为

$$\omega=\frac{v_A}{\overline{PA}}=\frac{r\omega_1}{R/\sin\varphi}=\frac{r}{R}\omega_1\sin\varphi$$

转向为逆时针方向。

$$v_C=\overline{PC}\cdot\omega=R\cot\varphi\cdot\frac{r}{R}\omega_1\sin\varphi=r\omega_1\cos\varphi$$

杆 O_2B 的角速度为

$$\omega_2=\frac{v_C}{l}=\frac{r}{l}\omega_1\cos\varphi$$

转向为顺时针方向。

例 15-5　轧碎机的活动夹板 AB 长为 0.6 m，由曲柄 OE 借助于杆 CE、CD 和 BC 带动而绕 A 轴摆动(图 15-17)。曲柄 OE 长 0.1 m，转速 $n=100$ r/min。杆 BC 和 CD 长均为 0.4 m。求图示位置时夹板 AB 的角速度。

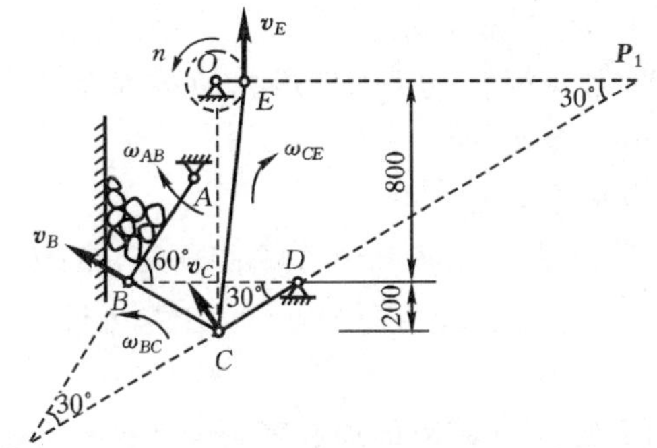

图 15-17

解　夹板 AB 绕 A 轴转动，要求它的角速度 ω_{AB}，应先求出 B 端的速度 $\boldsymbol{v}_B$；而 BC 杆作平面运动，要求 $\boldsymbol{v}_B$ 又应先求出 C 点的速度 $\boldsymbol{v}_C$。根据 CD 杆绕 D 轴转动，可知 $\boldsymbol{v}_C\perp CD$，而 $\boldsymbol{v}_C$ 的大小要根据 CE 杆的运动来确定。其中

$$v_E=\overline{OE}\cdot\frac{2n\pi}{60}=0.1\times\frac{2\times100\pi}{60}=1.05\ \text{m/s}$$

先取 CE 为研究对象，过 C、E 两点分别作 $\boldsymbol{v}_C$、$\boldsymbol{v}_E$ 的垂线，交点 P_1 就是 CE 杆在图示瞬时的速度瞬心。由图示几何关系可知

$$\overline{P_1C} = \overline{OC}/\sin30° = 2\ \text{m}$$

$$\overline{P_1E} = \overline{P_1O} - \overline{OE} = \overline{P_1C}\cos30° - \overline{OE} = 2\times\sqrt{3}/2 - 0.1 = 1.63\ \text{m}$$

于是杆 CE 的角速度

$$\omega_{CE} = \frac{v_E}{\overline{P_1E}} = \frac{\pi}{3\times1.63} = 0.64\ \text{rad/s}$$

C 点的速度大小

$$v_C = \overline{P_1C}\cdot\omega_{CE} = 2\times0.64 = 1.28\ \text{m/s}$$

再取 BC 杆为研究对象。$\boldsymbol{v}_C$ 的大小和方向都已求出,$\boldsymbol{v}_B$ 的方位应垂直于 BA。分别过点 C 和 B 作 $\boldsymbol{v}_C$ 和 $\boldsymbol{v}_B$ 的垂线,其交点 P_2 即为 BC 杆在图示位置的速度瞬心。

由于 $v_B/\overline{P_2B}=v_C/\overline{P_2C}$,所以

$$v_B = v_C\cdot\overline{P_2B}/\overline{P_2C} = v_C\cos30° = 1.28\times0.866 = 1.11\ \text{m/s}$$

于是,AB 杆的角速度

$$\omega_{AB} = v_B/\overline{AB} = 1.11/0.6 = 1.85\ \text{rad/s}$$

转向为顺时针方向。

应该注意,当一个机构中有几个作平面运动的构件(如本例中的 BC 和 CE)时,每个构件有各自的速度瞬心和角速度,必须分别求出。

15.3 平面图形上各点加速度分析的基点法

如图 15-18 所示,已知某瞬时平面图形上某一点 A 的加速度为 $\boldsymbol{a}_A$,平面图形的角速度为 ω,角加速度为 α,求图形上任一点 M 的加速度 $\boldsymbol{a}_M$。

以 A 为基点,根据加速度合成定理,有

$$\boldsymbol{a}_a = \boldsymbol{a}_e + \boldsymbol{a}_r$$

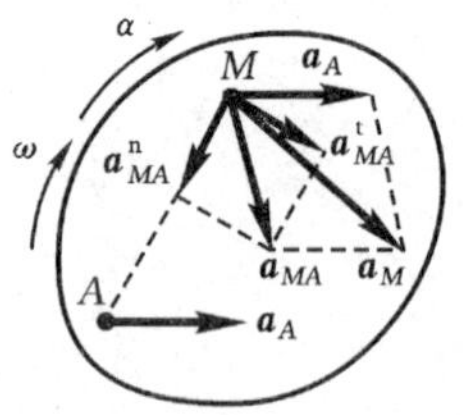

图 15-18

这里,$\boldsymbol{a}_a=\boldsymbol{a}_M$,$\boldsymbol{a}_e=\boldsymbol{a}_A$。相对加速度 $\boldsymbol{a}_r$ 为平面图形上 M 点绕基点 A 作圆周运动的加速度,记为 $\boldsymbol{a}_{MA}$,即 $\boldsymbol{a}_r=\boldsymbol{a}_{MA}$。显见

$$\boldsymbol{a}_{MA} = \boldsymbol{a}_{MA}^{t} + \boldsymbol{a}_{MA}^{n}$$

式中:$\boldsymbol{a}_{MA}^{t}$ 的大小为 $a_{MA}^{t}=\overline{AM}\cdot\alpha$,方位垂直于 AM,指向与 α 的转向一致;$\boldsymbol{a}_{MA}^{n}$ 的大小为 $a_{MA}^{n}=\overline{AM}\cdot\omega^2$,方向恒指向基点 A。于是可得

$$\boldsymbol{a}_M = \boldsymbol{a}_A + \boldsymbol{a}_{MA}^{t} + \boldsymbol{a}_{MA}^{n} \qquad (15-6)$$

即平面图形上任一点的加速度,等于基点的加速度与该点绕基点作圆周运动的切向加速度和法向加速度的矢量和。这就是求解平面图形上任一点加速度的**基点法**。

应当指出:(1)公式(15-6)是一个矢量方程,应用时通常将它向平面坐标轴上投影,可得到两个投影方程。

(2)由于平面图形的角速度 ω 一般不为零,即 $\boldsymbol{a}_{MA}^{n}$ 的大小一般不为零,故没有类似于点的速度投影定理那样的加速度投影定理。

例 15-6 图 15-19(a)所示的四连杆机构中,$\overline{O_1A}=16$ cm,$\overline{O_2B}=34$ cm,$\overline{AB}=\overline{O_1O_2}=15$ cm,在图示瞬时,杆 O_1A 的角速度 $\omega_1=2$ rad/s,角加速度 $\alpha_1=0$。试求此瞬时杆 AB 的角速度 ω_{AB} 和角加速度 α_{AB},以及杆 O_2B 的角速度 ω_2 和角加速度 α_2。

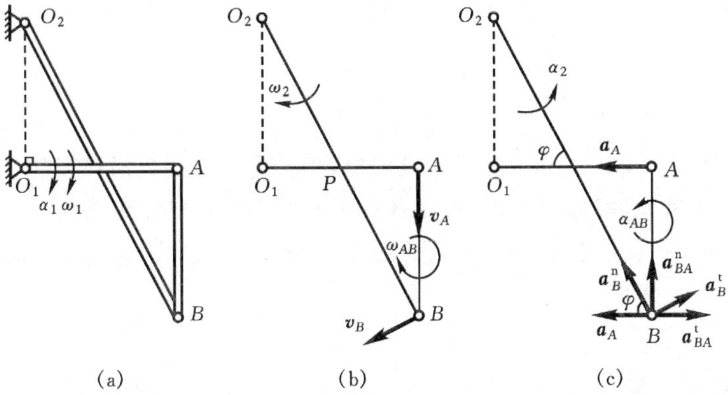

图 15-19

解 取杆 AB 为研究对象,它作平面运动。由 A、B 点的速度方向,可知该瞬时 AB 杆的速度瞬心在 P 点。根据图中的几何关系可得,$\overline{PA}=8\ \mathrm{cm}$,$\overline{PB}=17\ \mathrm{cm}$,所以杆 AB 的角速度

$$\omega_{AB}=v_A/\overline{PA}=\overline{O_1A}\cdot\omega_1/\overline{PA}=32/8=4\ \mathrm{rad/s}$$

转向为顺时针方向(图 15-19(b))。B 点的速度

$$v_B=\overline{PB}\cdot\omega=17\times4=68\ \mathrm{cm/s}$$

故杆 O_2B 的角速度

$$\omega_2=v_B/\overline{O_2B}=68/34=2\ \mathrm{rad/s}$$

转向为顺时针方向。

以 A 为基点,则 B 点的加速度

$$\boldsymbol{a}_B^{\mathrm{n}}+\boldsymbol{a}_B^{\mathrm{t}}=\boldsymbol{a}_A+\boldsymbol{a}_{BA}^{\mathrm{t}}+\boldsymbol{a}_{BA}^{\mathrm{n}} \tag{1}$$

以上五个加速度的大小和方向如表 15-4 所示。

表 15-4

加速度	$\boldsymbol{a}_B^{\mathrm{t}}$	$\boldsymbol{a}_B^{\mathrm{n}}$	$\boldsymbol{a}_A$	$\boldsymbol{a}_{BA}^{\mathrm{t}}$	$\boldsymbol{a}_{BA}^{\mathrm{n}}$
大小	未知	$\overline{O_2B}\cdot\omega_2^2$	$\overline{O_1A}\cdot\omega_1^2$	未知	$\overline{AB}\cdot\omega_{AB}^2$
方向	$\perp O_2B$	由 B 指向 O_2	由 A 指向 O_1	$\perp AB$	由 B 指向 A

加速度矢量关系如图 15-19(c)所示。将(1)式向 BO_2 方向投影,得

$$a_B^{\mathrm{n}}=a_A\cos\varphi+a_{BA}^{\mathrm{n}}\sin\varphi-a_{BA}^{\mathrm{t}}\cos\varphi$$

解得

$$\begin{aligned}a_{BA}^{\mathrm{t}}&=(a_A\cos\varphi+a_{BA}^{\mathrm{n}}\sin\varphi-a_B^{\mathrm{n}})/\cos\varphi\\&=\left(64\times\frac{8}{17}+15\times4^2\times\frac{15}{17}-34\times2^2\right)\Big/\left(\frac{8}{17}\right)\\&=7.5\ \mathrm{cm/s^2}\end{aligned}$$

故杆 AB 的角加速度

$$\alpha_{AB}=a_{BA}^{\mathrm{t}}/\overline{AB}=7.5/15=0.5\ \mathrm{rad/s^2}$$

转向为逆时针方向(图 15-19(c))。

再将(1)式向 O_2B 的垂线方向投影,得

$$a_B^{\mathrm{t}}=-a_A\sin\varphi+a_{BA}^{\mathrm{t}}\sin\varphi+a_{BA}^{\mathrm{n}}\cos\varphi=-64\times\frac{15}{17}+7.5\times\frac{15}{17}+15\times4^2\times\frac{8}{17}=\frac{1\ 185}{34}\ \mathrm{cm/s^2}$$

所以杆 O_2B 的角加速度为

$$\alpha_2 = \frac{a_B^t}{\overline{O_2B}} = \frac{1\ 185}{34 \times 34} = 1.03\ \text{rad/s}^2$$

转向为逆时针方向。

例 15－7　图 15－20(a)所示的平面机构中,半径为 r 的圆盘沿倾角为 $\theta=30°$ 的斜面作纯滚动,盘心 O 的速度 $v_O \equiv 120$ cm/s。杆 AB 长为 $l=2r=40$ cm,其 A 端可沿倾角 $\beta=60°$ 的斜面滑动,B 端与圆盘铰接。当杆 AB 在图示水平位置时,试求圆盘速度瞬心的加速度以及杆 AB 的角速度和角加速度。

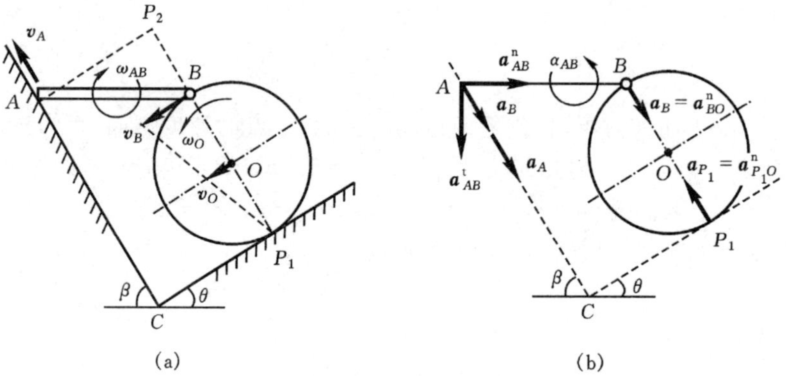

图 15－20

解　先取圆盘为研究对象,它作纯滚动。圆盘与斜面的接触点 P_1 为其速度瞬心(图 15－20(a)),则 B 的速度为

$$v_B = 2v_O = 2 \times 120 = 240\ \text{cm/s}$$

圆盘的角速度　　$\omega_O = v_O/r = 120/20 = 6\ \text{rad/s}$

由于盘心 O 的速度为常量,所以盘心的加速度 $a_O=0$,圆盘的角加速度 $\alpha_O=0$。以盘心 O 为基点,有

$$\boldsymbol{a}_{P_1} = \boldsymbol{a}_O + \boldsymbol{a}_{P_1O}^t + \boldsymbol{a}_{P_1O}^n = \boldsymbol{a}_{P_1O}^n$$

即 $a_{P_1} = a_{P_1O}^n = r\omega_O^2 = 20 \times 6^2 = 720\ \text{cm/s}^2$,方向如图 15－20(b)所示。

$$\boldsymbol{a}_B = \boldsymbol{a}_O + \boldsymbol{a}_{BO}^t + \boldsymbol{a}_{BO}^n = \boldsymbol{a}_{BO}^n$$

即 $a_B = a_{BO}^n = r\omega_O^2 = 20 \times 6^2 = 720\ \text{cm/s}^2$,方向如图 15－20(b)所示。

再取 AB 杆为研究对象,它作平面运动。由 A 点和 B 点的速度方向可得杆在此瞬时的速度瞬心 P_2(图 15－20(a))。由图中的几何关系,得

$$\overline{BP_2} = l\sin\theta = 40\sin 30° = 20\ \text{cm}$$

故 AB 杆的角速度

$$\omega_{AB} = v_B/\overline{BP_2} = 240/20 = 12\ \text{rad/s}$$

转向为顺时针方向。

以 B 为基点,则 A 点的加速度

$$\boldsymbol{a}_A = \boldsymbol{a}_B + \boldsymbol{a}_{AB}^t + \boldsymbol{a}_{AB}^n \tag{1}$$

以上四个加速度的大小和方向如表 15－5 所示。

表 15－5

加速度	a_A	a_B	a_{AB}^{t}	a_{AB}^{n}
大小	未知	已知	未知	$l\omega_{AB}^2$
方向	沿斜面 AC	由 A 指向 C	$\perp AB$	由 A 指向 B

加速度矢量关系如图 15－20(b)所示。将(1)式向 AP_2 方向投影,可得

$$0=-a_{AB}^{t}\cos\beta+a_{AB}^{n}\cos\theta$$

解得　$a_{AB}^{t}=a_{AB}^{n}\cos\theta/\cos\beta=40\times12^2\cos30°/\cos60°=5\ 760\sqrt{3}\ \mathrm{cm/s^2}$

故 AB 杆的角加速度

$$\alpha_{AB}=a_{AB}^{t}/\overline{AB}=5\ 760\sqrt{3}/40=249\ \mathrm{rad/s^2}$$

转向为逆时针方向。

思考题

15－1　刚体的平面运动可分解为平动和转动。那么能不能说刚体的平动和定轴转动都是平面运动的特殊情形？为什么？

15－2　任一瞬时平面图形对于固定参考系的角速度和角加速度,与平面图形相对于任选基点或任选平动参考系的角速度和角加速度是否相等？

15－3　试判断图示各平面图形上的速度分布情况是否可能,并说明理由。

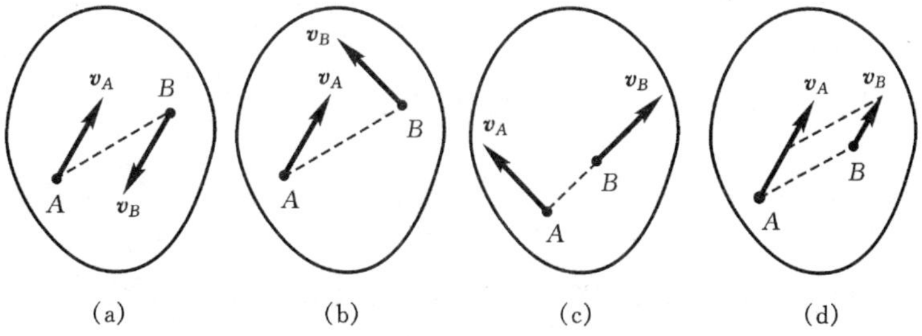

思 15－3 图

15－4　试确定图示各平面机构中作平面运动的构件在图示瞬时的速度瞬心位置。

15－5　刚体的平动和瞬时平动的概念有什么不同？

15－6　某瞬时平面图形上各点的速度和加速度分布是不是都与平面图形在该瞬时绕平面图形的速度瞬心转动一样？

15－7　设平面图形上任意两点 A 和 B 的速度和加速度分别为 $\boldsymbol{v}_A$、$\boldsymbol{v}_B$ 和 $\boldsymbol{a}_A$、$\boldsymbol{a}_B$,M 为 A、B 连线的中点,求证:

$$\boldsymbol{v}_M=\frac{1}{2}(\boldsymbol{v}_A+\boldsymbol{v}_B),\quad \boldsymbol{a}_M=\frac{1}{2}(\boldsymbol{a}_A+\boldsymbol{a}_B)$$

15－8　在图示两平面机构中,$\overline{O_1A}=\overline{O_2B}$,图示瞬时,$O_1A\,/\!/\,O_2B$。试问该瞬时角速度 ω_1 与 ω_2、角加速度 α_1 和 α_2 是否相等？

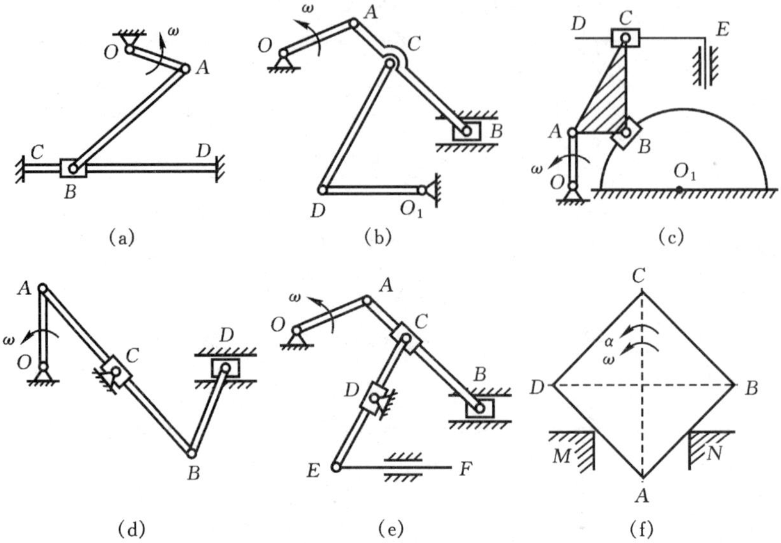

思 15 - 4 图

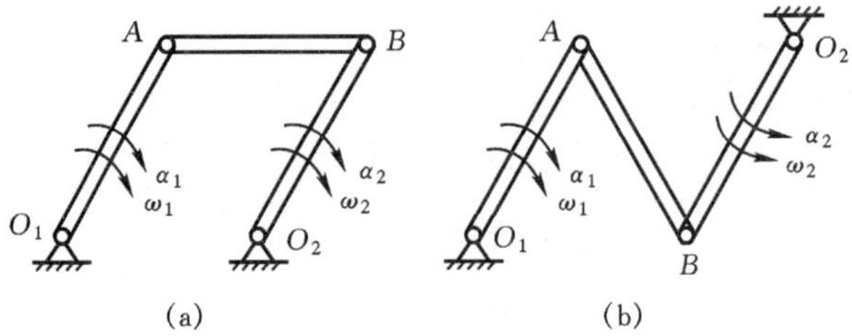

思 15 - 8 图

习　题

15 - 1　曲柄 OC 以匀角速度 ω_O 绕 O 轴转动，带动椭圆规尺 AB 作平面运动。$\overline{OC}=\overline{AC}=\overline{BC}=r$。若 $t=0$ 时，$\varphi=0$，试以 C 为基点，求椭圆规尺 AB 的平面运动方程，以及 $\varphi=45°$时滑块 A 和 B 的速度。

15 - 2　半径为 r 的圆轮沿固定直线轨道作纯滚动。如图所示，已知其轮心 C 的运动规律为 $x_C=x_C(t)$。试以轮心为基点，求圆轮的平面运动方程以及圆轮的角速度和角加速度。

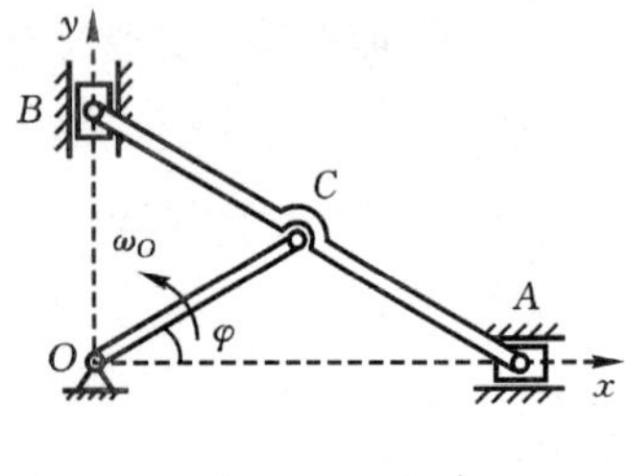

题 15 - 1 图

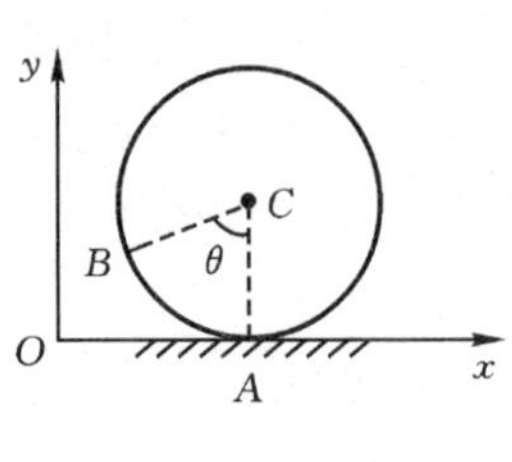

题 15 - 2 图

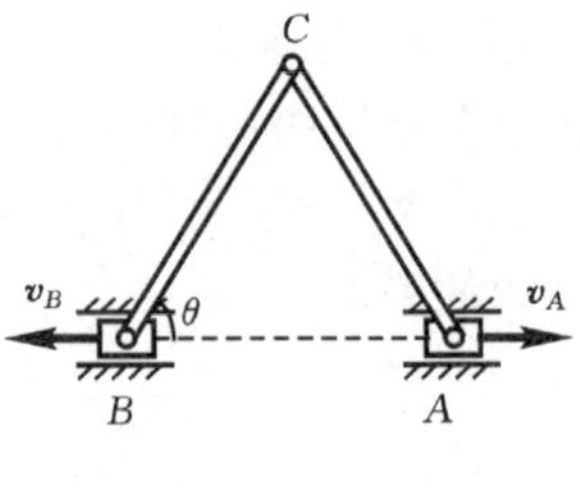

题 15 - 3 图

15 - 3　图示平面机构中，两杆 AC 和 BC 长度相等，当 $\theta=60°$时，滑块 A 向右运动的速度

$v_A = 2$ m/s，滑块 B 向左运动的速度 $v_B = 3$ m/s。试求此瞬时 C 点的速度。

15－4　图示滚轮沿固定直线轨道作纯滚动。已知轮心 O 的速度 $\boldsymbol{v}_O$ 为常矢量，滚轮的大小半径分别为 R 和 r。试求轮缘上 A、B、D、E 各点的速度。

15－5　图示四连杆机构中，$\overline{OA} = \overline{O_1B} = \frac{1}{2}\overline{AB}$。图示瞬时，曲柄 OA 在上方铅垂位置，绕 O 轴逆钟向转动的角速度 $\omega_O = 3$ rad/s，O、O_1、B 三点在同一条水平线上。试求此瞬时杆 AB 和曲柄 O_1B 的角速度。

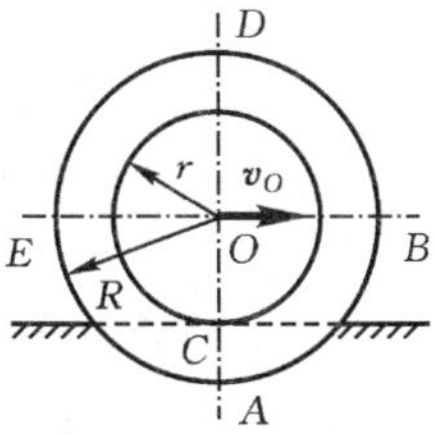

题 15－4 图

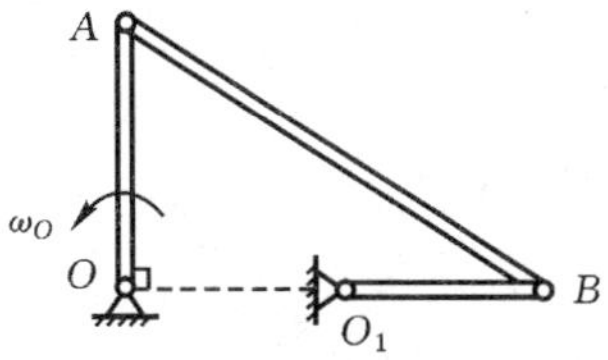

题 15－5 图

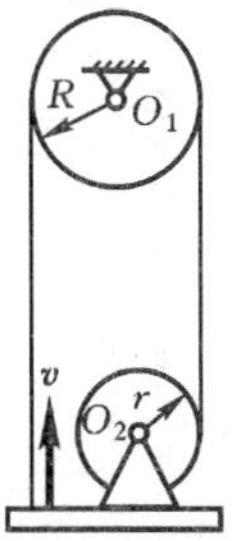

题 15－6 图

15－6　图示平台式电动起重机的动滑轮 O_2 的半径为 r，欲使平台以匀速 $\boldsymbol{v}$ 上升，试求动滑轮 O_2 的角速度 ω_2 应为多大，并确定动滑轮 O_2 速度瞬心的位置。

15－7　图示小型精压机的传动机构中，$\overline{OA} = \overline{O_1B} = r = 10$ cm，$\overline{AC} = \overline{BC} = \overline{BD} = l = 40$ cm。图示瞬时，曲柄 OA 绕 O 轴顺钟向转动的角速度 $\omega_O = 2$ rad/s，$OA \perp AC$，$O_1B \perp CD$，OC 和 DE 在铅垂位置，O_1C 水平。求此瞬时压头 E 的速度。

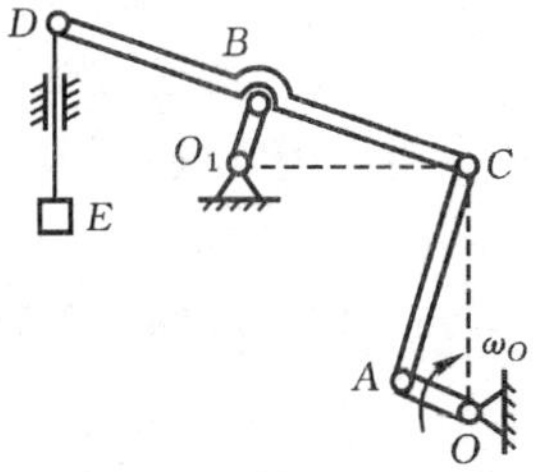

题 15－7 图

15－8　如图所示，杆 AB 和滚轮 O 间无相对滑动，杆 AB 的端点 A 沿水平轨道以匀速 $\boldsymbol{v}$ 向右滑动，带动滚轮沿同一水平轨道作纯滚动。若滚轮的半径为 r，试求当杆与轨道间的夹角 $\varphi = 60°$ 时，滚轮 O 的角速度。

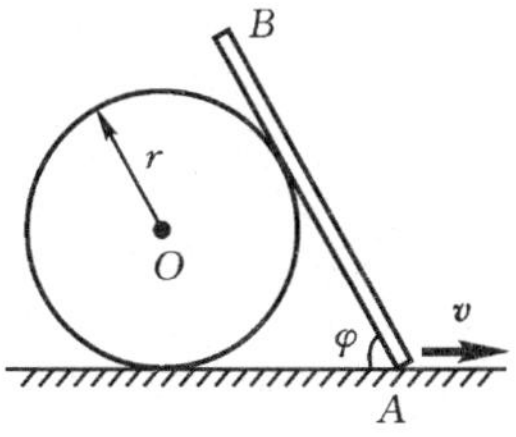

题 15－8 图

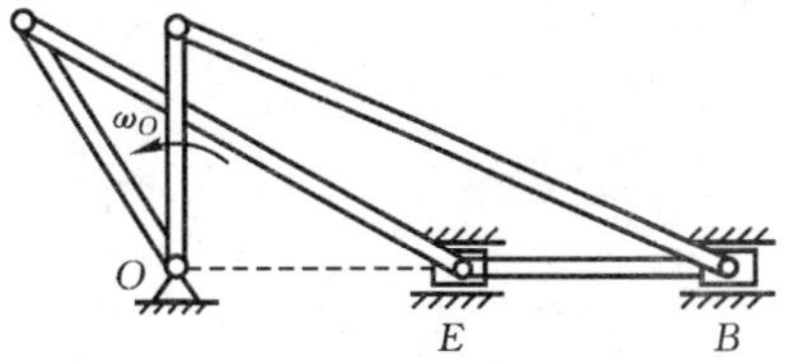

题 15－9 图

15－9　图示双曲柄连杆机构的滑块 B 和 E 用直杆连接。主动曲柄 OA 与从动曲柄 OD 都绕 O 轴转动，主动曲柄 OA 以角速度 $\omega_O = 12$ rad/s 匀速转动。已知机构的尺寸：$\overline{OA} = 10$ cm，$\overline{OD} = 12$ cm，$\overline{AB} = 26$ cm，$\overline{BE} = 12$ cm，$\overline{DE} = 12\sqrt{3}$ cm。求当曲柄 OA 垂直于滑块的导轨方向时，从动曲柄 OD 和连杆 DE 的角速度。

15－10　在图示瓦特行星传动机构中，杆 OA 绕 O 轴转动，通过连杆 AO_2 带动曲柄 O_1O_2

绕 O_1 轴转动。在 O_1 轴上还装有齿轮Ⅰ,齿轮Ⅱ与连杆 AO_2 固连。已知 $r_1=r_2=30\sqrt{3}$ cm,杆长$\overline{OA}=r=75$ cm,连杆 AO_2 长为 $l=150$ cm。图示瞬时 $\theta=60°$,杆 OA 的角速度 $\omega_O=6$ rad/s,求此瞬时曲柄 O_1O_2 及齿轮Ⅰ的角速度。

15 - 11　在图示曲柄连杆机构中,曲柄 OA 绕 O 轴顺钟向转动,通过连杆 AB,带动滑块 B 在半径为 $2r$ 的圆弧槽内滑动。图示瞬时,曲柄 OA 的角速度为 ω_O、角加速度为 α_O、与水平面的交角 $\theta=30°$,$OA\perp AB$。若$\overline{OA}=r$,$AB=2\sqrt{3}r$,求该瞬时滑块 B 的切向加速度和法向加速度。

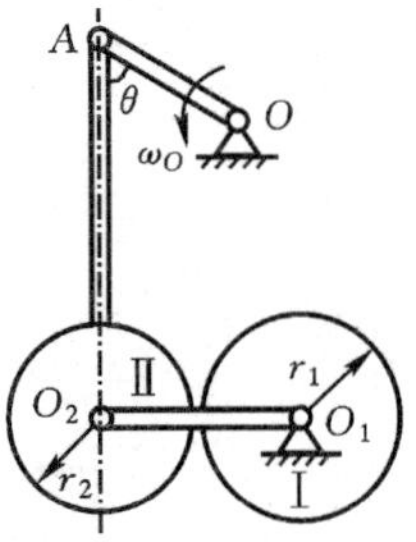

题 15 - 10 图

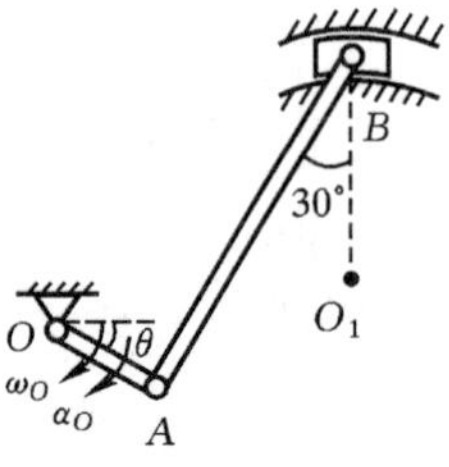

题 15 - 11 图

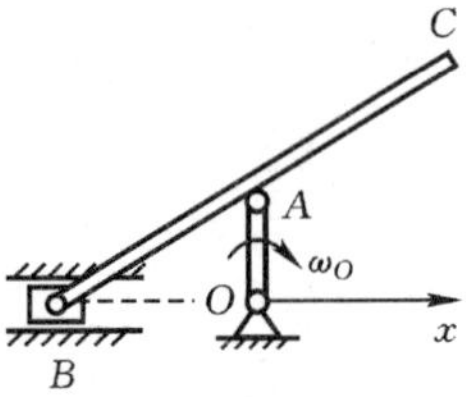

题 15 - 12 图

15 - 12　在图示机构中,曲柄 OA 长 l,以匀角速度 ω_O 绕 O 轴转动。滑块 B 沿 x 轴滑动。已知$\overline{AB}=\overline{AC}=2l$,在图示瞬时,$OA$ 垂直于 x 轴,求该瞬时 C 点的速度和加速度。

15 - 13　四连杆机构 $OABO_1$ 中,$\overline{OO_1}=\overline{OA}=\overline{O_1B}=100$ mm,OA 以匀角速度 $\omega=2$ rad/s 转动,当 $\varphi=90°$时,O_1B 与 OO_1 在同一条直线上,求这时 AB 杆与 O_1B 杆的角速度和角加速度。

15 - 14　曲柄 OA 以匀角速度 $\omega_O=2$ rad/s 绕 O 轴逆钟向转动。图示瞬时,OA 铅直,O、B、O_1 三点在同一水平线上。若$\overline{OA}=\overline{O_1B}=30$ cm,$\overline{OO_1}=130$ cm。求此瞬时,杆 O_1B 和杆 AB 的角速度和角加速度。

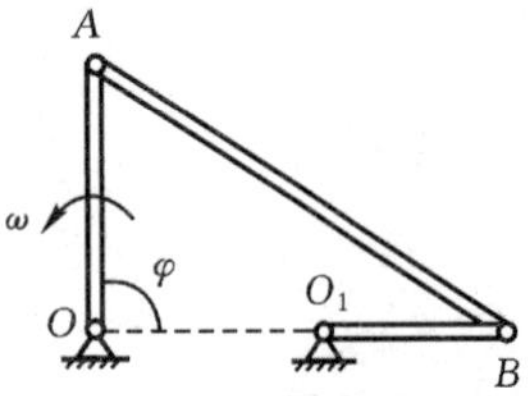

题 15 - 13 图

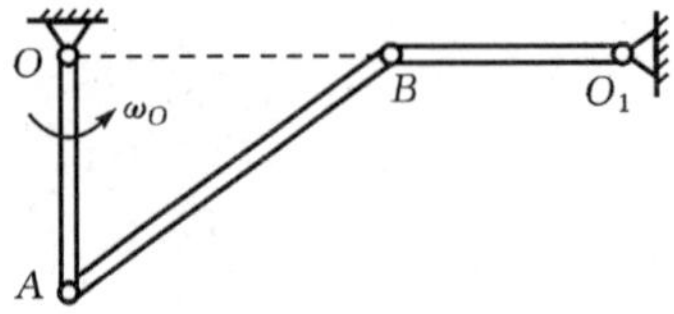

题 15 - 14 图

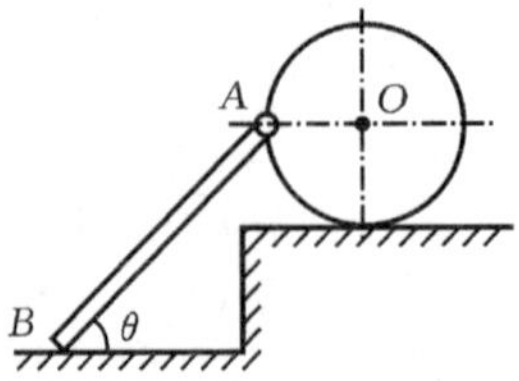

题 15 - 15 图

15 - 15　长为 $l=20$ cm 的杆 AB 与半径为 $r=8$ cm 的圆盘铰接,圆盘沿一段固定直线轨道作纯滚动。图示瞬时,铰 A 恰在圆盘水平直径的左侧,杆 AB 与水平面间的交角 $\theta=45°$,圆盘中心 O 的速度 $v=12$ cm/s,加速度 $a=18$ cm/s^2,方向皆向右。求此瞬时杆端 B 的速度和加速度。

15 - 16　半径为 R 的滚轮沿水平轨道作纯滚动。半径为 r 的圆柱与滚轮固连,圆柱上绕以细绳。绳不可伸长,端点 A 以速度 $\boldsymbol{v}$ 和加速度 $\boldsymbol{a}$ 水平向右运动,如图所示。求圆柱中心 O

的速度和加速度。

15－17　半径为 $r=0.5$ m 的滚轮 O 在水平面上滚动而不滑动，销钉 B 固连在轮缘上，此销钉在摇杆 O_1A 槽内滑动，并带动摇杆绕 O_1 轴转动。在图示位置时，AO_1 是轮的切线，轮心的速度 $v_O=0.2$ m/s，摇杆与水平面的交角为 60°。求该瞬时摇杆的角速度。

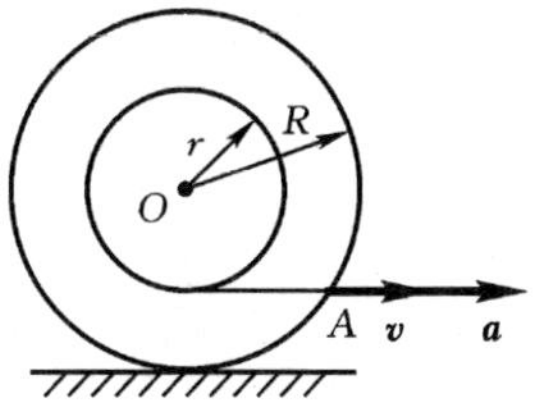

题 15－16 图

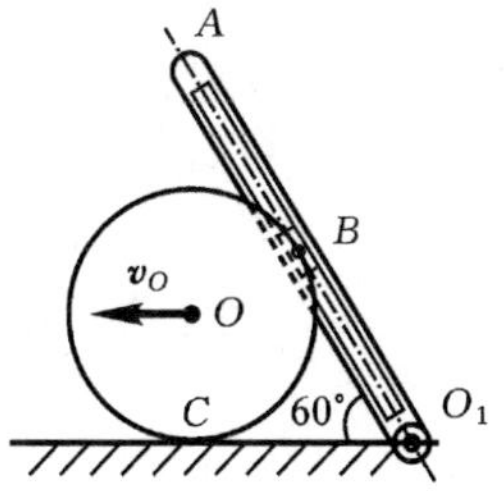

题 15－17 图

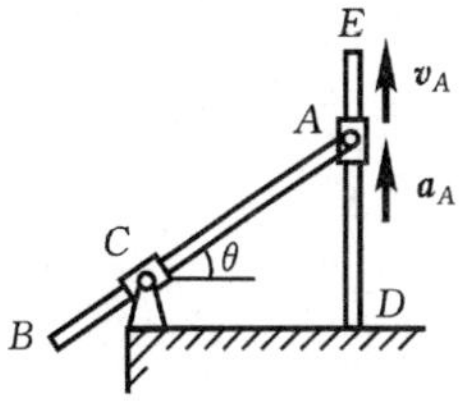

题 15－18 图

15－18　套筒 A 铰接于 AB 杆的 A 端，并套在铅直固定杆 ED 上。铰接于 C 的套筒套在 AB 杆上。AB 长 600 mm。当 $\theta=30°$时，$\overline{AC}=400$ mm，套筒 A 的速度$v_A=400$ mm/s，加速度 $a_A=80$ mm/s^2。求该瞬时 B 端的加速度。

第四篇　动力学

引　言

静力学研究了力系的简化和平衡问题，以及构件在平衡力系作用下的强度、刚度和稳定性问题，但没有研究物体在不满足平衡条件的力系作用下将如何运动。运动学仅从几何观点研究了物体的运动，而没有涉及力和质量、转动惯量等物理因素。动力学将综合考察物体运动状态的变化和作用在物体上的力之间的关系。它比静力学和运动学所研究的问题更广泛、更深入。它在现代工程技术中具有重要意义，例如，高速转动机械的动力计算、结构的动态分析、宇宙飞行和火箭技术中轨道的计算、系统的稳定性分析等，都需要应用动力学的理论。

动力学中的力学模型是质点和质点系。**质点**，是指具有一定质量的几何点。例如，研究远程导弹的弹道时，导弹的形状和大小对所研究的问题不起主要作用，可以忽略不计，因此可将导弹抽象为一个质点。由有限个或无限个彼此有一定联系的质点所组成的系统，称为**质点系**。它的应用范围遍及宇宙。例如，固体、流体以及由若干个物体组成的机构等都可以抽象成质点系。任意两质点间的距离保持不变的质点系称为**不变质点系**，刚体就是一种不变质点系；否则称为**可变质点系**，例如，机构、流体等。根据所研究的力学模型不同，动力学可分为质点动力学与质点系动力学。本书着重研究质点系动力学问题。

1. 动力学基本定律

动力学的理论基础是伽利略和牛顿总结的基本定律，特别是牛顿第二定律（力与加速度之间的关系定律）

$$m\boldsymbol{a} = \boldsymbol{F}$$

即质点的质量与加速度的乘积，等于作用于质点上的力。这个方程称为**质点动力学基本方程**。

牛顿定律不是对任意选定的参考系都适用，能适用牛顿定律的参考系称为**惯性参考系**。在一般工程技术问题中，选用与地球固连的参考系或相对于地球作匀速直线平动的参考系为惯性参考系。在某些必须考虑地球自转影响的问题中，如研究河岸被冲刷、落体的偏离、人造地球卫星轨道、远程导弹的弹道等问题时，则取地心为坐标原点、三轴指向三颗“恒星”的地心坐标系为惯性参考系。而在天文学中则选取太阳中心为坐标原点，三轴分别指向三颗“恒星”的日心坐标系为惯性参考系。在本篇中若没有特别说明，则所有运动都是对惯性参考系而言的，且一般都视固连于地球的参考系为惯性参考系。

2. 质点运动微分方程

设质量为 m 的质点 M 在合力 $\boldsymbol{F}$ 作用下运动，加速度为 $\boldsymbol{a}$，根据动力学基本方程有 $m\boldsymbol{a} = \boldsymbol{F}$，或改写为

$$m\frac{\mathrm{d}\boldsymbol{v}}{\mathrm{d}t}=\boldsymbol{F}\quad 或\quad m\frac{\mathrm{d}^2\boldsymbol{r}}{\mathrm{d}t^2}=\boldsymbol{F}\tag{1}$$

式中：$\boldsymbol{v}$ 是质点 M 的速度；$\boldsymbol{r}$ 是质点相对固定点 O 的矢径。(1)式称为**矢量形式的质点运动微分方程**。

将(1)式向固定直角坐标轴投影，得

$$m\frac{\mathrm{d}^2x}{\mathrm{d}t^2}=F_x,\quad m\frac{\mathrm{d}^2y}{\mathrm{d}t^2}=F_y,\quad m\frac{\mathrm{d}^2z}{\mathrm{d}t^2}=F_z\tag{2}$$

(2)式称为**直角坐标形式的质点运动微分方程**。

当质点的运动轨迹已知时，将(1)式向自然坐标轴投影，则得

$$m\frac{\mathrm{d}^2s}{\mathrm{d}t^2}=F_{\mathrm{t}},\quad m\frac{\dot{s}^2}{\rho}=F_{\mathrm{n}},\quad 0=F_{\mathrm{b}}\tag{3}$$

(3)式称为**自然坐标形式的质点运动微分方程**。

应用质点运动微分方程可求解质点动力学的两类基本问题。

第一类基本问题：已知质点的运动求作用于质点上的力。如果已知质点的运动方程，将其对时间求二阶导数后，代入质点运动微分方程，可求得未知力。求解这类问题，从数学角度来说，可归结为微分学问题。

第二类基本问题：已知作用于质点上的力，求质点的运动。由于作用力可能是常量，也可能是时间、位置、速度的函数，因而求解比较麻烦，只有当力的函数比较简单时，才可能求得微分方程的精确解。求解微分方程时，积分常数(或上、下限)需根据质点运动的初始条件来确定。可见，即使受的力相同，但如果初始条件不同，则得到的运动规律也不相同。求解这类问题，从数学角度而言可归结为积分学问题。

第16章　动力学普遍定理

对于由 n 个质点组成的质点系，设其中任一质点的质量为 m_i，加速度为$\boldsymbol{a}_i=\ddot{\boldsymbol{r}}_i$，系内其它质点作用在该质点上的力（称为内力）的合力为 $\boldsymbol{F}_i^{\mathrm{i}}$，系外物体作用在该质点上的力（称为外力）的合力为 $\boldsymbol{F}_i^{\mathrm{e}}$，则根据动力学基本方程，可以得到 n 个矢量形式的运动微分方程

$$m_i\ddot{\boldsymbol{r}}_i=\boldsymbol{F}_i^{\mathrm{i}}+\boldsymbol{F}_i^{\mathrm{e}}\quad(i=1,2,\cdots,n)$$

将上式向固定直角坐标系的各轴上投影，可以得到 $3n$ 个直角坐标形式的运动微分方程。方程中作用在质点上的内力和约束力往往是未知的，而且还随质点系的运动而改变。如果需要分别确定每个质点的运动规律，就必须求解这一组 $3n$ 个联立微分方程。当质点的数目 n 较大时，全部求解 $3n$ 个微分方程，即使有现代高速电子计算机的协助，一般也是比较麻烦甚至是比较困难的。

在许多实际问题中，往往只需要知道质点系作为整体的运动特征（如刚体质心的运动、绕质心的转动等）就够了，而不必求解每个质点的运动情况。能够表示质点系整体运动特征的量有动量、动量矩和动能等，这些量与能够表示力系对质点系作用效果的量（如力系的主矢、主矩和功等）联系起来，就是本章要介绍的动量定理、动量矩定理和动能定理以及由它们演变而得到的其它定理（律）。这些定理统称为**动力学普遍定理**。在一定条件下，应用动力学普遍定理求解质点系的动力学问题非常简捷方便。为了理论的系统化，同时也是为了推导方便，我们把动力学普遍定理皆由动力学基本方程导出。但应指出，这些定理都是力学现象普遍规律的反映，实际上都是作为独立的基本定理而存在，并且最初还都是各自单独地被人们发现的，甚至有的定理的发现还早在牛顿之前。

16.1　动量定理

16.1.1　动量

质点的质量 m 与其速度 $\boldsymbol{v}$ 的乘积 $m\boldsymbol{v}$，称为该**质点的动量**。质点的动量是质点机械运动强弱的一种度量，它是一个矢量，其方向与速度 $\boldsymbol{v}$ 的方向相同。在国际单位制中，动量的单位为 kg·m/s（千克·米/秒）或 N·s（牛顿·秒）。若分别以 v_x、v_y、v_z 代表质点的速度$\boldsymbol{v}$ 在各直角坐标轴上的投影，则质点的动量可表示为

$$m\boldsymbol{v}=mv_x\boldsymbol{i}+mv_y\boldsymbol{j}+mv_z\boldsymbol{k}\tag{16-1}$$

式中：mv_x、mv_y、mv_z 分别是质点的动量在各相应坐标轴上的投影。

质点系中所有各质点动量的矢量和即由质点系中各质点的动量组成的动量系的主矢，称为**质点系的动量（主矢）**，用 $\boldsymbol{p}$ 表示，即

$$\boldsymbol{p}=\sum m\boldsymbol{v}=\sum mv_x\boldsymbol{i}+\sum mv_y\boldsymbol{j}+\sum mv_z\boldsymbol{k}\tag{16-2}$$

16.1.2　力的冲量

作用在物体上的力与其作用时间的乘积，称为**力的冲量**，用 $\boldsymbol{I}$ 表示。力的冲量是力在一段时间间隔内累积作用效果的度量，它也是个矢量，其方向与力的方向相同。

如果力 $\boldsymbol{F}$ 是常量，其作用时间为 t，则该力的冲量为

$$\boldsymbol{I} = \boldsymbol{F}t \tag{16-3}$$

若力 $\boldsymbol{F}$ 是变量，可将力的作用时间分成无限多个微小的时间间隔，在每个微小的时间间隔 $\mathrm{d}t$ 内，力 $\boldsymbol{F}$ 可视为常量。它在微小时间间隔 $\mathrm{d}t$ 内的冲量，称为**元冲量**。即

$$\mathrm{d}\boldsymbol{I} = \boldsymbol{F}\cdot\mathrm{d}t \tag{16-4}$$

于是，变力 $\boldsymbol{F}$ 在某一段有限时间间隔 t_2-t_1 内的冲量为

$$\boldsymbol{I} = \int_{t_1}^{t_2}\boldsymbol{F}\cdot\mathrm{d}t \tag{16-5}$$

在国际单位制中，冲量的单位是 N·s(牛顿·秒)，与动量的单位相同。

16.1.3　质点的动量定理

设质点的动量为 $m\boldsymbol{v}$，作用于其上所有力的合力为 $\boldsymbol{F}$，考虑到质点的加速度 $\boldsymbol{a}=\dfrac{\mathrm{d}\boldsymbol{v}}{\mathrm{d}t}$，则根据动力学基本方程，有

$$m\boldsymbol{a} = m\frac{\mathrm{d}\boldsymbol{v}}{\mathrm{d}t} = \boldsymbol{F}$$

设 m 为常量，上式可改写为

$$\frac{\mathrm{d}}{\mathrm{d}t}(m\boldsymbol{v}) = \boldsymbol{F} \tag{16-6}$$

这就是**质点的动量定理**。它表明：**质点的动量对时间的导数，等于作用在该质点上所有力的合力**。这也是牛顿第二定律的原始陈述形式。式(16-6)也可以写成

$$\mathrm{d}(m\boldsymbol{v}) = \boldsymbol{F}\cdot\mathrm{d}t = \mathrm{d}\boldsymbol{I} \tag{16-7}$$

即质点动量的微分，等于作用在该质点上所有力的合力的元冲量。这个结论又称为**质点的冲量定理**。设当时间由 t_1 到 t_2 时，质点的速度由 $\boldsymbol{v}_1$ 变为 $\boldsymbol{v}_2$，则积分上式可得

$$m\boldsymbol{v}_2 - m\boldsymbol{v}_1 = \int_{t_1}^{t_2}\boldsymbol{F}\cdot\mathrm{d}t = \boldsymbol{I} \tag{16-8}$$

即质点的动量在一段时间内的变化量，等于作用在该质点上所有力的合力在同一段时间内的冲量。

动量定理和冲量定理涉及力、质量、时间和速度，一般当力是常力或是时间的函数时，才便于应用这些定理。在包含碰撞和冲击现象的问题中，冲量定理有广泛的应用。

16.1.4　质点系的动量定理

对于由 n 个质点组成的质点系，设其中任一质点的质量为 m_i，速度为 $\boldsymbol{v}_i$，作用在该质点上所有内力的合力为 $\boldsymbol{F}_i^{\mathrm{i}}$，所有外力的合力为 $\boldsymbol{F}_i^{\mathrm{e}}$，则根据质点的动量定理，有

$$\frac{\mathrm{d}}{\mathrm{d}t}(m_i\boldsymbol{v}_i) = \boldsymbol{F}_i^{\mathrm{i}} + \boldsymbol{F}_i^{\mathrm{e}} \quad (i = 1,2,\cdots,n)$$

将上述 n 个方程的两端分别相加,可得

$$\sum \frac{\mathrm{d}}{\mathrm{d}t}(m_i \boldsymbol{v}_i) = \sum \boldsymbol{F}_i^{\mathrm{i}} + \sum \boldsymbol{F}_i^{\mathrm{e}}$$

由于质点系的内力总是成对出现,分别作用在系内的每两个质点上,彼此等值、反向,且沿两质点的连线,所以质点系内力的矢量和恒等于零,即 $\sum \boldsymbol{F}_i^{\mathrm{i}} \equiv 0$。又因为 $\sum \frac{\mathrm{d}}{\mathrm{d}t}(m_i v_i) = \frac{\mathrm{d}}{\mathrm{d}t}(\sum m_i \boldsymbol{v}_i) = \frac{\mathrm{d}\boldsymbol{p}}{\mathrm{d}t}$,故

$$\frac{\mathrm{d}\boldsymbol{p}}{\mathrm{d}t} = \sum \boldsymbol{F}_i^{\mathrm{e}} \tag{16-9}$$

即质点系的动量(主矢)对时间的导数,等于作用在质点系上所有外力的矢量和(或外力系的主矢),这就是**质点系的动量定理**。

在式(16-9)中不包含质点系的内力。这说明质点系的内力虽然能引起质点系内部各质点相互之间的动量交换,但不能改变整个质点系的动量(主矢)。

式(16-9)也可以写成

$$\mathrm{d}\boldsymbol{p} = \sum \boldsymbol{F}_i^{\mathrm{e}} \cdot \mathrm{d}t = \sum \mathrm{d}\boldsymbol{I}_i^{\mathrm{e}} \tag{16-10}$$

取定积分可得

$$\boldsymbol{p}_2 - \boldsymbol{p}_1 = \sum \int_{t_1}^{t_2} \boldsymbol{F}_i^{\mathrm{e}} \cdot \mathrm{d}t = \sum \boldsymbol{I}_i^{\mathrm{e}} \tag{16-11}$$

式中:$\boldsymbol{p}_1$、$\boldsymbol{p}_2$ 分别表示质点系的初动量和末动量;$\sum \boldsymbol{I}_i^{\mathrm{e}}$ 表示作用在质点系上所有外力冲量的矢量和(或外力系的冲量主矢)。式(16-11)表明,**质点系的动量在一段时间内的变化量,等于作用在质点系上的所有外力在该段时间内冲量的主矢**,这就是**质点系动量定理的积分形式**,又称为**质点系的冲量定理**。

例 16-1　动量定理在流体力学中的应用。动量定理在流体(液体或气体)力学中有广泛的应用。图 16-1表示液体流经变截面弯管的示意图。设液体是不可压缩的,流动是稳定的(也称为定常的),即液体的体积密度 ρ(单位体积的质量)为常量,体积流量 q_V(每秒流过的体积)也为常量;管内每点的速度和压强等不随时间而改变。求液体对管壁的压力。

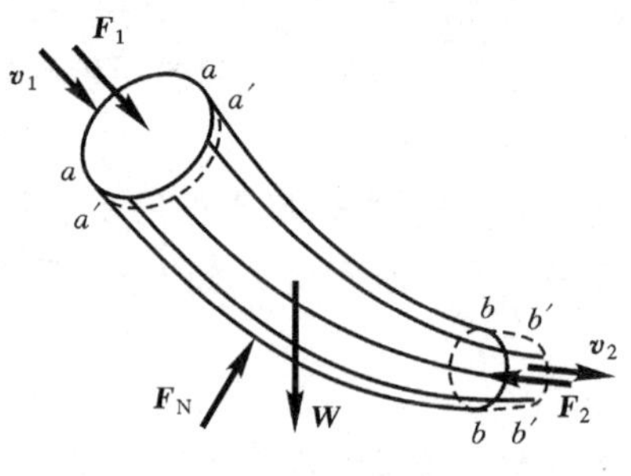

图 16-1

解　取管内任意两截面 aa 与 bb 之间的液体为研究对象。设经过无限小的时间间隔 $\mathrm{d}t$ 后,这部分液体流至 $a'a'b'b'$ 位置。液体动量的变化为

$$\mathrm{d}\boldsymbol{p} = \boldsymbol{p}_{a'a'b'b'} - \boldsymbol{p}_{aabb} = (\boldsymbol{p}'_{a'a'bb} + \boldsymbol{p}_{bbb'b'}) - (\boldsymbol{p}_{aaa'a'} + \boldsymbol{p}_{a'a'bb})$$

式中:$\boldsymbol{p}'_{a'a'bb}$ 和 $\boldsymbol{p}_{a'a'bb}$ 分别为质点系在 $\mathrm{d}t$ 前、后两瞬时的动量。因液体不可压缩且作稳定流动,故 $\boldsymbol{p}'_{a'a'bb} = \boldsymbol{p}_{a'a'bb}$。于是

$$\mathrm{d}\boldsymbol{p} = \boldsymbol{p}_{bbb'b'} - \boldsymbol{p}_{aaa'a'}$$

分别用 $\boldsymbol{v}_1$、$\boldsymbol{v}_2$ 表示 aa、bb 两截面处液体的平均速度。因为 $\mathrm{d}t$ 极小,可认为截面 aa 与 $a'a'$、bb 与 $b'b'$ 之间各质点的速度均相同。$aaa'a'$ 和 $bbb'b'$ 内液体的质量皆为

$$m = \rho q_V \cdot \mathrm{d}t \tag{1}$$

于是质点系在 dt 时间间隔内的动量变化

$$d\boldsymbol{p} = m(\boldsymbol{v}_2 - \boldsymbol{v}_1) = \rho q_V(\boldsymbol{v}_2 - \boldsymbol{v}_1)dt \tag{2}$$

作用在质点系上的外力可以分为两类：一类是按体积分布的**体积力**，有重力 $\boldsymbol{W}$；另一类是沿表面分布的**表面力**，有管壁的约束力 $\boldsymbol{F}_N$ 和截面 aa、bb 以外的液体的压力 $\boldsymbol{F}_1$、$\boldsymbol{F}_2$。根据质点系的动量定理，有

$$\frac{d\boldsymbol{p}}{dt} = \boldsymbol{W} + \boldsymbol{F}_N + \boldsymbol{F}_1 + \boldsymbol{F}_2 \tag{3}$$

将(2)式代入上式，可得

$$\rho q_V(\boldsymbol{v}_2 - \boldsymbol{v}_1) = \boldsymbol{W} + \boldsymbol{F}_N + \boldsymbol{F}_1 + \boldsymbol{F}_2 \tag{16-12}$$

这就是关于液体流动的**欧拉定理**。由欧拉定理不难求出管壁对液体的约束力

$$\boldsymbol{F}_N = -(\boldsymbol{W} + \boldsymbol{F}_1 + \boldsymbol{F}_2) + \rho q_V(\boldsymbol{v}_2 - \boldsymbol{v}_1)$$

通常把对应于体积力和表面力的约束力，称为**静约束力**，记为 $\boldsymbol{F}'_N$，即

$$\boldsymbol{F}'_N = -(\boldsymbol{W} + \boldsymbol{F}_1 + \boldsymbol{F}_2)$$

把对应于动量变化的约束力称为**附加动约束力**，记为 $\boldsymbol{F}''_N$，即

$$\boldsymbol{F}''_N = \rho q_V(\boldsymbol{v}_2 - \boldsymbol{v}_1) \tag{16-13}$$

由上式可知，当流量较大时，弯管进出口截面处的速度矢量差越大，则附加动约束力就越大。根据作用力与反作用力公理，液体对管壁的附加动压力与 $\boldsymbol{F}''_N$ 等值、反向。所以在管道弯曲处通常必须安装支座。尤其是在设计高速管道时，除了要考虑静压力外，还必须特别注意考虑附加动压力的存在。

在应用式(16-13)时，常将其向固定直角坐标轴 x、y 投影，得

$$F''_{Nx} = \rho q_V(v_{2x} - v_{1x}), \quad F''_{Ny} = \rho q_V(v_{2y} - v_{1y})$$

16.1.5　质点系动量守恒定律

如果作用在质点系上的所有外力的主矢恒等于零，则根据式(16-9)或式(16-11)，**质点系的动量保持不变**，即

$$\boldsymbol{p}_1 = \boldsymbol{p}_2 = \text{常矢量}$$

如果作用在质点系上所有外力的主矢在某一坐标轴上的投影恒等于零，则质点系的动量在该坐标轴上的投影保持不变。例如，若 $\sum F_x^e \equiv 0$，则

$$p_{2x} = p_{1x} = \text{常量}$$

以上结论称为**质点系的动量守恒定律**。

质点系的内力虽不能改变整个质点系的动量，但可以改变系内各质点的动量。如果仅受内力作用的质点系内有一部分的速度改变了，则必有另一部分的速度也同时改变。例如：

(1)**炮筒的反坐**。把炮筒和弹丸视为一个质点系。在发射弹丸时，火药(其质量忽略不计)爆炸产生的气体压力是内力，不能改变系统的动量，但它一方面使弹丸获得一个向前的动量，同时使炮筒获得同样大小的向后动量。炮筒的这种后退现象称为**反坐**。

(2)**喷气推进**。将火箭及其喷出的燃气视为一个质点系，则火箭和燃气的相互作用力是内力，不能改变整个质点系的动量。但在火箭发动机的燃气以高速向后喷射的同时，就能使火箭获得相应的前进速度。喷气式飞机运动的基本原理与此相同。

16.2 质心运动定理

16.2.1 质量中心(质心)

设物体处于均匀重力场中,其中任一质点的质量为 m_i,则该质点的重力$W_i=m_ig$,由物体重心的矢径公式,有

$$\boldsymbol{r}_C=\frac{\sum W_i\boldsymbol{r}_i}{\sum W_i}=\frac{\sum m_ig\boldsymbol{r}_i}{\sum m_ig}=\frac{\sum m_i\boldsymbol{r}_i}{\sum m_i}$$

简写为

$$\boldsymbol{r}_C=\frac{\sum m\boldsymbol{r}}{\sum m}=\frac{\sum m\boldsymbol{r}}{M} \tag{16-14}$$

上式可以推广到任意质点系,由它确定的几何点 C 称为质点系的**质量中心**,简称为**质心**。式中的 $M=\sum m$ 为整个质点系的质量。

将式(16-14)投影到直角坐标轴上,可得质心的坐标公式

$$x_C=\frac{\sum mx}{M},\quad y_C=\frac{\sum my}{M},\quad z_C=\frac{\sum mz}{M} \tag{16-15}$$

式中:x、y、z 为质点系中任一质点的坐标。

容易看出,在均匀重力场中,物体的质心与其重心重合,所以可通过求重心的各种方法确定物体的质心位置。但应当指出,质心和重心是两个不同的概念。质心是表征质点系的质量分布情况的,它一般不依附或固连在哪一个质点上,且与质点系的受力情况无关。而重心是物体重力的作用点,它只有在重力场中才有意义。因此,质心的概念比重心具有更广泛的意义。

将式(16-14)对时间求导数,得

$$M\frac{\mathrm{d}\boldsymbol{r}_C}{\mathrm{d}t}=\frac{\mathrm{d}}{\mathrm{d}t}\left(\sum m\boldsymbol{r}\right)=\sum m\frac{\mathrm{d}\boldsymbol{r}}{\mathrm{d}t}$$

式中:$\frac{\mathrm{d}\boldsymbol{r}_C}{\mathrm{d}t}=\boldsymbol{v}_C$ 是质心的速度,$\frac{\mathrm{d}\boldsymbol{r}}{\mathrm{d}t}=\boldsymbol{v}$ 是任一质点的速度,于是得

$$M\boldsymbol{v}_C=\sum m\boldsymbol{v}=\boldsymbol{p} \tag{16-16}$$

即质点系的质量与其质心速度的乘积,等于质点系的动量(主矢)。假设质点系的全部质量集中在质心,则质心的动量等于质点系的动量。式(16-16)给出了质点系动量的简捷求法,特别是用来计算刚体的动量非常方便。例如,若质量为 M 的车轮作平面运动,质心速度为 $\boldsymbol{v}_C$,则其动量为 $M\boldsymbol{v}_C$;若飞轮的质心在其固定转轴上,则无论飞轮转动得多么快,其动量恒等于零。可见,质点系的动量是描述质点系随质心运动的物理量,它不能描述质点系相对于质心的运动。

16.2.2 质心运动定理

现在应用质点系的动量定理来研究质心的运动规律。

将式(16-16)代入式(16-9),可得

$$\frac{\mathrm{d}}{\mathrm{d}t}(M\boldsymbol{v}_C)=\sum \boldsymbol{F}_i^{\mathrm{e}}$$

对于质量不变的质点系，$\frac{\mathrm{d}}{\mathrm{d}t}(M\boldsymbol{v}_C)=M\frac{\mathrm{d}\boldsymbol{v}_C}{\mathrm{d}t}=M\boldsymbol{a}_C$，则上式可改写为

$$M\boldsymbol{a}_C=\sum \boldsymbol{F}_i^{\mathrm{e}} \tag{16-17}$$

即质点系的质量与其质心加速度的乘积，等于作用在该质点系上所有外力的矢量和(主矢)。 这就是**质心运动定理**。

式(16－17)与动力学基本方程 $m\boldsymbol{a}=\boldsymbol{F}$ 的形式相似。可见，在研究质点系质心的运动时可以把它视为这样一个质点，该质点集中了质点系的全部质量和所有外力。

由式(16－17)可以看出，质点系的内力不影响质心的运动，只有外力才能改变质心的运动规律。例如：

(1)**汽车的起动和制动**。汽车起动时，其发动机的燃气压力是内力，不能直接影响质心的运动。只有当燃气压力通过传动机构带动主动轮(一般是后轮)转动时，地面对主动轮作用了向前的摩擦力。这个摩擦力是有用的外力，若它大于总的阻力，汽车就前进。车轮的外胎做成各种花纹，雪天汽车轮上缠防滑链或在火车的钢轨上喷砂，都是为了增大轮与地面(或钢轨)间的摩擦因数，从而增大有用的摩擦力。汽车刹车时，闸块与车轮间的摩擦力是内力，也不能直接改变汽车质心的运动，但能阻止车轮相对于车身的转动，引起地面对车轮的向后摩擦力，从而使汽车减速。

(2)**定向爆破**。在采矿和水利工程中常采用定向爆破的施工方法。若把爆破出来的土石视为一个质点系，我们关心的是质点系中的大部分质点将落到何处。虽然各个土石块的运动轨迹各不相同，但其质心就像一个质点在重力作用下作抛射运动一样。因此，只要控制好质心初速度的大小和方向，就能使大部分土石块落到预定区域(图 16－2)。

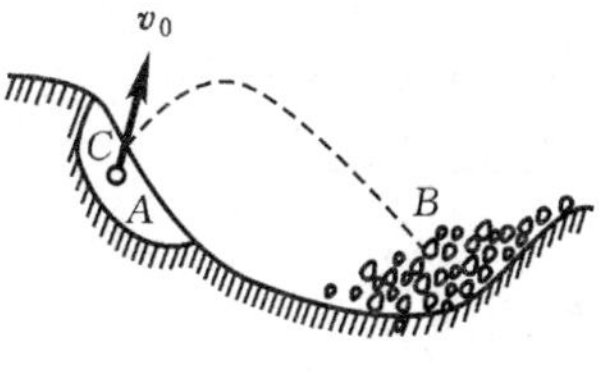

图 16－2

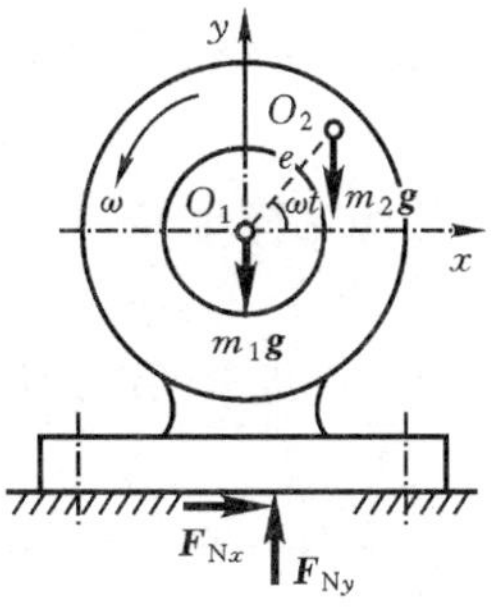

图 16－3

例 16－2　电动机的外壳用螺栓固定在水平基础上(图 16－3)，定子的质量为 m_1，转子的质量为 m_2，转子的轴线通过定子的质心 O_1。由于制造和安装的误差，使转子的质心 O_2 对其轴线有一个很小的偏心距 e(图 16－3 中有意夸大了)。试求转子以匀角速度 ω 转动时，电动机受到的总水平约束力和铅垂约束力。

解　取电动机(包括定子和转子)为研究对象。电动机受到的外力有：定子的重力 $m_1\boldsymbol{g}$，转子的重力 $m_2\boldsymbol{g}$；基础和螺栓的总水平约束力 $\boldsymbol{F}_{Nx}$、铅垂约束力 $\boldsymbol{F}_{Ny}$ 和约束力偶 M(图中未画出)。建立坐标系 O_1xy，则系统的质心 C 的坐标为

$$x_C=\frac{m_1x_1+m_2x_2}{m_1+m_2},\quad y_C=\frac{m_1y_1+m_2y_2}{m_1+m_2}$$

式中：x_1、y_1 和 x_2、y_2 分别是定子的质心 O_1 和转子的质心 O_2 的坐标。其中

$$x_1 = y_1 = 0, \quad x_2 = e\cos\omega t, \quad y_2 = e\sin\omega t$$

于是有

$$x_C = \frac{m_2 e\cos\omega t}{m_1 + m_2}, \quad y_C = \frac{m_2 e\sin\omega t}{m_1 + m_2}$$

$$a_{Cx} = -\frac{m_2 e\omega^2 \cos\omega t}{m_1 + m_2}, \quad a_{Cy} = -\frac{m_2 e\omega^2 \sin\omega t}{m_1 + m_2} \tag{1}$$

根据质心运动定理，有

$$(m_1 + m_2)a_{Cx} = F_{Nx} \tag{2}$$

$$(m_1 + m_2)a_{Cy} = F_{Ny} - m_1 g - m_2 g \tag{3}$$

将(1)式代入(2)、(3)两式，即可求得电动机受到的总水平约束力和铅垂约束力

$$F_{Nx} = -m_2 e\omega^2 \cos\omega t$$

$$F_{Ny} = (m_1 + m_2)g - m_2 e\omega^2 \sin\omega t$$

其中

$$F''_{Nx} = F_{Nx} = -m_2 e\omega^2 \cos\omega t, \quad F''_{Ny} = -m_2 e\omega^2 \sin\omega t$$

是附加动约束力。这种附加动约束力随时间按余弦或正弦规律变化，是引起电动机和支座振动的干扰力，而且这种附加动约束力与 e 和 ω^2 成正比，若电动机的角速度一定，为了使附加动约束力不超过许可范围，则在制造和安装时应限制偏心距 e 的大小。

16.2.3　质心运动守恒定律

由质心运动定理知：**若作用于质点系的所有外力的主矢恒等于零，则质心作惯性运动；如果初瞬时质心静止，则质心位置始终保持不变。若作用于质点系的所有外力在某轴上投影的代数和恒等于零，则质心的速度在该轴上的投影保持不变；如果初瞬时质心的速度在该轴上的投影也等于零，则质心沿该轴的位置坐标不变。**上述结论说明了质心运动守恒的条件，称为**质心运动守恒定律。**

根据质心运动守恒定律可知，由于力偶系中各力的矢量和恒等于零，因此力偶系不能改变刚体质心的运动，若刚体的质心原来是静止的，则刚体作绕质心轴的转动。

例 16－3　设例 16－2 中的电动机外壳没有螺栓固定(图 16－4)，不计摩擦，求电动机外壳的运动。

解　仍取电动机为研究对象。系统受到的外力有：定子的重力 $m_1\boldsymbol{g}$、转子的重力 $m_2\boldsymbol{g}$ 和基础的法向约束力 $\boldsymbol{F}_N$。建立如图所示的固定直角坐标系 Oxy。因为系统在 x 方向没有外力作用，故质心的坐标 x_C 守恒。设转子静止时，$x_{C1}=b$；当转子转过角 ωt 时，外壳向左移动的距离为 d，则质心的坐标为

$$x_{C2} = \frac{m_1(b-d) + m_2(b-d+e\cos\omega t)}{m_1 + m_2}$$

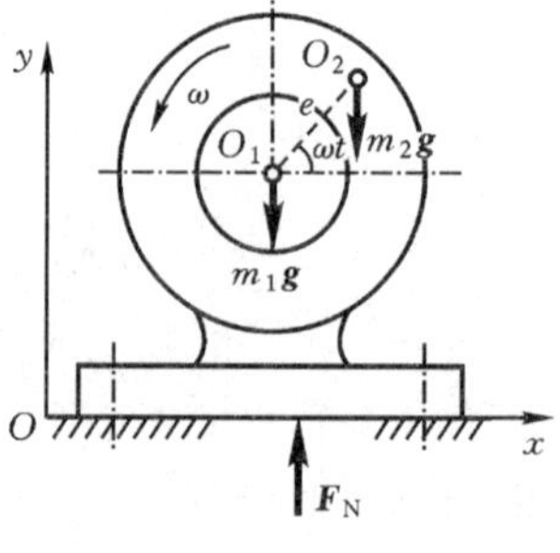

图 16－4

由 $x_{C1}=x_{C2}$，可解得

$$d = \frac{m_2}{m_1 + m_2} e\cos\omega t$$

可见，当转子偏心的电动机未用螺栓固定时，其外壳将在水平面上作往复运动。由例16－2知，基础的法向约束力

$$F_N = (m_1 + m_2)g - m_2 e\omega^2 \sin\omega t$$

当 $\omega > \sqrt{\dfrac{m_1+m_2}{m_2 e}g}$ 时，其最小值 $F_{N\min} < 0$，即若无螺栓固定，电动机将跳离地面。

例 16－4　如图 16－5 所示，浮动起重机(浮吊)的质量 $m_1 = 20\ 000$ kg，吊起质量 $m_2 = 2\ 000$ kg 的重物，起重臂 OA 长 $l = 8$ m。若系统初始静止，不计水的阻力和起重臂 OA 的质量，试求当起重臂 OA 与铅垂线之间的交角 α 由 60°转至 30°时，起重机的水平位移。

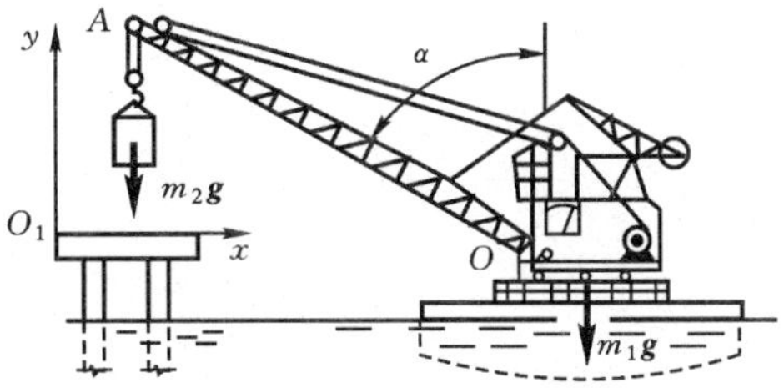

图 16－5

解　取浮动起重机和重物为研究对象。建立图示的固定直角坐标系 O_1xy。由于系统受到的外力都是沿铅垂方向的，且初始静止，因此系统质心的水平坐标 x_C 保持不变。

设当 $\alpha = 60°$时，起重机和重物的质心水平坐标分别为 x_1 和 x_2；当 $\alpha = 30°$时，它们的质心水平坐标分别为 $x_1 + \Delta x_1$ 和 $x_2 + \Delta x_2$，其中 Δx_1 和 Δx_2 分别为起重机和重物的水平绝对位移。依题意，当 $\alpha = 60°$和 $\alpha = 30°$时系统质心的水平坐标分别为

$$x_{C1} = \frac{m_1 x_1 + m_2 x_2}{m_1 + m_2}, \quad x_{C2} = \frac{m_1(x_1 + \Delta x_1) + m_2(x_2 + \Delta x_2)}{m_1 + m_2}$$

由 $x_{C1} = x_{C2}$，可得

$$m_1 \Delta x_1 + m_2 \Delta x_2 = 0 \tag{1}$$

以重物的质心为动点，动系固连于浮动起重机，则根据点的合成运动的知识，有

$$\Delta x_2 = \Delta x_1 + \Delta x_r \tag{2}$$

上式中的 Δx_r 为当角 α 由 60°转至 30°时，重物的质心相对于起重机的水平位移。由题意知

$$\Delta x_r = l(\sin 60° - \sin 30°) \tag{3}$$

将(2)、(3)两式代入(1)式，并代入已知数据，即可求得

$$\Delta x_1 = -\frac{m_2 l(\sin 60° - \sin 30°)}{m_1 + m_2} = -\frac{2\ 000 \times 8(\sin 60° - \sin 30°)}{20\ 000 + 2\ 000} = -0.266 \text{ m}$$

负号表示起重机的水平位移与重物相对水平位移的方向相反。

16.3　动量矩定理

动量定理建立了质点系的动量(主矢)与作用在质点系上所有外力的主矢之间的关系，而质心运动定理则建立了质心的运动与外力系主矢之间的关系。但是，动量不能反映物体相对于质心的运动，质心的运动也不能完全代表质点系的运动。为了研究有关的转动问题，本节介绍动量矩定理。动量矩定理建立了质点系的动量(主)矩与外力系的主矩之间的关系。

16.3.1 动量矩

我们在 1.2 节中曾经指出,力矩的概念及其计算公式可以推广到任何具有明确作用线的矢量,从而抽象得到"矢量矩"的概念。动量矩就是矢量矩的又一个例子。

1. 质点的动量矩

若某瞬时质点 M 的动量为 $m\boldsymbol{v}$,相对于点 O 的矢径为 $\boldsymbol{r}$,则质点 M 对点 O 的动量矩

$$\boldsymbol{l}_O = \boldsymbol{M}_O(m\boldsymbol{v}) = \boldsymbol{r}\times m\boldsymbol{v} = \begin{vmatrix} \boldsymbol{i} & \boldsymbol{j} & \boldsymbol{k} \\ x & y & z \\ m\dot{x} & m\dot{y} & m\dot{z} \end{vmatrix}$$

$$= m(y\dot{z} - z\dot{y})\boldsymbol{i} + m(z\dot{x} - x\dot{z})\boldsymbol{j} + m(x\dot{y} - y\dot{x})\boldsymbol{k} \tag{16-18}$$

式中:$\boldsymbol{i}$、$\boldsymbol{j}$、$\boldsymbol{k}$ 表示沿以矩心 O 为原点的三根直角坐标轴的单位矢量;x、y、z 为质点 M 在此直角坐标系中的坐标。

与力对轴的矩相似,我们把**质点 M 对某点的动量矩在过该点的某轴上的投影**,称为**质点 M 对此轴的动量矩**。即

$$\left.\begin{aligned} l_x &= M_x(m\boldsymbol{v}) = [\boldsymbol{l}_O]_x = m(y\dot{z} - z\dot{y}) \\ l_y &= M_y(m\boldsymbol{v}) = [\boldsymbol{l}_O]_y = m(z\dot{x} - x\dot{z}) \\ l_z &= M_z(m\boldsymbol{v}) = [\boldsymbol{l}_O]_z = m(x\dot{y} - y\dot{x}) \end{aligned}\right\} \tag{16-19}$$

质点的动量矩是质点绕点(或轴)机械运动强弱的一种度量。在国际单位制中,动量矩的单位是 $\mathrm{kg\cdot m^2/s}$(千克·米^2/秒)或 $\mathrm{N\cdot m\cdot s}$(牛顿·米·秒)。

2. 质点系的动量矩

设质点系由 n 个质点组成,其中任一质点 M_i 的质量为 m_i,某瞬时该质点相对于点 O 的矢径为 $\boldsymbol{r}_i$,速度为 $\boldsymbol{v}_i$,则该质点对点 O 的动量矩为 $\boldsymbol{r}_i\times m_i\boldsymbol{v}_i$。**质点系中所有质点的动量对于某点 O 之矩的矢量和**(即**动量系的主矩**),称为**质点系对该点的动量矩**。用 $\boldsymbol{L}_O$ 表示质点系对 O 点的动量矩,则

$$\boldsymbol{L}_O = \sum \boldsymbol{r}_i\times m_i\boldsymbol{v}_i = \sum \begin{vmatrix} \boldsymbol{i} & \boldsymbol{j} & \boldsymbol{k} \\ x_i & y_i & z_i \\ m_i\dot{x}_i & m_i\dot{y}_i & m_i\dot{z}_i \end{vmatrix}$$

简写为

$$\boldsymbol{L}_O = \sum \boldsymbol{r}\times m\boldsymbol{v} = \sum \begin{vmatrix} \boldsymbol{i} & \boldsymbol{j} & \boldsymbol{k} \\ x & y & z \\ m\dot{x} & m\dot{y} & m\dot{z} \end{vmatrix} \tag{16-20}$$

以质点系的质心 C 为原点,建立质心平动坐标系 $Cx'y'z'$(图 16-6),将质点系的运动分解为随此平动坐标系的平动和相对于它的转动,根据速度合成定理,有

$$\boldsymbol{v}_i = \boldsymbol{v}_C + \boldsymbol{v}_{ir}$$

式中:$\boldsymbol{v}_{ir}$为质点 M_i 相对于质心平动坐标系的速度。注意到

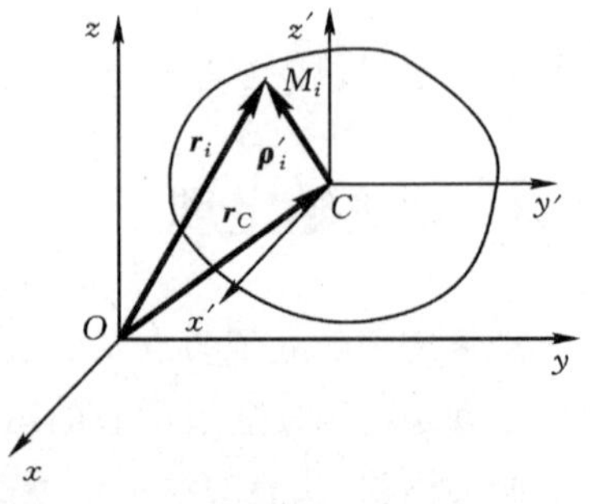

图 16-6

$$\boldsymbol{r}_i = \boldsymbol{r}_C + \boldsymbol{\rho}'_i$$

若令

$$\boldsymbol{L}_C = \sum \boldsymbol{\rho}'_i \times m_i \boldsymbol{v}_i \qquad (16-21)$$

$$\boldsymbol{L}'_C = \sum \boldsymbol{\rho}'_i \times m_i \boldsymbol{v}_{ir} \qquad (16-22)$$

分别称为**质点系对于质心的动量矩**和**质点系相对于质心的动量矩**，则不难证明

$$\boldsymbol{L}'_C = \boldsymbol{L}_C \qquad (16-23)$$

即质点系相对于质心的动量矩等于质点系对于质心的动量矩。

同时还可以证明质点系对任一点 O 的动量矩，等于其质心的动量对于点 O 之矩与质点系（相）对于质心的动量矩的矢量和，即

$$\boldsymbol{L}_O = \boldsymbol{r}_C \times M\boldsymbol{v}_C + \boldsymbol{L}_C \qquad (16-24)$$

3. 刚体的动量矩

工程中常需要计算刚体的动量矩。下面分别介绍刚体作平动、定轴转动和平面运动时的动量矩。

(1)平动刚体。

刚体平动时，由于相对于质心的动量矩 $\boldsymbol{L}'_C$ 恒等于零，于是，根据式(16-24)可得

$$\boldsymbol{L}_O = \boldsymbol{r}_C \times M\boldsymbol{v}_C \qquad (16-25)$$

即平动刚体对 O 点的动量矩等于将刚体的全部质量集中于质心时质心的动量矩。

(2)定轴转动刚体。

如图 16-7 所示，设刚体某瞬时绕固定轴 z 转动的角速度为 ω，其上任一质点 M_i 到转轴的距离为 r_i，则该质点动量的大小 $m_i v_i = m_i r_i \omega$。于是刚体对轴 z 的动量矩

$$L_z = \sum r_i \cdot m_i r_i \omega = \left(\sum m_i r_i^2\right)\omega$$

因为

$$J_z = \sum m_i r_i^2 \qquad (16-26)$$

为刚体对 z 轴的**转动惯量**，故

$$L_z = J_z \omega \qquad (16-27)$$

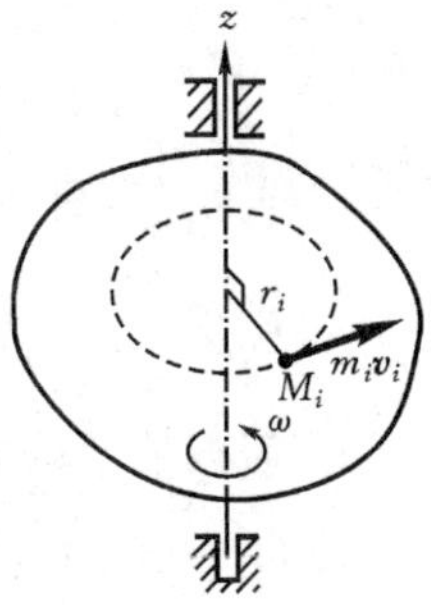

图 16-7

即定轴转动刚体对转轴的动量矩，等于刚体对转轴的转动惯量与角速度的乘积。由于转动惯量为正标量，所以动量矩 L_z 的转向与角速度 ω 的转向相同。

(3)平面运动刚体。

如图 16-8 所示，设平面运动刚体具有质量对称平面 $Cx'y'$，而且此对称平面始终在固定平面 Oxy 内运动，则刚体对 O 点的动量矩也就是对 z 轴的动量矩。根据式(16-24)有

$$L_O = M_O(M\boldsymbol{v}_C) + L_C$$

考虑到 $L_C = J_C\omega$，其中 J_C 为刚体对质心轴 Cz' 的转动惯量。于是可得

$$L_O = J_C\omega + M_O(M\boldsymbol{v}_C) \qquad (16-28)$$

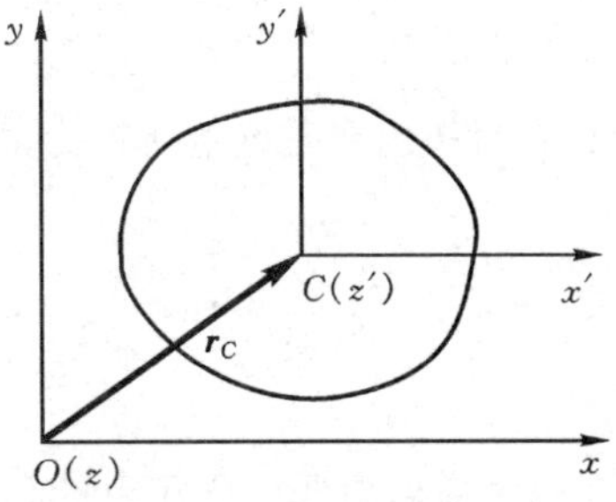

图 16-8

例 16-5　图 16-9 所示的系统在同一铅垂平面内。设滚轮 B 可沿倾角为 α 的斜面向下

滚动而不滑动,通过跨过定滑轮 A 的细绳提升重物 M。若重物 M 的质量为 m_1;定滑轮 A 和滚轮 B 可视为质量分别为 m_2 和 m_3、而半径皆为 r 的均质圆盘;不计细绳的质量,图示瞬时滚轮 B 的角速度为 ω,求该系统在此瞬时对水平轴 O 的动量矩。

解 取整个系统为研究对象。系统中重物 M 作直线平动,定滑轮 A 作定轴转动,而滚轮 B 作平面运动。依题意,图示瞬时滚轮的轮心 C 的速度

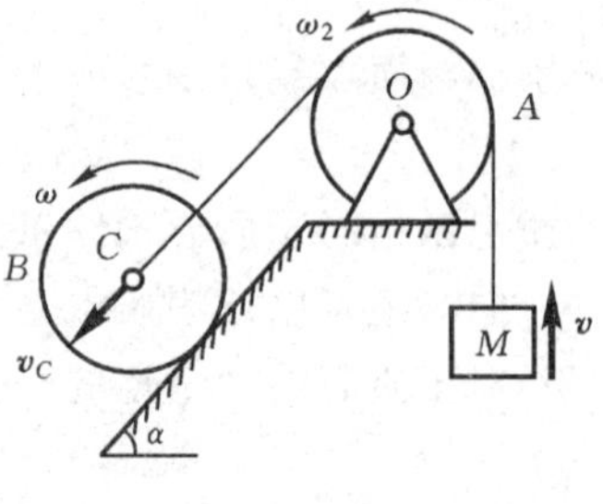

图 16－9

$$v_C = r\omega$$

定滑轮 A 的角速度

$$\omega_2 = v_C/r = \omega$$

重物 M 的速度 $$v = r\omega_2 = r\omega$$

于是,重物 M、定滑轮 A 和滚轮 B 对轴 O 的动量矩分别为

$$L_{O1} = m_1 v r = m_1 r^2 \omega, \quad L_{O2} = J_O \omega_2 = \frac{1}{2} m_2 r^2 \omega$$

$$L_{O3} = m_3 v_C r + J_C \omega = m_3 r^2 \omega + \frac{1}{2} m_3 r^2 \omega = \frac{3}{2} m_3 r^2 \omega$$

它们的转向皆为逆时针方向。

故系统对水平轴 O 的动量矩为

$$L_O = L_{O1} + L_{O2} + L_{O3} = m_1 r^2 \omega + \frac{1}{2} m_2 r^2 \omega + \frac{3}{2} m_3 r^2 \omega$$

$$= \left(m_1 + \frac{1}{2} m_2 + \frac{3}{2} m_3\right) r^2 \omega$$

转向同样为逆时针方向。

16.3.2 动量矩定理

1. 质点的动量矩定理

将 $\boldsymbol{l}_O = \boldsymbol{r} \times m\boldsymbol{v}$ 对时间求导数,得

$$\frac{\mathrm{d}\boldsymbol{l}_O}{\mathrm{d}t} = \frac{\mathrm{d}\boldsymbol{r}}{\mathrm{d}t} \times m\boldsymbol{v} + \boldsymbol{r} \times \frac{\mathrm{d}}{\mathrm{d}t}(m\boldsymbol{v})$$

设 O 为固定点,则由于

$$\frac{\mathrm{d}\boldsymbol{r}}{\mathrm{d}t} \times m\boldsymbol{v} = \boldsymbol{v} \times m\boldsymbol{v} = 0, \quad \frac{\mathrm{d}}{\mathrm{d}t}(m\boldsymbol{v}) = \boldsymbol{F}$$

其中 $\boldsymbol{F}$ 为作用在质点上所有力的合力。故

$$\frac{\mathrm{d}\boldsymbol{l}_O}{\mathrm{d}t} = \boldsymbol{r} \times \boldsymbol{F}$$

即

$$\frac{\mathrm{d}\boldsymbol{l}_O}{\mathrm{d}t} = \boldsymbol{M}_O(\boldsymbol{F}) \tag{16-29}$$

上式表示**质点对任一固定点的动量矩对时间的导数,等于作用在该质点上所有力的合力对同一点的矩**,这就是**质点的动量矩定理**的矢量形式。

由式(16－29)可以看出,**如果质点受到的合力对某一固定点(或固定轴)的矩始终等于零,则质点对该点(或轴)的动量矩保持不变**,这就是**质点的动量矩守恒定律**。

2. 质点系的动量矩定理

设质点系由 n 个质点组成，某瞬时其中任一质点的质量为 m_i，对固定点 O 的矢径为 $\boldsymbol{r}_i$，速度为 $\boldsymbol{v}_i$。将作用在该质点上所有力的合力分为内力 $\boldsymbol{F}_i^{\mathrm{i}}$ 和外力 $\boldsymbol{F}_i^{\mathrm{e}}$ 两部分，则根据质点的动量矩定理，有

$$\frac{\mathrm{d}}{\mathrm{d}t}(\boldsymbol{r}_i \times m_i\boldsymbol{v}_i) = \boldsymbol{r}_i \times \boldsymbol{F}_i^{\mathrm{i}} + \boldsymbol{r}_i \times \boldsymbol{F}_i^{\mathrm{e}} \quad (i = 1,2,\cdots,n)$$

将上述 n 个方程相加，得

$$\sum \frac{\mathrm{d}}{\mathrm{d}t}(\boldsymbol{r}_i \times m_i\boldsymbol{v}_i) = \sum \boldsymbol{r}_i \times \boldsymbol{F}_i^{\mathrm{i}} + \sum \boldsymbol{r}_i \times \boldsymbol{F}_i^{\mathrm{e}}$$

变换左端求和与求导运算的次序，并考虑到质点系的内力总是成对出现，彼此等值、反向、共线，因此 $\sum \boldsymbol{r}_i \times \boldsymbol{F}_i^{\mathrm{i}} \equiv 0$ 。于是有

$$\frac{\mathrm{d}}{\mathrm{d}t}\left(\sum \boldsymbol{r}_i \times m_i\boldsymbol{v}_i\right) = \sum \boldsymbol{r}_i \times \boldsymbol{F}_i^{\mathrm{e}}$$

即

$$\frac{\mathrm{d}\boldsymbol{L}_O}{\mathrm{d}t} = \boldsymbol{M}_O^{\mathrm{e}} \tag{16-30}$$

上式表明，**质点系对任一固定点的动量矩对时间的导数，等于作用在质点系上的所有外力对同一点的主矩**，这就是**质点系的动量矩定理**的矢量形式。

根据质点系的动量矩定理可知，质点系的内力不能改变系统的动量矩，质点系动量矩的改变只取决于外力系的主矩。

由式(16－30)可见，若质点系在运动过程中，有 $\boldsymbol{M}_O^{\mathrm{e}} \equiv 0$(或 $M_z^{\mathrm{e}} \equiv 0$)，则 $\boldsymbol{L}_O \equiv$ 常矢量(或 $L_z \equiv$ 常量)。就是说，**如果质点系受到的所有外力对某一固定点(或固定轴)的矩始终等于零，则质点系对该点(或轴)的动量矩保持不变**，这个结论称为**质点系的动量矩守恒定律**。

质点系的动量矩守恒定律在工程技术和日常生活中都有广泛应用。例如，我国著名的科学家李四光在创立"**地质力学**"这门学科时，就曾应用动量矩守恒定律来研究地壳的运动。李四光认为，地球受到的外力对地轴 z 的矩恒等于零，因而地球绕地轴 z 自转的动量矩 $J_z\omega$ 为常量。但由于地球并不是刚体，其构成物在不停地相对运动着。若比重大的物质向地球深部集中，则地球对地轴的转动惯量 J_z 减小，而 ω 将增大，这样就会使地球有变扁的趋势，并使大陆发生挤压、分裂和扭动，从而产生各种构造变形，并伴随有岩浆活动、物质迁移等现象。随着物质的再分布，又会使 J_z 增大，ω 减小，形成自动"刹车"(李四光形象地称其为"大陆车阀")。如此循环往复，推动了地壳构造的发生和发展。

又如，单旋翼直升机的旋翼工作时，旋翼受到的空气反作用力系和直升机的重力向直升机的质心简化，可得到一个力螺旋。直升机在这个力螺旋中的力偶(设其力偶矩为 M_{e})作用下，具有向旋翼旋转的反方向偏转机身的趋势。为了保证机身不致偏转，通常在直升机尾部装有尾桨(图 16－10)，以产生侧向拉力 $\boldsymbol{F}$，使得 $Fl = M_{\mathrm{e}}$，也就是使作用在直升机上的外力系对质心轴的主矩 $M_C = M_{\mathrm{e}} - Fl = 0$。

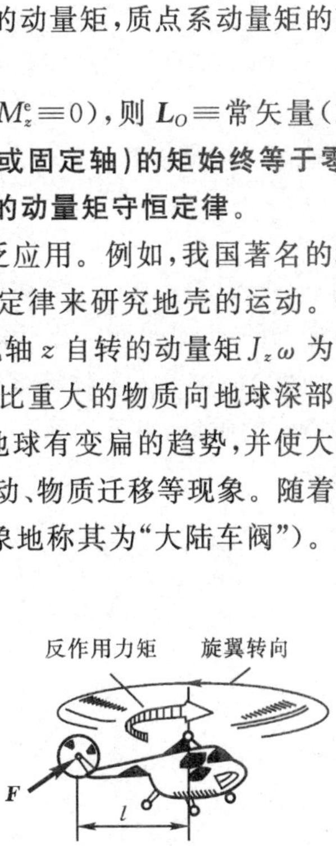

图 16－10

再如，花样滑冰运动员或芭蕾舞演员绕通过足尖的铅垂轴 z 旋转时，因重力和地面法向约束力对 z 轴的矩为零，而足尖与地面间的摩擦力矩很小，故人体对 z 轴的动量矩近似守恒，即

$J_z\omega\approx$常量。这样,当手足收拢时,J_z 减小,则角速度 ω 加快;而当手足在水平方向伸展时,J_z 增大,则 ω 减慢。

例 16-6　在例 16-5 中,设已知 m_1、m_2、m_3、r 和 α,且不计轴承 O 处的摩擦,求重物 M 的加速度。

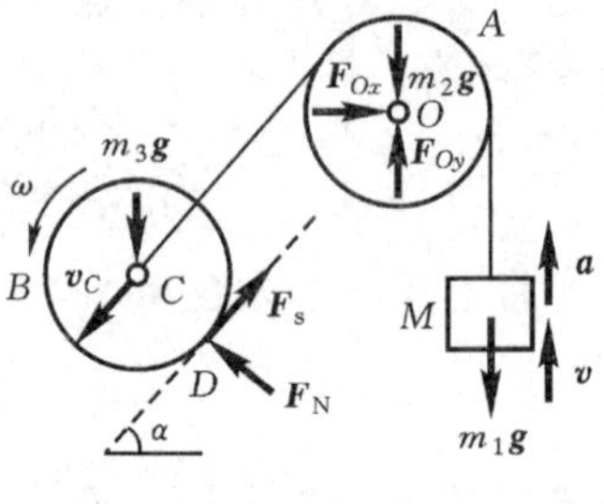

图 16-11

解　取整个系统为研究对象。系统受到的外力有:三物体的重力 $m_1\boldsymbol{g}$、$m_2\boldsymbol{g}$ 和 $m_3\boldsymbol{g}$,轴承 O 处的约束力 $\boldsymbol{F}_{Ox}$ 和 $\boldsymbol{F}_{Oy}$,以及斜面在 D 处对滚轮的约束力 $\boldsymbol{F}_N$ 和摩擦力 $\boldsymbol{F}_s$,于是系统的受力如图 16-11 所示。由于摩擦力 $\boldsymbol{F}_s$ 的作用线通过轴心 O,滚轮 B 的重力 $m_3\boldsymbol{g}$ 在斜面法线方向的分量(大小为 $m_3g\cos\alpha$)与约束力 $\boldsymbol{F}_N$ 对 O 轴之矩的代数和等于零,所以外力系对 O 轴的主矩

$$M_O^e=-m_1gr+m_3gr\sin\alpha=(m_3\sin\alpha-m_1)gr \tag{1}$$

设重物 M 上升的速度为 $\boldsymbol{v}$,则由例 16-5 的计算结果,系统对 O 轴的动量矩

$$L_O=\left(m_1+\frac{1}{2}m_2+\frac{3}{2}m_3\right)r^2\omega=\left(m_1+\frac{1}{2}m_2+\frac{3}{2}m_3\right)rv \tag{2}$$

根据质点系的动量矩定理,有

$$\frac{\mathrm{d}}{\mathrm{d}t}\left[\left(m_1+\frac{1}{2}m_2+\frac{3}{2}m_3\right)rv\right]=(m_3\sin\alpha-m_1)gr$$

即

$$\left(m_1+\frac{1}{2}m_2+\frac{3}{2}m_3\right)r\frac{\mathrm{d}v}{\mathrm{d}t}=(m_3\sin\alpha-m_1)gr$$

于是可求得重物的加速度

$$a=\frac{\mathrm{d}v}{\mathrm{d}t}=\frac{2(m_3\sin\alpha-m_1)}{2m_1+m_2+3m_3}g$$

当 $m_1<m_3\sin\alpha$ 时,$a>0$,重物加速度 $\boldsymbol{a}$ 的方向如图 16-11 所示;当 $m_1>m_3\sin\alpha$ 时,$a<0$,$\boldsymbol{a}$ 的方向与图 16-11 所示相反;当 $m_1=m_3\sin\alpha$ 时,$a=0$。

例 16-7　人和物等重,开始时静止地悬于软绳的两端,如图 16-12(a)所示。不计软绳和滑轮的质量,以及轴承 O 处的摩擦。现人沿软绳以匀速 $\boldsymbol{v}$ 向上爬,试分别求人和物的绝对速度。

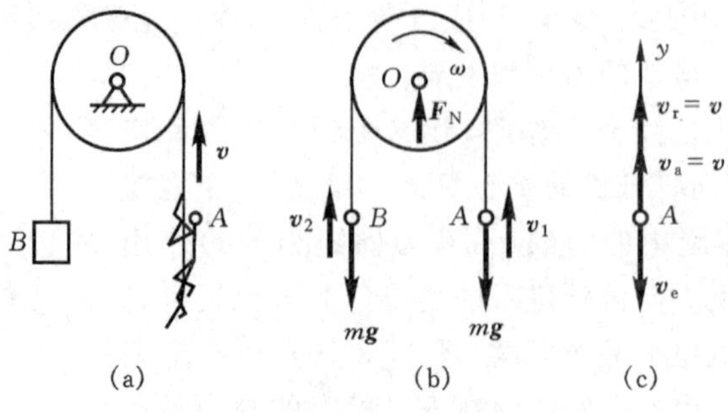

图 16-12

解　取系统为研究对象。把人和物分别看作是质量皆为 m 的质点 A 和 B,则系统受到的外力有:两质点的重力(皆为 $m\boldsymbol{g}$)和轴承 O 处的约束力 $\boldsymbol{F}_N$。于是,系统的受力如图 16-12(b)

所示。显然，外力系对 O 轴的主矩恒等于零，故系统对 O 轴的动量矩守恒。设人和物的绝对速度分别为 $\boldsymbol{v}_1$ 和 $\boldsymbol{v}_2$，滑轮的半径为 r，则由于系统初始静止，因此有

$$L_O = mv_1r - mv_2r = 0$$

即
$$v_1 = v_2 \tag{1}$$

以质点 A(人)为动点，动系固连于滑轮右侧下垂的一段软绳，定系固连于地面，则动点的相对运动和绝对运动都是直线运动，而牵连运动为直线平动。动点的绝对速度 $\boldsymbol{v}_a = \boldsymbol{v}_1$，相对速度 $\boldsymbol{v}_r = \boldsymbol{v}$，牵连速度 $v_e = v_2$，方向铅垂向下，如图16－12(c)所示。将 $\boldsymbol{v}_a = \boldsymbol{v}_e + \boldsymbol{v}_r$ 向 y 方向投影，可得

$$v_a = -v_e + v_r$$

即
$$v_1 = v - v_2 \tag{2}$$

方程(1)和(2)联立，即可求得人和物的绝对速度

$$v_1 = v_2 = v/2$$

方向皆铅垂向上，如图 16－12(b)所示。

**若将滑轮看作质量为 $0.2m$、半径为 r 的均质圆盘，试问人和物的绝对速度又为如何？请读者自行练习。

例 16－8　欧拉涡轮方程。如图 16－13(a)所示，水轮机的涡轮转子受水流冲击而以匀角速度 ω 绕通过其中心 O 的铅垂轴 z 转动。涡轮进口 AB 和出口 CD 处的半径分别为 r_1 和 r_2，水流在这两处的平均流速(绝对速度)分别为 $\boldsymbol{v}_1$ 和 $\boldsymbol{v}_2$，方向分别与轮缘切线成角 α_1 和 α_2。假设转子的叶片是均匀布置的，总数有 n 个，且每对相邻叶片间水的体积流量为 q_V m^3/s，体积密度为 ρ。若水流是稳定的，试求水流作用在涡轮转子上的转矩 M_z。

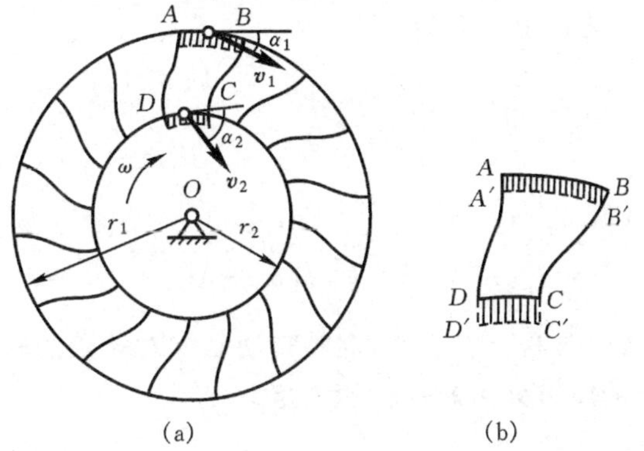

图 16－13

解　取 AB 和 CD 间的流体为研究对象。设经过时间间隔 $\mathrm{d}t$ 后，这部分流体流至位置 $A'B'C'D'$(图 16－13(b))。由于流动是稳定的，所以公共容积 $A'B'CD$ 内流体的动量对 O 轴的矩保持不变。于是在 $\mathrm{d}t$ 时间间隔内系统对 z 轴动量矩的增量

$$\begin{aligned}\mathrm{d}l_z &= [l_z]_{A'B'C'D'} - [l_z]_{ABCD} = [l_z]_{CDC'D'} - [l_z]_{ABA'B'} \\ &= (\rho q_V \mathrm{d}t)(v_2 r_2 \cos\alpha_2) - (\rho q_V \mathrm{d}t)(v_1 r_1 \cos\alpha_1) \\ &= \rho q_V (v_2 r_2 \cos\alpha_2 - v_1 r_1 \cos\alpha_1)\mathrm{d}t\end{aligned}$$

在 $\mathrm{d}t$ 时间间隔内流过整个涡轮转子的水流对 z 轴动量矩的增量

$$\mathrm{d}L_z = n \cdot \mathrm{d}l_z = n\rho q_V(v_2 r_2 \cos\alpha_2 - v_1 r_1 \cos\alpha_1)\mathrm{d}t$$

即

$$\frac{\mathrm{d}L_z}{\mathrm{d}t} = n\rho q_V(v_2 r_2 \cos\alpha_2 - v_1 r_1 \cos\alpha_1)$$

根据质点系的动量矩定理,可求得转子给予水流的约束力矩

$$M'_z = \frac{\mathrm{d}L_z}{\mathrm{d}t} = n\rho q_V(v_2 r_2 \cos\alpha_2 - v_1 r_1 \cos\alpha_1)$$

水流作用在涡轮转子上的转矩 M_z 与 M'_z 大小相等而转向相反,即

$$M_z = -M'_z = n\rho q_V(v_1 r_1 \cos\alpha_1 - v_2 r_2 \cos\alpha_2)$$

令

$$Q_V = nq_V$$

称为整个转子中流体的体积流量,则

$$M_z = \rho Q_V(v_1 r_1 \cos\alpha_1 - v_2 r_2 \cos\alpha_2) \tag{16-31}$$

上式称为**欧拉涡轮方程**。它表明,对于稳定流动,转矩与进口和出口处流体的绝对速度及体积流量等有关。

应当指出,上述分析也可应用于气体的稳定流动,但那时的体积密度 ρ 是变化的。

16.4 刚体定轴转动微分方程

本节应用质点系的动量矩定理,研究刚体绕固定轴的转动问题。

16.4.1 刚体定轴转动微分方程

设刚体绕固定轴 z 转动,对轴 z 的转动惯量为 J_z,某瞬时的角速度为 ω,则刚体对 z 轴的动量矩为 $L_z = J_z\omega$。根据动量矩定理,有

$$\frac{\mathrm{d}L_z}{\mathrm{d}t} = \frac{\mathrm{d}}{\mathrm{d}t}(J_z\omega) = J_z\frac{\mathrm{d}\omega}{\mathrm{d}t} = M_z^{\mathrm{e}}$$

考虑到 $\frac{\mathrm{d}\omega}{\mathrm{d}t} = \frac{\mathrm{d}^2\varphi}{\mathrm{d}t^2} = \alpha$,可得

$$J_z\frac{\mathrm{d}^2\varphi}{\mathrm{d}t^2} = J_z\alpha = M_z^{\mathrm{e}} \tag{16-32}$$

上式称为**刚体定轴转动微分方程**。它表明,**定轴转动刚体对转轴的转动惯量与其角加速度的乘积,等于作用在刚体上的所有外力对转轴的主矩**。

16.4.2 转动惯量

比较刚体定轴转动微分方程 $J_z\frac{\mathrm{d}^2\varphi}{\mathrm{d}t^2} = M_z^{\mathrm{e}}$ 和质心运动定理 $M\frac{\mathrm{d}^2\boldsymbol{r}}{\mathrm{d}t^2} = \sum \boldsymbol{F}^{\mathrm{e}}$ 可以看出,刚体的转动惯量是刚体转动时惯性大小的度量。转动惯量和质量都是力学中表示物体惯性大小的物理量。

下面介绍刚体转动惯量的计算公式。

1. 基本公式

由上节和普通物理学已知,刚体对某轴 z 的转动惯量就是刚体内各质点的质量与该质点到 z 轴距离平方的乘积之和。即

$$J_z = \sum m_i r_i^2$$

如果刚体的质量是连续分布的，则上式中的求和就是求定积分

$$J_z = \int_M r^2 \mathrm{d}m \tag{16-33}$$

式中：记号 M 表示积分范围遍及整个刚体。

工程中常把刚体对 z 轴的转动惯量写成刚体的总质量 M 与某一当量长度 ρ_z 的平方之乘积，即

$$J_z = M\rho_z^2 \tag{16-34}$$

式中：长度 ρ_z 称为刚体对 z 轴的**回转半径**（或**惯性半径**）。它的意义是，若把刚体的总质量集中在与 z 轴相距为 ρ_z 的一点上，则此集中质量对 z 轴的转动惯量与原刚体对 z 轴的转动惯量相同。

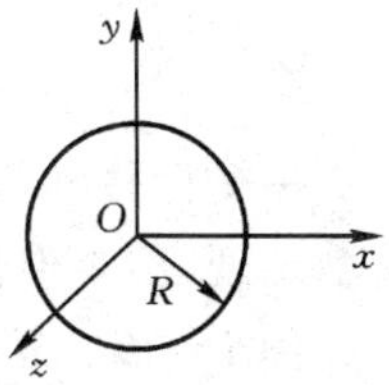

图 16 - 14

一般几何形状规则的均质刚体，其转动惯量可用积分法计算，计算公式可在有关工程手册中查到。例如，对于图 16 - 14 所示的质量为 m、半径为 R 的均质圆盘，对质心轴 z 的转动惯量

$$J_z = mR^2/2$$

圆盘对 z 轴的回转半径

$$\rho_z = \sqrt{J_z/m} = R/\sqrt{2} = 0.707R$$

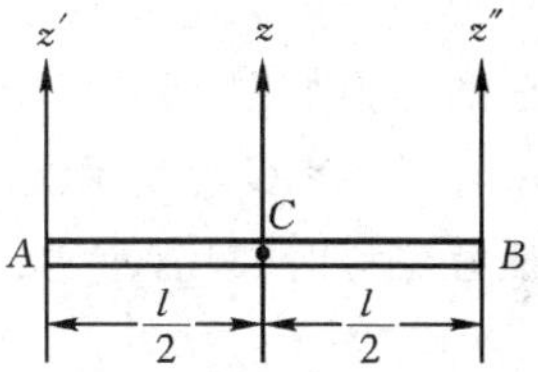

图 16 - 15

又如图 16 - 15 所示的质量为 m、长度为 l 的等截面均质细杆，对质心轴 z 的转动惯量

$$J_z = ml^2/12$$

细杆对 z 轴的回转半径

$$\rho_z = \sqrt{J_z/m} = l/\sqrt{12} = 0.289l$$

对于几何形状不规则或非均质的刚体，须根据某些力学规律用实验方法来测定其转动惯量。

2. 平行移轴定理

工程手册中给出的一般都是刚体对质心轴的转动惯量，而实际问题中往往需要求刚体对与质心轴平行的另一轴的转动惯量。平行移轴定理阐明了同一刚体对上述两轴转动惯量之间的关系。

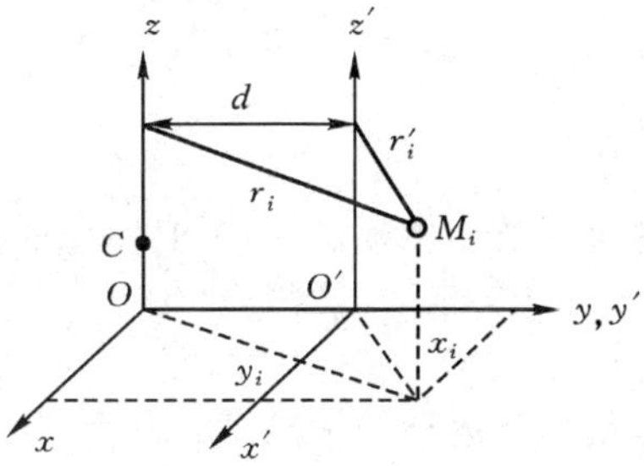

图 16 - 16

建立两组直角坐标系 $Oxyz$ 和$O'x'y'z'$如图 16 - 16 所示，其中 z 轴为刚体的质心轴，z'轴平行于 z 轴，两轴相距为 d。设刚体的质量为 M，其上任一质点 M_i 的质量为 m_i，则刚体对 z 轴的转动惯量为

$$J_z = \sum m_i r_i^2 = \sum m_i (x_i^2 + y_i^2) \tag{1}$$

而刚体对 z'轴的转动惯量为

$$\begin{aligned} J_{z'} &= \sum m_i r_i'^2 = \sum m_i (x_i'^2 + y_i'^2) = \sum m_i [x_i^2 + (y_i - d)^2] \\ &= \sum m_i (x_i^2 + y_i^2 - 2dy_i + d^2) \end{aligned}$$

$$= \sum m_i(x_i^2 + y_i^2) - 2d(\sum m_i y_i) + d^2(\sum m_i)$$

$$= J_z - 2d(My_C) + Md^2 \tag{2}$$

因为 z 轴为质心轴,所以 $y_C=0$。于是可得

$$J_{z'} = J_z + Md^2 \tag{16-35}$$

即刚体对任一轴的转动惯量,等于刚体对平行于该轴的质心轴的转动惯量,加上刚体的质量与两轴间距离的平方的乘积,这就是**转动惯量的平行移轴定轴**。

根据式(16-35)可以求得图 16-15 所示的质量为 m、长为 l 的等截面均质细杆对 z'轴和 z''轴的转动惯量为

$$J_{z'} = J_{z''} = J_z + m\left(\frac{l}{2}\right)^2 = \frac{1}{12}ml^2 + \frac{1}{4}ml^2 = \frac{1}{3}ml^2$$

由平行移轴定理可知,对一组平行轴而言,刚体对其质心轴的转动惯量为最小。根据平行移轴定理,不难推得刚体对任意两根平行轴的转动惯量之间的关系,请读者自行练习。

例 16-9 复摆。复摆由可绕水平固定轴自由摆动的刚体构成,又称为**物理摆**,如图 16-17(a)所示。已知复摆的质量为 m,其质心 C 到水平固定轴的轴心 O(称为**悬点**)的距离 $\overline{OC}=e$,复摆对转轴的转动惯量为 J_O。若忽略摩擦,试求复摆的微幅摆动规律。

解 取复摆为研究对象。作用在复摆上的外力有重力 $m\boldsymbol{g}$ 和轴承 O 处的约束力 $\boldsymbol{F}_{Ox}$、$\boldsymbol{F}_{Oy}$,于是复摆的受力如图 16-17(b)所示。复摆在任意瞬时的位置可由 OC 与铅垂线间的夹角 φ 确定。当复摆在任意位置时,只有重力 $m\boldsymbol{g}$ 对悬点 O 产生恢复力矩

$$M_O^e = M_O(m\boldsymbol{g}) = -mge\sin\varphi$$

右端的负号表示重力 $m\boldsymbol{g}$ 对悬点的矩与角 φ 增大的方向相反,即重力矩始终转向摆的平衡位置而起恢复的作用。

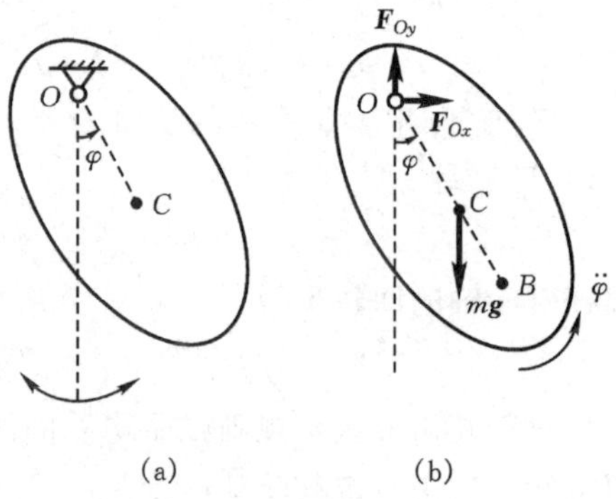

图 16-17

根据刚体定轴转动微分方程,有

$$J_O\ddot{\varphi} = M_O^e = -mge\sin\varphi$$

即

$$\ddot{\varphi} + \frac{mge}{J_O}\sin\varphi = 0 \tag{1}$$

由于复摆作微幅摆动,可取 $\sin\varphi \approx \varphi$,于是上式可线性化为

$$\ddot{\varphi} + \frac{mge}{J_O}\varphi = 0 \tag{2}$$

这是简谐运动的标准微分方程,其通解为

$$\varphi = \varphi_0 \sin(\sqrt{mge/J_O}\,t + \theta) \tag{3}$$

式中:角振幅 φ_0 和初位相 θ 都是由复摆运动的初始条件决定的常数。复摆的固有频率为

$$\omega_0 = \sqrt{mge/J_O} \tag{4}$$

摆动的周期为

$$T = \frac{2\pi}{\omega_0} = 2\pi\sqrt{\frac{J_O}{mge}} \tag{5}$$

讨论:(1)利用复摆运动的周期性,可通过实验测出周期 T,然后由(5)式来确定不规则形

状物体的转动惯量

$$J_O = \left(\frac{T}{2\pi}\right)^2 mge \tag{6}$$

这种确定物体转动惯量的实验方法，称为**复摆振动法**。作实验时，须根据物体的形状和构造特点，采用不同的支承方式：

①刀口支承(图 16-18(a))，可求出连杆对垂直于运动平面的质心轴的转动惯量。

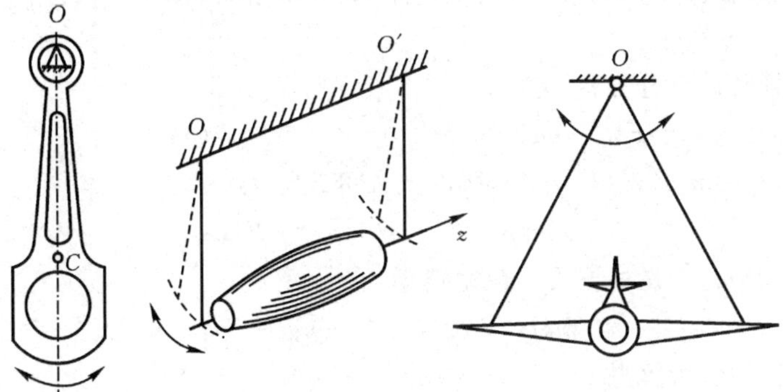

图 16-18

②摆线支承，可求出物体对 z 轴的转动惯量(图 16-18(b))，也可以求出飞机对纵轴的转动惯量(图 16-18(c))。

(2)设复摆的回转半径为 ρ_C，则

$$J_O = J_C + me^2 = m(\rho_C^2 + e^2)$$

将上式代入(5)式，得

$$T = 2\pi\sqrt{\frac{\rho_C^2 + e^2}{ge}} \tag{7}$$

已知摆长为 l 的单摆的微幅摆动周期为

$$T' = 2\pi\sqrt{l/g}$$

现设想把复摆的质量集中在 OC 延长线上的 B 点(图 16-17(b))，将复摆比拟为单摆，且令 $T=T'$，则有

$$l_O = \frac{\rho_C^2 + e^2}{e} \tag{8}$$

l_O 称为**简化长度**或**折合长度**。显见，$l_O>e$。令$\overline{CB}=b$，则

$$\overline{CB} = b = \rho_C^2/e \tag{9}$$

点 B 称为**摆心**。如果以 B 点为悬点，因为

$$J_B = J_C + mb^2 = m(\rho_C^2 + b^2)$$

此时复摆的简化长度

$$l_B = \frac{\rho_C^2 + b^2}{b} = \frac{\rho_C^2 + e^2}{e} = l_O$$

即新复摆的摆心为原复摆的悬点。可见，复摆的摆心和悬点可以互换而不改变复摆微幅摆动

的周期。这一性质曾在**凯特可倒摆**的实验中被利用来测定重力加速度。

例 16-10 撞击中心。用锤子打击钉子时,人手握在 O 处(图 16-19),起着轴承的作用。锤子在 A 处受到冲击力 $\boldsymbol{F}^*$ 的作用。设锤子的质心在 C 点,质量为 m,对质心轴的回转半径为 ρ_C,$\overline{AC}=b$。试问人手握在何处可以不受冲击力作用的影响。

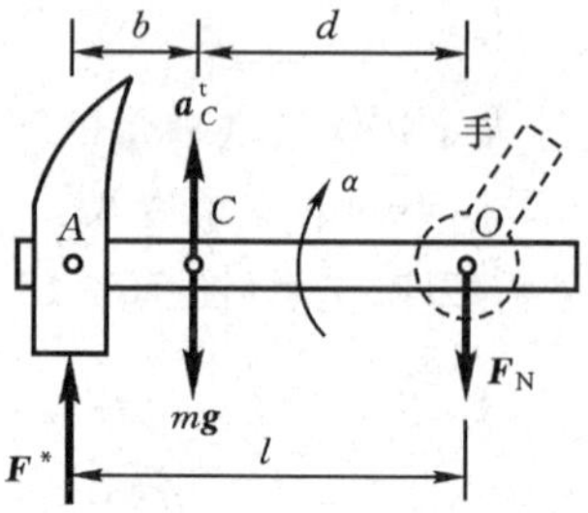

图 16-19

解 取锤子为研究对象,它作定轴转动。作用在锤子上的外力有:重力 mg、冲击力 $\boldsymbol{F}^*$ 和轴承 O 处的约束力 $\boldsymbol{F}_N$。于是,锤子的受力如图 16-19 所示。

根据刚体定轴转动微分方程,有

$$J_O\alpha = F^*l - mg(l-b) \tag{1}$$

考虑到 $F^* \gg mg$,$J_O=m[\rho_C^2+(l-b)^2]$,所以上式可改写为

$$m[\rho_C^2+(l-b)^2]\alpha = F^*l \tag{2}$$

因为 $a_C^t=(l-b)\alpha$,于是根据质心运动定理,有

$$m(l-b)\alpha = F^* - mg - F_N \tag{3}$$

(2)、(3)两式联立,可解得

$$F_N = -mg + \left[1-\frac{l(l-b)}{\rho_C^2+(l-b)^2}\right]F^* \tag{4}$$

由上式可知,如果

$$\frac{l(l-b)}{\rho_C^2+(l-b)^2} = 1$$

即

$$l=\frac{\rho_C^2+b^2}{b} \tag{5}$$

则约束力成为常规力,即手不受冲击力的影响。

这个结果表明,当刚体绕固定轴 O 转动时,若 $l=\dfrac{\rho_C^2+b^2}{b}$,则作用在 A 处的冲击力不会使轴承 O 处受到冲击力的影响。这个点 A 称为刚体对于轴 O 的**撞击中心或打击中心**。

讨论:若令$\overline{OC}=d=l-b$,容易证明(5)式可改写为

$$l = \frac{\rho_C^2+d^2}{d} \tag{6}$$

这个性质称为**撞击中心和轴承的互换性**。就是说,如果手握在 A 处,而在 O 点施加冲击力,则手也不会受到冲击力的作用。此时,A 处起着轴承的作用,而 O 点成为撞击中心。

与例 16-9 的讨论比较可以看出,撞击中心与轴承间的距离就是复摆的简化长度,因此,摆心就是复摆的撞击中心。

16.5 动能定理

动量定理反映了质点系动量的变化与其所受外力系的主矢之间的关系;动量矩定理反映了质点系动量矩的变化与其所受外力系的主矩之间的关系。本章介绍的动能定理,以质点系的动能作为表示质点系运动特征的物理量,建立了质点系动能的变化与其所受力系在相应运动过程中所做的功之间的关系,它是能量原理在动力学中的应用。能量原理的主要内容包括

动能定理和机械能守恒定律。本章重点介绍动能定理。在研究非自由质点系动力学的位移、速度(加速度)和作用力之间,以及转角、角速度(角加速度)和转矩之间的关系时,应用动能定理求解往往比较简便。

16.5.1　力的功

力的功是力对物体的作用在一段路程上累积效应的度量,在物理学中已经介绍了常力在物体的直线运动中(图 16-20)所做的功为

$$W = Fs\cos\alpha = \boldsymbol{F}\cdot\boldsymbol{s}$$

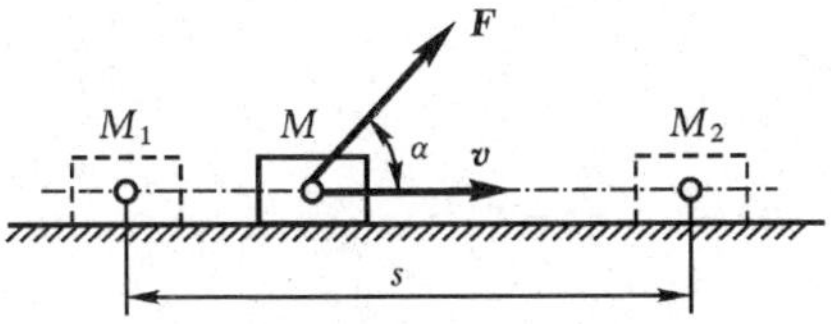

图 16-20

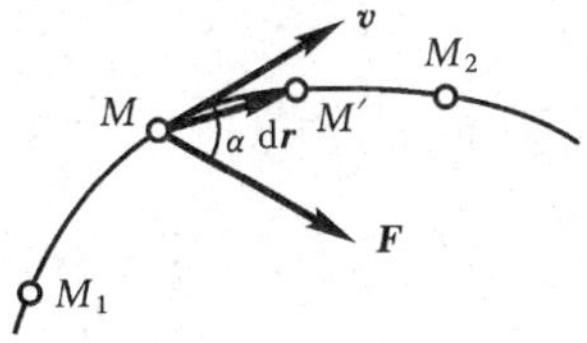

图 16-21

1. 元功及变力的功

设质点 M 在变力 $\boldsymbol{F}$ 的作用下沿曲线运动,如图 16-21 所示。将曲线 M_1M_2 分成无限多个元弧段,任取一元弧段$\widehat{MM'}$作为元路程 $\mathrm{d}s$。用 $\mathrm{d}\boldsymbol{r}$ 表示位移矢量,其大小 $\mathrm{d}r=\mathrm{d}s$。在 $\mathrm{d}\boldsymbol{r}$ 中,力 $\boldsymbol{F}$ 可视为不变,故其在元路程上所做之功称为力 $\boldsymbol{F}$ 的元功,其大小为

$$\delta W = \boldsymbol{F}\cdot\mathrm{d}\boldsymbol{r} = F_t\cdot\mathrm{d}s \tag{16-36(a)}$$

式中:F_t为力 $\boldsymbol{F}$ 在切线方向的投影,因为力 $\boldsymbol{F}$ 的元功不一定是某个函数的全微分,所以不用微分符号“d”,而用微量符号“δ”。

设变力 $\boldsymbol{F}$ 在直角坐标系 $Oxyz$ 中的投影分别为 F_x、F_y、F_z,作用点的坐标为(x,y,z),则上式可写为

$$\delta W = \boldsymbol{F}\cdot\mathrm{d}\boldsymbol{r} = F_x\cdot\mathrm{d}x + F_y\cdot\mathrm{d}y + F_z\cdot\mathrm{d}z \tag{16-36(b)}$$

在曲线路程$\widehat{M_1M_2}$上,力 $\boldsymbol{F}$ 对质点所做的功,等于在此路程上所有元功的总和,即

$$W = \int_{\widehat{M_1M_2}}\boldsymbol{F}\cdot\mathrm{d}\boldsymbol{r} = \int_{\widehat{M_1M_2}}(F_x\cdot\mathrm{d}x + F_y\cdot\mathrm{d}y + F_z\cdot\mathrm{d}z) \tag{16-37}$$

2. 几种常见力的功

(1)重力的功。

设重为 $\boldsymbol{F}_g$ 的质点 M 由点 $M_1(x_1,y_1,z_1)$沿曲线运动到点 $M_2(x_2,y_2,z_2)$,如图 16-22 所示。由于 $F_x=F_y=0$,$F_z=-F_g$,代入式(16-37)得

$$W = \int_{z_1}^{z_2} -F_g\cdot\mathrm{d}z = F_g(z_1 - z_2) \tag{16-38}$$

可见,**重力的功等于质点的重量与其起始和终了位置之高度差的乘积**,而与质点运动的路径无关。当质点位置降低时重力做正功,当质点位置升高时重力做负功。

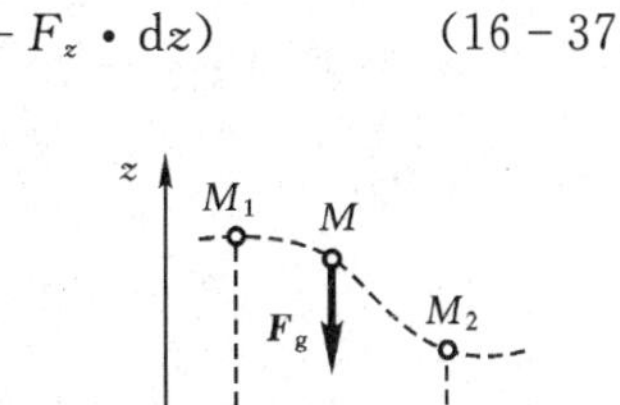

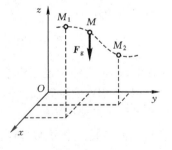

图 16-22

(2)弹性力的功。

设质点 M 与弹簧连接如图 16-23 所示。弹簧的自然长度为 l_0,当变形较小时弹性力的大小为

$$F = k(r - l_0)$$

式中:k 为弹簧的刚度系数,其单位为 N/m(牛/米),r 为任意位置时弹簧的长度。弹性力 $\boldsymbol{F}$ 的方向与弹簧的变形形式有关,当弹簧被拉伸时,$\boldsymbol{F}$ 与矢径 $\boldsymbol{r}$ 方向相反,当弹簧被压缩时,$\boldsymbol{F}$ 与 $\boldsymbol{r}$ 方向相同。因此,弹性力 $\boldsymbol{F}$ 可表示为

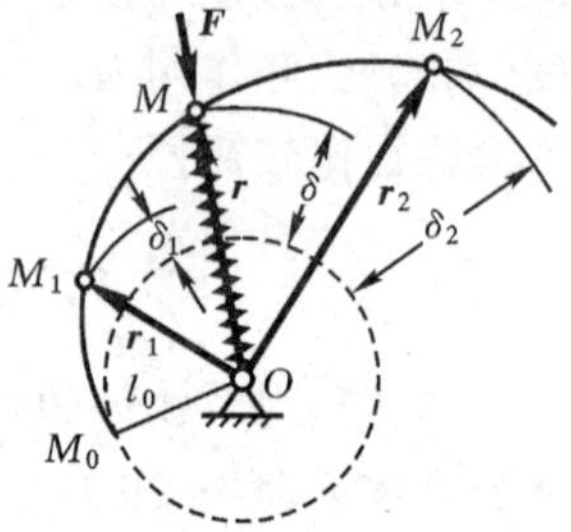

图 16-23

$$\boldsymbol{F} = -k(r - l_0)\frac{\boldsymbol{r}}{r}$$

于是,弹性力的元功为

$$\delta W = \boldsymbol{F}\cdot \mathrm{d}\boldsymbol{r} = -k(r - l_0)\frac{\boldsymbol{r}}{r}\cdot \mathrm{d}\boldsymbol{r}$$

因为 $\frac{\boldsymbol{r}}{r}\cdot \mathrm{d}\boldsymbol{r} = \frac{\boldsymbol{r}\cdot \mathrm{d}\boldsymbol{r}}{r} = \frac{\mathrm{d}(\boldsymbol{r}\cdot\boldsymbol{r})}{2r} = \frac{\mathrm{d}(r^2)}{2r} = \mathrm{d}r$,于是得

$$\delta W = -k(r - l_0)\cdot \mathrm{d}r$$

当质点由点 M_1 运动到 M_2 时,弹性力所作的功为

$$W = \int_{r_1}^{r_2} -k(r - l_0)\mathrm{d}r = \frac{1}{2}k[(r_1 - l_0)^2 - (r_2 - l_0)^2] = \frac{1}{2}k(\delta_1^2 - \delta_2^2) \quad (16-39)$$

即弹性力的功等于弹簧的初变形(δ_1)的平方与末变形(δ_2)的平方之差,与弹簧刚度系数(k)的乘积的一半。它也与质点运动的路径无关。

(3)万有引力的功。

设质量为 m_1 的质点 O 固定不动(固定引力中心),而质量为 m_2 的质点 M 沿曲线轨迹由 M_1 运动到 M_2,如图 16-24 所示。此二质点间的万有引力为

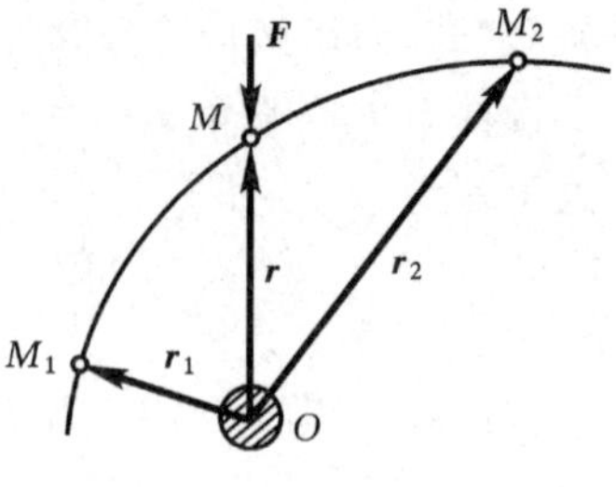

图 16-24

$$\boldsymbol{F} = -f\frac{m_1 m_2}{r^2}\frac{\boldsymbol{r}}{r}$$

式中:$f = 6.673\times 10^{-11}\ \mathrm{N\cdot m^2/kg^2}$ 为引力常量,r 为两质点间的距离。则万有引力的元功为

$$\delta W = \boldsymbol{F}\cdot \mathrm{d}\boldsymbol{r} = -f\frac{m_1 m_2}{r^2}\frac{\boldsymbol{r}}{r}\cdot \mathrm{d}\boldsymbol{r} = -f\frac{m_1 m_2}{r^2}\mathrm{d}r$$

万有引力的功

$$W = \int_{r_1}^{r_2} -f\frac{m_1 m_2}{r^2}\,\mathrm{d}r = f m_1 m_2\left(\frac{1}{r_2} - \frac{1}{r_1}\right) \quad (16-40)$$

可见,万有引力的功也与质点的运动路径无关。

(4)作用在定轴转动刚体上的力的功。

设刚体可绕固定轴 Oz 转动,力 $\boldsymbol{F}_i$ 作用于其上的 M_i 点,如图 16-25 所示。将力 $\boldsymbol{F}_i$ 分解成相互正交的三个分力:轴向分力 $\boldsymbol{F}_{iz}$、径向分力 $\boldsymbol{F}_{ir}$、切向分力 $\boldsymbol{F}_{it}$。当刚体有一微小转角 $\mathrm{d}\varphi$ 时,力 $\boldsymbol{F}_i$ 作用点的元位移为 $\mathrm{d}\boldsymbol{r}_i$,元弧长为 $\mathrm{d}s_i = R_i\cdot \mathrm{d}\varphi = |\mathrm{d}\boldsymbol{r}_i|$。则力 $\boldsymbol{F}_i$ 的元功

$$\delta W_i = \boldsymbol{F}_i\cdot \mathrm{d}\boldsymbol{r}_i = F_{it}\cdot \mathrm{d}s_i = F_{it}\cdot R_i \mathrm{d}\varphi$$

式中：乘积 $F_{it}R_i$ 恰好是力 $\boldsymbol{F}_i$ 对 Oz 轴的转矩 $M_z(\boldsymbol{F}_i)$，因而

$$\delta W_i = M_z(\boldsymbol{F}_i) \cdot \mathrm{d}\varphi$$

当刚体转过有限转角 φ 时，力 $\boldsymbol{F}_i$ 的功为

$$W_i = \int_0^{\varphi} M_z(\boldsymbol{F}_i) \cdot \mathrm{d}\varphi$$

如果 $M_z(\boldsymbol{F}_i)$ 为常量，则有

$$W_i = M_z(\boldsymbol{F}_i) \cdot \varphi$$

设 $M_z = \sum M_z(\boldsymbol{F}_i)$ 为作用于转动刚体上的力系对转轴 Oz 的主矩，则力系的元功为

$$\delta W = M_z \cdot \mathrm{d}\varphi \tag{16-41}$$

当刚体转过有限转角 φ 时，力系所做的功为

$$W = \int_0^{\varphi} M_z \mathrm{d}\varphi$$

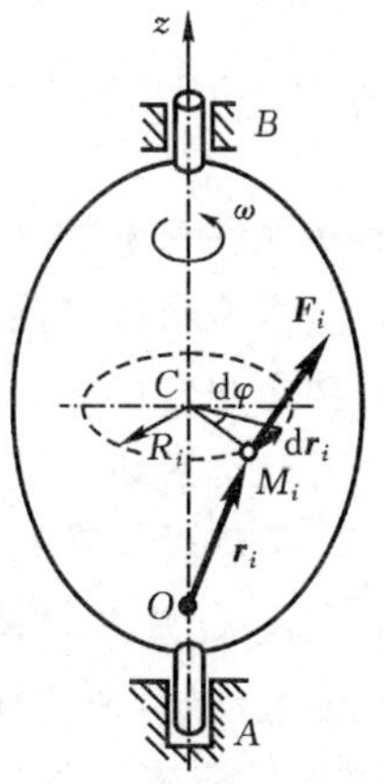

图 16 - 25

当 M_z 为常量时

$$W = M_z \varphi \tag{16-42}$$

3. 质点系内力的功

设 A、B 为质点系内任意两质点，它们之间的相互作用力分别为 $\boldsymbol{F}_A$ 和 $\boldsymbol{F}_B$。设 $\boldsymbol{r}_A$ 和 $\boldsymbol{r}_B$ 分别为 A、B 两点对定点 O 的矢径（图 16 - 26）。由于 $\boldsymbol{F}_A$ 和 $\boldsymbol{F}_B$ 互为作用与反作用关系，所以 $\boldsymbol{F}_B = -\boldsymbol{F}_A$。这一对内力的元功之和为

$$\begin{aligned}\delta W &= \boldsymbol{F}_A \cdot \mathrm{d}\boldsymbol{r}_A + \boldsymbol{F}_B \cdot \mathrm{d}\boldsymbol{r}_B = \boldsymbol{F}_A \cdot \mathrm{d}\boldsymbol{r}_A - \boldsymbol{F}_A \cdot \mathrm{d}\boldsymbol{r}_B \\ &= \boldsymbol{F}_A \cdot \mathrm{d}(\boldsymbol{r}_A - \boldsymbol{r}_B) = \boldsymbol{F}_A \cdot \mathrm{d}(\overrightarrow{BA})\end{aligned}$$

可见，若 A、B 两点间的距离保持不变，则两质点间的相互作用力的元功之和为零。由于刚体内任意两点间的距离保持不变，故**刚体内力的功为零**。若质点系为可变形物体，则 A、B 两点间的距离可能发生变化，那么两质点间的相互作用力的元功之和将不为零，这就是说，可变质点系内力的功不为零。

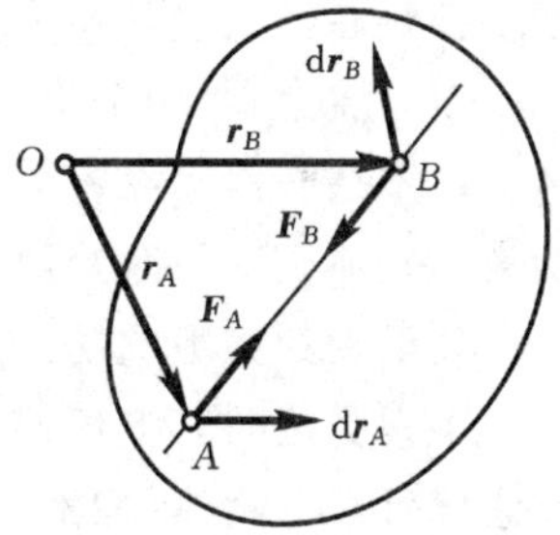

图 16 - 26

4. 约束力的功

为了阐述方便，我们把质点系内部各物体之间相互构成的约束称为**内约束**，而把系外物体对系内物体构成的约束称为**外约束**。

(1)内约束约束力的功。

①光滑面约束力的功。

如图 16 - 27 所示，两个分别作平面运动的物体 A 和 B 相互构成光滑面约束，它们的一对接触点分别为 D 和 E，所受到的约束力分别为 $\boldsymbol{F}_{N12}$ 和 $\boldsymbol{F}_{N21}$，设 E 点的元位移为 $\mathrm{d}\boldsymbol{r}_E$。以 D 为动点，动系固连于物体 B，则 D 点的元位移 $\mathrm{d}\boldsymbol{r}_D = \mathrm{d}\boldsymbol{r}_E + \mathrm{d}\boldsymbol{r}_r$，其中 $\mathrm{d}\boldsymbol{r}_r$ 为 D 点相对于物体 B 的元位移，它沿接触点处的切线方向，即 $\mathrm{d}\boldsymbol{r}_r$ 垂直于 $\boldsymbol{F}_{N21}$，于是 $\boldsymbol{F}_{N21}$ 和 $\boldsymbol{F}_{N12}$ 的元功之和为

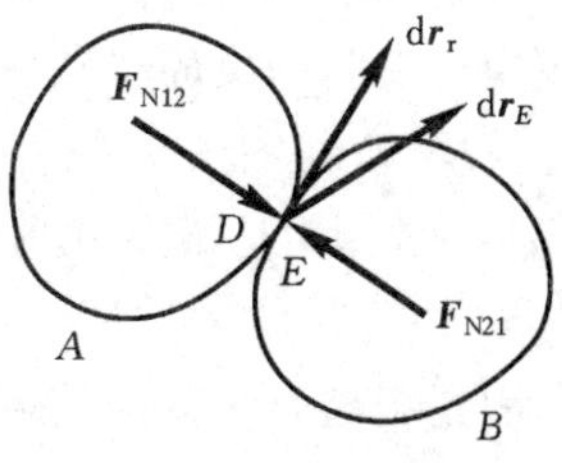

图 16 - 27

$$\delta W = \boldsymbol{F}_{N21} \cdot \mathrm{d}\boldsymbol{r}_D + \boldsymbol{F}_{N12} \cdot \mathrm{d}\boldsymbol{r}_E = \boldsymbol{F}_{N21} \cdot (\mathrm{d}\boldsymbol{r}_E + \mathrm{d}\boldsymbol{r}_r) + \boldsymbol{F}_{N12} \cdot \mathrm{d}\boldsymbol{r}_E$$

$$= (\boldsymbol{F}_{N21} + \boldsymbol{F}_{N12}) \cdot \mathrm{d}\boldsymbol{r}_E + \boldsymbol{F}_{N21} \cdot \mathrm{d}\boldsymbol{r}_r$$

由于 $\boldsymbol{F}_{N21} + \boldsymbol{F}_{N12} = 0$,$\mathrm{d}\boldsymbol{r}_r \perp \boldsymbol{F}_{N21}$,所以

$$\delta W = (\boldsymbol{F}_{N21} + \boldsymbol{F}_{N12}) \cdot \mathrm{d}\boldsymbol{r}_E + \boldsymbol{F}_{N21} \cdot \mathrm{d}\boldsymbol{r}_r = 0$$

即作为内约束的光滑面约束,其约束力的元功之和恒等于零。

当两物体之间保持相对静止,或相对作纯滚动时,因为 $\mathrm{d}\boldsymbol{r}_r = 0$,$\mathrm{d}\boldsymbol{r}_D = \mathrm{d}\boldsymbol{r}_E$,故 $\boldsymbol{F}_{N21}$ 和 $\boldsymbol{F}_{N12}$ 的元功之和也恒等于零。

光滑活动铰链也是光滑面约束的一种特殊情形,因此其约束力的元功之和同样等于零。

②静滑动摩擦力的功。

设 A、B 两物体接触面粗糙,当它们之间保持相对静止,或相对作纯滚动时,两物体之间的相互作用的约束力除正压力(法向约束力)$\boldsymbol{F}_{N21}$ 和 $\boldsymbol{F}_{N12}$ 外,还有静摩擦力(切向约束力)$\boldsymbol{F}_{21}$ 和 $\boldsymbol{F}_{12}$(图 16 - 28)。此时由于 $\mathrm{d}\boldsymbol{r}_D = \mathrm{d}\boldsymbol{r}_E$,且 $\boldsymbol{F}_{21} + \boldsymbol{F}_{12} = 0$,因此这一对静滑动摩擦力的元功之和

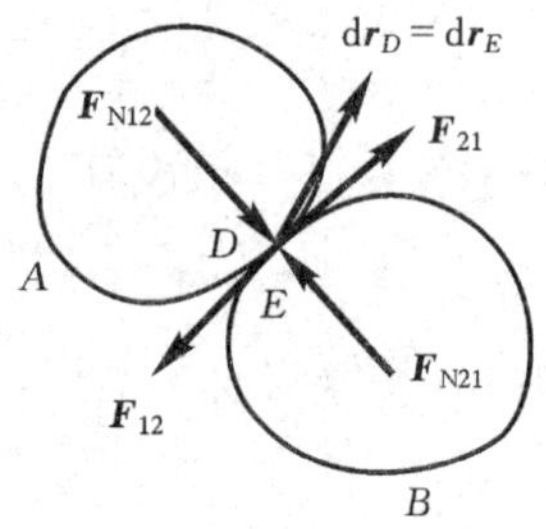

图 16 - 28

$$\delta W = \boldsymbol{F}_{21} \cdot \mathrm{d}\boldsymbol{r}_D + \boldsymbol{F}_{12} \cdot \mathrm{d}\boldsymbol{r}_E = (\boldsymbol{F}_{21} + \boldsymbol{F}_{12}) \cdot \mathrm{d}\boldsymbol{r}_D = 0$$

如果将两个接触面粗糙且保持相对静止或相对作纯滚动的两个物体相互间构成的约束称为**粗糙接触面约束**,则由上面的证明可知,**粗糙接触面约束的约束力元功之和恒等于零**。

应当注意,当两个接触粗糙的物体在接触处有相对滑动时,它们相互间作用的一对滑动摩擦力已不是静滑动摩擦力,而是动滑动摩擦力(根据约束的定义,动滑动摩擦力是主动力,不是约束力),那么这一对动滑动摩擦力的功则不为零。

③柔索约束力的功。

柔索受拉时其上任何被拉直的部分均可视为刚体,因此其内力的元功之和恒等于零。若柔索绕过某个物体(如滑轮)的光滑表面时,则因柔索中各点的拉力大小相等,且各点沿物体表面的位移大小也相等,所以其内力的元功之和也恒等于零。

(2)外约束约束力的功。

在图 16 - 27 中,若物体 B 固定不动,则物体 A 受到的是固定光滑面约束,由于 $\mathrm{d}\boldsymbol{r}_E = 0$,$\mathrm{d}\boldsymbol{r}_r \perp \boldsymbol{F}_{N21}$,所以 $\boldsymbol{F}_{N21}$ 的元功

$$\delta W = \boldsymbol{F}_{N21} \cdot (\mathrm{d}\boldsymbol{r}_E + \mathrm{d}\boldsymbol{r}_r) = \boldsymbol{F}_{N21} \cdot \mathrm{d}\boldsymbol{r}_r = 0$$

即固定光滑面约束的约束力元功恒等于零。固定光滑铰链支座和活动光滑铰链支座均可视为固定光滑面约束的特殊情形,因此,它们的约束力的元功也恒等于零。

同理,在图 16 - 28 中,若物体 B 固定,则 $\mathrm{d}\boldsymbol{r}_E = 0$,物体 A 相对于物体 B 仅有滑动趋势,而无相对滑动,则 $\mathrm{d}\boldsymbol{r}_r = 0$,所以 $\mathrm{d}\boldsymbol{r}_D = \mathrm{d}\boldsymbol{r}_E + \mathrm{d}\boldsymbol{r}_r = 0$,故

$$\delta W = \boldsymbol{F}_{N21} \cdot \mathrm{d}\boldsymbol{r}_D + \boldsymbol{F}_{21} \cdot \mathrm{d}\boldsymbol{r}_D = 0$$

即固定粗糙面约束的约束力的元功恒等于零。

工程力学中把约束力的元功之和恒等于零的情形常称为**理想情形**。上面所介绍的各类约束都属于理想情形。

16.5.2　动能定理

1. 质点的动能定理

质量为 m 的质点 M 在合力 $\boldsymbol{F}$ 作用下沿曲线轨迹由点 M_1 运动到点 M_2，其任一瞬时的速度为 $\boldsymbol{v}$，加速度为 $\boldsymbol{a}$。将 $m\boldsymbol{a}=\boldsymbol{F}$ 向轨迹的切线上投影，并考虑到 $a_t=\mathrm{d}v/\mathrm{d}t$ 得

$$m\frac{\mathrm{d}v}{\mathrm{d}t}=F_t$$

两边同乘以 $\mathrm{d}s$，并注意到 $\mathrm{d}s/\mathrm{d}t=v$，得

$$mv\cdot\mathrm{d}v=F_t\cdot\mathrm{d}s=\delta W$$

于是有

$$\mathrm{d}\left(\frac{1}{2}mv^2\right)=\delta W \tag{16-43}$$

上式表明：质点动能的微分，等于作用在该质点上合力的元功。此式称为**质点动能定理的微分形式**。

将式(16－43)沿路程 $\overset{\frown}{M_1M_2}$ 进行积分

$$\int_{v_1}^{v_2}\mathrm{d}\left(\frac{1}{2}mv^2\right)=\int_{\overset{\frown}{M_1M_2}}F_t\cdot\mathrm{d}s$$

得到

$$\frac{1}{2}mv_2^2-\frac{1}{2}mv_1^2=W_{12} \tag{16-44}$$

此即**质点动能定理的积分形式**。它表明质点在某段路程上动能的变化等于作用在此质点上的合力在该段路程上所做的功。显然，若合力做正功，质点的动能增加；若合力做负功，质点的动能减少。

2. 质点系的动能定理

(1)质点系的动能·柯尼西定理。

设由 n 个质点组成的质点系，对于惯性系 $Oxyz$ 作任意运动。在任一瞬时，系内任一质量为 m_i 的质点 M_i 的速度为 $\boldsymbol{v}_i$(图 16－29)，其动能为 $\frac{1}{2}m_iv_i^2$。质点系在某瞬时所有各质点动能的总和，称为该瞬时质点系的动能。用"E_k"表示，即

$$E_k=\sum\frac{1}{2}m_iv_i^2 \tag{16-45}$$

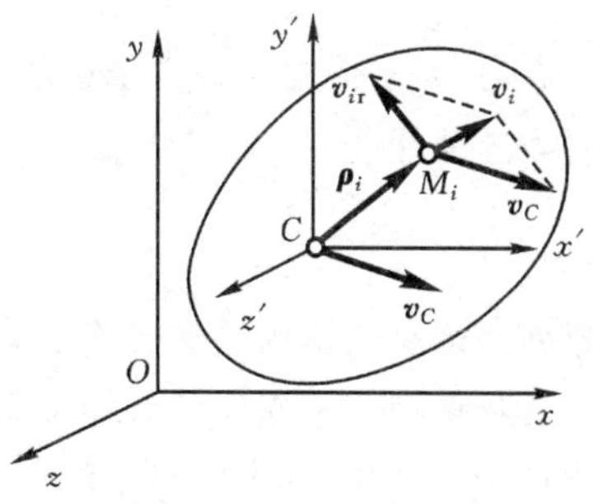

图 16－29

设质点系的质心为 C，坐标系 $Cx'y'z'$ 为随质心 C 平动的参考系。于是质点系的运动可分解为随同平动参考系 $Cx'y'z'$ 的平动和对平动参考系 $Cx'y'z'$ 的相对运动。根据速度合成定理，有 $\boldsymbol{v}_i=\boldsymbol{v}_C+\boldsymbol{v}_{ir}$。由于

$$v_i^2=v_C^2+v_{ir}^2+2\boldsymbol{v}_C\cdot\boldsymbol{v}_{ir}$$

将其代入式(16－45)得

$$\begin{aligned}E_k&=\sum\frac{1}{2}m_iv_i^2=\frac{1}{2}\left(\sum m_i\right)v_C^2+\sum\frac{1}{2}m_iv_{ir}^2+\boldsymbol{v}_C\cdot\sum m_i\boldsymbol{v}_{ir}\\&=\frac{1}{2}Mv_C^2+E_{kr}+\boldsymbol{v}_C\cdot M\boldsymbol{v}_{Cr}\end{aligned}$$

其中
$$E_{kr}=\sum\frac{1}{2}m_i v_{ir}^2 \tag{16-46}$$
称为质点系相对于质心平动参考系运动的动能。考虑到质心 C 相对于质心平动坐标系 $Cx'y'z'$ 运动的速度 $\boldsymbol{v}_{Cr}\equiv 0$,于是,质点系动能计算式可写为
$$E_k=\frac{1}{2}Mv_C^2+E_{kr} \tag{16-47}$$
即质点系的动能等于它随质心平动的动能与它相对于质心平动坐标系运动的动能之和,这就是柯尼西定理。

(2)刚体的动能。

①平动刚体的动能。

刚体平动时,其上各点的速度相同,即 $\boldsymbol{v}_i=\boldsymbol{v}_C$,故
$$E_k=\sum\frac{1}{2}m_i v_i^2=\frac{1}{2}(\sum m_i)v_C^2=\frac{1}{2}Mv_C^2 \tag{16-48}$$
即平动刚体的动能等于刚体的质量与质心速度平方乘积的一半。

②定轴转动刚体的动能。

设刚体绕定轴 z 转动的角速度为 ω,刚体内质量为 m_i 的质点的转动半径为 r_i。因为 $v_i=r_i\omega$,故
$$E_k=\sum\frac{1}{2}m_i v_i^2=\frac{1}{2}(\sum m_i r_i^2)\omega^2=\frac{1}{2}J_z\omega^2 \tag{16-49}$$
即定轴转动刚体的动能等于刚体对转轴的转动惯量与角速度平方乘积的一半。

③平面运动刚体的动能。

对于平面运动刚体,考虑到
$$E_{kr}=\sum\frac{1}{2}m_i v_{ir}^2=\frac{1}{2}(\sum m_i r_i^2)\omega^2=\frac{1}{2}J_C\omega^2$$
式中:J_C为刚体对于垂直于运动平面的质心轴的转动惯量。于是,根据柯尼西定理,平面运动刚体的动能
$$E_k=\frac{1}{2}Mv_C^2+\frac{1}{2}J_C\omega^2 \tag{16-50}$$
即平面运动刚体的动能等于刚体随质心平动的动能和绕质心轴转动的动能之和。

若将刚体平面运动看作是绕"瞬轴"(垂直于运动平面并通过刚体速度瞬心 P 的轴)的转动,则 $v_C=\overline{PC}\omega$,代入式(16-50)得
$$E_k=\frac{1}{2}(M\cdot\overline{PC}^2+J_C)\omega^2=\frac{1}{2}J_P\omega^2 \tag{16-51}$$
式中:$J_P=J_C+M\cdot\overline{PC}^2$ 为刚体对瞬轴的转动惯量。

例 16-11 已知坦克前后两个轮子的半径皆为 r,质量皆为 m_1,且可视为均质圆盘。两轮的中心距为 L(图 16-30)。履带每单位长度的重量为 m_2。当坦克以速度 $\boldsymbol{v}$ 沿直线道路行驶时,试求由两轮及履带所组成质点系的动能。

解 设 C 为两轮及履带所组成的质点系的质心,则 $\boldsymbol{v}_C=\boldsymbol{v}$。以 C 为坐标原点,建立平动坐标系 $Cx'y'$,对此动系而言,两轮均作定轴转动,其角速度 $\omega=v/r$;履带上各点的相对速度虽然方向不同,但其大小均为$v_r=r\omega=v$。因此,质点系对动系 $Cx'y'$的相对运动动能为

$$E_{kr}=\frac{1}{2}J_{O1}\omega^2+\frac{1}{2}J_{O2}\omega^2+\frac{1}{2}m_2(2L+2\pi r)v^2$$
$$=\frac{1}{2}m_1r^2\omega^2+m_2(L+\pi r)v^2$$
$$=\left[\frac{1}{2}m_1+m_2(L+\pi r)\right]v^2$$

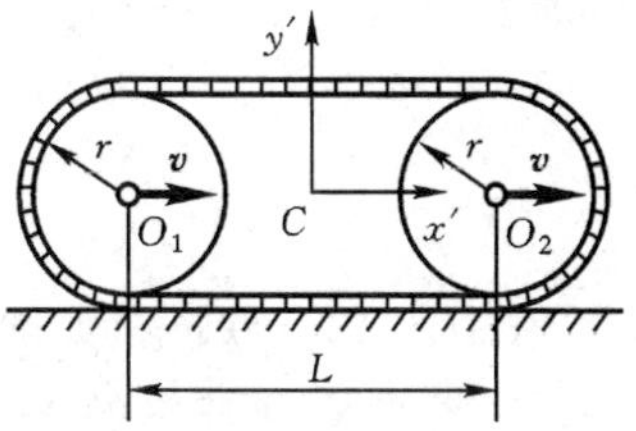

图 16－30

质点系随质心 C 平动的动能为

$$\frac{1}{2}Mv_C^2=\frac{1}{2}[2m_1+m_2(2L+2\pi r)]v^2$$
$$=[m_1+m_2(L+\pi r)]v^2$$

根据柯尼西定理，该质点系的总动能为

$$E_k=\frac{1}{2}Mv_C^2+E_{kr}=\left[\frac{3}{2}m_1+2m_2(L+\pi r)\right]v^2$$

(3)质点系的动能定理。

设质点系由 n 个质点组成，其中任一个质量为 m_i 的质点 M_i 在瞬时 t 的速度为 $\boldsymbol{v}_i$。设其所受的作用力的合力为 $\boldsymbol{F}_i$，则由质点动能定理的微分形式(16－43)有

$$\mathrm{d}\left(\frac{1}{2}m_iv_i^2\right)=\delta W_i$$

对于质点系，这样的式子共有 n 个，将它们相加得

$$\sum\mathrm{d}\left(\frac{1}{2}m_iv_i^2\right)=\sum\delta W_i$$

即
$$\mathrm{d}E_k=\sum\mathrm{d}\left(\frac{1}{2}m_iv_i^2\right)=\sum\delta W_i \tag{16-52}$$

此式为质点系动能定理的微分形式。它表示**质点系动能的微分，等于作用于质点系全部力的元功之和。**

设质点系从位置Ⅰ运动到位置Ⅱ，其动能由 E_{k1} 变为 E_{k2}，质点系所受全部力在此过程中所做的功之和为 $\sum W_{12}$，将上式积分得

$$E_{k2}-E_{k1}=\sum W_{12} \tag{16-53}$$

此式为质点系动能定理的积分形式。它表明：**质点系动能在某一段时间内的改变，等于作用于质点系的全部力在相应的一段路程中的功之和。**

一般情况下，质点系受到的作用力可以分为质点系的内力和外力，也可以分为主动力和约束力，但质点系内力的功不一定为零。例如，以万有引力相互作用的两质点，当它们彼此接近或远离时，作用于两质点的引力的功之和都不等于零；又如汽车发动机汽缸中的燃气压力，对于汽车整体来说是内力，做正功。若把作用于质点系的力系分为主动力和约束力，设作用于质点系的主动力和约束力所做的功之和分别为 W_F 和 W_N，则公式(16－52)和式(16－53)分别可写为

$$\mathrm{d}E_k=\sum\delta W_{iF}+\sum\delta W_{iN} \tag{16-54}$$

$$E_{k2}-E_{k1}=\sum W_{iF}+\sum W_{iN} \tag{16-55}$$

由于理想情形约束的约束力元功之和恒等于零，因此如果质点系所有的约束都为理想情形约

束,则有 $\sum \delta W_{iN} = 0$ 及 $\sum W_{iN} = 0$,于是有

$$dE_k = \sum \delta W_{iF} \tag{16-56}$$

$$E_{k2} - E_{k1} = \sum W_{iF} \tag{16-57}$$

例 16-12　卷扬机如图 16-31 所示。鼓轮在常值转矩 M_e 作用下,将均质圆柱沿斜面向上拉。已知鼓轮半径为 R_1,重为 F_{g1},质量均匀地分布在轮缘上;圆柱的半径为 R_2,重量为 F_{g2},可沿倾角为 α 的斜面作纯滚动。系统从静止开始运动,不计绳重,求圆柱中心 C 经过路程 l 时的加速度。

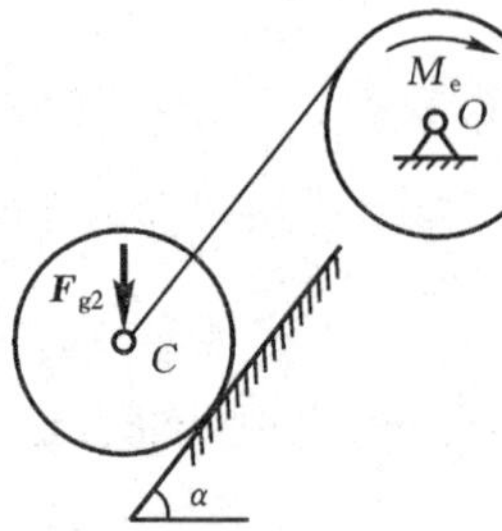

图 16-31

解　取由圆柱、鼓轮和绳索组成的质点系为研究对象。系统所受到的力中,只有转矩 M_e 及重力 $\boldsymbol{F}_{g2}$ 做功。当系统从静止开始运动到圆柱中心 C 经过路程 l 的过程中,力的功为

$$\sum W_{12} = M_e\varphi - F_{g2}l\sin\alpha = \left(\frac{M_e}{R_1} - F_{g2}\sin\alpha\right)l \tag{1}$$

式中:$\varphi = l/R_1$ 为鼓轮的转角。

质点系在初瞬时的动能 $E_{k1}=0$;当圆柱中心经过路程 l 时,设中心 C 的速度为 $\boldsymbol{v}_C$,圆柱作平面运动,其角速度为 $\omega_2 = v_C/R_2$;鼓轮作定轴转动,其角速度为 $\omega_1 = v_C/R_1$,系统的动能为

$$E_{k2} = \frac{1}{2}J_1\omega_1^2 + \frac{1}{2}J_2\omega_2^2 + \frac{1}{2}\frac{F_{g2}}{g}v_C^2 \tag{2}$$

式中:J_1 和 J_2 分别为鼓轮对中心轴 O 和圆柱对中心轴 C 的转动惯量,其中 $J_1 = \frac{F_{g1}}{g}R_1^2$; $J_2 = \frac{1}{2}\frac{F_{g2}}{g}R_2^2$。代入(2)式得

$$E_{k2} = \frac{v_C^2}{4g}(2F_{g1} + 3F_{g2})$$

根据质点系的动能定理 $E_{k2} - E_{k1} = \sum W_{12}$,有

$$\frac{v_C^2}{4g}(2F_{g1} + 3F_{g2}) = \left(\frac{M_e}{R_1} - F_{g2}\sin\alpha\right)l \tag{3}$$

对(3)式求导,并注意到 $v_C = \frac{dl}{dt}$, $a_C = \frac{dv_C}{dt}$,即可求得圆柱中心的加速度

$$a_C = \frac{2[(M_e/R_1) - F_{g2}\sin\alpha]}{2F_{g1} + 3F_{g2}}g$$

由上述两例可见,应用质点系的动能定理解题的基本步骤如下:

(1)根据题意,选取适当的质点系作为研究对象;

(2)分析作用于质点系的力,计算力的功;

(3)分析质点系的运动情况,计算系统的动能;

(4)根据动能定理建立方程,并解出待求量。

因为动能定理是一个代数方程,所以只能求解一个未知量。如果问题只须求解加速度或角加速度,可以应用动能定理的微分形式。此时,需写出质点系运动过程中任一位置的动能表达式,然后再求解。也可以假设给出一个运动过程,用动能定理的积分形式来求解。此时,需

视标志运动过程的路程参数(路程 s、高度 h、转角 φ 等)为变量,将方程两边同时对时间 t 求一阶导数即可求得。

16.6　动力学普遍定理的综合应用

动力学普遍定理包括动量定理、动量矩定理和动能定理以及它们的变型。这些定理在求解质点系动力学的两类问题时,针对不同的问题、不同的要求,分别显示出各自的特点和方便之处。

动量定理和动量矩定理属于一类,它们一般只限于用来研究物体机械运动范围内的运动变化问题,在形式上包含时间且是矢量形式,在描述质点系的整体运动时反映出运动的方向性;在应用时,作用于质点系的力按内力和外力分类,质点系所有的内力的主矢和对任一点的主矩等于零,它们不能改变质点系的动量和动量矩,因此在分析质点系的受力时不必考虑内力。而动能定理属于另一类,它还可以用来研究机械运动和其它运动形式之间的运动转化问题,在形式上包含路程且是标量形式,反映不出质点系整体运动的方向性;在应用时,因为内力的功在许多情况下不等于零,因此必须考虑内力。

动力学普遍定理提供了解决动力学问题的一般方法,在求解比较复杂的问题时,往往需要根据各定理的特点,进行综合运用。

例 16-13　图 16-32(a)所示的均质塔轮的质量 $m=200$ kg,外轮半径 $R=600$ mm,内轮半径 $r=300$ mm,对其中心轴的回转半径 $\rho=400$ mm。今在塔轮的内轮缘上缠绕一条软绳,绳的另一端通过滑轮 B 悬挂一质量为 $m_A=80$ kg 的重物 A。水平面足够粗糙,塔轮沿水平面只滚不滑,设滑轮 B 和软绳的质量以及滚动摩阻不计,试求绳子的张力和水平面对塔轮的摩擦力。

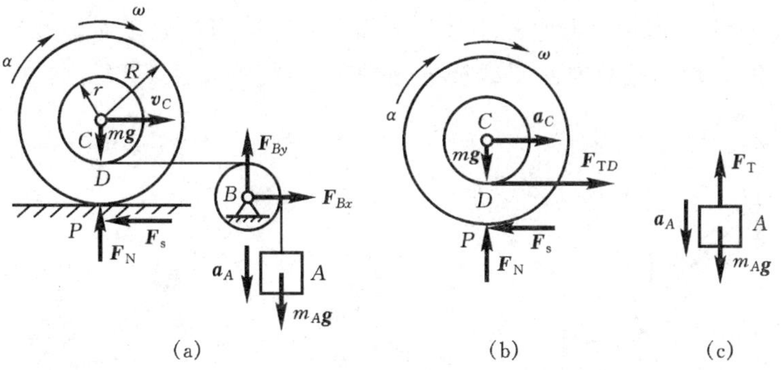

图 16-32

解　取整个系统为研究对象,受力与运动分析如图 16-32(a)所示。由于塔轮只滚不滑,故法向约束力 $\boldsymbol{F}_N$ 和摩擦力 $\boldsymbol{F}_s$ 均不做功,且触地点 P 为塔轮的速度瞬心,所以 $v_A=v_D=(R-r)\omega$, $a_A=a_D^t=(R-r)\alpha$。系统的动能为

$$E_k = E_{k轮} + E_{kB} + E_{kA}$$

由于滑轮 B 的质量不计,故 $E_{kB}=0$;又

$$E_{k轮} = \frac{1}{2}J_P\omega^2 = \frac{1}{2}(m\rho^2 + mR^2)\omega^2,\ E_{kA} = \frac{1}{2}m_Av_A^2$$

因此
$$E_k=\frac{1}{2}m(\rho^2+R^2)\omega^2+\frac{1}{2}m_Av_A^2$$
$$=\frac{1}{2}[m(\rho^2+R^2)+m_A(R-r)^2]\omega^2$$
$$dE_k=[m(\rho^2+R^2)+m_A(R-r)^2]\omega\alpha dt$$

系统运动时只有重物 A 的重力做功,其元功
$$\delta W=m_Agv_A dt=m_Ag(R-r)\omega dt$$

根据动能定理的微分形式,有 $dE_k=\delta W$,即
$$[m(\rho^2+R^2)+m_A(R-r)^2]\omega\alpha dt=m_Ag(R-r)\omega dt \tag{1}$$

解得
$$\alpha=\frac{m_Ag(R-r)}{m(\rho^2+R^2)+m_A(R-r)^2}$$
$$=\frac{80\times 9.8(0.6-0.3)}{200(0.4^2+0.6^2)+80(0.6-0.3)^2}=2.11\ \mathrm{rad/s^2}$$

所以
$$a_A=a_D^t=(R-r)\alpha=0.635\ \mathrm{m/s^2}$$
$$a_C=R\alpha=0.6\times 2.11=1.27\ \mathrm{m/s^2}$$

取重物 A 为研究对象,受力与运动分析如图 16-32(c)所示。由牛顿第二定律,得
$$m_Aa_A=m_Ag-F_T \tag{2}$$

故绳子的张力 $F_T=m_A(g-a_A)=80(9.8-0.635)=733\ \mathrm{N}$

再取塔轮为研究对象,其受力与运动分析如图 16-32(b)所示。由质心运动定理,有
$$ma_{Cx}=\sum F_x^e,\quad ma_C=F_{TD}-F_s \tag{3}$$

其中 $F_{TD}=F_T$。将 $F_{TD}=733$ N 代入(3)式,解得水平面对塔轮的摩擦力
$$F_s=F_T-ma_C=479\ \mathrm{N}$$

例 16-14 均质细杆 OA 长为 l,重为 $\boldsymbol{F}_{g1}$,可绕水平轴 O 转动,另一端 A 与均质圆盘的中心铰接,如图 16-33(a)所示。圆盘的半径为 r,重为 $\boldsymbol{F}_{g2}$。当杆处于右侧水平位置时,将系统无初速释放,若不计摩擦,求杆与水平线成 φ 角的瞬时,杆的角速度和角加速度及轴承 O 处的约束力。

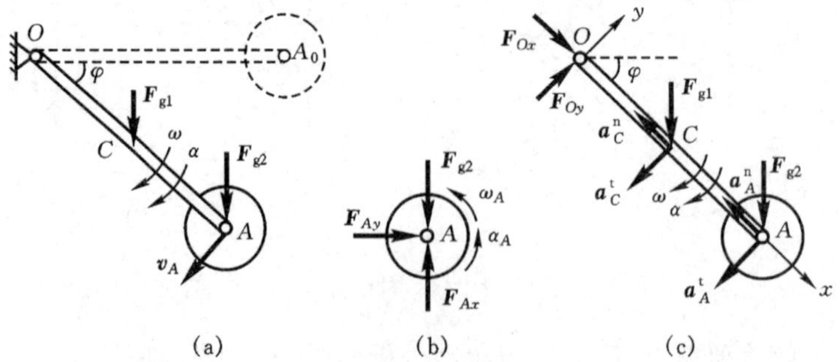

图 16-33

解 先取圆盘为研究对象,受力与运动分析如图 16-33(b)所示。由相对于质心的动量矩定理有
$$J_A\alpha_A=0 \tag{1}$$

即 $\alpha_A=0$。考虑到系统初始静止，即有 $\omega_{A0}=0$，故圆盘的角速度

$$\omega_A = 0$$

因此，在杆下摆过程中圆盘作平动。

再取系统整体为研究对象。作用在系统上做功的力只有杆和圆盘的重力 $\boldsymbol{F}_{g1}$ 和 $\boldsymbol{F}_{g2}$。当杆由水平位置运动到与水平线成 φ 角的过程中，杆的初动能和末动能分别为

$$E_{k1} = 0$$

$$E_{k2} = \frac{1}{2}J_O\omega^2 + \frac{1}{2}\frac{F_{g2}}{g}v_A^2 = \frac{1}{2}\times\frac{1}{3}\frac{F_{g1}}{g}l^2\omega^2 + \frac{1}{2}\frac{F_{g2}}{g}l^2\omega^2 = \frac{F_{g1}+3F_{g2}}{6g}l^2\omega^2$$

重力 $\boldsymbol{F}_{g1}$ 和 $\boldsymbol{F}_{g2}$ 的功

$$W = F_{g1}\times\frac{l}{2}\sin\varphi + F_{g2}\times l\sin\varphi = \left(\frac{F_{g1}}{2}+F_{g2}\right)l\sin\varphi$$

根据动能定理有 $E_{k2}-E_{k1}=\sum W_{12}$，即

$$\frac{F_{g1}+3F_{g2}}{6g}l^2\omega^2 = \left(\frac{F_{g1}}{2}+F_{g2}\right)l\sin\varphi$$

$$\omega^2 = \frac{F_{g1}+2F_{g2}}{F_{g1}+3F_{g2}}\cdot\frac{3g}{l}\sin\varphi \tag{2}$$

则杆在 φ 位置时的角速度为

$$\omega = \sqrt{\frac{F_{g1}+2F_{g2}}{F_{g1}+3F_{g2}}\cdot\frac{3g}{l}\sin\varphi}$$

(2)式两边对时间求导数得

$$2\omega\dot{\omega} = \frac{F_{g1}+2F_{g2}}{F_{g1}+3F_{g2}}\cdot\frac{3g}{l}\cos\varphi\cdot\dot{\varphi}$$

考虑到 $\dot{\varphi}=\omega$，$\dot{\omega}=\alpha$，即可求得杆的角加速度

$$\alpha = \frac{F_{g1}+2F_{g2}}{F_{g1}+3F_{g2}}\cdot\frac{3g}{2l}\cos\varphi \tag{3}$$

当杆与水平成 φ 角时，系统的受力及运动分析如图 16 - 33(c)所示，其中

$$a_C^t = \frac{l}{2}\alpha,\quad a_C^n = \frac{l}{2}\omega^2;\quad a_A^t = l\alpha,\quad a_A^n = l\omega^2 \tag{4}$$

根据质心运动定理 $\sum m\boldsymbol{a} = \sum \boldsymbol{F}^e$，有

$$-\frac{F_{g1}}{g}a_C^n - \frac{F_{g2}}{g}a_A^n = (F_{g1}+F_{g2})\sin\varphi + F_{Ox} \tag{5}$$

$$-\frac{F_{g1}}{g}a_C^t - \frac{F_{g2}}{g}a_A^t = -(F_{g1}+F_{g2})\cos\varphi + F_{Oy} \tag{6}$$

即可求得轴承 O 处的约束力

$$F_{Ox} = -\frac{l}{g}\left(\frac{F_{g1}}{2}+F_{g2}\right)\omega^2 - (F_{g1}+F_{g2})\sin\varphi$$

$$F_{Oy} = (F_{g1}+F_{g2})\cos\varphi - \frac{l}{g}\left(\frac{F_{g1}}{2}+F_{g2}\right)\alpha$$

其中的 ω 和 α 分别由式(2)和式(3)确定。

思考题

16 - 1　若质点系中各质点的速度都很大，则该质点系的动量也必然很大。这种说法对

吗？为什么？

16-2　图示平行四连杆机构中，杆 O_1A、O_2B 和 AB 的质量皆为 m、长皆为 r。在图示瞬时，O_1A 和 O_2B 处于铅垂位置，而 AB 处于水平位置，O_1A 逆钟向转动的角速度为 ω。有人认为系统在此瞬时的动量大小

$$p = 3mr\omega$$

方向水平向右。这个结论对吗？为什么？

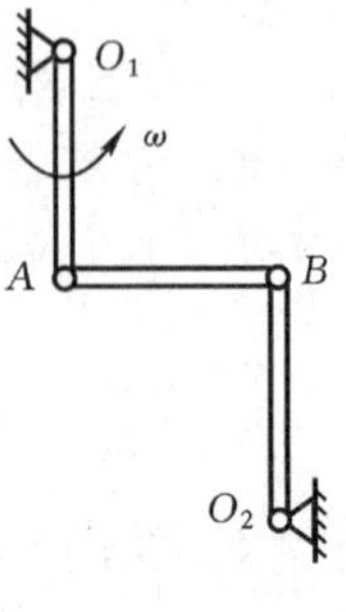

思 16-2 图

16-3　空中飞行的弹丸如不受空气阻力作用，其质心将沿抛物线轨道运动。假设弹丸在空中爆炸，则所有碎片(包括火药爆炸余物)所组成系统的质心是否仍将沿爆炸前弹丸质心的抛物线运动？

16-4　图示两定滑轮的半径和对转轴的转动惯量都相同。图(a)中绳的一端受拉力 $\boldsymbol{F}$ 作用，图(b)中绳的一端挂一重物，重物的重量也为 $\boldsymbol{F}$。若不计绳重和轴承处的摩擦，问两轮的角加速度是否相同？各等于多少？

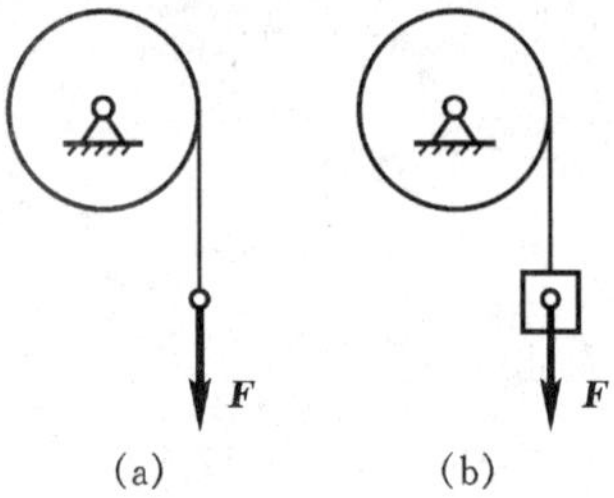

思 16-4 图

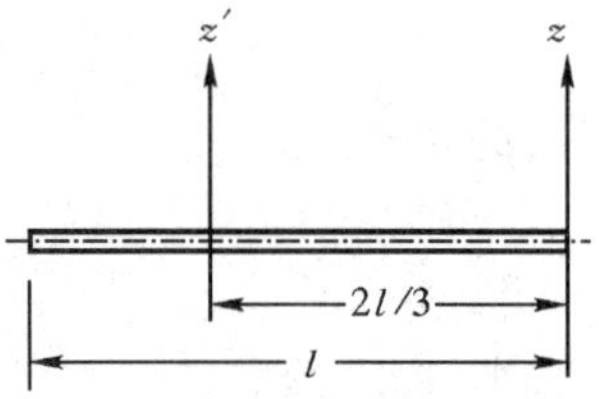

思 16-5 图

16-5　图示均质细杆的质量为 m，已知 $J_z = \dfrac{1}{3}ml^2$。试问按下式计算 $J_{z'}$ 对吗？为什么？

$$J_{z'} = J_z + m\left(\frac{2}{3}l\right)^2 = \frac{7}{9}ml^2$$

16-6　作为物体运动状态的两种度量，动量和动能二者有何异同？

16-7　如果某质点系的动量很大，该质点系的动能是否也一定很大？如果某质点系的动能为零，该质点系的动量是否也一定为零？反之如何？

16-8　对单个力来说，当它做功为零时，它的冲量是否为零？对力系来说，当它冲量为零时，它的功是否也一定为零？

16-9　在弹性范围内，用大小不同的拉力拉同一根弹簧，试问当弹簧变形加倍时，其拉力是否也加倍？拉力所做之功是否也加倍？

16-10　设作用于质点系的外力系的主矢和主矩都等于零，试问该质点系的动能及质心的运动状态会不会改变？为什么？试举一个简单的实例加以说明。在什么情况下，质点系的动能不会改变？

16-11　图示两轮的质量和几何尺寸均相同，轮 A 的质量分布均匀。轮 B 的质量分布不均匀，质心在 C 点，偏心距为 e。若该两轮以相同的角速度绕轴 O 转动，问它们的动能是否相同？大小如何？

16-12　三个大小、质量均相同的质点，以大小相同的初速度从同一点以不同的抛射角 α 抛出，如图所示。图中 $\alpha_1 = 0°$，$\alpha_2 = 30°$，$\alpha_3 = 60°$。若不计空气阻力，问此三个质点落到同一水

平面时,落地速度的大小和方向是否相同? 为什么?

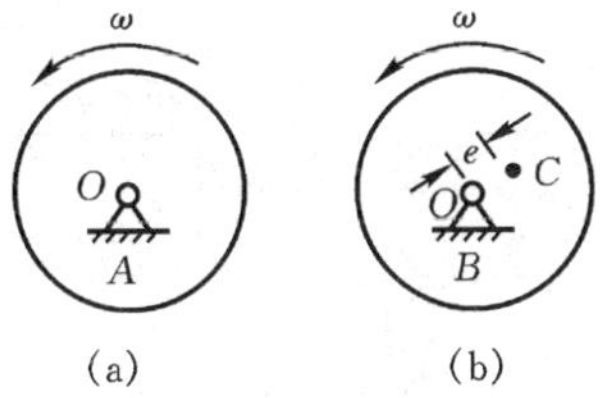

思 16－11 图

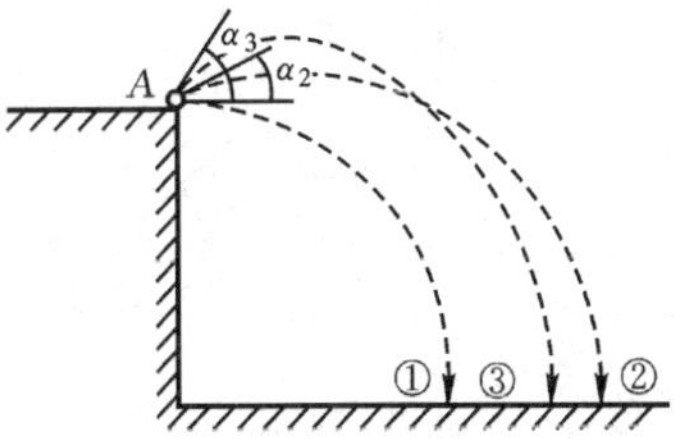

思 16－12 图

习　题

16－1　质量为 $m=5$ kg 的物块 D,在初瞬时以相对于胶带的速度 $v_{rD}=0.6$ m/s向左运动,支承物块 D 的胶带又以匀速 $v=1.6$ m/s 向右运动。设物块与胶带间的动滑动摩擦因数 $f=0.3$,试问经过多长时间,物块相对胶带的速度将减少一半(方向仍向右)?

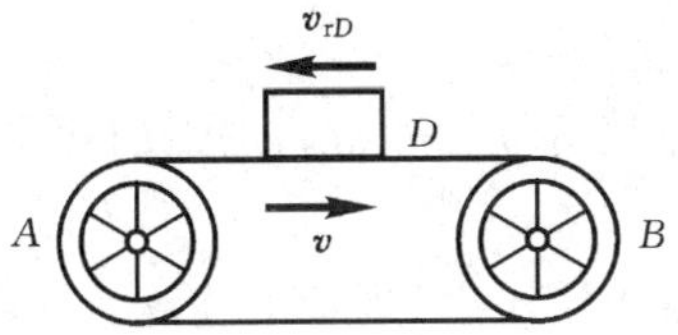

题 16－1 图

题 16－2 图

16－2　图示力 $\boldsymbol{F}$ 刚开始作用在绳索上时,装有货物的滑车以速度$v=4$ m/s沿倾角为 30°的斜坡下滑。力 $\boldsymbol{F}$ 的大小随时间均匀增加,当 $t\geqslant 4$ s 时,$F=600$ N。若滑车连同货物的质量 $m=150$ kg,不计滑轮的质量和摩擦,试求:(1)滑车改变运动方向的时间;(2)当 $t=8$ s 时滑车的速度。

16－3　图示一质量为 60 g 的子弹,以水平出口速度 600 m/s 由来福枪射击。若子弹在枪管中移动的时间为 3×10^{-3} s,求发射时固定枪身所需的水平力 $\boldsymbol{F}$ 的大小。

题 16－3 图

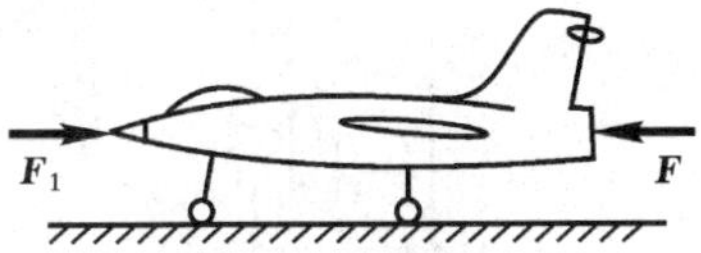

题 16－4 图

16－4　一质量为 6.6 t 的喷气战斗机由静止开始,达到起飞速度 250 km/h 需要 12 s。若推力为 40 kN,不计飞机质量的少量损失,试求飞机起飞过程中的平均空气与地面阻力 $\boldsymbol{F}_1$。

16－5　一质量为 200 kg 的登月小艇装有逆向火箭,具有向上的常值推力 $\boldsymbol{F}$,可在 10 s 内产生 18 kN·s 的冲量。若登月小艇位于距月球表面 150 m 处,月球表面的绝对重力加速度为 1.62 m/s²,求其速度由 45 m/s 降至 1.5 m/s 所需的时间。

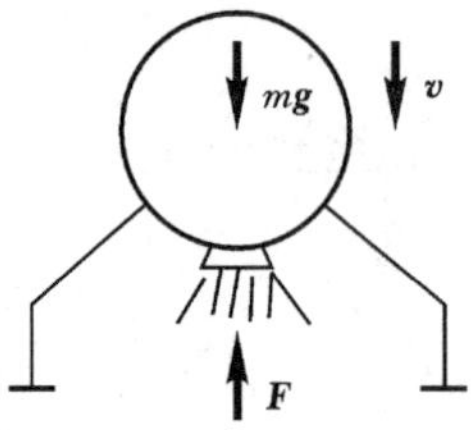

题 16－5 图

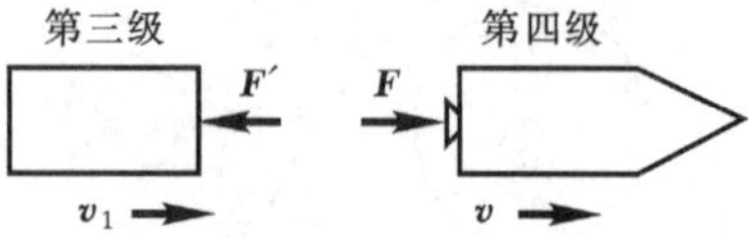

题 16－6 图

16－6　火箭的第三、第四级在太空中飞行。当第四级火箭点燃具有推力 $\boldsymbol{F}$ 并与第三级分离时，具有的速度为 15 000 km/h。当分离 0.5 s 后，第四级的速度比第三级的大 10 m/s。若第三、四级火箭的质量分别为 30 kg 和 50 kg，第四级火箭引擎对第三级火箭的冲击力与推力 $\boldsymbol{F}$ 等值、反向，求在这 0.5 s 内推力 $\boldsymbol{F}$ 的平均值。

16－7　试求图示各系统的动量：

(a)均质轮的质量为 m，半径为 R，绕质心轴 C 转动的角速度为 ω；

(b)均质轮的质量为 m，半径为 R，绕 O 轴转动的角速度为 ω；

(c)均质轮的质量为 m，半径为 R，沿水平直线轨道作纯滚动，角速度为 ω；

(d)均质杆长为 l，质量为 m，绕 O 轴转动的角速度为 ω；

(e)均质滑轮的质量为 M，重物 A 和 B 的质量分别为 m_A 和 m_B，细绳的质量不计且不可伸长，与滑轮间无相对滑动，重物 A 下降的速度为 $\boldsymbol{v}$；

(f)质量为 m_1 的平板放在质量皆为 m_2 的两个均质轮子上，平板的速度为 $\boldsymbol{v}$，各接触处均无相对滑动。

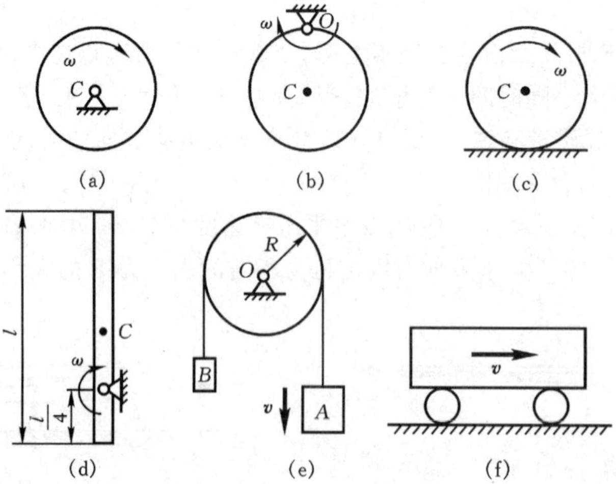

题 16－7 图

16－8　卡车一拖车沿水平直线路面由静止开始加速运动。在 20 s 末，速度达到 40 km/h。已知卡车、拖车的质量分别为 5 t 和 15 t，卡车与拖车的从动轮的摩擦力分别为 0.5 kN 和 1 kN。试求卡车的主动轮(后轮)产生的平均牵引力及卡车作用于拖车的平均拉力。

16－9　图示自动传送带的运煤量恒为 20 kg/s，带的运转速度为 1.5 m/s。试求在匀速传

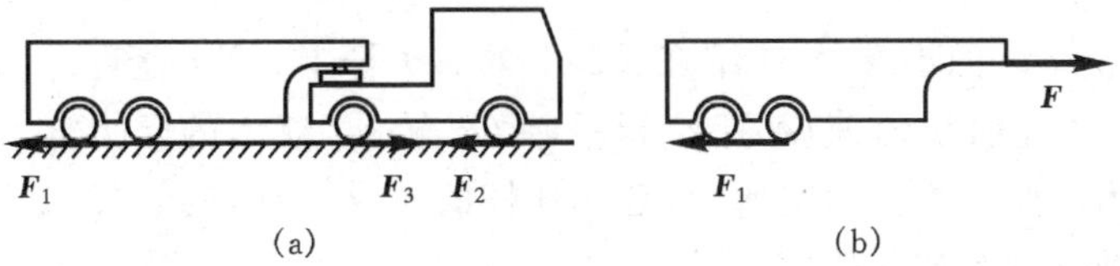

题 16 - 8 图

动时，带作用于煤块的水平总推力。

16 - 10　扫雪车以 4.5 m/s 的速度行驶在水平路面上，每分钟把质量为50 t的雪扫至路旁。若雪受推后相对于铲雪刀片以 2.5 m/s 的速度离开，试求轮胎与道路间的侧向力 $\boldsymbol{F}_1$ 和驱动扫雪车工作时的牵引力 $\boldsymbol{F}_2$ 的大小。

题 16 - 9 图

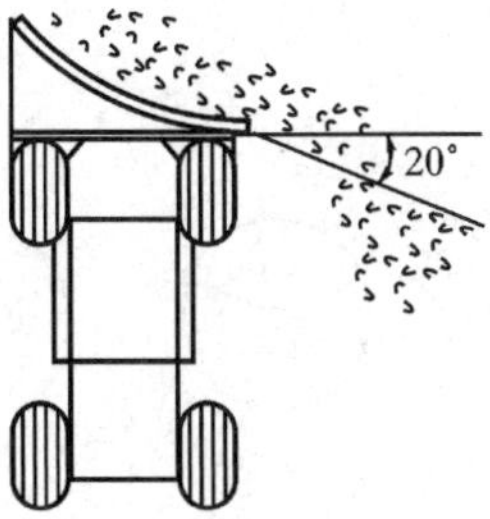

题 16 - 10 图

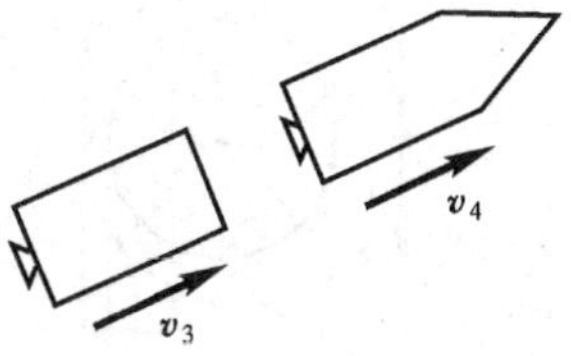

题 16 - 11 图

16 - 11　当火箭的第三、第四级以 15 000 km/h 的速度在空中航行时，第四级火箭点燃而与第三级分离。若刚分离时第三、第四级火箭的质量分别为 500 kg 和 80 kg，第四级的速度增至 v_4 = 15 050 km/h，试求此时第三级火箭的速度 v_3。

16 - 12　如图所示，质量为 80 t 的货车 A 以 3 km/h 的速度沿调车场内的水平铁轨行驶。质量为 60 t 的货车 B 以 5 km/h 的速度追赶货车 A，并与之连接，试求两车连接后的共同速度。

16 - 13　一质量为 180 g 的子弹以 3 km/s 的速度，射向质量为 0.96 kg 的圆盘中心，如图所示。圆盘装置于光滑支承上。若子弹射入圆盘以1.5 km/s的速度穿出，试求子弹穿出瞬间，圆盘的速度 $\boldsymbol{v}'$。

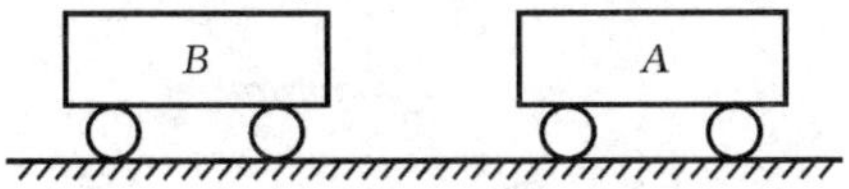

题 16 - 12 图

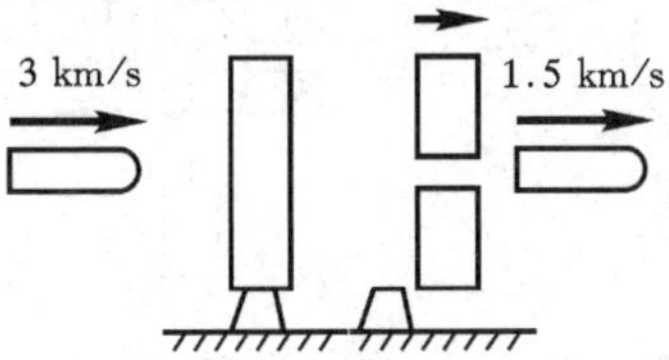

题 16 - 13 图

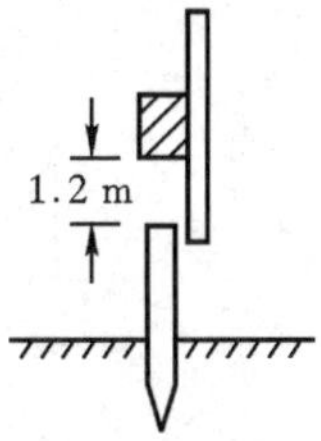

题 16 - 14 图

16 - 14　如图所示，一质量为 400 kg 的打桩撞击锤由静止下降 1.2 m，撞击质量为 250 kg 的铁柱。撞击时锤与桩一起移动，而没有明显的反弹。试求撞击后的瞬间，桩与锤的共同速度。

16－15　质量为 m 的小球 A 连结在长为 l 的 AB 杆上，置于盛有液体的容器内。AB 杆以初角速度 ω_0 绕铅垂轴 Oz 转动，液体的阻力 $F=\alpha m\omega$，其中 α 为比例常数。如图所示，若 AB 杆的质量不计，问经过多少时间杆的角速度减为初角速度 ω_0 的一半。

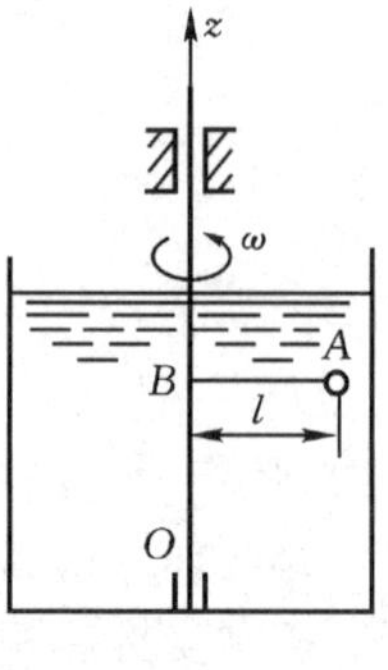

题 16－15 图

16－16　某人造地球卫星的近地点高度和远地点高度分别为 300 km 和 600 km，通过近地点时速度 $v_P=28\ 137$ km/h，试求其通过远地点 A 时的速度。

16－17　图示各均质物体的质量皆为 m。图(c)中的滚轮沿水平直线轨道作纯滚动。试分别计算各物体对过 O 点且垂直图面的水平轴的动量矩。

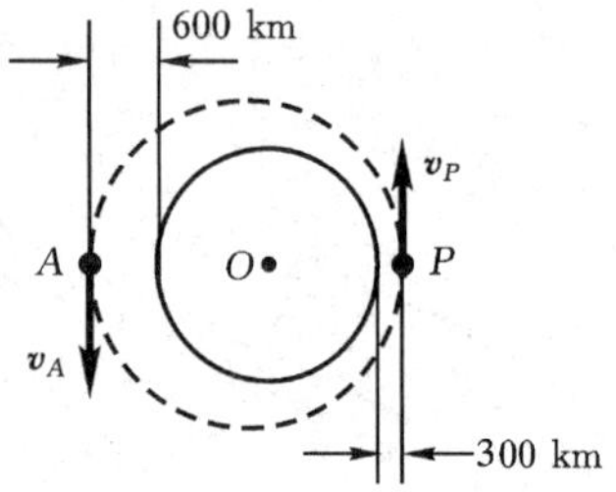

题 16－16 图

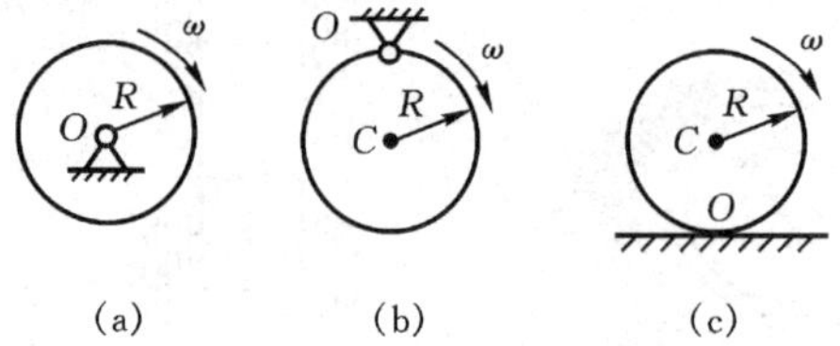

题 16－17 图

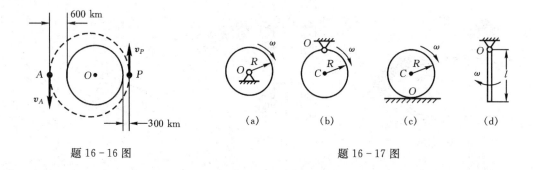

16－18　图示大轮的质量为 m_1，半径为 r_1；小轮的质量为 m_2，半径为 r_2。两轮皆可视为均质圆柱，并固连在一起，构成塔轮，绕水平轴 O 转动。细绳悬挂的重物 A、B 的质量分别为 m_A 和 m_B。不计细绳质量和轴承摩擦，试求塔轮的角加速度，以及轴承 O 处的约束力。

16－19　绞车提升质量为 m 的重物 A，主动轴上作用有不变的转矩 M_e，如图所示。主动轴转子和从动轴转子对各自转轴的转动惯量分别为 J_1 和 J_2，传动比 $i=Z_2:Z_1$，卷筒半径为 R。不计绳的质量和轴承摩擦，试求重物 A 的加速度。

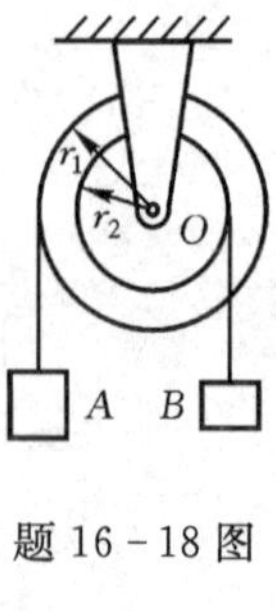

题 16－18 图

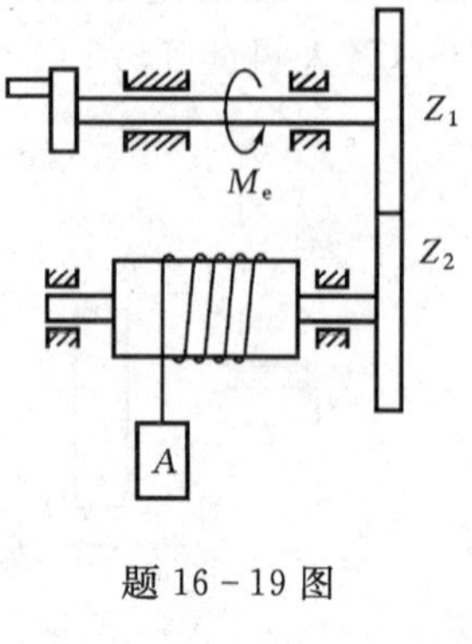

题 16－19 图

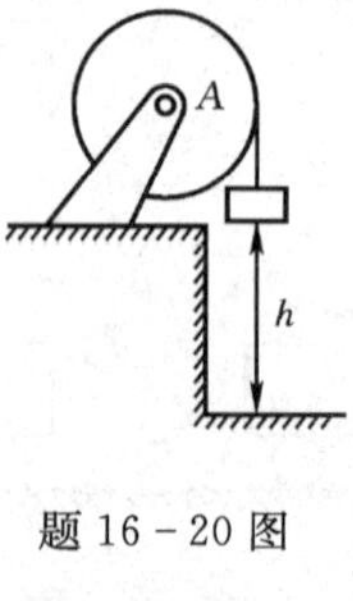

题 16－20 图

16－20　如图所示，为求半径 $R=500$ m 的飞轮 A 对于通过其质心轴的转动惯量，在飞轮上绕以细绳，绳的末端系一质量为 $m_1=8$ kg 的重锤，重锤自高度 $h=2$ m 处落下，测得落下时间 $t_1=16$ s。为消去轴承摩擦的影响，再用质量为 $m_2=4$ kg 的重锤作第二次试验，此重锤自同一高度处落下的时间为 $t_2=25$ s。假设轴承处的摩擦力矩是一常数，且与重锤的质量无关，求飞轮的转动惯量。

16－21　水泵叶轮的水流的进口、出口速度矢量如图所示。设叶轮的转速 $n=1\ 450$ r/min，叶轮外径 $D_2=0.4$ m，$\alpha_1=90°$，$\alpha_2=30°$，$\beta_2=45°$，流量 $q_V=0.02\ m^3/s$。试求水流过叶轮时所产生的转矩。

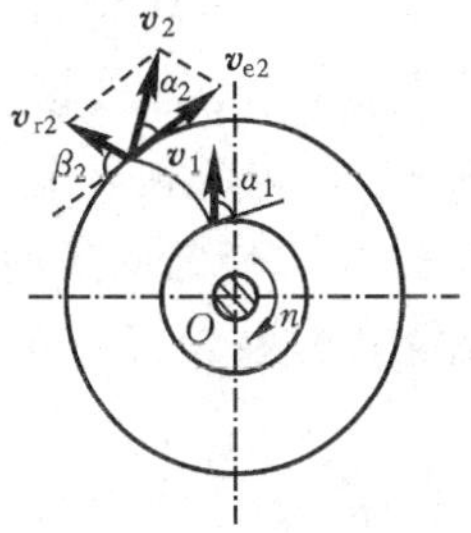

题 16－21 图

16－22　在图示水平面内，一股水流以速度 $v=30$ m/s，流量 $q_V=2$ kg/s 射到具有 90°的偏转板上。为了支承转向 90°的水流，试求必须加在偏转板上的转矩 M_e。

16－23　在图示两系统中，OA 杆在 O 端铰接，在 B 点由于铅垂弹簧的作用而使 OA 杆处于水平位置，弹簧的刚度系数为 k，图中 a、l 已知。图(a)中的 OA 杆质量不计，小球 A 的质量为 m；图(b)中的 OA 为均质细杆，质量为 m。若杆在铅垂面内作微幅摆动，求上述两系统自由振动的周期。

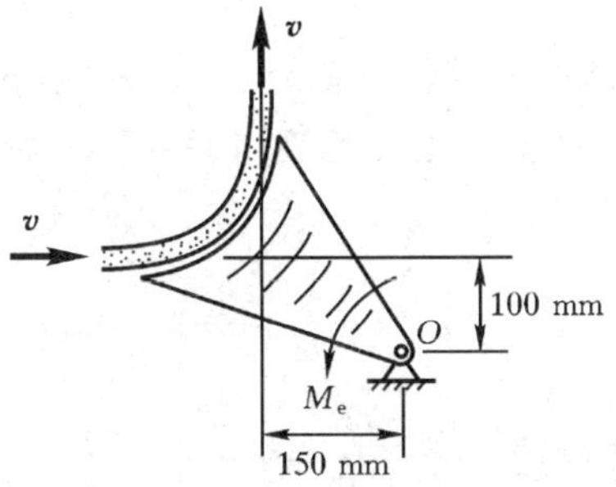

题 16－22 图

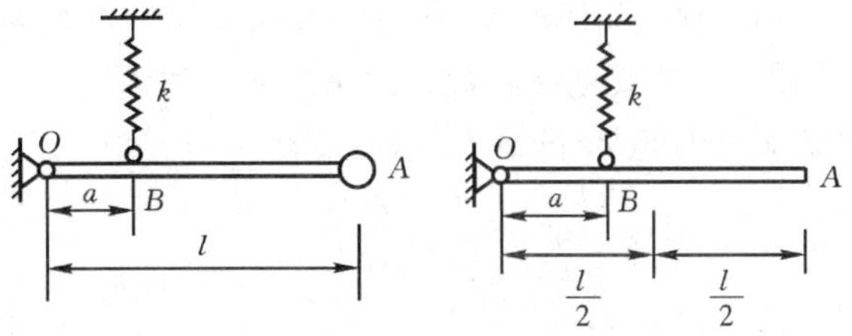

(a)　(b)

题 16－23 图

16－24　图示钟表的摆由杆和圆盘组成。杆长 $l=1$ m，质量 $m_1=4$ kg；圆盘的半径 $R=0.2$ m，质量 $m_2=6$ kg。若杆和圆盘皆为均质，求摆对于水平轴 O 的转动惯量。

16－25　为求得物体对质心轴 AB 的转动惯量 J_C，用两杆 AD、BE 与该物体固结，并借助这两根杆将物体挂在水平轴 DE 上，如图所示。轴 AB 平行于 DE。现使物体绕 DE 轴作微幅摆动，测得周期为 T。若物体的质量为 m，轴 AB、DE 间的距离为 h，不计各杆质量及轴承摩擦，求物体的转动惯量 J_C。

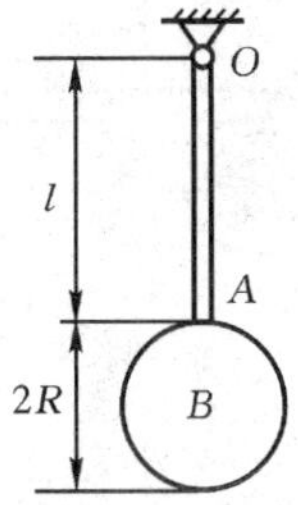

题 16－24 图

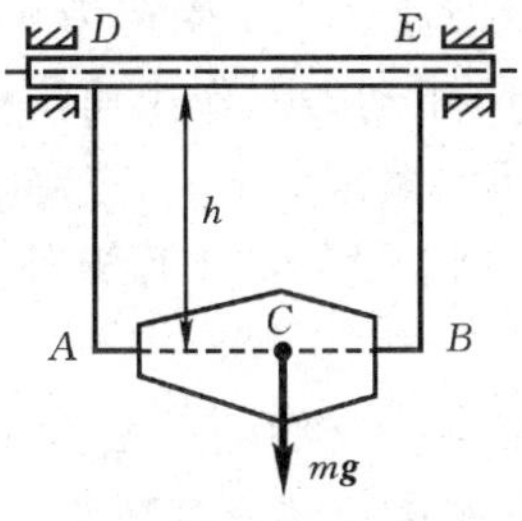

题 16－25 图

题 16－26 图

16－26　图示通风机的转动部分以初角速度 ω_0 绕中心轴转动。空气的阻力矩与角速度成正比，即 $M_s=\alpha\omega$，其中 α 为常量。若转动部分对转轴的转动惯量为 J，问经过多少时间角速度减为初角速度的一半？在此期间共转过多少转？

16-27　如图所示，轮 A 的质量为 m_1，半径为 r_1，可绕 OA 杆的 A 端转动。现将轮 A 放在质量为 m_2 的 B 轮上，B 轮的半径为 r_2，可绕其水平中心轴转动。若两轮接触前，A 轮的角速度为 ω_1，B 轮处于静止。A 轮放在 B 轮上之后，其重力由 B 轮支持。两轮皆可视为均质圆柱，它们之间的动滑动摩擦因数为 f。不计杆重和轴承摩擦，求自轮 A 放在轮 B 上起，到两轮间没有相对滑动时止，需经历多少时间。

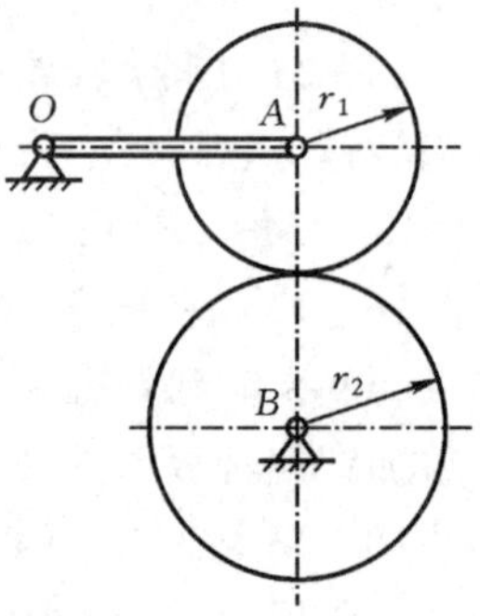

题 16-27 图

16-28　图示 A 为离合器，开始时轮 2 静止，轮 1 的角速度为 ω_0。当离合器接合后，依靠摩擦使轮 2 起动。已知轮 1 和轮 2 的转动惯量分别为 J_1 和 J_2，求：(1)当离合器接合后，两轮共同转动的角速度；(2)若经过 t 秒后两轮的转速相同，求离合器需要多大的摩擦力矩。

16-29　如图所示，均质细直杆长为 l，质量为 m，可绕水平固定轴 O 转动。若将杆自 $\theta=0$ 的水平位置无初速释放，(1)试以角 θ 和距离 x 表示杆任一横截面上的弯矩；(2)对任一给定的角 θ，求弯矩 M 的最大值，以及此时的 x 值。

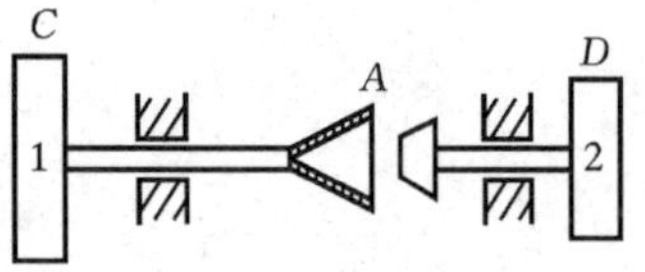

题 16-28 图

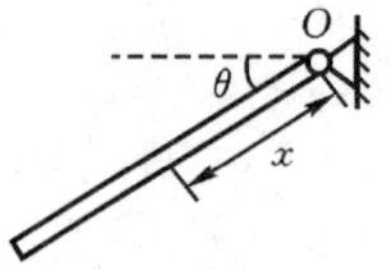

题 16-29 图

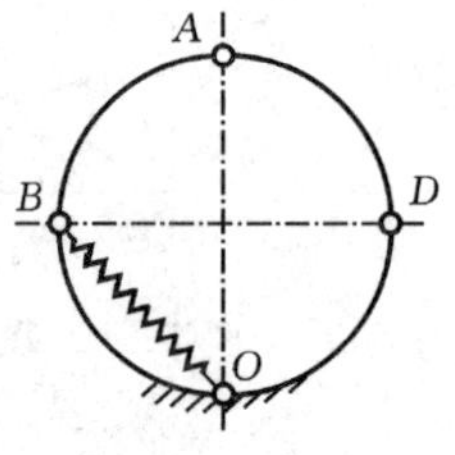

题 16-30 图

16-30　图示弹簧的原长 $l_0=10$ cm，刚度系数 $k=4.9$ kN/m，一端固定在半径为 $R=10$ cm 的圆周上的 O 点，另一端可以在此圆周上移动。如果弹簧的另一端从 B 点移到 A 点，再从 A 点移到 D 点，试问两次移动过程中弹簧所做之功各为多少？图中 OA、BD 为圆的直径，且 $OA\perp BD$。

16-31　半径为 R 的均质圆形绞盘重为 F_1，受矩为 $M=3\varphi+4$ N·m（φ 为绞盘的转角，单位以 rad 计）驱动力偶作用而拖动一个重为 F_2 的物块，物块与水平面间的滑动摩擦因数为 f，细绳不可伸长且质量不计，试求绞车转过三圈时，作用于此系统上所有外力做功之总和。

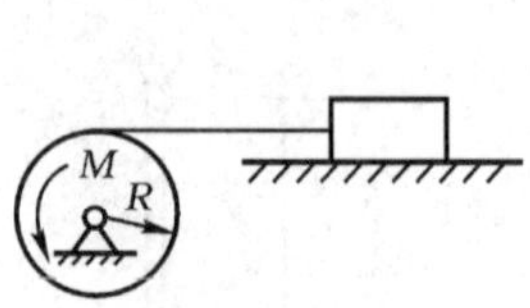

题 16-31 图

16-32　图示系统在同一铅垂面内。套筒的质量为 $m=1$ kg，可在光滑的固定斜杆上滑动。套筒上连接一刚度系数为 $k=200$ N/m 的弹簧，其另一端固定于 D 点，原长为 $l_0=0.4$ m。已知 DA 沿铅垂方向，DB 垂直于斜杆。套筒受一沿斜杆方向的常力 $F=100$ N 作用，使套筒由 A 点移动到 B 点，试求在此运动过程中各力所做之功的总和。

16-33　带轮沿图示方向转动，已知带轮的直径为 $d=500$ mm，转速 $n=150$ r/min，传递功率 $P=10$ kW，设胶带紧边拉力是松边拉力的两倍，求两边拉力 $\boldsymbol{F}_1$、$\boldsymbol{F}_2$ 之大小。

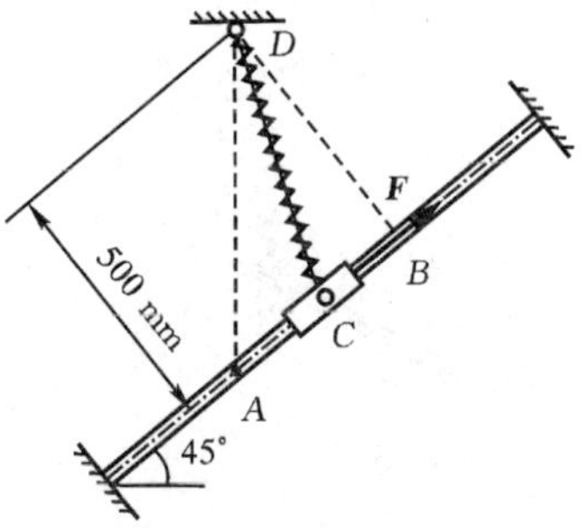

题 16 - 32 图

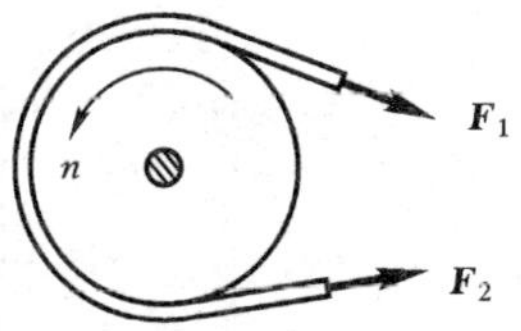

题 16 - 33 图

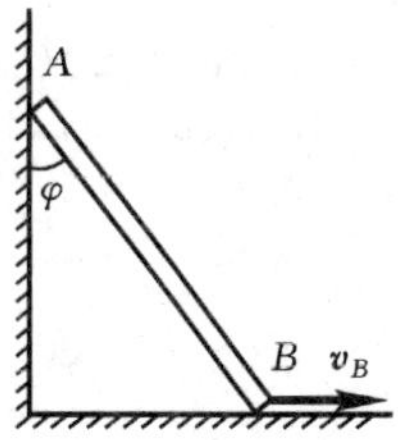

题 16 - 34 图

16 - 34 均质杆 AB 的质量为 M，长为 L，放在铅垂平面内，一端靠着墙壁，另一端沿着水平地面滑动。已知当 $\varphi=30°$时，B 端的速度为 $\boldsymbol{v}_B$，如图所示，求该瞬时杆 AB 的动能。

16 - 35 水平摆由均质细长杆 OA 和均质圆盘组成，在水平面内，以角速度 ω 绕 O 端铅垂轴转动。已知 OA 杆长为 l，重为 $\boldsymbol{F}_1$；圆盘半径为 R，重为 $\boldsymbol{F}_2$。求在下列两种情况下水平摆的动能：(1)圆盘可绕中心轴 A 自由转动；(2)圆盘与 OA 杆相固连。

16 - 36 曲柄导杆机构中，曲柄 OA 的长度为 r，质量为 m_1；滑块 A 的质量为 m_2；导杆 BC 的质量为 m_3，并可沿水平导轨作往复平动。在图示 α 角位置时曲柄 OA 的角速度为 ω，试求此瞬时机构的动能。

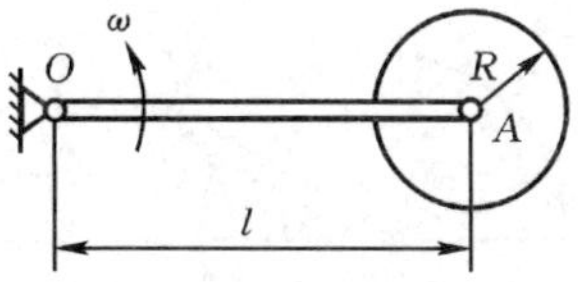

题 16 - 35 图

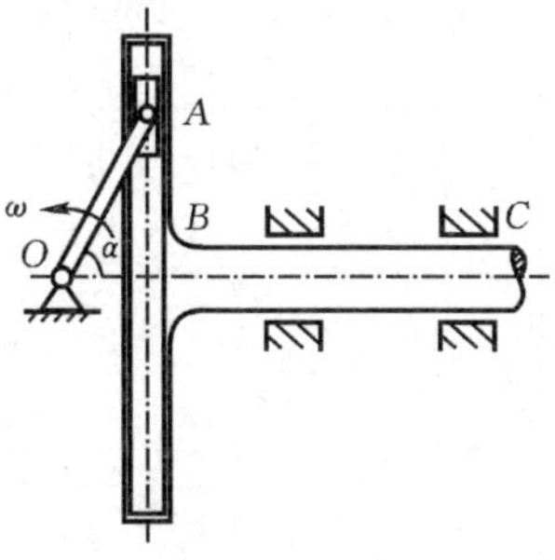

题 16 - 36 图

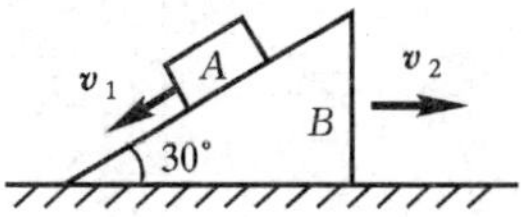

题 16 - 37 图

16 - 37 滑块 A 的质量为 m_1，以相对速度 $\boldsymbol{v}_1$ 沿滑块 B 的斜面(倾角为 $\alpha=30°$)滑下，与此同时，质量为 m_2 的三角滑块 B 以速度 $\boldsymbol{v}_2$ 向右运动，如图所示。试求此系统的动能。

16 - 38 滑块 A 由静止开始沿倾角为 α 的斜面下滑 s_1 距离后，接着又在水平面上滑动了距离 s_2 后才停止。如果物体 A 与斜面和平面间的动摩擦因数相同，求此动摩擦因数 f。

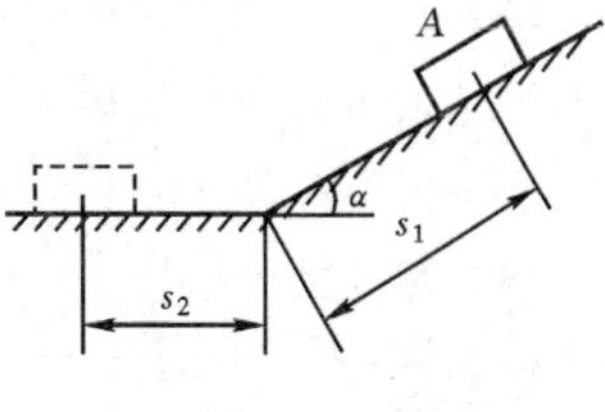

题 16 - 38 图

16 - 39 均质链条全长为 L，放在光滑水平桌面上，其中长为 d 的一段下垂在桌沿外边，如图所示。若将链条由静止开始释放，试求整个链条离开桌面时的速度。

16 - 40 链条全长 $L=100$ cm，单位长重 $F_1=20$ N/m，对称地悬挂在半径为 $R=10$ cm、重为 $F_2=10$ N 的均质滑轮上。因受微小扰动，链条由静止开始从一边下落,设链条与滑轮间无相对滑动,求链条离开滑轮时的速度。

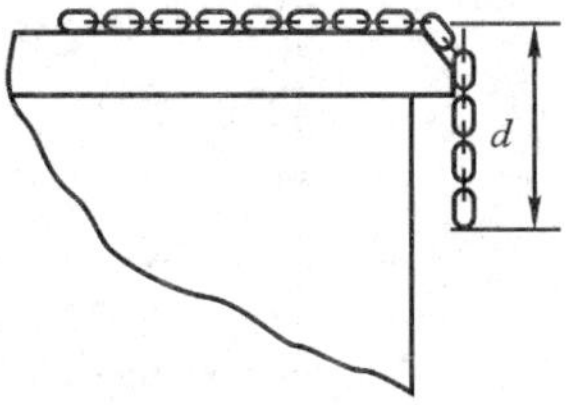

题 16－39 图

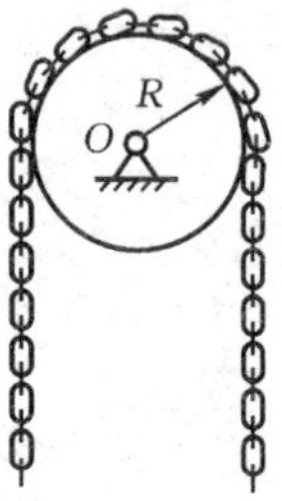

题 16－40 图

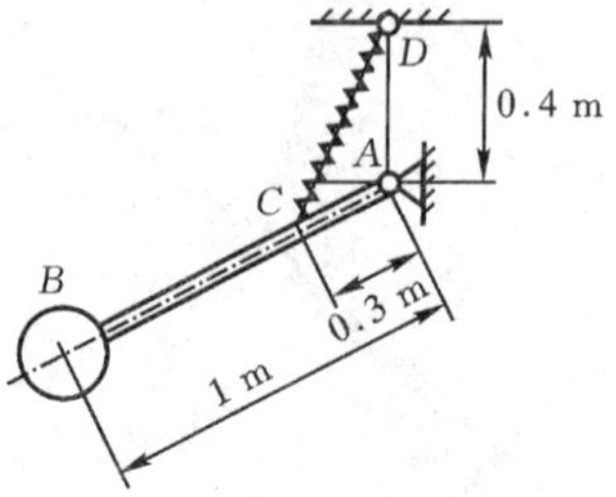

题 16－41 图

16－41　图示系统在同一铅垂面内,质量为 $m=5$ kg 的小球固连在 AB 杆的 B 端,杆的 C 点处连接着一弹簧,其刚度系数为 $k=800$ N/m,弹簧的另一端固定于 D 点,AD 在同一铅垂线上。若不考虑 AB 杆的质量,当摆杆自水平静止位置无初速地释放,此时弹簧恰好没有变形。试求当杆摆到下方铅垂位置时,小球 B 的速度。

16－42　轴Ⅰ和轴Ⅱ连同其上的转动部件,对各自轴的转动惯量分别为 $J_1=5\ \text{kg}\cdot\text{m}^2$,$J_2=4\ \text{kg}\cdot\text{m}^2$,齿轮的传动比 $i=n_1/n_2=3/2$。作用在主动轴Ⅰ上的转矩为 $M_e=50$ N·m,系统从静止开始转动,问轴Ⅱ经过多少转后才能获得 $n_2=120$ r/min的转速?

16－43　一不变的转矩 M_e 作用在绞车的鼓轮上,使轮转动如图所示。鼓轮的半径为 r,质量为 m_1,缠绕在鼓轮上的绳子的另一端系着一个质量为 m_2 的重物,使其沿着倾角为 θ 的斜面上升,重物与斜面间的滑动摩擦因数为 f,绳子的重量不计,鼓轮可视为均质圆柱。系统由静止开始运动,求鼓轮转过 φ 角时的角速度和角加速度。

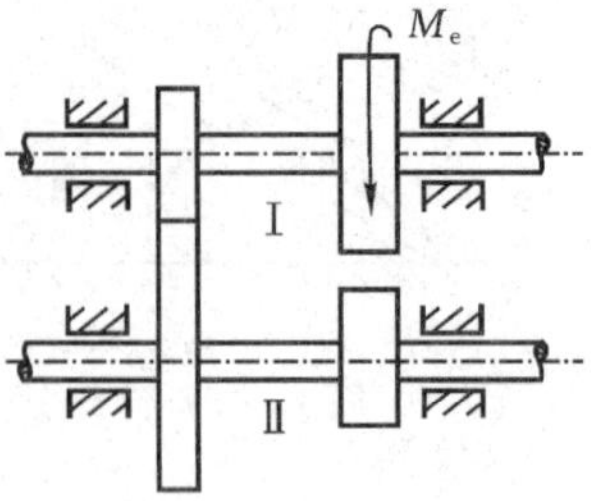

题 16－42 图

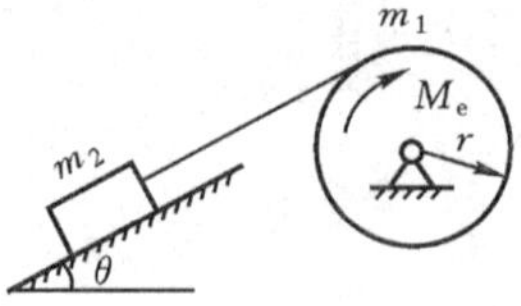

题 16－43 图

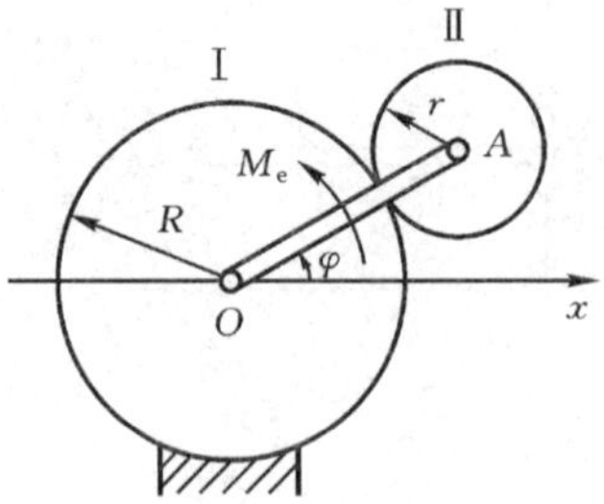

题 16－44 图

16－44　行星齿轮传动机构置于水平面内,如图所示。已知太阳轮半径为 R,行星轮半径为 r、重 $\boldsymbol{F}_1$,可看作均质圆盘。曲柄 OA 重 $\boldsymbol{F}_2$,可看作为均质直杆。今在曲柄上作用一不变的转矩 M_e,机构从静止开始运动,求曲柄转过 φ 角时的角速度和角加速度。

16－45　椭圆规位于水平面内,由曲柄 OC 带动规尺 AB 运动,如图所示。曲柄和规尺都是均质直杆,重量分别为 $\boldsymbol{F}_1$ 和 $2\boldsymbol{F}_1$,且$\overline{OC}=\overline{AC}=\overline{BC}=l$,滑块 A 和 B 重量均为 $\boldsymbol{F}_2$。如作用在曲柄上的转矩为 M_e,设 $\varphi=0$ 时系统静止,不计摩擦,求曲柄转过 φ 角时,它的角速度和角加速度。

16－46　物体 A 重为 $\boldsymbol{F}_1$,沿三棱柱 D 的倾角为 φ 的光滑斜面下滑,同时借绕过滑轮 C 的

绳子使重为 F_2 的物体 B 上升，如图所示。设滑轮和绳子的质量以及各处的摩擦均可忽略不计，求三棱柱 D 作用于地板台阶 E 处的水平压力。

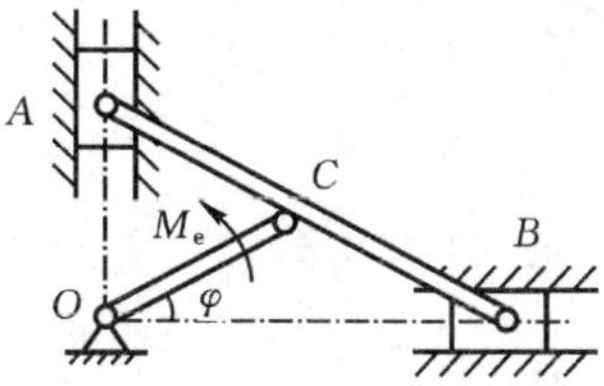

题 16－45 图

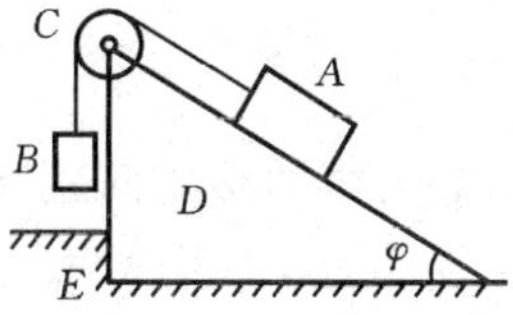

题 16－46 图

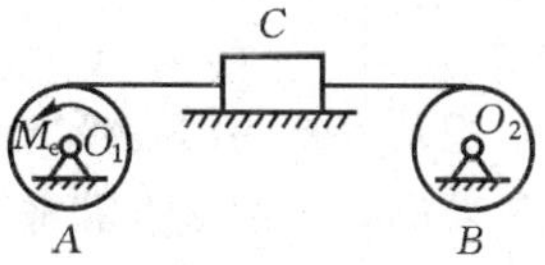

题 16－47 图

16－47　轮 A 和 B 均为半径为 r、重为 $\boldsymbol{F}_1$ 的均质圆盘。绕在两轮上的绳索的中间系着重为 $\boldsymbol{F}_2$ 的物块 C，且放在光滑水平面上，如图所示。在轮 A 上作用一个不变的转矩 M_e，设绳索的质量不计，求轮 A 与物体 C 之间那段绳索的张力。

16－48　图示三棱柱 A 沿三棱柱 B 的倾角为 α 的光滑斜面下滑，A 和 B 的重量分别为 $\boldsymbol{F}_1$ 和 $\boldsymbol{F}_2$。若将系统由静止开始释放，求运动时三棱柱 B 的加速度。

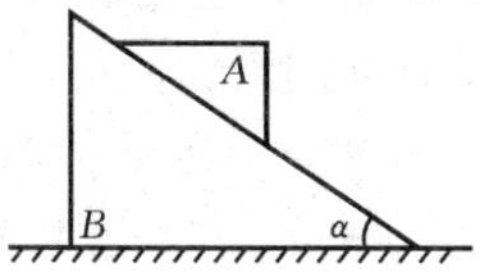

题 16－48 图

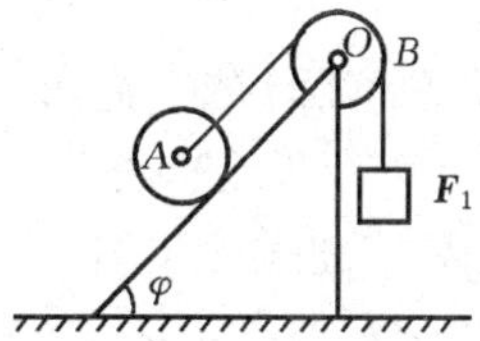

题 16－49 图

16－49　一半径为 R，重为 $\boldsymbol{F}_2$ 的均质圆柱形滚子 A，沿倾角为 φ 的斜面向下作纯滚动，如图所示。滚子借一跨过滑轮 B 的绳索提升一重为 $\boldsymbol{F}_1$ 的物体，滑轮 B 为半径、重量均与滚子 A 相等的均质圆盘。若不计轴承处的摩擦，求滚子 A 重心的加速度和系在滚子上的绳索的张力。

第17章　动　静　法

把动力学问题在形式上转化为静力学的平衡问题来处理的方法，称为**动静法**。动静法是用来求解非自由质点和非自由质点系动力学问题常用的一种方法。当已知质点或质点系的运动，求它们受到的动约束力时，应用动静法比较方便。因此，在工程技术中动静法被广泛采用。

把动力学问题在形式上转化为静力学的平衡问题，是有条件的。转化的条件是在研究对象上加惯性力。所以，惯性力的概念是动静法的核心。

17.1　惯性力的概念

17.1.1　质点的惯性力

质点的质量 m 与其加速度 $\boldsymbol{a}$ 的乘积，并冠以负号，称为该**质点的惯性力**。记为 $\boldsymbol{F}_{\mathrm{I}}$，即

$$\boldsymbol{F}_{\mathrm{I}} = -m\boldsymbol{a} \tag{17-1}$$

设用质量可略而不计的细绳，系住一质量为 m 的小球 M，使其在光滑水平面内作匀速圆周运动(图17-1(a))，若绳长为 l，小球的速度为 v，则小球的加速度 $a=a_{\mathrm{n}}=v^2/l$。小球在水平面内受到的力只有细绳的拉力 $\boldsymbol{F}$，正是这个力 $\boldsymbol{F}$ 迫使小球改变了运动状态，产生了加速度 $\boldsymbol{a}$。根据牛顿第二定律有 $\boldsymbol{F}=m\boldsymbol{a}$，又根据作用力和反作用力公理可知，小球对细绳必同时作用有一反作用力 $\boldsymbol{F}'=-\boldsymbol{F}=-m\boldsymbol{a}$(图17-1(b))。这个反作用力 $\boldsymbol{F}'$ 是施力物体(细绳)迫使质点(小球 M)改变其运动状态(获得加速度)时，因其本身的惯性对施力物体的反抗力，它就是质点(小球 M)的惯性力 $\boldsymbol{F}_{\mathrm{I}}(=\boldsymbol{F}')$。

可见，质点的惯性力是一种真实的力，但它是质点作用于施力物体的力，而并不作用于质点本身。容易看出，如果同时有几个物体对某一质点施力，则该质点的惯性力是其对所有这些施力物体的反作用力的合力。

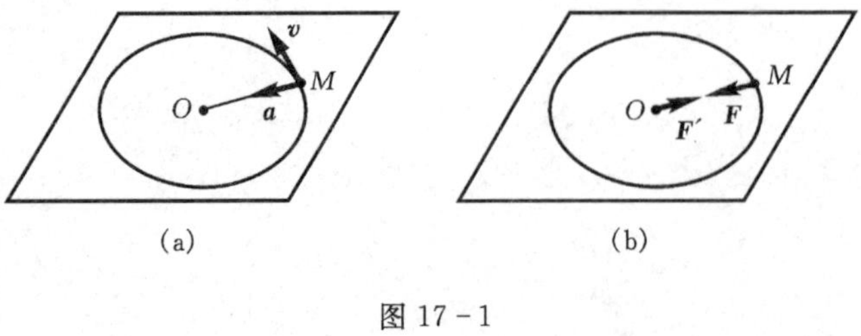

图17-1

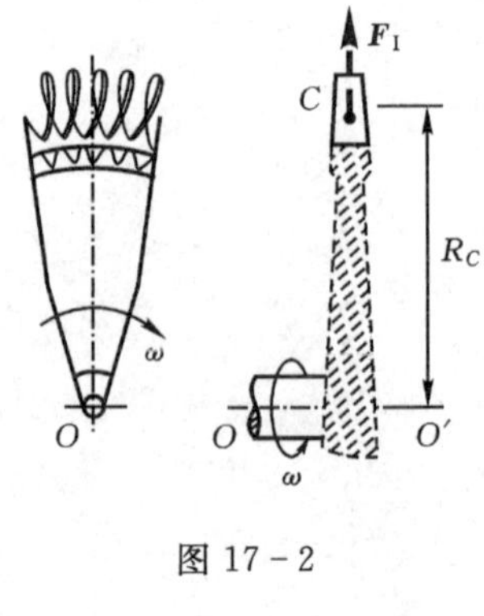

图17-2

应当指出，一个质量不大的质点，如果其加速度的数值特别巨大，则其惯性力的数值也会是很大的。例如，涡轮喷气发动机工作时，若近似地将涡轮叶片看作是质量集中在其质心 C 上的一个质点(图17-2)，则其法向惯性力(即惯性离心力) $F_{\mathrm{I}}^{\mathrm{n}}=mR_C\omega^2$。其中，$m$ 为叶片的质

量，R_C 为叶片的质心 C 到涡轮转轴轴线的距离，ω 为叶轮转动的角速度。这个力 $F_{\mathrm{I}}^{\mathrm{n}}$ 通过榫头、榫槽，作用在涡轮盘上。当 $m=0.073\ \mathrm{kg}$，$R_C=0.261\ \mathrm{m}$，转速 $n=11\ 150\ \mathrm{r/min}$ 时，法向惯性力 $F_{\mathrm{I}}^{\mathrm{n}}=26.0\ \mathrm{kN}$，是叶片本身重量的 36 300 倍。

17.1.2　质点系惯性力系的简化

1. 质点系惯性力系的主矢和主矩

设质点系由 n 个质点组成，其中任一质点的惯性力 $\boldsymbol{F}_{\mathrm{I}i}=-m_i\boldsymbol{a}_i$。质点系中所有质点的惯性力组成了一个惯性力系。根据力系简化的理论，将质点系的惯性力系向质点系的质心 C 简化，可得到惯性力系的主矢和对质心 C 的主矩。

记质点系惯性力系的主矢为 $\boldsymbol{F}'_{\mathrm{RI}}$，则

$$\boldsymbol{F}'_{\mathrm{RI}}=\sum\boldsymbol{F}_{\mathrm{I}i}=\sum-m_i\boldsymbol{a}_i=-\sum m_i\boldsymbol{a}_i=-M\boldsymbol{a}_C \tag{17-2}$$

即质点系惯性力系主矢的大小等于质点系的总质量与质心加速度的乘积，方向与质心加速度的方向相反。

式(17-2)可改写为

$$\boldsymbol{F}'_{\mathrm{RI}}=-\sum m_i\boldsymbol{a}_i=-\frac{\mathrm{d}}{\mathrm{d}t}\sum m_i\boldsymbol{v}_i=-\frac{\mathrm{d}\boldsymbol{P}}{\mathrm{d}t} \tag{17-3}$$

上式表明，**惯性力系的主矢是由于质点系的动量变化所引起的对施力物体的惯性反抗。**

建立质心平动坐标系，则某瞬时质点系中任一质点的速度 $\boldsymbol{v}_i=\boldsymbol{v}_C+\boldsymbol{v}'_i$，于是质点系的惯性力系对质心 C 的主矩

$$\begin{aligned}\boldsymbol{M}_{\mathrm{I}C}&=\sum\boldsymbol{M}_C(\boldsymbol{F}_{\mathrm{I}i})=\sum\boldsymbol{r}'_i\times(-m_i\boldsymbol{a}_i)\\&=\sum\boldsymbol{r}'_i\times\left(-\frac{\mathrm{d}}{\mathrm{d}t}m_i\boldsymbol{v}_i\right)=-\sum\boldsymbol{r}'_i\times\frac{\mathrm{d}}{\mathrm{d}t}m_i(\boldsymbol{v}_C+\boldsymbol{v}'_i)\\&=-\sum\boldsymbol{r}'_i\times\frac{\mathrm{d}}{\mathrm{d}t}m_i\boldsymbol{v}_C-\sum\boldsymbol{r}'_i\times\frac{\mathrm{d}}{\mathrm{d}t}m_i\boldsymbol{v}'_i\end{aligned}$$

考虑到 $\sum\boldsymbol{r}'_i\times\frac{\mathrm{d}}{\mathrm{d}t}m_i\boldsymbol{v}_C=\sum m_i\boldsymbol{r}'_i\times\boldsymbol{a}_C=M\boldsymbol{r}'_C\times\boldsymbol{a}_C=0$，而

$$\begin{aligned}\frac{\mathrm{d}\boldsymbol{L}_C}{\mathrm{d}t}=\frac{\mathrm{d}\boldsymbol{L}'_C}{\mathrm{d}t}&=\frac{\mathrm{d}}{\mathrm{d}t}\sum(\boldsymbol{r}'_i\times m_i\boldsymbol{v}'_i)=\sum\frac{\mathrm{d}}{\mathrm{d}t}(\boldsymbol{r}'_i\times m_i\boldsymbol{v}'_i)\\&=\sum\boldsymbol{v}'_i\times m_i\boldsymbol{v}'_i+\sum\boldsymbol{r}'_i\times\frac{\mathrm{d}}{\mathrm{d}t}m_i\boldsymbol{v}'_i=\sum\boldsymbol{r}'_i\times\frac{\mathrm{d}}{\mathrm{d}t}m_i\boldsymbol{v}'_i\end{aligned}$$

故

$$\boldsymbol{M}_{\mathrm{I}C}=\sum\boldsymbol{r}'_i\times\frac{\mathrm{d}}{\mathrm{d}t}m_i\boldsymbol{v}'_i=-\frac{\mathrm{d}\boldsymbol{L}'_C}{\mathrm{d}t}=-\frac{\mathrm{d}\boldsymbol{L}_C}{\mathrm{d}t} \tag{17-4}$$

即质点系的惯性力系对质心的主矩等于质点系对质心的动量矩对时间的负导数。它是由于质点系对质心的动量矩变化而引起的对施力物体的惯性反抗。

2. 刚体惯性力系的简化结果

对于具有质量对称平面(N)，且此对称平面始终与某一固定平面平行的平面运动刚体，其惯性力系可首先简化为在此对称面内的平面力系。根据式(17-4)，其惯性力系对质心的主矩

$$M_{\mathrm{I}C}=-\frac{\mathrm{d}L_C}{\mathrm{d}t}=-\frac{\mathrm{d}}{\mathrm{d}t}(J_C\omega)=-J_C\alpha \tag{17-5}$$

于是可知，具有质量对称平面，且此对称平面始终与某一固定平面平行的平面运动刚体，其惯

性力系可简化为作用线通过质心的一个力和作用在质量对称平面内的一个力偶。这个力的大小等于刚体的质量与质心加速度大小的乘积,方向与质心加速度的方向相反;这个力偶的力偶矩大小等于刚体对质心轴的转动惯量与其角加速度大小的乘积,转向与角加速度的转向相反(图 17-3)。

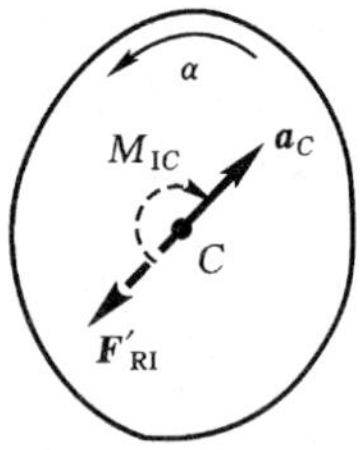

图 17-3

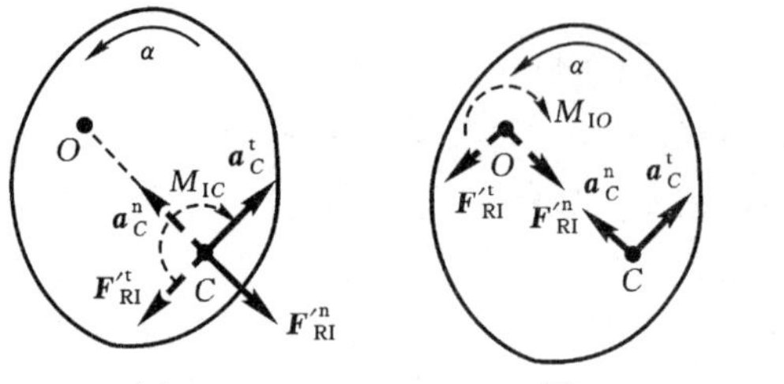

(a) (b)

图 17-4

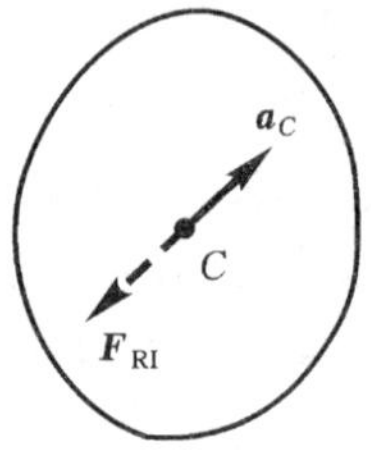

图 17-5

刚体的定轴转动是平面运动的特殊情形。当刚体具有质量对称平面,且转轴与质量对称平面垂直时,其惯性力系的简化结果与刚体作平面运动时的情形相同(图 17-4(a))。实用中常将刚体的惯性力系向转轴与质量对称平面的交点 O 简化(图 17-4(b)),此时惯性力系的主矩

$$M_{IO}=M_{IC}+M_O(\boldsymbol{F}'^{t}_{RI})=-J_C\alpha-\overline{OC}\cdot M\overline{OC}\alpha$$
$$=-(J_C+M\overline{OC}^2)\alpha=-J_O\alpha \tag{17-6}$$

对于平动刚体,由于 $\boldsymbol{M}_{IC}=-\dfrac{\mathrm{d}\boldsymbol{L}_C}{\mathrm{d}t}=0$,故其惯性力系可简化为作用线通过其质心的一个合力(图 17-5)。

17.2 动静法

17.2.1 质点的动静法

设质量为 m 的非自由质点 M,在主动力 $\boldsymbol{F}$ 和约束力 $\boldsymbol{F}_N$ 的作用下,加速度为 $\boldsymbol{a}$。根据动力学基本方程,有

$$\boldsymbol{F}+\boldsymbol{F}_N=m\boldsymbol{a}$$

将上式的右端移至左端,可得

$$\boldsymbol{F}+\boldsymbol{F}_N+(-m\boldsymbol{a})=0$$

引入惯性力 $\boldsymbol{F}_I=-m\boldsymbol{a}$,则上式可改写为

$$\boldsymbol{F}+\boldsymbol{F}_N+\boldsymbol{F}_I=0 \tag{17-7}$$

即当非自由质点运动时,作用于其上的主动力、约束力和质点的惯性力,在形式上组成一个平衡力系。这一思想是由法国科学家达朗贝尔为解决机器动力学问题,于 1743 年首先提出来的,因此称为**质点的达朗贝尔原理**。它是非自由质点动力学的普遍定理。这种**以加惯性力为条件,把实际上的质点动力学问题在形式上转化为静力学的平衡问题来处理的方法**,就是**质点的动静法**。

应当注意，实际上质点的惯性力不是作用在质点本身上的力，质点本身也并不处于平衡状态。公式(17－7)并不表示存在一个实际的平衡力系$\{\boldsymbol{F},\boldsymbol{F}_N,\boldsymbol{F}_I\}$，而仅仅是给出了力 $\boldsymbol{F}$、$\boldsymbol{F}_N$和$\boldsymbol{F}_I$之间的矢量关系。

例 17－1　摆式加速度计原理。为了测定列车的加速度，采用一种称为摆式加速度计的装置。这种装置就是在车箱中挂一单摆，当列车作匀加速直线平动时，摆将稳定在与铅垂线成θ角的位置(图 17－6(a))。试求列车的加速度与偏角θ之间的关系。

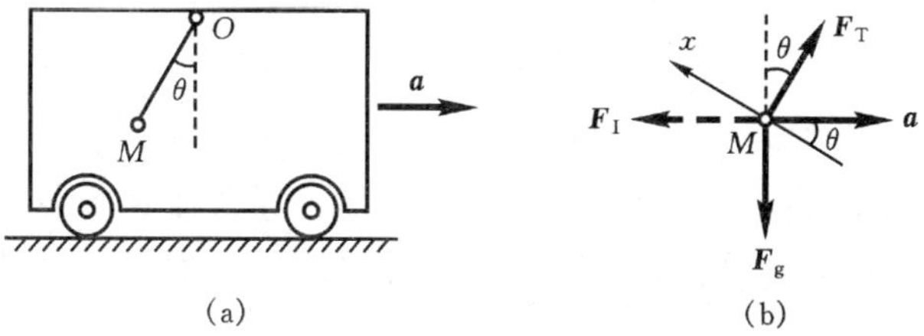

图 17－6

解　取摆锤 M 为研究对象。设摆锤的质量为 m，作用在其上的主动力为重力 $\boldsymbol{F}_g(=m\boldsymbol{g})$，约束力为摆线的张力 $\boldsymbol{F}_T$，于是摆锤的受力如图 17－6(b)所示。当摆稳定在与铅垂线成θ角的位置时，摆锤的加速度与列车的加速度相同，设为 $\boldsymbol{a}$，则摆锤的惯性力 $\boldsymbol{F}_I=-m\boldsymbol{a}$。

根据质点的达朗贝尔原理，有

$$\boldsymbol{F}_g+\boldsymbol{F}_T+\boldsymbol{F}_I=0$$

将上式向垂直于 OM 的 x 轴方向投影，可得

$$-F_g\sin\theta+F_I\cos\theta=0$$

即

$$-mg\sin\theta+ma\cos\theta=0$$

于是可求得列车的加速度与偏角θ之间的关系为

$$a=\tan\theta$$

可见，只要测出偏角θ，即可知道列车的加速度。这就是摆式加速度计的原理。

17.2.2　质点系的动静法

设有一由 n 个质点组成的非自由质点系，其中任一质点的惯性力$\boldsymbol{F}_{Ii}=-m_i\boldsymbol{a}_i$。若作用在此质点上的所有外力的合力为 $\boldsymbol{F}_i^e$，所有内力的合力为 $\boldsymbol{F}_i^i$，根据质点的达朗贝尔原理，有

$$\boldsymbol{F}_i^e+\boldsymbol{F}_i^i+\boldsymbol{F}_{Ii}=0\quad(i=1,2,\cdots,n)\tag{17-8}$$

即在任一瞬时，作用于质点系中任一质点上的所有外力的合力、所有内力的合力和该质点的惯性力，在形式上组成一个平衡力系。这就是质点系的达朗贝尔原理。

由式(17－8)可知，对于整个质点系，作用在质点系上的所有外力、内力和质点系的惯性力系在形式上也必然构成一个平衡力系。根据刚体静力学中空间力系的平衡条件，有

$$\left.\begin{aligned}\sum\boldsymbol{F}_i^e+\sum\boldsymbol{F}_i^i+\sum\boldsymbol{F}_{Ii}=0\\\sum\boldsymbol{M}_O(\boldsymbol{F}_i^e)+\sum\boldsymbol{M}_O(\boldsymbol{F}_i^i)+\sum\boldsymbol{M}_O(\boldsymbol{F}_{Ii})=0\end{aligned}\right\}$$

考虑到 $\sum\boldsymbol{F}_i^i\equiv0,\sum\boldsymbol{M}_O(\boldsymbol{F}_i^i)\equiv0$，于是可得

$$\left.\begin{aligned}\sum \boldsymbol{F}_i^e + \sum \boldsymbol{F}_{Ii} = 0 \\ \sum \boldsymbol{M}_O(\boldsymbol{F}_i^e) + \sum \boldsymbol{M}_O(\boldsymbol{F}_{Ii}) = 0\end{aligned}\right\} \tag{17-9}$$

上式表明,**作用在质点系上的所有外力和质点系的惯性力系在形式上组成一个平衡力系**。习惯上有时也把这个结论称为质点系的达朗贝尔原理。

实用中常把作用在质点系上的外力 $\boldsymbol{F}_i^e$ 分为主动力 $\boldsymbol{F}_i$ 和约束力 $\boldsymbol{F}_{Ni}$,则方程(17-9)可改写为

$$\left.\begin{aligned}\sum \boldsymbol{F}_i + \sum \boldsymbol{F}_{Ni} + \sum \boldsymbol{F}_{Ii} = 0 \\ \sum \boldsymbol{M}_O(\boldsymbol{F}_i) + \sum \boldsymbol{M}_O(\boldsymbol{F}_{Ni}) + \sum \boldsymbol{M}_O(\boldsymbol{F}_{Ii}) = 0\end{aligned}\right\} \tag{17-10}$$

对于作用在质点系上的所有外力和质点系的惯性力系分布在同一平面内的情形,若取平面为 Oxy 平面,并略去各力矢的右下脚标 i,则可得式(17-9)的投影形式为

$$\left.\begin{aligned}\sum F_x^e + \sum F_{xI} = 0 \\ \sum F_y^e + \sum F_{yI} = 0 \\ \sum M_O(\boldsymbol{F}^e) + \sum M_O(\boldsymbol{F}_I) = 0\end{aligned}\right\} \tag{17-11}$$

式中:F_{xI}、F_{yI}分别为惯性力 $\boldsymbol{F}_I$在 x、y 轴上的投影。上式中只有一个矩方程,还可以写成具有两个矩方程,或三个方程皆为矩方程的形式。

根据质点系的达朗贝尔原理,把非自由质点系的动力学问题在形式上转化为刚体静力学的平衡问题来研究的方法,称为**质点系的动静法**。应用质点系的动静法解题的方法步骤与应用质点的动静法时基本相同,即

(1)依题意选取研究对象;

(2)对研究对象作受力分析,画出受力图;

(3)对研究对象作运动分析,假想地给研究对象加惯性力;

(4)根据质点系的达朗贝尔原理建立适当的平衡方程,然后代入已知数据,求出待求量。

例 17-2 图 17-7(a)所示为转速表的简化模型。细杆 AB 长为 $2l$,在其中点 O 处与铅垂固定转轴 CD 铰接,杆的两端各固连一质量皆为 m 的小球。盘簧的一端连在杆上,另一端连在转轴上。当系统静止时,杆与转轴的夹角为 φ_0,此时盘簧无变形。当杆与转轴的夹角增大为 φ 时,盘簧作用于水平轴 O 的转矩(恢复力偶矩)M_e与转角 φ 的关系为 $M_e=k(\varphi-\varphi_0)$,转向符合使角 φ 减小的趋势,k 为已知的弹簧刚度系数。若不计杆和盘簧的质量及轴承 O 处的摩擦,试求当转轴匀速转动,且转速表稳定显示(即角 φ 不变)时,角速度 ω 与角 φ 间的关系。

解 取细杆 AB 连同两小球 A 和 B 为研究对象。系统受到的外力有:小球 A 和 B 的重力 $\boldsymbol{F}_{gA}$(=$m\boldsymbol{g}$)和 $\boldsymbol{F}_{gB}$(=$m\boldsymbol{g}$),盘簧的转矩 M_e和轴承 O 处的约束力 $\boldsymbol{F}_{Nx}$、$\boldsymbol{F}_{Ny}$。于是,系统的受力如图 17-7(b)所示。

由于系统绕铅垂轴作匀速转动,因此小球 A 和 B 皆作匀速圆周运动,圆周的半径 $r=l\sin\varphi$,两小球的加速度 $a_A=a_B=a=r\omega^2=l\omega^2\sin\varphi$。两小球惯性力的大小为 $F_{IA}=F_{IB}=ma=ml\omega^2\sin\varphi$,方向如图 17-7(b)所示。因为细杆的质量不计,所以它没有惯性力。

根据质点系的达朗贝尔原理,有

$$\sum M_O(\boldsymbol{F}) = 0,\quad F_{gA}l\sin\varphi - F_{IA}l\cos\varphi - F_{gB}l\sin\varphi - F_{IB}l\cos\varphi + M_e = 0$$

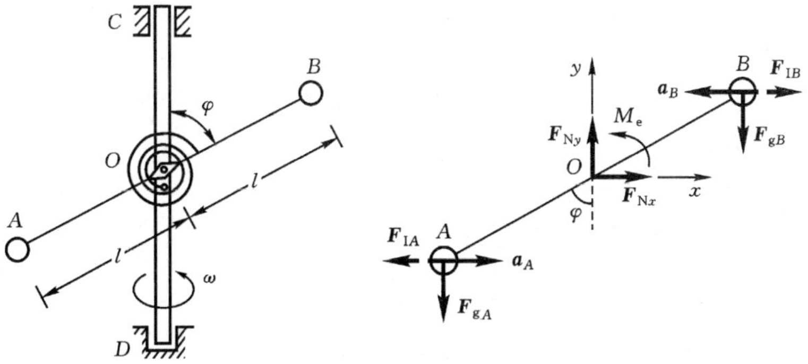

(a)　　(b)

图 17 - 7

即　$mgl\sin\varphi - ml^2\omega^2\sin\varphi\cos\varphi - mgl\sin\varphi - ml^2\omega^2\sin\varphi\cos\varphi + k(\varphi - \varphi_0) = 0$

整理得　$$k(\varphi - \varphi_0) - ml^2\omega^2\sin 2\varphi = 0$$

由此可以求得转轴的角速度 ω 与角 φ 之间的关系为

$$\omega = \sqrt{\frac{k(\varphi - \varphi_0)}{ml^2\sin 2\varphi}}$$

例 17 - 3　汽车连同所载货物的总质量为 m，质心 C 距水平路面的高度为 h，距前、后轮轴的水平距离分别为 l_1 和 l_2，轮胎与路面间的动滑动摩擦因数为 f(图 17 - 8(a))。汽车在行驶中因遇突然情况紧急刹车，前、后轮均停止转动，沿路面滑行。若不计轮重和空气阻力，求滑行过程中前、后轮对路面的压力。

解　取汽车连同所载货物为研究对象。汽车紧急刹车时受到的外力有：重力 $\boldsymbol{F}_g(=m\boldsymbol{g})$，路面对前、后轮的法向约束力 $\boldsymbol{F}_{N1}$、$\boldsymbol{F}_{N2}$ 和动滑动摩擦力 $\boldsymbol{F}_1$、$\boldsymbol{F}_2$。受力如图 17 - 8(b)所示。依题意，有

$$F_1 = fF_{N1}, \quad F_2 = fF_{N2} \tag{1}$$

由于汽车连同货物作直线平动，因此，其惯性力系可合成为一个作用线通过质心 C 的合力 $\boldsymbol{F}_{RI}$。设汽车的加速度为 $\boldsymbol{a}$，则 $\boldsymbol{F}_{RI} = -m\boldsymbol{a}$。

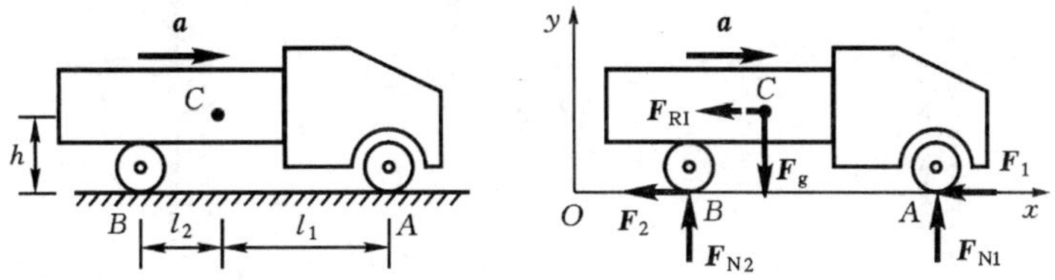

(a)　　(b)

图 17 - 8

建立如图 17 - 8(b)所示的直角坐标系 Oxy，根据质点系的达朗贝尔原理，有

$$\sum F_y = 0, \quad F_{N1} + F_{N2} - F_g = 0 \tag{2}$$

$$\sum F_x = 0, \quad F_{RI} + F_1 + F_2 = 0 \tag{3}$$

$$\sum M_B(\boldsymbol{F})=0,\quad F_{N1}(l_1+l_2)-F_g l_2+F_{RI}h=0 \tag{4}$$

由(2)式可得
$$F_{N1}+F_{N2}=F_g=mg \tag{5}$$

代入(1)式得
$$F_1+F_2=f(F_{N1}+F_{N2})=mgf$$

将此值代入(3)式,可得

$$F_{RI}=-(F_1+F_2)=-mgf$$

将上式代入(4)式,即可求得路面对前轮的法向约束力

$$F_{N1}=\frac{F_g l_2-F_{RI}h}{l_1+l_2}=\frac{l_2+hf}{l_1+l_2}mg \tag{6}$$

再将 F_{N1} 之值代入(5)式,可求得路面对后轮的法向约束力

$$F_{N2}=\frac{l_1-hf}{l_1+l_2}mg \tag{7}$$

前、后轮对路面的压力与 $\boldsymbol{F}_{N1}$、$\boldsymbol{F}_{N2}$ 为作用力和反作用力的关系。

讨论:(1)当汽车处于静止或作匀速直线平动时,前、后轮对路面的压力分别为

$$F'_{N1}=\frac{l_2}{l_1+l_2}mg,\quad F'_{N2}=\frac{l_1}{l_1+l_2}mg$$

可见,汽车紧急刹车时,前轮的约束力增大而后轮的约束力减小。因此在小轿车紧急刹车时,可明显地看到车头下倾而车尾上抬的现象。

(2)由(7)式不难看出,若汽车重心位置不当,在紧急刹车时则有绕前轮翻转的危险。为了防止翻转,须保证 $F_{N2}>0$,由(7)式即

$$\frac{l_1}{h}>f$$

例 17-4 图 17-9(a)所示正弦机构中,曲柄 OA 长为 r,可视为均质细杆,其质量为 m_1;滑块 A 的质量可忽略不计。T 形框架 BE 的质量为 m_2,重心在 D 处。初瞬时曲柄 OA 在右侧水平位置。设曲柄匀速转动的角速度为 ω,不计摩擦,求曲柄转过 φ 角时,轴承 O 处的约束力和作用在曲柄上的转矩 M_e 的大小。

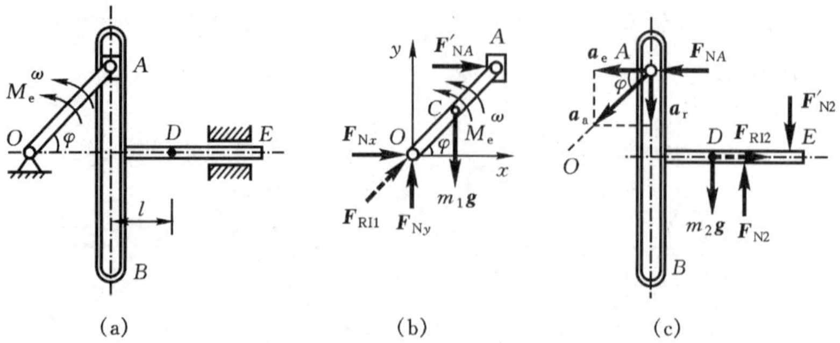

图 17-9

解 先求 T 形框架 BE 的加速度。为此,以曲柄 OA 的端点 A 为动点,动系固连于框架 BE,定系固连于机座。则动点 A 的绝对运动为以 O 为圆心、以曲柄 OA 的长 r 为半径的匀速圆周运动;相对运动为沿铅垂导槽的直线运动;而牵连运动为 T 形框架的水平直线平动。于是,动点的绝对加速度大小 $a_a=r\omega^2$,方向沿 AO;相对加速度 $\boldsymbol{a}_r$ 沿铅垂导槽,而牵连加速度 $\boldsymbol{a}_e$

沿水平方向。根据加速度合成定理,有

$$\boldsymbol{a}_a = \boldsymbol{a}_e + \boldsymbol{a}_r$$

可得动点 A 的加速度矢量图如图 17-9(c)所示。由图中的几何关系可得

$$a_e = a_a \cos\varphi = r\omega^2 \cos\varphi$$

方向水平向左。$\boldsymbol{a}_e$ 就是当曲柄匀速转过 φ 角时,T 形框架的加速度。

再取 T 形框架 BE 为研究对象,作用在框架上的外力有重力 $m_2\boldsymbol{g}$、滑块 A 的约束力 $\boldsymbol{F}_{NA}$ 和水平滑道的约束力 $\boldsymbol{F}_{N2}$、$\boldsymbol{F}'_{N2}$。于是,框架的受力如图 17-9(c)所示。

由于框架作水平直线平动,故其惯性力系可合成为一个作用线通过其重心 D 的合力 $\boldsymbol{F}_{RI2}$。$\boldsymbol{F}_{RI2}$ 的大小

$$F_{RI2} = m_2 a_e = m_2 r\omega^2 \cos\varphi$$

方向水平向右。

建立坐标系 Oxy。根据质点系的达朗贝尔原理,有

$$\sum F_x = 0,\quad F_{RI2} - F_{NA} = 0 \tag{1}$$

可解得

$$F_{NA} = F_{RI2} = m_2 r\omega^2 \cos\varphi$$

最后选取曲柄 OA 连同滑块 A 为研究对象,作用在此系统上的外力有:曲柄的重力 $m_1\boldsymbol{g}$,转矩 M_e,框架 BC 的约束力 $\boldsymbol{F}'_{NA}(=-\boldsymbol{F}_{NA})$ 和轴承 O 处的约束力 $\boldsymbol{F}_{Nx}$、$\boldsymbol{F}_{Ny}$。于是,系统的受力如图 17-9(b)所示。

滑块 A 的质量不计,故没有惯性力。曲柄 OA 作匀速定轴转动,其质心 C 的加速度大小 $a=\dfrac{1}{2}r\omega^2$,方向沿 CO(图 17-9(b)中未画出)。因此,曲柄 OA 的惯性力系可合成为一个作用线通过轴心 O 的合力 $\boldsymbol{F}_{RI1}$。$\boldsymbol{F}_{RI1}$ 的大小

$$F_{RI1} = m_1 a = \frac{1}{2} m_1 r\omega^2$$

方向沿 OA。

根据质点系的达朗贝尔原理,有

$$\sum F_x = 0,\quad F_{Nx} + F'_{NA} + F_{RI1}\cos\varphi = 0 \tag{2}$$

$$\sum F_y = 0,\quad F_{Ny} - m_1 g + F_{RI1}\sin\varphi = 0 \tag{3}$$

$$\sum M_O(\boldsymbol{F}) = 0,\quad M_e - F'_{NA} r\sin\varphi - m_1 g\cdot\frac{1}{2}r\cos\varphi = 0 \tag{4}$$

由(2)、(3)两式可求得轴承 O 处的约束力为

$$F_{Nx} = -(F_{NA} + F_{RI1}\cos\varphi) = -\left(\frac{1}{2}m_1 + m_2\right) r\omega^2 \cos\varphi$$

$$F_{Ny} = m_1 g - F_{RI1}\sin\varphi = m_1\left(g - \frac{1}{2}r\omega^2 \sin\varphi\right)$$

由(4)式可求得作用在曲柄 OA 上的转矩 M_e 的大小为

$$\begin{aligned} M_e &= F_{NA} r\sin\varphi + \frac{1}{2}m_1 g r\cos\varphi = m_2 r^2\omega^2 \sin\varphi\cos\varphi + \frac{1}{2}m_1 g r\cos\varphi \\ &= \frac{1}{2}(m_2 r\omega^2 \sin 2\varphi + m_1 g\cos\varphi) r \end{aligned}$$

例 17-5　图 17-10(a)所示的滚轮半径为 R、质量为 m,质心在其几何对称中心 C 处。

滚轮在常值转矩 M_e 的作用下,沿水平直线轨道作纯滚动。若滚轮对质心轴的回转半径为 ρ,不计滚动摩阻,试求滚轮质心 C 的加速度 $\boldsymbol{a}_C$ 和滚轮所受到的静滑动摩擦力。

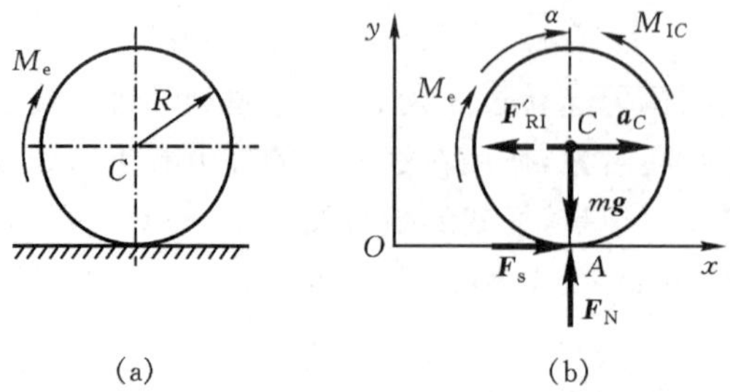

图 17 - 10

解 取滚轮为研究对象,它作平面运动。作用在滚轮上的外力有:重力 $m\boldsymbol{g}$、常值转矩 M_e 和轨道的法向约束力 $\boldsymbol{F}_N$ 以及静滑动摩擦力 $\boldsymbol{F}_s$。于是,滚轮的受力如图 17 - 10(b)所示。

设滚轮质心的加速度 $\boldsymbol{a}_C$ 的方向水平向右,由于滚轮作纯滚动,故其角加速度 α 的转向为顺钟向,且有

$$a_C = R\alpha \tag{1}$$

滚轮的惯性力系可简化为一个作用线通过质心 C 的力 $\boldsymbol{F}_{RI}$ 和一个作用在图17 - 10(b)所示的铅垂平面内的力偶,这个力的大小

$$F'_{RI} = ma_C$$

方向水平向左。这个力偶的矩的大小

$$M_{IC} = J_C\alpha = m\rho^2\alpha$$

转向为逆钟向。

根据质点系的达朗贝尔原理,有

$$\sum M_A(\boldsymbol{F}) = 0, \quad F'_{RI} \cdot R + M_{IC} - M_e = 0 \tag{2}$$

$$\sum F_x = 0, \quad F_s - F'_{RI} = 0 \tag{3}$$

$$\sum F_y = 0, \quad F_N - mg = 0 \tag{4}$$

将(1)式代入(2)式,即可求得滚轮质心的加速度为

$$a_C = \frac{M_e R}{m(R^2 + \rho^2)} \tag{5}$$

方向水平向右,与图 17 - 10(b)所设一致。

再将(5)式代入(3)式,则可求得滚轮受到的静滑动摩擦力

$$F_s = F'_{RI} = ma_C = \frac{M_e R}{R^2 + \rho^2} \tag{6}$$

方向水平向右,也与图 17 - 10(b)所设一致。

讨论:(1)由(4)式可求得 $F_N = mg$。根据滑动摩擦定律 $F_s \leqslant f_s F_N$,可以得到保证滚轮与轨道间不发生相对滑动的条件为

$$f_s \geqslant \frac{M_e R}{m(R^2 + \rho^2)g} \tag{7}$$

或
$$M_e \leqslant \frac{m(R^2+\rho^2)g}{R} f_s \tag{8}$$
这就是说，要保证滚轮作纯滚动，当转矩 M_e 一定时，滚轮与轨道间的静滑动摩擦因数 f_s 必须足够大；而当 f_s 一定时，转矩 M_e 则不能过大。

(2)当(7)式或(8)式不满足时，滚轮与轨道间将发生相对滑动，此时的摩擦力应为动滑动摩擦力，其大小
$$F = fF_N \tag{9}$$
方向与静滑动摩擦力相同(水平向右)。此时，(1)式不再成立。(9)式中的 f 为动滑动摩擦因数。

若须求此情形下滚轮质心的加速度，则由(3)式、(4)式和(9)式联立，即可得到
$$a_C = \frac{F}{m} = \frac{fF_N}{m} = \frac{mgf}{m} = gf \tag{10}$$
方向也与图 17-10(b)所设相同。

由上述五个例题的分析可以看出，应用动静法解题时不仅可以应用静力学中建立平衡方程时的各种技巧，如适当地选取投影轴和矩轴(矩心)，同时也可以采用多矩式的平衡方程，而且对于物系问题，还可以通过恰当地选取研究对象(如例 17-4)等，使求解过程得到简化。

顺便指出，对于某些比较复杂的动力学问题，若将动静法和动力学普遍定理结合起来综合应用，往往较为方便。限于篇幅，本书不作专门介绍，请读者自行练习。

17.3* 定轴转动刚体对轴承的动约束力

在工程技术中，常把定轴转动刚体静止时轴承受到的约束力称为**静约束力**；而把仅由于转子的转动使轴承受到的约束力称为**附加动约束力**，或简称为**动约束力**；把静约束力和附加动约束力的合力称为**总约束力**或**全约束力**。

由于材料的不均匀，或制造、安装的误差，以及其它一些难以避免的因素，机器或机械中的转动零件、部件在转动时，它们的惯性力系可能在轴承上引起附加动约束力。特别是当转子高速运转时，这种附加动约束力不仅可以达到十分巨大的数值，而且方向还往往是周期性变化的，可能对机器的正常工作、甚至安全生产，有着极大影响。因此，研究产生附加动约束力的原因和避免出现动约束力的条件，在工程中具有重要的实际意义。

例 17-6　设均质转子的质量为 m，水平转轴垂直于转子的对称平面(图17-11(a))。转子的质心 C 偏离转轴，偏心距为 e。若已知转子以角速度 ω 匀速转动，不计转轴的质量，求质心转至最低位置时，轴承 A、B 受到的附加动约束力。

解　取转子包括转轴为研究对象。系统受到的外力有：转子的重力 $m\boldsymbol{g}$ 和轴承 A、B 的约束力 $\boldsymbol{F}_{NA}$、$\boldsymbol{F}_{NB}$。于是，系统的受力如图 17-11(b)所示。

由于不计转轴的质量，故转轴无惯性力。转子作匀速转动，其质心 C 的加速度 $a_C = e\omega^2$(图中未画出)，因此转子的惯性力系可合成为一个作用线通过质心 C 的合力 $\boldsymbol{F}_{RI}$。合力 $\boldsymbol{F}_{RI}$的大小
$$F_{RI} = ma_C = me\omega^2$$
方向沿 OC，如图 17-11(b)所示。

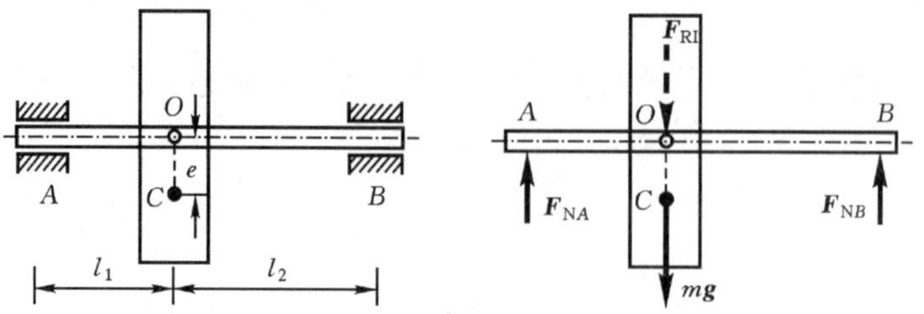

图 17 - 11

根据质点系的达朗贝尔原理,有

$$\sum M_B(\boldsymbol{F}) = 0,\quad (mg + F_{RI})l_2 - F_{NA}(l_1 + l_2) = 0 \tag{1}$$

$$\sum M_A(\boldsymbol{F}) = 0,\quad F_{NB}(l_1 + l_2) - (mg + F_{RI})l_1 = 0 \tag{2}$$

由此可求得轴承 A、B 处的约束力(总反力)分别为

$$F_{NA} = \frac{(mg + F_{RI})l_2}{l_1 + l_2} = \frac{ml_2(g + e\omega^2)}{l_1 + l_2}$$

$$F_{NB} = \frac{(mg + F_{RI})l_1}{l_1 + l_2} = \frac{ml_1(g + e\omega^2)}{l_1 + l_2}$$

分别用 F'_{NA}、F'_{NB} 表示静约束力,用 F''_{NA}、F''_{NB} 表示动约束力,则

$$F'_{NA} = \frac{mgl_2}{l_1 + l_2},\quad F'_{NB} = \frac{mgl_1}{l_1 + l_2}$$

$$F''_{NA} = \frac{ml_2 e\omega^2}{l_1 + l_2},\quad F''_{NB} = \frac{ml_1 e\omega^2}{l_1 + l_2}$$

如对于某型离心压缩机叶轮,有 $m=50$ kg,$e=0.02$ mm,转速 $n=12\ 000$ r/min,即 $l_1=l_2$,则可得

$$F'_{NA} = F'_{NB} = mg/2 = 245\ \text{N},\quad F''_{NA} = F''_{NB} = me\omega^2/2 = 500\ \text{N}$$

轴承 A、B 受到的附加动约束力与 F''_{NA}、F''_{NB} 大小相等,方向相反。

容易看出,在转子运转过程中,附加动约束力的方向也随之相应地变化。

当刚体作定轴转动时,不出现轴承附加约束力的现象称为**动平衡**。由上例可见,为实现动平衡应首先消除定轴转动刚体的偏心问题。若刚体的转轴通过其质心,则当刚体仅受重力作用时,可以在任意位置保持静止,这种情形称为**静平衡**。必须注意,静平衡的刚体不一定能实现动平衡。例如,图 17 - 12 所示的静平衡均质细杆。其(离心)惯性力系可以合成为一个合力偶,因此,仍将会产生轴承的附加动约束力。由此可以想到静平衡的均质圆盘(如机器中的齿轮、飞轮等),若圆盘平面与转轴没有达到精确地垂直,则其(离心)惯性力系也将会合成一个合力偶,同样会引起轴承的动约束力。为了达到动平衡,通常需要将静平衡转子在专门的动平衡试验机上进行试验,根据实验数据,在刚体的适当部位增加或者去掉一部分对称质量,从而实现动平衡。可

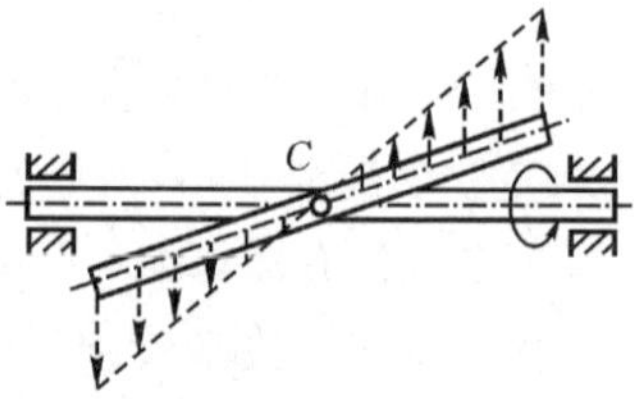

图 17 - 12

见，就刚体的惯性力系而言，所谓实现动平衡，就是要使该刚体的惯性力系自成平衡力系。

思考题

17－1 只要质点在运动，就必然会有惯性力。这种说法对吗？

17－2 若质点仅在重力的作用下运动，试确定在下述三种情况下，该质点惯性力的大小和方向：(1)质点作自由落体运动；(2)质点被铅垂上抛；(3)质点被斜向上抛。

17－3 火车在启动过程中，哪一节车厢的挂钩受力最大？为什么？

17－4 求图示各圆盘的惯性力系向 O 点的简化结果。各圆盘的质量皆为 m，半径皆为 r。图(a)、(b)、(c)中所示各圆盘均质，图(d)所示圆盘的偏心距为 e。设速度 $\boldsymbol{v}$ 和角速度 ω 皆为常量，图(c)、(d)中所示两圆盘皆沿水平直线轨道作纯滚动。

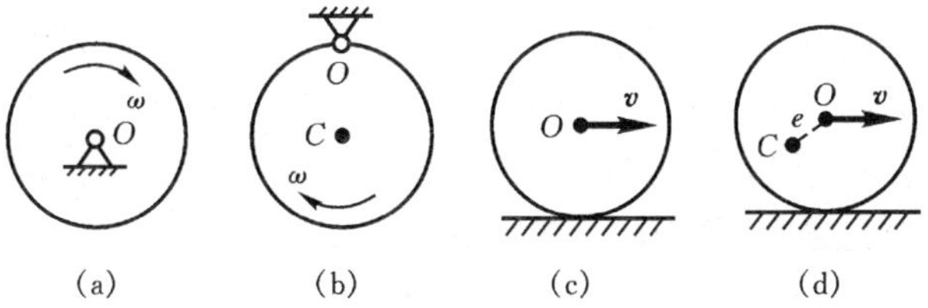

思 17－4 图

17－5 图示各刚性轴的质量可略而不计，轴上固连着两个质量皆为 m 的小球 A 和 B。在图示瞬时，各轴转动的角速度皆为 ω，角加速度皆为 α。试求在图示四种情况下惯性力系向 O 点的简化结果，并指出哪种情况是静平衡的，哪种情况是动平衡的。

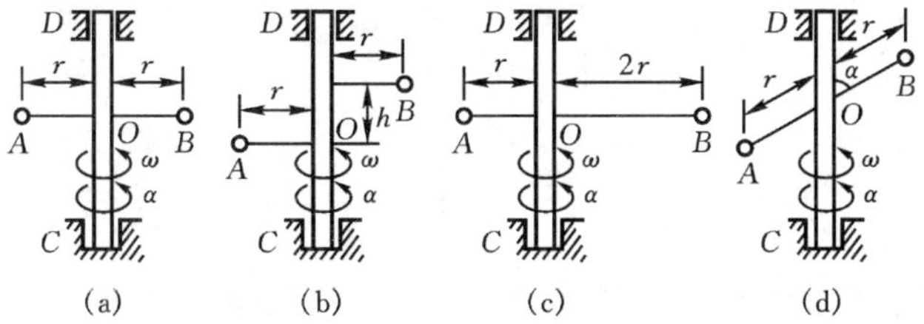

思 17－5 图

习 题

17－1 如图所示，汽轮机转子作匀速转动，转速 $n=300$ r/min。其上某级叶轮的平均直径 $D=800$ m。安装在叶轮上的叶片质量 $m=0.2$ kg，可视为在平均直径处的一个质点。试求叶片惯性力的大小，以及惯性力与重力的比值。

17－2 当球磨机的圆筒转动时，带动钢球一起运动，使球转到一定角度 θ 时落下，以撞击矿石，如图所示。已知圆筒内壁半径为 r，绕水平轴的转速为 n，试求最外层钢球脱离圆筒时的角 θ 为多少。

17－3 正方形均质板重 400 N，由三根细绳拉住，如图所示。板的边长 $b=100$ mm，不计绳重。求：(1)当绳 FG 被剪断瞬间，AD 和 BE 两绳的张力；(2)当 AD 和 BE 两绳运动到铅垂位置时，两绳的张力。

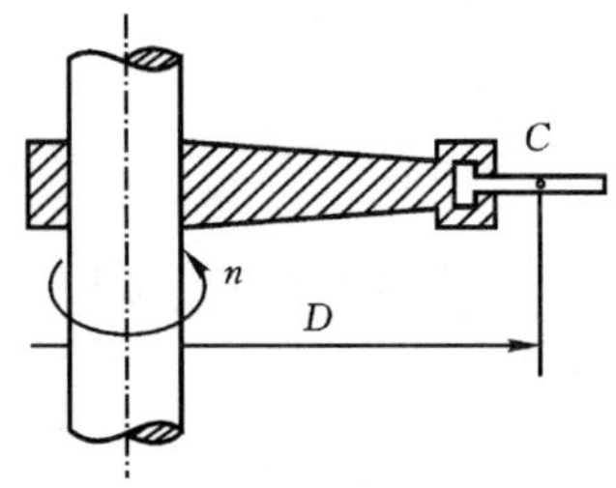

题 17 - 1 图

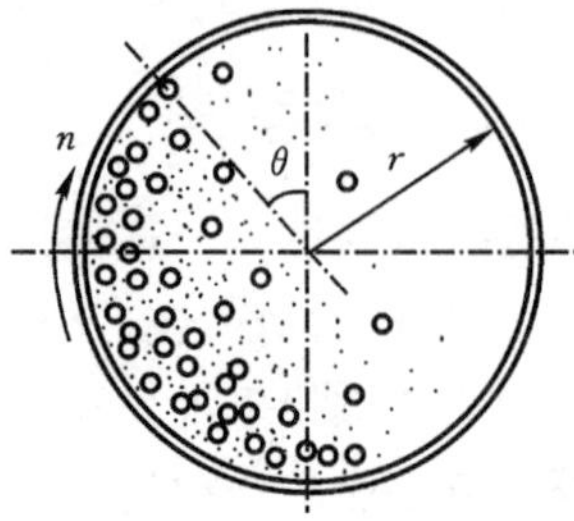

题 17 - 2 图

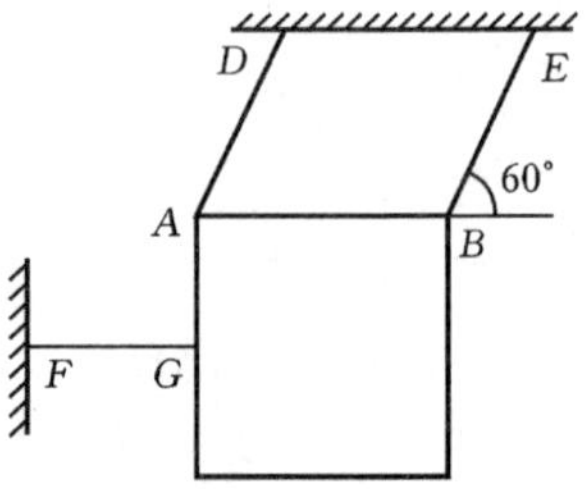

题 17 - 3 图

17 - 4　图示由相互铰接的水平臂连成的传送带，将圆柱形零件由一个高度传送到另一个高度。设零件与臂之间的滑动摩擦因数 $f_s=0.2$，角 $\theta=30°$。求：(1)降落加速度 $\boldsymbol{a}$ 多大时，零件不致在水平臂上滑动；(2)比值 h/d 等于多少时，零件在滑动之前先倾倒。

17 - 5　筛板作水平往复运动，如图所示，筛孔的半径为 r。为了使半径为 R 的圆球形物料不致堵塞筛孔而能滚出筛孔，筛板的加速度 $\boldsymbol{a}$ 应为多大？

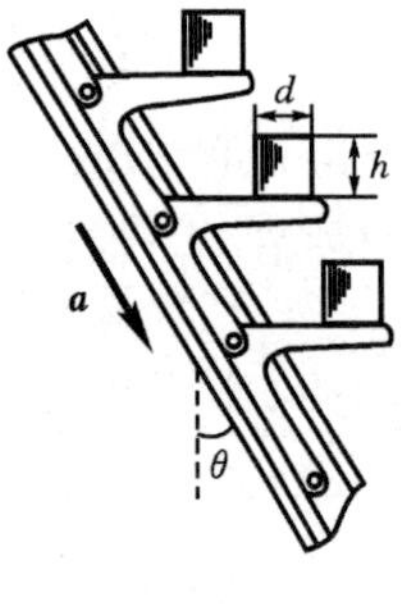

题 17 - 4 图

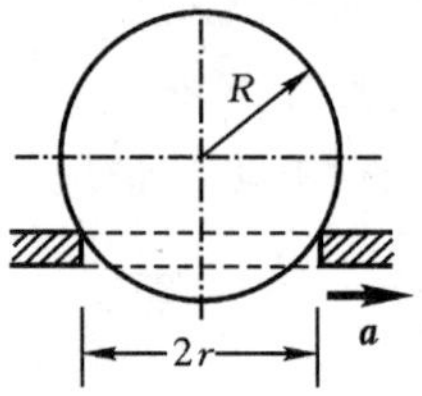

题 17 - 5 图

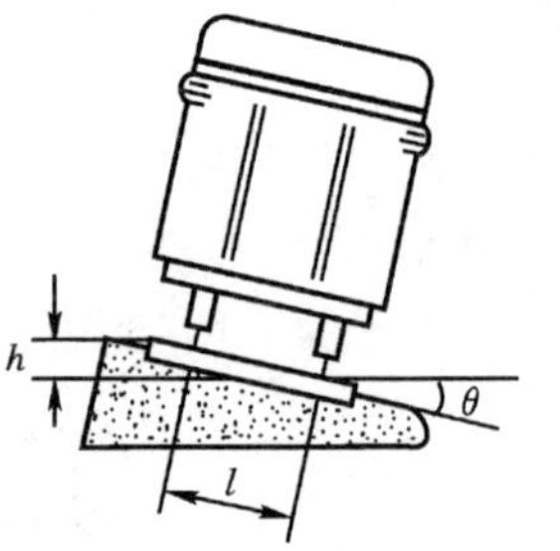

题 17 - 6 图

17 - 6　火车沿水平曲线轨道行驶时，若内、外轨等高，则外轨与车轮间除法向约束力外还有侧压力。过大的侧压力会引起严重磨损，甚至还可能导致外轨侧移，引起脱轨事故。为了消除侧压力，可将外轨适当垫高。设钢轨轨道曲线的曲率半径为 R，内、外轨轨距为 l，火车的运行速度为 v，求内、外轨道的高度差(称为**超高度**)h。

17 - 7　图示一撞击试验机。已知固定在杆上的撞锤 M 的质量为$m=20$ kg，撞锤中心到支座 O 的距离为$l=1$ m。不计杆重和轴承摩擦。今撞锤自最高位置 A 无初速地落下，试求轴承压力与杆的位置 φ 之间的关系，并讨论 φ 等于多少时压力最大。

17 - 8　图示打桩机支架重为 $F_g=20$ kN，重心在 C 点。已知 $a=4$ m，$b=1$ m，$h=10$ m，锤 E 的质量为$m=0.7$ t，绞车鼓轮的质量 $m_1=0.5$ t，半径$r=0.28$ m，回转半径 $\rho=0.2$ m，钢索与水平面的夹角 $\theta=60°$，鼓轮上作用着转矩 $M_e=2\ 000$ N·m。若不计滑轮的大小、质量和轴承摩擦，求支座 A 和 B 的约束力。

17 - 9　嵌入墙内的悬臂梁 AB 的端点 B 装有质量为 m_B、半径为 R 的均质鼓轮，如图所示。一矩为 M_e 的主动力偶作用于鼓轮，以提升质量为 m_C 的物体。设$\overline{AB}=l$，不计梁和绳重及轴承摩擦，求 A 处的支座约束力。

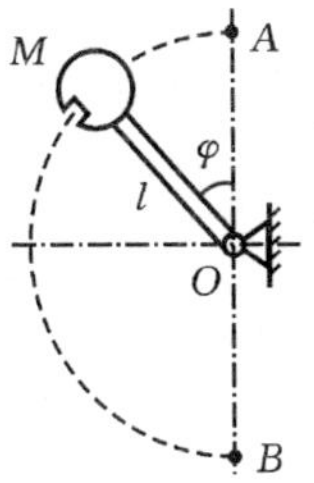

题 17 - 7 图

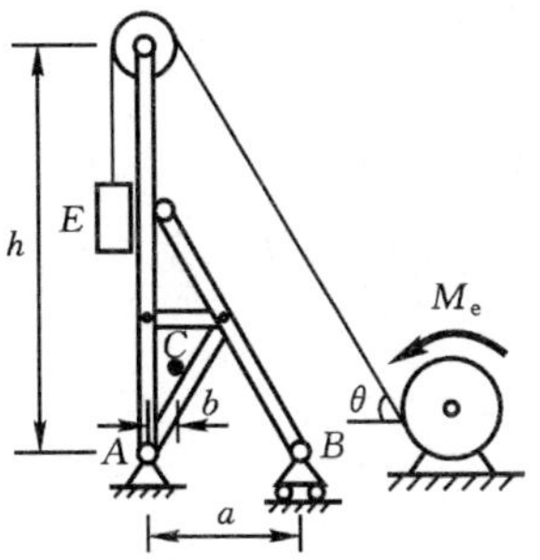

题 17 - 8 图

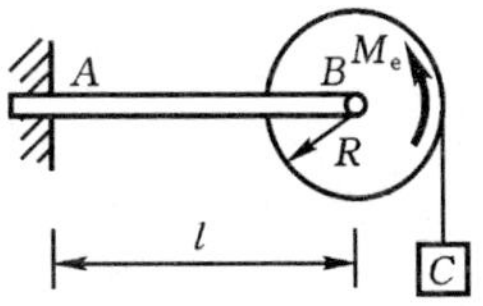

题 17 - 9 图

17 - 10　两物块 M_1 和 M_2 的质量分别为 m_1 和 m_2，用跨过定滑轮 B 的细绳连接，如图所示。已知$\overline{AC}=l_1$，$\overline{AB}=l_2$，$\angle ACD=\varphi$。若不计各杆、滑轮和绳的质量及各铰链处的摩擦，试求 CD 杆的内力。

17 - 11　均质细杆 AB 长为 l，质量为 m，被两根铅垂细绳悬挂在水平位置。现将绳 O_2B 烧断，求绳 O_2B 刚被烧断时，杆的角加速度和杆质心的加速度。

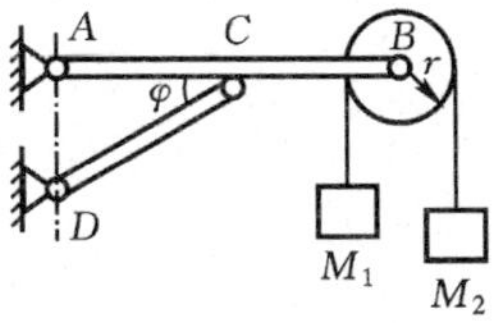

题 17 - 10 图

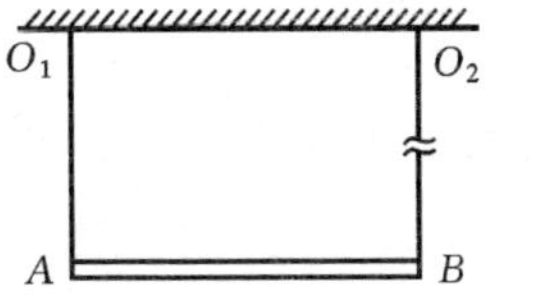

题 17 - 11 图

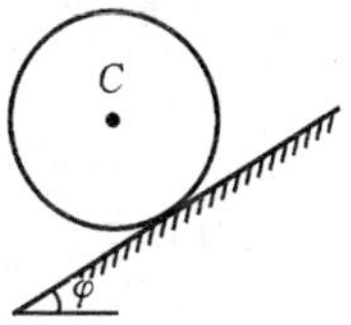

题 17 - 12 图

17 - 12　均质圆柱沿倾角为 φ 的斜面无初速地滚下，圆柱与斜面间的滑动摩擦因数为 f。若不计滚动摩阻，求圆柱质心 C 的加速度。

17 - 13　图示均质圆柱体的质量为 m，在其中部绕以细绳，绳的另一端系于均质水平梁 AB 的 B 端。已知梁的质量为 M，长为 l。不计绳重，圆柱下降时细绳的解开部分保持铅直，求圆柱质心 C 的加速度和水平梁的固定端 A 处的约束力。

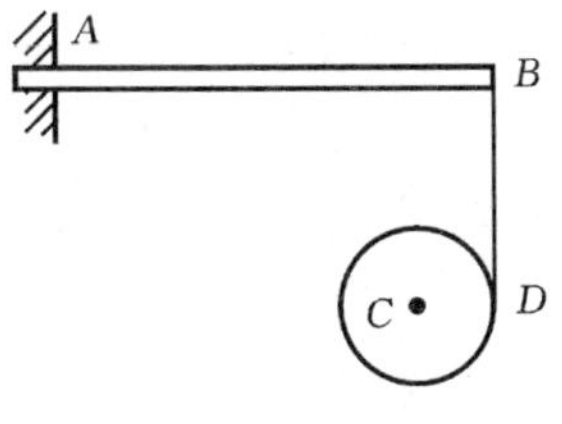

题 17 - 13 图

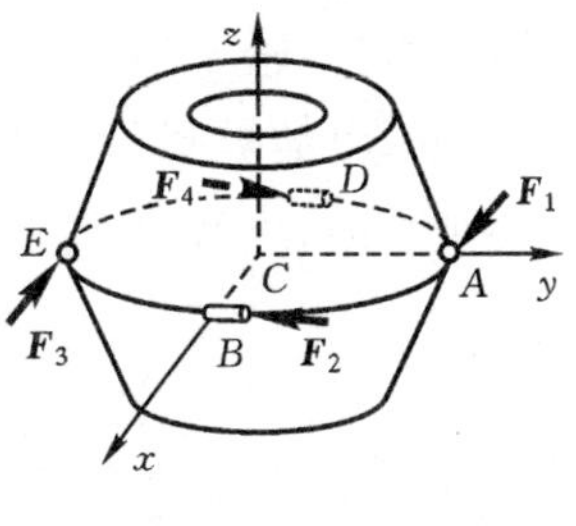

题 17 - 14 图

17 - 14　质量为 50 kg 的宇宙飞行器，对 z 轴的回转半径为 450 mm，坐标平面 Cxy 为其质量对称平面。飞行器的方位可由四个小火箭 A、B、E、D 点火而改变。这四个火箭均匀地分布在飞行器的周边上，如图所示。当开始点火时，每一个火箭产生的推力大小为 $F=10$ N。求下述三种情况下飞行器的角加速度和质心 C 的加速度:(1)所有四个火箭都点火;(2)除火箭 D 外,其余三个火箭都点火;(3)只有火箭 A 点火。

17－15　水平均质细杆 AB 的质量 $m=12$ kg,长 $l=1$ m,A 端用光滑铰链支承,B 端用铅垂细绳吊住。现突然将细绳烧断,求细绳烧断时杆的角加速度和铰链 A 处的动约束力。

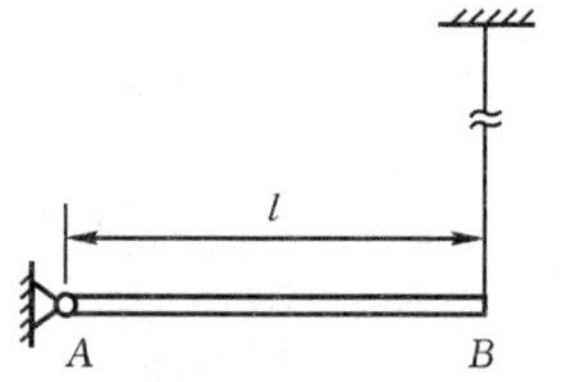

题 17－15 图

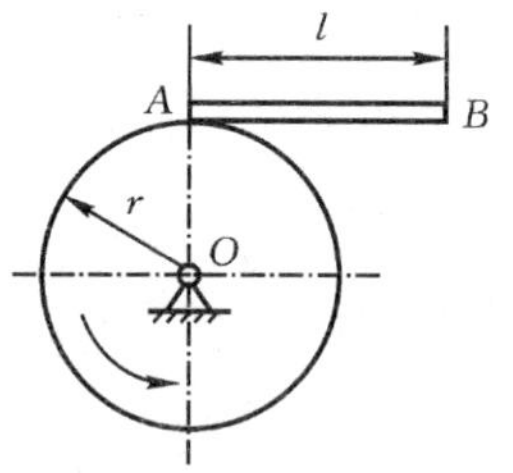

题 17－16 图

17－16　图示均质细杆 AB 长为 l,质量为 m,其端点 A 焊接在半径为 r 的圆盘上,并使杆与圆盘相切。圆盘和杆在同一水平面内,绕通过盘心 O 的铅垂轴转动。求在下述两种情况下焊接点 A 处受到的动约束力:(1)圆盘以匀角速度 ω 转动;(2)圆盘由静止开始,以角加速度 α 逆钟向转动。

17－17　两叶螺旋桨可近似地看成均质细杆。每个桨叶长 $l=1$ m,质量 $m=7.5$ kg。如图所示,由于安装误差,桨叶对转轴的垂直平面的偏斜角 $\theta=0.015$ rad。若两轴承间的距离 $b=250$ mm,求当螺旋桨的转速 $n=3\ 000$ r/min 时,轴承 A 和 B 处的动约束力。

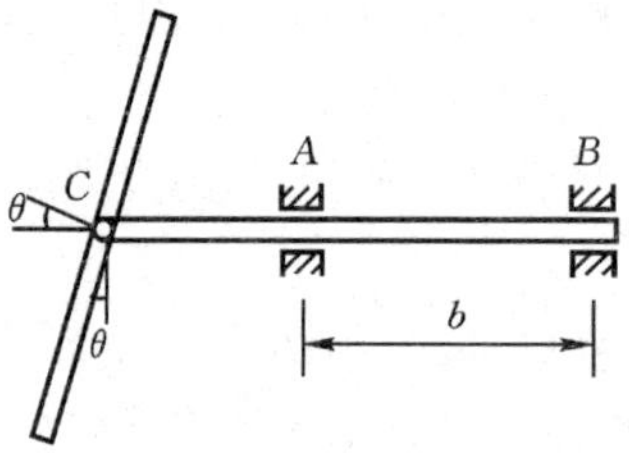

题 17－17 图

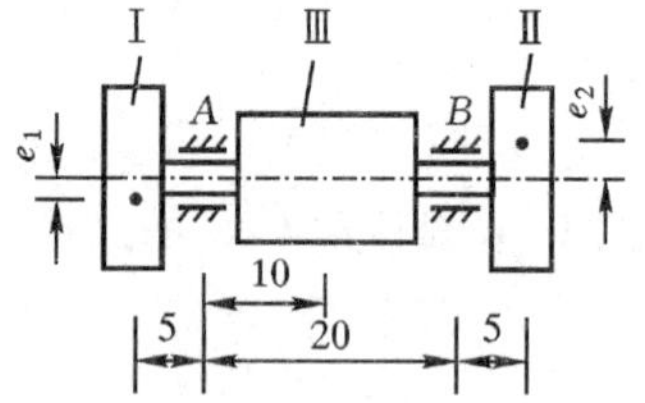

题 17－18 图

17－18　图示磨刀砂轮Ⅰ的质量为 1 kg,其偏心距 $e_1=0.5$ mm;小砂轮Ⅱ的质量为 0.5 kg,偏心距 $e_2=1$ mm;电动机转子Ⅲ的质量为 8 kg,无偏心,以转速 $n=3\ 000$ r/min 带动砂轮转动。求转动时,轴承 A、B 处的动约束力。

第 18 章　能量原理

固体力学中把与功和能有关的一些原理和定理统称为**能量原理**。在求解复杂质点系的静力学问题以及弹性变形体的位移和超静定问题时,能量原理都具有重要作用。

本章首先介绍静力学的普遍原理——虚位移原理,然后介绍计算线弹性变形体位移的一个普遍定理——卡氏定理。

18.1　虚位移原理

虚位移原理是静力学的普遍原理。它给出了一般质点系维持平衡的充分和必要条件。本书第一篇刚体静力学也称为矢量静力学,它给出的刚体平衡的条件,对于一般质点系来说只是必要条件,但不是充分条件。虚位移原理不仅在刚体静力学中,而且在变形体力学(如材料力学、结构力学、弹性力学等)中都有着广泛的应用。下面首先介绍几个基本概念,然后阐述虚位移原理及其应用。

18.1.1　基本概念

1. 约束·约束方程和约束的分类

力学系统中各质点的空间位置的集合称为系统的**位形**。如果系统的位形和速度不受任何预先给定的限制,则称此系统为**自由系统**,反之为**非自由系统**。限制非自由系统的位形和速度的条件,称为**约束**。约束条件的数学表达式称为**约束方程**。

例如,图 18-1 所示的具有固定悬点 O 和刚性直杆的球面摆,其约束方程为

$$x^2+y^2+z^2-l^2=0 \tag{1}$$

若将刚性直杆换成不可伸长的柔索,则约束方程变为

$$x^2+y^2+z^2-l^2\leqslant 0 \tag{2}$$

若刚性直杆不变,但悬点 O 沿 x 轴以匀速 $\boldsymbol{u}$ 运动,则约束方程为

$$(x-ut)^2+y^2+z^2-l^2=0 \tag{3}$$

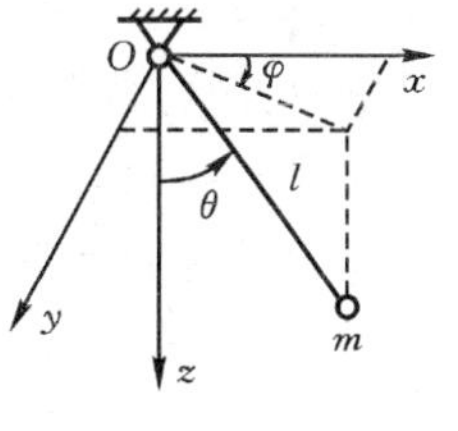

图 18-1

又如半径为 r 的圆轮沿水平直线轨道滚动而不滑动(图 18-2),其约束方程为

$$y_C-r=0 \tag{4}$$

$$\dot{x}_C-r\dot{\varphi}=0 \tag{5}$$

其中,(5)式可积分为

$$x_C-r\varphi=\text{常数} \tag{5$'$}$$

再如平面上两质点 M_1、M_2 由长为 l 的刚杆连结,运动中杆的中点的速度被限制只能沿着杆的方向(图 18-3),则约束方程为

$$(x_2-x_1)^2+(y_1-y_2)^2-l^2=0 \tag{6}$$

$$\frac{\dot{x}_1+\dot{x}_2}{x_1-x_2}=\frac{\dot{y}_1+\dot{y}_2}{y_1-y_2} \tag{7}$$

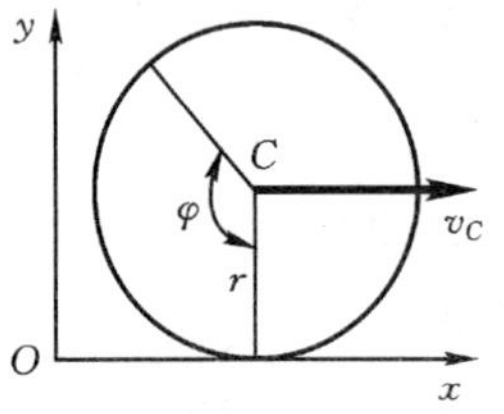

图 18-2

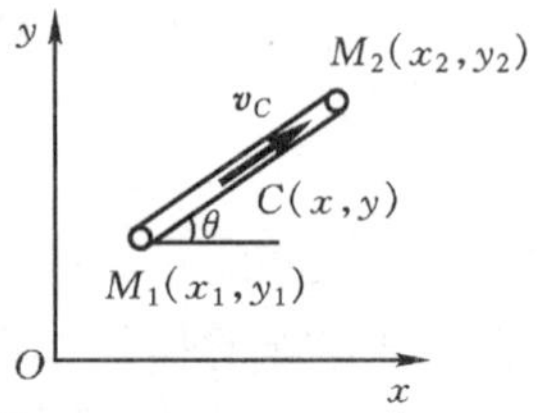

图 18-3

根据约束方程的特点，可将约束分为以下几类。

(1)几何约束和运动约束。

约束方程中不显含速度的约束称为**几何约束**，反之称为**运动约束**。如方程(1)、(2)、(3)、(4)、(6)表示的约束都是几何约束，而方程(5)和(7)表示的则为运动约束。

在运动约束中，若约束方程可积分为有限形式的，称为**含时几何约束**；不能积分为有限形式的，称为**微分约束**。如方程(5)可积分为有限形式(5)′，因而它表示的约束是含时几何约束；而方程(7)不能积分成有限形式，它表示的约束则为微分约束。

(2)完整约束和非完整约束。

所有的几何约束和运动约束中的含时几何约束统称为**完整约束**；运动约束中的微分约束称为**非完整约束**。

仅包含完整约束的系统称为**完整系统**；至少包含一个非完整约束的系统称为**非完整系统**。

(3)定常约束和非定常约束。

约束方程中不含时间的约束称为**定常约束**，反之称为**非定常约束**。例如，方程(1)、(2)表示的约束都是定常约束，而方程(3)表示的则是非定常约束。

(4)双面约束和单面约束。

约束方程用等式表示的约束称为**双面约束**，反之称为**单面约束**。例如，方程(1)、(3)表示的约束即为双面约束，而方程(2)表示的则是单面约束。

本章仅讨论受双面、完整约束的力学系统。

2. 虚位移 · 虚功 · 理想约束

系统在给定瞬时为约束所允许的任何微小位移，称为该瞬时的**虚位移**。设由 n 个质点组成的质点系，其中任一质点的矢径为 $\boldsymbol{r}_i$，则其虚位移可表示为

$$\delta\boldsymbol{r}_i=\delta x_i\boldsymbol{i}+\delta y_i\boldsymbol{j}+\delta z_i\boldsymbol{k} \tag{18-1}$$

式中：δx_i、δy_i、δz_i 为 $\delta\boldsymbol{r}_i$ 在坐标轴上的投影。

应当注意，系统中各质点在真实运动中的位移称为**实位移**。实位移不仅要为约束允许，而且还与系统的受力和运动初始条件有关。它可以是微小的，也可以取有限值。而虚位移是一个纯几何概念，它与系统的受力和运动初始条件无关。任一质点的虚位移 $\delta\boldsymbol{r}_i$ 表示该质点在任一给定瞬时，由它的瞬时位置出发，转移到它在同一瞬时约束下的相邻位置而产生的矢径变分。$\delta\boldsymbol{r}_i$ 不含时间过程(δ 为等时变分，$\delta t=0$)，即在分析虚位移时，可将时间 t“凝固”，只考虑瞬时约束条件。质点系的所有虚位移构成了一个集合。显然，在定常约束条件下，系统的实际微小位移 $\mathrm{d}\boldsymbol{r}_i$ 包含在虚位移的集合中。对于定常约束，“d”和“δ”这两种运算方法完全相同。

力 $\boldsymbol{F}$ 对其作用点的虚位移 $\delta\boldsymbol{r}$ 的功称为**虚(元)功**，记为 δW，即

$$\delta W = \boldsymbol{F} \cdot \delta\boldsymbol{r} = F_x \cdot \delta x + F_y \cdot \delta y + F_z \cdot \delta z \tag{18-2}$$

顺便指出，力在其作用点的实际微小位移上的元功记号也是 δW，它表示元功不一定总能表示为函数 W 的全微分。元功 δW 是真实的功，它将引起系统动能的改变。而虚(元)功和虚位移一样，是一个虚拟的概念，用记号 δW 仅说明它是一阶微量。

如果约束力在系统的任何一组虚位移中的虚功之和等于零，则这种约束称为**理想约束**。设系统中任一质点受到的约束力的合力为 $\boldsymbol{F}_{Ni}$，其虚位移为 $\delta\boldsymbol{r}_i$，则理想约束条件可表示为

$$\sum \boldsymbol{F}_{Ni} \cdot \delta\boldsymbol{r}_i = 0 \tag{18-3}$$

容易证明，动能定理中介绍的约束力元功之和等于零的理想情形的约束都是理想约束。

3. 自由度·广义坐标

设含有 n 个质点的非自由系统，具有 l 个完整约束，g 个非完整约束，则描述系统位形的 $3n$ 个直角坐标和 $3n$ 个虚位移不都是独立的。系统的 $3n$ 个虚位移必须同时满足 $l+g$ 个约束方程。系统的独立虚位移数 d 称为系统的**自由度**，即

$$d = 3n - l - g \tag{18-4}$$

因为每一组独立的虚位移反映了系统的一种独立的可能运动形式，因此独立虚位移数反映了系统独立的可能运动形式数，这就是系统的自由度的意义。

由于非完整约束方程不能积分成限制系统位形的有限形式，故确定系统位形的独立坐标数目

$$s = 3n - l \tag{18-5}$$

在许多实际问题中，采用直角坐标确定系统的位形并不总是方便的。而适当选取的能够完全确定系统位形的 s 个独立变量，称为系统的**广义坐标**，一般用 $q_j(j=1,2,\cdots,s)$ 表示。广义坐标可以是线量、角量，也可以是其它物理量。系统内各质点的矢径可用广义坐标表示为

$$\boldsymbol{r}_i = \boldsymbol{r}_i(q_1, q_2, \cdots, q_s; t) \tag{18-6}$$

容易看出，完整系统的广义坐标数等于其自由度，而非完整系统的广义坐标数大于其自由度。

18.1.2　虚位移原理

具有双面、理想约束的质点系在给定位置维持静止的必要和充分条件是，作用在该系统上的全部主动力对其作用点虚位移的虚功之和等于零，这就是**虚位移原理**，也称为**虚功原理**。若系统中任一质点的虚位移为 $\delta\boldsymbol{r}_i$，作用于其上的主动力的合力为 $\boldsymbol{F}_i$，则原理可表示为

$$\sum \boldsymbol{F}_i \cdot \delta\boldsymbol{r}_i = 0 \tag{18-7}$$

或

$$\sum (F_x \cdot \delta x + F_y \cdot \delta y + F_z \cdot \delta z) = 0 \tag{18-8}$$

式(18-7)和式(18-8)也称为**虚功方程**。

18.1.3　虚位移原理的应用

应用虚位移原理解题的明显优点之一，是无须分析理想约束的约束力，因此可方便地求解系统平衡时主动力之间的关系以及系统的平衡位置。应用虚位移原理也可以求理想约束的约束力，方法是解除相应的约束，代之以约束力，并将其视为主动力即可。下面分别举例说明。

1. 求平衡时主动力之间的关系

例 18－1　平面机构如图 18－4 所示。曲柄 OA 上作用一力偶，其力偶矩为 M。滑块 D 上作用一水平力 $\boldsymbol{F}$。若不计各构件的重量，求机构在图示平衡位置时(角 θ 为已知)F 与 M 的关系。设曲柄 OA 长为 a。

解　取系统为研究对象。系统具有理想约束，且只有一个自由度，也只有一组独立的虚位移。

设主动力 $\boldsymbol{F}$ 的作用点 D 的虚位移为 $\delta\boldsymbol{r}_D$，OA 杆的虚位移为 $\delta\varphi$，A 点的虚位移为 $\delta\boldsymbol{r}_A$，B 点的虚位移为 $\delta\boldsymbol{r}_B$，如图 18－4(b)所示。

系统的约束是定常的，故可将上面给出的虚位移转化为微小实位移，可用求微小实位移之间关系的方法求各虚位移之间的关系。又因微小实位移与速度成比例，故可用求速度之间关系的方法求微小实位移之间的关系，从而可用这种方法求虚位移之间的关系。

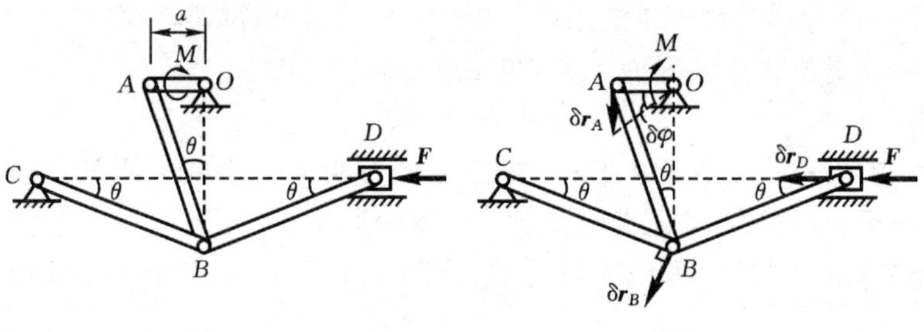

图 18－4

根据速度投影定理，有

$$\delta r_D\cos\theta=\delta r_B\cos(90^\circ-2\theta)=\delta r_B\sin2\theta,\quad \delta r_B\cos2\theta=\delta r_A\cos\theta$$

又 $\delta r_A=a\delta\varphi$，由以上两式可得

$$\delta\varphi=\frac{\delta r_D}{a}\cot2\theta$$

力 $\boldsymbol{F}$ 的虚功为 $F\delta r_D$，力偶的虚功为 $-M\delta\varphi$。

根据虚功原理，有

$$F\delta r_D-M\delta\varphi=0$$

代入 $\delta\varphi$ 与 δr_D 之间的关系，得

$$F\delta r_D-M\frac{\delta r_D}{a}\cot2\theta=0$$

因 $\delta\boldsymbol{r}_D$ 是任意的，可解得

$$F=\frac{M}{a}\cot2\theta$$

2. 求约束力

例 18－2　图 18－5(a)中，水平连续梁由 AC、CD 两部分组成。已知 $F=2$ kN，若不计梁重，求支座 A、B、D 的约束力。

解　这是一个静定结构。欲求支座约束力，应解除该支座的约束，用约束力代替，并视该约束力为主动力，这样系统就有了相应的自由度。

先求 F_{NA}。解除铰链支座 A，代之以铅垂约束力 F_{NA}。给 A 铅垂向上的虚位移 $\delta \boldsymbol{r}_A$，由于 AC、CD 可分别绕 B、D 作定轴转动，由图 18－5(b)知各点虚位移有下列关系

$$\delta r_A/\delta r_E = 2a/a, \quad \delta r_E = \delta r_C, \quad \delta r_C/\delta r_F = 2a/a \tag{1}$$

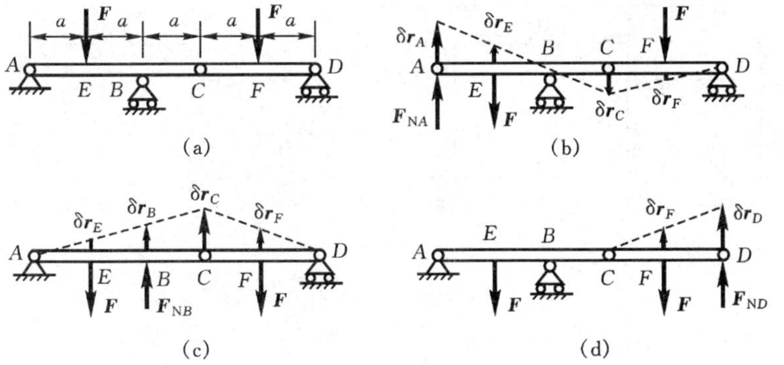

图 18－5

虚功方程为

$$F_{NA}\delta r_A - F\delta r_E + F\delta r_F = 0 \tag{2}$$

把(1)式代入(2)式，整理可得

$$(F_{NA} - F/2 + F/4)\delta r_A = 0$$

因 $\delta \boldsymbol{r}_A$ 是任意的，得

$$F_{NA} = F/4 = 0.5\ \text{kN}$$

方向铅垂向上。用同样的方法(图 18－5(c)和(d))可求得

$$F_{NB} = 5F/4 = 2.5\ \text{kN}, \quad F_{ND} = F/2 = 1\ \text{kN}$$

例 18－3　结构如图 18－6 所示。质量为 m_3 的物体 M_3 通过细绳与置于两光滑斜面上的物体 M_1 和 M_2 相连，已知斜面倾角分别为 α、β，若不计滑轮与绳的重量，求平衡时两物体 M_1 和 M_2 的质量 m_1 和 m_2 各为多少？

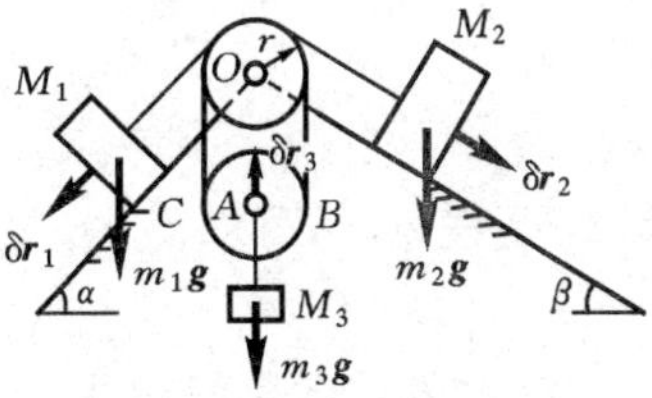

图 18－6

解　取系统为研究对象。系统的约束都是理想约束。这是个二自由度问题。若分别给物体 M_1 及 M_2 以虚位移 $\delta \boldsymbol{r}_1$、$\delta \boldsymbol{r}_2$，M_3 向上的虚位移 $\delta \boldsymbol{r}_3$，则系统的虚功方程为

$$m_1 g\sin\alpha\delta r_1 + m_2 g\sin\beta\,\delta r_2 - m_3 g\delta r_3 = 0 \tag{1}$$

滑轮 A 作平面运动，其上 B、C 两点的虚位移应分别等于 δr_1、δr_2，故滑轮中心的虚心移 δr_3 应为

$$\delta r_3 = \frac{1}{2}(\delta r_1 + \delta r_2) \tag{2}$$

代入(1)式得

$$\left(m_1 g\sin\alpha - \frac{1}{2}m_3 g\right)\delta r_1 + \left(m_2 g\sin\beta - \frac{1}{2}m_3 g\right)\delta r_2 = 0$$

因 $\delta \boldsymbol{r}_1$ 和 $\delta \boldsymbol{r}_2$ 是彼此独立的，故有

$$m_1 g\sin\alpha - \frac{1}{2}m_3 g = 0, \quad m_2 g\sin\beta - \frac{1}{2}m_3 g = 0$$

于是可解得

$$m_1 = \frac{m_3}{2\sin\alpha}, \quad m_2 = \frac{m_3}{2\sin\beta}$$

例 18-4　某厂房结构受到的载荷如图 18-7(a)所示，其中 $a=5$ m，$b=10$ m。若不计各构件的重量，求支座 C 的约束力。

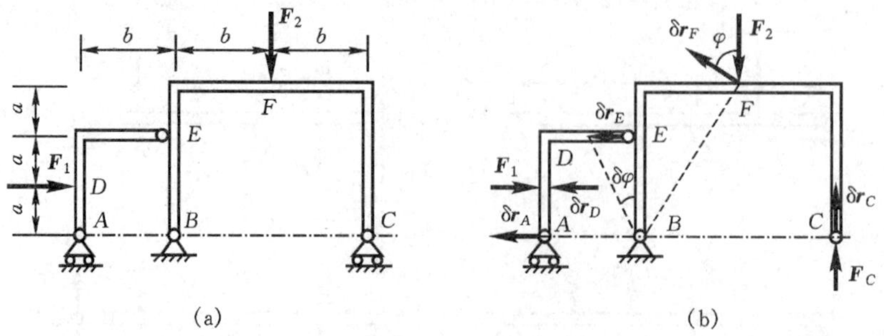

图 18-7

解　这是个静定结构。要求 C 处的约束力，需要解除 C 处的约束，代之以约束力 $\boldsymbol{F}_C$。取整个系统为研究对象，系统具有理想约束，并有一个自由度。各点虚位移和受力如图 18-7(b)所示。

构件 $BEFC$ 可绕 B 点转动，设其虚位移为 $\delta\varphi$，则 C、F、E 各点的虚位移分别为

$$\delta r_C = 20\delta\varphi,\quad \delta r_F = \overline{BF}\delta\varphi,\quad \delta r_E = 10\delta\varphi \tag{1}$$

框架 ADE 处于瞬时平动状态，故有

$$\delta r_A = \delta r_D = \delta r_E = 10\delta\varphi \tag{2}$$

根据虚位移原理，有

$$-F_1\delta r_D - F_2\cos\varphi\delta r_F + F_C\delta r_C = 0 \tag{3}$$

将(1)、(2)式代入，可得

$$-F_1\cdot 10\delta\varphi - F_2\cdot\frac{10}{\overline{BF}}\cdot\overline{BF}\delta\varphi + F_C\cdot 20\delta\varphi = 0$$

因 $\delta\varphi$ 是任意的，可求得

$$F_C = (F_1+F_2)/2$$

3. 求系统的平衡位置

例 18-5　图 18-8 所示的平面机构中，除挂在铰销 B 上的重物 M 重 W 外，其余各构件的自重及摩擦不计。弹簧 DE 的自然长度为 l_0，刚度系数为 k。$\overline{AD}=\overline{CE}=a$，$\overline{BD}=\overline{BE}=b$。求机构平衡时 θ 角应满足的条件。

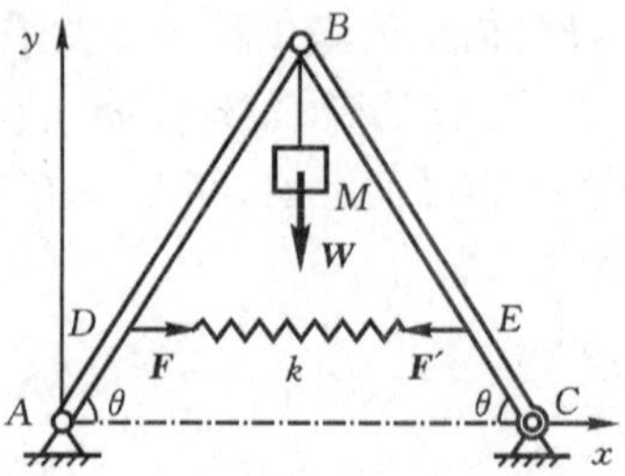

图 18-8

解　取系统为研究对象，系统的约束是理想的。系统受到的主动力有重物的重力 $\boldsymbol{W}$ 和弹簧的拉力 $\boldsymbol{F}$ 与 $\boldsymbol{F}'$。系统的虚功方程为

$$F\delta x_D - F'\delta x_E - W\delta y_B = 0$$

其中，$F=F'=k(2b\cos\theta-l_0)$。

系统有一个自由度，取 θ 为广义坐标，则

$$x_D = a\cos\theta,\quad x_E = (a+2b)\cos\theta,\quad y_B = (a+b)\sin\theta$$

求各坐标变分，得

$$\delta x_D = -a\sin\theta\delta\theta, \quad \delta x_E = -(a+2b)\sin\theta\delta\theta, \quad \delta y_B = (a+b)\cos\theta\delta\theta$$

代入虚功方程，得

$$k(2b\cos\theta - l_0)\cdot 2b\sin\theta\delta\theta - W(a+b)\cos\theta\delta\theta = 0$$

因 $\delta\theta$ 是任意的，可解得机构平衡时 θ 角应满足的条件为

$$2bk(2b\cos\theta - l_0)\tan\theta = (a+b)W$$

综合以上各例，可将用虚位移原理解题的步骤大致归纳如下。

(1)根据题意，选取研究对象。由于理想约束力的虚功之和等于零，故一般取整体为研究对象。

(2)作受力分析。若求主动力之间的关系，或求系统的平衡位置时，只须画出主动力；若求约束力时，则须解除约束，把约束力作为主动力处理。

(3)确定系统的自由度数目，并选取广义坐标。确定各点虚位移之间的关系(以独立的虚位移为参变量表示)，应用几何法时，须画出各主动力作用点的虚位移；应用坐标变分法时，须建立固定直角坐标系。

(4)根据虚位移原理，建立虚功方程。

(5)将各点虚位移之间的关系代入虚功方程，由虚位移的任意性，得出系统的独立平衡方程并求解。

18.2* 卡氏定理

在变形固体静力学中曾分别讨论过弹性变形杆件受拉(压)、扭转、弯曲时的变形和位移计算。对于组合变形杆件的变形或位移计算，以及较为复杂的结构(如桁架、刚架和曲杆等)的位移计算，则必须借助于能量原理。求解弹性变形体位移的能量原理有多种，本节只介绍卡氏定理，它是求解线弹性变形体位移的一个普遍定理。

在阐述和推证卡氏定理之前，首先需要介绍变形能的概念及杆件变形能的计算。

18.2.1 变形能的概念

弹性体受外力作用而发生变形时，外力的作用点发生位移。在变形过程中外力将做功，而弹性体也由于变形而储存一定的能量。这种由于弹性体在外力作用下因变形而储存的能量称为**变形能**。

在弹性范围内，如果外力从零开始缓慢地增加到最终值，弹性体的变形也由零开始缓慢地增加到最终值，则可认为弹性体在变形过程中的每一瞬时都处于平衡状态，故弹性体的动能和其他能量的变化皆可忽略不计。因此，外力所做的功 W 在数值上等于储存于弹性体内的变形能 U，即

$$U = W \tag{18-9}$$

弹性体的变形能是可逆的，即当外力逐渐解除时，它又可在恢复变形的过程中，逐渐释放出全部变形能。超过弹性范围时，因塑性变形将耗散一部分能量，则变形能不再是可逆的。

18.2.2　杆件在基本变形时的变形能计算

1. 拉伸或压缩时的变形能

图 18 - 9(a)所示的等截面直杆，上端固定。若在其下端挂一重物，当重物的重量从零逐渐缓慢地增至最终值 F 时，杆的伸长相应地从零增至最终值 Δl。

在弹性范围内，力与变形成正比，故外力所做的功等于图 18 - 9(b)所示 $F-\Delta l$ 图中 $\triangle AOB$ 的面积，即

$$W = \frac{1}{2}F\Delta l$$

根据式(18 - 9)，外力所做的功全部以变形能的形式储存于杆内，即

$$U = W = \frac{1}{2}F\Delta l$$

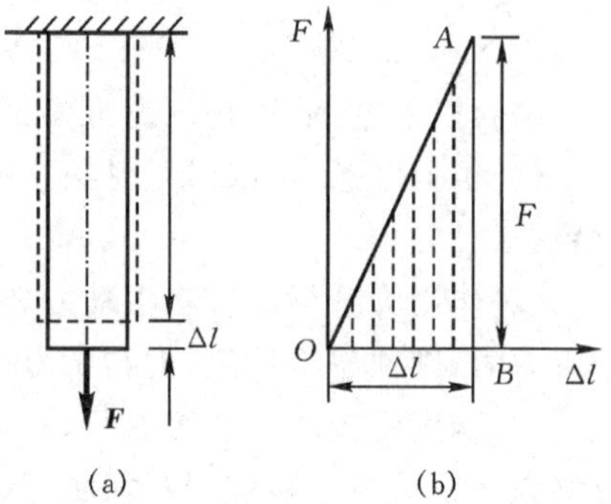

图 18 - 9

若只在杆的两端作用着拉力或压力，沿杆轴线的轴力 F_N 为常量，即 $F_N = F$，$\Delta l = \dfrac{F_N l}{EA}$，则变形能 U 可用内力的形式表述为

$$U = \frac{F_N^2 l}{2EA} \tag{18-10}$$

若轴力 F_N 沿杆轴线有变化，或杆为变截面杆，则可先计算长为 $\mathrm{d}x$ 的微段内的变形能 $\mathrm{d}U$，然后沿杆长积分，即得整个杆件的变形能为

$$U = \int_l \frac{F_N^2(x)\mathrm{d}x}{2EA(x)} \tag{18-11}$$

对于桁架结构，由于其中的每一根杆都是二力杆，因此整个结构的变形能可由下式计算

$$U = \sum_{i=1}^{m} \frac{F_{Ni}^2 l_i}{2EA_i} \tag{18-12}$$

式中：m 为桁架的杆数；F_{Ni}、l_i 和 EA_i 分别为第 i 根杆的轴力、长度和抗拉(压)刚度。

2. 圆轴扭转时的变形能

图 18 - 10(a)所示的等截面圆轴，一端固定，另一端受到一个转矩 M_e 的作用。当转矩由零逐渐缓慢地增加到最终值 M_e 时，其扭矩也由零增至最终值 T，而轴的扭转角也相应地由零逐渐增加到最终值 φ。

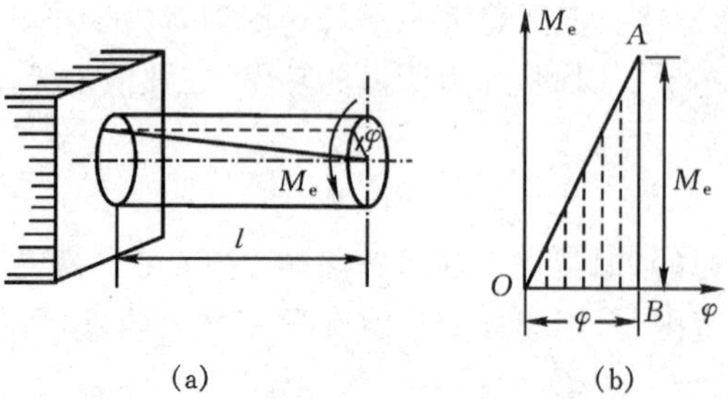

图 18 - 10

在弹性范围内，φ 与 M_e 成正比，故 M_e 所做的功等于图 18-10(b)所示$M_e-\varphi$图中$\triangle AOB$的面积，即

$$W=\frac{1}{2}M_e\varphi$$

由于轴各横截面上的扭矩 T 均相等，且 $T=M_e$，$\varphi=\dfrac{Tl}{GI_p}$，因此，根据式(18-9)即可得出轴的扭转变形能为

$$U=\frac{T^2l}{2GI_p} \tag{18-13}$$

同理，若扭矩 T 沿轴的轴线有变化，或轴为变截面轴，与式(18-11)类似，整个轴的扭转变形能为

$$U=\int_l \frac{T^2(x)\mathrm{d}x}{2GI_p(x)} \tag{18-14}$$

3. 梁弯曲时的变形能

图 18-11(a)所示的等截面悬臂梁，在梁的自由端作用一转矩 M_e，使梁处于纯弯曲状态。同理，由图18-11(b)及式(18-9)可得梁的弯曲变形能为

$$U=W=\frac{1}{2}M_e\theta$$

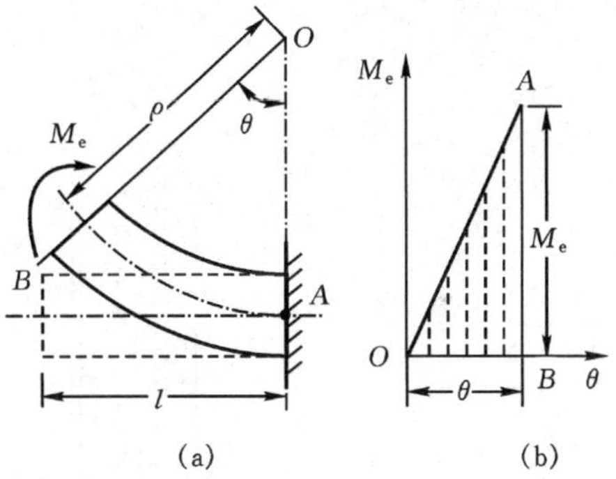

图 18-11

由于纯弯曲状态下梁各横截面上的弯矩 M 均相等，且 $M=M_e$，$\theta=\dfrac{Ml}{EI}$，因此得梁的弯曲变形能为

$$U=\frac{M^2l}{2EI} \tag{18-15}$$

工程实际中的梁绝大多数都处于横力弯曲状态，其弯矩 M 沿梁的轴线是变化的。若再考虑到梁为变截面梁，则按照与拉压和扭转同理，得到整个梁的弯曲变形能为

$$U=\int_l \frac{M^2(x)\mathrm{d}x}{2EI(x)} \tag{18-16}$$

对于平面曲杆，计算其弯曲变形能时，应沿弧长 s 进行积分，即将式(18-16)中的 x 和 $\mathrm{d}x$ 换成 s 和 $\mathrm{d}s$，因此有

$$U=\int_s \frac{M^2(s)\mathrm{d}s}{2EI(s)} \tag{18-17}$$

在横力弯曲状态下，梁横截面上除弯矩外，还有剪力。因此，梁的变形能应由弯曲变形能和剪切变形能两部分组成。但由于一般梁的跨度 l 远大于高度 h，当 $l/h\geqslant 4$ 时，剪切变形能与弯曲变形能相比通常很小，因此可以略去不计。

18.2.3　变形能的特点

上面分别讨论了杆件在几种基本变形时的变形能计算。在上述讨论的基础上，需要着重说明变形能的如下几个特点。

(1)变形能在数值上等于广义力在其相应的广义位移上所做的功。即

$$U = W = \frac{1}{2}F_Q\Delta \tag{18-18}$$

式中:F_Q 为**广义力**,它可以是集中力或集中转矩;Δ 为**广义位移**,它可以是线位移或角位移。

广义力 F_Q 和广义位移 Δ 是相对应的。若 F_Q 为集中力,则 Δ 是 F_Q 的作用点沿 F_Q 作用方向的线位移;若 F_Q 为转矩,则 Δ 是转矩作用的杆横截面在其作用平面内的角位移;若 F_Q 为一对大小相等、方向相反的集中力,则 Δ 指的是这一对力的两个作用点沿力作用方向的相对线位移;若 F_Q 为一对大小相等、转向相反的转矩,则 Δ 是指这一对转矩作用的杆的两个横截面在这一对转矩作用平面内的相对角位移。

(2)变形能的大小仅取决于受力的最终状态,与加载的先后次序无关。

现以图 18-12(a)所示受轴向拉伸的等直杆为例加以说明。杆上受 $\boldsymbol{F}_1$ 和 $\boldsymbol{F}_2$ 两个拉力的作用,其加载的先后次序只能有三种情况:先加 $\boldsymbol{F}_1$ 后加 $\boldsymbol{F}_2$;先加 $\boldsymbol{F}_2$ 后加 $\boldsymbol{F}_1$;$\boldsymbol{F}_1$ 和 $\boldsymbol{F}_2$ 同时施加(即两个力同时从零开始,按同一加载速度增加到最终值)。不论采取哪一种加载方式,杆的轴力的最终值均为 $F_N = F_1 + F_2$。由式(18-10)可知,杆内的变形能均为

$$U = \frac{F_N^2 l}{2EA} = \frac{(F_1 + F_2)^2 l}{2EA}$$

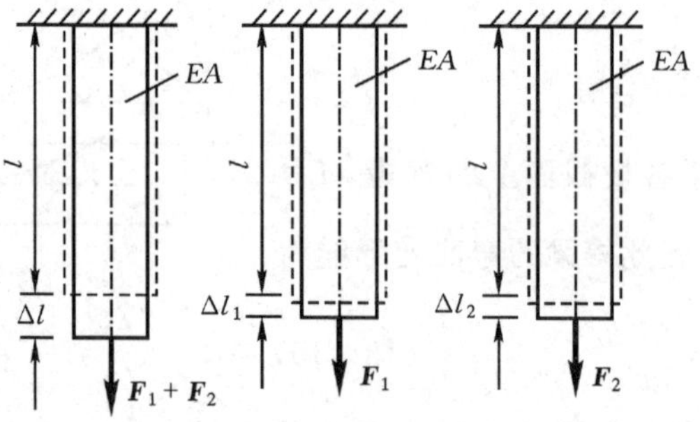

图 18-12

(3)产生同一种基本变形的一组外力在杆内所产生的变形能,不等于各力分别作用时产生的变形能之和。

这是因为变形能是内力(或外力)的二次函数,它们之间不是线性关系,故不能叠加。如图 18-12(a)所示受轴向拉伸的等直杆,在 F_1 和 F_2 同时作用下的变形能为

$$U = \frac{(F_1 + F_2)^2 l}{2EA} = \frac{F_1^2 l}{2EA} + \frac{F_2^2 l}{2EA} + \frac{F_1 F_2 l}{EA}$$

而 F_1 和 F_2 分别作用时(图 18-12(b)、(c))所产生的变形能之和为

$$U = \frac{F_1^2 l}{2EA} + \frac{F_2^2 l}{2EA}$$

显然两者是不相等的,它们相差了一项 $\frac{F_1 F_2 l}{EA}$。

(4) 组合变形杆件的变形能等于各基本变形的变形能之和。

如图 18-13 所示的圆截面等直杆,其一端固定,另一端承受轴向拉力 F、转矩 M_x 和 M_y

的作用。这三种外力分别对应着杆的三种基本变形，即轴向拉伸、扭转和弯曲。由于这三种基本变形相互正交且甚微小(在小变形条件下)，故在变形过程中，都各自只在它本身所引起的位移上做功而互不影响。例如，F 只引起轴向伸长，对于轴向位移，只有力 F 做功，而 M_x 和 M_y 均不做功。

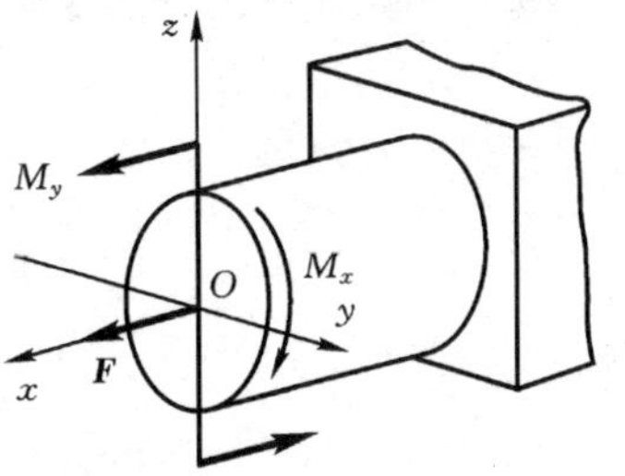

图 18－13

因此，每一种力所做的功都可按式(18－18)计算，即

$$W_1 = \frac{1}{2}F\Delta l,\quad W_2 = \frac{1}{2}M_x\varphi,\quad W_3 = \frac{1}{2}M_y\theta$$

杆件的变形能为三者之和。根据式(18－10)、式(18－13)、式(18－15)可得

$$U = \frac{F_N^2 l}{2EA} + \frac{T^2 l}{2GI_p} + \frac{M^2 l}{2EI} \tag{18－19}$$

式中：$F_N = F$，$T = -M_x$ 和 $M = -M_y$ 分别为杆的轴力、扭矩和弯矩。

一般来说，组合变形杆件的内力是随横截面的位置而变化的，因此，其变形能的一般表达式为

$$U = \int_l \frac{F_N^2(x)\mathrm{d}x}{2EA} + \int_l \frac{T^2(x)\mathrm{d}x}{2GI_p} + \int_l \frac{M^2(x)\mathrm{d}x}{2EI} \tag{18－20}$$

例 18－6　图 18－14 所示桁架各杆的抗拉(压)刚度均为 EA。试求在力 F 作用下，桁架的变形能。

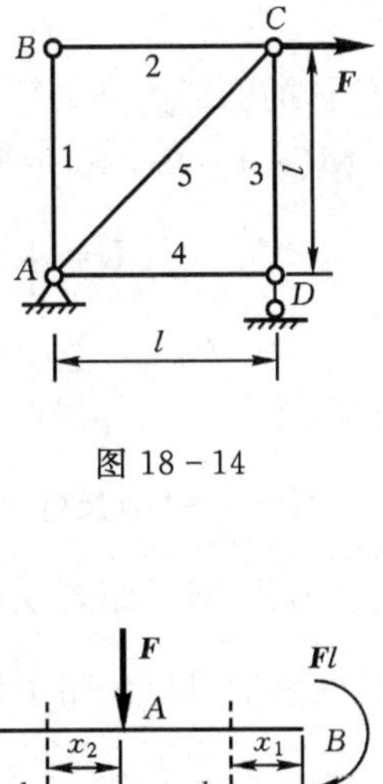

图 18－14

解　桁架结构的变形能可由式(18－12)计算。采用节点法或截面法求得各杆的轴力分别为

$$F_1 = F_2 = F_4 = 0,\quad F_3 = -F,\quad F_5 = \sqrt{2}F$$

代入式(18－12)得

$$U = \sum_{i=1}^{5}\frac{F_{Ni}^2 l_i}{2EA} = \frac{(-F)^2 l}{2EA} + \frac{(\sqrt{2}F)^2(\sqrt{2}l)}{2EA} = \left(\frac{1}{2}+\sqrt{2}\right)\frac{F^2 l}{EA}$$

例 18－7　悬臂梁受力如图 18－15 所示。已知抗弯刚度为 EI，试求梁的变形能。

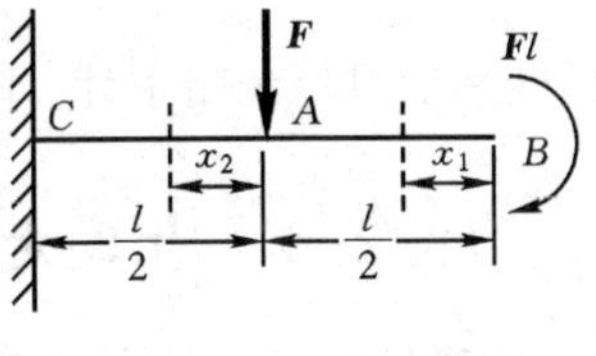

图 18－15

解　横力弯曲等直梁的变形能可由式(18－16)计算。由于梁的弯矩方程需分两段来写，故由式(18－16)计算变形能时也要分两段进行积分。

在 AB 段，$M(x_1) = -Fl$；在 AC 段，$M(x_2) = -Fl - Fx_2$。整个梁的变形能为

$$U = U_{AB} + U_{AC} = \int_0^{l/2}\frac{M^2(x_1)}{2EI}\mathrm{d}x_1 + \int_0^{l/2}\frac{M^2(x_2)}{2EI}\mathrm{d}x_2$$

$$= \int_0^{l/2}\frac{(-Fl)^2}{2EI}\mathrm{d}x_1 + \int_0^{l/2}\frac{(-Fl-Fx_2)^2}{2EI}\mathrm{d}x_2$$

$$= \frac{32F^2 l^3}{48EI}$$

例 18－8　一小曲率杆，其轴线为一半径为 r 的四分之一圆周，受力如图18－16所示。若不计轴力与剪力的影响，试计算其变形能。

解 平面曲杆的弯曲变形能可由式(18-17)计算。写出其弯矩方程为

$$M(\theta)=Fr\sin\theta$$

代入式(18-17)得

$$U=\int_s \frac{M^2(s)}{2EI}\mathrm{d}s=\int_0^{\pi/2}\frac{(Fr\sin\theta)^2}{2EI}r\mathrm{d}\theta=\frac{\pi F^2 r^3}{8EI}$$

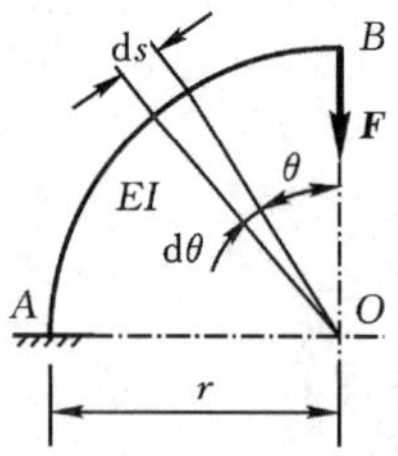

图 18-16

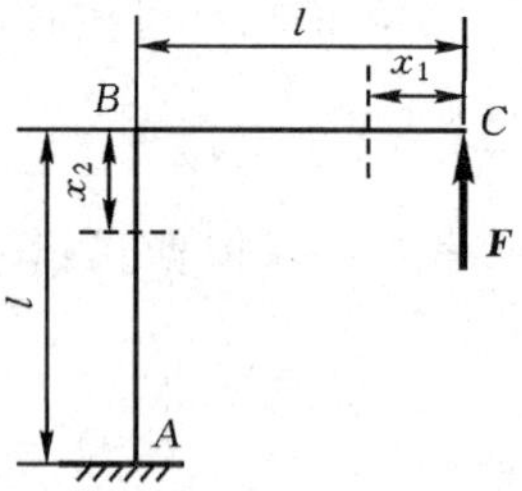

图 18-17

例 18-9 某机架简化如图 18-17 所示。此刚架的抗弯刚度 EI、抗拉刚度 EA 为已知，试计算其变形能。

解 整个刚架的变形能为杆 AB 和杆 BC 的变形能之和，即

$$U=U_{AB}+U_{BC}$$

BC 杆的变形为横力弯曲，其弯矩方程为 $M(x_1)=Fx_1$；AB 杆的变形为拉弯组合，其内力方程为 $M(x_2)=Fl$，$F_N=F$。因此，刚架的变形能为

$$U=\int_0^l \frac{F_N^2\mathrm{d}x_2}{2EA}+\int_0^l \frac{M^2(x_2)\mathrm{d}x_2}{2EA}+\int_0^l \frac{M^2(x_1)\mathrm{d}x_1}{2EI}$$

$$=\int_0^l \frac{F_N^2\mathrm{d}x_2}{2EA}+\int_0^l \frac{(Fl)^2\mathrm{d}x_2}{2EA}+\int_0^l \frac{(Fx_1)^2\mathrm{d}x_1}{2EI}=\frac{F^2 l}{2EA}+\frac{2F^2 l^3}{3EI}$$

对于一般细长杆来说，因惯性半径 $i=\sqrt{\frac{I}{A}}$ 远小于杆长 l，故拉伸变形能远小于弯曲变形能。因此，对于组合变形杆件(如本例中的 AB 杆)，当这两种变形能同时存在时，其拉伸(压缩)变形能可以忽略不计(如本例的结果可为 $U=\frac{2F^2 l^3}{3EI}$)。

18.2.4 卡氏定理

线弹性变形体的变形能 U 对某一广义力 F_Q 的偏导数，等于该线弹性变形体在这一广义力作用处沿广义力作用方向的广义位移 Δ。即

$$\Delta=\frac{\partial U}{\partial F_Q} \tag{18-21}$$

这就是**卡氏定理**。所谓**线弹性**是指**广义位移与广义力成线性关系**。只有在材料服从胡克定律和变形体发生小变形的条件下才能保证这一点。

卡氏定理可以有不同的推证方法。下面利用弹性变形体的变形能仅取决于受力最终状态而与加载次序无关这一特点来推证。

图 18-18(a)所示为一线弹性变形体(以简支梁为例)，受任意一组广义力 F_{Q1}，F_{Q2}，…，

F_{Qi}，…，F_{Qn}的作用。如将每个广义力都看作独立变量，则线弹性体的变形能可表为诸广义力的函数，即

$$U = U(F_{Q1}, F_{Q2}, \cdots, F_{Qi}, \cdots, F_{Qn})$$

现令第 i 个广义力 F_{Qi}增加一个微量 dF_{Qi}，如图 18-18(b)所示，则线弹性体的变形能增量为

$$dU = \frac{\partial U}{\partial F_{Qi}} dF_{Qi}$$

这时，线弹性体的总变形能为

$$U + \frac{\partial U}{\partial F_{Qi}} dF_{Qi} \tag{1}$$

反之，如果先在线弹性体上作用 dF_{Qi}，线弹性体将在 dF_{Qi}作用处产生一个沿 dF_{Qi}方向的微小广义位移 $d\Delta_i$，如图 18-18(c)所示。dF_{Qi}所做的功为$\frac{1}{2}dF_{Qi} \cdot d\Delta_i$。然后，再加上述一组广义力，线弹性体将继续变形，在 F_{Qi}(或 dF_{Qi})作用处产生一个沿 F_{Qi}(或 dF_{Qi})方向的广义位移 Δ_i。由于 dF_{Qi}已经先加在线弹性体上了，所以 dF_{Qi}在广义位移Δ_i 上又做功 $dF_{Qi} \cdot \Delta_i$。

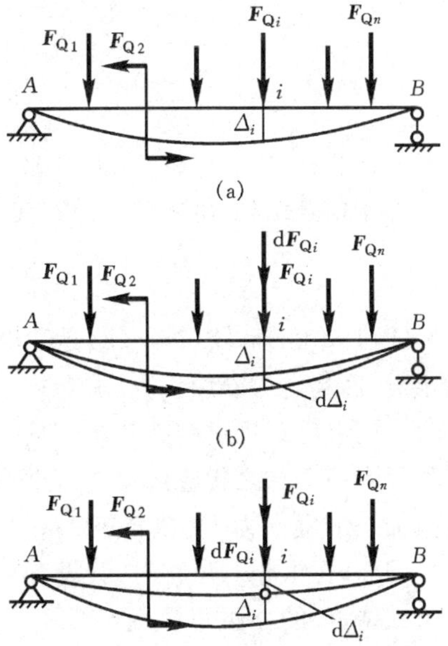

图 18-18

由于线弹性体的广义位移和广义力成线性关系，即满足材料服从胡克定律和弹性体的变形微小不影响广义力的作用效应这两个条件，所以后加在线弹性体上的这一组广义力所做的功，仍等于图 18-18(a)所示情况下的变形能 U。

于是，按后一种加载方式，线弹性体的总变形能为

$$\frac{1}{2}dF_{Qi} \cdot d\Delta_i + dF_{Qi} \cdot \Delta_i + U \tag{2}$$

根据弹性体的变形能与加载的先后次序无关这一特点，(1)式必与(2)式相等，即

$$\frac{1}{2}dF_{Qi} \cdot d\Delta_i + dF_{Qi} \cdot \Delta_i + U = U + \frac{\partial U}{\partial F_{Qi}} dF_{Qi}$$

略去二阶微量$\frac{1}{2}dF_{Qi} \cdot d\Delta_i$，得到

$$\Delta_i = \frac{\partial U}{\partial F_{Qi}}$$

或改写成式(18-21)的形式，其含义相同。

在上述推证过程中，虽然线弹性变形体取的是简支梁，但并未涉及任何关于简支梁的结构参数，因此卡氏定理对任何线弹性体均成立。

卡氏定理是求解线弹性变形体位移的一个普遍定理，它不仅可应用于求解线弹性体的位移，而且可应用于求解线弹性超静定问题。

18.2.5　应用卡氏定理求解线弹性体的位移

通过式(18-18)以及广义力 F_Q和广义位移 Δ 的相互对应关系可以看出，应用卡氏定理不

仅可以求线弹性体上任意点的线位移和任意截面的角位移,而且可以求线弹性体上任意两点的相对线位移和任意两截面的相对角位移。

对于组合变形杆件,将式(18-20)代入式(18-21)得

$$\begin{aligned}\Delta&=\frac{\partial}{\partial F_{\mathrm{Q}}}\left[\int_l \frac{F_{\mathrm{N}}^2(x)\mathrm{d}x}{2EA}+\int_l \frac{T^2(x)\mathrm{d}x}{2GI_{\mathrm{P}}}+\int_l \frac{M^2(x)\mathrm{d}x}{2EI}\right]\\&=\int_l \frac{F_{\mathrm{N}}(x)}{EA}\frac{\partial F_{\mathrm{N}}(x)}{\partial F_{\mathrm{Q}}}\mathrm{d}x+\int_l \frac{T(x)}{GI_{\mathrm{P}}}\frac{\partial T(x)}{\partial F_{\mathrm{Q}}}\mathrm{d}x+\int_l \frac{M(x)}{EI}\frac{\partial M(x)}{\partial F_{\mathrm{Q}}}\mathrm{d}x\end{aligned} \tag{18-22}$$

若是平面曲杆,将式中的 x 和 $\mathrm{d}x$ 换成 s 和 $\mathrm{d}s$ 即可。

对于桁架结构,将式(18-12)代入式(19-21)得

$$\Delta=\frac{\partial}{\partial F_{\mathrm{Q}}}\left(\sum_{i=1}^{m}\frac{F_{\mathrm{N}i}^2 l_i}{2EA_i}\right)=\sum_{i=1}^{m}\frac{F_{\mathrm{N}i}l_i}{EA_i}\frac{\partial F_{\mathrm{N}i}}{\partial F_{\mathrm{Q}}} \tag{18-23}$$

式(18-22)和式(18-23)是常用的位移计算公式。为使计算简便,一般不先积分(求和)后求导,而是先求导后积分(求和)。

应用卡氏定理求解弹性体上某一点的线位移或某一截面的角位移时,在该点或该截面必须作用有一个与之相应的集中力或转矩。若该点或该截面没有与之相应的集中力或转矩,则可附加一个集中力 F_{Qf} 或转矩 M_{ef},在求解之后或求解的过程中再令其等于零,即得所求的结果。同样,在求相对位移时,若没有与之相应的一对广义力,也可采取附加一对广义力(一对集中力或转矩)的办法。

例 18-10 图 18-19(a)所示悬臂梁,已知 $\boldsymbol{F}$、q、l 及 EI。试求 A 处的挠度及转角。

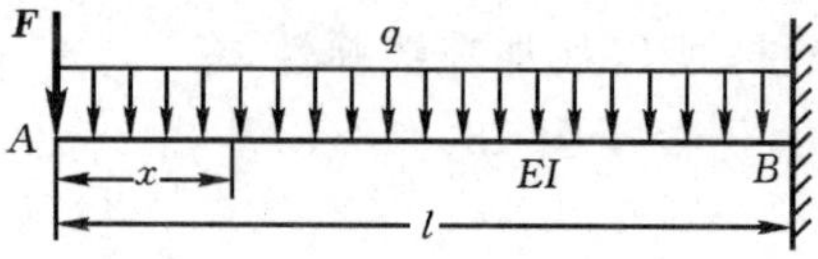

(a)

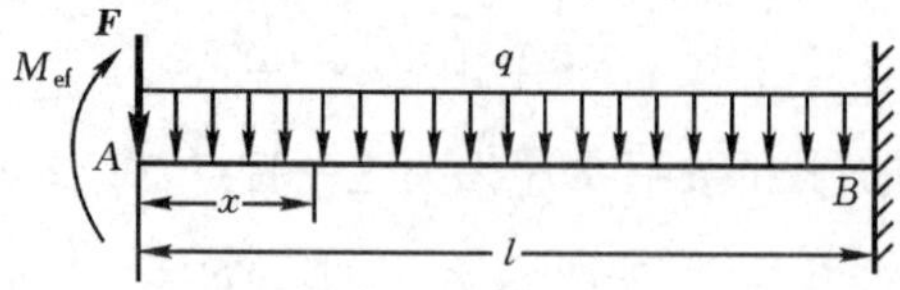

(b)

图 18-19

解 求挠度 f_A 时可对集中力 $\boldsymbol{F}$ 求偏导。梁的弯矩方程及其偏导数分别为

$$M(x)=-Fx-\frac{1}{2}qx^2,\quad \frac{\partial M(x)}{\partial F}=-x$$

代入式(18-22)得

$$f_A=\int_l \frac{M(x)}{EI}\frac{\partial M(x)}{\partial F}\mathrm{d}x=\int_0^l \frac{-Fx-\frac{1}{2}qx^2}{EI}(-x)\mathrm{d}x=\frac{8Fl^3+3ql^4}{24EI}$$

结果为正值,表示 f_A 的方向与力 $\boldsymbol{F}$ 的方向一致,即挠度向下。

由于 A 处没有一个与转角 θ_A 相对应的转矩,因此可采取附加一个转矩 M_{ef} 的办法,如图 18-19(b)所示。梁的弯矩方程及其对 M_{ef} 的偏导数为

$$M(x)=M_{\text{ef}}-Fx-\frac{1}{2}qx^2,\quad \frac{\partial M(x)}{\partial M_{\text{ef}}}=1$$

代入式(18-22)得

$$\theta_A=\int_l \frac{M(x)}{EI}\frac{\partial M(x)}{\partial M_{\text{ef}}}\mathrm{d}x=\frac{1}{EI}\int_0^l\left(M_{\text{ef}}-Fx-\frac{1}{2}qx^2\right)\cdot 1\cdot \mathrm{d}x$$

令 $M_{\text{ef}}=0$,并积分得

$$\theta_A=-\frac{3Fl^2+ql^3}{6EI}$$

结果为负值,表示 A 截面的实际转向与转矩 M_{ef} 的转向相反,即 θ_A 为逆钟向。

例 18-11　试求例 18-7 中的悬臂梁 A 截面的挠度和 B 截面的转角。

解　求 f_A 时可对 A 截面作用的集中力 F 求偏导,求 θ_B 时则可对 B 截面作用的转矩 Fl 求偏导。因此,求 f_A 和 θ_B 均无需加附加广义力。梁的弯矩方程在 AB 段为:$M(x_1)=-Fl$;在 AC 段为 $M(x_2)=-Fl-Fx_2$。

弯矩方程对集中力 F 的偏导数为

$$\frac{\partial M(x_1)}{\partial F}=0,\quad \frac{\partial M(x_2)}{\partial F}=-x_2$$

代入式(18-22)得

$$f_A=\int_l \frac{M(x)}{EI}\frac{\partial M(x)}{\partial F}\mathrm{d}x=\int_0^{l/2}\frac{M(x_1)}{EI}\frac{\partial M(x_1)}{\partial F}\mathrm{d}x_1+\int_0^{l/2}\frac{M(x_2)}{EI}\frac{\partial M(x_2)}{\partial F}\mathrm{d}x_2$$

$$=0+\int_0^{l/2}\frac{-Fl-Fx_2}{EI}(-x_2)\mathrm{d}x_2=\frac{Fl^3}{6EI}\ (\text{向下})$$

弯矩方程对集中力偶的力偶矩 Fl 的偏导数为

$$\frac{\partial M(x_1)}{\partial (Fl)}=-1,\quad \frac{\partial M(x_2)}{\partial (Fl)}=-1$$

代入式(18-22)得

$$\theta_B=\int_l \frac{M(x)}{EI}\frac{\partial M(x)}{\partial (Fl)}\mathrm{d}x=\int_0^{l/2}\frac{M(x_1)}{EI}\frac{\partial M(x_1)}{\partial (Fl)}\mathrm{d}x_1+\int_0^{l/2}\frac{M(x_2)}{EI}\frac{\partial M(x_2)}{\partial (Fl)}\mathrm{d}x_2$$

$$=\int_0^{l/2}\frac{-Fl}{EI}(-1)\mathrm{d}x_1+\int_0^{l/2}\frac{-Fl-Fx_2}{EI}(-1)\mathrm{d}x_2=\frac{9Fl^2}{8EI}\ (\text{顺钟向})$$

卡氏定理是将线弹性体上的每个广义力都看作独立变量来处理的,因此像本例这种几个广义力容易混淆的情况,一定要搞清楚是对哪个力求偏导。

综合以上各例,可将应用卡氏定理求解线弹性体位移的解题步骤大致归纳如下。

(1)明确研究对象,确定待求的广义位移与广义力之间的相互对应关系。即在求解某一广义位移时,首先必须确定应该对哪一个广义力求偏导。如果没有与待求的广义位移相对应的广义力,则需采取附加广义力的办法。

(2)分析内力,写出内力方程及其对相应广义力的偏导数。

(3)根据式(18-22)或式(18-23)计算位移。

18.2.6　应用卡氏定理求解线弹性超静定问题

超静定系统是因为有"多余"约束而形成的。有几个多余约束,相应地就有几个多余未知力,系统也就相应地为几次超静定系统。为了建立足够的补充方程,必须解除所有的多余约

束,代之以多余未知约束力,再考虑到解除约束前的实际位移条件,得到一个与原超静定系统在外力、内力、变形等方面完全等效的静定系统,并称为原超静定系统的**相当系统**。在相当系统上,多余未知力与其它已知外力一样,也必须作为独立变量看待。

如图 18-20(a)所示的超静定系统,共有四个未知力(A 点三个和 B 点一个),而独立的平衡方程只有三个。因此,该系统有一个多余约束,为一次超静定。如将 B 点的活动支座看作多余约束,将其解除并代之以多余未知力 $\boldsymbol{F}_B$,即得到如图 18-20(b)所示的相当系统。由于该相当系统与原超静定系统在力和变形等方面完全等效,因此 B 点与力 $\boldsymbol{F}_B$ 相对应的位移 $\Delta_{By}=0$。

针对该相当系统,如果利用卡氏定理求出位移 Δ_{By} 的表达式,然后再令其等于零,即建立了原一次超静定系统的补充方程。由这个补充方程,可求出 $\boldsymbol{F}_{Ax}$、$\boldsymbol{F}_{Ay}$ 和 M_A。

以上说明了应用卡氏定理求解超静定问题的基本思路。实际上,卡氏定理的作用是建立超静定系统的补充方程,而这也正是求解超静定问题的关键所在。由于卡氏定理只能用于计算线弹性体的位移,因此它也只能用于求解线弹性超静定问题。

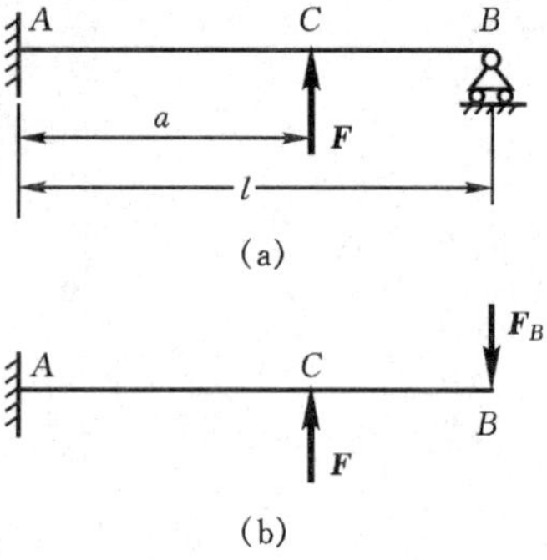

图 18-20

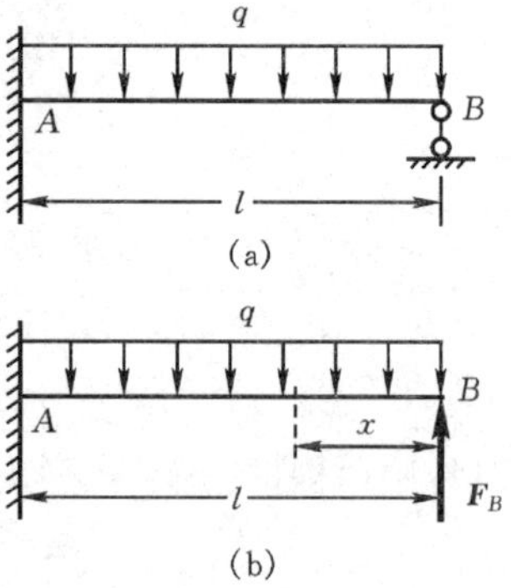

图 18-21

例 18-12　图 18-21(a)所示超静定梁,EI 为已知。试求支座约束力。

解　显然该梁为一次超静定系统。以支座 B 为多余约束,解除后即得到如图 18-21(b)所示的相当系统,其位移条件为 $\Delta_{By}=0$。

相当系统的弯矩方程及其对 F_B 的偏导数为

$$M(x)=F_Bx-\frac{1}{2}qx^2,\quad \frac{\partial M(x)}{\partial F_B}=x$$

代入式(18-22)得

$$\Delta_{By}=\int_l\frac{M(x)}{EI}\frac{\partial M(x)}{\partial F_B}\mathrm{d}x$$

$$=\int_0^l\frac{F_Bx-\frac{1}{2}qx^2}{EI}x\,\mathrm{d}x=\frac{8F_Bl^3-3ql^4}{24EI}=0$$

由此得补充方程为

$$8F_Bl^3-3ql^4=0$$

可求得

$$F_B=\frac{3}{8}ql$$

结果为正值，表示 $\boldsymbol{F}_B$ 的实际方向与所设方向一致，即 $\boldsymbol{F}_B$ 实际向上。

再根据系统的平衡方程　$F_{Ax}=0$，　$F_{Ay}+F_B-ql=0$，　$M_A+F_Bl-\frac{1}{2}ql^2=0$

可求得

$$F_{Ax}=0,\quad F_{Ay}=\frac{5}{8}ql,\quad M_A=\frac{1}{8}ql^2$$

一般来讲，一个超静定系统，可以因解除不同的多余约束而得到不同的相当系统。如上例中的超静定梁，还可以将支座 A 的转动约束作为多余约束解除，得到一个简支梁形式的相当系统。

无论选取哪种相当系统，都必须将它所受到的所有外力（包括已知外力和多余未知约束力）全部作为独立变量看待。

例 18-13　图 18-22(a)所示超静定桁架，各杆的抗拉刚度均为 EA，中间杆长为 l。试求在力 $\boldsymbol{F}$ 作用下各杆的内力。

解　各杆的轴力与力 $\boldsymbol{F}$ 汇交于 A 点，故系统只有两个独立平衡方程。由于未知力（各杆的轴力）有三个，因此系统为一次超静定。

以支座 D 作为多余约束，解除后代以多余未知力 $\boldsymbol{F}_D$，得到如图 18-22(b)所示的相当系统，其位移条件为 D 点相应于多余未知力 $\boldsymbol{F}_D$ 的竖直位移 $\Delta_{Dy}=0$。

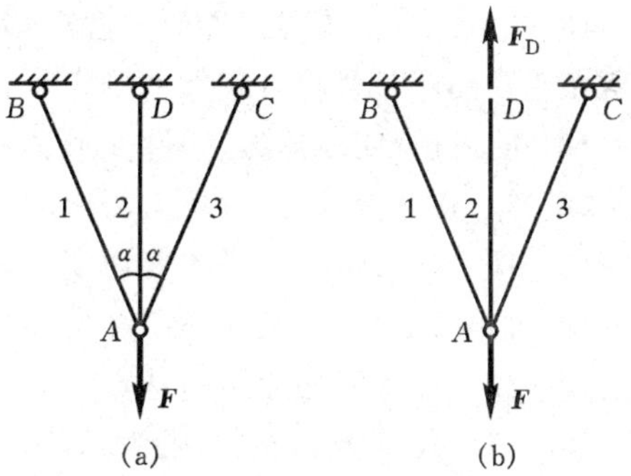

图 18-22

各杆的轴力及其对力 $\boldsymbol{F}_D$ 的偏导数分别为

$$F_{AD}=F_D,\frac{\partial F_{AD}}{\partial F_D}=1;F_{AB}=F_{AC}=\frac{F-F_D}{2\cos\alpha},\frac{\partial F_{AB}}{\partial F_D}=\frac{\partial F_{AC}}{\partial F_D}=-\frac{1}{2\cos\alpha}$$

代入式(19-23)得

$$\Delta_{Dy}=\sum_{i-1}^{3}\frac{F_il_i}{EA}\frac{\partial F_i}{\partial F_D}=\frac{F_Dl}{EA}\cdot 1+2\cdot\frac{F-F_D}{2EA\cos\alpha}\left(\frac{l}{\cos\alpha}\right)\cdot\left(-\frac{1}{2\cos\alpha}\right)=0$$

可得补充方程

$$F_D-\frac{F-F_D}{2\cos^3\alpha}=0$$

$$F_D=\frac{F}{1+2\cos^3\alpha}$$

因此各杆的轴力分别为

$$F_{AD}=\frac{F}{1+2\cos^3\alpha}\ (\text{拉}),\quad F_{AB}=F_{AC}=\frac{F\cos^2\alpha}{1+2\cos^3\alpha}\ (\text{拉})$$

通过上例，可将应用卡氏定理求解线弹性超静定问题的解题步骤大致归纳如下：

(1)明确研究对象，确定超静定次数，如果研究对象在结构和受力情况上具有对称性，则可考虑利用其对称性以降低超静定次数；

(2)选取合适的相当系统，并写出其位移条件；

(3)应用卡氏定理以及所选相当系统的位移条件，建立补充方程并求解；

(4)在求出多余未知力后，若还要求原超静定系统的支座约束力、内力、应力、变形等，均可在静定的相当系统上进行。

思考题

18－1 试说明虚位移原理与静力学平衡方程的区别。

18－2 炮弹出膛后,沿预先计算好的弹道飞行,为什么还说炮弹是自由体?

18－3 当质点系只受定常约束时,其约束方程是否就是各被约束质点的轨迹方程?试举例说明之。

18－4 试说明实位移和虚位移的区别,并说明为什么引入虚位移的概念。

18－5 只有当约束力在质点系的任何虚位移中所做的功等于零,这种约束才称为理想约束。你认为这种说法对吗?

18－6 为什么非完整约束与广义坐标的独立性无关,却与系统的自由度有关?

18－7 计算系统虚位移的方法有哪两种?用这两种方法建立系统的虚功方程时,各主动力所做虚功的正负号将分别如何确定?

18－8 试说明变形体、弹性变形体和线弹性变形体三者之间的区别。

18－9 在什么条件下,外力所做的功等于弹性体内的变形能?

18－10 什么情况下梁的剪切变形能可以忽略不计?

18－11 试说明广义力和广义位移之间的相互对应关系。

18－12 试说明变形能的特点。

18－13 长度为 l,抗拉刚度为 EA 的杆件,若在其两端沿轴线先作用一对拉力 $\boldsymbol{F}_1$,再作用一对拉力 $\boldsymbol{F}_2$,在作用 $\boldsymbol{F}_2$ 的过程中,变形能的增量是否为 $\Delta U=\dfrac{F_2^2 l}{2EA}$?杆件总的变形能是否为 $U=\dfrac{F_1^2 l}{2EA}+\dfrac{F_2^2 l}{2EA}$?为什么?

18－14 卡氏定理的适用条件是什么?

18－15 设线弹性变形体上某一点 C 处受方向相反的两个 $\boldsymbol{F}_1$ 和 $\boldsymbol{F}_2$ 的作用。用卡氏定理求 C 点沿力($\boldsymbol{F}_1$ 或 $\boldsymbol{F}_2$)作用方向的位移时,应对哪个力求偏导?为什么?

习　题

18－1 长 $2l$ 的均质杆 AB,置于光滑的矩形槽内,如图所示。已知槽的宽度为 a,且 $a\leqslant l\cos\alpha$。求杆平衡时与水平面所夹的角度 α。

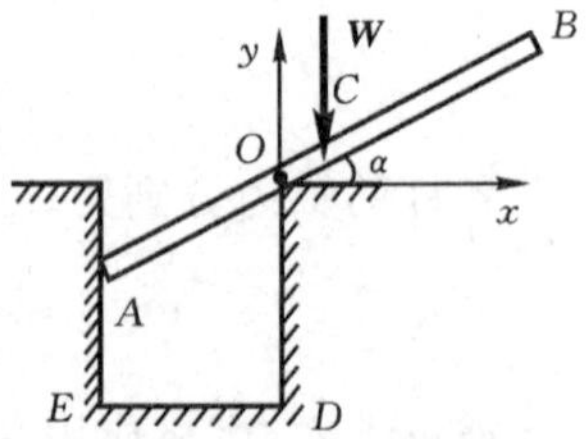

题 18－1 图

18－2 图示平面机构,四根等长杆光滑铰接成菱形,C 点与固定铰支座连接,B、D 两点用刚度系数为 k 的弹簧相连,弹簧的自然长度等于杆长 l。与 A 点相连的滑块置于竖直光滑导槽中,滑块上作用一竖直向下的力 $\boldsymbol{F}$。不计构件自重及各处摩擦,求系统平衡时力 $\boldsymbol{F}$ 的大小与角度 θ 之间的关系。

18－3 平面机构在图示位置处于平衡,设 $\overline{OC}=a$,且不计构件自重和各处摩擦,求力 $\boldsymbol{F}_1$ 和 $\boldsymbol{F}_2$ 之间的关系。

18－4 两重物 A、B 重分别为 F_1、F_2,联结在细绳的两端,分别放在倾角为 α、β 的斜面上,绳子绕过定滑轮与一动滑轮相连,动滑轮上挂一重物 C,重为 W。如不计摩擦,试求平衡时 $\boldsymbol{F}_1$

和 $\boldsymbol{F}_2$ 的大小。

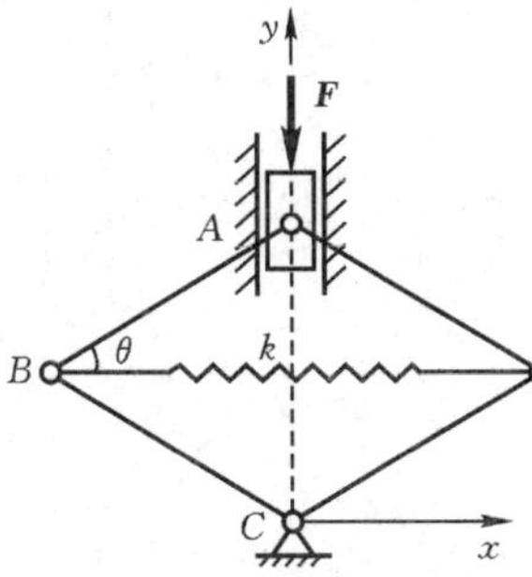

题 18-2 图

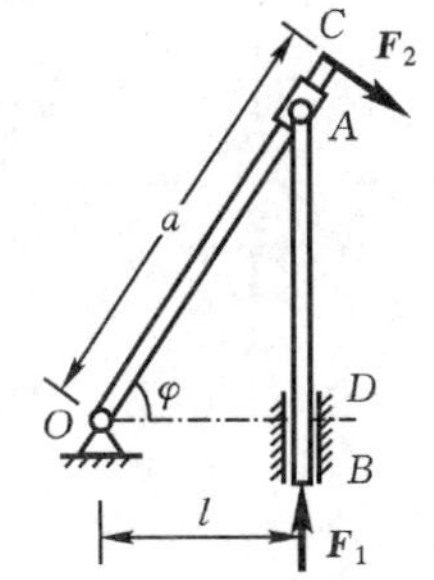

题 18-3 图

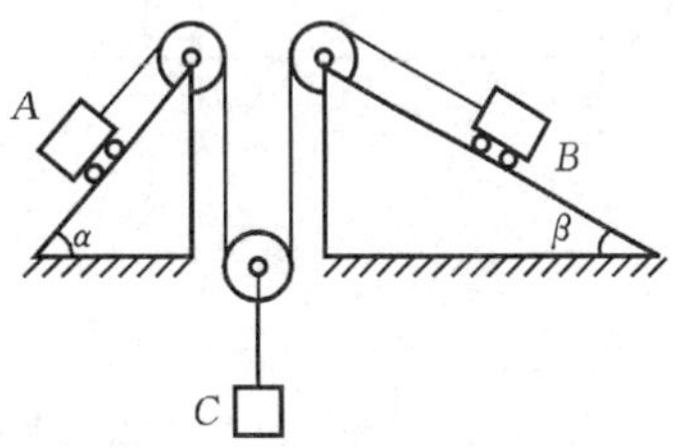

题 18-4 图

18-5　试求图示水平梁的支座约束力。

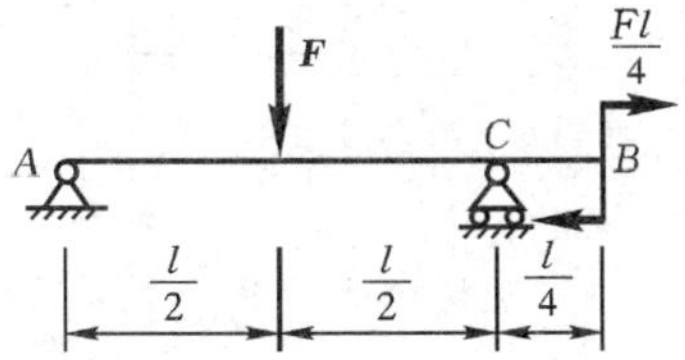

题 18-5 图

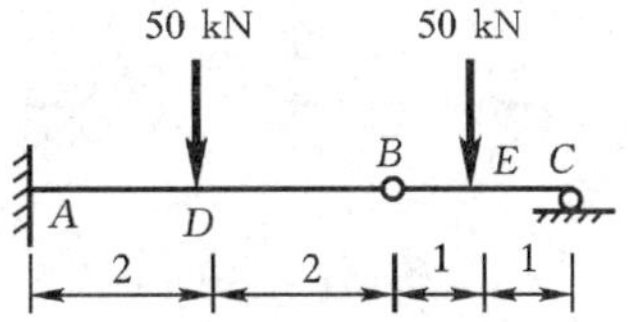

题 18-6 图

18-6　试求图示水平组合梁的支座约束力。图中尺寸单位为 m。

18-7　图示桁架各杆的 EA 相等。试求在力 $\boldsymbol{F}$ 作用下桁架的变形能。

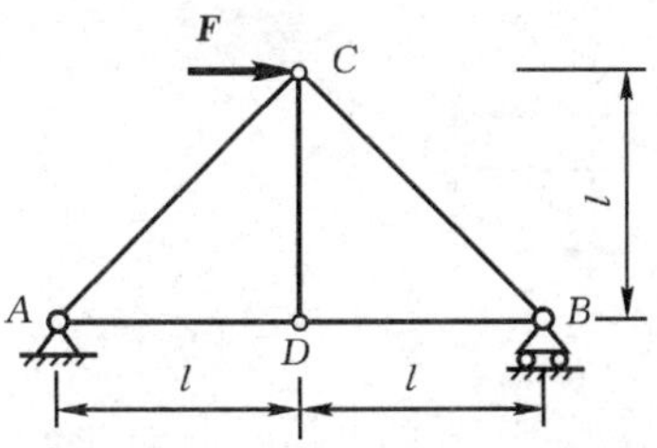

题 18-7 图

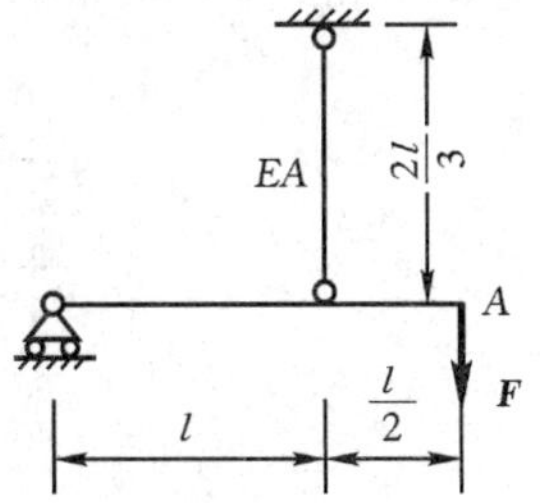

题 18-8 图

18-8　试求图示结构的变形能。设 EA、EI 均为已知。

18-9　试求题 18-5 所示水平梁 B 截面的挠度和转角。EI 为常数。

18-10　试求图示刚架 A、D 两截面间的相对线位移和相对角位移。设 EI 为常数。

18-11　试求题 18-7 中的结构 B、C 两点的水平位移和 AC 杆的转角。

18-12　试求题 18-8 中的结构 A 截面的线位移和角位移。

18-13　图示结构 1、2 杆的抗拉刚度同为 EA。试求下述两种情况下 1、2 杆的内力：

(a)横梁 AB 为刚体；

(b)横梁 AB 为变形体，且抗弯刚度为 EI。

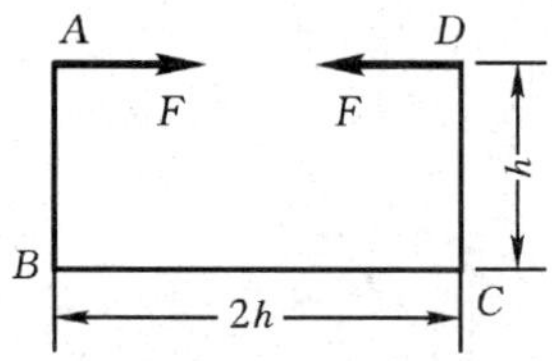

题 18 - 10 图

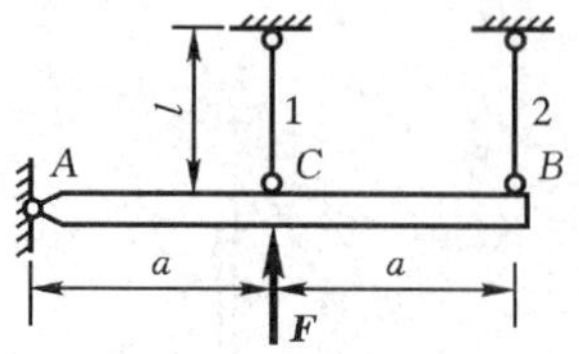

题 18 - 13 图

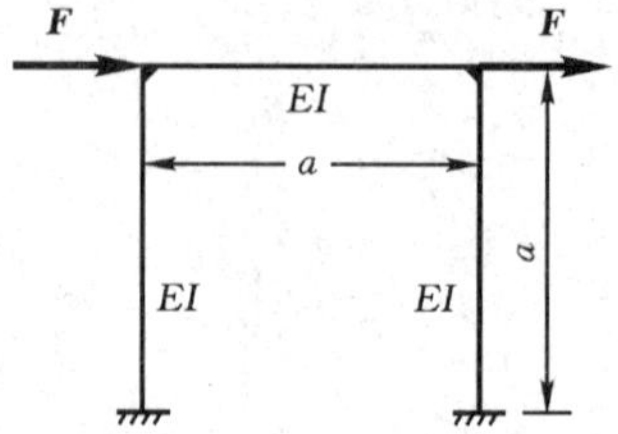

题 18 - 14 图

18 - 14 求解图示超静定刚架。

18 - 15 求图示双铰圆拱的支座约束力及中点 C 沿力 $\boldsymbol{F}$ 方向的位移。设 EI 为已知。

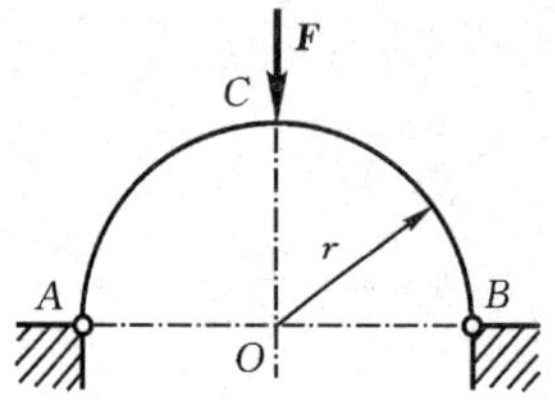

题 18 - 15 图

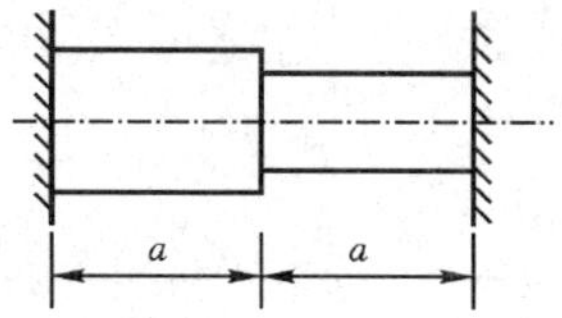

题 18 - 16 图

18 - 16 阶梯形钢杆的两端在 $t=5$ ℃时被固定。已知左右两段的横截面面积分别为 $A_1=10\ \text{cm}^2$，$A_2=5\ \text{cm}^2$，钢材的线膨胀因数 $\alpha=12.5\times10^{-6}\ \text{K}^{-1}$，弹性模量 $E=200$ GPa。试求当温度 $t_2=25$ ℃时，杆内各部分的应力。

18 - 17 图示阶梯形杆的右端固定，左端与墙壁之间有 $\delta=1$ mm 的间隙。已知两段的横截面面积分别为 $600\ \text{mm}^2$ 和 $300\ \text{mm}^2$，材料的弹性模量 $E=200$ MPa。试作杆的轴力图。

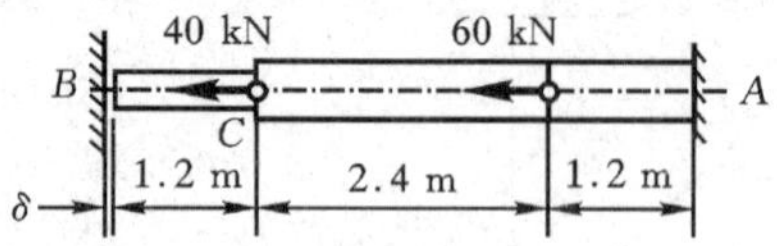

题 18 - 17 图

第 19 章　冲击与交变载荷问题

前面讨论的有关弹性变形体的问题，都是静载荷问题。对于静载荷问题，认为弹性变形体在加载过程中和加载后的每一瞬时均处于平衡状态，因其各点的加速度微小而忽略不计，因此可以作为静力学问题处理。

在工程实际中，除了静载荷问题外，还会遇到各种动载荷问题。所谓**动载荷**，是指**大小和方向随时间发生显著变化的载荷**。例如，加速直线运动和定轴转动时的惯性力、冲击载荷、振动载荷、交变载荷等，都属于动载荷。在动载荷作用下，弹性体内各点产生的加速度是不可忽略的，弹性体内产生的应力和位移分别称为**动应力**和**动位移**。

实验结果表明，只要弹性变形体内的动应力不超过材料的比例极限，胡克定律仍适用，并且材料的弹性模量也与静载荷下的数值相同。

本章只讨论冲击载荷和交变载荷问题。

19.1　冲击载荷问题

当一个具有一定能量的运动物体与另一个物体发生碰撞时，后者在极短的时间内使前者的运动状态发生急剧改变，这种现象称为**冲击**。打桩时，桩锤在碰到桩后的瞬间内即停止运动，就是冲击的一个典型例子。具有一定能量的运动物体（桩锤）称为**冲击物**，承受冲击的物体（桩）称为**被冲击物**。

在冲击过程中，冲击物将得到很大的负值加速度，因此，它将给被冲击物以很大的惯性力，即**冲击载荷**。冲击载荷将使得被冲击物中产生很大的动应力和动位移。

19.1.1　动应力和动位移的计算

冲击载荷问题虽然是一种惯性力问题，但由于冲击持续的时间极短，冲击物的加速度不易精确测定，因此，难以对被冲击物中的动应力和动位移进行精确的理论计算。下面介绍一种偏于安全的实用计算方法，即能量方法。

如图 19－1(a)所示的冲击系统，重为 $\boldsymbol{F}_g$ 的冲击物以速度 $\boldsymbol{v}$ 冲击在被冲击物（弹性变形体）的 A 点，冲击方向沿被冲击物 A 点的法线，并且与水平面夹角为 α。

为简化计算，先作如下几点假设：

(1)冲击是完全弹性的，即冲击过程中，冲击物和被冲击物在冲击点 A 处不会因为很大的冲击载荷而产生局部塑性变形，也就不会因产生局部塑性变形而导致动能的损失（转变为热能、声能等）；

(2)冲击物的刚度很大，冲击时其变形可忽略不计；

(3)被冲击物的重量与冲击物的重量相比很小，可忽略不计；

(4)支承被冲击物的支座和基础不产生变形和位移，因而不吸收能量；

(5)被冲击物为线弹性变形体，即位移与载荷成线性关系，它要求被冲击物的材料服从胡

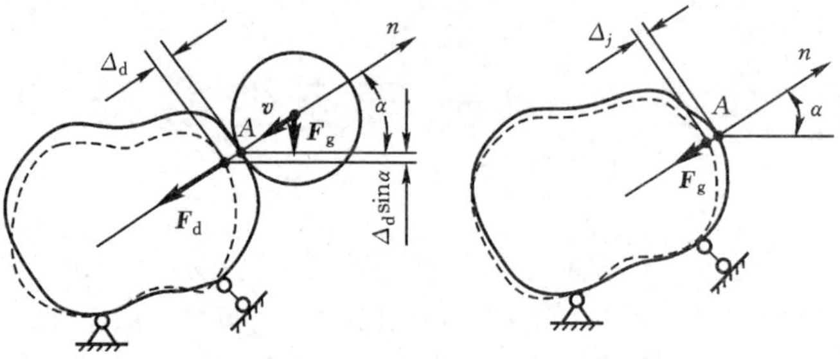

(a)　　(b)

图 19－1

克定律且变形为小变形。

由以上假设的前四点假设可知,冲击物在冲击过程中所减少的动能和势能将全部转化为被冲击物中的变形能,即

$$E_k + E_p = U \tag{19-1}$$

当冲击物的速度 $\boldsymbol{v}$ 降为零时,被冲击物 A 点沿冲击方向的动位移也达到最大值 Δ_d。这时,冲击物所减少的动能和势能分别为

$$E_k = \frac{1}{2}\frac{F_g}{g}v^2,\quad E_p = F_g\Delta_d\sin\alpha \tag{1}$$

由于外力所做的功在数值上等于弹性体内的变形能,因此有

$$U = \frac{1}{2}F_d\Delta_d \tag{2}$$

将(1)式和(2)式代入式(19－1)得

$$\frac{1}{2}\frac{F_g}{g}v^2 + F_g\Delta_d\sin\alpha = \frac{1}{2}F_d\Delta_d \tag{3}$$

若将冲击物的重量 F_g 以静载荷的方式沿冲击方向作用在被冲击物的 A 点,如图 19－1(b)所示,A 点沿冲击方向的静位移为 Δ_j,则根据第五点假设,可得出如下关系式

$$\frac{F_d}{F_g} = \frac{\Delta_d}{\Delta_j} = \frac{\sigma_d}{\sigma_j} = K_d \tag{19-2}$$

式中:σ_d 为动载荷 F_d 作用下(图 19－1(a))被冲击物中的**动应力**;σ_j 为静载荷 F_g 作用下(图 19－1(b))被冲击物中的**静应力**;K_d 为冲击时的**动荷因数**。

将式(19－2)代入(3)式并整理可得

$$\frac{1}{2}K_d^2 - (\sin\alpha)K_d - \frac{v^2}{2g\Delta_j} = 0$$

这是一个关于 K_d 的一元二次方程,其正根为

$$K_d = \sin\alpha + \sqrt{\sin^2\alpha + \frac{v^2}{g\Delta_j}} \tag{19-3}$$

上式即为冲击时的动荷因数计算公式。当被冲击物受冲击点的法线与水平面的夹角 $\alpha = 0°$,即水平冲击时,有

$$K_d = \sqrt{\frac{v^2}{g\Delta_j}} \tag{19-4}$$

当 $\alpha=90°$，即垂直冲击时，有

$$K_d = 1+\sqrt{1+\frac{v^2}{g\Delta_j}} \tag{19-5}$$

动荷因数是冲击载荷问题中的一个重要概念，它说明了冲击载荷增大为冲击物重量的多少倍。由式(19－2)可知，只要求出了静位移 Δ_j、静应力 σ_j 和动荷因数 K_d，就立即可以求得动位移 Δ_d 和动应力 σ_d。

具体解题时，需要注意如下几点。

(1)冲击方向为被冲击物受冲击点的法线方向。在式(19－3)、式(19－4)和式(19－5)中，α 为被冲击物受冲击点法线与水平面的夹角，v 为冲击物沿被冲击物受冲击点法线的速度分量，Δ_j 为被冲击物受冲击点沿法线的静位移。

(2)由式(19－3)、式(19－4)或式(19－5)求出的 K_d 为整个冲击系统的动荷因数，可用于计算被冲击物中任何一点的动应力和动位移等。

(3)式(19－2)中的 Δ_j 和 σ_j 为被冲击物中任何一点的静位移和静应力，而 Δ_d 和 σ_d 则为相应的任何一点的动位移和动应力。

(4)这种计算方法仅适用于被冲击物为线弹性变形体的冲击系统，计算结果偏于安全。

例 19－1　图 19－2(a)所示的竖直杆 AB 是一直径为 d 的圆截面等直杆，材料弹性模量为 E。杆的 C 点受到一个重为 $\boldsymbol{F}_g$ 的物体的冲击，物体与杆接触时的水平速度 $\boldsymbol{v}$。试求杆自由端的位移和危险点处的弯曲正应力。

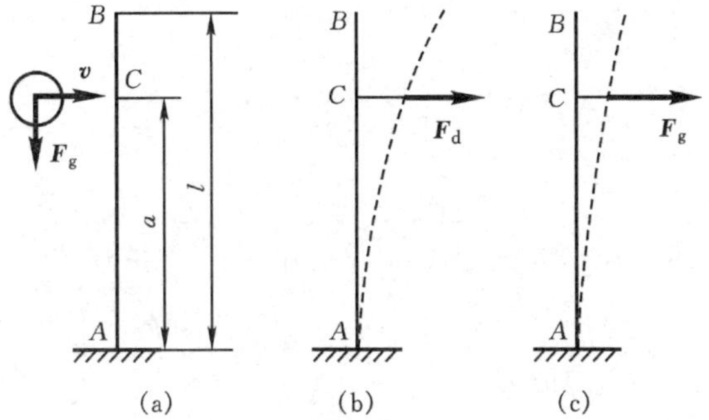

图 19－2

解　由于杆受冲击点的法线方向为水平方向，$\alpha=0°$，故是水平冲击(动载荷 F_d 方向如图 19－2(b)所示)，可按式(19－4)计算动荷因数 K_d。

首先计算冲击点沿冲击方向的静位移。如图 19－2(c)所示，在 C 点沿冲击方向作用静载荷 $\boldsymbol{F}_g$，根据卡氏定理可以得

$$\Delta_{jC} = \frac{F_g a^3}{3EI} = \frac{64F_g a^3}{3\pi d^4 E}$$

代入式(19－4)得

$$K_d = \sqrt{\frac{v^2}{g\Delta_{jC}}} = \sqrt{\frac{3\pi d^4 E v^2}{64 g F_g a^3}}$$

为了求自由端的动位移和危险点处的动弯曲正应力，必须先计算自由端的静位移和危险

点处的静弯曲正应力。由图 19－2(c),根据卡氏定理可以求得

$$\Delta_{jB}=\frac{F_g a^2}{6EI}(3l-a)=\frac{32F_g a^2(3l-a)}{3\pi d^4 E}$$

危险点在根部截面上,其静弯曲正应力为

$$\sigma_j=\frac{M}{W}=\frac{32F_g a}{\pi d^3}$$

由式(19－2)可得

$$\Delta_{dB}=K_d\Delta_{jB}=\frac{32F_g a^2(3l-a)}{3\pi d^4 E}\sqrt{\frac{3\pi d^4 E v^2}{64gF_g a^3}}=\frac{4v(3l-a)}{d^2}\sqrt{\frac{F_g a}{3\pi gE}}$$

$$\sigma_d=K_d\sigma_j=\frac{32F_g a}{\pi d^3}\sqrt{\frac{3\pi d^4 E v^2}{64gF_g a^3}}=\frac{4v}{d}\sqrt{\frac{3F_g E}{\pi ga}}$$

例 19－2 图 19－3 所示为一弹簧拉杆装置。若已知弹簧刚度系数为 k,拉杆的抗拉刚度为 EA,长为 l,今有重为 F_g 的重物在距底盘高为 h 处自由落下,试求拉杆中的应力。

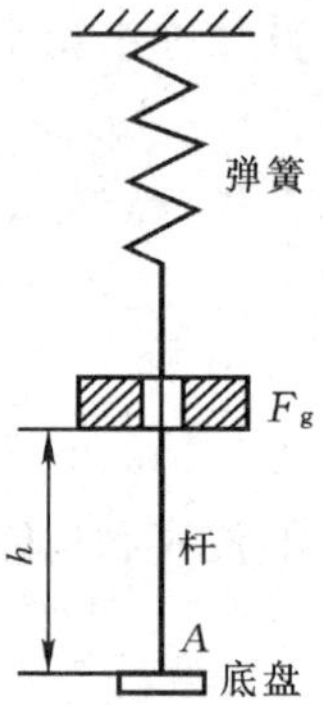

图 19－3

解 由于装置的受冲击点(底盘上表面)的法线与水平方向夹角 $\alpha=90°$,故是垂直冲击,可按式(19－5)计算 K_d。

由普通物理学知,重物与底盘接触时的速度

$$v=\sqrt{2gh}$$

将重物的重量 F_g 以静载荷方式作用在底盘上,求得底盘沿冲击方向的静位移为

$$\Delta_j=\frac{F_g}{k}+\frac{F_g l}{EA}$$

代入式(19－5)得

$$K_d=1+\sqrt{1+\frac{v^2}{g\Delta_j}}=1+\sqrt{1+\frac{2h}{\frac{F_g}{k}+\frac{F_g l}{EA}}}$$

拉杆在静载荷 F_g 作用下的静应力为

$$\sigma_j=\frac{F_g}{A}$$

由式(19－2)得拉杆中的冲击应力

$$\sigma_d=K_d\sigma_j=\left(1+\sqrt{1+\frac{2h}{\frac{F_g}{k}+\frac{F_g l}{EA}}}\right)\frac{F_g}{A}$$

例 19－3 长为 l 的等直杆 B 端为固定铰支约束,A 端靠在光滑铅垂墙壁上,如图 19－4(a)所示。已知杆的抗弯刚度为 EI,弯曲截面系数为 W。当杆的中点 C 处承受高度为 h、重为 F_g 的自由落体冲击时,求杆中的最大正应力。

解 冲击物与杆接触时的法向速度为

$$v_n=v\sin\alpha=\sqrt{2gh}\sin\alpha$$

将冲击物的重量 F_g 以静载荷方式作用在 C 点,方向沿 C 点的法线,如图19－4(b)所示。此时,可将杆看作跨中截面承受横向集中力作用的简支梁,故 C 点沿冲击方向的静位移为

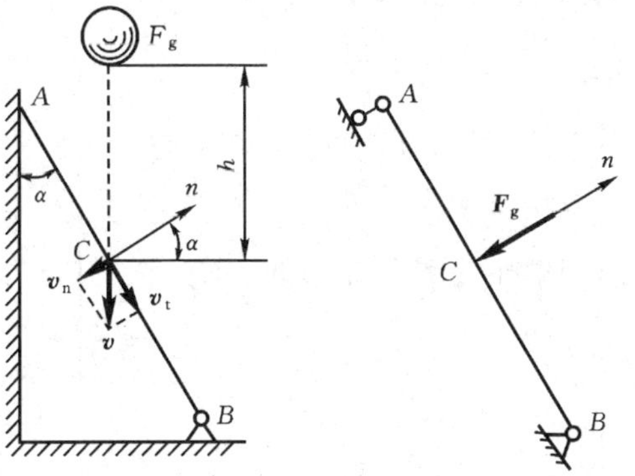

图 19 - 4

$$\Delta_j = \frac{F_g l^3}{48EI}$$

代入式(19 - 3)得

$$K_d = \sin\alpha + \sqrt{\sin^2\alpha + \frac{v_n^2}{g\Delta_j}} = \left(1 + \sqrt{1 + \frac{96hEI}{F_g l^3}}\right)\sin\alpha$$

最大正应力发生在 C 截面，其静应力为

$$\sigma_{j\max} = \frac{M_C}{W} = \frac{F_g l}{4W}$$

由式(19 - 2)得杆中的最大冲击正应力

$$\sigma_{d\max} = K_d \sigma_{j\max} = \left(1 + \sqrt{1 + \frac{96hEI}{F_g l^3}}\right)\frac{F_g l \sin\alpha}{4W}$$

综合以上各例，可将图 19 - 1 所示冲击载荷问题的解题步骤大致归纳如下：

(1)明确研究对象，分析被冲击物受冲击点的法线与水平面的夹角，由此确定冲击方向以及合适的动荷因数计算公式；

(2)求冲击物与被冲击物接触时的法向速度；

(3)将冲击物重量以静载荷方式沿冲击方向作用在受冲击点上，计算受冲击点沿冲击方向的静位移 Δ_j；

(4)根据所选定的动荷因数计算公式计算 K_d；

(5)根据式(19 - 2)计算被冲击物的动应力和动位移。

例 19 - 4　钢吊索 AC 的下端悬挂一重为 $F_g = 25$ kN 的重物，并以速度 $v = 1$ m/s 下降，如图 19 - 5 所示。当吊索长度为 $l = 20$ m 时，滑轮 D 突然被卡住，试求吊索受到的冲击载荷 F_d。已知吊索的横截面面积 $A = 414$ mm^2，吊索材料的弹性模量 $E = 1.7 \times 10^5$ MPa，滑轮及吊索的质量可略去不计。

解　由于滑轮突然被卡住时，重物下降的速度将从 $\boldsymbol{v}$ 迅速变为零，因此，吊索将受到冲击。这是与图 19 - 1 所示问题不同的又一种冲击载荷问题，因而不能用式(19 - 3)、式(19 - 4)或式(19 - 5)进行求解。

此问题仍可按能量方法来求解，但需考虑到吊索在受冲击前就已有应力和变形，并储存了变形能。若以 Δ_j 表示冲击开始时的变形，Δ_d 表示冲击结束时吊索的总伸长(Δ_d 内包括了 Δ_j，如

图 19－5 所示)。冲击开始时整个系统的能量为

$$\frac{1}{2}\frac{F_g}{g}v^2+F_g(\Delta_d-\Delta_j)+\frac{1}{2}C\Delta_j^2$$

上式中的第一项为冲击物的动能,第二项为冲击物相对它的最低位置的势能,第三项为吊索的变形能。冲击结束时,动能及势能皆已等于零,只剩下吊索的变形能$\frac{1}{2}C\Delta_d^2$。根据能量守恒定律有

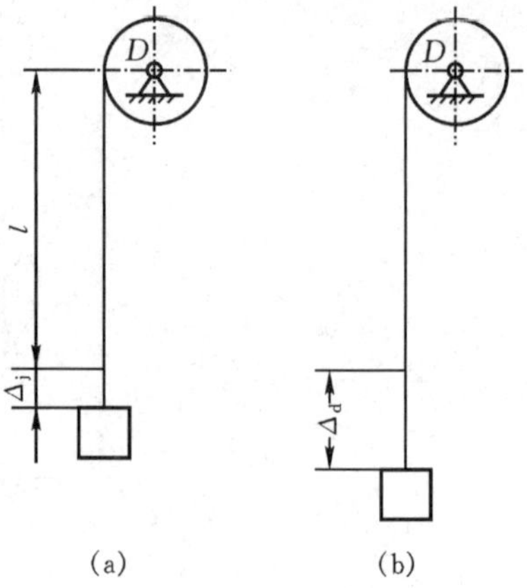

图 19－5

$$\frac{1}{2}\frac{F_g}{g}v^2+F_g(\Delta_d-\Delta_j)+\frac{1}{2}C\Delta_j^2=\frac{1}{2}C\Delta_d^2$$

以 $C=\frac{F_g}{\Delta_j}$代入上式,经简化后得出

$$\Delta_d^2-2\Delta_j\Delta_d+\Delta_j^2\left(1-\frac{v^2}{g\Delta_j}\right)=0$$

解得

$$\Delta_d=\left(1+\sqrt{\frac{v^2}{g\Delta_j}}\right)\Delta_j$$

故动荷系数为

$$K_d=1+\sqrt{\frac{v^2}{g\Delta_j}}=1+\sqrt{\frac{v^2EA}{gF_gl}}$$

把给出的数据代入上式后,求得

$$K_d=4.79,\quad F_d=K_dF_g=4.79\times25=120\ \text{kN}$$

19.1.2　提高构件抗冲击能力的措施

试验结果表明,材料在冲击载荷下的强度比在静载荷下的要求要高。但对光滑的受冲击构件进行强度计算时,通常仍按材料在静载荷下的许用应力来建立强度条件,即最大冲击应力不超过材料在静载荷下的许用应力:

$$\sigma_{dmax}=K_d\sigma_{jmax}\leqslant[\sigma]$$

当受冲击构件的强度不足时,就必须设法减小其最大动应力 σ_{dmax},从而提高其抗冲击能力。提高构件抗冲击能力主要有以下两条措施。

(1)降低冲击物与被冲击物接触时的法向速度 $\boldsymbol{v}_n$。由动荷因数公式可以看出,降低 $\boldsymbol{v}_n$ 可减小 K_d,从而减小 σ_{dmax}。比如例 19－3 中的杆 AB,倾斜放置时的 $\boldsymbol{v}_n$是水平放置时的 $\sin\alpha$ 倍。若杆必须水平放置时,可在其受冲击点处设计一个突出的斜面,以改变受冲击点的法线与水平面的夹角 α。

(2)增大受冲击点沿冲击方向的静位移 Δ_j。由动荷因数公式可以看出,增大 Δ_j 可减小 K_d,从而减小 σ_{dmax}。具体讲,主要有以下三个方法。

①增设弹簧或覆盖弹性模量小的材料。如例 19－2 中的拉杆装置,由于弹簧的存在,使底盘沿冲击方向的静位移 Δ_j 显著增大;又如在汽车大梁和底盘前后轴间安装钢板弹簧,也是为了缓和汽车大梁所受到的冲击。对于有些不宜增设弹簧的情形,则可在受冲击点上覆盖弹性模量小的材料,如橡胶、软塑料、木材等,有时还可采用气垫。

②选用弹性模量小的材料来制造冲击构件。

③增加杆的长度。比如,增大例 19－1 中的尺寸 a,增大例19－2和例19－3中杆的长度 l,

均可相应地增大 Δ_j。

以上两条措施都是通过减小 K_d 来提高构件的抗冲击能力。除此之外，还可以通过减小 σ_{jmax} 来提高构件的抗冲击能力，这主要体现在杆件的截面形状和尺寸的选择上。但需要说明的是，在 σ_{jmax} 减小的同时，Δ_j 也将减小。比如增大例 19－2 中的拉杆的横截面面积 A，将使 σ_{jmax} 和 Δ_j 同时减小，因而使 σ_{dmax} 减小的程度并不十分明显，反而导致材料的浪费和构件重量的增加。但是，对于受冲击的拉压杆，应尽可能制成等截面，以使 σ_j 为常量而 Δ_j 达到可能的最大值。

19.2　交变载荷问题

所谓**交变载荷**，是指**随时间作交替变化的载荷**。在交变载荷作用下，构件中将产生随时间作交替变化的应力，这种应力称为**交变应力**。例如，图 19－6(a)所示的齿轮，$\boldsymbol{F}$ 表示啮合时作用于轮齿上的力。齿轮每旋转一周，轮齿啮合一次。啮合时 $\boldsymbol{F}$ 由零迅速增加到最大值，然后又减小为零。因而，齿根 A 点的弯曲正应力 σ 也由零增加到某一最大值，再减小为零。齿轮不停地旋转，$\boldsymbol{F}$ 和 σ 也就不停地重复上述过程。σ 随时间 t 变化的曲线如图 19－6(b)所示。又如图 19－7(a)所示的火车车厢轮轴，$\boldsymbol{F}$ 表示车厢作用于轮轴上的力，其大小和方向基本保持不变。但是，如果假想地将旋转着的轮轴固定不动，则力 $\boldsymbol{F}$ 将绕轮轴不停地旋转。每旋转一周，力 $\boldsymbol{F}$ 的方向就变化一个周期。这相当于轮轴承受的是方向随时间作交替性变化的载荷。轮轴以角速度 ω 转动时，其横截面边缘上一点 A 到中性轴的距离 $y=r\sin\omega t$，将随时间 t 作交替性变化。因而，A 点的弯曲正应力

$$\sigma=\frac{My}{I}=\frac{Mr}{I}\sin\omega t$$

其变化曲线如图 19－7(b)所示。

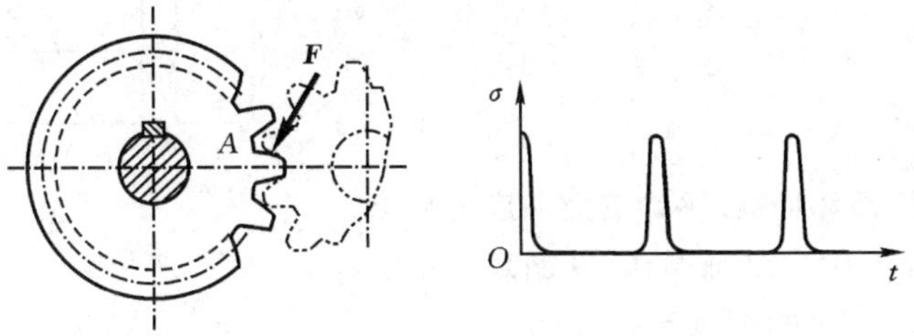

(a)　　(b)

图 19－6

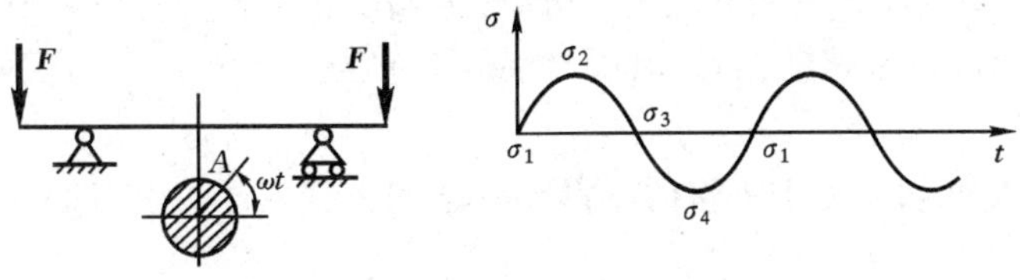

(a)　　(b)

图 19－7

大量事实表明,材料和构件在交变应力作用下的强度性能都与静应力时的强度性能不同。不论是脆性材料还是塑性材料制成的构件,在交变应力的长期作用下,即使交变应力的最大值低于材料的强度极限甚至屈服极限,也常常在没有明显塑性变形的情况下发生突然断裂。由于这种破坏经常发生在构件的长期运转之后,因此人们最初误认为这是由于材料的“疲劳”“变脆”所致,故称这种破坏为**疲劳破坏**,并一直延用至今。

为了深入了解疲劳破坏的原因,人们对疲劳破坏的构件进行了大量研究,发现所有疲劳破坏构件的断口具有一个共同的特征:断口上有裂纹的起源点和两个明显不同的区域,即断口较光滑的裂纹扩展区和断口较粗糙的突然断裂区,如图 19-8 所示。因此,一般认为,在交变应力下构件的疲劳破坏,不是瞬间发生的,而是一个过程,即裂纹的发生、发展和最后断裂的过程。

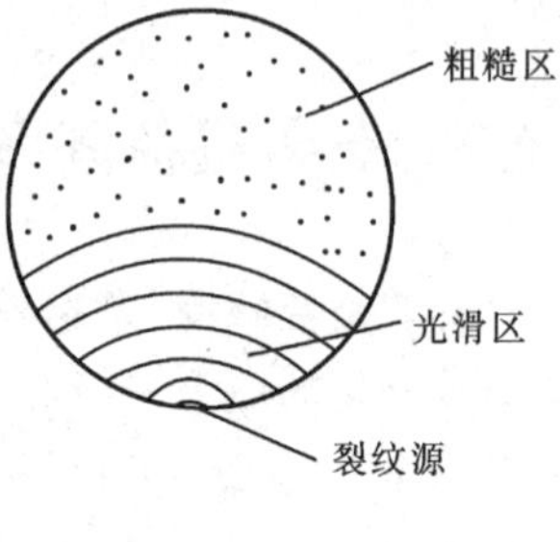

图 19-8

疲劳破坏通常在构件运转过程中事先没有明显预兆的情况下突然发生,往往造成严重事故。因此,了解交变应力下构件的强度计算和有关的概念是相当重要的。

19.2.1　交变应力的循环特征

图 19-9 表示按正弦曲线变化的正应力 σ 与时间 t 的关系。由 a 到 b 应力经历了变化的全过程又回到原来的数值,称为**一个应力循环**。完成一个应力循环所需的时间 T,称为**一个周期**。以 σ_{max} 和 σ_{min} 分别表示循环中的最大和最小应力,则

$$r = \frac{\sigma_{min}}{\sigma_{max}} \tag{19-6}$$

$$\sigma_m = \frac{1}{2}(\sigma_{max} + \sigma_{min}) \tag{19-7}$$

$$\sigma_a = \frac{1}{2}(\sigma_{max} - \sigma_{min}) \tag{19-8}$$

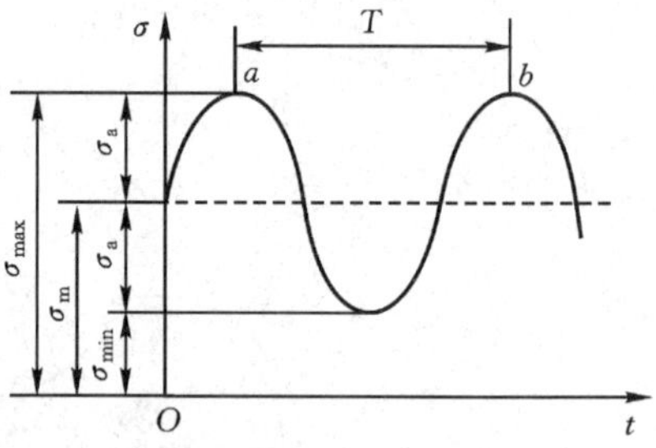

图 19-9

分别称为交变应力的**循环特征、平均应力**和**应力幅度**。

当 $\sigma_{max} = -\sigma_{min}$ 时,称为**对称循环**,其循环特征 $r = -1$,平均应力 $\sigma_m = 0$,应力幅度 $\sigma_a = \sigma_{max}$。

当 $\sigma_{max} \neq -\sigma_{min}$ 时,称为**非对称循环**。由式(19-7)和式(19-8)知

$$\sigma_{max} = \sigma_m + \sigma_a, \quad \sigma_{min} = \sigma_m - \sigma_a$$

可见,任何一个非对称循环都可看成是,在平均应力 σ_m 上叠加一个幅度为 σ_a 的对称循环。因此,平均应力相当于交变应力中的静应力部分,应力幅度相当于交变应力中的动应力部分。非对称循环有两个特例,一是脉动循环,其循环特征 $r=0$ 或 $r=-\infty$;二是静应力,其循环特征 $r=1$。

有些构件是在交变切应力下工作的。以上概念和公式对于交变切应力完全适用,只需将 σ 改为 τ 即可。

19.2.2　材料的持久极限

在交变应力作用下的构件,其最大应力低于屈服极限时就可能发生疲劳破坏,因此,静载

荷下的强度条件已不适用于交变应力时的情况。要建立构件在交变应力下的强度条件，首先必须测定材料在交变应力下的极限应力。

材料在交变应力下的极限应力是通过疲劳试验测定的。疲劳试验的试件通常做成 $d=6\sim10$ mm、表面磨光的光滑小试件，一般需要 10 根左右。测定拉压交变应力下的极限应力，要在拉压疲劳试验机上进行；测定弯曲交变应力下的极限应力，要在弯曲疲劳试验机上进行；而测定扭转交变应力下的极限应力，则要在扭转疲劳试验机上进行。

试验时，使第一根试件的最大应力 σ_{max1}（或 τ_{max1}）较高，约为强度极限 σ_b 的 70%。经历 N_1 次循环后，试件断裂。然后，使第二根试件的最大应力 σ_{max2}（或 τ_{max2}）略低于第一根试件，试件断裂时的循环次数为 N_2。一般说，随着应力水平的降低，试件断裂时的循环次数将迅速增加。以 σ_{max}（或 τ_{max}）为纵坐标，循环次数 N 为横坐标，由各根试件的试验结果描成的曲线，称为**疲劳曲线**，如图 19－10 所示。可以看出，当试件的最大应力 σ_{max}（或 τ_{max}）降低到某一极限值 σ_r（或 τ_r）时，疲劳曲线趋近于某一水平线。这说明只要最大应力不超过这一极限值，试件就可以经历无限次循环而不发生疲劳破坏。极限值 σ_r 和 τ_r 称为材料的**持久极限**。实际上，材料的疲劳试验不可能无限期地进行下去，所以，对于钢铁材料一般取 N 为 $2\times10^6\sim10^8$ 次作为试验的循环基数，并把经历 $2\times10^6\sim10^8$ 次循环仍未发生疲劳破坏的最大应力 σ_{max} 规定为钢铁材料的持久极限 σ_1。

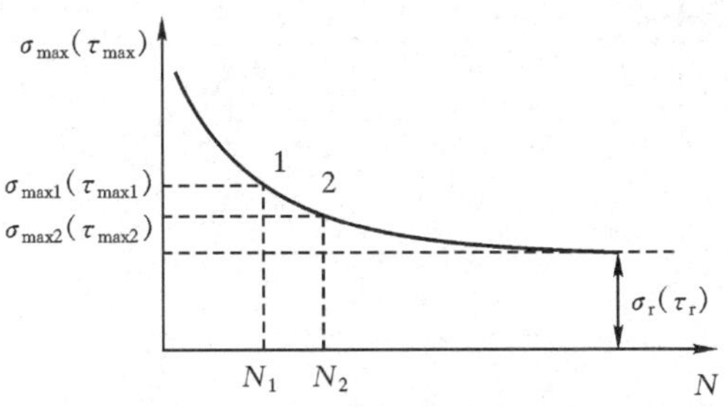

图 19－10

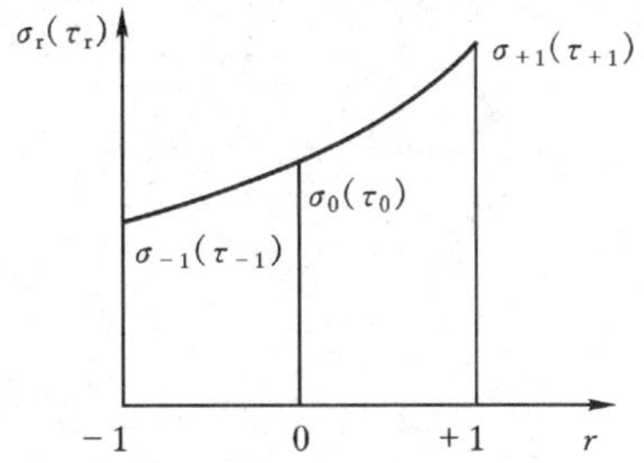

图 19－11

疲劳试验的结果表明，材料的持久极限与交变应力的循环特征有很大的关系，因此，表示材料在各种不同循环特征下的持久极限时，以循环特征 r 为下标。例如，对称循环下的持久极限用 σ_{-1} 和 τ_{-1} 表示，脉动循环下的持久极限用 σ_0 和 τ_0 表示，静应力下的持久极限用 σ_{+1} 和 τ_{+1} 表示。用同一种材料制成的试件在不同的循环特征下进行试验，可得出材料的持久极限曲线，如图 19－11 所示。可以看出，材料在对称循环下的持久极限 σ_{-1} 和 τ_{-1} 最低。这说明材料抵抗对称循环交变应力的能力最差，故 σ_{-1} 和 τ_{-1} 是衡量材料疲劳强度的一个重要指标。

各种材料在对称循环下的持久极限 σ_{-1} 和 τ_{-1} 可直接在有关的试验资料中查得。

19.2.3　构件的持久极限

用疲劳试验测定材料的持久极限时，采用的是标准试件，即 $d=6\sim10$ mm、表面磨光而且没有应力集中的光滑小试件。但疲劳试验的结果表明，试件的外形、尺寸、表面质量、残余应力以及工作环境等因素，都对材料的持久极限有不同程度的影响。因此，用光滑小试件测定的材料的持久极限，还不能代表实际构件的持久极限，必须考虑上述各种因素，对用光滑小试件测得的材料的持久极限进行适当修正,才能获得实际构件的持久极限。

构件外形的突然变化,例如,构件上有槽、孔、缺口、轴肩等,将引起应力集中。应力集中使局部区域的应力急剧增大,在较低的载荷下就会出现疲劳裂纹,从而使构件的持久极限降低。考虑构件外形引起的应力集中时的修正系数称为**有效应力集中因数**,用 k_σ 和 k_τ 表示。对于工程中常见的应力集中情况,已根据试验结果绘制了一些有效应力集中因数的曲线和表格。图 19-12 和图 19-13 即为钢制的阶梯形圆截面构件,粗细两段直径之比为 $1.2<D/d\leqslant 2$ 时的有效应力集中因数曲线。

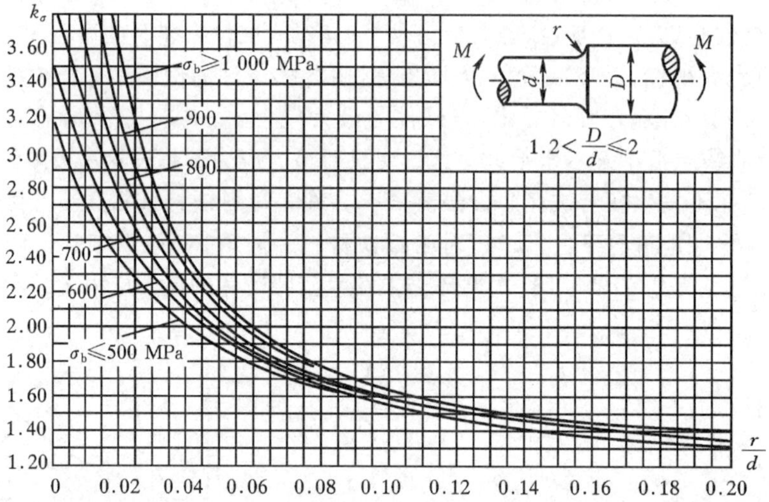

图 19-12

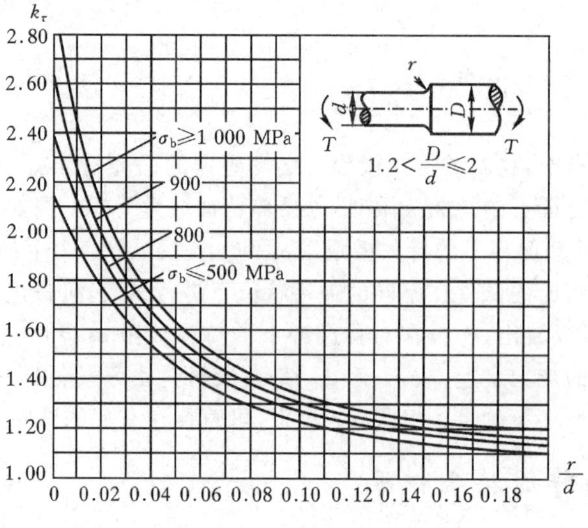

图 19-13

构件尺寸越大,它所包含的缺陷就越多,出现裂纹的可能性也就越大,从而使构件的持久极限降低。考虑构件尺寸时的修正系数称为**尺寸因数**,用 ε_σ 和 ε_τ 表示。钢制的圆截面构件的尺寸因数如表 19－1 所示。

表 19－1　尺寸因数

直径 d/mm		$20<d\leqslant30$	$30<d\leqslant40$	$40<d\leqslant50$	$50<d\leqslant60$	$60<d\leqslant70$
ε_σ	碳钢	0.91	0.88	0.84	0.81	0.78
	合金钢	0.83	0.77	0.73	0.70	0.68
各种钢 ε_τ		0.89	0.81	0.78	0.76	0.74

构件表面加工的刀痕、擦伤等都会引起应力集中，从而使构件的持久极限降低。考虑构件表面质量时的修正系数称为**表面质量因数**，用 β 表示。钢制构件的表面质量因数如表 19－2 所示。

表 19－2　表面质量因数 β

加工方法	轴表面粗糙度 $R_a/\mu m$	σ_b/MPa		
		400	800	1200
磨削	0.4～0.2	1	1	1
车削	3.2～0.8	0.95	0.90	0.80
粗车	25～6.3	0.85	0.80	0.65
未加工的表面	∽	0.75	0.65	0.45

综合上述三种因素，得到构件在对称循环下的持久极限为

弯曲对称循环
$$\sigma_{-1}^{*}=\frac{\varepsilon_\sigma\beta}{k_\sigma}\sigma_{-1} \tag{19-9}$$

扭转对称循环
$$\tau_{-1}^{*}=\frac{\varepsilon_\tau\beta}{k_\tau}\tau_{-1} \tag{19-10}$$

除上述三种因素外，构件的工作环境（如温度、腐蚀性介质）以及某些工艺过程（如铸造、焊接、切削）所造成的残余应力等，也会影响其持久极限。仿照前面的方法，这些因素的影响也可用修正系数来表示，并且已经根据有关的试验结果绘出了图线，必要时可查有关资料。

19.2.4　构件在对称循环下的疲劳强度条件

在实际工程中，对构件进行疲劳强度计算时，常采用安全因数形式的强度条件，也就是要求构件对于疲劳破坏的工作安全因数不小于规定安全因数，即

$$n_\sigma\geqslant[n] \tag{19-11}$$

$$n_\tau\geqslant[n] \tag{19-12}$$

工作安全因数 n_σ 和 n_τ 等于构件的持久极限与它的最大工作应力之比，而规定安全因数[n]可参考有关资料和规范确定。

在对称循环下，由式(19－9)和式(19－10)以及 $\sigma_{max}=\sigma_a$ 和 $\tau_{max}=\tau_a$ 可得，构件的疲劳强度条件为

弯曲或拉压
$$n_\sigma=\frac{\sigma_{-1}}{\dfrac{k_\sigma}{\varepsilon_\sigma\beta}\sigma_a}\geqslant[n] \tag{19-13}$$

扭转
$$n_\tau=\frac{\tau_{-1}}{\dfrac{k_\tau}{\varepsilon_\tau\beta}\tau_a}\geqslant[n] \tag{19-14}$$

例 19-5 图 19-14 所示绞车轴经车削加工而成,材料为 5 钢,$\sigma_b=600$ MPa,$\sigma_{-1}=220$ MPa,工作时受对称循环的弯曲交变应力。若规定安全因数$[n]=1.7$,试分别求当过渡圆角半径 $r=1$ mm 和 5 mm 时,轴的许可弯矩。

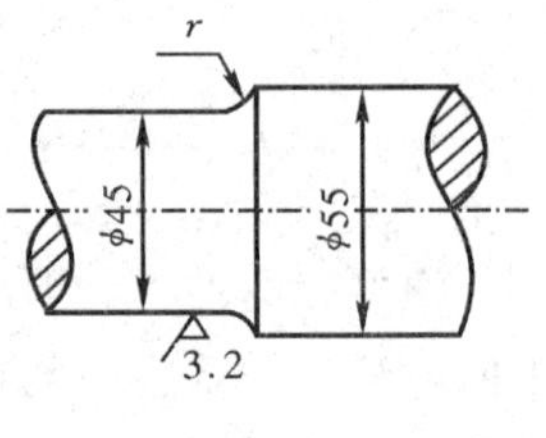

图 19-14

解 由于轴受对称循环的弯曲交变应力,故可按式(19-13)进行计算。工作应力的应力幅为

$$\sigma_a=\sigma_{max}=\frac{M}{W}=\frac{32M}{\pi d^3}$$

代入式(19-13)得

$$\frac{k_\sigma}{\varepsilon_\sigma\beta}\frac{32M}{\pi d^3}\leqslant\frac{\sigma_{-1}}{[n]},\quad M\leqslant\frac{\pi d^3\varepsilon_\sigma\beta\sigma_{-1}}{32k_\sigma[n]}$$

由于 $D/d=55/45=1.22$,故可按图 19-12 查取有效应力集中因数 k_σ。根据 $r/d=1/45=0.022$及图 19-12 中 $\sigma_b=600$ MPa 的曲线查得 $k_\sigma=2.52$。再根据 $d=45$ mm 和碳钢材料,从表 19-1 中查得 $\varepsilon_\sigma=0.84$。最后根据车削加工和 $\sigma_b=600$ MPa,从表 19-2 中采用插入法查得 $\beta=0.92$。因此

$$M\leqslant\frac{\pi(45\times10^{-3})^3\times0.84\times0.92\times220\times10^6}{32\times2.52\times1.7}=355\ \text{N·m}$$

因此,许可弯矩为$[M]=355$ N·m。

上述计算为 $r=1$ mm 的情况。由于 r 的大小只影响有效应力集中因数 k_σ,因此,$r=5$ mm 时,只需再查一次 k_σ 的值。根据 $r/d=5/45=0.111$ 及图 19-12 中 $\sigma_b=600$ MPa 的曲线查得 $k_\sigma=1.52$,因此

$$[M]=355\times\frac{2.52}{1.52}=589\ \text{N·m}$$

可见,增大过渡圆角的半径,将会明显提高构件的疲劳强度。

19.2.5 提高构件疲劳强度的措施

提高构件的疲劳强度,可从影响构件持久极限的各种因素来考虑。就构件外形而言,要避免出现方形或带有尖角的槽、孔、缺口等。对于如例 19-5 所示的阶梯状圆轴,在粗细两段交界处应采用足够大的过渡圆角。通过对构件外形的精心设计,可大大降低构件的有效应力集中因数,从而明显地提高其疲劳强度。

就构件表面质量而言,应尽可能采取精加工以提高其表面质量因数。对于疲劳强度要求较高的构件,还可以对其进行热处理、化学处理、滚压处理、喷丸处理等。通过这些处理方法,可获得大于 1 的表面质量因数。此外,在构件的使用过程中,应尽量防止其表面出现伤痕。

除此之外,还可以通过改善构件的工作环境和残余应力状况等来提高构件的疲劳强度。

思考题

19-1　何谓动载荷？它和静载荷有什么不同？试举出几种工程中常见的动载荷问题。

19-2　公式(19-1)是在什么假设的前提下得到的？公式(19-2)又是在什么假设的前提下得到的？

19-3　公式(19-3)、(19-4)、(19-5)中 v 指的是什么速度？Δ_j 指的是什么静位移？

19-4　为什么说由公式(19-3)、(19-4)、(19-5)求出的 K_d 是整个冲击系统的动荷因数？

19-5　提高构件抗冲击能力的措施主要有哪些？

19-6　用同一材料制成长度相等的等截面和变截面杆，二者的最小截面相同。问二杆承受轴向冲击的能力是否相同？为什么？

19-7　自由落体冲击时，若冲击高度以及被冲击物的结构、支承和冲击点均不变，而冲击物的重量增加一倍，问系统的动荷因数和被冲击物中的动应力是否也都增大一倍？为什么？

19-8　何谓交变载荷？何谓交变应力？试举例说明之。

19-9　金属构件疲劳破坏时的断口有什么特征？疲劳破坏的过程怎样？

19-10　材料的持久极限有什么意义？它是如何得出的？

19-11　材料的持久极限与交变应力的循环特征有什么关系？一种材料的持久极限是否只有一个值？

19-12　影响构件持久极限的因素主要有哪些？材料的持久极限和构件的持久极限哪一个大？为什么？

19-13　提高构件疲劳强度的措施主要有哪些？

习　题

19-1　图示圆木桩的下端固定，上端受重锤的作用。已知 $d=30$ cm，$l=6$ m，$F_g=2$ kN，木材的 $E_1=10$ GPa。求下列三种情况下，木桩内的最大正应力：

(a)重锤以静载荷的方式作用于木桩上；

(b)重锤从离桩顶 0.5 m 的高度自由落下；

(c)在桩顶放置直径为 15 cm、厚为 40 mm 的橡皮垫，橡皮的弹性模量 $E_2=8$ MPa。重锤从离橡皮垫顶面 0.5 m 的高度自由落下。

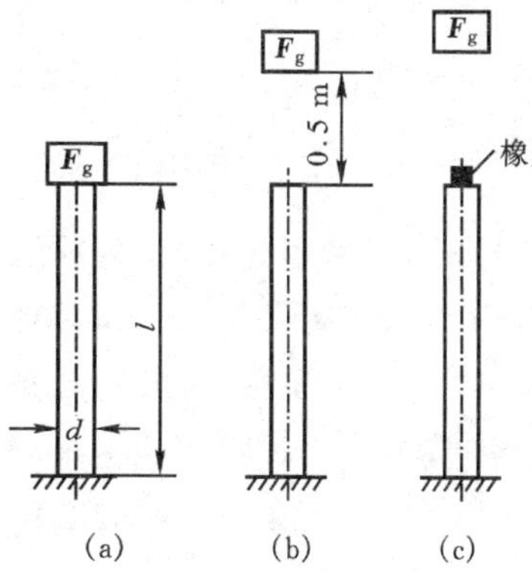

题 19-1 图

19-2　图示钢杆的下端有一固定圆盘，盘上放置弹簧。弹簧在 1 kN 的静载荷作用下缩短 0.625 mm。钢杆的 $d=4$ cm，$l=4$ m，$[\sigma]=120$ MPa，$E=200$ GPa。若有重 15 kN 的重物自由落下，求其许可高度。如果没有弹簧，则许可高度将等于多少？

19-3　图示 16 工字钢左端铰支，右端置于螺旋弹簧上。弹簧的平均直径 $D=10$ cm，簧丝直径 $d=20$ mm，$n=10$ 圈，$G=80$ GPa。梁的弹性模量 $E=200$ GPa，$[\sigma]=160$ MPa。今有重 2 kN 的重物从梁的跨度中点上方自由落下，$h=20$ mm，试求该梁的强度。又若没有弹簧，梁的强度是否够?

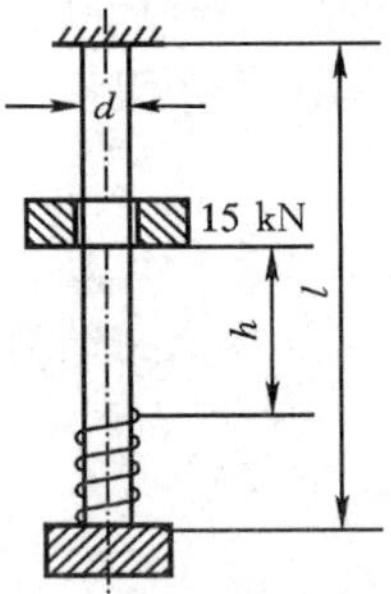

题 19 - 2 图

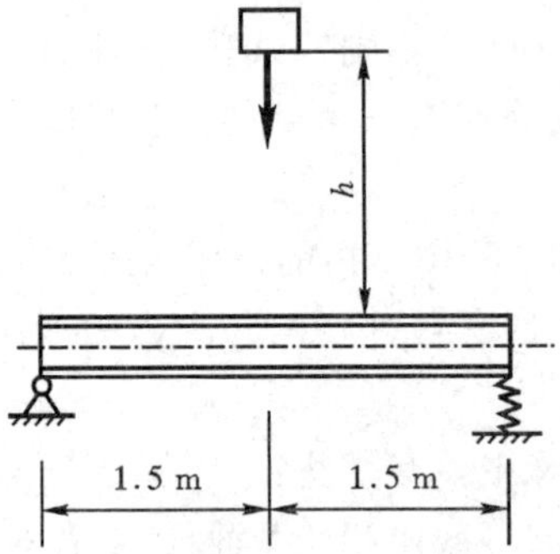

题 19 - 3 图

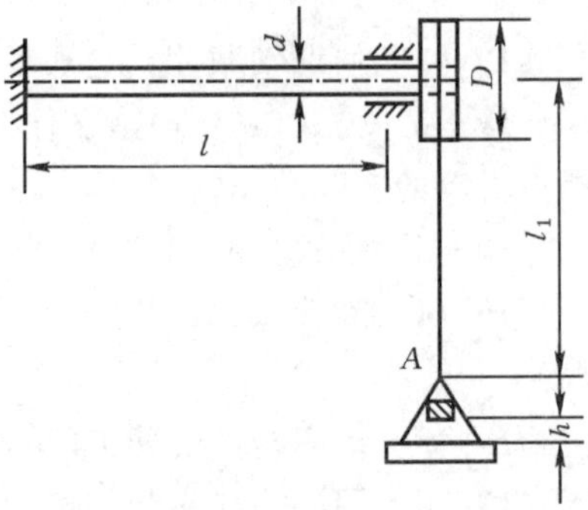

题 19 - 4 图

19 - 4　图示圆轴左端固定,右端有一鼓轮。轮上绕以钢绳,绳的端点 A 悬挂吊盘。已知轴的直径 d=6 cm,l=2 m,G=80 GPa,D=40 cm;绳的A=1.2 cm^2,l_1=10 m,E=200 GPa。当重 800 N 的物块自 h=20 cm 处落于吊盘上时,求轴的最大切应力。

19 - 5　图示 10 工字梁的 C 端固定,A 端铰支于内外径分别为 30 mm 和40 mm的空心钢管上。梁及钢管同为 3 钢。当重 300 N 的重物落于梁的 A 端时,试求梁及钢管中的最大正应力。

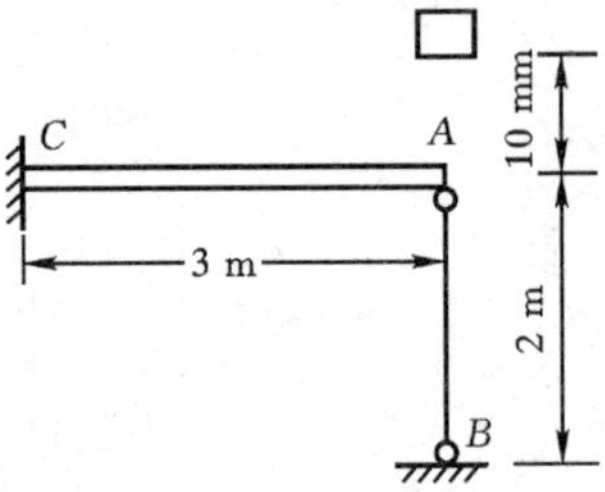

题 19 - 5 图

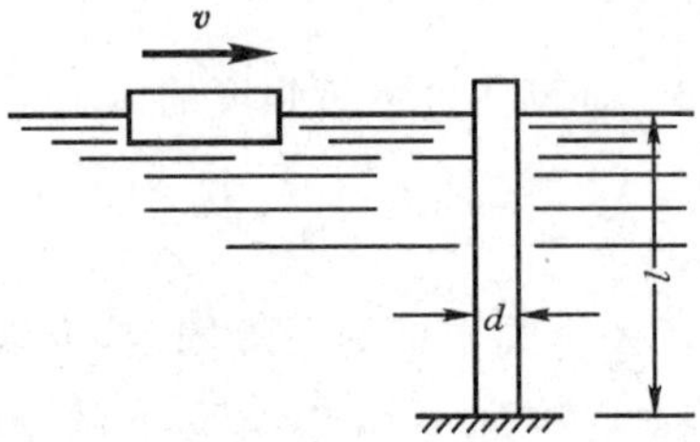

题 19 - 6 图

19 - 6　重量为 2 kN 的冰块,以 v=1 m/s 的速度沿正面冲击木桩的上端,如图所示。木桩长 l=3 m,直径 d=20 cm,弹性模量 E=11 GPa。求木桩在危险点处的正应力。

19 - 7　速度为 $\boldsymbol{v}$、重为 F_g的重物,沿水平方向冲击梁的截面 C 处。设已知梁的 E、I 和弯曲截面系数 W,且 a=0.6l。试求梁的最大动应力。

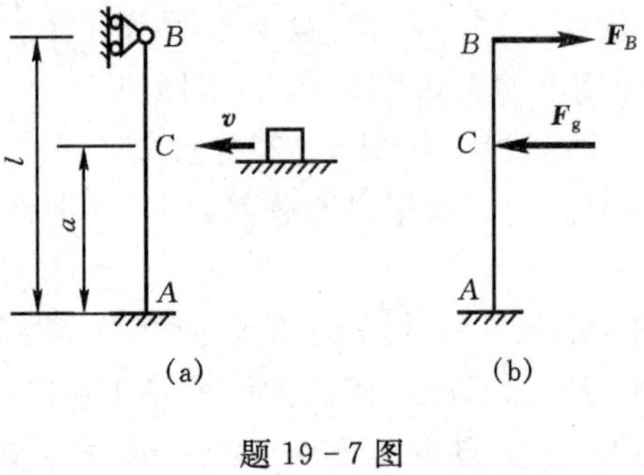

题 19 - 7 图

19－8　试求图示四种应力循环下的循环特征、平均应力和应力幅度。

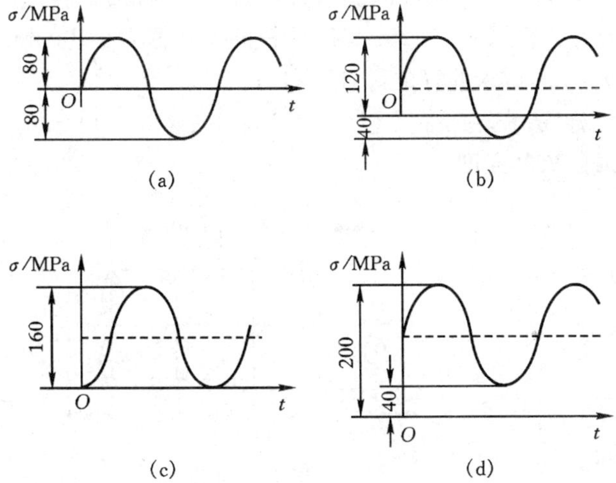

题 19－8 图

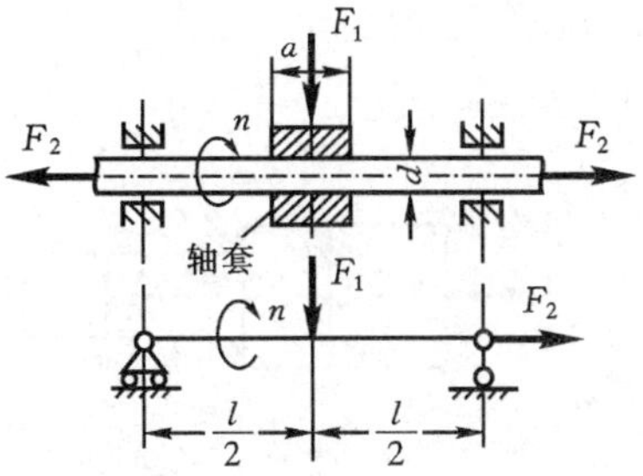

题 19－9 图

19－9　在具有轴套的圆轴上，承受不变的纵向力 F_1 和横向力 F_2，如图所示。已知 $d=30$ mm，$l=1$ m，$F_1=900$ N，$F_2=20$ kN。当轴匀速自由旋转时，试求危险截面上危险点处的平均应力、应力幅度和循环特征，并作出 $\sigma-t$ 曲线。

19－10　对某合金钢，用 50 根光滑小试件，在相同条件下，按 5 种应力水平做对称循环弯曲的疲劳试验。试验结果如下表所示。试作出该合金钢的疲劳曲线，并求出 σ_{-1}。

应力/MPa	290	280	270	264	260
循环数($N\times10^5$)	4～6	8～12	16～25	25～35	39～41
平均循环数($N\times10^5$)	5.02	9.78	19.5	29.9	40.0

19－11　车轴受力情况如图所示。轴的材料为合金钢，$\sigma_{-1}=220$ MPa。轴中央截面的 $k_\sigma=1.1$，$\varepsilon_\sigma=0.64$，$\beta=1$。当载荷 $F=100$ kN 时，试求中央截面的工作安全因数。

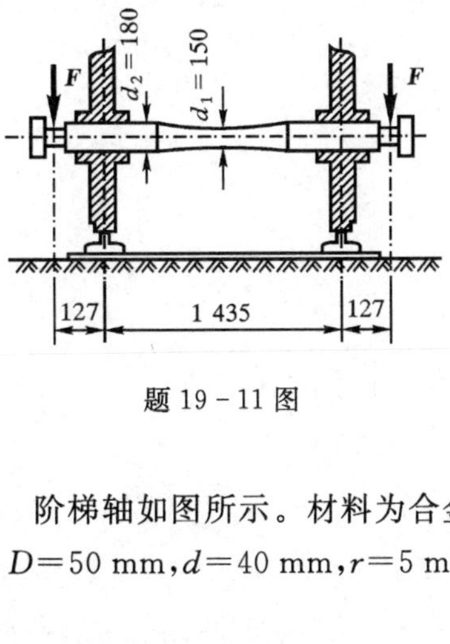

题 19－11 图

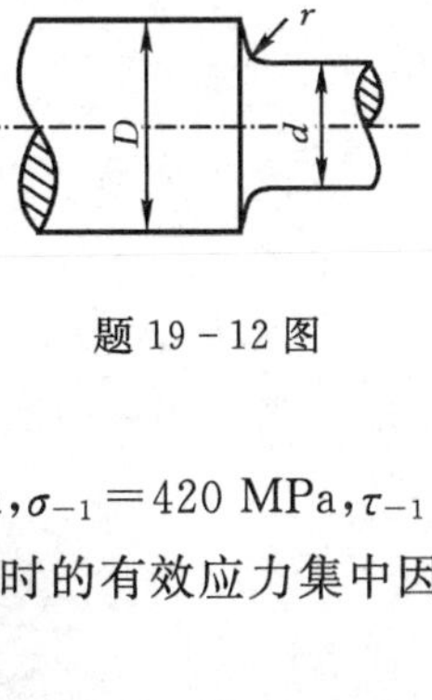

题 19－12 图

19－12　阶梯轴如图所示。材料为合金钢，$\sigma_b=920$ MPa，$\sigma_{-1}=420$ MPa，$\tau_{-1}=250$ MPa。轴的尺寸为 $D=50$ mm，$d=40$ mm，$r=5$ mm。求弯曲和扭转时的有效应力集中因数和尺寸因

数。

19－13 图示阶梯形圆杆经车削加工而成,受对称循环交变轴向力作用。杆的材料为 45 钢,强度极限 $\sigma_b=750$ MPa,对称拉压时的持久极限 $\sigma_{-1}=258$ MPa。杆的尺寸为 $D=100$ mm,$d=50$ mm,$r=8$ mm。若规定安全因数 $[n]=2$,试求此杆的许可轴向力。

19－14 某碳钢轴经表面磨光,受对称循环交变弯矩 $M=750$ N·m的作用。已知 $\sigma_b=600$ MPa,$\sigma_{-1}=250$ MPa。若 $[n]=1.8$,试校核其强度。

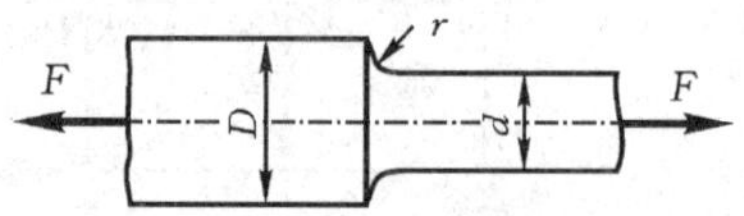

题 19－13 图

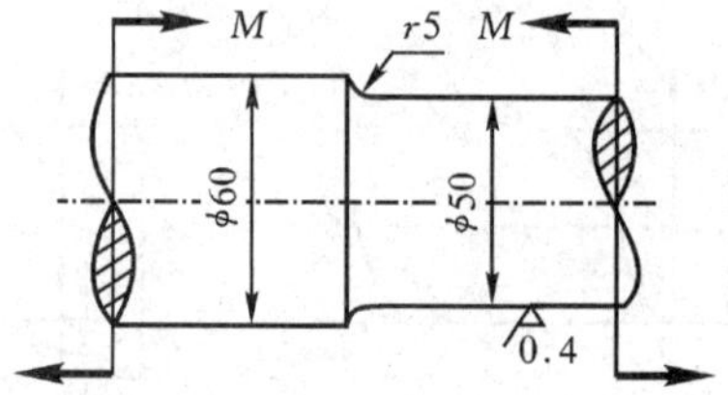

题 19－14 图

19－15 阶梯形碳钢圆轴经车削加工而成,受对称循环交变扭矩 $T=800$ N·m作用。材料的强度极限 $\sigma_b=500$ MPa,材料在对称扭转下的持久极限 $\tau_{-1}=110$ MPa。若 $[n]=1.5$,试校核其强度。

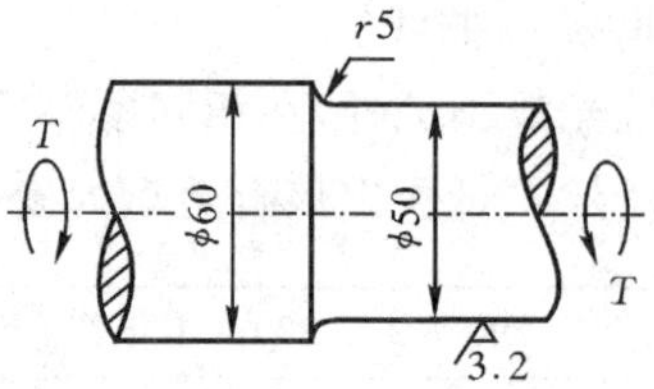

题 19－15 图

附录一　型钢规格表

表 1　热轧等边角钢(GB9787—88)

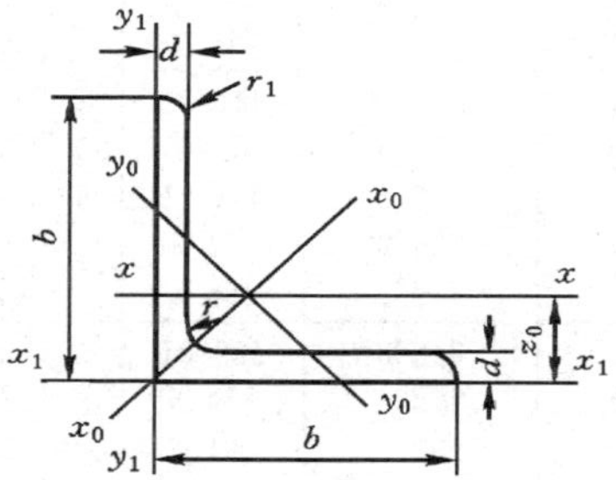

符号意义：

b—— 边宽度；　　I—— 惯性矩；

d—— 边厚度；　　i—— 惯性半径；

r—— 内圆弧半径；　　W—— 截面系数；

r_1—— 边端内圆弧半径；　　z_0—— 重心距离。

角钢号数	尺寸/mm			截面面积/cm²	理论重量/(×9.81 N·m⁻¹)	外表面积/(m²·m⁻¹)	参考数值										z_0/cm
							x—x			x_0—x_0			y_0—y_0			x_1—x_1	
	b	d	r				I_x/cm⁴	i_x/cm	W_x/cm³	I_{x0}/cm⁴	i_{x0}/cm	W_{x0}/cm³	I_{y0}/cm⁴	i_{y0}/cm	W_{y0}/cm³	I_{x1}/cm⁴	
2	20	3	3.5	1.132	0.889	0.078	0.40	0.59	0.29	0.63	0.75	0.45	0.17	0.39	0.20	0.81	0.60
		4		1.459	1.145	0.077	0.50	0.58	0.36	0.78	0.73	0.55	0.22	0.38	0.24	1.09	0.64
2.5	25	3		1.432	1.124	0.098	0.82	0.76	0.46	1.29	0.95	0.73	0.34	0.49	0.33	1.57	0.73
		4		1.859	1.459	0.097	1.03	0.74	0.59	1.62	0.93	0.92	0.43	0.48	0.40	2.11	0.76
3.0	30	3	4.5	1.749	1.373	0.117	1.46	0.91	0.68	2.31	1.15	1.09	0.61	0.59	0.51	2.71	0.85
		4		2.276	1.786	0.117	1.84	0.90	0.87	2.92	1.13	1.37	0.77	0.58	0.62	3.63	0.89
3.6	36	3	4.5	2.109	1.666	0.141	2.58	1.11	0.99	4.09	1.39	1.61	1.07	0.71	0.76	4.68	1.00
		4		2.756	2.163	0.141	3.29	1.09	1.28	5.22	1.38	2.05	1.37	0.70	0.93	6.25	1.04
		5		3.382	2.654	0.141	3.95	1.08	1.56	6.24	1.36	2.45	1.65	0.70	0.09	7.84	1.07
4.0	40	3	5	2.359	1.852	0.157	3.59	1.23	1.23	5.69	1.55	2.01	1.49	0.79	0.96	6.41	1.09
		4		3.086	2.422	0.157	4.60	1.22	1.60	7.29	1.54	2.58	1.91	0.79	1.19	8.56	1.13
		5		3.791	2.976	0.156	5.53	1.21	1.96	8.76	1.52	3.01	2.30	0.78	1.39	10.74	1.17
4.5	45	3	5	2.659	2.008	0.177	5.17	1.40	1.58	8.20	1.76	2.58	2.14	0.90	1.24	9.12	1.22
		4		3.486	2.736	0.177	6.65	1.38	2.05	10.56	1.74	3.32	2.75	0.89	1.54	12.18	1.26
		5		4.292	3.369	0.176	8.04	1.37	2.51	12.74	1.72	4.00	3.33	0.88	1.81	15.25	1.30
				5.076	3.985	0.176	9.33	1.36	2.95	14.76	1.70	4.64	3.89	0.88	2.06	18.36	1.33

续表 1

角钢号数	尺寸/mm			截面面积/cm^2	理论重量/(×9.81 N·m^{-1})	外表面积/(m^2·m^{-1})	参考数值										
							$x-x$			x_0-x_0			y_0-y_0			x_1-x_1	z_0/cm
	b	d	r				I_x/cm^4	i_x/cm	W_x/cm^3	I_{x0}/cm^4	i_{x0}/cm	W_{x0}/cm^3	I_{y0}/cm^4	i_{y0}/cm	W_{y0}/cm^3	I_{x1}/cm^4	
5	50	3	5.5	2.971	2.332	0.197	7.18	1.55	1.96	11.37	1.96	3.22	2.98	1.00	1.57	12.50	1.34
		4		3.897	3.059	0.197	9.26	1.54	2.56	14.70	1.94	4.16	3.82	0.99	1.96	16.69	1.38
		5		4.803	3.770	0.196	11.21	1.53	3.13	17.79	1.92	5.03	4.64	0.98	2.31	20.90	1.42
		6		5.688	4.465	0.196	13.05	1.52	3.68	20.68	1.91	5.85	5.42	0.98	2.63	25.14	1.46
5.6	56	3	6	3.343	2.624	0.221	10.19	1.75	2.48	16.14	2.20	4.08	4.24	1.13	2.02	17.56	1.48
		4		4.390	3.446	0.220	13.18	1.73	3.24	20.92	2.18	5.28	5.46	1.11	2.52	23.43	1.53
		5	6	5.415	4.251	0.220	16.02	1.72	3.97	25.42	2.17	6.42	6.61	1.10	2.98	29.33	1.57
		8	7	8.367	6.568	0.219	23.63	1.68	6.03	37.37	2.11	9.44	9.89	1.09	4.16	47.24	1.68
6.3	63	4	7	4.978	3.907	0.248	19.03	1.96	4.13	30.17	2.46	6.78	7.89	1.26	3.29	33.35	1.70
		5		6.143	4.822	0.248	23.17	1.94	5.08	36.77	2.45	8.25	9.57	1.25	3.90	41.73	1.74
		6		7.288	5.721	0.247	27.12	1.93	6.00	43.03	2.43	9.66	11.20	1.24	4.46	50.14	1.78
		8		9.515	7.469	0.247	34.46	1.90	7.75	54.56	2.40	12.25	14.33	1.23	5.47	67.11	1.85
		10		11.657	9.151	0.246	41.09	1.88	9.39	64.85	2.36	14.56	17.33	1.22	3.36	84.31	1.93
7	70	4	8	5.570	4.372	0.275	26.39	2.18	5.14	41.80	2.74	7.44	10.99	1.40	4.17	45.74	1.86
		5		6.875	5.397	0.275	32.21	2.16	6.32	51.08	2.73	10.32	13.34	1.39	4.95	57.21	1.91
		6		8.160	6.406	0.275	37.77	2.15	7.48	59.93	2.71	12.11	15.61	1.38	5.67	68.73	1.95
		7		9.424	7.398	0.275	43.09	2.14	8.59	68.35	2.69	13.81	17.82	1.38	6.34	80.29	1.99
		8		10.667	8.373	0.274	48.17	2.12	9.68	76.37	2.68	15.43	19.98	1.37	6.98	91.92	2.03
7.5	75	5	9	7.367	5.818	0.295	39.97	2.33	7.32	63.30	2.92	11.94	16.63	1.50	5.77	70.56	2.04
		6		8.797	6.905	0.294	46.95	2.31	8.64	74.38	2.90	14.02	19.51	1.49	6.67	84.55	2.07
		7		10.160	7.976	0.294	53.57	2.30	9.93	84.96	2.89	16.02	22.18	1.48	7.44	98.71	2.11
		8		11.503	9.030	0.294	59.96	2.28	11.20	95.07	2.88	17.93	24.86	1.47	8.19	112.97	2.15
		10		14.126	11.089	0.293	71.98	2.26	13.64	113.92	2.84	21.48	30.05	1.46	9.56	141.71	2.22
8	80	5	9	7.912	6.211	0.315	48.79	2.48	8.34	77.33	3.13	13.67	20.25	1.60	6.66	85.36	2.15
		6		9.397	7.376	0.314	57.35	2.47	9.87	90.98	3.11	16.08	23.72	1.59	7.65	102.50	2.19
		7		10.860	8.525	0.314	65.58	2.46	11.37	104.07	3.10	18.40	27.09	1.58	8.58	119.70	2.23
		8		12.303	9.658	0.314	73.49	2.44	12.83	116.60	3.08	20.61	30.39	1.57	9.64	136.97	2.27
		10		15.126	11.874	0.313	88.43	2.42	15.64	140.09	3.04	24.76	36.77	1.56	11.08	171.74	2.35

续表 1

角钢号数	尺寸/mm			截面面积 /cm²	理论重量 /(×9.81 N·m⁻¹)	外表面积 /(m²·m⁻¹)	参考数值										z_0 /cm
							$x-x$			x_0-x_0			y_0-y_0			x_1-x_1	
	b	d	r				I_x /cm⁴	i_x /cm	W_x /cm³	I_{x0} /cm⁴	i_{x0} /cm	W_{x0} /cm³	I_{y0} /cm⁴	i_{y0} /cm	W_{y0} /cm³	I_{x1} /cm⁴	
9	90	6	10	10.637	8.350	0.354	82.77	2.79	12.61	131.26	3.51	20.63	34.28	1.80	9.95	145.87	2.44
		7		12.301	9.656	0.354	94.83	2.78	14.54	150.47	3.50	23.64	39.18	1.78	11.19	170.30	2.48
		8		13.944	10.946	0.353	106.47	2.76	16.42	168.97	3.48	26.55	43.97	1.78	12.35	194.80	2.52
		10		17.167	13.476	0.353	128.58	2.74	20.07	203.90	3.45	32.04	53.26	1.76	14.52	244.07	2.59
		12		20.306	15.940	0.352	149.22	2.71	23.57	236.21	3.41	37.12	62.22	1.75	16.49	293.76	2.67
10	100	6	12	11.932	9.366	0.393	114.95	3.01	15.68	181.98	3.90	25.74	47.92	2.00	12.69	200.07	2.67
		7		13.796	10.830	0.393	131.86	3.09	18.10	208.97	3.89	29.55	54.74	1.99	14.26	233.54	2.71
		8		15.638	12.276	0.393	148.24	3.08	20.47	235.07	3.88	33.24	61.41	1.98	15.75	267.09	2.76
		10		19.261	15.120	0.392	179.51	3.05	25.06	284.68	3.84	40.26	74.35	1.96	18.54	334.48	2.84
		12		22.800	17.898	0.391	208.90	3.03	29.48	330.95	3.81	46.80	86.84	1.95	21.08	402.34	2.91
		14		26.256	20.611	0.391	236.53	3.00	33.73	374.06	3.77	52.90	99.00	1.94	23.44	470.75	2.99
		16		29.627	23.257	0.390	262.53	2.98	37.82	414.16	3.74	58.57	110.89	1.94	25.63	539.80	3.06
11	110	7	12	15.196	11.928	0.433	177.16	3.41	22.05	280.94	4.30	36.12	73.38	2.20	17.51	310.64	2.96
		8		17.238	13.532	0.433	199.46	3.40	24.95	316.49	4.28	40.69	82.42	2.19	16.39	355.20	3.01
		10		21.261	16.690	0.432	242.19	3.38	30.60	384.39	4.25	49.42	99.98	2.17	22.91	444.65	3.09
		12		25.200	19.782	0.431	282.55	3.35	36.05	448.17	4.22	57.62	116.93	2.15	26.15	534.60	3.16
		14		29.056	22.809	0.431	320.71	3.32	41.31	508.01	4.18	65.31	133.40	2.14	29.14	625.16	3.24
12.5	125	8	14	19.750	15.504	0.492	297.03	3.88	32.52	470.89	4.88	53.28	123.16	2.50	25.86	521.01	3.37
		10		24.373	19.133	0.491	361.67	3.85	39.97	573.89	4.85	64.93	149.46	2.48	30.62	651.93	3.45
		12		28.912	22.696	0.491	423.16	3.83	41.17	671.44	4.82	75.96	174.88	2.46	35.03	783.42	3.53
		14		33.367	26.193	0.490	481.65	3.80	54.16	763.73	4.78	86.41	199.57	2.45	39.13	915.61	3.61
14	140	10	14	27.373	21.488	0.551	514.65	4.34	50.58	817.27	5.46	82.56	212.04	2.78	39.20	915.11	3.82
		12		32.512	25.522	0.551	603.68	4.31	59.80	958.79	5.43	96.85	248.57	2.76	45.02	1 099.28	3.90
		14		37.567	29.490	0.550	688.81	4.28	68.75	1 093.56	5.40	110.47	284.06	2.75	50.45	1 284.22	3.98
		16		42.539	33.393	0.549	770.24	4.26	77.46	1 221.81	5.36	123.42	318.67	2.74	55.55	1 470.07	4.06
16	160	10	16	31.502	24.729	0.630	779.53	4.98	66.70	1 237.30	6.27	109.36	321.76	3.20	52.76	1 365.33	4.31
		12		37.441	29.391	0.630	916.58	4.95	78.98	1 455.68	6.24	128.67	377.49	3.18	60.74	1 639.57	4.39
		14		43.296	33.987	0.629	1 048.36	4.92	90.95	1 665.02	6.20	147.17	431.70	3.16	68.244	1 914.68	4.47
		16		49.067	38.518	0.629	1 175.08	4.89	102.63	1 865.57	6.17	164.89	484.59	3.14	75.31	2 190.82	4.55

续表 1

角钢号数	尺寸/mm			截面面积/cm^2	理论重量/(×9.81 $N \cdot m^{-1}$)	外表面积/($m^2 \cdot m^{-1}$)	参考数值										z_0/cm
							$x-x$			x_0-x_0			y_0-y_0			x_1-x_1	
	b	d	r				I_x/cm^4	i_x/cm	W_x/cm^3	I_{x0}/cm^4	i_{x0}/cm	W_{x0}/cm^3	I_{y0}/cm^4	i_{y0}/cm	W_{y0}/cm^3	I_{x1}/cm^4	
18	180	12	16	42.241	33.159	0.710	1 321.35	5.59	100.82	2 100.10	7.05	165.00	542.61	3.58	78.41	2 332.80	4.89
		14		48.896	38.388	0.709	1 514.48	5.56	116.25	2 407.42	7.02	189.14	625.53	3.56	88.38	2 723.48	4.97
		16		55.467	43.542	0.709	1 700.99	5.54	131.13	2 703.37	6.98	212.40	698.60	3.55	97.83	3 115.29	5.05
		18		61.955	48.634	0.708	1 875.12	5.50	245.64	2 988.24	6.94	234.78	762.01	3.51	105.14	3 502.43	5.13
20	200	14	18	54.642	42.894	0.788	2 103.55	6.20	144.70	3 343.26	7.82	236.40	863.83	3.98	111.82	3 734.10	5.46
		16		62.013	48.680	0.788	2 366.15	6.18	163.65	3 760.89	7.79	265.93	971.41	3.96	123.96	4 270.39	5.54
		18		69.301	54.401	0.787	2 620.64	6.15	182.22	4 164.54	7.75	294.48	1 076.74	3.94	135.52	4 808.13	5.62
		20		76.505	60.056	0.787	2 867.30	6.12	200.42	4 554.55	7.72	322.06	1 180.04	3.93	146.55	5 347.51	5.69
		24		90.661	71.168	0.785	2 338.25	6.07	236.17	5 294.97	7.64	374.41	1 381.53	3.90	166.55	6 457.16	5.87

注:截面中的 $r_1 = d/3$ 及表中 r 值的数据用于孔型设计,不作交货条件。

表 2 热轧不等边角钢(GB9788—88)

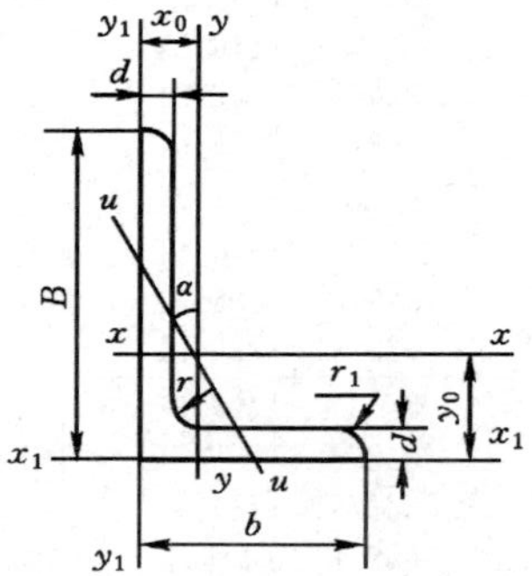

符号意义：

B—— 长边宽度；	b—— 短边宽度；
d—— 边厚度；	r—— 内圆弧半径；
r_1—— 边端内圆弧半径；	I—— 惯性矩；
i—— 惯性半径；	W—— 截面系数；
x_1—— 重心距离；	y_0—— 重心距离。

角钢号数	尺寸/mm				截面面积/cm²	理论重量/(×9.81 N·m⁻¹)	外表面积/(m²·m⁻¹)	参考数值													
								x—x			y—y			x_1—x_1		y_1—y_1		u—u			
	B	b	d	r				I_x/cm⁴	i_x/cm	W_x/cm³	I_y/cm⁴	i_y/cm	W_y/cm³	I_{x1}/cm⁴	y_0/cm	I_{y1}/cm⁴	x_0/cm	I_u/cm⁴	i_u/cm	W_u/cm³	tanα
2.5/1.6	25	16	3	3.5	1.162	0.912	0.080	0.70	0.78	0.43	0.22	0.44	0.19	1.56	0.86	0.43	0.42	0.14	0.34	0.16	0.392
			4		1.499	1.176	0.079	0.88	0.77	0.55	0.27	0.43	0.24	2.09	0.90	0.59	0.46	0.17	0.34	0.20	0.381
3.2/2	32	20	3		1.492	1.171	0.102	1.53	1.01	0.72	0.46	0.55	0.30	3.27	1.08	0.82	0.49	0.28	0.43	0.25	0.382
			4		1.393	1.522	0.101	1.93	1.00	0.93	0.57	0.54	0.39	4.37	1.12	1.12	0.53	0.35	0.42	0.32	0.374
4/2.5	40	25	3	4	1.890	1.484	1.127	3.08	1.28	1.15	0.93	0.70	0.49	6.39	1.32	1.59	0.59	0.56	0.54	0.40	0.386
			4		2.467	1.936	0.127	3.93	1.26	1.49	1.18	0.69	0.63	8.53	1.37	2.14	0.63	0.71	0.54	0.52	0.381
4.5/2.8	45	28	3	5	2.149	1.687	0.143	4.45	1.44	1.47	1.34	0.79	0.62	9.10	1.47	2.23	0.64	0.80	0.61	0.51	0.383
			4		2.806	2.203	0.143	5.69	1.42	1.91	1.70	0.78	0.80	12.13	1.51	3.00	0.68	1.02	0.60	0.66	0.380
5/3.2	50	32	3	5.5	2.431	1.908	0.161	6.24	1.60	1.84	2.02	0.91	0.82	12.49	1.60	3.31	0.73	1.20	0.70	0.68	0.404
			4		3.177	2.494	0.160	8.02	1.59	2.39	2.58	0.90	1.06	16.65	1.65	4.45	0.77	1.53	0.69	0.87	0.402
5.6/3.6	56	36	3	6	2.743	2.153	0.181	8.88	1.80	2.32	2.92	1.03	1.05	17.54	1.78	4.70	0.80	1.73	0.79	0.87	0.408
			4		3.590	2.818	0.180	11.45	1.79	3.03	3.76	1.02	1.37	23.39	1.82	6.33	0.85	2.23	0.79	1.13	0.408
			5		4.415	3.466	0.180	13.86	1.77	3.71	4.49	1.01	1.65	29.25	1.87	7.94	0.88	2.67	0.78	1.36	0.404
6.3/4	63	40	4	7	4.085	3.185	0.202	16.49	2.02	3.87	5.23	1.14	1.70	33.30	2.04	8.63	0.92	3.12	0.88	1.40	0.398
			5		4.993	3.920	0.202	20.02	2.00	4.74	6.31	1.12	2.71	41.63	2.08	10.86	0.95	3.76	0.87	1.71	0.396
			6		5.908	4.638	0.201	23.36	1.96	5.59	7.29	1.11	2.43	49.98	2.12	23.12	0.99	4.34	0.86	1.99	0.393
			7		6.802	5.339	0.201	26.53	1.98	6.40	8.24	1.10	2.78	58.07	2.15	15.47	1.03	4.97	0.86	2.29	0.389

续表 2

角钢号数	尺寸/mm				截面面积/cm²	理论重量/(×9.81 N·m⁻¹)	外表面积/(m²·m⁻¹)	参考数值													
								$x-x$			$y-y$			x_1-x_1		y_1-y_1		$u-u$			
	B	b	d	r				I_x/cm⁴	i_x/cm	W_x/cm³	I_y/cm⁴	i_y/cm	W_y/cm³	I_{x1}/cm⁴	y_0/cm	I_{y1}/cm⁴	x_0/cm	I_u/cm⁴	i_u/cm	W_u/cm³	tanα
7/4.5	70	45	4	7.5	1.547	3.570	0.226	23.17	2.26	4.86	7.55	1.29	2.17	45.92	2.24	12.36	1.02	4.40	0.98	1.77	0.410
			5		5.609	4.403	0.225	27.95	2.23	5.92	9.13	1.28	2.65	57.10	2.28	25.39	1.06	5.40	0.98	2.19	0.407
			6		6.647	5.218	0.225	32.54	2.21	6.95	10.62	1.26	3.12	68.35	2.32	18.58	1.09	6.35	0.98	2.59	0.404
			7		7.657	6.011	0.225	37.22	2.20	8.03	12.01	1.25	3.57	79.99	2.36	21.84	1.13	7.16	0.97	2.94	0.402
7.5/5	75	50	5	8	6.125	4.808	0.245	34.86	2.39	6.83	12.61	1.44	3.30	70.00	2.40	21.04	1.17	7.41	1.10	2.74	0.435
			6		7.260	5.699	0.245	41.12	2.38	8.12	14.70	1.42	3.88	84.30	2.44	25.37	1.21	8.54	1.08	3.19	0.435
			8		9.467	7.431	0.244	52.39	2.35	10.52	18.53	1.40	4.99	112.50	2.52	34.23	1.29	10.87	1.07	4.10	0.429
			10		11.590	9.098	0.244	62.71	2.33	12.79	21.96	1.38	5.04	140.80	2.60	43.43	1.36	13.10	1.06	4.99	0.429
8/5	80	50	5	8	6.375	5.005	0.255	41.96	2.56	7.78	12.82	1.42	3.32	85.21	2.60	21.06	1.14	7.66	1.10	2.74	0.388
			6		7.560	5.935	0.255	49.49	2.56	9.25	14.95	1.41	3.91	102.53	2.65	25.41	1.18	8.85	1.08	3.20	0.387
			7		8.724	6.848	0.255	56.16	2.54	10.58	16.96	1.39	4.48	119.33	2.69	29.82	1.21	10.18	1.08	3.70	0.384
			8		9.867	7.745	0.254	62.83	2.52	11.92	18.85	1.38	5.03	136.41	2.73	34.32	1.25	11.38	1.07	4.16	0.381
9/5.6	90	56	5	9	7.212	5.661	0.287	60.45	2.90	9.92	18.32	1.59	4.21	121.32	2.91	29.53	1.25	10.98	1.23	3.49	0.385
			6		8.557	6.717	0.286	71.03	2.88	11.74	21.42	1.58	4.96	145.59	2.95	35.58	1.29	12.90	1.23	4.18	0.384
			7		9.880	7.756	0.286	81.01	2.86	13.49	24.36	1.57	5.70	169.66	3.00	41.71	1.33	14.67	1.22	4.72	0.382
			8		11.183	8.779	0.286	91.03	2.85	15.27	27.15	1.56	6.41	194.17	3.04	47.93	1.36	16.34	1.21	5.29	0.380
10/6.3	100	63	6	10	9.617	7.550	0.320	99.06	3.21	14.64	30.94	1.79	6.35	199.71	3.24	50.50	1.43	18.42	1.38	5.25	0.394
			7		11.111	8.722	0.320	113.45	3.29	16.88	35.26	1.78	7.29	233.00	3.28	59.14	1.47	21.00	1.38	6.02	0.393
			8		12.584	9.878	0.319	127.37	3.18	19.08	39.39	1.77	8.21	266.32	3.32	67.88	1.50	23.50	1.37	6.78	0.391
			10		15.467	12.142	0.319	153.81	3.15	23.32	47.12	1.74	9.98	333.06	3.40	85.73	1.58	28.33	1.35	8.24	0.387
10/8	100	80	6	10	10.637	8.350	0.354	107.04	3.17	15.19	61.24	2.40	10.16	499.83	2.95	102.68	1.97	31.65	1.72	8.37	0.627
			7		12.301	9.656	0.354	122.73	3.16	17.52	70.08	4.39	11.71	233.20	3.00	119.98	2.01	36.17	1.72	9.60	0.626
			8		13.944	10.946	0.354	137.92	3.14	19.81	78.58	2.37	13.21	266.61	3.04	137.37	2.05	40.58	1.71	10.80	0.625
			10		17.167	13.476	0.353	166.87	3.12	24.24	94.65	2.35	16.12	333.63	3.12	172.8	2.13	49.10	1.69	13.12	0.622
11/7	110	70	6	10	10.637	8.350	0.354	107.04	3.17	15.19	61.24	2.40	10.16	499.83	2.95	102.68	1.97	31.65	1.72	8.37	0.627
			7		12.301	9.656	0.354	122.73	3.16	17.52	70.08	2.39	11.71	233.20	3.00	119.98	2.01	36.17	1.72	9.60	0.626
			8		13.944	10.946	0.354	137.92	3.14	19.81	18.58	2.37	13.21	266.61	3.04	137.37	2.05	40.58	1.71	10.80	0.625
			10		17.167	13.476	0.353	166.87	3.12	24.24	94.65	2.35	16.12	333.63	3.12	172.48	2.13	49.10	1.69	13.12	0.622

续表 2

角钢号数	尺寸/mm B	尺寸/mm b	尺寸/mm d	尺寸/mm r	截面面积 /cm^2	理论重量 /(×9.81 N·m^{-1})	外表面积 /(m^2·m^{-1})	参考数值 $x-x$ I_x /cm^4	i_x /cm	W_x /cm^3	$y-y$ I_y /cm^4	i_y /cm	W_y /cm^3	x_1-x_1 I_{x1} /cm^4	y_0 /cm	y_1-y_1 I_{y1} /cm^4	x_0 /cm	$u-u$ I_u /cm^4	i_u /cm	W_u /cm^3	tanα
12.5/8	125	80	7	11	14.096	11.066	0.403	277.98	4.02	26.86	74.42	2.30	12.01	454.99	4.01	120.32	1.80	43.81	1.76	9.92	0.408
			8		15.989	12.551	0.403	256.77	4.01	30.41	83.49	2.28	13.56	519.99	4.06	137.85	1.84	49.15	1.75	11.18	0.407
			10		19.712	15.474	0.402	312.04	3.98	37.33	100.67	2.26	16.56	650.09	4.14	173.40	1.92	59.45	1.74	13.64	0.404
			12		23.351	18.330	0.402	364.41	3.95	44.01	116.67	2.24	19.43	780.39	4.22	209.67	2.00	69.35	1.72	16.01	0.400
14/9	140	90	8	12	18.038	14.160	0.453	365.64	4.50	38.48	120.69	2.59	17.34	730.53	4.50	195.79	2.04	70.83	1.98	14.31	0.411
			10		22.261	17.475	0.452	445.50	4.47	47.31	146.03	2.56	21.22	913.20	4.58	245.92	2.12	85.82	1.96	17.48	0.409
			12		26.400	20.724	0.451	521.59	4.44	55.87	169.79	2.54	24.95	1 096.09	4.66	296.89	2.19	100.21	1.95	20.54	0.406
			14		30.456	23.908	0.451	594.10	4.42	64.18	192.10	2.51	28.54	1 279.26	4.74	348.82	2.27	114.13	1.94	23.52	0.403
16/10	160	100	10	13	25.315	19.872	0.512	668.69	5.14	62.13	205.03	2.85	26.56	1 362.89	5.24	336.59	2.28	121.74	2.19	21.92	0.390
			12		30.054	23.592	0.511	784.91	5.11	73.49	239.06	2.82	31.28	1 635.56	5.32	405.94	2.36	142.33	2.17	25.79	0.388
			14		34.709	27.247	0.510	896.30	5.08	84.56	271.20	2.80	35.83	1 908.50	5.40	476.42	2.43	162.23	2.16	29.56	0.385
			16		39.281	30.835	0.510	1 003.04	5.05	95.33	301.60	2.77	40.24	2 181.79	5.48	548.22	2.51	182.57	2.16	33.44	0.382
18/11	180	110	10	14	28.373	22.273	0.571	956.25	5.80	78.96	278.11	3.13	32.49	1 940.40	5.89	447.22	2.44	166.50	2.42	29.88	0.376
			12		33.712	26.464	0.571	1 124.72	5.78	93.53	325.03	3.10	38.32	2 328.38	5.98	538.94	2.52	194.87	2.40	31.66	0.374
			14		38.967	30.589	0.570	1 286.91	5.75	107.76	369.55	3.08	43.79	2 716.60	6.06	631.95	2.59	222.30	2.39	36.32	0.372
			16		44.139	34.649	0.569	1 443.06	5.72	121.64	411.85	3.06	49.44	3 105.15	6.14	726.46	2.67	248.94	2.38	40.87	0.369
20/12.5	200	125	12		37.912	29.761	0.641	1 570.90	6.44	116.73	483.16	3.57	49.99	3 193.85	6.54	787.74	2.83	285.79	2.74	41.23	0.392
			14		43.867	34.436	0.640	1 800.97	6.41	134.65	550.83	3.54	57.44	3 726.17	6.62	922.47	2.91	326.58	2.73	47.34	0.390
			16		49.739	39.045	0.639	2 023.35	6.38	152.18	615.44	3.52	64.69	4 258.86	6.70	1 058.86	2.99	366.21	2.71	53.32	0.388
			18		55.526	43.588	0.639	2 238.30	6.35	169.33	677.19	3.49	71.74	4 792.00	6.78	1 197.13	3.06	404.83	2.70	59.18	0.385

注:(1)括号内型号不推荐使用。
(2)截面图中的 $r_1 = d/3$ 及表中 r 的数据用于孔型设计,不作交货条件。

表3　热轧工字钢(GB706—88)

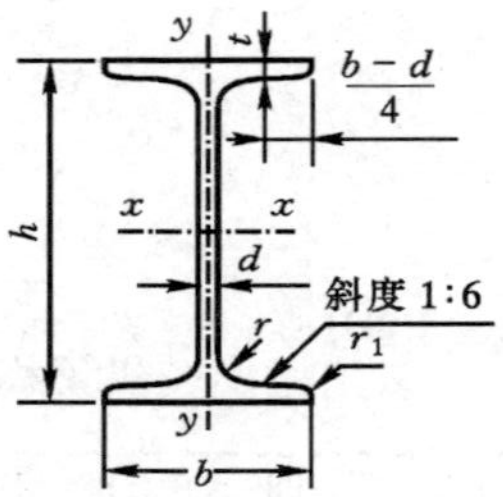

符号意义：
h—— 高度；
b—— 腿宽度；
d—— 腰厚度；
t—— 平均腿厚度；
r—— 内圆弧半径；
r_1—— 腿端圆弧半径；
I—— 惯性矩；
W—— 截面系数；
i—— 惯性半径；
S—— 半截面的静矩。

型号	尺寸 /mm						截面面积 /cm^2	理论重量 /(×9.81 N·m^{-1})	参考数值						
									x—x				y—y		
	h	b	d	t	r	r_1			I_x /cm^4	W_x /cm^3	i_x /cm	$I_x:S_x$ /cm	I_y /cm^4	W_y /cm^3	i_y /cm
10	100	68	4.5	7.6	6.5	3.3	14.3	11.2	245.00	49.00	4.14	8.59	33.000	9.720	1.520
12.6	126	74	5.0	8.4	7.0	3.5	18.1	14.2	488.43	77.529	5.195	10.85	46.906	12.677	1.609
14	140	80	5.5	9.1	7.5	3.8	21.5	16.9	712.00	102.00	5.76	12.00	64.400	16.100	1.730
16	160	88	6.0	9.9	8.0	4.0	26.1	20.5	1 130.00	141.00	6.58	13.80	93.100	21.200	1.890
18	180	94	6.5	10.7	8.5	4.3	30.6	24.1	1 660.00	185.00	7.36	15.40	12.000	26.000	2.000
20a	200	100	7.0	11.4	9.0	4.5	35.5	27.9	2 370.00	237.00	8.15	17.20	158.000	31.500	2.120
20b	200	102	9.0	11.4	9.0	4.5	39.5	31.1	2 500.00	250.00	7.96	16.90	169.000	33.100	2.060
22a	200	110	7.5	12.3	9.5	4.8	42.0	33.0	3 400.00	309.00	8.99	18.90	225.000	40.900	2.310
22b	200	112	9.5	12.3	9.5	4.8	46.4	36.4	3 570.00	325.00	8.78	18.70	239.000	72.700	2.270
25a	250	116	8.0	13.0	10.0	5.0	48.5	38.1	5 023.54	401.88	10.18	21.58	280.046	48.283	2.403
25b	250	118	10.0	13.0	10.0	5.0	53.5	42.0	5 283.96	422.72	9.938	21.27	309.297	52.423	2.404
28a	280	122	8.5	13.7	10.5	5.3	55.45	43.4	7 114.14	508.15	11.32	24.62	345.051	56.565	2.495
28b	280	124	10.5	13.7	10.5	5.3	61.05	47.9	7 480.00	534.29	11.08	24.24	379.496	61.209	2.493
32a	320	130	9.5	15.0	11.5	5.8	67.05	52.7	11 075.5	692.20	12.84	27.46	459.93	70.758	2.619
32b	320	132	11.5	15.0	11.5	5.8	73.45	52.7	11 621.4	726.33	12.58	27.09	501.53	75.989	2.614
32c	320	134	13.5	15.0	11.5	5.8	79.95	62.8	12 167.5	760.47	12.34	26.77	543.81	81.166	2.608
36a	360	136	10.0	15.8	12.0	6.0	76.30	59.9	15 760.0	875.00	14.40	30.70	552.00	81.20	2.690
36b	360	138	12.0	15.8	12.0	6.0	83.50	65.6	16 530.0	919.00	14.40	30.70	582.00	84.30	2.640
36c	360	140	14.0	15.8	12.0	6.0	90.70	71.2	17 310.0	962.00	13.80	29.90	612.00	87.40	2.600

续表 3

型号	尺寸 /mm						截面面积 /cm²	理论重量 /(×9.81 N·m⁻¹)	参考数值						
									x—x				y—y		
	h	b	d	t	r	r_1			I_x /cm⁴	W_x /cm³	i_x /cm	$I_x:S_x$ /cm	I_y /cm⁴	W_y /cm³	i_y /cm
40a	400	142	10.5	16.5	12.5	6.3	86.10	67.6	21 720.0	1 090.00	15.90	34.10	660.00	93.20	2.770
40b	400	144	12.5	16.5	12.5	6.3	94.10	73.8	22 780.0	1 140.00	15.60	33.60	692.00	96.20	2.710
40c	400	146	14.5	16.5	12.5	6.3	102.00	80.1	23 850.0	1 190.00	15.20	33.20	727.00	99.60	2.650
45a	450	150	11.5	18.0	13.5	6.8	102.00	80.4	32 240.0	1 430.00	17.70	38.60	855.00	114.00	2.890
45b	450	152	13.5	18.0	13.5	6.8	111.00	87.4	33 760.0	1 500.00	17.40	38.00	894.00	118.00	2.840
45c	450	154	15.5	18.0	13.5	6.8	120.00	94.5	35 280.0	1 570.00	17.10	37.60	938.00	122.00	2.790
50a	500	158	12.0	20.0	14.0	7.0	119.00	93.6	46 470.0	1 860.00	19.70	42.80	1 120.00	142.00	3.07
50b	500	160	14.0	20.0	14.0	7.0	129.00	101.0	48 560.0	1 940.00	19.40	82.40	1 170.00	146.00	3.01
50c	500	162	16.0	20.0	14.0	7.0	139.00	109.0	50 640.0	2 080.00	19.00	41.80	1 220.00	151.00	2.96
56a	560	166	12.5	21.0	14.5	7.3	135.25	106.2	65 585.6	2 342.31	22.02	47.73	1 370.16	165.08	3.182
56b	560	168	14.5	21.0	14.5	7.3	146.45	155.0	68 512.5	2 446.69	21.63	47.17	1 486.75	174.25	3.162
56c	560	170	16.5	21.0	14.5	7.3	157.85	123.9	71 439.4	2 551.41	21.27	46.66	1 558.39	183.34	3.158
63a	630	176	13.0	22.0	15.0	7.5	154.9	121.6	93 916.2	2 981.47	24.62	54.17	1 700.55	193.24	3.314
63b	630	178	15.0	22.0	15.0	7.5	167.5	131.5	98 083.6	3 163.38	24.20	53.51	1 812.07	203.60	3.289
63c	630	180	17.0	22.0	15.0	7.5	180.1	141.0	102 251.1	3 298.42	23.82	52.92	1 924.91	213.88	3.268

注：截面图和表中标注的圆弧半径 r、r_1 的数据用于孔型设计，不作交货条件。

表 4　热轧槽钢(GB707—88)

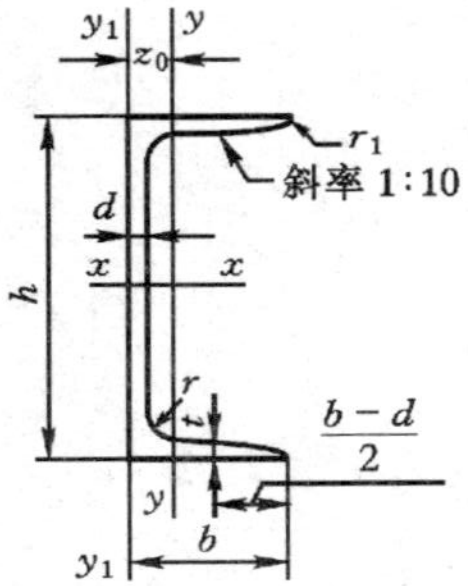

符号意义：
h——高度；
b——腿宽度；
d——腰厚度；
t——平均腿厚度；
r——内圆弧半径；
r_1——腿端圆弧半径；
I——惯性矩；
W——截面系数；
i——惯性半径；
z_0——$y—y$ 轴与 $y_1—y_1$ 轴间距。

型号	尺寸/mm						截面面积/cm²	理论重量/(×9.81 N·m⁻¹)	参考数值							
									$x—x$			$y—y$			$y_1—y_1$	
	h	b	d	t	r	r_1			W_x /cm³	I_x /cm⁴	i_x /cm	W_y /cm³	I_y /cm⁴	i_y /cm	I_{y1} /cm⁴	z_0 /cm
5	50	37	4.5	7.0	7.0	3.50	6.93	5.44	10.400	26.000	1.940	3.550	8.300	1.100	20.90	1.35
6.3	63	40	4.8	7.5	7.5	3.75	8.44	6.63	16.123	50.786	2.453	4.500	11.872	1.185	28.38	1.36
8	80	43	5.0	8.0	8.0	4.00	10.24	8.04	25.300	101.300	3.150	5.790	16.600	1.270	37.40	1.43
10	100	48	5.3	8.5	8.5	4.25	12.74	10.00	39.700	198.300	3.950	7.800	25.600	1.410	54.90	1.52
12.6	126	53	5.5	9.0	9.0	4.50	15.69	12.37	62.137	391.466	4.953	10.242	37.99	0.567	773.09	1.59
14a	140	58	6.0	9.5	9.5	4.75	18.51	14.53	80.500	563.700	5.520	13.010	53.200	1.700	107.10	1.71
14b	140	60	8.0	9.5	9.5	4.75	21.31	16.73	87.100	609.400	5.350	14.120	61.100	1.690	120.60	1.67
16a	160	63	6.5	10.0	10.0	5.00	21.95	17.23	108.300	866.200	6.280	16.300	73.300	1.830	144.10	1.80
16	160	63	8.5	10.0	10.0	5.00	25.15	19.74	116.800	934.500	6.100	17.550	83.400	1.820	160.80	1.75
18a	180	68	7.0	10.5	10.5	5.25	25.69	20.17	141.400	1 272.70	7.040	20.030	98.600	1.960	189.700	1.880
18	180	70	9.0	10.5	10.5	5.25	29.29	22.99	152.200	1 369.90	6.840	21.520	111.000	1.950	210.100	1.840
20a	200	73	7.0	11.0	11.0	5.50	28.83	22.63	178.000	1 780.40	7.860	24.200	128.000	2.110	244.000	2.010
20	200	75	9.0	11.0	11.0	5.50	32.83	25.77	191.400	1 913.70	7.640	25.880	143.600	2.090	268.400	1.950
22a	220	77	7.0	11.5	11.5	5.75	31.84	24.99	217.600	2 393.90	8.670	28.170	157.800	2.230	298.200	2.100
22	220	79	9.0	11.5	11.5	5.75	36.24	28.45	233.800	2 571.40	8.420	30.050	176.400	2.210	326.300	2.030
25a	250	78	7.0	12.0	12.0	6.00	34.91	27.47	269.597	3 369.62	9.823	30.607	175.529	2.243	322.256	2.065
25b	250	80	9.0	12.0	12.0	6.00	39.91	31.39	282.402	3 530.04	9.405	32.657	196.421	2.218	353.187	1.982
25c	250	82	11.0	12.0	12.0	6.00	44.91	35.32	295.236	3 690.45	9.065	35.926	218.415	2.206	384.133	1.921

续表 4

型号	尺寸/mm						截面面积/cm^2	理论重量/(×9.81 $N\cdot m^{-1}$)	参考数值							
									$x-x$			$y-y$			y_1-y_1	z_0/cm
	h	b	d	t	r	r_1			W_x/cm^3	I_x/cm^4	i_x/cm	W_y/cm^3	I_y/cm^4	i_y/cm	I_{y1}/cm^4	
28a	280	82	7.5	12.5	12.5	6.25	40.02	31.42	340.328	4 764.59	10.91	35.718	217.989	2.333	387.566	2.097
28b	280	84	9.5	12.5	12.5	6.25	45.62	35.81	366.460	5 130.45	10.60	37.929	242.144	2.304	427.589	2.016
28c	280	86	11.5	12.5	12.5	6.25	51.22	40.21	392.594	5 496.32	10.35	40.301	267.602	2.286	426.597	1.951
32a	320	88	8.0	14.0	14.0	7.00	48.70	38.22	474.879	7 598.06	12.49	46.473	304.787	2.502	552.310	2.242
32b	320	90	10.0	14.0	14.0	7.00	55.10	43.25	509.012	8 144.20	12.49	49.157	336.332	2.471	592.933	2.158
32c	320	92	12.0	14.0	14.0	7.00	61.50	48.28	543.145	8 690.33	11.88	52.642	374.175	2.467	643.299	2.092
36a	360	96	9.0	16.0	16.0	8.00	60.89	47.80	659.700	11 874.2	13.97	63.540	455.000	2.730	818.400	2.440
36b	360	98	11.0	16.0	16.0	8.00	68.09	53.45	702.900	12 651.8	13.63	66.850	496.700	2.700	880.400	2.370
36c	360	100	13.0	16.0	16.0	8.00	75.29	50.10	746.100	13 429.4	13.36	70.020	536.400	2.670	947.900	2.340
40a	400	100	10.5	18.0	18.0	9.00	75.05	58.91	878.900	17 577.9	15.30	78.830	592.000	2.810	1 067.700	2.490
40b	400	102	12.5	18.0	18.0	9.00	83.05	65.19	932.200	18 644.5	14.98	82.520	640.000	2.780	1 135.600	2.440
40c	400	104	14.5	18.0	18.0	9.00	91.05	71.47	985.600	19 711.2	14.71	86.190	687.800	2.750	1 220.700	2.420

注:截面图和表中标注的圆弧半径 r、r_1 的数据用于孔型设计,不作交货条件。

附录二　习题参考答案

第一篇　刚体静力学

第1章

1-1　$\boldsymbol{F}_{\mathrm{R}}=549\boldsymbol{i}-383\boldsymbol{j}$ N

1-2　$F_1=173$ N，　$\gamma=95^\circ$

1-3　$\boldsymbol{F}_{\mathrm{R}}=-228\boldsymbol{i}+652\boldsymbol{j}+485\boldsymbol{k}$ N

1-4　$\boldsymbol{M}=-160\boldsymbol{i}+213\boldsymbol{k}$ N·m

1-5　$F_2=51.4$ N

1-6　$M=400$ N·m

1-7　$m_z(\boldsymbol{F})=101$ N·m

1-8　(1)$\boldsymbol{M}_A(\boldsymbol{F})=-180\boldsymbol{i}+70\boldsymbol{j}+20\boldsymbol{k}$ N·m

(2)$\boldsymbol{M}_A(\boldsymbol{F})=-180\boldsymbol{i}+70\boldsymbol{j}+20\boldsymbol{k}$ N·m

1-9　(a)$M_O(\boldsymbol{F})=Fl\sin(\beta-\alpha)$　　(b) $M_O(\boldsymbol{F})=Fl\sin(\alpha+\beta)$

(c) $M_O(\boldsymbol{F})=-F\sqrt{l^2+b^2}\sin\alpha$

1-10　(a)$M_O=-\dfrac{1}{2}ql^2$；　(b)$M_O=-\dfrac{1}{3}ql^2$；　(c)$M_O=\dfrac{1}{2}qa^2$

1-11　$M_C(\boldsymbol{F})=-Fr[\cos(\alpha+\gamma)-\cos(\alpha+\beta)]$

1-12　$M_O=75$ N·m

第2章

2-1　$F'_{\mathrm{R}}=50$ N，$M_B=25$ N·m

2-2　$F'_{\mathrm{R}}=467$ N，$M_O=21.5$ N·m；$d=4.59$ m

2-3　$\boldsymbol{F}'_{\mathrm{R}}=-2\boldsymbol{i}-\boldsymbol{j}$，$M_O=-91$ N·m；$x-2y-9=0$

2-4　(1)$x_C=1.2$ m，$y_C=1.5$ m；　(2)$F_A=3$ kN，$F_B=13$ kN

2-5　$\boldsymbol{F}'_{\mathrm{R}}=-345\boldsymbol{i}-250\boldsymbol{j}-20.6\boldsymbol{k}$ N，$\boldsymbol{M}_O=-51.8\boldsymbol{i}-36.6\boldsymbol{j}+104\boldsymbol{k}$ N·m

2-6　$x_C=0$，$y_C=-\dfrac{2R}{2+\pi}$

2-7　$F_{\mathrm{R}}=1$ kN

2-8　$x_C=8.17$ cm，$y_C=5.95$ cm

2-9　$x_C=1.68$ m，$z_C=0.659$ m

第3章

答案略

第4章

4-1　$F_{\mathrm{N}A}=1.24$ kN，$F_{\mathrm{N}B}=0.638$ kN，$F_{\mathrm{N}D}=1.13$ kN

4-2　$F_{AB}=101\ \text{kN}$，$F_{AD}=F_{AC}=-5\ \text{kN}$

4-3　$F_{Ax}=75\ \text{N}$，$F_{Ay}=0$，$F_{Az}=50\ \text{N}$，$M_A=22.5\ \text{N}\cdot\text{m}$；
$F_{1x}=75\ \text{N}$，$F_{1y}=0$

4-4　$F_{N3}=F_{N4}=0$，$F_{N2}=F_{N5}=\sqrt{2}M/a$，$F_{N1}=F_{N6}=-M/a$

4-5　$F_{Ax}=52.3\ \text{N}$，$F_{Ay}=-122\ \text{N}$，$F_{Az}=170\ \text{N}$；$F_B=122\ \text{N}$；$F_T=60\ \text{N}$

4-6　$\alpha=38.7°$

4-7　(a)$F_A=-\dfrac{M}{2a}-\dfrac{F}{2}$，$F_B=\dfrac{M}{2a}+\dfrac{3F}{2}$

(b)$F_A=-\dfrac{M}{2a}-\dfrac{F}{2}+\dfrac{5qa}{4}$，$F_B=\dfrac{M}{2a}+\dfrac{3F}{2}-\dfrac{qa}{4}$

(c)$M_A=Fl+\dfrac{ql^2}{2}$，$F_A=F+ql$

4-8　$F_1=4\ \text{kN}$，$F_2=28.7\ \text{kN}$，$F_3=1.27\ \text{kN}$

4-9　$F_{Ax}=-\dfrac{2(1+\sin\alpha)W_1+(1+4\sin\alpha)W}{4\cos\alpha}$，$F_{Ay}=W_1+3W$

$F_B=\dfrac{2(1+\sin\alpha)W_1+(1+4\sin\alpha)W}{4\cos\alpha}$

4-10　$W_{2\min}=60\ \text{kN}$

4-11　$W_{1\min}=333\ \text{kN}$，$x_{\max}=6.75\ \text{m}$

4-12　(a)$F_{Ax}=0$，$F_{Ay}=26.7\ \text{kN}$，$M_A=33.3\ \text{kN}\cdot\text{m}$；$F_D=3.33\ \text{kN}$
(b)$F_{Ax}=5.77\ \text{kN}$，$F_{Ay}=F_B=0$；$F_D=11.5\ \text{kN}$
(c)$F_{Ax}=8.66\ \text{kN}$，$F_{Ay}=35\ \text{kN}$，$M_A=70\ \text{kN}\cdot\text{m}$；$F_D=17.3\ \text{kN}$

4-13　$F_{Ax}=-4.66\ \text{kN}$，$F_{Ay}=-47.6\ \text{kN}$；$F_B=22.4\ \text{kN}$

4-14　$F_{Cx}=-992\ \text{N}$，$F_{Cy}=-2\ 520\ \text{N}$；$F_E=2\ 860\ \text{N}$

4-15　$M_1/M_2=1/4$

4-16　$F_{Ax}=120\ \text{kN}$，$F_{Ay}=300\ \text{kN}$；$F_{Bx}=120\ \text{kN}$，$F_{By}=300\ \text{kN}$

4-17　$F_T=\dfrac{Fa\cos\alpha}{2h}$

4-18　$F_T=6.93\ \text{N}$

4-19　$W_{2\min}=2W_1(1-r/R)$

4-20　$F_{Ax}=-F$，$F_{Ay}=-F$；　$F_{Bx}=-F$，$F_{By}=0$；　$F_{Dx}=2F$，$F_{Dy}=-F$

4-21　$F_{Ax}=1\ 200\ \text{N}$，$F_{Ay}=150\ \text{N}$；$F_B=1\ 050\ \text{N}$；$F_{TBC}=-1\ 500\ \text{N}$

4-22　$\dfrac{W_1}{W_2}=\dfrac{a}{b}$

4-23　$F=\dfrac{h}{H}F_T$

4-24　$F_{Bx}=825\ \text{N}$，$F_{By}=800\ \text{N}$

4-25　当 $F<F_{\min}=\dfrac{W}{\cos\alpha+f_s\sin\alpha}$时，$F_s=f_sF\sin\alpha$；
当 $F_{\min}\leqslant F<W/\cos\alpha$ 时，$F_s=W-F\cos\alpha$；
当 $F=W/\cos\alpha$ 时，$F_s=0$；

当$\frac{W}{\cos\alpha}<F\leqslant F_{max}=\frac{W}{\cos\alpha-f_s\sin\alpha}$时,$F_s=F\cos\alpha-W$;

当 $F>F_{max}$时,$F_s=f_sF\sin\alpha$

4-26 $F_{sB}=4.33$ N, B 不动;$F_{sA}=2.5$ N, A 动

4-27 $F_{min}=162$ N

4-28 $W_{2max}=300$ N

4-29 (1)$s=\frac{2f_s(W_2+W_1)l\tan\alpha-W_1l}{2W_2}$; (2)$\alpha_{min}=\tan^{-1}\frac{2W_2+W_1}{2f_s(W_2+W_1)}$

4-30 $F=1.5$ kN, 先翻倒

4-31 $F_{min}=0.28$ kN

4-32 $e=f_sr$

第二篇 变形固体静力学

第5章

5-1 (a)$F=-1$ kN; (b)$F=-4$ kN;

(c)$T=-7$ kN·m; (d)$T=2$ kN·m;

(e)$F_S=11.3$ kN, $M=14.7$ kN·m;

(f)$F_S=-2$ kN, $M=0$

5-2 (a)$F_{N1}=-3$ kN, $F_{N2}=3$ kN; (b)$F_{N1}=-4$ kN, $F_{N2}=-4$ kN;

(c)$T_1=4$ kN·m, $T_2=-2$ kN·m;

(d)$T_1=-6$ kN·m, $T_2=3$ kN·m;

(e)$F_{S1}=8.7$ kN, $M_1=35$ kN·m, $F_{S2}=-11.3$ kN,$M_2=35$ kN·m;

(f)$F_{S1}=-1$ kN, $M_1=-6$ kN·m, $F_{S2}=-1$ kN, $M_2=6$ kN·m

5-3~5-6 略

5-7 $F_{N7}=-6$ kN,$F_{N8}=10$ kN,$F_{N9}=-12$ kN,$F_{N10}=8$ kN

第6章

6-1 $\sigma_1=-100$ MPa, $\sigma_2=-33.3$ MPa, $\sigma_3=25$ MPa

6-2 $\sigma_{max}=74.7$ MPa

6-3 $\sigma(y)=65.8-6.67y$ MPa

6-4 $\sigma_{AE}=159$ MPa, $\sigma_{EG}=155$ MPa

6-5 $\sigma_{BC}=76.4$ MPa

6-6 $\sigma_{0°}=100$ MPa, $\tau_{0°}=0$; $\sigma_{30°}=75$ MPa, $\tau_{30°}=43.3$ MPa; $\sigma_{45°}=50$ MPa, $\tau_{45°}=50$ MPa; $\sigma_{60°}=25$ MPa, $\tau_{60°}=43.3$ MPa; $\sigma_{90°}=0$, $\tau_{90°}=0$

6-7 (2)$\sigma_{AB}=-2.5$ MPa, $\sigma_{BC}=-6.5$ MPa

(3)$\varepsilon_{AB}=-2.5\times10^{-4}$, $\varepsilon_{BC}=-6.5\times10^{-4}$

(4)$\Delta l=-1.35\times10^{-3}$ m

6-8 $\Delta l=7.5\times10^{-5}$ m

6-9 $x=l_1E_2A_2l/(l_1E_2A_2+l_2E_1A_1)$

6-10 $\sigma=151.25$ MPa,$\Delta_C=7.9\times10^{-4}$ m

6-11 $\Delta_A=17.2\times10^{-5}$ m

6-12 $d=0.017$ m

6-13 杆 AC 选 80×7 mm 的 8 角钢，杆 CD 选 75×6 mm 的 7.5 角钢

6-14 $d_{AB}=d_{BC}=d_{BD}=1.72\times10^{-2}$ m

6-15 $F=40.4$ kN

6-16 $F=33.2$ kN

6-17 $F=92.5$ kN

6-18 $\tau_A=51$ MPa，$\tau_C=61.1$ MPa

6-19 $\tau=66.3$ MPa，$\sigma_{jy}=102$ MPa

6-20 $d=1.4\times10^{-4}$ m

6-21 $t=8.0\times10^{-2}$ m

6-22 $\tau=0.95$ MPa，$\sigma_{jy}=7.4$ MPa

第 7 章

7-1 略

7-2 $\tau_{max}=77.4$ MPa

7-3 (1)$\tau_{max}=71.3$ MPa，$\varphi=0.017\ 8$ rad

(2)$\tau_A=71.3$ MPa，$\tau_B=71.3$ MPa，$\tau_C=35.7$ MPa

7-4 $d=0.062\ 6$ m

7-5 $P=1.64$ kW

7-6 $\tau_{max}=2.7$ MPa

7-7 $d_1=0.045$ m，$D_2=0.046$ m

7-8 (1)$d_{AB}=0.085$ m，$d_{BC}=0.075$ m

7-9 (1)$\overline{M}=9.76$ N·m/m； (2)$\tau_{max}=17.8$ MPa；

(3)$\varphi_{AB}=0.148$ rad

7-10 (1)$d=22\times10^{-3}$ m； (2)$W=1\ 120$ N

7-11 $n=8$

第 8 章

8-1 $\sigma_{max}=3.24$ MPa，$\sigma_A=-2.77$ MPa，$\sigma_B=2.35$ MPa

8-2 $\sigma_{max}=63.6$ MPa

8-3 $A_2/A_1=0.71$，$\sigma_{max}=159$ MPa

8-4 (a)$I_{z_C}=9.44\times10^4\ \text{mm}^4$； (b)$I_{z_C}=102\times10^6\ \text{mm}^4$

8-5 $I_z=239\times10^4\ \text{mm}^4$，$i=60$ mm

8-6 $q=15\ 700$ N/m

8-7 $F=3\ 750$ N

8-8 $\sigma_C^+=76.5$ MPa，$\sigma_C^-=25.9$ MPa，$\sigma_B^+=46.0$ MPa，$\sigma_B^-=136$ MPa

8-9 (a)$f=\dfrac{-q_0l^4}{30EI}$，$\theta=\dfrac{-q_0l^3}{24EI}$； (b)$f=\dfrac{-7Fa^3}{2EI}$，$\theta=\dfrac{5Fa^2}{2EI}$

8-10 (a)$\theta_A=-\dfrac{Ml}{6EI}$，$\theta_B=\dfrac{Ml}{3EI}$，$f_{l/2}=-\dfrac{Ml^2}{16EI}$，$f_{max}=-\dfrac{Ml^2}{9\sqrt{3}EI}$

(b)$\theta_A=-\dfrac{11qa^3}{6EI}$, $\theta_B=\dfrac{11qa^3}{6EI}$, $f_{l/2}=f_{max}=-\dfrac{19qa^4}{8EI}$

(c)$\theta_A=-\dfrac{Fl^2}{16EI}-\dfrac{ql^3}{24EI}$, $\theta_B=\dfrac{Fl^2}{16EI}+\dfrac{ql^3}{24EI}$,

$f_{l/2}=f_{max}=-\dfrac{Fl^3}{48EI}-\dfrac{5ql^4}{384EI}$

(d)$\theta_A=\dfrac{qa^3}{4EI}$, $\theta_B=\dfrac{qa^3}{12EI}$, $f_{max}=-\dfrac{0.30qa^4}{EI}$

8-11　(a)$f_A=-\dfrac{Fl^3}{6EI}$, $\theta_B=-\dfrac{9ql^3}{8EI}$;　(b)$f_A=-\dfrac{5ql^4}{768EI}$, $\theta_B=-\dfrac{ql^3}{384EI}$;

(c)$f_A=-\dfrac{42ql^4}{384EI}$, $\theta_B=-\dfrac{7ql^3}{48EI}$;　(d)$f_A=-\dfrac{ql^4}{384EI}$, $\theta_B=-\dfrac{ql^3}{16EI}$

8-12　$f_{max}=0.012$ m，安全

第 9 章

9-1　(a)$\sigma_\alpha=35$ MPa，$\tau_\alpha=60.6$ MPa

(b)$\sigma_\alpha=-27.3$ MPa，$\tau_\alpha=-27.3$ MPa

(c)$\sigma_\alpha=52.3$ MPa，$\tau_\alpha=-18.8$ MPa

9-2　(a)$\sigma_1=25$ MPa，$\sigma_2=0$，$\sigma_3=-25$ MPa，$\alpha_0=-45°$

(b)$\sigma_1=8.3$ MPa，$\sigma_2=0$，$\sigma_3=-48.3$ MPa，$\alpha_0=22.5°$

(c)$\sigma_1=52.4$ MPa，$\sigma_2=0$，$\sigma_3=-32.4$ MPa，$\alpha_0=22.5°$

9-3　(a)$\sigma_1=80$ MPa，$\sigma_2=50$ MPa，$\sigma_3=-50$ MPa，$\tau_{max}=65$ MPa

(b)$\sigma_1=57.7$ MPa，$\sigma_2=50$ MPa，$\sigma_3=-27.7$ MPa，$\tau_{max}=42.7$ MPa

(c)$\sigma_1=130$ MPa，$\sigma_2=30$ MPa，$\sigma_3=-30$ MPa，$\tau_{max}=80$ MPa

9-4　1 点：$\sigma_1=0$，$\sigma_2=0$，$\sigma_3=-100$ MPa

2 点：$\sigma_1=30$ MPa，$\sigma_2=0$，$\sigma_3=-30$ MPa

3 点：$\sigma_1=58.6$ MPa，$\sigma_2=0$，$\sigma_3=-8.6$ MPa

4 点：$\sigma_1=100$ MPa，$\sigma_2=0$，$\sigma_3=0$

9-5　$\sigma_\alpha=\dfrac{3}{4}\gamma\left(x+\dfrac{d}{2}\tan30°\right)$，　$\tau_\alpha=-\dfrac{\sqrt{3}}{4}\gamma\left(x+\dfrac{d}{2}\tan30°\right)$

9-6　$\sigma_l=40$ MPa，$\sigma_t=80$ MPa，$p=3.2$ MPa

9-7　$\varepsilon_{45°}=(1-\mu)\sigma/(2E)$

9-8　材料为灰铸铁时，$p=8.7$ MPa；材料为钢材时，$p=5.8$ MPa

第 10 章

10-1　$\sigma_{max}=158$ MPa

10-2　$\sigma_{max}=142$ kN

10-3　$F_{cr}=18.5$ kN

10-4　$F_{max}=19$ kN

10-5　$\sigma_{max}=17$ MPa

10-6　横截面为矩形时，$\sigma_{max}=75F/b^2$；横截面为圆形时，$\sigma_{max}=114F/d^2$

10-7　$\sigma_{xd3}=58.3$ MPa

10-8 $d=39.5\ \text{mm}$

10-9 $F=788\ \text{N}$

10-10 $\sigma_{xd3}=83.6\ \text{MPa}$，$\sigma_{xd4}=80.4\ \text{MPa}$,安全

10-11 忽略胶带轮重量时,$d\geqslant 48\ \text{mm}$;考虑胶带轮重量时,$d\geqslant 49.3\ \text{mm}$

10-12 A 截面 $\sigma_{xd4}=110\ \text{MPa}$,$B$ 截面 $\sigma_{xd4}=152\ \text{MPa}$

第 11 章

11-1 (1)$F_{cr}=37.8\ \text{kN}$；　(2)$F_{cr}=210\ \text{kN}$；　(3) $F_{cr}=459\ \text{kN}$

11-2 (a)$F_{cr}=388\ \text{kN}$；　(b)$F_{cr}=404\ \text{kN}$；　(c)$F_{cr}=478\ \text{kN}$

11-3 工作安全因数 $n=8.28$

11-4 工作安全因数 $n=3.12$

11-5 工作安全因数 $n=1.73$,工作应力 $\sigma=46.6\ \text{MPa}$

11-6 $n=3.08$

11-7 $F_u=807\ \text{kN}$

11-8 $F_{cr}=119\ \text{kN}$，$n=1.7$

11-9 $n=1.27$

11-10 $F_u=40\ \text{kN}$

第 12 章

12-1 $\sigma=-\dfrac{2F}{3A}$

12-2 $e=\dfrac{b(E_1-E_2)}{2(E_1+E_2)}$

12-3 $\sigma_{BD}=161\ \text{MPa}<[\sigma]$

12-4 $\sigma=-158\ \text{MPa}$，$\tau=-91.2\ \text{MPa}$

12-5 $\Delta t=16.2\ ℃$

12-6 $d=\sqrt[3]{\dfrac{16M_e a}{\pi l\tau}}$

12-7 $F_T=\dfrac{3qAl^4}{8Al^3+24Ih}$

12-8 $F_A=ql/8$，$F_B=33ql/16$，$F_C=13ql/16$

12-9 $\Delta=\dfrac{7ql^4}{72EI}$

12-10 $F_D=\dfrac{5}{4}F$

第三篇　运动学

第 13 章

13-1 (1)$3x-4y=0$，$s=5t-2.5t^2$；　(2)$3x+4y-12=0$，$s=5\sin^2 t$

13-2 $x=l\cos\omega t$，$y=(l-2a)\sin\omega t$；$\dfrac{x^2}{l^2}+\dfrac{y^2}{(l-2a)^2}=1$

13－3　$\dot{x}=-\dfrac{u}{x}\sqrt{b^2+x^2}$，$\ddot{x}=-\dfrac{u^2b^2}{x^3}$

13－4　$v_A=-lv/\sqrt{l^2+h^2}$，$a_A=-l^2v^2/\sqrt{(l^2+h^2)^3}$

13－5　$y=l\tan kt$；$\dot{y}=4lk$，$\ddot{y}=8\sqrt{3}lk^2$

13－6　$v_{OM}=\dfrac{h\omega}{\cos^2\omega t}$；$v_{AM}=\dfrac{h\omega\sin\omega t}{\cos^2\omega t}$

13－7　$y_B=\overline{AB}+\sqrt{64-t^2}$ cm，$v_B=-t/\sqrt{64-t^2}$ cm/s

13－8　$x_C=\dfrac{al}{\sqrt{l^2+(ut)^2}}$，$y_C=\dfrac{aut}{\sqrt{l^2+(ut)^2}}$；$s=a(\arctan\dfrac{ut}{l})$；$v_C=\dfrac{au}{2l}$

13－9　$s=\dfrac{\pi}{2}rt$，$v_M=\dfrac{\pi r}{2}$，$a_M=\dfrac{\pi^2r}{4}$

13－10　$v_O=7\ 070$ mm/s，$a_O=3\ 330$ mm/s^2

13－11　$\omega=2\omega_0$，$a=4\omega_0^2r$

13－12　$v=10$ m/s；$a_t=1$ m/s^2，$a_n=450$ m/s^2

13－13　$\theta=\arctan\dfrac{v_0t}{b}$，$\omega=\dfrac{bv_0}{b^2+v_0^2t^2}$

13－14　$\varphi_4=\dfrac{ar_3}{r_2r_4}\sin kt$，$\omega=\dfrac{akr_3}{r_2r_4}\cos kt$

13－15　(1)$\alpha=\dfrac{50\pi}{d^2}$ rad/s^2；　(2)$a=529$ m/s^2

第 14 章

14－1　$L=200$ m

14－2　$\omega_0=2.67$ rad/s

14－3　(a)$\omega_2=0.15$ rad/s；　(b)$\omega_2=0.2$ rad/s

14－4　$\varphi=0$ 时，$v=0$；$\varphi=30°$时，$v=100$ cm/s；$\varphi=90°$时，$v=200$ cm/s

14－5　$v_A=\dfrac{lhu}{x^2+h^2}$

14－6　$v_2=\dfrac{v_1}{\cos\alpha}$；$v_r=v_1\tan\alpha$

14－7　$v_C=43.5$ cm/s

14－8　$v_a=1.99$ m/s

14－9　$v=10$ cm/s，$a=34.6$ cm/s^2

14－10　$v_{AB}=80$ cm/s，$a_{AB}=145$ cm/s^2，$v_r=40$ cm/s，$a_r=211$ cm/s^2

14－11　$a_A=746$ mm/s^2

14－12　$a_C=137$ mm/s，$a_r=36.6$ mm/s^2

14－13　$\omega_2=0.75$ rad/s，$\alpha_2=4.55$ rad/s^2

14－14　$v_M=17.3$ cm/s，$a_M=35$ cm/s^2

14－15　$\boldsymbol{v}=u\boldsymbol{i}+\left(\dfrac{\sqrt{3}}{3}u-\dfrac{4}{3}b\omega\right)\boldsymbol{j}$，$\boldsymbol{a}=\left(\dfrac{8}{3}\omega u-\dfrac{8\sqrt{3}}{9}b\omega^2\right)\boldsymbol{j}$

14－16 (a)$v=\frac{\sqrt{3}}{2}r\omega$，$a=\frac{7}{8}r\omega^2$； (b)$v=\frac{4}{3}r\omega$，$a=\frac{4\sqrt{3}}{9}r\omega^2$；

(c)$v=\frac{4}{3}r\omega$，$a=\frac{4\sqrt{3}}{9}r\omega^2$

第 15 章

15－1 $x_C=r\cos\omega_O t$，$y_C=r\sin\omega_O t$，$\varphi=\omega_O t$

15－2 $x_C=x_C(t)$，$y_C=r$，$\theta=x_C(t)/r$；$\omega=\dot{x}_C(t)/r$，$\alpha=\ddot{x}_C(t)/r$

15－3 $v_C=1.53\ \text{m/s}$

15－4 $v_A=\frac{R-r}{r}v_O$，$v_B=\frac{\sqrt{R^2+r^2}}{r}v_O$，$v_D=\frac{R+r}{r}v_O$，$v_E=\frac{\sqrt{R^2+r^2}}{r}v_O$

15－5 $\omega_{AB}=3\ \text{rad/s}$，$\omega_{O_1B}=5.20\ \text{rad/s}$

15－6 $\omega_2=2v/r$，$\overline{PO_2}=r/2$

15－7 $v_E=20.6\ \text{cm/s}$

15－8 $\omega_O=\frac{v}{3r}$

15－9 $\omega_{OD}=17.3\ \text{rad/s}$， $\omega_{DE}=5.77\ \text{rad/s}$

15－10 $\omega_{O_1O_2}=3.75\ \text{rad/s}$， $\omega_{\text{I}}=6\ \text{rad/s}$

15－11 $a_B^{\text{t}}=(2\alpha_O-\sqrt{3}\omega_O^2)r$， $a_B^{\text{n}}=2r\omega_O^2$

15－12 $v_C=l\omega_O$， $a_C=\sqrt{13/3}\,l\omega_O^2$

15－13 $\omega_{AB}=2\ \text{rad/s}$，$\omega_{O_1B}=4\ \text{rad/s}$； $\alpha_{AB}=8\ \text{rad/s}^2$，$\alpha_{O_1B}=16\ \text{rad/s}^2$

15－14 $\alpha_{O_1B}=193\ \text{rad/s}^2$， $\alpha_{AB}=57.8\ \text{rad/s}^2$

15－15 $v_B=24\ \text{cm/s}$，$a_B=74.4\ \text{cm/s}^2$

15－16 $v_O=\frac{R}{R-r}v$， $a_O=\frac{R}{R-r}a$

15－17 $\omega=0.2\ \text{rad/s}$

15－18 $a_B=689\ \text{mm/s}^2$

第四篇 动力学

第 16 章

16－1 $\Delta t=0.102\ \text{s}$

16－2 (1)$t_1=6.46\ \text{s}$； (2)$v_3=4.76\ \text{m/s}$

16－3 $F=12\ \text{kN}$

16－4 $F_1=1\ 810\ \text{N}$

16－5 $t=5.89\ \text{s}$

16－6 $F=375\ \text{N}$

16－7 (a)$p=0$； (b)$p=mR\omega$； (c)$p=mv$

(d)$p=m\,\frac{l}{4}\omega$； (e)$p=(m_A-m_B)v$； (f)$p=(m_1+m_2)v$

16－8 $F_3=12.6\ \text{kN}$，$F=9.3\ \text{kN}$

16-9 $F_x=30\ \text{N}$

16-10 $F_1=1\ 960\ \text{N}$, $F_2=3\ 040\ \text{N}$

16-11 $v_3=14\ 992\ \text{km/h}$

16-12 $v=3.86\ \text{km/h}$

16-13 $v'=281\ \text{m/s}$

16-14 $v=2.99\ \text{m/s}$

16-15 $t=\dfrac{l}{\alpha}\ln 2$

16-16 $v_A=26\ 900\ \text{km/h}$

16-17 (a)$L_O=\dfrac{1}{2}mR^2\omega$;　(b)$L_O=\dfrac{3}{2}mR^2\omega$;

(c)$L_O=\dfrac{3}{2}mR^2\omega$;　(d)$L_O=\dfrac{1}{3}ml^2\omega$

16-18 $\alpha=\dfrac{2(m_Ar_1-m_Br_2)g}{(m_1+2m_A)r_1^2+(m_2+2m_B)r_2^2}$

$F_O=(m_1+m_2+m_A+m_B)g-\dfrac{2(m_Ar_1-m_Br_2)^2g}{(m_1+2m_A)r_1^2+(m_2+2m_B)r_2^2}$

16-19 $a_A=\dfrac{M_e-mgR}{J_2+J_1i^2+mR^2}R$

16-20 $J_A=1\ 060\ \text{kg}\cdot\text{m}^2$

16-21 $M_z=76.8\ \text{N}\cdot\text{m}$

16-22 $M_e=3\ \text{N}\cdot\text{m}$

16-23 (a)$T=\dfrac{2\pi l}{a}\sqrt{\dfrac{m}{k}}$　(b)$T=\dfrac{2\pi l}{a}\sqrt{\dfrac{m}{3k}}$

16-24 $J_O=10.1\ \text{kg}\cdot\text{m}^2$

16-25 $J_C=mh\left(\dfrac{T^2g}{4\pi^2}-h\right)$

16-26 $t=\dfrac{J}{\alpha}\ln 2$, $N=\dfrac{J\omega_0}{4\pi\alpha}$

16-27 $t=\dfrac{m_2r_1\omega_1}{2(m_1+m_2)gf}$

16-28 (1)$\omega=\dfrac{J_1}{J_1+J_2}\omega_0$;　(2)$M_z=\dfrac{J_1J_2\omega_0}{(J_1+J_2)t}$

16-29 (1)$M_A=\dfrac{mgx}{4}\left(1-\dfrac{x}{l}\right)^2\cos\theta$;　(2)$M_{\max}=\dfrac{mgl}{27}\cos\theta$, $x_1=\dfrac{l}{3}$

16-30 $W_{BA}=-20.3\ \text{J}$, $W_{AD}=20.3\ \text{J}$

16-31 $W=24\pi+54\pi^2-6\pi RfF_2$

16-32 $W=55\ \text{N}\cdot\text{m}$

16-33 $F_1=5.11\ \text{kN}$, $F_2=2.55\ \text{kN}$

16-34 $E_k=\dfrac{2}{9}Mv_B^2$

16-35　(1) $E_k=\frac{1}{2g}\left(\frac{F_1}{3}+F_2\right)l^2\omega^2$；　(2) $E_k=\frac{1}{2g}\left(\frac{F_1}{3}+\frac{F_2}{2}\frac{R^2}{l^2}+F_2\right)l^2\omega^2$

16-36　$E_k=\frac{1}{2}r^2\omega^2\left(\frac{1}{3}m_1+m_2+m_3\sin^2\alpha\right)$

16-37　$E_k=\frac{1}{2}m_1v_1^2+\frac{1}{2}(m_1+m_2)v_2^2-\frac{\sqrt{3}}{2}m_1v_1v_2$

16-38　$f=\frac{s_1\sin\alpha}{s_1\cos\alpha+s_2}$

16-39　$v=\sqrt{\frac{g(l^2-d^2)}{l}}$

16-40　$v=2.5\ \mathrm{m/s}$

16-41　$v_B=3.64\ \mathrm{m/s}$

16-42　$N_2=2.56\ \mathrm{r}$

16-43　$\omega=\frac{2}{r}\sqrt{\frac{M_e-m_2gr(\sin\theta+f\cos\theta)}{m_1+2m_2}\varphi}$，　$\alpha=\frac{2[M_e-m_2gr(\sin\theta+f\cos\theta)]}{r^2(m_1+m_2)}$

16-44　$\omega=\frac{2}{R+r}\sqrt{\frac{3M_eg}{9F_1+2F_2}\varphi}$，　$\alpha=\frac{6M_eg}{(R+r)^2(9F_1+2F_2)}$

16-45　$\omega=\sqrt{\frac{2M_eg\varphi}{(3F_1+4F_2)l^2}}$，　$\alpha=\frac{M_eg}{(3F_1+4F_2)l^2}$

16-46　$F_x=\frac{F_1\sin\theta-F_2}{F_1+F_2}F_1\cos\varphi$

16-47　$F_T=\frac{M_e(F_1+2F_2)}{2r(F_2+F_1)}$

16-48　$a=\frac{F_1\sin2\alpha}{2(F_2+F_1\sin^2\alpha)}g$

16-49　$a=\frac{F_2\sin\varphi-F_1}{2F_2+F_1}g$，　$F_T=\frac{3F_1+(2F_1+F_2)\sin\varphi}{2(2F_2+F_1)}F_2$

第 17 章

17-1　$\frac{F_I}{mg}=40.3$

17-2　$\theta=\arccos\frac{\pi^2n^2r}{900g}$

17-3　(1) $F_{T1}=73.2\ \mathrm{N}$，$F_{T2}=273\ \mathrm{N}$；　(2) $F'_{T1}=F'_{T2}=254\ \mathrm{N}$

17-4　(1) $a=2.91\ \mathrm{m/s^2}$；　(2) $h/d\geqslant5$

17-5　$a=\frac{r}{\sqrt{R^2-r^2}}g$

17-6　$h=\frac{v^2l}{Rg}$

17-7　$F=mg(3\cos\varphi-2)$；当 $\varphi=\pi$ 时，$F_{max}=-980\ \mathrm{N}$

17-8　$F_{Ax}=-3.53\ \mathrm{kN}$，$F_{Ay}=19.4\ \mathrm{kN}$；$F_B=13.8\ \mathrm{kN}$

17-9　$F_{Ax}=0$，$F_{Ay}=(m_B+m_C)g+\frac{2m_C(M_e-m_CgR)}{(m_B+2m_C)R}$

$M_A=(m_B l-m_C R)g+\dfrac{2m_C(M_e-m_C gR)l}{(m_B+2m_C)R}$

17-10　$F_C=\dfrac{4m_1 m_2 g l_2}{(m_1+m_2)l_1\sin\varphi}$

17-11　$\alpha=\dfrac{3g}{2l}$，$a_C=\dfrac{3}{4}g$

17-12　当 $f\geqslant\dfrac{1}{3}\tan\varphi$ 时，$a_C=\dfrac{2}{3}g\sin\varphi$；

当 $f<\dfrac{1}{3}\tan\varphi$ 时，$a_C=g(\sin\varphi-f\cos\varphi)$

17-13　$a_C=\dfrac{2}{3}g$；$F_{Ax}=0$，$F_{Ay}=\left(M+\dfrac{1}{3}m\right)g$，$M_A=\left(\dfrac{1}{2}M+\dfrac{1}{3}m\right)gl$

17-14　(1)$\alpha_1=2.37\ \text{rad/s}^2$，$a_{C_1}=0$

(2)$\alpha_2=1.77\ \text{rad/s}^2$，$a_{C_2}=0.2\ \text{m/s}^2$

(3)$\alpha_3=0.59\ \text{rad/s}^2$，$a_{C_3}=0.2\ \text{m/s}^2$

17-15　$\alpha=14.7\ \text{rad/s}^2$，$F''_{Ay}=-88.2\ \text{N}$

17-16　(1)$F''_{Ax}=-\dfrac{1}{2}ml\omega^2$，　$F''_{Ay}=-mr\omega^2$，　$M''_A=-\dfrac{1}{2}mrl\omega^2$

(2)$F''_{Ax}=-mr\alpha$，　$F''_{Ay}=\dfrac{1}{2}ml\alpha$，　$M''_A=\dfrac{1}{3}ml^2\alpha$

17-17　$F''_A=F''_B=29.6\ \text{kN}$

17-18　$F''_A=73.9\ \text{N}$，$F''_B=-73.9\ \text{N}$

第 18 章

18-1　$\alpha=\arccos\sqrt[3]{a/l}$

18-2　$F=kl(2\cos\theta-1)\tan\theta$

18-3　$\dfrac{F_1}{F_2}=\dfrac{a}{l}\cos^2\varphi$

18-4　$F_1=\dfrac{W}{2\sin\alpha}$，　$F_2=\dfrac{W}{2\sin\beta}$

18-5　$F_A=\dfrac{1}{4}F$，$F_C=\dfrac{3}{4}F$

18-6　$F_A=75\ \text{kN}$，$M_A=200\ \text{kN}\cdot\text{m}$，$F_C=25\ \text{kN}$

18-7　$U=\dfrac{0.957F^2 l}{EA}$

18-8　$U=\dfrac{3F^2 l}{4EA}+\dfrac{F^2 l^3}{16EI}$

18-9　$f_B=\dfrac{5Fl^3}{384EI}$，$\theta_B=\dfrac{Fl^2}{12EI}$

18-10　$\Delta_{AD}=\dfrac{8Fh^3}{3EI}$，$\theta_{AD}=\dfrac{3Fh^2}{EI}$

18-11　$\Delta_C=1.91Fl/(EA)$，$\Delta_B=Fl/(EA)$，$\theta_{AC}=1.21F/(EA)$

18-12　$\Delta_A=3Fl/(2EA)+Fl^3/(8EI)$，$\theta_A=7Fl^2/(24EI)+F/(EA)$

18－13　(a)$F_1=F/5$，$F_2=2F/5$

(b)$F_1=(3Il+2Aa^3)F/(15Il+2Aa^3)$，$F_{N2}=6IlF/(15Il+2Aa^3)$

18－14　$F_S=6F/7$

18－15　$F_{Ax}=F_{Bx}=F/\pi$，$F_{Ay}=F_{By}=F/2$，$\Delta_C=Pr^3(3\pi^2-8\pi-4)/(3\pi EI)$

18－16　$\sigma_1=33.3$ MPa，$\sigma_2=66.7$ MPa

18－17　$F_1=84$ kN，$F_2=16$ kN

第 19 章

19－1　(a)$\sigma_j=0.0282$ MPa　(b)$\sigma_d=6.88$ MPa　(c)$\sigma_d=1.20$ MPa

19－2　有弹簧时，$H=0.385$ m；无弹簧时，$H=0.010$ m

19－3　有弹簧时，$\sigma_d=47.6$ MPa；无弹簧时，$\sigma_d=106$ MPa

19－4　$\tau_d=80.7$ MPa

19－5　$\sigma'_{max}=1.13$ MPa，$\sigma''_{max}=33.5$ MPa

19－6　$\sigma_d=16.8$ MPa

19－7　$\sigma_d=\sqrt{3.05EIv^2F_g/(glW^2)}$

19－8　(a)$r=-1$，$\sigma_m=0$，$\sigma_a=80$ MPa

(b)$r=-1/3$，$\sigma_m=40$ MPa，$\sigma_a=80$ MPa

(c)$r=0$，$\sigma_m=80$ MPa，$\sigma_a=80$ MPa

(d)$r=1/5$，$\sigma_m=120$ MPa，$\sigma_a=80$ MPa

19－9　$\sigma_m=28.3$ MPa，　$\sigma_a=84.9$ MPa，$r=-1/2$

19－10　$\sigma_{-1}=260$ MPa

19－11　$n_\sigma=3.34$

19－12　$k_\sigma=1.55$，$\varepsilon_\sigma=0.77$，$k_\tau=1.26$，$\varepsilon_\tau=0.81$

19－13　$F=143$ kN

19－14　$n_\sigma=2.34$

19－15　$n_\tau=2.19$

参考文献

[1] 杜庆华.工程力学手册[M].北京:高等教育出版社,1994.

[2] 《力学词典》编辑部.力学词典[M].北京:中国大百科全书出版社,1990.

[3] 冯立富,谈志高,刘云庭.工程力学[M].北京:兵器工业出版社,1997.

[4] 蒋平.工程力学基础[M].北京:高等教育出版社,2003.

[5] 冯立富,李颖,岳成章.工程力学要点与解题[M].西安:西安交通大学出版社,2007.

[6] 冯立富,徐新琦,谈志高.理论力学[M].2版.西安:陕西科学技术出版社,2010.

[7] 哈尔滨工业大学理论力学教研室.理论力学[M].8版.北京:高等教育出版社,2019.

[8] 刘鸿文.材料力学[M].6版.北京:高等教育出版社,2017.

[9] 孙训方,方孝淑,关来泰.材料力学[M].5版.北京:高等教育出版社,2009.

[10] 铁木辛柯·盖尔.材料力学[M].北京:科学出版社,1978.

[11] 冯立富.理论力学规范化练习[M].2版.西安:西安交通大学出版社,2009.

[12] 冯立富.工程力学规范化练习[M].2版.西安:西安交通大学出版社,2014.

[13] 冯立富.材料力学规范化练习[M].3版.西安:西安交通大学出版社,2015.

[14] 王永正,冯立富.工程与生活中的力学[M].西安:陕西科学技术出版社,2005.

[15] 冯立富,岳成章,李颖.工程力学学习指导典型题解[M].西安:西安交通大学出版社,2008.

主编简介

冯立富　男，1945 年 6 月生，河南省沁阳市人，中共党员，空军工程大学教授。1969 年本科毕业于西北工业大学飞机系。曾被聘为中国力学学会教育工作委员会委员，陕西省力学学会常务理事兼教育工作委员会副主任，教育部高等学校力学教学指导委员会力学基础课程教学指导分委员会特邀代表。1970 年—1979 年在空军航空兵部队某部历任机械师、干事、科研参谋等职，曾被评为"学雷锋先进个人"，荣立二等功 1 次，集体三等功 2 次，获军队科技成果三等奖 1 项。1979 年后开始从事力学教育工作，共发表学术论文 50 余篇，获校、院级优秀教学成果奖 10 余项，荣立三等功 1 次，1990 年获国家教委首届全国优秀电教教材录像片三等奖 1 项。作为主编或第一主编在高等教育出版社、国防工业出版社、兵器工业出版社、陕西科学技术出版社、陕西人民教育出版社、西安交通大学出版社等出版的教材、辅助教材和科普读物等共 33 部，主要有:《科氏惯性力》《理论力学》《理论力学三基练习》《工程力学》《理论力学简明教程》《理论力学规范化练习》《工程力学规范化练习》《材料力学规范化练习》《工程与生活中的力学》《工程力学要点与解题》《工程力学学习指导典型题解》等。2001 年被评为空军首批高层次人才，获中国人民解放军院校育才奖银奖。2001 年 7 月被空军工程大学聘为力学类课程校级重点教学岗位专家，2003 年 5 月又被空军工程大学续聘为力学类课程校级重点教学岗位学术带头人。

伍晓红　女，1971 年 10 月生，湖南省湘潭市人，中共党员，西安交通大学航空航天学院副教授。1993 年 7 月、1996 年 3 月分别于西安建筑科技大学获工学学士和硕士学位，2004 年 1 月于西安交通大学获得博士学位，2006—2008 年在日本东京大学做博士后研究。主要研究方向为智能材料与结构力学行为研究、振动控制等。主持完成国家自然科学基金项目 1 项，教育部留学回国人员基金项目 1 项，中国电力工程顾问集团校企合作项目 4 项，获陕西省科学技术一等奖 1 项(第四完成人)，主持完成省级"理论力学"MOOC 项目 1 项，参与省级教改项目 1 项。获 2017 年全国徐芝纶力学优秀教师奖，2018 年陕西省高校教师微课教学比赛二等奖。

刘百来　男，1967 年生，陕西省渭南市人，民盟盟员，西安工业大学建筑工程学院副教授，硕士研究生导师。1989 年 7 月本科毕业于北京航空航天大学固体力学专业，2004 年 7 月硕士毕业于长安大学路面材料专业。主要研究土木工程检测技术、波纹钢桥涵结构应用技术及数值模拟技术。参编教材 3 部，参加了陕西省省级"工程力学"精品课程建设。主持完成了国家与省部级项目十余项，横向科研项目十余项。其中被列为国家级科技成果 2 项，省级 2 项；获得厅级科技进步奖 2 项，省部级科技进步奖 5 项。发表学术论文 24 篇。2010 年起草了中华人民共和国交通运输行业标准《公路涵洞通道用波纹管(板)JT/T 791—2010》,起草人共7人,排名第2;2015年起草了安徽省地方标准《钢波纹板桥施工技术指南 DB34/T 2378—2015》,起草人共27人,排名第5。

张烈霞 女,1969年2月生,陕西省凤翔县人,中共党员。陕西理工大学讲师。1992年本科毕业于陕西工学院,2006年硕士毕业于西北工业大学。主要从事机械设计及理论学科的教学科研工作。先后参与完成了陕西省科技厅的"时域非线性气动弹性模型方法研究"和陕西省教育厅的"基于悬链效应的汽车起重机超起张索预紧控制方法研究",主持完成了企业横向项目"齿轮滚齿机工作台传动系统设计""洗麦机大臂结构优化设计""消隙式蜗杆传动仿真研究""连杆凸轮减速器结构设计"和"磨粉机传动系统改进设计"等5项研究工作。发表学术论文15篇。作为主编出版教材2部,作为副主编出版教材3部。指导大学生参加陕西省机械创新设计大赛获一等奖2项。